计算机应用案例教程系列

CorelDRAW X7平面设计案例教程

倪鑫 陈涤 姜雪◎编著

清华大学出版社

北 京

内 容 简 介

本书是《计算机应用案例教程系列》丛书之一，全书以通俗易懂的语言、翔实生动的案例，全面介绍了使用 CorelDRAW X7 进行平面设计的相关知识。本书共分为 10 章，涵盖了 CorelDRAW X7 基础操作，创建图形对象，编辑图形对象，对象的操作，颜色的填充，文本的应用，创建图形效果，图层、样式和模板的应用，编辑位图和处理表格等内容。

本书内容丰富，图文并茂，层次清晰，附赠的光盘中包含书中实例素材文件、18 小时与图书内容同步的视频教学录像以及 3～5 套与本书内容相关的多媒体教学视频，方便读者扩展学习。本书具有很强的实用性和可操作性，是一本适合于高等院校及各类社会培训学校的优秀教材，也是广大初中级计算机用户和不同年龄阶段计算机爱好者学习计算机知识的首选参考书。

本书对应的电子教案可以到 http://www.tupwk.com.cn/teaching 网站下载。

图书在版编目(CIP)数据

CorelDRAW X7 平面设计案例教程/倪鑫，陈涤，姜雪 编著. —北京：清华大学出版社，2016（2021.2重印）
(计算机应用案例教程系列)
ISBN 978-7-302-44376-6

Ⅰ.①C… Ⅱ.①倪… ②陈… ③姜… Ⅲ.①平面设计—图形软件—教材 Ⅳ.①TP391.41

中国版本图书馆 CIP 数据核字(2016)第 167536 号

责任编辑：胡辰浩　马玉萍
装帧设计：孔祥峰
责任校对：曹　阳
责任印制：杨　艳

出版发行：清华大学出版社
网　　址：http://www.tup.com.cn，http://www.wqbook.com
地　　址：北京清华大学学研大厦 A 座　　邮　　编：100084
社 总 机：010-62770175　　邮　　购：010-62786544
投稿与读者服务：010-62776969, c-service@tup.tsinghua.edu.cn
质 量 反 馈：010-62772015, zhiliang@tup.tsinghua.edu.cn
课 件 下 载：http://www.tup.com.cn，010-62794504

印 装 者：北京九州迅驰传媒文化有限公司
经　　销：全国新华书店
开　　本：185mm×260mm　　印　　张：19　　彩　　插：2　　字　　数：486 千字
(附光盘一张)
版　　次：2016 年 8 月第 1 版　　印　　次：2021 年 2 月第 5 次印刷
定　　价：68.00 元

产品编号：065425-03

【光盘使用说明】

光盘主要内容

本光盘为《计算机应用案例教程系列》丛书的配套多媒体教学光盘，光盘中的内容包括18小时与图书内容同步的视频教学录像和相关素材文件。光盘采用真实详细的操作演示方式，详细讲解了电脑以及各种应用软件的使用方法和技巧。此外，本光盘附赠大量学习资料，其中包括3～5套与本书内容相关的多媒体教学演示视频。

光盘操作方法

将DVD光盘放入DVD光驱，几秒钟后光盘将自动运行。如果光盘没有自动运行，可双击桌面上的【我的电脑】或【计算机】图标，在打开的窗口中双击DVD光驱所在盘符，或者右击该盘符，在弹出的快捷菜单中选择【自动播放】命令，即可启动光盘进入多媒体互动教学光盘主界面。

光盘运行后会自动播放一段片头动画，若您想直接进入主界面，可单击鼠标跳过片头动画。

光盘运行环境

- 赛扬1.0GHz以上CPU
- 512MB以上内存
- 500MB以上硬盘空间
- Windows XP/Vista/7/8操作系统
- 屏幕分辨率1280×768以上
- 8倍速以上的DVD光驱

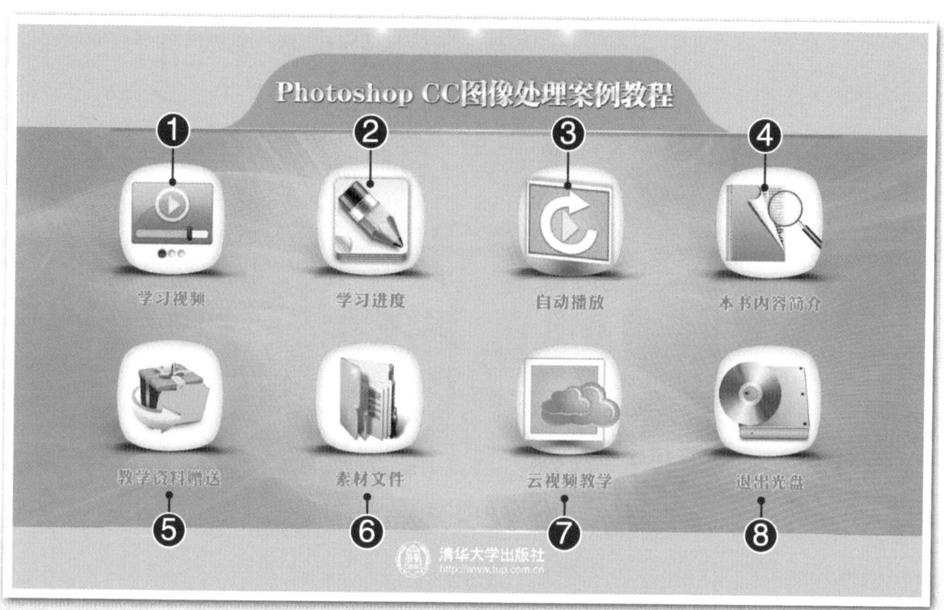

① 进入普通视频教学模式
② 进入学习进度查看模式
③ 进入自动播放演示模式
④ 阅读本书内容介绍
⑤ 打开赠送的学习资料文件夹
⑥ 打开素材文件夹
⑦ 进入云视频教学界面
⑧ 退出光盘学习

[光盘使用说明]

普通视频教学模式

学习进度查看模式

自动播放演示模式

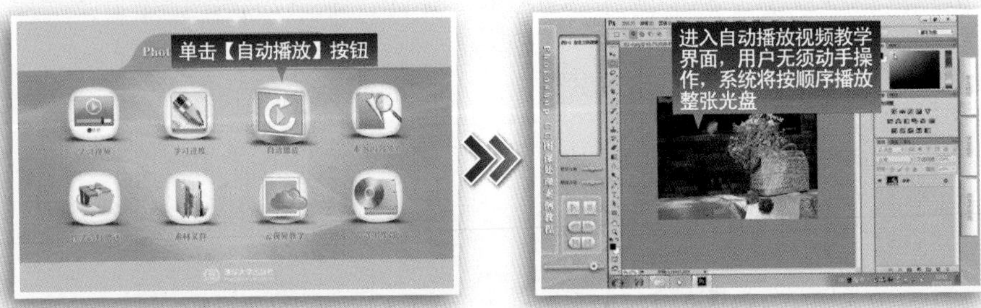

赠送的教学资料

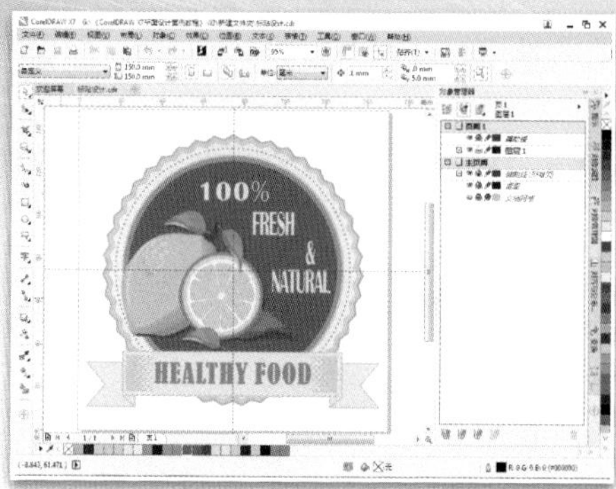

▶ 标贴设计

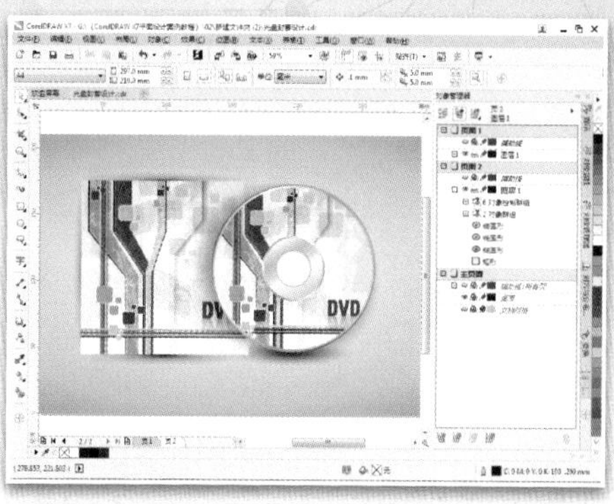

▶ 光盘封套设计

▶ 手机造型设计

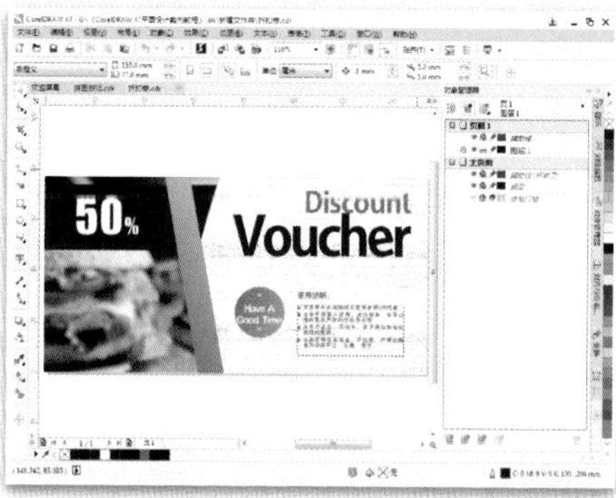

▶ 制作折扣券

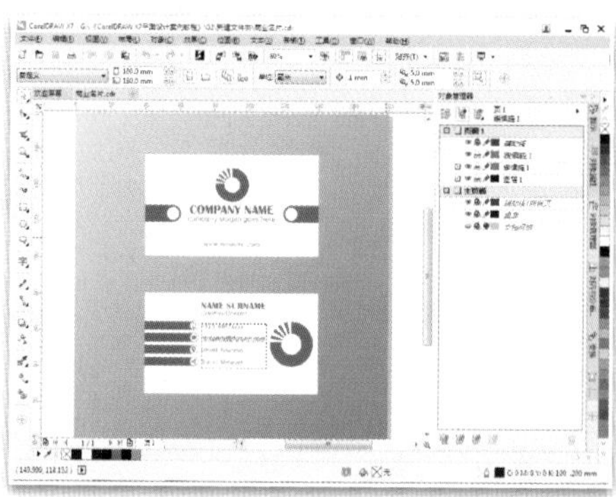

▶ 商业名片设计

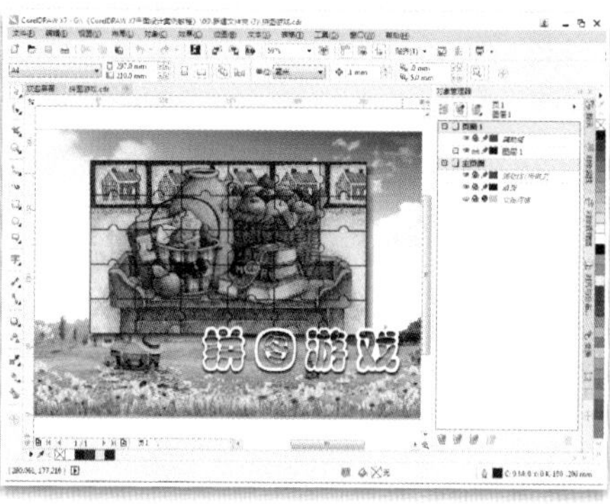

▶ 制作拼图效果

▶ UI设计

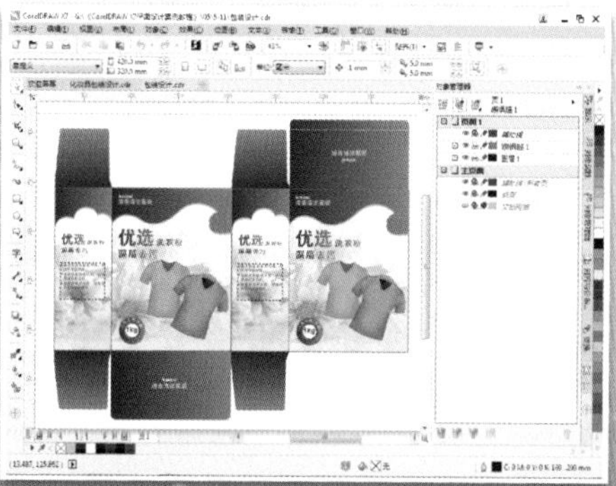

▶ 洗衣粉包装设计

[CorelDRAW X7平面设计案例教程]

▶ 制作月历模板

▶ 制作促销吊旗

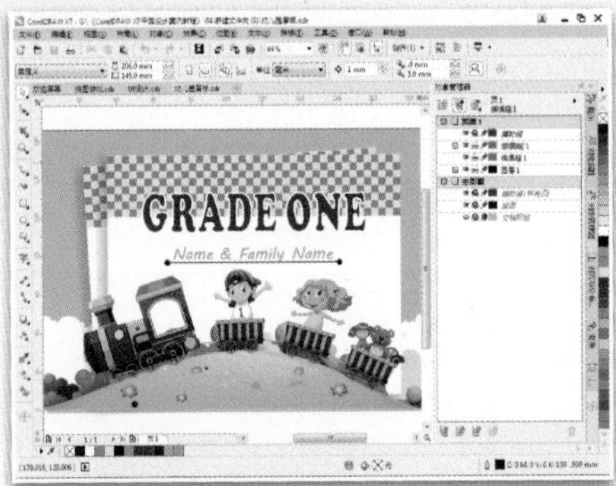

▶ 制作幼儿园展板

▶ 制作宣传单页

▶ 化妆品包装设计

▶ 制作促销广告

▶ 制作节日海报

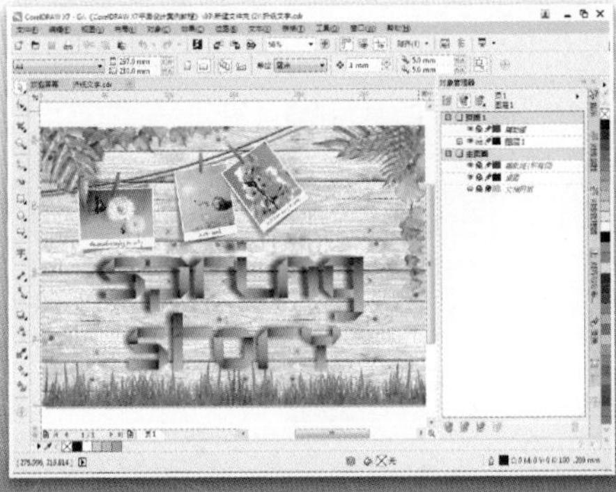

▶ 制作折纸文字

前言

熟练使用计算机已经成为当今社会不同年龄层次的人群必须掌握的一门技能。为了使读者在短时间内轻松掌握计算机各方面应用的基本知识，并快速解决生活和工作中遇到的各种问题，清华大学出版社组织了一批教学精英和业内专家特别为计算机学习用户量身定制了这套《计算机应用案例教程系列》丛书。

丛书、光盘和教案定制特色

➤ 选题新颖，结构合理，为计算机教学量身打造

本套丛书注重理论知识与实践操作的紧密结合，同时贯彻“理论+实例+实战”3 阶段教学模式，在内容选择、结构安排上更加符合读者的认知习惯，从而达到老师易教、学生易学的目的。丛书完全以高等院校、职业学校及各类社会培训学校的教学需要为出发点，紧密结合学科的教学特点，由浅入深地安排章节内容，循序渐进地完成各种复杂知识的讲解，使学生能够一学就会、即学即用。

➤ 版式紧凑，内容精炼，案例技巧精彩实用

本套丛书采用双栏紧排的格式，合理安排图与文字的占用空间，其中 290 多页的篇幅容纳了传统图书一倍以上的内容，从而在有限的篇幅内为读者奉献更多的计算机知识和实战案例。丛书内容丰富，信息量大，章节结构完全按照教学大纲的要求来安排，并细化了每一章内容，符合教学需要和计算机用户的学习习惯。书中的案例通过添加大量的“知识点滴”和“实用技巧”的注释方式突出重要知识点，使读者轻松领悟每一个案例的精髓所在。

➤ 书盘结合，素材丰富，全方位扩展知识能力

本套丛书附赠一张精心开发的多媒体教学光盘，其中包含了 18 小时左右与图书内容同步的视频教学录像。光盘采用真实详细的操作演示方式，紧密结合书中的内容对各个知识点进行深入的讲解，读者只需要单击相应的按钮，即可方便地进入相关程序或执行相关操作。附赠光盘收录书中实例视频、素材文件以及 3～5 套与本书内容相关的多媒体教学视频。

➤ 在线服务，贴心周到，方便老师定制教案

本套丛书精心创建的技术交流 QQ 群(101617400、2463548)为读者提供 24 小时便捷的在线交流服务和免费教学资源。便捷的教材专用通道(QQ：22800898)为老师量身定制实用的教学课件。老师也可以登录本丛书的信息支持网站(http://www.tupwk.com.cn/teaching)下载图书的相关教学资源。

本书内容介绍

《CorelDRAW X7 平面设计案例教程》是这套丛书中的一本，该书从读者的学习兴趣和实际需求出发，合理安排知识结构，由浅入深、循序渐进，通过图文并茂的方式讲解运用 CorelDRAW X7 进行平面设计的各种方法及技巧。全书共分为 10 章，主要内容如下。

第 1 章：介绍了 CorelDRAW X7 的基本操作，包括工作区设置、文档基础操作、页面设置和辅助工具的使用等。

第 2 章：介绍了在 CorelDRAW X7 中各种线条和形状的绘制方法及技巧。

第 3 章：介绍了在 CorelDRAW X7 中对图形对象外观进行编辑操作的方法及技巧。

第 4 章：介绍了在 CorelDRAW X7 中图形对象的基本编辑操作方法及技巧。

第 5 章：介绍了在 CorelDRAW X7 中图形对象的填充设置方法及操作技巧。

第 6 章：介绍了在 CorelDRAW X7 中添加、编辑、应用文本的操作方法及技巧。

第 7 章：介绍了在 CorelDRAW X7 中各种特殊图形效果的创建、编辑操作方法及技巧。

第 8 章：介绍了在 CorelDRAW X7 中图层、样式和模板的创建、编辑操作方法及技巧。

第 9 章：介绍了在 CorelDRAW X7 中位图的使用、编辑操作方法及各种图像效果的设置方法及技巧。

第 10 章：介绍了在 CorelDRAW X7 中创建、编辑表格的操作方法及技巧。

读者定位和售后服务

本套丛书为所有从事计算机教学的老师和自学人员而编写，是一套适合于高等院校及各类社会培训学校的优秀教材，也可作为计算机初中级用户和计算机爱好者学习计算机知识的首选参考书。

如果您在阅读图书或使用电脑的过程中有疑惑或需要帮助，可以登录本丛书的信息支持网站(http://www.tupwk.com.cn/teaching)或通过 E-mail(wkservice@vip.163.com)联系，本丛书的作者或技术人员会提供相应的技术支持。

本书分为 10 章，其中哈尔滨商业大学的倪鑫编写了 1～5 章，哈尔滨理工大学的陈涤编写了 6～8 章，哈尔滨商业大学的姜雪编写了 9～10 章。另外，参加本书编写的人员还有陈笑、曹小震、高娟妮、李亮辉、洪妍、孔祥亮、陈跃华、杜思明、熊晓磊、曹汉鸣、陶晓云、王通、方峻、李小凤、曹晓松、蒋晓冬、邱培强等。由于作者水平所限，本书难免有不足之处，欢迎广大读者批评指正。我们的邮箱是 huchenhao@263.net，电话是 010-62796045。

最后感谢您对本丛书的支持和信任，我们将再接再厉，继续为读者奉献更多更好的优秀图书，并祝愿您早日成为计算机应用高手！

《计算机应用案例教程系列》丛书编委会

2016 年 2 月

目录

第1章 CorelDRAW X7基础操作

1.1 熟悉 CorelDRAW X7 工作区…………2
1.1.1 启动 CorelDRAW X7…………2
1.1.2 标题栏…………2
1.1.3 菜单栏…………2
1.1.4 标准工具栏…………3
1.1.5 属性栏…………3
1.1.6 工具箱…………3
1.1.7 绘图页面…………4
1.1.8 调色板…………4
1.1.9 泊坞窗…………5
1.1.10 状态栏…………5
1.2 自定义 CorelDRAW X7…………5
1.2.1 自定义菜单栏…………5
1.2.2 自定义工具栏…………6
1.2.3 自定义工作区…………6
1.3 文档基础操作…………7
1.3.1 新建文档…………7
1.3.2 打开文件…………8
1.3.3 保存文件…………8
1.3.4 关闭文件…………9
1.3.5 备份和恢复文件…………9
1.3.6 导入和导出文件…………10
1.4 页面的设置…………11
1.4.1 指定页面设置…………11
1.4.2 选择页面背景…………12
1.4.3 设置版面样式…………14
1.4.4 编辑页面…………14
1.4.5 插入页码…………16
1.4.6 跳转页面…………17
1.4.7 重新排列页面…………17
1.5 辅助工具的使用…………18
1.5.1 使用标尺…………18
1.5.2 设置网格…………19
1.5.3 设置辅助线…………20
1.6 撤销、恢复、重做与重复操作…………23
1.7 设置视图显示…………24
1.7.1 视图显示模式…………24
1.7.2 使用【缩放】工具…………24
1.7.3 使用【视图管理器】泊坞窗…………25
1.7.4 窗口操作…………26
1.8 案例演练…………26

第2章 创建图形对象

2.1 绘制线条…………30
2.1.1 使用【手绘】工具…………30
2.1.2 使用【贝塞尔】工具…………30
2.1.3 使用【钢笔】工具…………32
2.1.4 使用【B样条】工具…………32
2.1.5 使用【折线】工具…………33
2.1.6 使用【2点线】工具…………33
2.1.7 使用【3点曲线】工具…………33
2.1.8 使用【智能绘图】工具…………33
2.1.9 使用【艺术笔】工具…………34
2.1.10 绘制连线和标注线…………37
2.1.11 绘制尺度线…………40
2.2 绘制几何形状…………42
2.2.1 绘制矩形、方形…………42
2.2.2 绘制椭圆形、圆形…………45
2.2.3 绘制多边形…………50
2.2.4 绘制星形和复杂星形…………50
2.2.5 绘制螺纹…………51
2.2.6 绘制网格…………51
2.2.7 绘制基本形状…………52
2.3 案例演练…………54
2.3.1 制作 CD 封套…………54
2.3.2 制作商业名片…………61

第3章 编辑图形对象

3.1 编辑曲线对象…………68
3.1.1 选择、移动节点…………68

3.1.2 添加、删除节点……68
3.1.3 更改节点的属性……69
3.1.4 曲线和直线互相转换……70
3.1.5 闭合曲线……70
3.1.6 断开曲线……70
3.2 分割图形……71
3.2.1 使用【刻刀】工具……71
3.2.2 使用【橡皮擦】工具……72
3.2.3 使用【虚拟段删除】工具……72
3.3 修饰图形……73
3.3.1 使用【自由变换】工具……73
3.3.2 使用【涂抹】工具……74
3.3.3 使用【转动】工具……74
3.3.4 使用【吸引】和【排斥】工具……74
3.3.5 使用【粗糙】工具……75
3.3.6 使用【沾染】工具……75
3.4 造形对象……76
3.4.1 合并图形……76
3.4.2 修剪图形……77
3.4.3 相交图形……80
3.4.4 简化图形……80
3.4.5 移除对象……80
3.4.6 创建边界……80
3.5 编辑轮廓线……81
3.5.1 修改轮廓线……81
3.5.2 清除轮廓线……82
3.5.3 转换轮廓线……82
3.6 图框精确裁剪对象……83
3.6.1 创建图框精确裁剪……83
3.6.2 创建 PowerClip 对象……84
3.6.3 提取内容……85
3.6.4 锁定图框精确剪裁的内容……85
3.7 案例演练……86
3.7.1 制作标贴……86
3.7.2 制作折纸文字……90

第 4 章 对象的操作

4.1 选择对象……96
4.1.1 选择单一对象……96
4.1.2 选择多个对象……96
4.1.3 按一定顺序选择对象……96
4.1.4 选择重叠对象……97
4.1.5 全选对象……97
4.2 对象的叠放次序……97
4.3 复制对象……98
4.3.1 对象基本复制……98
4.3.2 对象的再制……98
4.3.3 复制对象属性……99
4.4 对齐与分布对象……99
4.4.1 对齐对象……100
4.4.2 使用【对齐与分布】泊坞窗……100
4.4.3 步长和重复……101
4.5 群组与合并……104
4.5.1 群组对象的操作……104
4.5.2 合并对象的操作……105
4.6 变换对象……105
4.6.1 移动对象……105
4.6.2 旋转对象……106
4.6.3 缩放对象……107
4.6.4 镜像对象……108
4.6.5 倾斜对象……109
4.7 锁定、解锁对象……109
4.8 案例演练……110
4.8.1 制作商品折扣券……110
4.8.2 UI 设计……116

第 5 章 填充颜色

5.1 使用调色板……124
5.1.1 选择调色板……124
5.1.2 【调色板管理器】泊坞窗……124
5.2 填充对象……127
5.2.1 均匀填充……127
5.2.2 渐变填充……130
5.2.3 图样填充……131
5.2.4 底纹填充……132
5.2.5 PostScript 填充……134
5.3 智能填充……135
5.4 使用【网状填充】工具……136

5.5 使用【滴管】工具 ……138
5.6 使用【颜色】泊坞窗 ……139
5.7 填充开放路径 ……140
5.8 使用【对象属性】泊坞窗 ……140
5.9 案例演练 ……141
5.9.1 洗衣粉包装设计 ……141
5.9.2 化妆品包装设计 ……148

第 6 章 文本的应用

6.1 添加文本 ……158
6.1.1 添加美术字文本 ……158
6.1.2 添加段落文本 ……158
6.1.3 贴入、导入外部文本 ……159
6.1.4 沿路径输入文本 ……160
6.2 选择文本对象 ……162
6.3 设置文本格式 ……162
6.3.1 【文本属性】泊坞窗 ……163
6.3.2 设置字体、字号 ……163
6.3.3 更改文本颜色 ……164
6.3.4 偏移、旋转字符 ……165
6.3.5 设置字符效果 ……165
6.3.6 设置文本对齐方式 ……167
6.3.7 设置文本缩进 ……168
6.3.8 设置文本间距 ……168
6.3.9 设置项目符号 ……170
6.3.10 设置首字下沉 ……171
6.3.11 设置分栏 ……172
6.4 文本的链接 ……173
6.4.1 链接多个文本框 ……173
6.4.2 链接段落文本框与图形对象 ……174
6.4.3 解除对象之间的链接 ……175
6.5 编辑和转换文本 ……175
6.5.1 编辑文本内容 ……175
6.5.2 美术字和段落文本的转换 ……175
6.5.3 转换文字方向 ……176
6.5.4 文本转换为曲线 ……176
6.5.5 自动断字 ……176
6.6 图文混排 ……177
6.7 案例演练 ……178
6.7.1 制作手机广告 ……178
6.7.2 制作地产广告 ……181

第 7 章 创建图形效果

7.1 阴影效果 ……188
7.1.1 创建阴影效果 ……188
7.1.2 复制阴影效果 ……189
7.1.3 分离与清除阴影 ……189
7.2 轮廓图效果 ……190
7.2.1 创建轮廓图 ……190
7.2.2 设置轮廓图的填充和颜色 ……191
7.2.3 分离与清除轮廓图 ……191
7.3 调和效果 ……192
7.3.1 创建调和效果 ……192
7.3.2 控制调和效果 ……193
7.3.3 创建复合调和 ……194
7.3.4 沿路径调和 ……195
7.3.5 复制调和属性 ……195
7.3.6 拆分调和对象 ……195
7.3.7 清除调和效果 ……195
7.4 变形效果 ……196
7.4.1 应用变形效果 ……196
7.4.2 清除变形效果 ……196
7.5 封套效果 ……197
7.5.1 创建封套效果 ……197
7.5.2 编辑封套效果 ……197
7.6 立体化效果 ……198
7.7 斜角效果 ……200
7.8 透明效果 ……201
7.9 透视效果 ……203
7.10 透镜效果 ……203
7.11 案例演练 ……205
7.11.1 制作促销吊旗 ……205
7.11.2 制作开学促销广告 ……210

第 8 章 图层、样式和模板

8.1 图层操作 ……218
8.1.1 新建和删除图层 ……218
8.1.2 在图层中添加对象 ……219

8.1.3 在主图层中添加对象…………219
8.1.4 在图层中移动、复制对象……220
8.2 图形和文本样式…………………………220
8.2.1 创建样式或样式集……………220
8.2.2 应用图形或文本样式…………222
8.2.3 编辑样式或样式集……………222
8.2.4 断开与样式的关联……………223
8.2.5 删除样式或样式集……………223
8.3 颜色样式……………………………………223
8.3.1 创建颜色样式…………………223
8.3.2 编辑颜色样式…………………225
8.3.3 删除颜色样式…………………226
8.4 模板…………………………………………226
8.4.1 创建模板…………………………226
8.4.2 应用模板…………………………226
8.5 案例演练……………………………………227
8.5.1 制作 VIP 卡……………………227
8.5.2 手机造型设计…………………233

第 9 章 编辑位图

9.1 导入、链接和嵌入位图……………244
9.1.1 导入位图…………………………244
9.1.2 链接、嵌入位图………………245
9.2 调整位图……………………………………245
9.2.1 转换为位图……………………245
9.2.2 裁剪位图…………………………246
9.2.3 重新取样位图…………………247
9.2.4 使用【图像调整实验室】……248
9.2.5 矫正图像…………………………249
9.3 更改位图的颜色模式………………249
9.3.1 黑白………………………………250
9.3.2 灰度………………………………250
9.3.3 双色………………………………250
9.3.4 调色板色…………………………251
9.3.5 RGB 颜色………………………252
9.3.6 Lab 色……………………………252
9.3.7 CMYK 色………………………252
9.4 描摹位图……………………………………252
9.4.1 快速描摹位图…………………252
9.4.2 中心线描摹位图………………253
9.4.3 轮廓描摹位图…………………253
9.5 三维效果……………………………………254
9.5.1 【三维旋转】命令……………254
9.5.2 【柱面】命令……………………254
9.5.3 【浮雕】命令……………………254
9.5.4 【卷页】命令……………………255
9.5.5 【透视】命令……………………255
9.5.6 【挤远/挤近】命令……………256
9.5.7 【球面】命令……………………256
9.6 艺术笔触……………………………………256
9.6.1 【炭笔画】命令…………………256
9.6.2 【蜡笔画】命令…………………257
9.6.3 【立体派】命令…………………257
9.6.4 【印象派】命令…………………257
9.6.5 【调色刀】命令…………………257
9.6.6 【钢笔画】命令…………………258
9.6.7 【点彩派】命令…………………258
9.6.8 【木版画】命令…………………258
9.6.9 【素描】命令……………………258
9.6.10 【水彩画】命令………………259
9.6.11 【水印画】命令………………259
9.6.12 【波纹纸画】命令……………259
9.7 颜色转换……………………………………260
9.7.1 【半色调】命令…………………260
9.7.2 【曝光】命令……………………260
9.8 模糊…………………………………………260
9.8.1 【高斯式模糊】命令…………260
9.8.2 【动态模糊】命令……………261
9.8.3 【放射状模糊】命令…………261
9.8.4 【缩放】命令……………………261
9.9 创造性………………………………………261
9.9.1 【工艺】命令……………………261
9.9.2 【晶格化】命令…………………262
9.9.3 【框架】命令……………………262
9.9.4 【马赛克】命令…………………262
9.9.5 【粒子】命令……………………262
9.9.6 【散开】命令……………………263
9.9.7 【虚光】命令……………………263
9.9.8 【天气】命令……………………263
9.10 扭曲………………………………………263

9.10.1　【置换】命令……263
9.10.2　【偏移】命令……264
9.10.3　【龟纹】命令……264
9.10.4　【漩涡】命令……264
9.10.5　【湿画笔】命令……265
9.10.6　【涡流】命令……265
9.10.7　【风吹效果】命令……265
9.11　轮廓图……266
9.12　案例演练……266
9.12.1　制作节日海报……266
9.12.2　制作婚礼邀请卡……268

第 10 章　处理表格

10.1　导入表格……274
10.2　添加表格……274
10.3　文本与表格的转换……276
10.3.1　从文本创建表格……276
10.3.2　从表格创建文本……276
10.4　编辑表格……277
10.4.1　选择、移动和浏览表格组件……277
10.4.2　插入和删除表格行、列……278
10.4.3　调整表格单元格……279
10.4.4　合并、拆分表格和单元格……280
10.4.5　格式化表格和单元格……280
10.4.6　添加图形、图像……282
10.5　案例演练……282
10.5.1　制作宣传单页……282
10.5.2　制作月历模板……287

第1章

CorelDRAW X7 基础操作

CorelDRAW X7 是由 Corel 公司推出的一款矢量绘图软件，使用它可以绘制图形、处理图像和编排版面等，因此其被广泛应用于平面设计、图形设计、电子出版物设计等诸多设计领域。本章主要介绍 CorelDRAW X7 的工作界面、文件管理、视图显示等基础知识内容。

对应光盘视频

例 1-1 自定义菜单及菜单命令
例 1-2 添加自定义工具栏
例 1-3 新建工作区
例 1-4 新建文档
例 1-5 设置自动备份文件参数
例 1-6 设置页面尺寸
例 1-7 使用位图页面背景
例 1-8 添加页面
例 1-9 显示与设置网格
例 1-10 精确添加辅助线
例 1-11 新建版式文档

1.1 熟悉 CorelDRAW X7 工作区

CorelDRAW 是加拿大 Corel 公司推出的一款著名的矢量绘图软件。在不断完善和发展中，其具备了强大而全面的图形编辑处理功能，成为应用最为广泛的平面设计软件之一。

1.1.1 启动 CorelDRAW X7

完成 CorelDRAW X7 应用程序安装后，选择【开始】|【所有程序】| CorelDRAW Graphics Suite X7 | CorelDRAW X7 命令，即可启动该应用程序。启动程序后，在工作区中会出现【欢迎屏幕】窗口。CorelDRAW X7 的【欢迎屏幕】窗口按不同的功能类别，以标签的形式展现给用户，以便于用户查找和浏览。

在默认状态下，【欢迎屏幕】的标签内容以图标的形式展现。单击标签栏顶部的 » 按钮，可以展开标签内容。

要在启动 CorelDRAW X7 时不显示【欢迎屏幕】窗口，可以在【欢迎屏幕】窗口中取消选中【启动时始终显示欢迎屏幕】复选框，在下次启动 CorelDRAW X7 时就不会显示【欢迎屏幕】窗口。

进入 CorelDRAW X7 工作区后，用户可以看到该工作区包含标题栏、菜单栏、标准工具栏、属性栏、工具箱、绘图页面等内容。

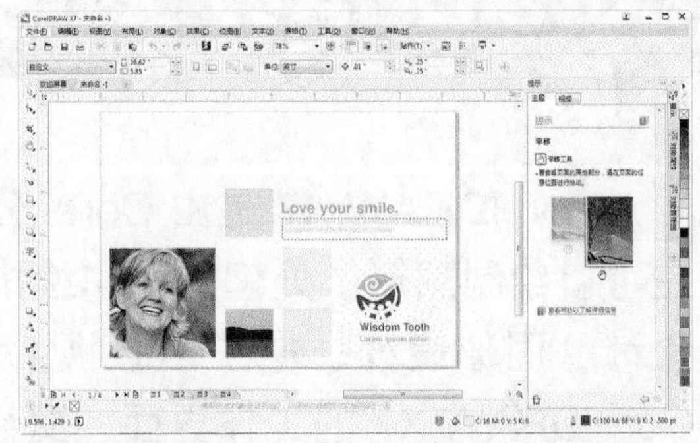

1.1.2 标题栏

标题栏位于应用程序窗口的最上方，用于显示当前打开文件的路径和名称。标题栏的左边为 CorelDRAW 的图标、版本名称和当前文件名，单击该图标可以打开窗口控制菜单。使用该菜单中的命令，可以移动、关闭、放大和缩小窗口。

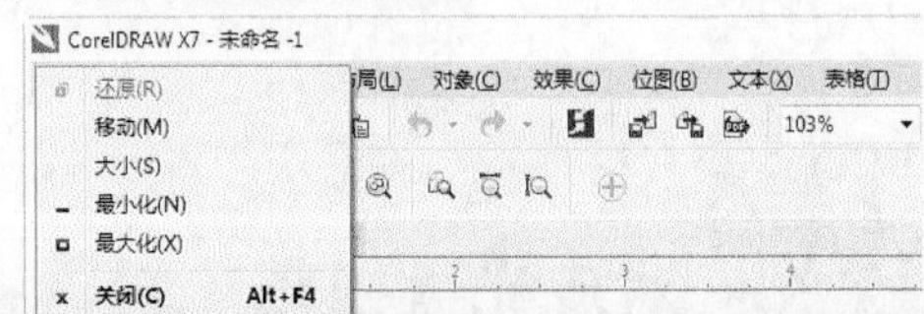

实用技巧

标题栏右边为与 Windows 应用程序风格一致的【最小化】、【最大化/还原】和【关闭】按钮。

1.1.3 菜单栏

菜单栏中包含了 CorelDRAW 常用的各种命令。它们是文件、编辑、视图、布局、对象、效果、位图、文本、表格、工具、窗口、帮助共 12 组菜单命令。各菜单命令又包括应用程序中的各项功能命令。

文件(F) 编辑(E) 视图(V) 布局(L) 对象(C) 效果(C)

位图(B) 文本(X) 表格(T) 工具(O) 窗口(W) 帮助(H)

单击相应的菜单名称，即可打开该菜单。

如果在菜单项右侧有一个三角符号▸，表示此菜单项有子菜单，只要将鼠标移动到此菜单项上，即可打开其子菜单。

如果在菜单项右侧有⋯符号，则执行此菜单项时将会弹出与之有关的对话框。

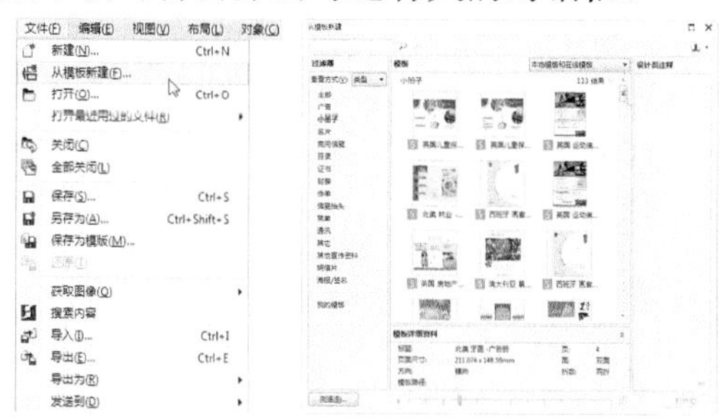

1.1.4 标准工具栏

标准工具栏中包含了一些常用的命令按钮。每个图标按钮代表相应的菜单命令。用户只需单击某图标按钮，即可对当前选择的对象执行该命令效果。标准工具栏为用户简化了从菜单中选择命令的操作。

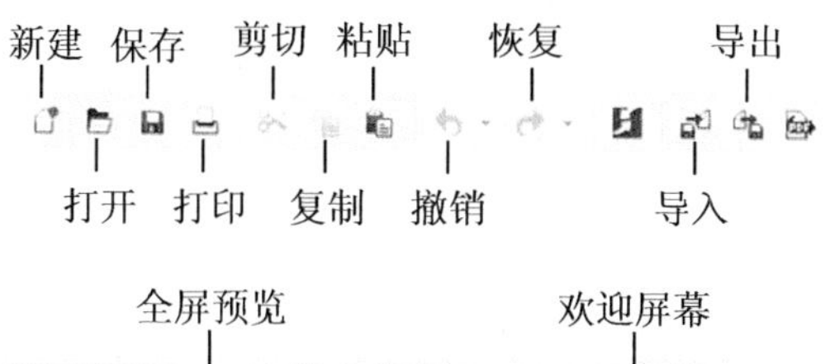

1.1.5 属性栏

属性栏用于查看、修改与选择对象相关的参数选项。用户在工作区中未选择工具或对象时，工具属性栏会显示当前页面的参数选项。选择工具后，属性栏会显示当前工具的参数选项。

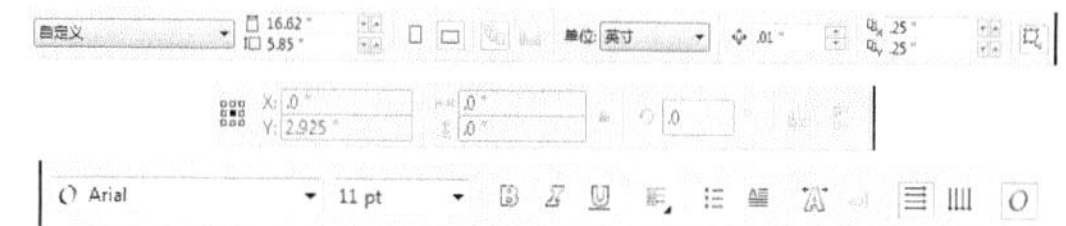

取消【窗口】|【工具栏】|【锁定工具栏】命令的选中状态后，在属性栏上按住鼠标左键并将其向工具区中拖动，使其成为浮动面板，可以将属性栏放置到工作区中任意位置。使用鼠标将其拖动回原位置，可以恢复属性栏的默认状态。

1.1.6 工具箱

CorelDRAW X7 的工具箱位于工作区的左侧，其中提供了绘图操作时常用的各种基本工具。

选择工具
形状工具
裁剪工具
缩放工具
手绘工具
艺术笔工具
矩形工具
椭圆形工具
多边形工具
文本工具
平衡度量工具
直线连接器工具
阴影工具
透明度工具
颜色滴管工具
交互式填充工具
智能填充工具

在工具按钮下显示有黑色小三角标记，表示该工具是一个工具组。在该工具按钮上按下鼠标左键不放，可展开隐藏的工具栏并选取需要的工具。也可以单击工具箱底部的⊕按钮，在弹出的工具列表中选择显示在工具箱中的工具。

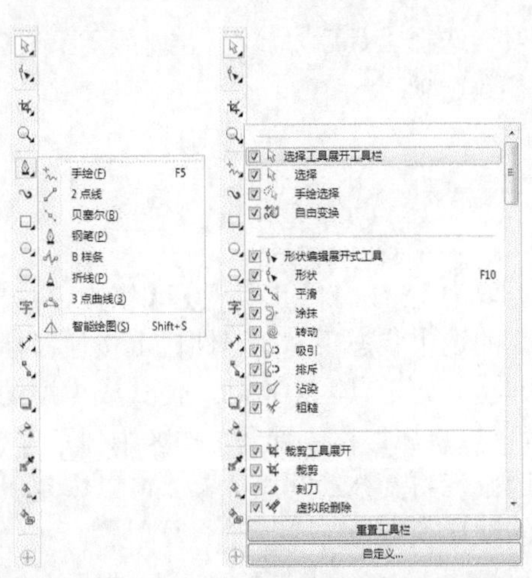

1.1.7 绘图页面

工作区中带有阴影的矩形，称为绘图页面。用户可以根据实际的设计需要，对绘图页面的尺寸大小进行调整。需要注意的是，设计完成后，在进行图形的输出处理时，所有的对象必须放置在绘图页面范围之内，否则无法输出。

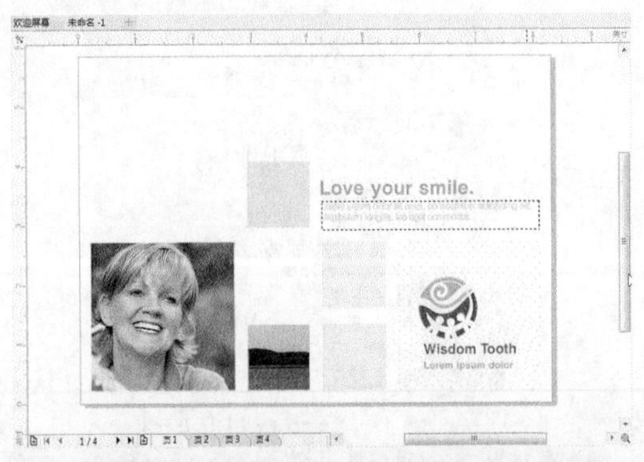

知识点滴

通过选择【视图】|【页】|【页边框】、【出血】或【可打印区域】命令，即可打开或关闭页面边框、出血标记或可打印区域。

1.1.8 调色板

调色板中放置了 CorelDRAW X7 中默认的各种颜色色板。默认情况下，它以 1 行形式放置在工作区的右侧，单击调色板底部的 » 按钮可以显示其他隐藏的色板。

用户也可以单击调色板顶部的▶按钮，在弹出的菜单中选择【行】|【2 行】或【3 行】命令显示隐藏的色板。

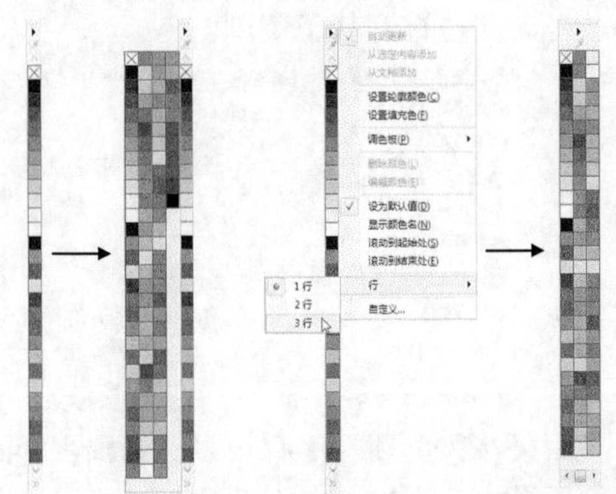

CorelDRAW 工作区中，默认显示的颜色模式为 CMYK 模式。在调色板菜单中选择【显示颜色名】命令，可以在调色板中显示色板名称。

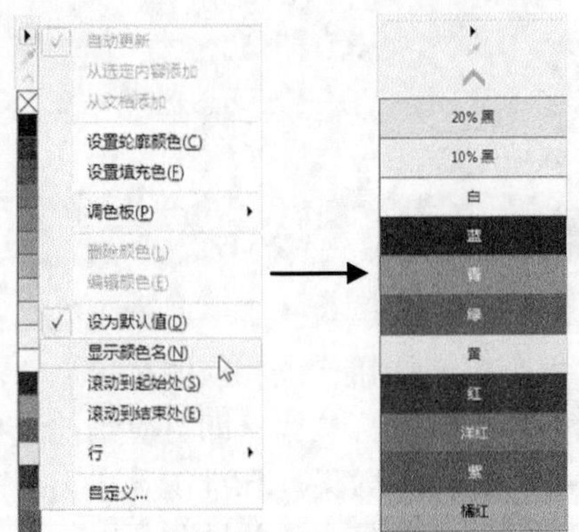

用户选择【窗口】|【调色板】|【调色板编辑器】命令，打开【调色板编辑器】对话框。在该对话框中，可以对调色板属性进行设置。可设置的内容包括修改默认调色板、编辑颜色、添加颜色、删除颜色、将颜色排序和重置调色板等。

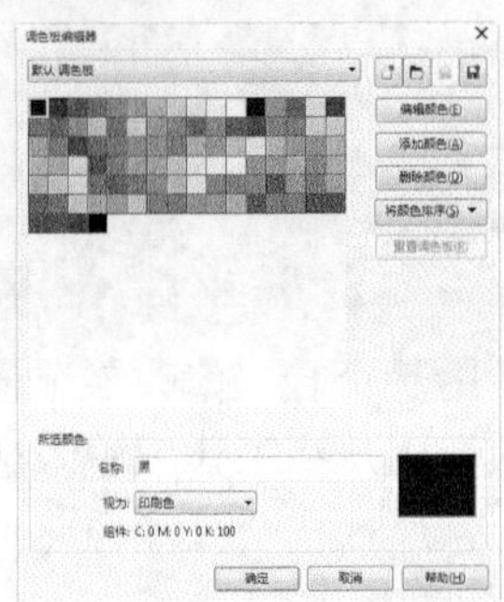

1.1.9　泊坞窗

泊坞窗是放置 CorelDRAW X7 各种管理器和编辑命令的工作面板。默认情况下，显示在工作区的右侧。单击泊坞窗上面的双箭头按钮 ▸▸，可使泊坞窗最小化。

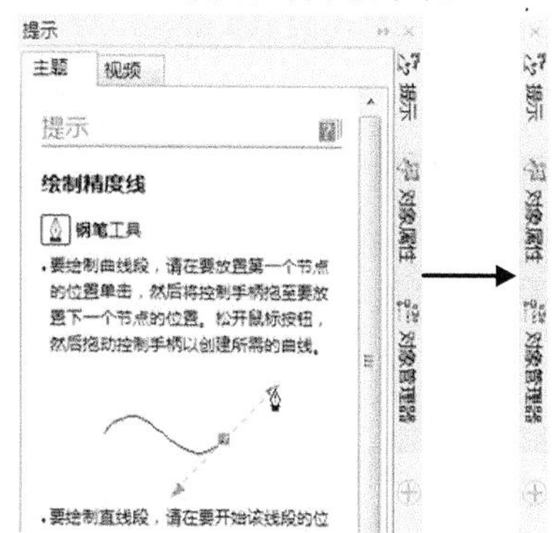

选择【窗口】|【泊坞窗】命令，然后选择各种管理器和命令选项，即可将其激活并显示在工作区中。

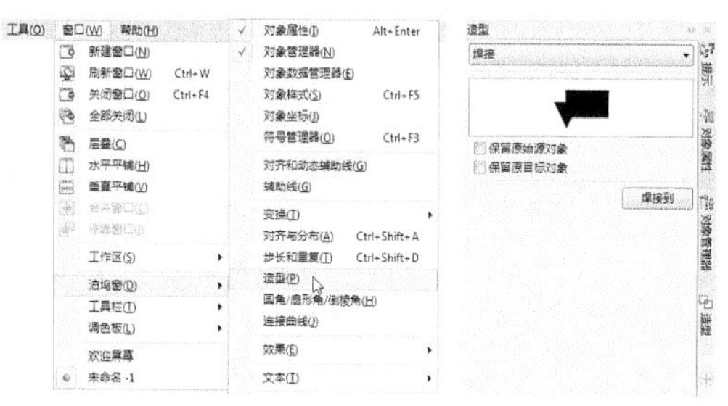

1.1.10　状态栏

状态栏位于工作区的最下方，主要提供绘图过程中的相应提示，帮助用户熟悉各种功能的使用方法和操作技巧。在状态栏中，单击提示信息右侧的▶按钮，在弹出的菜单中，可以更改显示的提示信息内容。

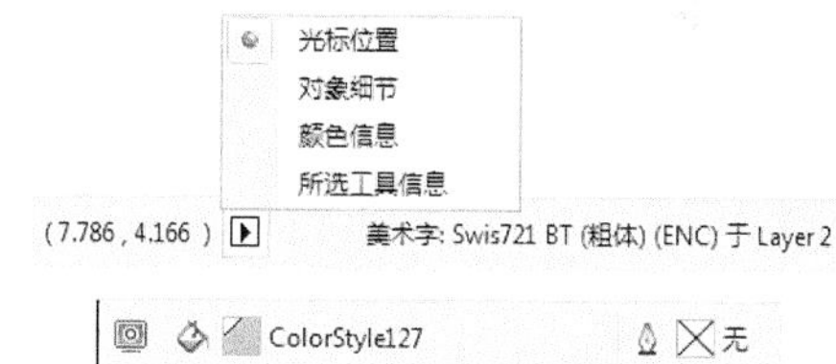

1.2　自定义 CorelDRAW X7

在 CorelDRAW X7 应用程序中，用户可以根据个人设计需要来自定义应用程序工作区。

1.2.1　自定义菜单栏

CorelDRAW X7 应用程序的自定义功能允许用户修改菜单栏及其包含的菜单。用户可以改变菜单和菜单命令的顺序；添加、移除和重命名菜单和菜单命令；以及添加和移除菜单命令分隔符。如果没有记住菜单位置，可以使用搜索菜单命令，还可以将菜单重置为默认设置。

实用技巧

自定义选项既适用于菜单栏菜单，也适用于通过右击弹出的快捷键菜单。

【例 1-1】在 CorelDRAW X7 应用程序中，自定义菜单及菜单命令。视频

step 1　在CorelDRAW X7 应用程序中，选择菜单栏中的【工具】|【自定义】命令，打开【选项】对话框。在对话框左侧的【自定义】类别列表中，单击【命令】选项。

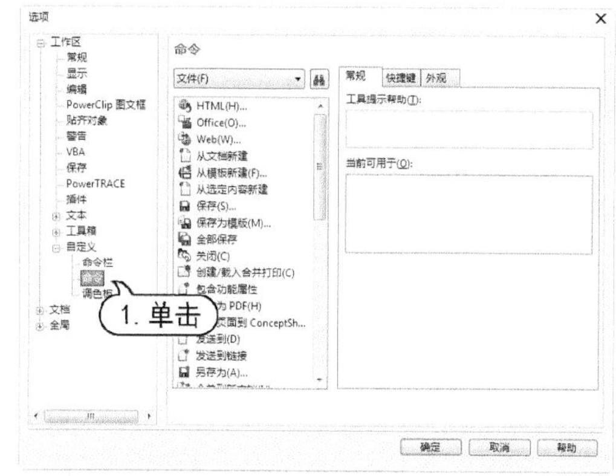

step 2　在工作区中的【视图】菜单命令上按下鼠标，并按住鼠标向右拖动菜单，至【窗口】菜单前释放鼠标，可以更改菜单命令排列顺序。

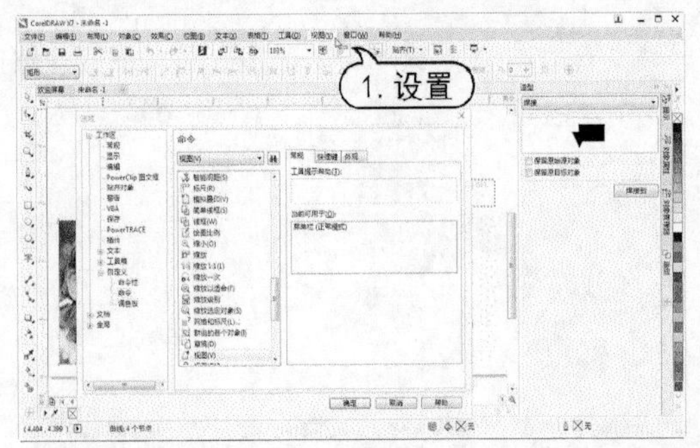

step 3 单击菜单栏【文件】命令，接着单击【选项】对话框中【文件】命令列表中的【从文档新建】命令，再单击右侧的【外观】标签。

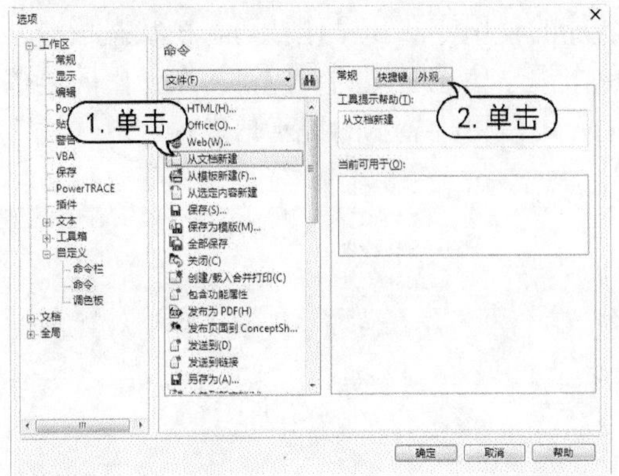

step 4 在【标题】文本框中输入"新建文档"，然后单击【确定】按钮，即可应用自定义菜单命令名称。

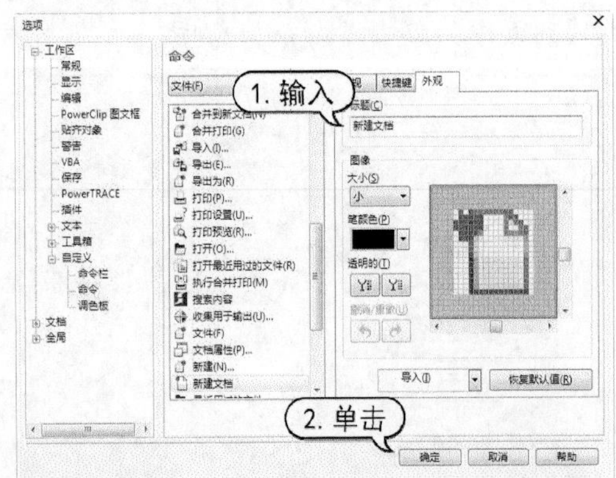

1.2.2 自定义工具栏

在 CorelDRAW X7 应用程序中，可以自定义工具栏的位置和显示。工具栏可以附加到应用程序窗口的边缘，也可以移出工具栏将其拉离应用程序窗口的边缘，使其处于浮动状态，便于随处移动。

用户还可以创建、删除和重命名自定义工具栏，也可以通过添加、移除以及排列工具栏项目来自定义工具栏；还可以通过调整按钮大小、工具栏边框，以及显示图像、标题或同时显示图像与标题来调整工具栏外观，也可以编辑工具栏按钮图像。

【例 1-2】在 CorelDRAW X7 应用程序中，添加自定义工具栏。视频

step 1 在CorelDRAW X7 中，选择菜单栏中的【工具】|【自定义】命令，打开【选项】对话框。在该对话框左侧的【自定义】类别列表中，单击【命令栏】选项，再单击【新建】按钮，然后在【命令栏】列表中输入名称"我的工具栏"，然后单击【确定】按钮。

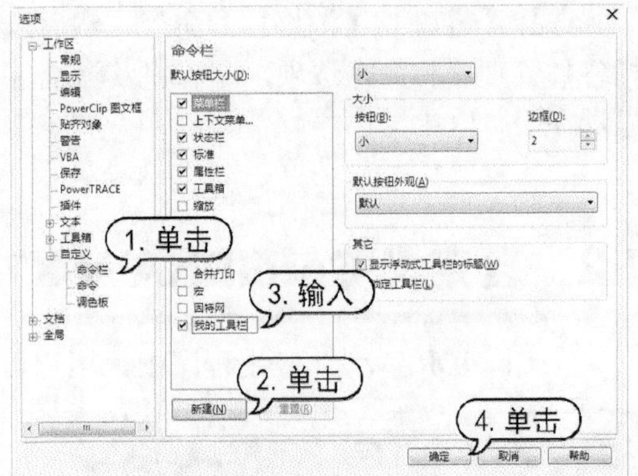

step 2 按下Ctrl+Alt组合键，然后将应用程序窗口中的工具或命令按钮拖动到新建的工具栏中，即可创建自定义工具栏。

实用技巧

要删除自定义工具栏，选择【工具】|【自定义】命令，在【选项】对话框中单击左侧【自定义】类别列表中的【命令栏】，然后选择工具栏名称，单击【删除】按钮。要重命名自定义工具栏，可双击工具栏名称，然后输入新名称。

1.2.3 自定义工作区

工作区是对应用程序设置的配置，指定

打开应用程序时各个命令栏、命令和按钮的排列方式。

在 CorelDRAW X7 中可以创建和删除工作区，也可以选择程序中包含的预置的工作区设置。例如，用户可以选择具有 Adobe Illustrator 外观效果的工作区，还可以将当前工作区重置为默认设置，也可以将工作区导出、导入到使用相同应用程序的其他计算机中。

【例 1-3】在 CorelDRAW X7 应用程序中，新建工作区。视频

step 1 在CorelDRAW X7 应用程序中，选择菜单栏中的【工具】|【自定义】命令，打开【选项】对话框。在左侧列表中单击【工作区】，在打开的【工作区】对话框中单击【新建】按钮。

step 2 打开【新工作区】对话框，在该对话框的【新工作区的名字】文本框中输入工作区的名称“我的工作区”。从【基新工作区于】列表框的下拉列表中，选择Adobe®Illustrator®作为新工作区的基础，然后单击【确定】按钮，完成新工作区的创建。

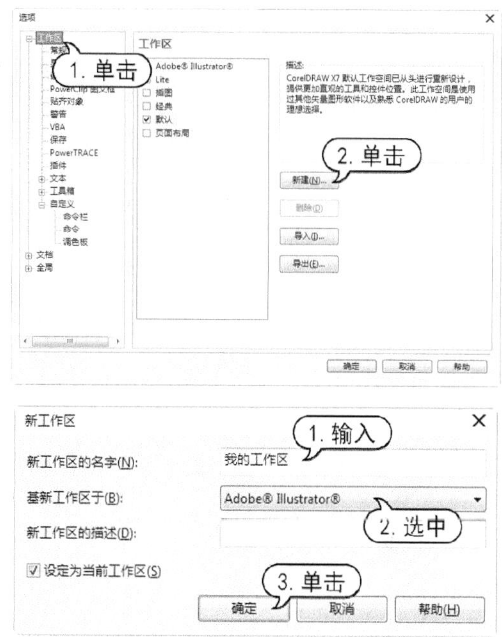

1.3　文档基础操作

要在 CorelDRAW X7 应用程序中进行设计工作，必须先熟悉创建、打开、保存、关闭等基本文件操作方法。

1.3.1　新建文档

在 CorelDRAW X7 中进行绘图设计之前，首先应新建文件。新建文件时，设计者可以根据设计要求、目标用途，对页面进行相应的设置，以满足实际应用需求。

启动 CorelDRAW X7 应用程序后，要新建文件，可以在【欢迎屏幕】窗口中单击【新建文档】选项，或选择【文件】|【新建】命令，或单击标准工具栏中的【新建】按钮，或直接按 Ctrl+N 快捷键，打开【创建新文档】对话框，通过设置可以创建用户所需大小的图形文件。

【例 1-4】在 CorelDRAW X7 中，新建一个文档。
视频+素材（光盘素材\第 01 章\例 1-4）

step 1 启动CorelDRAW X7，在【欢迎屏幕】窗口中，单击【新建文档】选项，打开【创建新文档】对话框。

step 2 在【创建新文档】对话框的【名称】文本框中输入“绘图文件”，设置【宽度】数值为 100 mm，【高度】数值为 50 mm，【渲染

分辨率】数值为150 dpi。

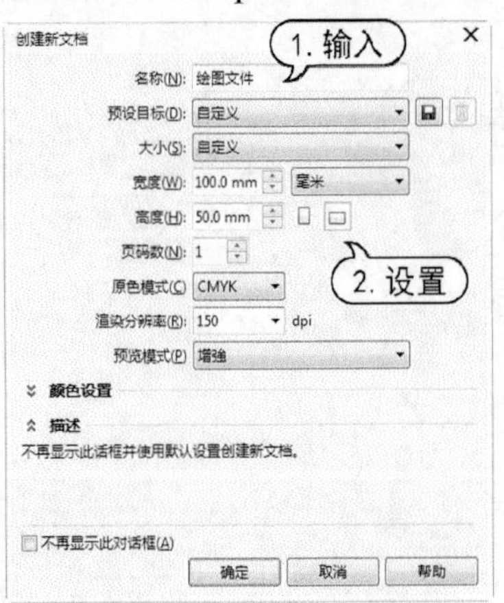

step 3 设置完成后，单击【确定】按钮，即可创建新文档。

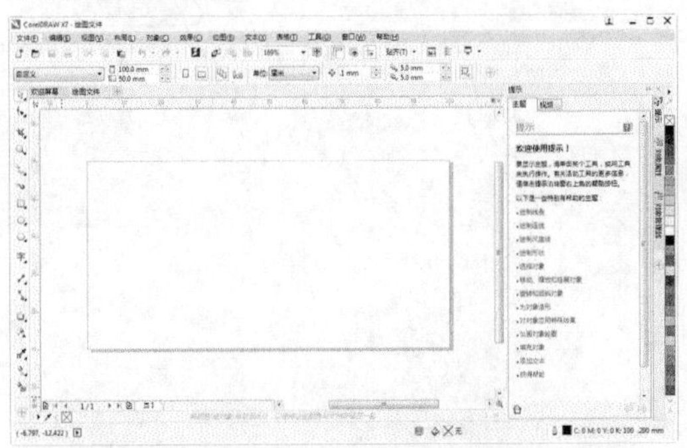

1.3.2 打开文件

当用户需要修改或编辑已有的文件时，可以选择【文件】|【打开】命令，或按下Ctrl+O快捷键，或者在工具栏中单击【打开】按钮，打开【打开绘图】对话框，从中选择需要打开的文件类型、文件的路径、文件名后，单击【打开】按钮即可。

另外，CorelDRAW X7有保存最近使用文档记录的功能，选择【文件】|【打开最近用过的文件】命令，在其子菜单下选择相应的文件即可打开。

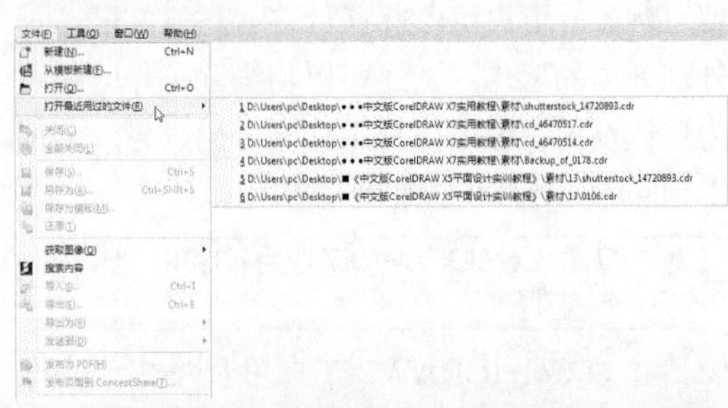

知识点滴

如果需要同时打开多个文件，可在【打开绘图】对话框的文件列表框中，按住Shift键选择连续排列的多个文件，或按住Ctrl键选择不连续排列的多个文件，然后单击【打开】按钮，即可按照文件排列的先后顺序将选取的所有文件打开。

1.3.3 保存文件

在绘图过程中，为避免文件意外丢失，需要及时将编辑好的文件保存到磁盘中。选择【文件】|【保存】命令，或按下Ctrl+S快捷键，或在工具栏中单击【保存】按钮，打开【保存绘图】对话框，选择保存文件的类型、路径和名称，然后单击【保存】按钮即可完成保存文件操作。

如果当前文件是在一个已有的文件基础上进行修改，那么在保存文件时，选择【保存】命令，将使用新保存的文件数据覆盖原有的文件，而原文件将不复存在。如果要在

保存文件时保留原文件，可选择【文件】|【另存为】命令，打开【保存绘图】对话框设置保存的文件名、类型、路径，再单击【保存】按钮，即可将当前文件存储为一个新的文件。

知识点滴

在 CorelDRAW 中，用户还可以对文件设置自动保存。选择【工具】|【选项】命令，在打开的【选项】对话框中单击【工作区】|【保存】选项，然后在右侧的选项区中进行设置。

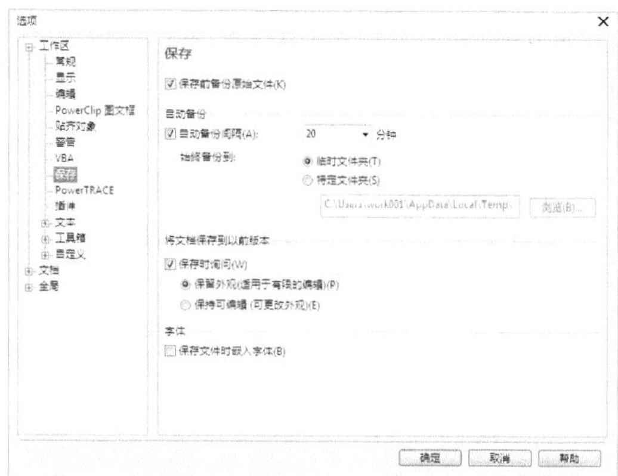

1.3.4　关闭文件

当用户需要退出当前正在编辑的文档时，可选择【文件】|【关闭】命令，或单击菜单栏右侧的【关闭】按钮，即可关闭当前文件。如果当前编辑的文件没有进行最后的保存，则系统将弹出提示对话框，询问用户是否对修改的文件进行保存。选择【文件】|【全部关闭】命令，即可关闭所有打开的图形文件。

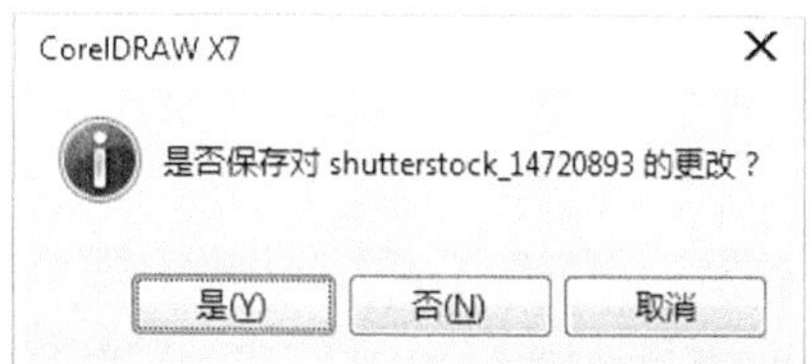

1.3.5　备份和恢复文件

CorelDRAW 可以自动保存绘图的备份副本，并在发生系统错误后已重新启动程序时，提示用户恢复备份副本。在 CorelDRAW 的任意操作期间，都可以设置自动备份文件的时间间隔，并指定要保存文件的位置。默认情况下，自动备份文件将保存在临时文件夹或指定的文件夹中。

重新启动 CorelDRAW 时，可以从临时文件夹或指定的文件夹中恢复备份文件。也可以选择不恢复文件，但正常关闭程序时，该文件将被自动删除。

【例 1-5】设置 CorelDRAW X7 的自动备份文件参数。视频

step 1　选择菜单栏中的【工具】|【选项】命令，打开【选项】对话框。在对话框左侧列表中选择【工作区】|【保存】选项。

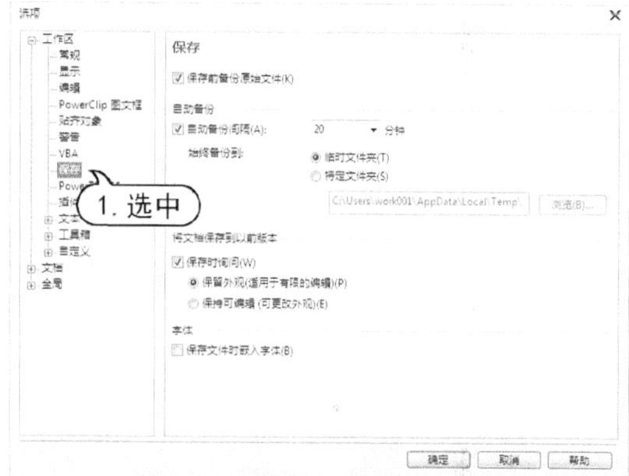

step 2　在【自动备份间隔】复选框后的【分钟】下拉列表中选择数值 5。选中【特定文件夹】单选按钮，单击【浏览】按钮，在打开的【浏览文件夹】对话框中选择备份文件夹，然后单击【确定】按钮，关闭【浏览文件夹】对话框。

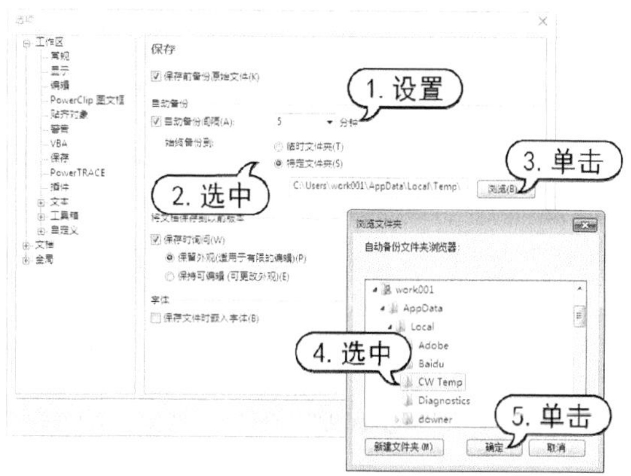

知识点滴

在【始终备份到】选项中，选中【临时文件夹】单选按钮，可用于将自动备份文件保存到临时文件夹中；选中【特定文件夹】单选按钮，可用于指定保存自动备份文件的文件夹。

step 3 设置完成后，单击【确定】按钮关闭【选项】对话框。

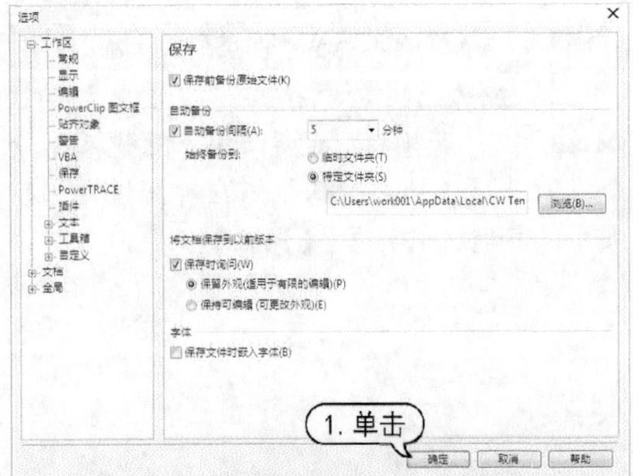

知识点滴

要恢复备份文件，在重新启动 CorelDRAW 应用程序后，单击【文件恢复】对话框中的【确定】按钮，在指定文件夹中保存并重命名文件。

1.3.6 导入和导出文件

导入和导出文件命令是 CorelDRAW 和其他应用程序之间进行联系的桥梁。通过导入命令可以将其他应用软件生成的文件输入至 CorelDRAW 中，包括位图和文本文件等。

需要导入文件时，选择【文件】|【导入】命令，打开【导入】对话框。选择所需导入的文件后，单击【确定】按钮即可。

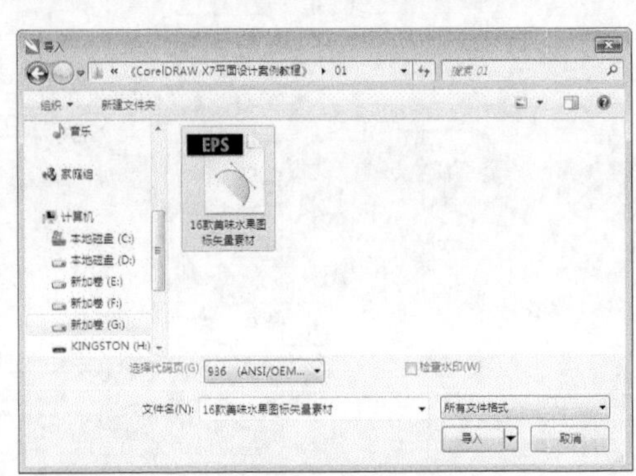

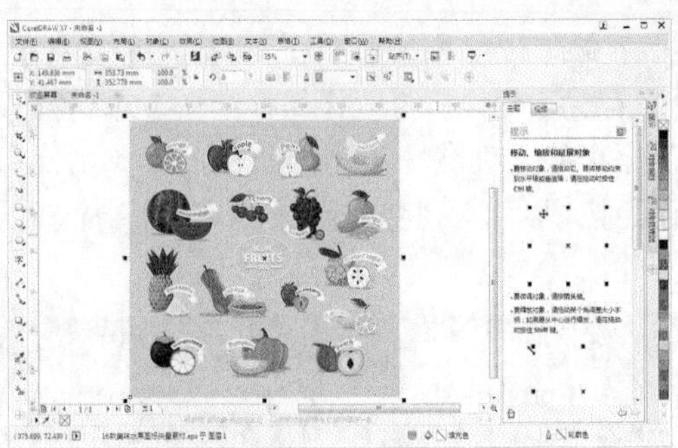

打开 CorelDRAW 工作区后，在标准工具栏中单击【导入】按钮，或按 Ctrl+I 快捷键也可以打开【导入】对话框，然后选择所需图像或文件。

导出功能可以将 CorelDRAW 绘制好的图形输出成位图或其他格式的文件。选择【文件】|【导出】命令或单击标准工具栏中的【导出】按钮，打开【导出】对话框。选择要导出的文件格式后，单击【导出】按钮。

选择不同的导出文件格式，会打开不同的格式设置对话框。

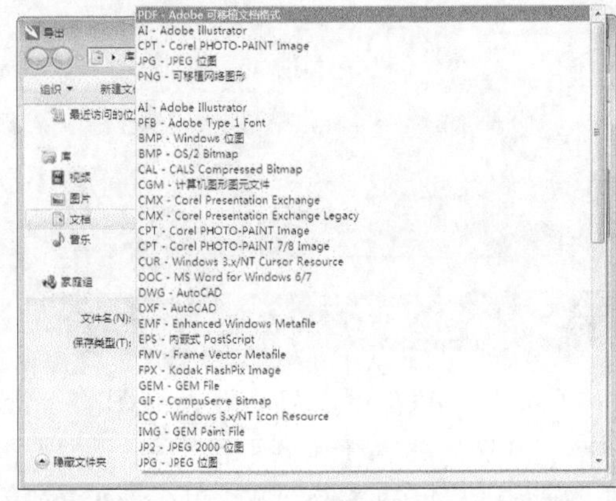

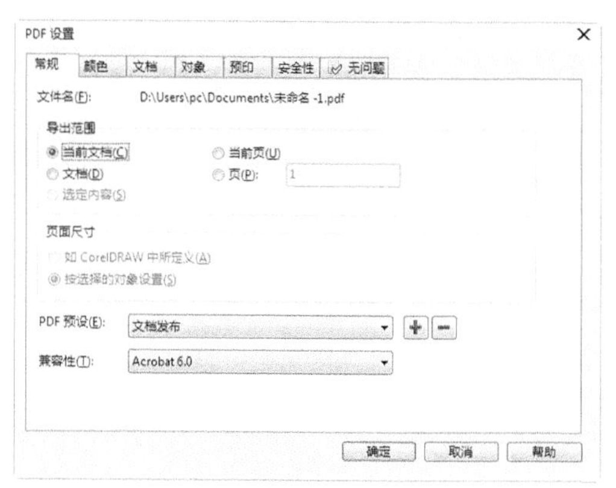

1.4　页面的设置

在开始绘图之前，可以精确设置所需的页面的相关参数。使用【布局】菜单中的相关命令，可以调整绘图页的参数值，包括页面尺寸、方向以及版面，并且可以为页面选择一个背景。

1.4.1　指定页面设置

在实际绘图工作中，所编辑的绘图文件常常具有不同的尺寸要求。这时，就需要进行自定义页面设置。在 CorelDRAW X7 应用程序中，提供了多种设置页面大小、方向的操作方法。

➢ 在绘图文件中没有选中任何对象的情况下，可以在工作区的属性栏中对页面大小进行调整。

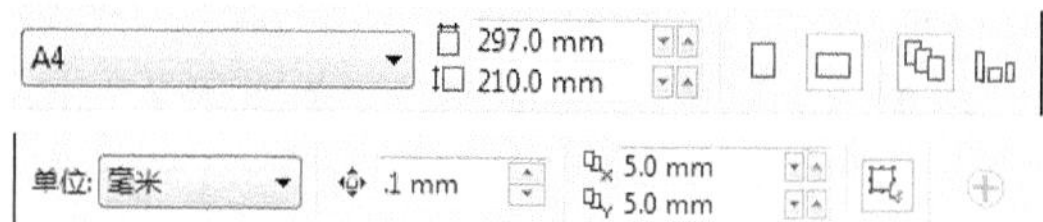

➢ 在工作区中的绘图页面阴影上双击鼠标左键，或选择【布局】|【页面设置】命令，打开【选项】对话框，在其中就可对当前页面的方向、尺寸大小、分辨率、出血范围等属性进行设置。设置好后单击【确定】按钮，即可保存对当前文件中的页面所做的调整。

实用技巧

如果当前文件中存在多个页面，选中【只将大小应用到当前页面】复选框，则只对当前页面进行调整。

【例 1-6】在 CorelDRAW X7 应用程序中，设置页面尺寸。

视频+素材 (光盘素材\第 01 章\例 1-6)

step 1　启动CorelDRAW X7 应用程序，在【欢迎屏幕】窗口中单击【新建文档】选项，打开【创建新文档】对话框。

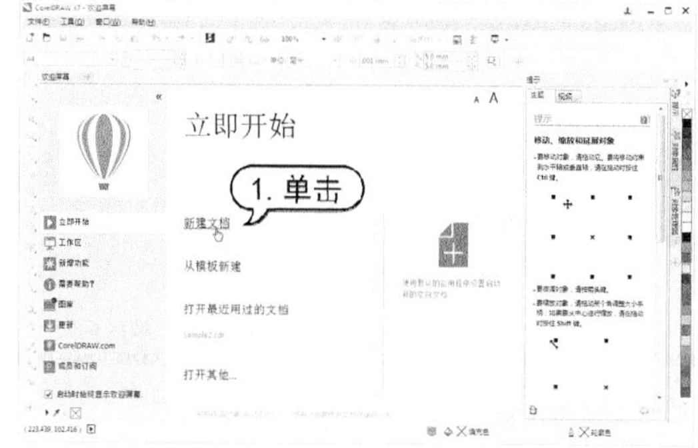

step 2 在对话框的【名称】文本框中输入“绘图文件”，设置【宽度】数值为 50 mm、【高度】数值为 50 mm，在【渲染分辨率】下拉列表中选择 150 dpi，然后单击【确定】按钮，即可创建新文件。

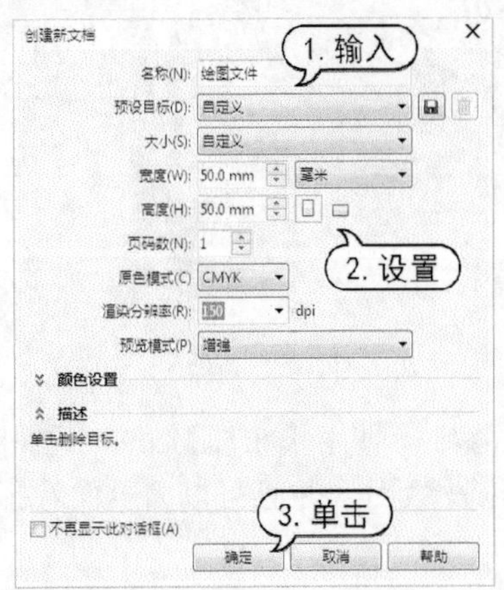

step 3 选择菜单栏中的【布局】|【页面设置】命令，打开【选项】对话框。设置【宽度】数值为 100，设置【出血】数值为 3，并选中【显示出血区域】复选框。

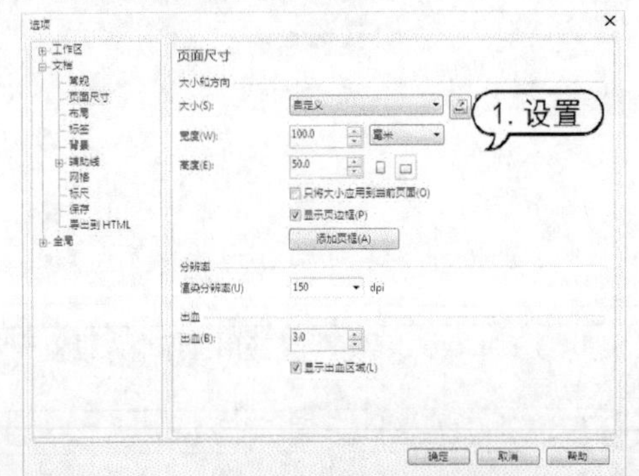

知识点滴

在选中【选择】工具，并在工作区中未选中任何对象的情况下，可以通过单击属性栏上【页面大小】按钮，从弹出的列表框底部单击【编辑该列表】按钮，打开【选项】对话框来添加或删除自定义预设页面尺寸。

step 4 单击【选项】对话框中的【保存】按钮，打开【自定义页面类型】对话框。在【另存自定义页面类型为】文本框中输入“横向卡片”，然后单击【确定】按钮，返回【选项】对话框。

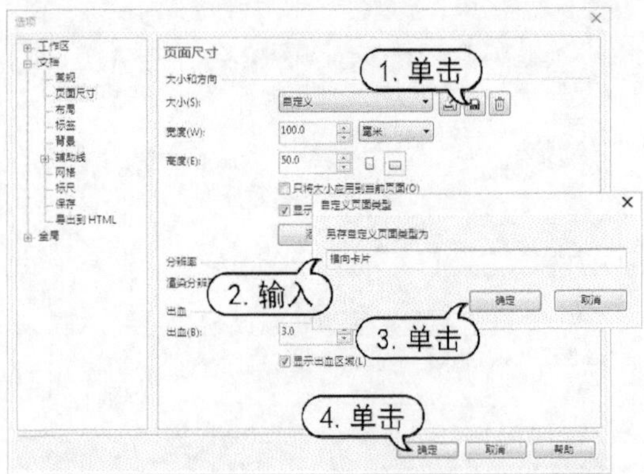

step 5 单击【选项】对话框中的【确定】按钮，应用设置的页面尺寸。

1.4.2 选择页面背景

页面背景是指添加到页面中的背景颜色或图像。在 CorelDRAW X7 中，页面背景可以设置为纯色，也可以是位图图像，并且在添加页面背景后，不会影响图形绘制的操作。通常，新建文档的页面背景默认为【无背景】。要设置页面背景，选择【布局】|【页面背景】命令，打开【选项】对话框，在其中即可对页面背景进行设置。选中【选项】对话框中的【打印和导出背景】复选框，还可以将背景与绘图一起打印和导出。

1. 使用纯色页面背景

如果以一个单色作为页面背景，选择【布局】|【页面背景】命令，打开【选项】对话框。在【背景】选项区域中，选中【纯色】单选按钮，然后从右侧的列表中选取所需的颜色。

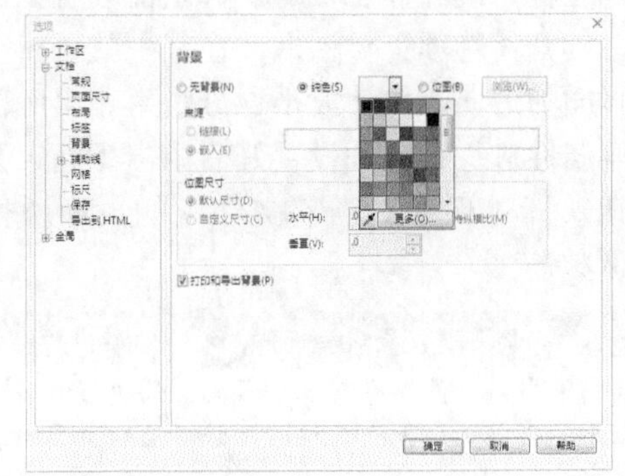

如果没有合适的颜色，单击【更多】按钮，可以打开【选择颜色】对话框，它允许创建一个自定义颜色或从 CorelDRAW 提供的任何颜色模式中选取颜色。

2. 使用位图创建页面背景

如果要使用位图作为背景，选择【布局】|【页面背景】命令，打开【选项】对话框。在对话框中，选中【位图】单选按钮，然后单击右侧的【浏览】按钮。在打开的【导入】对话框中选取要导入的位图文件，单击【导入】按钮。

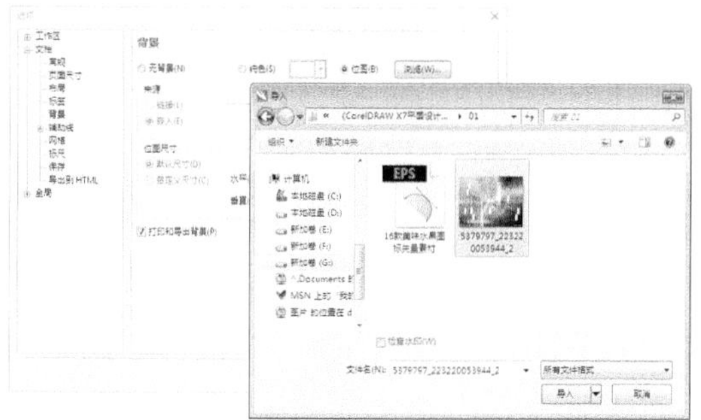

用位图创建背景时，可以指定位图的尺寸并将图形链接或嵌入到文件中。将图形链接到文件中时，对源图形所做的任何修改都将自动在文件中反映出来，而嵌入的对象则保持不变。在将文件发送给其他人时必须包括链接的图形。如果需要链接或嵌入位图背景，在【来源】选项区中，选中【链接】单选按钮可以从外部链接位图；选中【嵌入】单选按钮，可以直接将位图添加到文档中。选中【自定义尺寸】单选按钮，可以改变位图背景的大小。选中【保持纵横比】复选框，可以保持位图的水平和垂直比例；禁用该项时，可以指定不符合原比例的高度和宽度值，在【水平】和【垂直】数值框中输入具体的值以指定背景的宽度。

【例 1-7】在 CorelDRAW X7 应用程序中，使用位图页面背景。

视频+素材 (光盘素材\第 01 章\例 1-7)

step 1 在CorelDRAW X7 应用程序中，选择【文件】|【打开】命令，打开【打开绘图】对话框。在该对话框中，选中所需的绘图文件，然后单击【打开】按钮打开绘图文件。

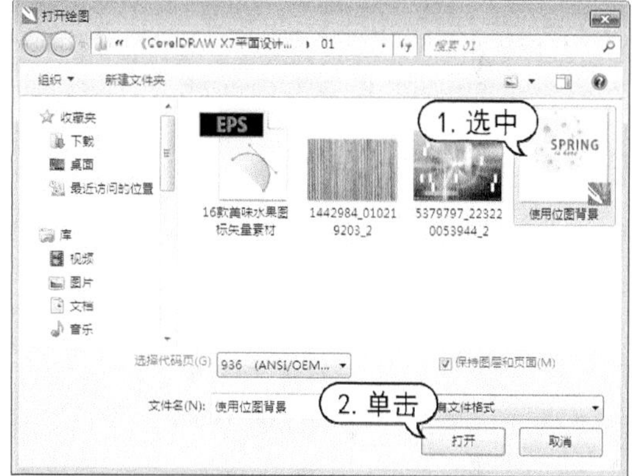

step 2 选择【布局】|【页面背景】命令，打开【选项】对话框。在该对话框中，选中【位图】单选按钮，再单击【浏览】按钮。在打开的【导入】对话框中，选择要作为背景的位图文件，单击【导入】按钮。

step 3 在【选项】对话框中，选中【自定义尺寸】单选按钮，取消选中【保持纵横比】复选框，设置【水平】数值为 297，【垂直】

数值为 210。

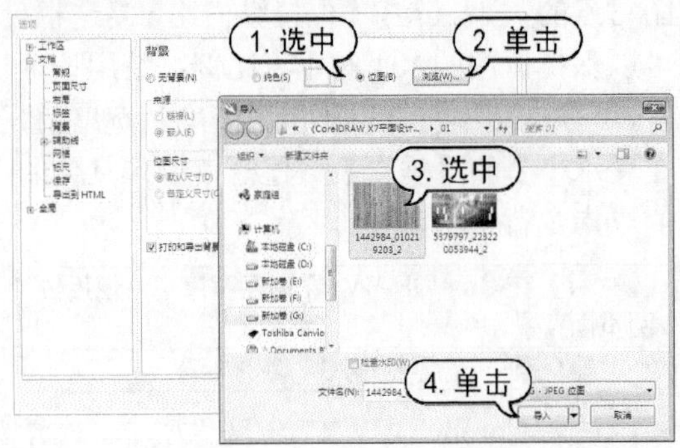

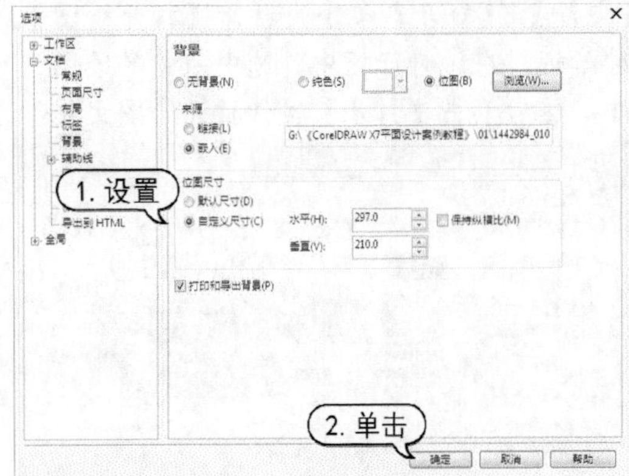

step④ 设置完成后，单击【选项】对话框中的【确定】按钮，应用位图背景。

3. 删除页面背景

选择菜单栏中的【布局】|【页面背景】命令，打开【选项】对话框。在该对话框中，选中【无背景】单选按钮可以快速移除页面背景。当启用该按钮时，绘图页面恢复到原来的状态，不会影响绘图的其余部分。

1.4.3 设置版面样式

CorelDRAW X7 应用程序中还提供了标准出版物的版面。在【选项】对话框的【文档】类别列表中，单击【布局】选项，可以打开【布局】选项设置区域。

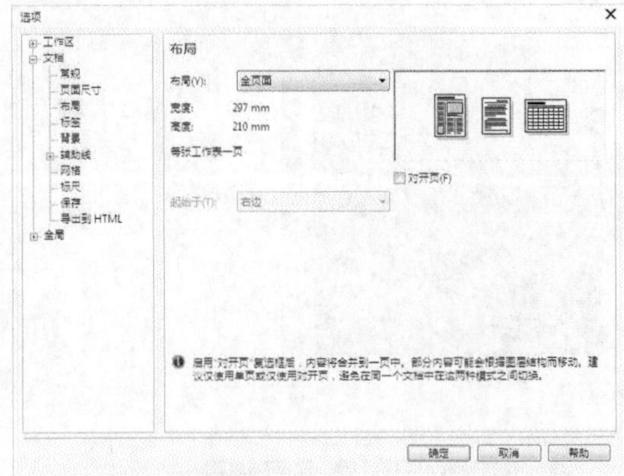

在该选项设置区域中，CorelDRAW X7 提供了【全页面】、【活页】、【屏风卡】、【帐篷卡】、【侧折卡】、【顶折卡】和【三折小册子】7 种页面版式。用户选择所需版式类型后，其下方会显示简短说明文字，并且在【版面】选项区域的预览窗口中会显示该版式的缩览图。

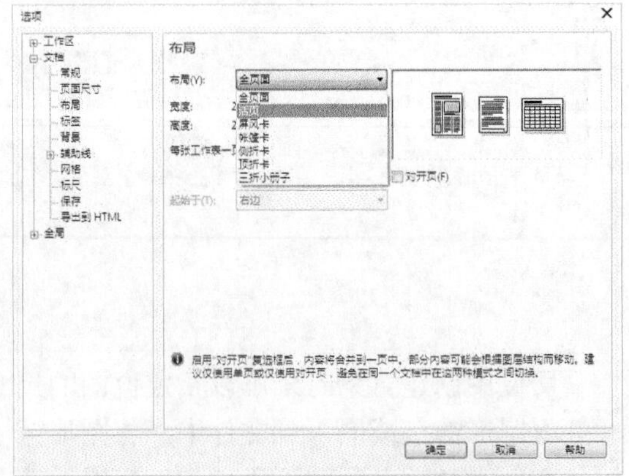

1.4.4 编辑页面

CorelDRAW X7 支持在一个文件中创建多个页面，在不同的页面中可以进行不同的图形绘制与处理。

1. 添加页面

默认状态下，新建的文件中只有一个页面，通过插入页面，可以在当前文件中插入一个或多个新的页面。要插入页面，可以通过以下操作方法来实现。

- 选择【布局】|【插入页面】命令，在打开的【插入页面】对话框中，可以对需要插入的页面数量、插入位置、版面方向以及页面大小等参数进行设置。设置好后，单击【确定】按钮即可保存相关设置。
- 在页面左下方的标签栏上，单击页面信息左边的按钮，可在当前页面之前插入一个新的页面；单击右边的按钮，可在当前页面之后插入一个新的页面。插入的页面具有和当前页面相同的页面设置。

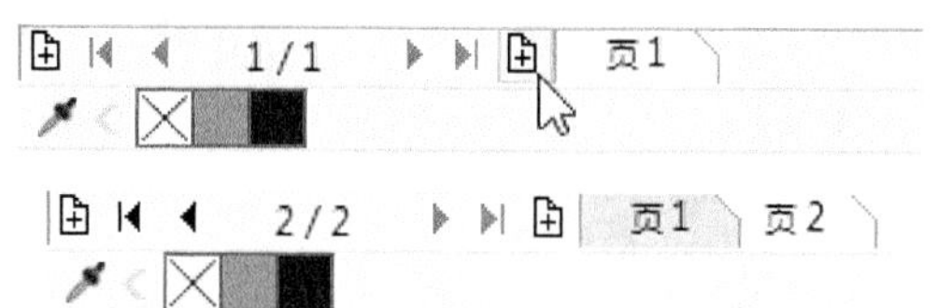

- 在页面标签栏的页面名称上单击鼠标右键，在弹出的菜单中选择【在后面插入页面】或【在前面插入页面】命令，同样也可以在当前页面之后或之前插入新的页面。

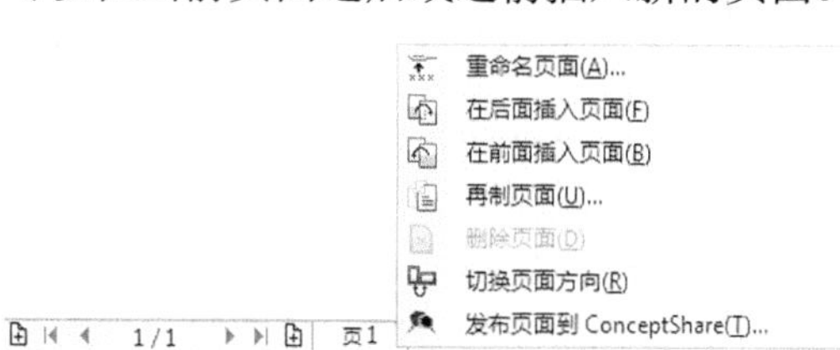

【例 1-8】在打开的绘图文件中，根据需要添加页面。
视频+素材 (光盘素材\第 01 章\例 1-8)

step 1 在CorelDRAW X7 中，选择【文件】|【打开】命令，打开绘图文档。

step 2 选择【布局】|【插入页面】命令，打开【插入页面】对话框。设置【页码数】为 2，【宽度】数值为 50 毫米，然后单击【确定】按钮，即可在原有页面后添加两页。

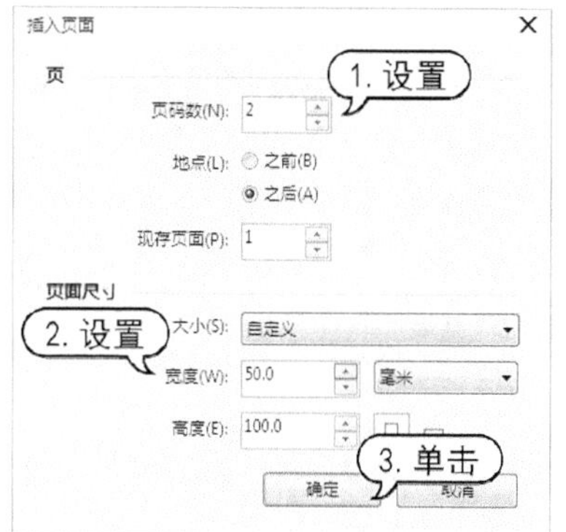

step 3 选择【视图】|【页面排序器视图】命令，打开页面排序器视图以查看绘图文件中的各页面。

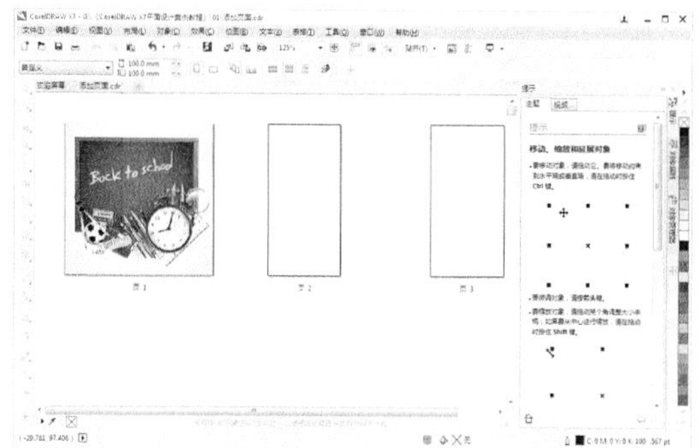

2. 再制页面

通过再制页面，可以对当前页进行复制，得到一个相同页面设置或相同页面内容的新页面。

在【对象管理器】泊坞窗中单击要再制的页面名称后，选择【布局】|【再制页面】命令打开【再制页面】对话框。

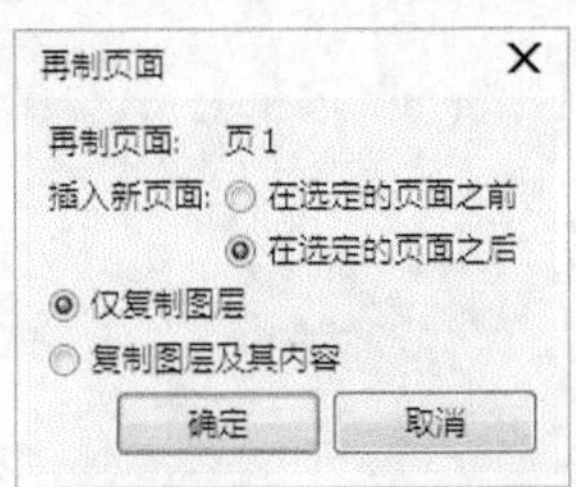

在该对话框中可以选择复制得到的新页面是插入在当前页面之前还是之后;选中【仅复制图层】单选按钮，则在新页面中将只保留原页面中的图层属性(包括图层数量和图层名称)；选中【复制图层及其内容】单选按钮，则可以得到一个和原页面内容完全相同的新页面。在【再制页面】对话框中选择相应选项，然后单击【确定】按钮即可再制页面。

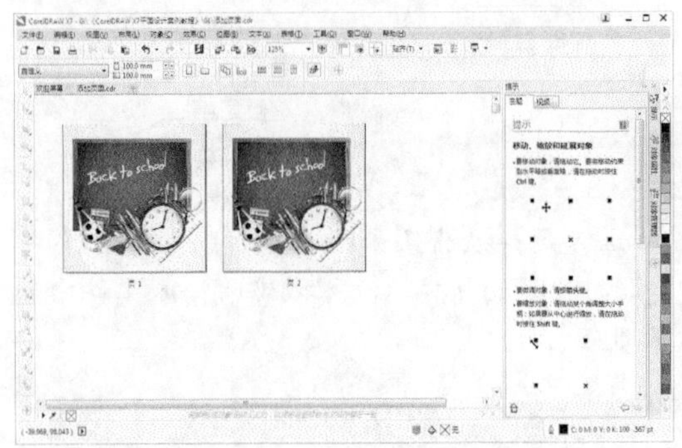

用户也可以将鼠标光标放置到标签栏中需要复制的页面上，单击鼠标右键从弹出的菜单中选择【再制页面】命令。在打开的【再制页面】对话框中设置，设置好选项后，单击【确定】按钮即可。

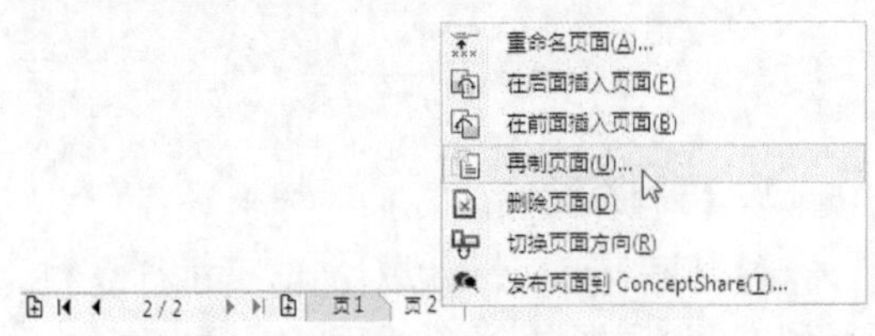

3. 重命名页面

通过对页面重新命名，可以方便地在绘图工作中快速、准确地查找到需要编辑修改的页面。要重命名页面，可以在需要重命名的页面上单击，将其设置为当前页面，然后选择【布局】|【重命名页面】命令，打开【重命名页面】对话框，在【页名】文本框中输入新的页面名称，单击【确定】按钮即可。

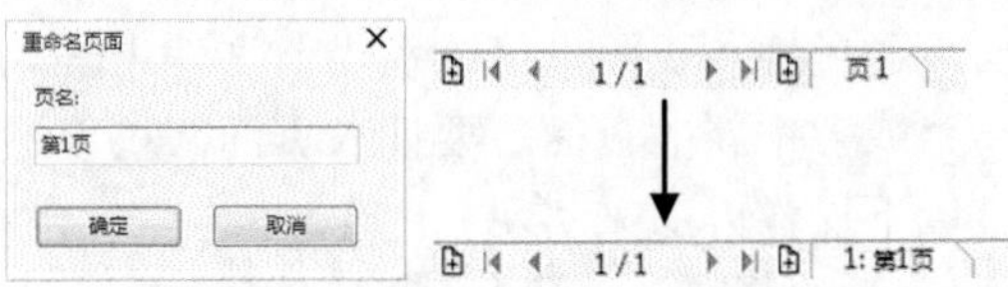

用户也可以将光标移动到页面标签栏中需要重命名的页面上，单击鼠标右键，在弹出的菜单中选择【重命名页面】命令，然后进行下一步操作。

4. 删除页面

在 CorelDRAW X7 中进行绘图编辑时，如果需要将多余的页面删除，可以选择【布局】|【删除页面】命令，打开【删除页面】对话框。在该对话框的【删除页面】数值框中输入所要删除的页面序号，单击【确定】按钮即可。

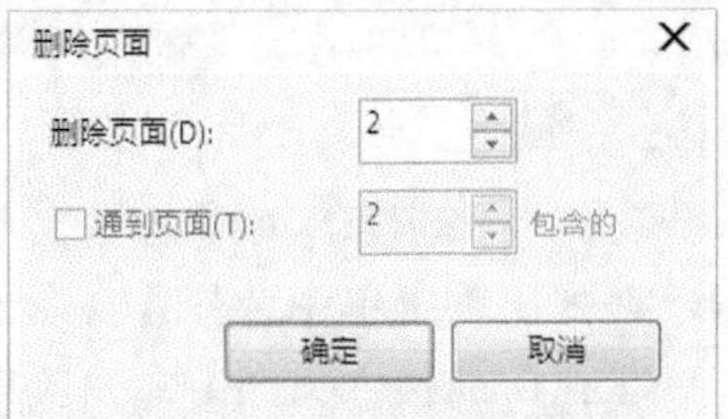

实用技巧

在【删除页面】对话框中，选中【通到页面】复选框，并在其后的数值框中输入页面序号，可以删除多个连续的页面。

在标签栏中需要删除的页面上单击鼠标右键，在弹出的菜单中选择【删除页面】命令，即可直接将该页面删除。

1.4.5 插入页码

在 CorelDRAW X7 中可以在当前页面、所有页面、所有奇数页面或所有偶数页面上插入页码，页码在页面底端居中放置。在多个页面上插入页码时，系统将自动创建主图层并在该图层上放置页码。主图层可以是所有页图层、奇数页主图层或偶数页主图层。当在文档中添加或删除页面时，页码将自动更新。

1. 插入页码

选择【布局】|【插入页码】命令子菜单中的相应命令，即可插入页码。

实用技巧

只有在当前页面为奇数页时，才可以在奇数页上插入页码，且只有在当前页面为偶数页时，才可以在偶数页上插入页码。

- 位于活动图层：可以在当前【对象管理器】泊坞窗中选定的图层上插入页码。如果活动图层为主图层，那么页码将插入文档中显示该主图层的所有页面。如果活动图层为局部图层，那么页码将仅插入当前页。
- 位于所有页：可以在所有页面上插入页码。页码插入新的所有页主图层，而且该图层将成为活动图层。
- 位于所有奇数页：可以在所有奇数页上插入页码。页码插入新的奇数页主图层，而且该图层将成为活动图层。
- 位于所有偶数页：可以在所有偶数页上插入页码。页码插入新的偶数页主图层，而且该图层将成为活动图层。

2. 修改页码设置

在插入页码后，还可以修改页码设置以符合设计需求。选择【布局】|【页码设置】命令，打开【页码设置】对话框。

- 【起始编号】选项：可以从一个特定数字开始页面页数。
- 【起始页】选项：可以选择页码开始的页面。
- 【样式】选项：可以选择常用页码样式。

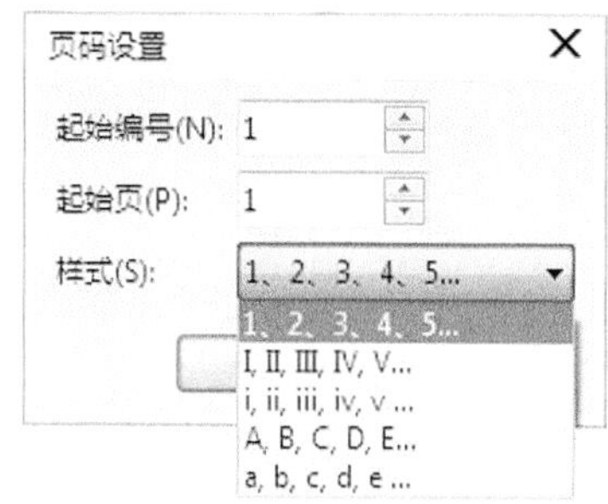

1.4.6　跳转页面

在进行多页面设计工作时，常常需要选择页面，或调整页面之间的前后顺序。将需要编辑的页面切换为当前页面，可选择【布局】|【转到某页】命令，打开【转到某页】对话框。在【转到某页】数值框中输入需要跳转的页面序号，单击【确定】按钮即可。

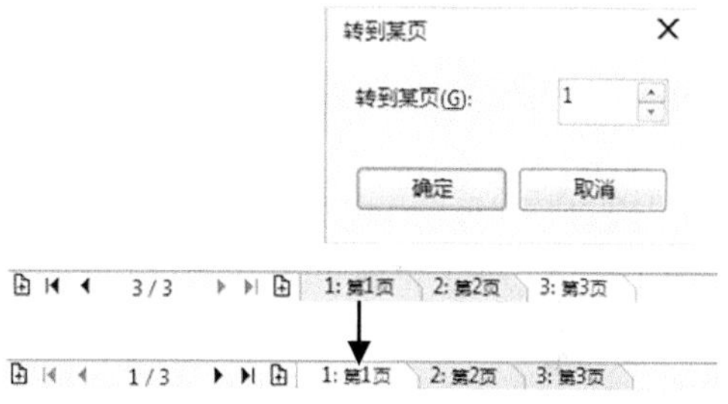

1.4.7　重新排列页面

要调整页面之间的前后顺序，在页面标签栏中需要调整顺序的页面名称上按下鼠标左键不放，然后将光标拖动到指定的位置后，释放鼠标即可。

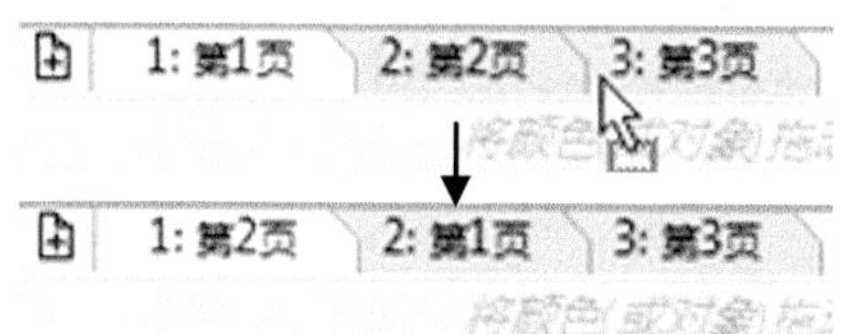

用户还可以选择菜单栏中的【视图】|【页面排序器视图】命令，这时所创建的文档都将被排列出来，只要单击并拖动一个页面，将它放置在一个新位置即可。

1.5 辅助工具的使用

使用网格、标尺及辅助线功能，可以精确绘图及排列对象。网格可以有助于精确绘制及捕捉对象；标尺则可以帮助测量对象在绘图窗口内的位置与尺寸；辅助线是可以加入绘图窗口的线条，可帮助捕捉对象。这些工具可以显示或隐藏，也可以根据需要重新设置。

1.5.1 使用标尺

标尺是放置在页面上用来测量对象大小、位置等的测量工具。使用标尺工具，可以帮助用户准确地绘制、缩放和对齐对象。在默认状态下，标尺处于显示状态。为方便操作，用户可以设置是否显示标尺。选择【视图】|【标尺】命令，菜单中的【标尺】命令前显示复选标记，即说明标尺已显示在工作界面中，反之则标尺被隐藏。用户也可以通过单击标准工具栏中的【显示标尺】按钮来选择显示、隐藏标尺。

1. 标尺的设置

用户可以根据绘图的需要，对标尺显示的单位、原点、刻度记号等进行设置。选择【工具】|【选项】命令或双击标尺，打开【选项】对话框。在该对话框中，选择左侧列表中【文档】|【标尺】选项，在右侧显示标尺设置选项。

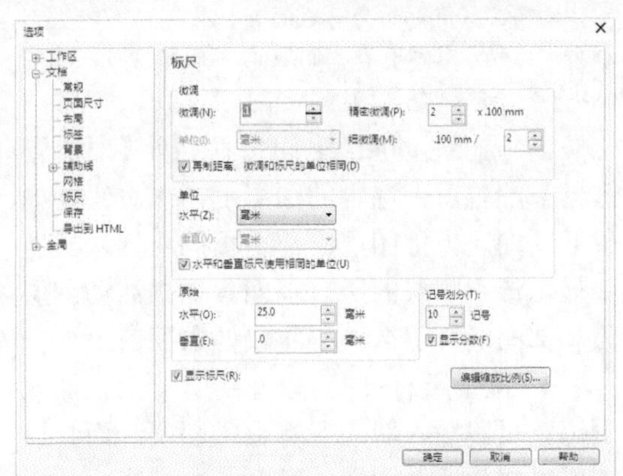

- 【单位】选项：在下拉列表中可选一种测量单位，默认的单位是【英寸】。
- 【原始】选项：在【水平】和【垂直】数值框中输入精确的数值，以自定义坐标原点的位置。
- 【记号划分】选项：在数值框中输入数值来修改标尺的刻度记号。输入的数值决定每一段数值之间刻度记号的数量。CorelDRAW X7 中的刻度记号数量最多为20，最少为2。
- 【编辑缩放比例】按钮：单击该按钮，打开【绘图比例】对话框，在该对话框的【典型比例】下拉列表中，可选择不同的刻度比例。

2. 调整标尺

在 CorelDRAW X7 中，用户可以根据需要调整标尺在工作区中的位置。只需按住 Shift 键在所需标尺上按下鼠标并拖动其至工作区中所需位置时释放即可。

如果想要同时移动两个标尺，可以按住 Shift 键在两个标尺相交点位置的按钮上，按下鼠标左键并拖动，将原点拖至绘图窗口中，这时会出现两条垂直相交的虚线，拖动原点到需要的位置后释放鼠标，此时原点就被设置到这个位置。

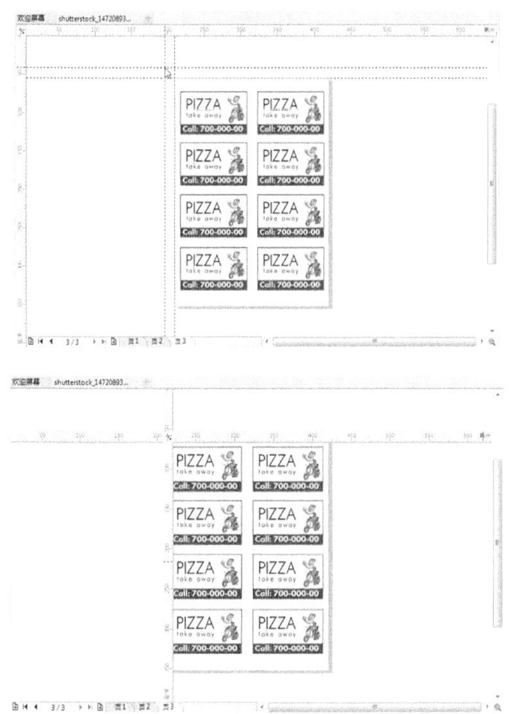

要想将标尺还原至默认位置，只需按住 Shift 键在标尺上双击即可。

1.5.2 设置网格

网格是由均匀分布的水平和垂直线组成的，使用网格可以在绘图窗口中精确地对齐和定位对象。通过指定频率或间隔，可以设置网格线或点之间的距离，从而使定位更加精确。

1. 显示和隐藏网格

默认状态下，网格处于隐藏状态。用户可以通过单击标准工具栏中的【显示网格】按钮显示、隐藏网格，还可以根据绘图需要自定义网格的频率和间隔显示。

【例 1-9】在绘图文档中，显示与设置网格。

视频+素材 (光盘素材\第 01 章\例 1-9)

step 1 在CorelDRAW中，选择【文件】|【打开】命令，打开绘图文档。

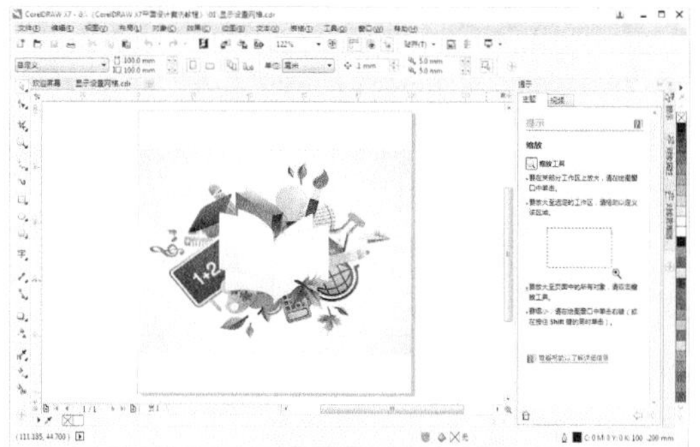

step 2 在工作区中的页面边缘的阴影上双击鼠标左键，打开【选项】对话框。在该对话框左侧列表中选择【文档】|【网格】选项。

step 3 默认状态下，【显示网格】复选框处于取消选中状态，此时在工作区中不会显示网格。要显示网格，只要选中该复选框即可。在【文档网格】选项区右侧的下拉列表中选择【毫米间距】选项，在【水平】和【垂直】数值框中输入相应的数值 10。

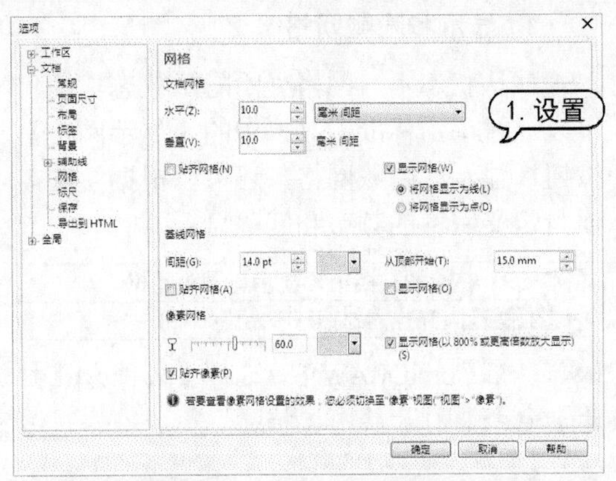

step 4 选项设置完成后，单击【确定】按钮关闭【选项】对话框，即可在绘图文档中显示设置后的网格效果。

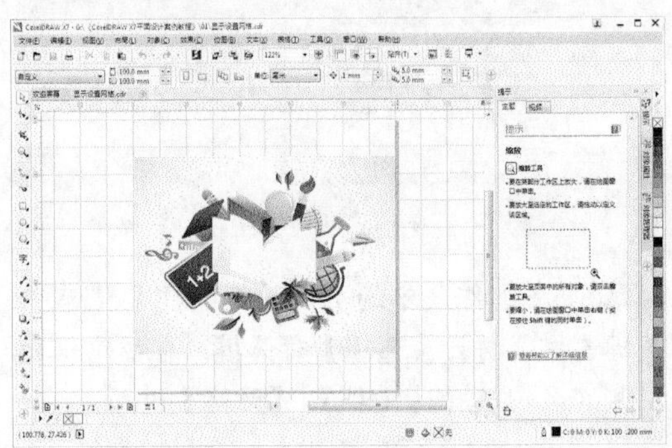

2. 贴齐网格

要设置对齐网格功能，单击标准工具栏中的【贴齐】按钮，从弹出的下拉列表中选择【文档网格】、【像素网格】或【基线网格】选项，或者选择【视图】|【贴齐】|【文档网格】、【像素网格】或【基线网格】命令即可。打开对齐网格功能后，移动选定的图形对象时，系统会自动将对象中的节点按格点对齐。

1.5.3 设置辅助线

辅助线是设置在页面上用来帮助用户准确定位对象的虚线。它可以帮助用户快捷、准确地调整对象的位置以及对齐对象等。辅助线可以放置在绘图窗口的任意位置，可以设置水平、垂直和倾斜 3 种形式的辅助线。在输出文件时，辅助线不会同文件一起被打印出来，但会同文件一起保存。

1. 显示和隐藏辅助线

用户可以设置是否显示辅助线。选择【视图】|【辅助线】命令，【辅助线】命令前显示复选标记，即添加的辅助线显示在绘图窗口中，否则将被隐藏。用户也可以通过单击标准工具栏中的【显示辅助线】按钮来选择显示、隐藏辅助线。

选择【工具】|【选项】命令，或单击工具栏中的【选项】按钮，打开【选项】对话框。选择左侧列表中的【文档】|【辅助线】选项显示设置选项，然后选中【显示辅助线】复选框，即可在页面中显示辅助线。

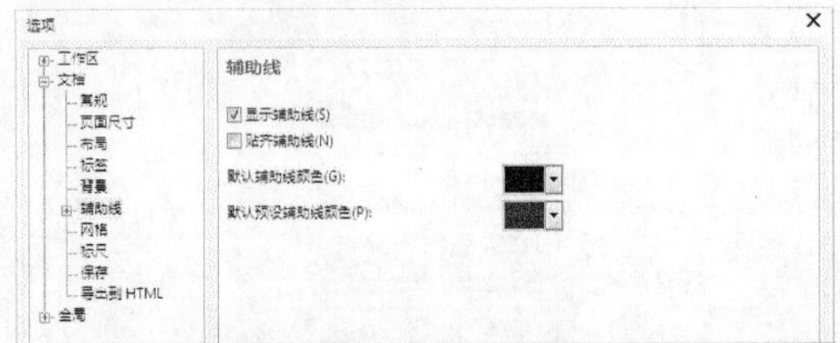

- 【显示辅助线】复选框：用于隐藏或显示辅助线。
- 【贴齐辅助线】复选框：选中该复选框后，在页面中移动对象时，对象将自动向辅助线贴齐。
- 【默认辅助线颜色】和【默认预设辅助线颜色】选项：在对应的下拉列表中选择需要的颜色，修改辅助线和预设辅助线在绘图窗口中显示的颜色。

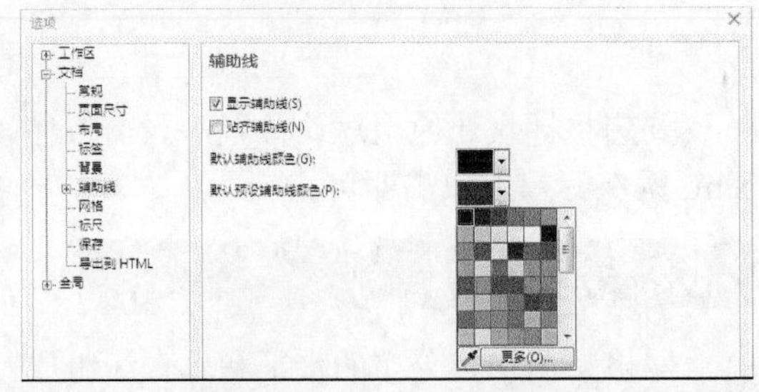

2. 创建辅助线

用户可以设置水平、垂直和倾斜的辅助线，也可以在页面中对其进行按顺时针或逆时针方向旋转、锁定和删除等操作。

将光标移动到水平或垂直标尺上，按下鼠标左键并向绘图页面中拖动，拖动到需要的位置后释放鼠标，即可创建辅助线。

另外，用户可以通过【选项】对话框或【辅助线】泊坞窗精确地添加辅助线，以及对对齐属性进行设置。

选择【窗口】|【泊坞窗】|【辅助线】命令，打开【辅助线】泊坞窗。在泊坞窗中可以进行相关设置，如显示、隐藏、创建、编辑、锁定、删除辅助线。

- 【辅助线样式】下拉列表：可以选择辅助线显示样式。

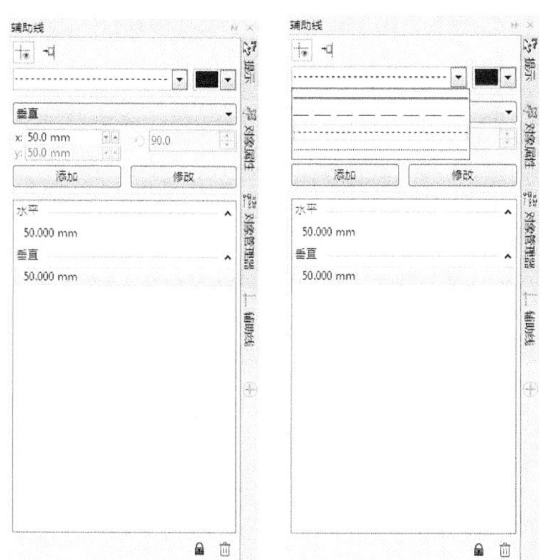

- 【辅助线类型】下拉列表：可以选择创建水平、垂直或角度辅助线。
- 【辅助线颜色】选项：单击该选项，在弹出的下拉面板中可以选择所创建辅助线的颜色。

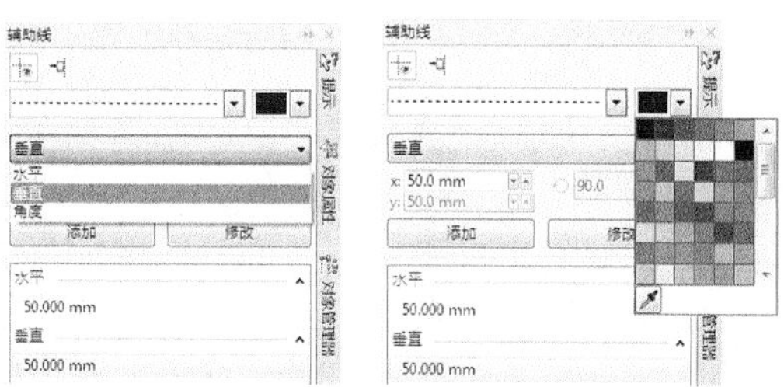

【例 1-10】在 CorelDRAW X7 应用程序中，精确添加辅助线。

视频+素材 (光盘素材\第 01 章\例 1-10)

step 1 选择【工具】|【选项】命令，打开【选项】对话框。

step 2 在【选项】对话框左侧列表中，选择【文档】|【辅助线】|【水平】选项，在【水平】下方的数值框中，输入需要添加的水平辅助线的标尺刻度值。单击【添加】按钮，将数值添加到下面的数值框中。

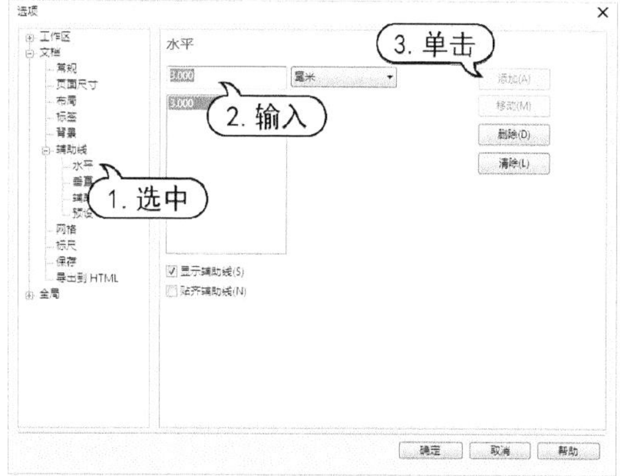

step 3 在左侧列表中选择【辅助线】|【垂直】选项，在【垂直】下方的数值框中，输入需要添加的垂直辅助线的标尺刻度值，再单击【添加】按钮，将数值添加到下面的数值框中。

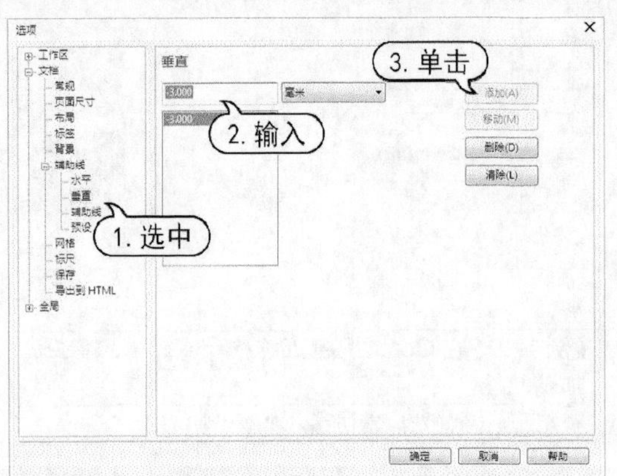

step 4 在左侧列表中选择【辅助线】|【辅助线】选项，在【指定】下拉列表中选择【角度和 1 点】选项，在X、Y的数值框中输入该点坐标，在【角度】数值框中输入指定的角度 45°，再单击【添加】按钮。

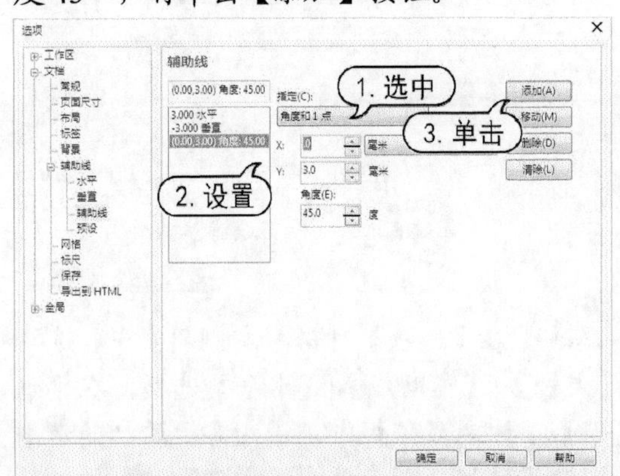

实用技巧

【指定】下拉列表中的【2 点】选项是指要连成一条辅助线的两个点。选择该选项后，在【选项】对话框中分别输入两点的坐标数值。【角度和 1 点】选项是指可以指定的某个点和角度，辅助线以指定的角度穿过该点。

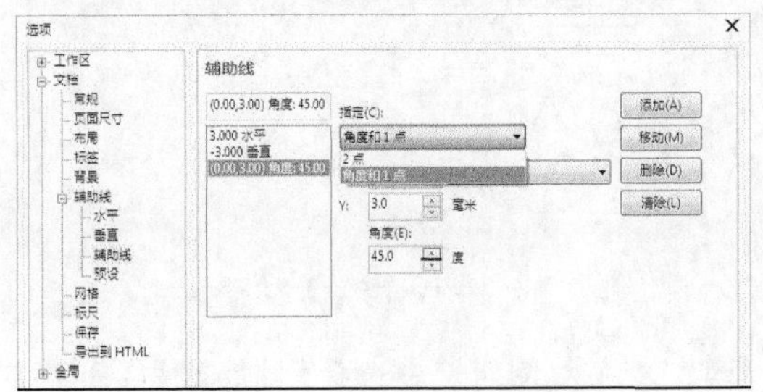

step 5 设置好所有的选项后，单击【选项】对话框中的【确定】按钮，即可完成添加辅助线的操作。

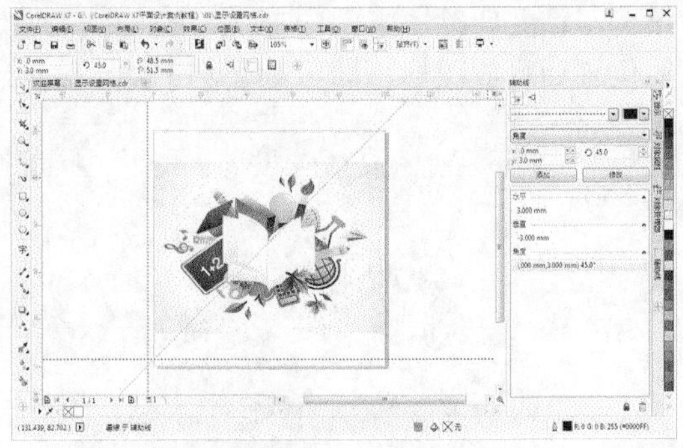

3. 预设辅助线

预设辅助线是CorelDRAW X7应用程序为用户提供的一些辅助线设置样式，其中包括【Corel 预设】和【用户定义预设】两个选项。在【选项】对话框中选择【辅助线】|【预设】选项，默认状态下，系统会选中【Corel 预设】单选按钮，对话框中包括【一厘米页边距】、【出血区域】、【页边框】、【可打印区域】、【三栏通迅】、【基本网格】和【左上网格】预设辅助线选项。选择好需要的选项后，单击【确定】按钮即可。

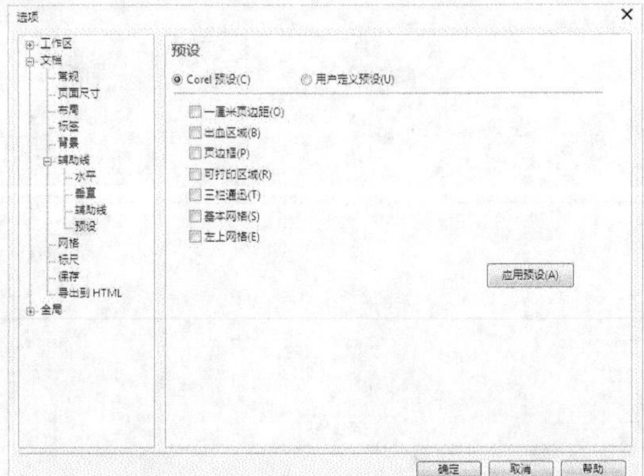

在【预设】选项中，选中【用户定义预设】单选按钮后，对话框中显示相应设置选项。

- 页边距：辅助线离页面边缘的距离。选中该复选框，在【上】、【左】旁的数值框中输入页边距的数值，则【下】、【右】旁边的数值框中输入相同的数值。取消选中【镜像页边距】复选框，可以输入不同的页边距数值。

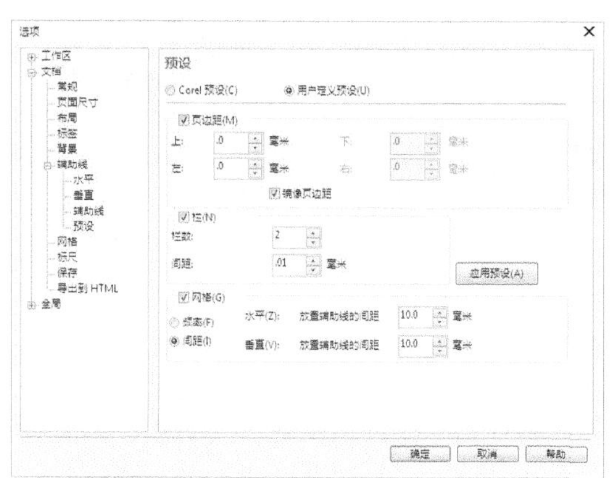

➤ 栏：指将页面垂直分栏。【栏数】是指页面被划分成栏的数量；【间距】是指每两栏之间的距离。

➤ 网格：在页面中，水平和垂直辅助线相交后形成网格的形式，可通过【频率】和【间隔】选项来修改网格设置。

4．辅助线的使用

辅助线的使用技巧包括辅助线的选择、旋转、锁定以及删除等。各项技巧的具体使用方法如下。

➤ 选择单条辅助线：使用【选择】工具单击辅助线，则该条辅助线呈红色被选取状态。

➤ 选择所有辅助线：选择【编辑】|【全选】|【辅助线】命令，则全部的辅助线呈红色被选取状态。

➤ 旋转辅助线：使用【选择】工具单击两次辅助线，当显示倾斜手柄时，将鼠标移动到倾斜手柄上按下左键不放，拖动鼠标即可对辅助线进行旋转。

➤ 贴齐辅助线：为了在绘图过程中对图形进行更加精准的操作，可以选择【视图】|【贴齐辅助线】命令，或者单击标准工具栏中的【贴齐】按钮，从弹出的下拉列表中选择【贴齐辅助线】命令，来开启对齐辅助线功能。打开对齐辅助线功能后，移动选定的对象时，图形对象中的节点将向距离最近的辅助线及其交叉点靠拢对齐。

➤ 锁定辅助线：选取辅助线后，选择【对象】|【锁定】|【锁定对象】命令，或单击属性栏中的【锁定辅助线】按钮，该辅助线即被锁定，这时将不能对它进行移动、删除等操作。

➤ 解锁辅助线：将光标对准锁定的辅助线，单击鼠标右键，在弹出的命令菜单中选择【解除锁定对象】命令即可。

➤ 删除辅助线：选择辅助线，然后按下 Delete 键即可。

➤ 删除预设辅助线：在【选项】对话框中选择【辅助线】|【预设】选项，然后取消选中预设辅助线旁边的复选框即可。

1.6 撤销、恢复、重做与重复操作

在绘制过程中，经常需要反复调整与修改。因此，CorelDRAW 提供了一组撤销、恢复、重做与重复命令。

在编辑文件时，如果用户要撤销上一步操作，可以选择【编辑】|【撤销】命令或单击标准工具栏中的【撤销】按钮，撤销该操作。如果连续选择【撤销】命令，则可以连续撤销前面所进行的多步操作。

用户也可以单击标准工具栏中【撤销】按钮旁的按钮，在弹出的下拉列表框中选择想要撤销的操作，从而一次撤销该步操作以及该步操作以前的操作。

如果需要将已撤销的操作再次执行，使被操作对象回到撤销前的位置或特征，可选择【编辑】|【重做】命令，或单击标准工具栏中的【重做】按钮。该命令只有在执行过【撤销】命令后才起作用。如连续多次选

择该命令，可连续重做多步被撤销的操作。也可以通过单击【重做】按钮旁的˙按钮，在弹出的下拉列表中选择想要重做的操作，从而一次重做多步被撤销的操作。

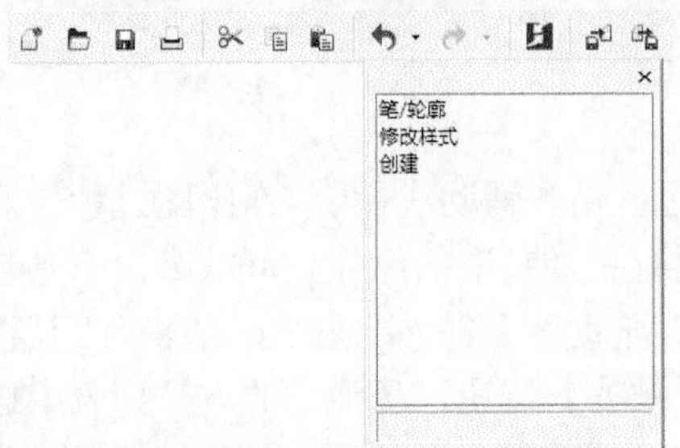

实用技巧

另外，用户也可以选择【文件】|【还原】菜单命令来执行撤销操作，这时会弹出一个警告对话框。单击【确定】按钮，CorelDRAW 将撤销存储文件后执行的全部操作，即把文件恢复到最后一次存储的状态。

选择【编辑】|【重复】命令，或按 Ctrl+R 组合键，可以重复执行上一次对对象所使用的命令，如移动、缩放、复制等操作命令。此外，使用该命令，还可以将对某一对象执行的操作应用于其他对象。只需将源对象进行变化后，选中要应用此操作的其他对象，然后选择【编辑】|【重复】操作命令即可。

1.7 设置视图显示

在 CorelDRAW X7 应用程序中，用户可以根据需要设置文档的显示模式等。

1.7.1 视图显示模式

CorelDRAW X7 为用户提供了多种视图显示模式，用户可以在绘图过程中根据实际情况进行选择。这些视图显示模式包括【简单线框】、【线框】、【草稿】、【正常】、【增强】和【像素】模式。单击【视图】菜单，即可在其中查看和选择视图的显示模式。

- 【简单线框】模式：该模式只显示矢量图形的外框线，不显示绘图中的填充、立体化、调和等操作效果，位图显示为灰度图。
- 【线框】模式：该模式下的显示结果与【简单线框】显示模式类似，只是对所有变形对象(渐变、立体化、轮廓效果)显示中间生成图形的轮廓。
- 【草稿】模式：该模式以低分辨率显示所有图形对象，并可以显示标准的填充。其中，渐变填充以单色显示；花纹填充、材质填充及 PostScript 图案填充等均以一种基本图案显示；滤镜效果以普通色块显示。
- 【正常】模式：该模式可以显示除 PostScript 以外的所有填充，以及高分辨率位图。它是最常用的显示模式，既能保证图形的显示质量，又不影响计算机显示和刷新图形的速度。

- 【增强】模式：该模式以高分辨率显示所有图形对象，并使图形平滑。该模式对设备性能要求很高，也是能显示 PostScript 图案填充的唯一视图，只适用于运行在高色彩画面上，是一个显示速度慢但质量最好的视图。
- 【像素】模式：显示了基于像素的绘图，允许用户放大对象的某个区域来更准确地确定对象的位置和大小。此视图还可让用户查看导出为位图文件格式的绘图。

1.7.2 使用【缩放】工具

【缩放】工具可以用来放大或缩小视图的显示比例，更方便用户对图形的局部进行浏览和编辑。使用【缩放】工具的操作方法有以下两种。

单击工具箱中的【缩放】工具按钮，当

光标变为形状时，在页面上单击鼠标左键，即可将页面逐级放大。

选中【缩放】工具，在页面上按下鼠标左键，拖动鼠标框选出需要放大显示的范围，释放鼠标后即可将框选范围内的视图放大显示，并最大范围地显示在整个工作区中。选择【缩放】工具后，在属性栏中会显示出该工具的相关选项。

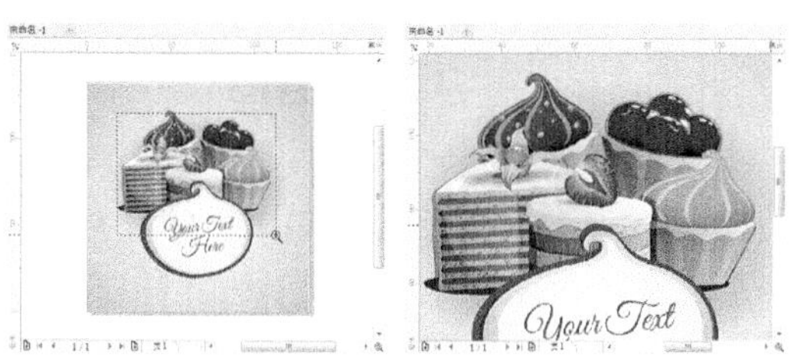

- 单击【放大】按钮，会将视图放大两倍，按下鼠标右键会缩小为原来的50%显示。
- 单击【缩小】按钮，或按快捷键 F3，会将视图缩小为原来的 50%显示。
- 单击【缩放选定对象】按钮，或按快捷键 Shift+F2，会将选定的对象最大化显示在页面上。
- 单击【缩放全部对象】按钮，或按快捷键 F4，会将对象全部缩放到页面上，按下鼠标右键，全部对象会缩小为原来的 50%显示。
- 单击【显示页面】按钮，或按快捷键 Shift+F4，会将页面的宽和高最大化全部显示出来。
- 单击【按页宽显示】按钮，会最大化地按页面宽度显示，按下鼠标右键会将页面缩小为原来的 50%显示。
- 单击【按页高显示】按钮，会最大化地按页面高度显示，按下鼠标右键会将页面缩小为原来的 50%显示。

当页面显示超出当前工作区时，可以选择工具箱中的【平移】工具查看页面中的其他部分。选择该工具后，在页面上单击并拖动即可移动页面。

知识点滴

在使用滚动鼠标中键进行视图缩放或平移时，如果滚动频率不太合适，可以选择【工具】|【选项】命令，打开【选项】对话框，然后在该对话框左侧列表中选择【工作区】|【显示】选项，显示【显示】设置选项，接着调整【渐变步长预览】数值即可。

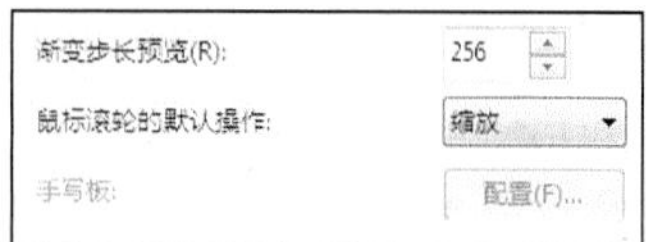

1.7.3 使用【视图管理器】泊坞窗

用户可以选择菜单栏中的【视图】|【视图管理器】命令，打开【视图管理器】泊坞窗，也可以选择【窗口】|【泊坞窗】|【视图管理器】命令，或按 Ctrl+F2 快捷键打开。

- 【缩放一次】按钮：单击该按钮或按 F2 键，鼠标即可转换为状态，此时单击鼠标左键可放大图像；相反，单击鼠标右键可以缩小图像。
- 【放大】按钮和【缩小】按钮：单击这两个按钮，可以分别为对象执行放大或缩小显示操作。
- 【缩放选定对象】按钮：在选取对象后，单击该按钮或按下 Shift+F2 键，即可对选定对象进行缩放。
- 【缩放全部对象】按钮：单击该按

钮或按下 F4 键，即可将全部对象缩放。

- 【添加当前视图】按钮+：单击该按钮，即可将当前视图保存。
- 【删除当前视图】按钮-：选中保存的视图后，单击该按钮，即可将其删除。

在【视图管理器】泊坞窗中，单击已保存的视图左边的页面图标，使其成为灰色状态显示后，表示禁用。用户切换到该视图时，CorelDRAW 只切换到缩放级别，而不切换到页面。同样，如果禁用放大镜图标，则 CorelDRAW 只切换到页面，而不切换到该缩放级别。

1.7.4 窗口操作

在 CorelDRAW X7 中进行设计时，为了观察一个文档的不同页面，或同一页面中的不同部分，或同时观察两个或多个文档，都需要同时打开多个窗口。为此，可选择【窗口】菜单命令的相应选项来新建窗口或调整窗口的显示。

- 【新建】命令：可创建一个和原有窗口相同的窗口。
- 【层叠】命令：可将多个绘图窗口按顺序层叠在一起，这样有利于用户从中选择需要使用的绘图窗口。通过单击窗口标题栏，即可将选中的窗口设置为当前窗口。

- 【水平平铺】和【垂直平铺】命令：可以在工作区中以水平或垂直方式同时显示两个或多个窗口。

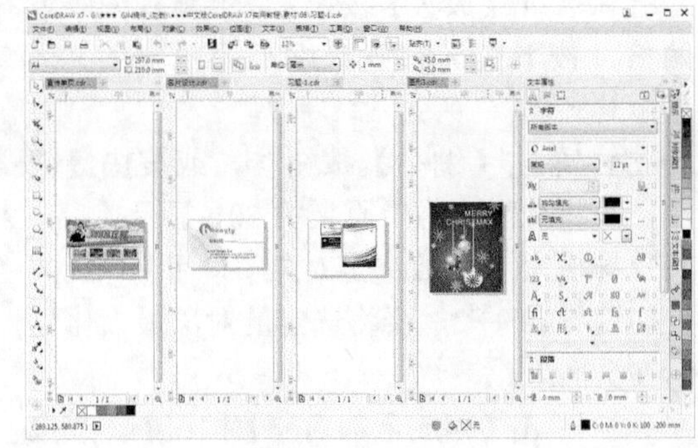

1.8 案例演练

本章的案例演练部分通过新建文档，使用户更好地掌握新建文档，设置版面、页码、辅助线等的基本操作方法和技巧。

【例 1-11】在 CorelDRAW X7 中，新建一个版式文档并进行保存。
视频+素材 (光盘素材\第 01 章\例 1-11)

step① 启动CorelDRAW X7，选择【文件】|【新建】命令，打开【创建新文档】对话框。在该对话框的【名称】文本框中输入“新建版式”，设置【宽度】和【高度】数值为 100 毫米，然后单击【确定】按钮。

step② 选择【布局】|【页面背景】命令，打开【选项】对话框。在该对话框中，选中【位图】单选按钮，再单击【浏览】按钮，打开【导入】对话框。在【导入】对话框中选择需要置入的背景图，然后单击【导入】按钮。

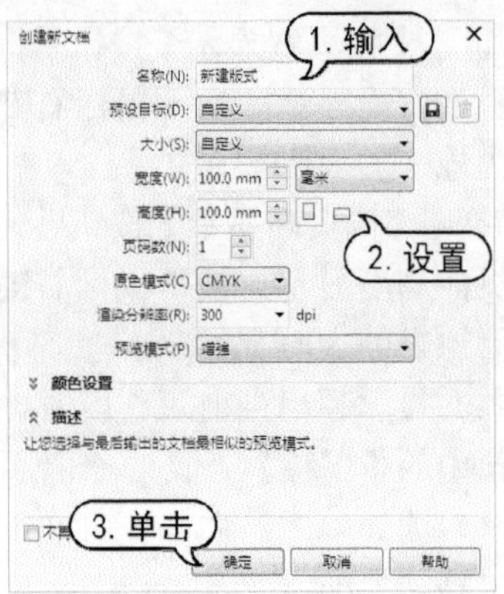

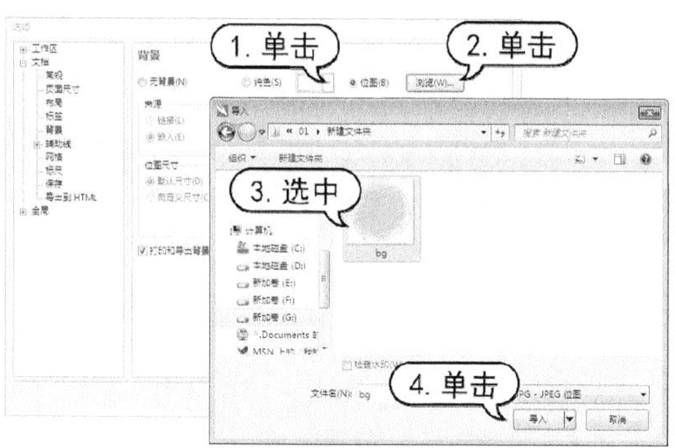

step 3　在【选项】对话框中，选中【自定义尺寸】单选按钮，取消选中【保持纵横比】复选框，设置【水平】和【垂直】数值为 100，然后单击【确定】按钮。

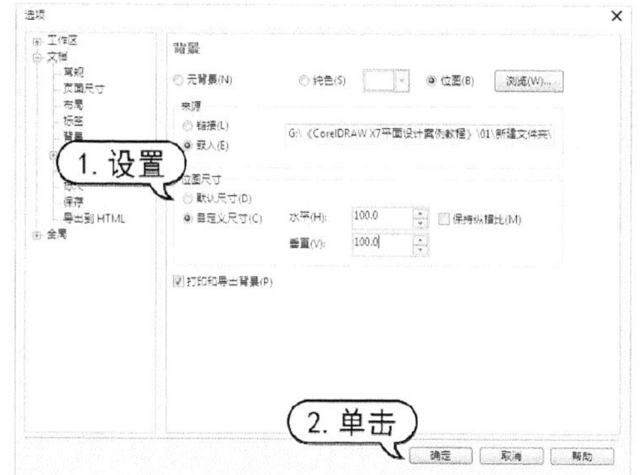

step 4　单击标准工具栏中的【导入】按钮，打开【导入】对话框。在该对话框中，选择需要导入的图像，单击【导入】按钮。

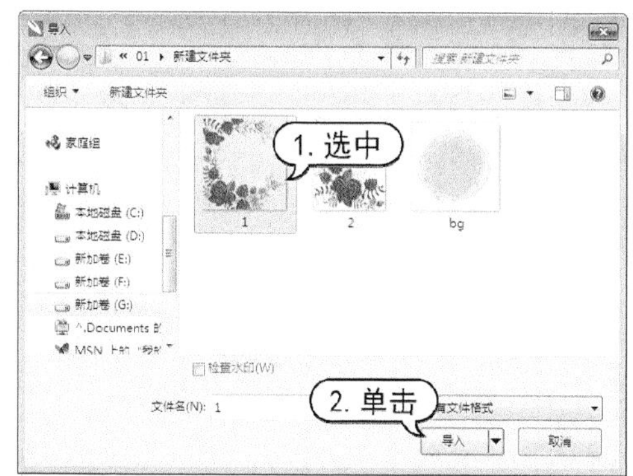

step 5　选择【布局】|【再制页面】命令，打开【再制页面】对话框。在该对话框中，选中【在选定的页面之后】和【复制图层及其内容】单选按钮，然后单击【确定】按钮生成页 2。

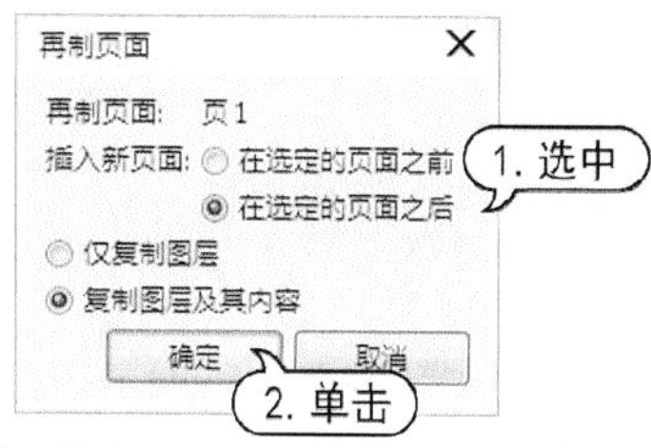

step 6　选择【布局】|【再制页面】命令，打开【再制页面】对话框。在该对话框中，选中【在选定的页面之后】和【仅复制图层】单选按钮，然后单击【确定】按钮生成页 3。

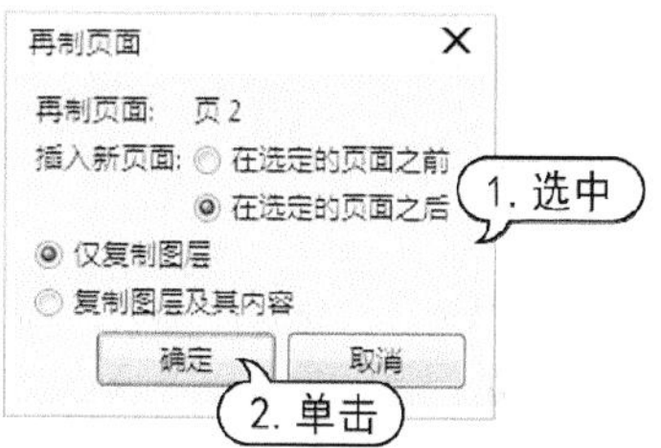

step 7　单击标准工具栏中的【导入】按钮，打开【导入】对话框。在该对话框中，选择需要导入的图像，单击【导入】按钮。

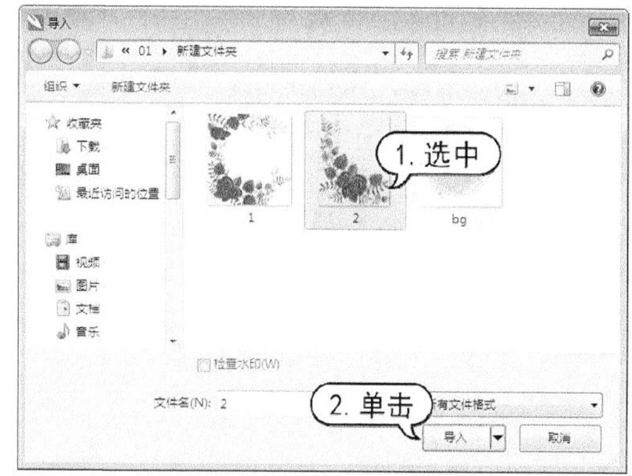

step 8　选择【布局】|【再制页面】命令，打开【再制页面】对话框。在该对话框中，选中【在选定的页面之后】和【复制图层及其内容】单选按钮，然后单击【确定】按钮生成页 4。

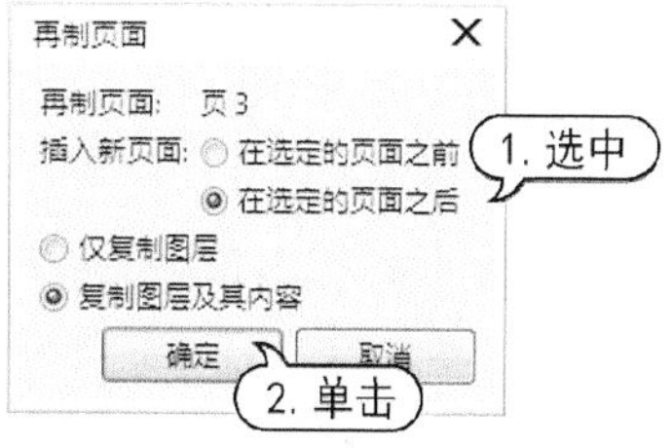

step 9　选择【视图】|【页面排序器视图】命令，打开页面排序视图。

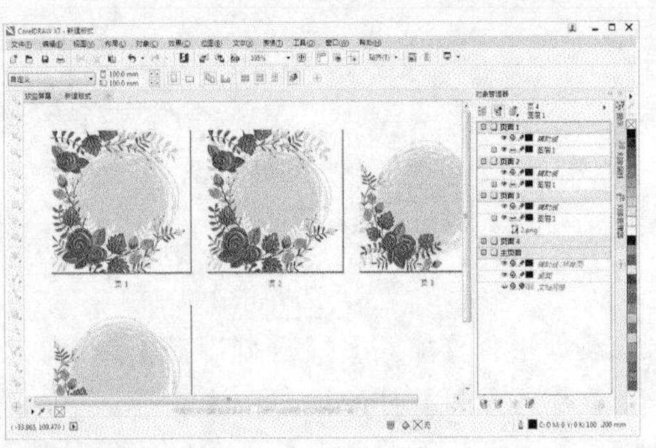

step 10 在页面排序视图中，单击并拖动页 4，将其放置在页 1 后。

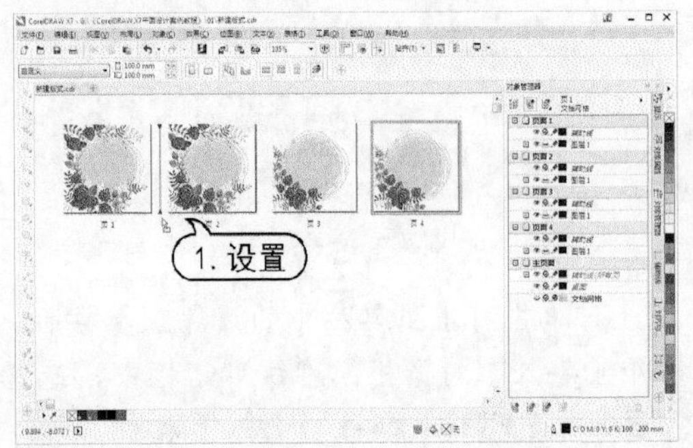

step 11 单击属性栏中的【页面排序器视图】按钮，返回默认页面视图。选择【工具】|【选项】命令，在【选项】对话框中，选择【辅助线】|【水平】选项，在【水平】下方的数值框中，输入需要添加的水平辅助线的标尺刻度值 10。单击【添加】按钮，将数值添加到下面的数值框中，然后单击【确定】按钮。

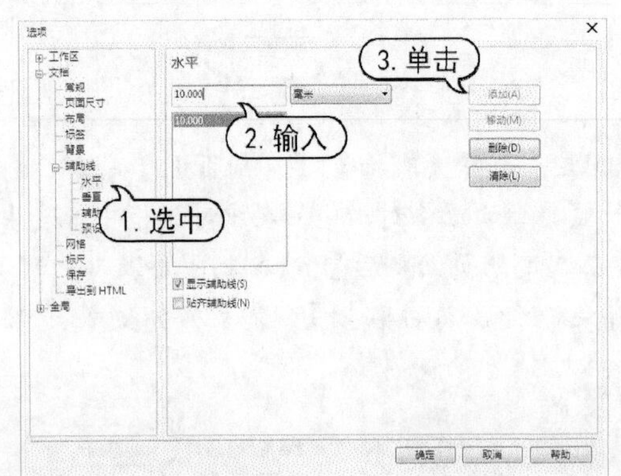

step 12 选择【布局】|【插入页码】|【位于所有页】命令，插入页码。然后调整页码位置。

step 13 在右侧的【对象属性】泊坞窗中调整页码效果。

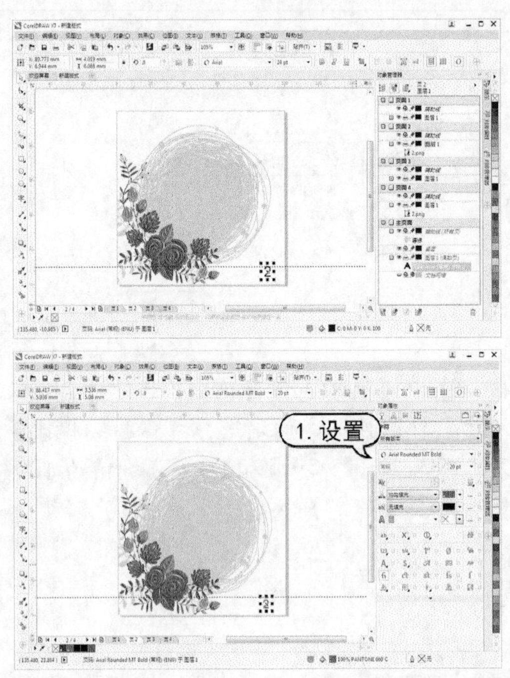

step 14 选择【布局】|【页码设置】命令，打开【页码设置】对话框。在该对话框的【样式】下拉列表中，选择一种页码样式，然后单击【确定】按钮应用。

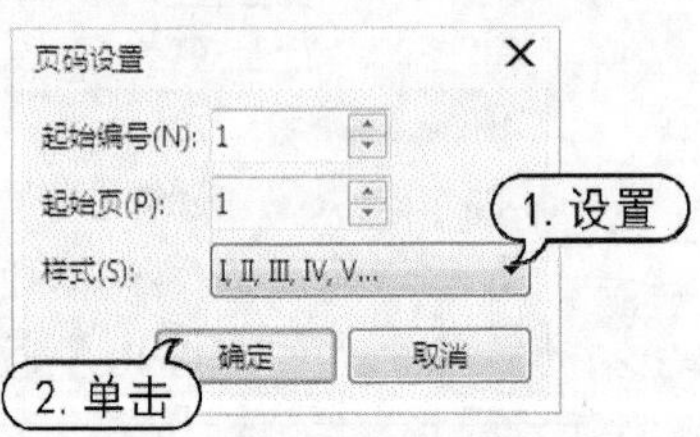

step 15 选择【文件】|【保存】命令，打开【保存绘图】对话框。在该对话框中选择文件保存路径，然后单击【保存】按钮。

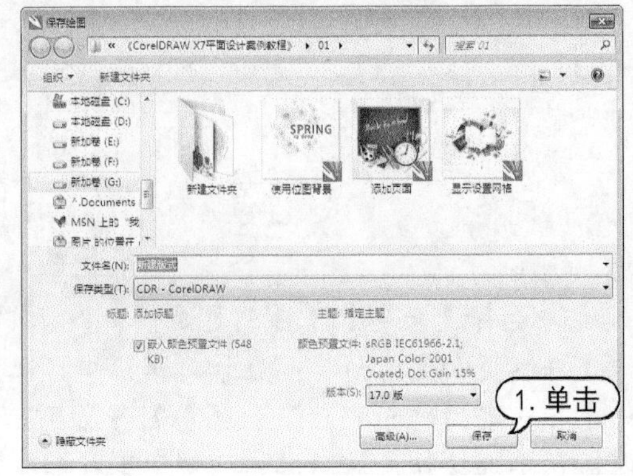

第 2 章

创建图形对象

在 CorelDRAW X7 中可以使用绘图工具直接绘制规则图形和不规则图形，这是使用 CorelDRAW 绘制图形中最为基础的部分，熟练掌握这些图形的绘制方法，可以为绘制更加复杂的图形打下坚实的基础。

对应光盘视频

例 2-1 使用【手绘】工具
例 2-2 使用【贝塞尔】工具
例 2-3 创建自定义画笔笔触
例 2-4 创建并设置喷涂列表
例 2-5 使用连线工具
例 2-6 使用【平行度量】工具
例 2-7 绘制手机软件图标
例 2-8 绘制播放器按钮
例 2-9 使用【多边形】工具
例 2-10 使用【复杂星形】工具
例 2-11 使用【图纸】工具
例 2-12 绘制预定义形状
例 2-13 制作 CD 封套
例 2-14 制作商业名片

2.1 绘制线条

在绘制图形编辑过程中，线段的绘制是 CorelDRAW 基本的操作之一，通过绘制线段可以创造出不同形状的图形。线段是两个节点之间的路径。线段可以是曲线也可以是直线。线段通过节点连接，节点以小方块表示。

2.1.1 使用【手绘】工具

使用【手绘】工具可以自由地绘制直线、曲线和折线，还可以设置属性栏绘制出不同粗细、线型，并可以添加箭头图形。使用【手绘】工具绘制直线、曲线和折线时，操作方法有所不同，具体操作方法如下。

- 绘制直线：在要开始线条的位置单击，然后在要结束线条的位置单击即可。绘制时，按住 Ctrl 键可以按照预定义的角度创建直线。
- 绘制曲线：在要开始曲线的位置单击并进行拖动。在属性栏的【手绘平滑】框中输入一个值可以控制曲线的平滑度。值越大，产生的曲线越平滑。
- 绘制折线：单击鼠标以确定折线的起始点，然后在每个转折处双击鼠标，直到终点处再次单击鼠标，即可完成折线的绘制。

知识点滴

要在绘制时进行擦除，请按住 Shift 键，同时反向拖动鼠标即可。

使用【手绘】工具还可以绘制封闭图形，当线段的终点回到起点位置时，光标变为⌖形状，单击鼠标左键，即可绘制出封闭图形。

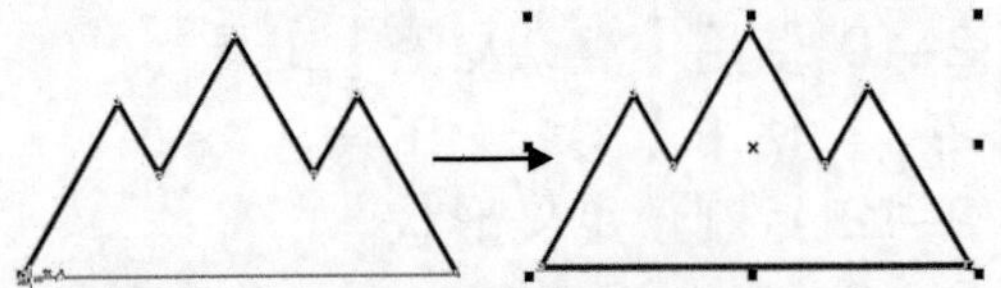

【例 2-1】在绘图文件中，使用【手绘】工具绘制线条。

视频+素材 (光盘素材\第 02 章\例 2-1)

step 1 选择工具箱中的【手绘】工具，光标显示为⌖形状时即可开始绘制线条。单击并拖动鼠标，沿鼠标的移动轨迹，完成线条的绘制。

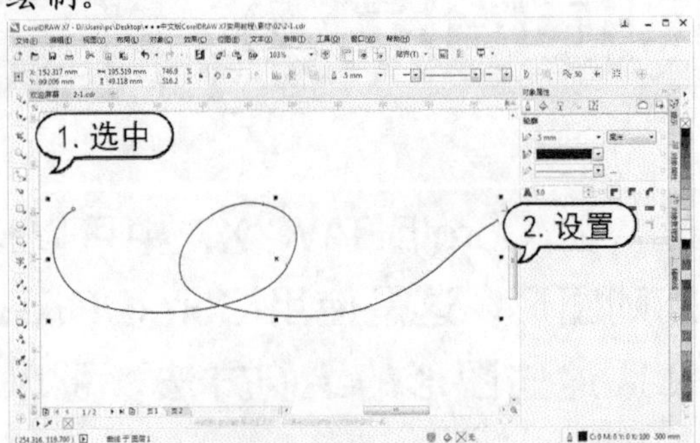

step 2 在属性栏中，设置【轮廓宽度】数值为 2.5mm，然后在【终止箭头】下拉列表中选择【箭头 79】样式，在【线条样式】下拉列表中选择一种线条。

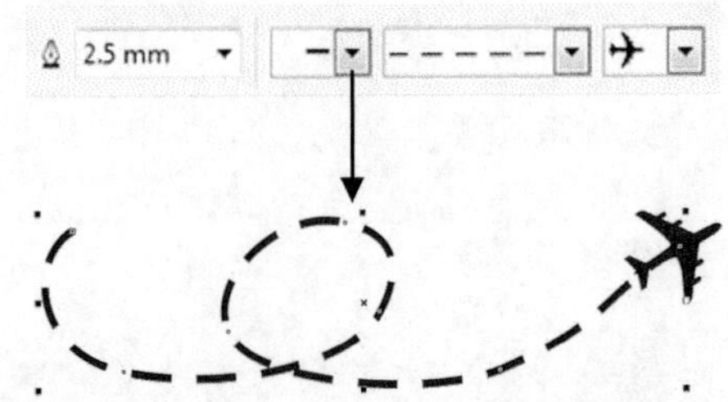

2.1.2 使用【贝塞尔】工具

【贝塞尔】工具可以绘制包含曲线和直线的复杂线条，并可以通过改变节点和控制点的位置，来控制曲线的弯曲度。

- 绘制曲线段：在要放置第一个节点的位置单击，并按住鼠标拖动调整控制手柄；释放鼠标，将光标移动至下一节点位置单击，然后拖动控制手柄以创建曲线。
- 绘制直线段：在要开始该线段的位置单击，然后在要结束该线段的位置单击。

双击【贝塞尔】工具，打开【选项】对话框，在【手绘/贝塞尔工具】选项组中进行设置。

在使用【贝塞尔】工具进行绘制时无法一次性得到需要的图案，所以需要在绘制后进行线条修饰。配合形状工具和属性栏，可以对绘制的贝塞尔线条进行修改。

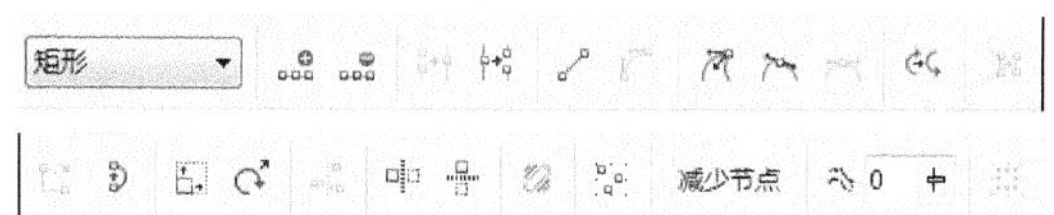

【例 2-2】在绘图文件中，使用【贝塞尔】工具绘制图形。

视频+素材 (光盘素材\第 02 章\例 2-2)

step 1 在工具箱中选择【贝塞尔】工具，在绘图窗口中按下鼠标左键并拖动鼠标，确定起始节点。此时节点两边将出现两个控制点，连接控制点的是一条蓝色的控制线。

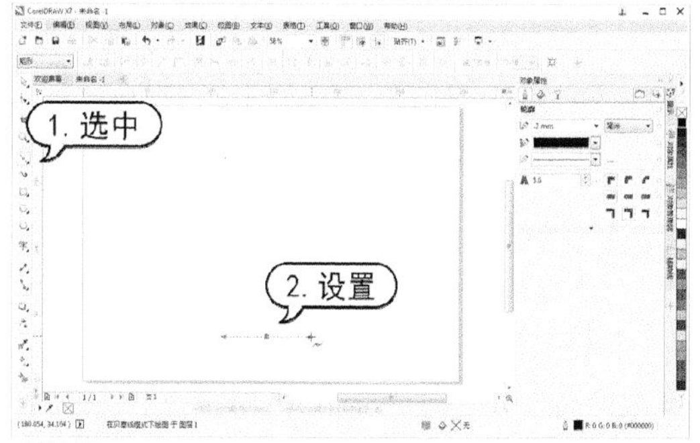

step 2 将光标移到适当的位置按下鼠标左键并拖动，这时第 2 个节点的控制线长度和角度都将随光标的移动而改变，同时曲线的弯曲度也发生变化。调整好曲线形态以后，释放鼠标即可。

step 3 使用步骤(2)的操作方法添加其他节点，当光标移至起始节点的位置，并显示为 时，单击鼠标左键封闭图形。

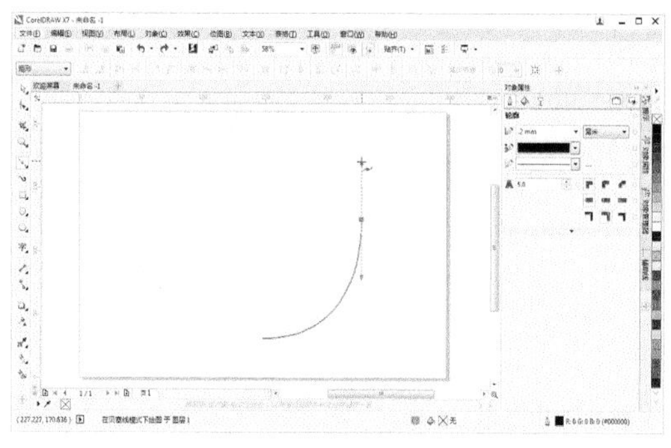

实用技巧

在调节节点时，按住 Ctrl 键再拖动鼠标，可以设置角度增量为 15° 调整曲线弧度的大小。

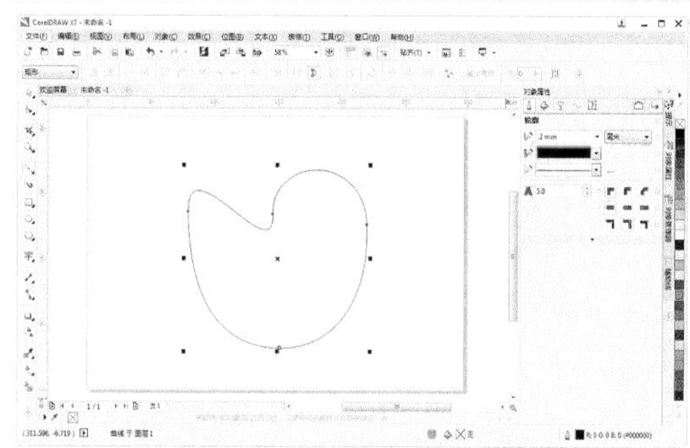

step 4 选择工具箱中的【形状】工具，选中 1 个节点，单击属性栏中的【尖突节点】按钮 ，然后使用【形状】工具调整控制点位置以改变图形形状。

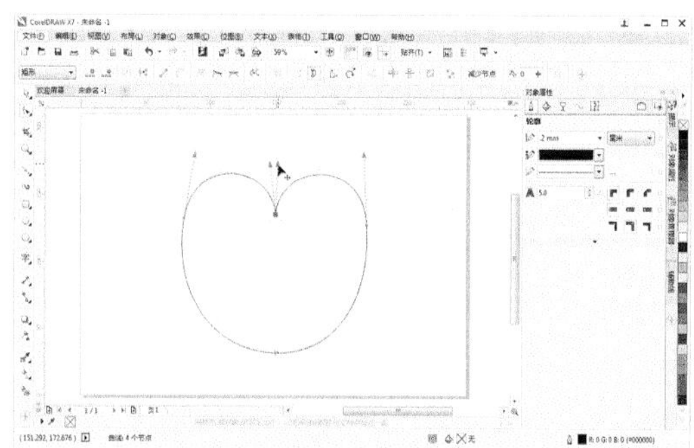

实用技巧

在编辑过程中，按住 Alt 键不放可将节点移动到所需的位置。也可以在编辑完成后，按空格键结束，配合【形状】工具移动节点。

step 5 使用步骤(4)的操作方法，使用【形状】工具调整节点位置以改变图形形状。

step 6 在调色板中，右击【无填充】色板取消轮廓色，然后单击【粉 R:255 G:153 B:204】色板填充图形。

2.1.3 使用【钢笔】工具

在 CorelDRAW 中，使用【钢笔】工具不仅可以绘制直线和曲线，而且还可以在绘制完的直线和曲线上添加或删除节点，从而更加精确地控制直线和曲线。

【钢笔】工具的使用方法与【贝塞尔】工具大致相同。

想要使用【钢笔】工具绘制直线线段，可以在工具箱中选择【钢笔】工具后，在绘图页面中单击鼠标左键创建起始节点，接着移动光标出现蓝色预览线进行查看。将光标移动到结束节点的位置后，单击鼠标左键后线条变为实线，完成编辑后双击鼠标左键。

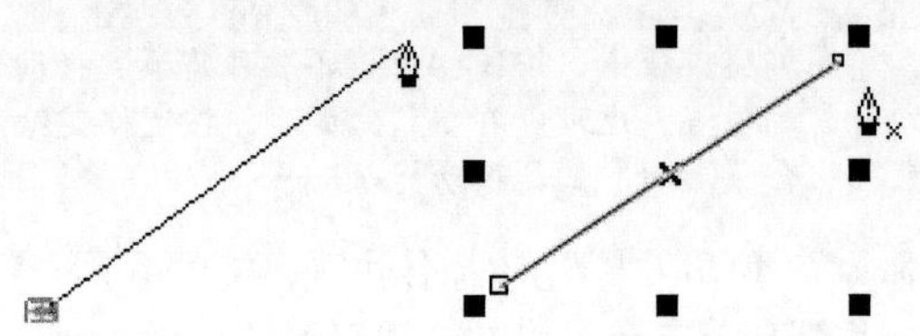

绘制连续折线时，将光标移动到结束节点上，当光标变为♤时单击鼠标左键，即可形成闭合路径。

想要使用【钢笔】工具绘制曲线线段，可以在工具箱中选择【钢笔】工具后，移动光标至绘图页面中按下鼠标并拖动，显示控制柄后释放鼠标，然后向任意方向移动，这时曲线会随光标的移动而变化。

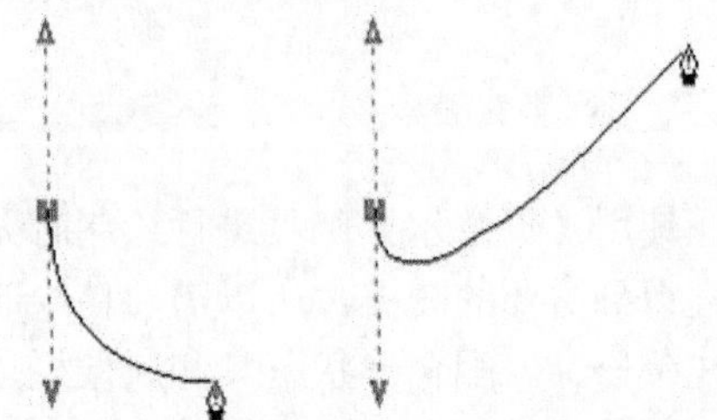

当对曲线的大小和形状感到满意后，双击鼠标即可结束曲线的绘制。如果想要继续绘制曲线，则在工作区所需位置单击并按下鼠标拖动一段距离后释放鼠标，即可创建出另一条曲线。

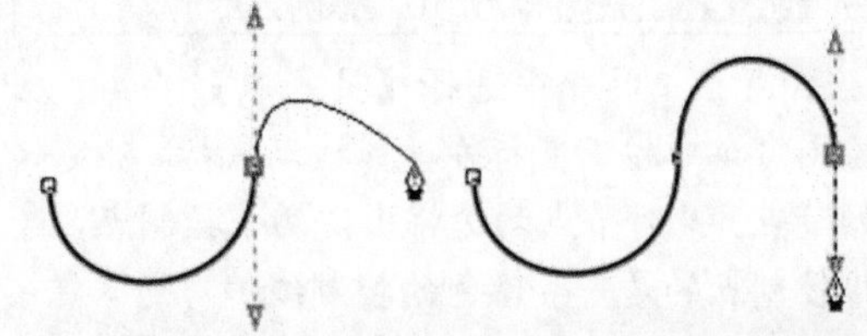

知识点滴

在【钢笔】工具属性栏中，单击【预览模式】按钮，会在确定下一节点前自动生成一条预览当前线段的蓝线；单击【自动添加或删除节点】按钮，将光标移动到曲线上，当光标变为♤+形状时，单击鼠标左键添加节点，当光标变为♤-形状时，单击鼠标左键删除节点。

2.1.4 使用【B 样条】工具

使用【B 样条】工具可以绘制圆滑的曲线。要使用【B 样条】工具绘制曲线，先单击开始绘制的位置，然后设定绘制线条所需的控制点数。要结束线条绘制时，双击该线条即可。

要使用控制点更改线条形状，先用【形状】工具选定线条，然后重新确定控制点位置来更改线条形状。

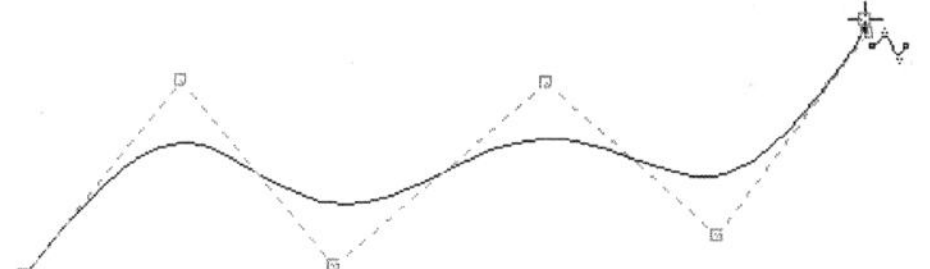

要增加控制点，先用【形状】工具选择线条，然后沿控制线条双击鼠标即可。

要删除控制点，先用【形状】工具选择线条，然后双击要删除的控制点。

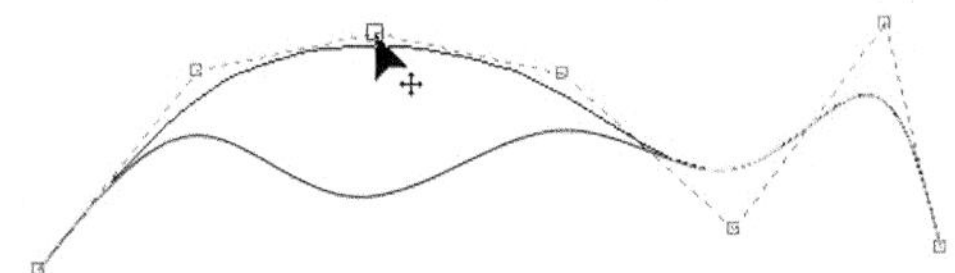

2.1.5　使用【折线】工具

【折线】工具的使用方法与【手绘】工具基本相同。

要绘制直线段，在要开始该线段的位置单击，然后在要结束该线段的位置单击。

要绘制曲线段，在要开始该线段的位置单击，并在绘图页面中进行拖动。可以根据需要添加任意多条线段，并在曲线段与直线段之间进行交替，最后双击鼠标即可结束操作。

2.1.6　使用【2 点线】工具

使用【2 点线】工具可以绘制直线，还可以创建与对象垂直或相切的直线。

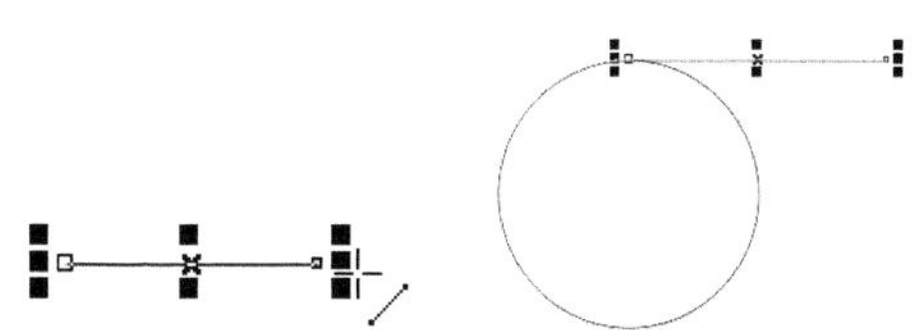

- 绘制直线：使用【2 点线】工具在页面中单击，按住鼠标左键不放并拖动到所需的位置，然后释放鼠标左键即可。
- 绘制连续线段：使用【2 点线】工具绘制一条直线后不移开光标，当光标变为 时，然后再按住鼠标左键拖曳绘制即可。连续绘制到首尾节点合并，可以形成封闭图形。

【2 点线】工具的属性栏里可以切换绘制的 2 点线的类型。

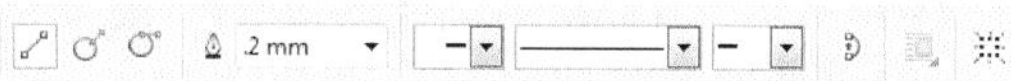

- 【2 点线工具】按钮：连接起点和终点绘制一条直线。
- 【垂直 2 点线】按钮：绘制一条与现有对象或线段垂直的 2 点线。
- 【相切 2 点线】按钮：绘制一条与现有对象或线段相切的 2 点线。

2.1.7　使用【3 点曲线】工具

使用【3 点曲线】工具，可以通过指定曲线的宽度和高度来绘制简单曲线。使用此工具，可以快速创建弧形，而无须控制节点。

选择工具箱中的【3 点曲线】工具后，移动光标至工作区中按下鼠标设置曲线起始点，再拖动光标至终点位置释放鼠标，这样就确定了曲线的两个节点，然后再向其他方向拖动鼠标，这时曲线的弧度会随光标的拖动而变化；对曲线的大小和弧度满意后单击，即可完成曲线的绘制。

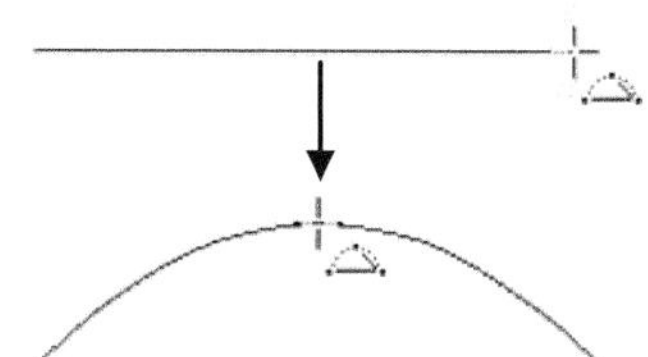

2.1.8　使用【智能绘图】工具

使用【智能绘图】工具绘制时，可对手绘笔触进行识别，并转换为基本形状。

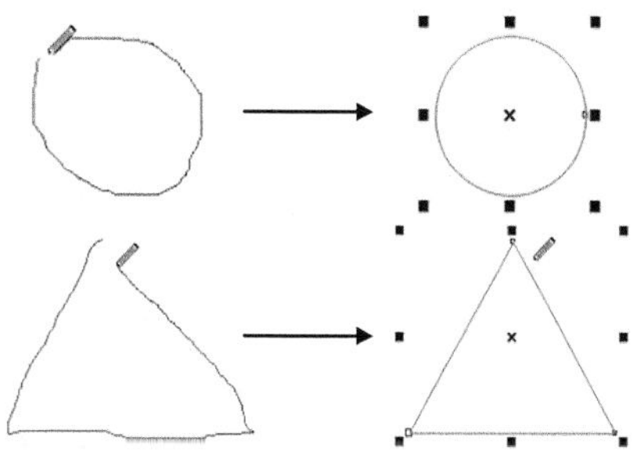

矩形和椭圆将被转换为 CorelDRAW 对

象；梯形和平行四边形将被转换为【完美形状】对象；而线条、三角形、方形、菱形、圆形和箭头将被转换为曲线对象。如果某个对象未转换为基本形状，则可以对其进行平滑处理。

用形状识别所绘制的对象和曲线都是可编辑的，而且还可以设置 CorelDRAW 识别形状并将其转换为对象的等级，指定对曲线应用的平滑量。在工具属性栏中，可以设置【形状识别等级】和【智能平滑等级】选项。

- 【形状识别等级】选项：用于选择系统对形状的识别程度。
- 【智能平滑等级】选项：用于选择系统对形状的平滑程度。
- 【轮廓宽度】数值框：用于选择或设置形状的轮廓线宽度。

知识点滴

用户还可以设置从创建笔触到实现形状识别所需的时间。选择【工具】|【自定义】命令，打开【选项】对话框。在【选项】对话框的左侧列表中选择【工作区】|【工具箱】|【智能绘图工具】选项，然后在右侧拖动【绘图协助延迟】滑块。最短延迟为 10 毫秒，最长延迟为 2 秒。

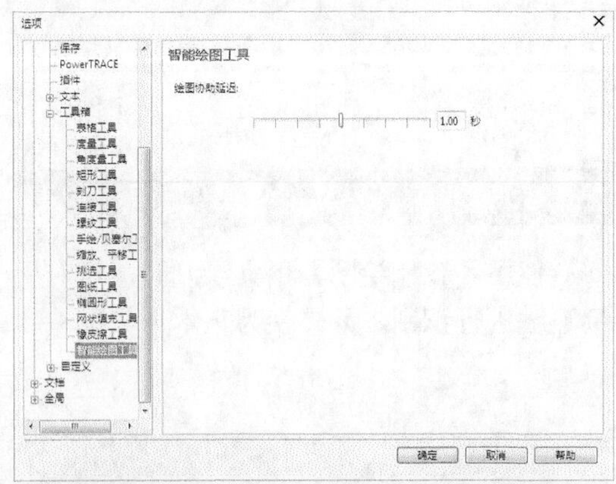

2.1.9 使用【艺术笔】工具

使用【艺术笔】工具可以绘制出各种艺术线条。【艺术笔】工具属性栏中包含了【预设】、【笔刷】、【喷涂】、【书法】和【压力】5 种笔触模式。用户想要选择不同的笔触，只需在【艺术笔】工具属性栏上单击相应的模式按钮即可。选择所需的笔触时，其工具栏属性也将随之改变。

1. 【预设】模式

【艺术笔】工具的【预设】笔触有许多类型，其默认状态下所绘制的是一种轮廓比较圆滑的笔触，用户也可以在工具属性栏的【预设笔触列表】中选择所需笔触样式。

选择【艺术笔】工具后，在属性栏中会默认选择【预设】按钮。

- 【预设笔触】选项：在其下拉列表中可选择系统提供的笔触样式。

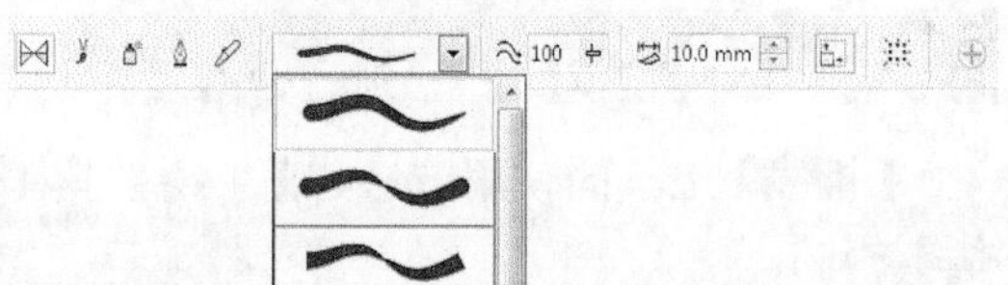

- 【手绘平滑】选项：其数值决定线条的平滑程度。程序提供的平滑度最高是 100，可根据需要调整其参数设置。
- 【笔触宽度】选项：用于设置笔触的宽度。

在属性栏中设置好相应的参数后，在绘图页面中按住鼠标左键并拖动，即可绘制出所选的笔触形状。

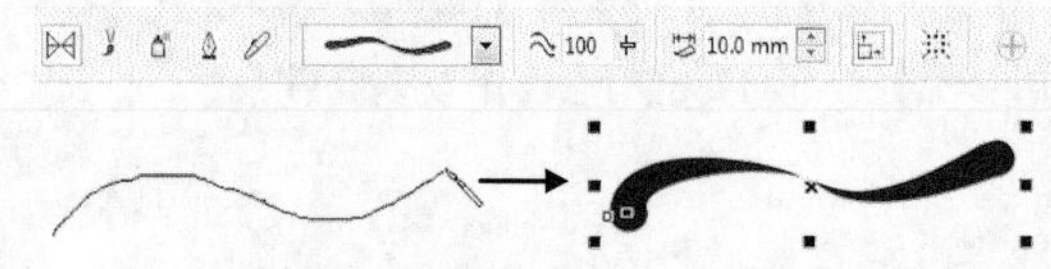

2. 【笔刷】模式

CorelDRAW X7 提供了多种笔刷模式供用户选择。在使用【笔刷】模式时，可以在属性栏中设置笔刷的属性。

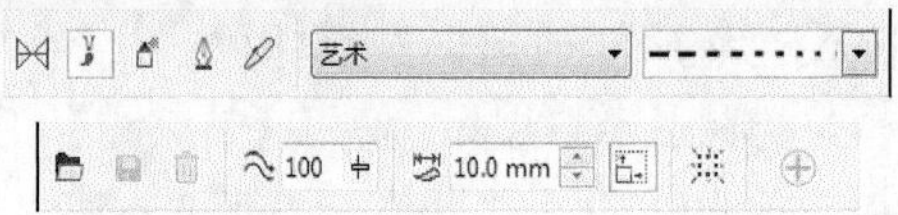

- 【类别】选项：在其下拉列表中，可以为所选的【艺术笔】工具选择一个类别。

➤ 【笔刷笔触】选项：在其下拉列表中可选择系统提供的笔触样式。

➤ 【浏览】按钮：可打开【浏览文件夹】对话框浏览磁盘中的文件夹。

➤ 【保存艺术笔触】按钮：自定义笔触后，可将其保存到笔触列表。

➤ 【删除】按钮：可删除自定义艺术笔触。

➤ 【手绘平滑】选项：可设置线条的平滑程度。

➤ 【笔触宽度】选项：可在其数值框中输入数值来决定笔触的宽度。

【例 2-3】在 CorelDRAW X7 中，创建自定义画笔笔触，并将其保存为预设。

视频+素材 (光盘素材\第 02 章\例 2-3)

step 1 选择工具箱中的【选择】工具，选择要保存为画笔笔触的图形对象。

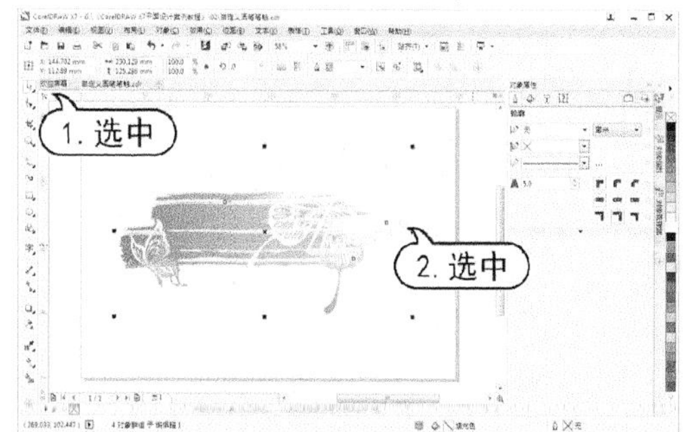

step 2 选择【艺术笔】工具属性栏中的【笔刷】按钮，再单击属性栏中的【保存艺术笔触】按钮。

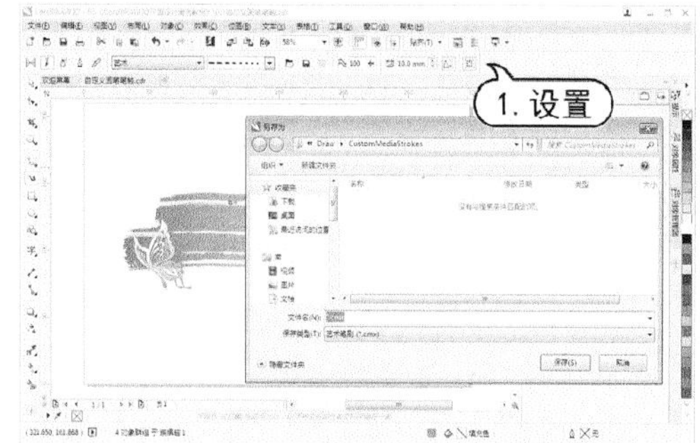

step 3 在打开的【另存为】对话框的【文件名】文本框中输入笔触名称“水墨蝴蝶”，然后单击【保存】按钮，即可将所选的图形保存。

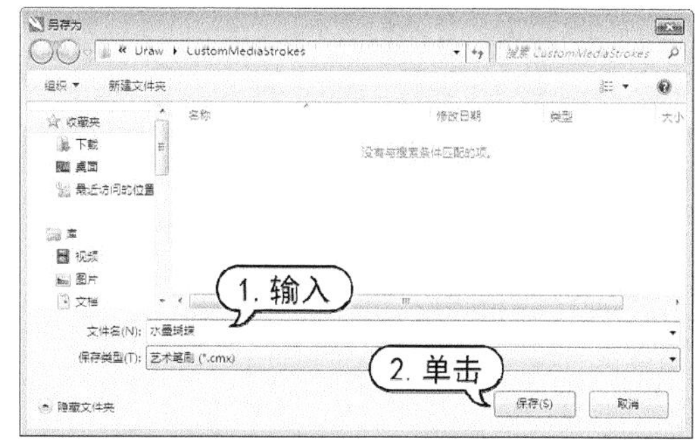

step 4 在【类别】的下拉列表中选择【自定义】选项，然后单击【笔刷笔触】列表右侧的按钮，即可查看刚保存的画笔。

3. 【喷涂】模式

CorelDRAW X7 允许在线条上喷涂一系列对象。除图形和文本对象外，还可导入位图和符号来沿线条喷涂。

用户通过属性栏，可以调整对象之间的间距；可以控制喷涂线条的显示方式，调整它们相互之间距离；也可以改变线条上对象的顺序。CorelDRAW 还允许改变对象在喷涂线条中的位置，操作方法是沿路径旋转对象，或使用替换、左、随机和右 4 种不同的选项之一偏移对象。另外，用户还可以使用自己的对象来创建新喷涂列表。

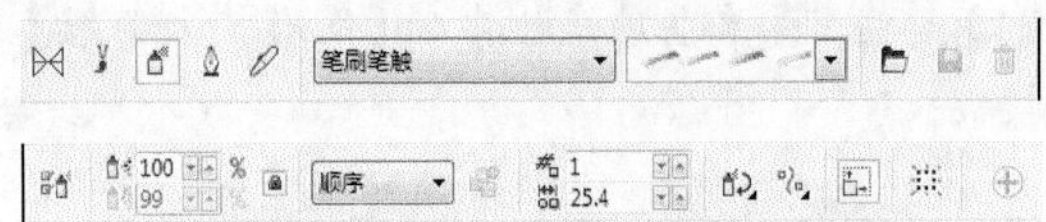

▶【类别】选项：在其下拉列表中，可以为所选的【艺术笔】工具选择一个类别。

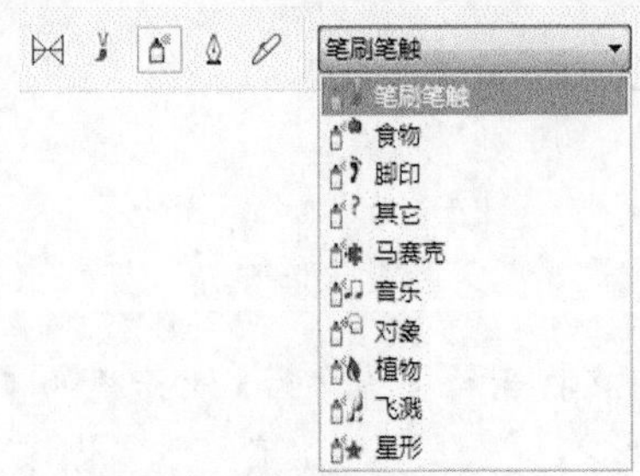

▶【喷射图样】选项：在其下拉列表中可选择系统提供的笔触样式。

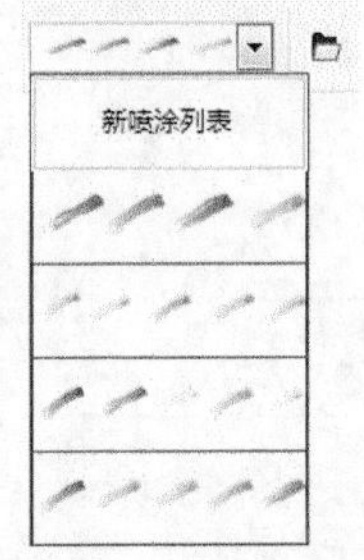

▶【喷涂列表选项】选项：用来设置喷涂对象的顺序和设置喷涂对象相关参数。

▶【喷涂对象大小】选项：用于设置喷涂对象的缩放比例。

▶【喷涂顺序】选项：在其下拉列表中提供了【随机】、【顺序】和【按方向】3 个选项，可选择其中一种喷涂顺序来应用到对象上。

▶【每个色块中的图像数和图像间距】选项：上方数值框中输入数值，可设置每个喷涂色块中的图像数；下方数值框中输入数值，可调整喷涂笔触中各个色块之间的距离。

▶【旋转】按钮：在弹出的下拉面板中设置旋转角度，可以使喷涂对象按一定角度旋转。

▶【偏移】按钮：在弹出的下拉面板中设置偏移量，可以使喷涂对象中各个元素产生相应位置上的偏移。

▶【随对象一起缩放笔触】按钮：单击该按钮，可将变换应用到艺术笔触宽度。

【例 2-4】在绘图文件中，创建新喷涂列表，并进行设置。

素材 (光盘素材\第 02 章\例 2-4)

step 1 在绘图文件中，选择【艺术笔】工具并选中需要创建为喷涂预设的对象。

step 2 在属性栏中选择【喷涂】工具，在【喷射图样】下拉列表中选择【新喷涂列表】。

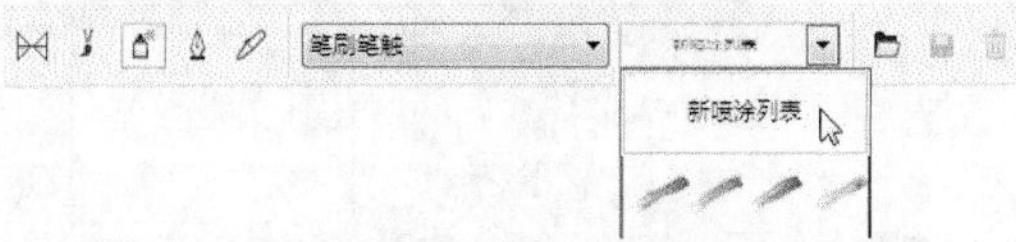

step 3 单击属性栏中的【添加到喷涂列表】按钮，将该对象添加到喷涂列表中。

step 4 重复步骤(1)至步骤(3)的操作方法将其他对象添加到列表中。单击工具属性栏中的【喷涂列表对话框】按钮，打开【创建播放列表】对话框。

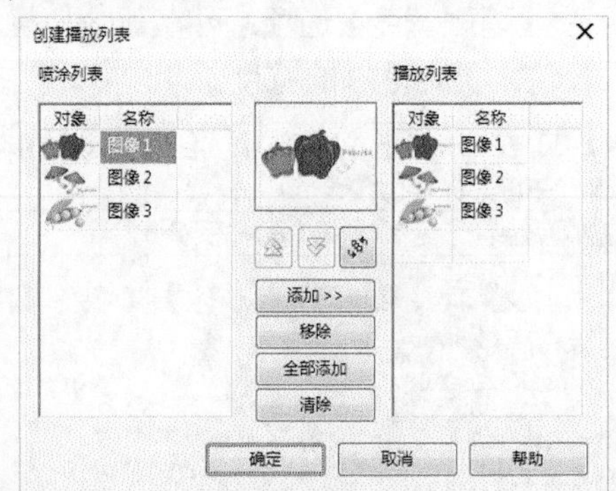

step 5 在打开的【创建播放列表】对话框的【播放列表】中选择【图像 1】选项，单击【下移】按钮，然后单击【确定】按钮。

step 6 在【喷涂】工具属性栏中的【每个色块中图像数和图像间距】选项的下方数值框中输入 25；单击属性栏中的【偏移】按钮，

在弹出的下拉面板中选中【使用偏移】复选框，设置【偏移】数值为 12mm，并在【方向】下拉列表中选择【替换】选项。

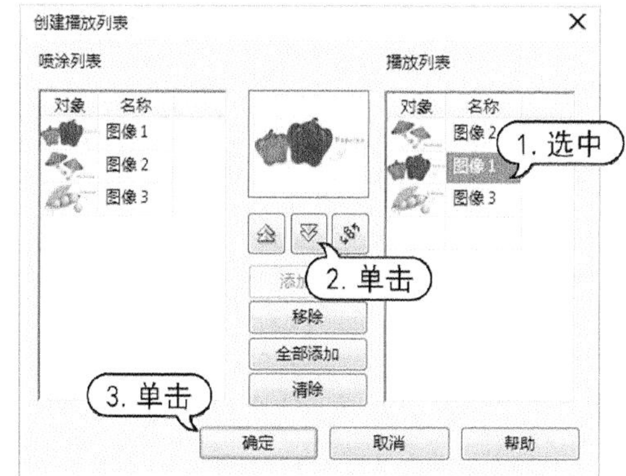

> **知识点滴**
>
> 单击【创建播放列表】对话框中的【添加】按钮可以将喷涂列表中的图像添加到播放列表中；单击【移除】按钮可以删除播放列表中选择的图像；单击【全部添加】按钮可以将喷涂列表中的所有图像添加到播放列表中；单击【清除】按钮可以删除播放列表中的所有图像。

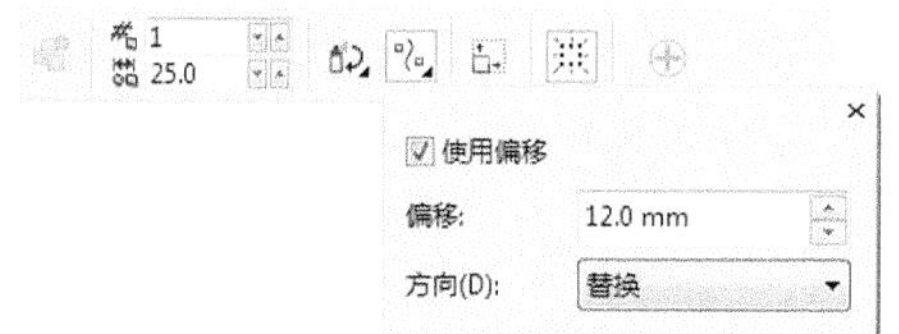

step 7 使用【艺术笔】工具在页面中绘制如下图所示的线条。

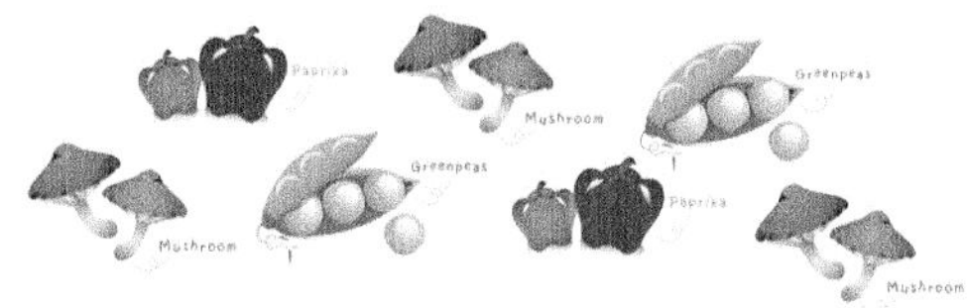

4. 【书法】模式

CorelDRAW 允许在绘制线条时模拟书法的效果。书法线条的粗细会随着线条的方向和笔头的角度而改变。默认情况下，书法线条显示为铅笔绘制的闭合形状。通过改变相对于所选的书法角度绘制的线条的角度，可以控制书法线条的粗细。

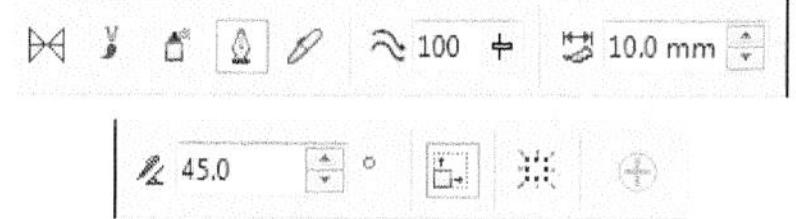

> **知识点滴**
>
> 调节【书法角度】参数值，可设置图形笔触的倾斜角度。用户设置的宽度是线条的最大宽度，线条的实际宽度由所绘线条与书法角度之间的角度决定。用户还可以选择【效果】|【艺术笔】菜单命令，然后在【艺术笔】泊坞窗中根据需要对书法线条进行设置。

5. 【压力】模式

压力笔触主要用于配合数码绘画笔进行手绘编辑。在【艺术笔】工具属性栏中单击【压力】按钮，可对属性栏进行设置。

在使用鼠标进行绘制时，压力笔触不能表现出压力效果，绘制的图形效果和简单的笔刷一样。如果电脑连接并安装了绘图板，在通过绘图板使用【艺术笔】工具进行绘画时，单击属性栏中的【压力】按钮后，使用绘图笔在绘图板上进行绘画时，所绘制的笔触宽度会根据用笔压力的大小变化而变化。在绘图时用笔的压力越大，绘制的笔触宽度就越宽，反之则越细。

2.1.10 绘制连线和标注线

使用连线工具和标注线可以绘制丰富多彩的流程图，为图形对象添加说明性标注。

1. 绘制连线

用户可以在流程图或组织图中绘制流程线，将图形连接起来。当移动其中一个或两个连接的对象时，这些线条可以使对象保持连接状态。在 CorelDRAW X7 中，提供了【直线连接器】、【直角连接器】和【直角圆形连接器】3 种连线工具。

- 【直线连接器】工具：用于以任意角度创建直线连线。

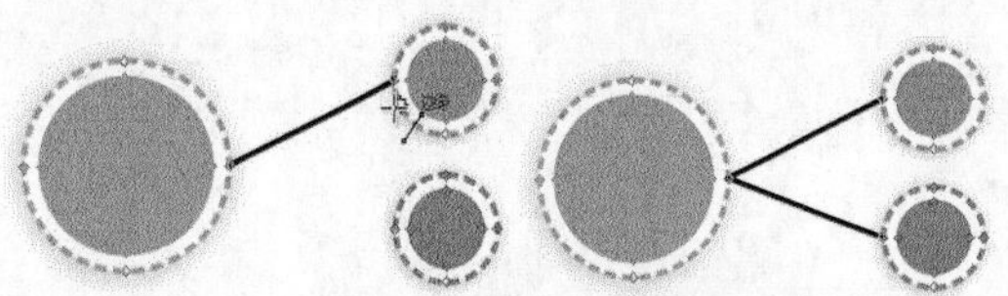

➤ 【直角连接器】工具：用于创建包含直角的垂直和水平线段的连线。

➤ 【直角圆形连接器】工具：用于创建包含圆形直角的垂直和水平元素的连线。

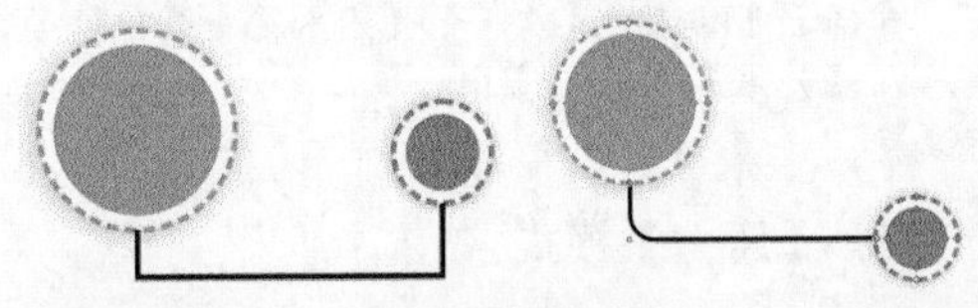

【例 2-5】在绘图文件中，使用连线工具绘制流程图。
视频+素材 (光盘素材\第 02 章\例 2-5)

step① 选择【文件】|【打开】命令，打开【打开绘图】对话框。在该对话框中，选中绘图文件，然后单击【打开】按钮。

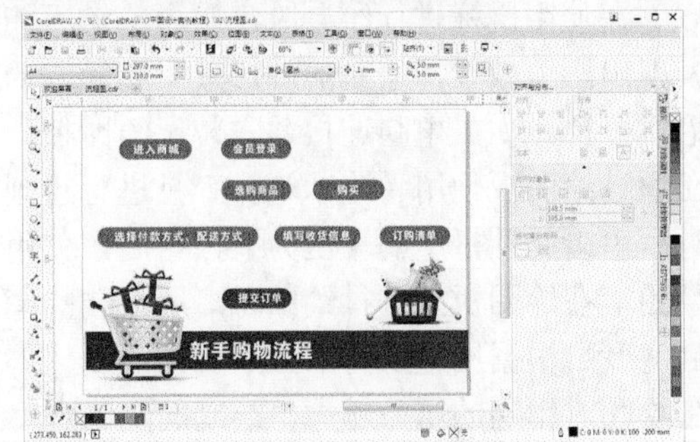

step② 选择【直线连接器】工具，从第一个对象上的锚点拖至第二个对象上的锚点。

step③ 在属性栏中，设置【轮廓宽度】数值为 1mm，在【终止箭头】下拉列表中选择【终止箭头：箭头 2】选项，并在调色板中设置轮廓色为【红色】。

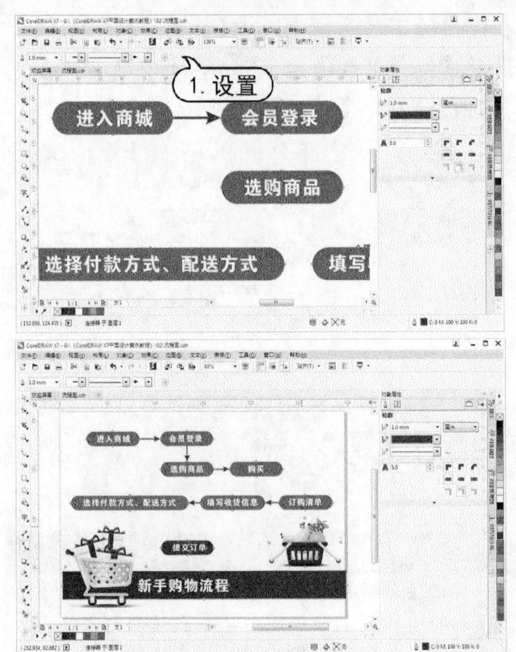

step④ 继续使用【直线连接器】工具，重复步骤(2)至步骤(3)的操作方法，在绘图页面中绘制其他按钮之间的直线连接线。

step⑤ 选择【直角连接器】工具，从第一个对象上的锚点拖至第二个对象上的锚点。在属性栏中，设置【轮廓宽度】数值为 1mm，在【终止箭头】下拉列表中选择【终止箭头：箭头 2】选项，并在调色板中将轮廓色设置为【红色】。

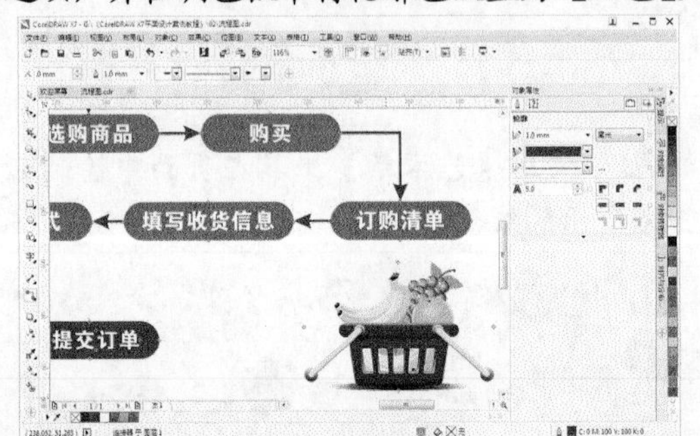

step⑥ 继续使用【直角连接器】工具，按照与步骤(5)相同的操作方法，在绘图页面中绘制其他按钮之间的连接线。

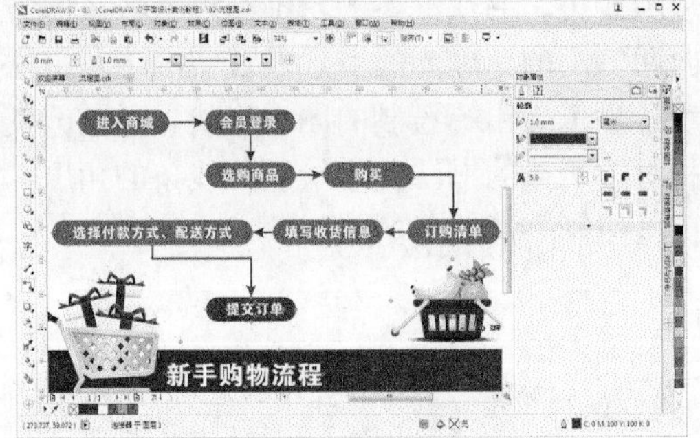

2. 【编辑锚点】工具

【编辑锚点】工具用于修饰连接线、变更连接线节点等操作。

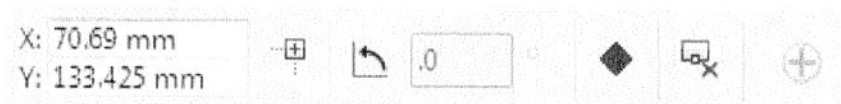

➤ 【调整锚点方向】按钮：单击该按钮可以按指定度数调整锚点方向。

➤ 【锚点方向】数值框：在数值框中输入数值可以变更锚点方向，单击【调整锚点方向】按钮，即可激活数值框，输入数值为直角度数 0°、90°、180°、270°，只能变更直角连接线的方向。

➤ 【自动锚点】按钮：单击该按钮可允许锚点成为连接线的贴齐点。

➤ 【删除锚点】按钮：单击该按钮可以删除对象中的锚点。

在工具箱中选择【编辑锚点】工具，然后单击对象选择需要变更方向的连接线锚点，接着在属性栏中单击【调整锚点方向】按钮激活数值框，然后在数值框中输入数值，按回车键完成操作。

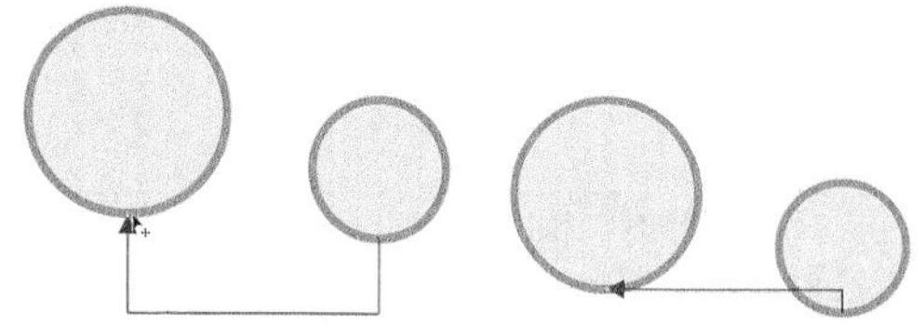

选择【编辑锚点】工具，在要添加锚点的对象上双击鼠标左键添加锚点。新增加的锚点会以蓝色空心方块标示，可以在新增加的锚点上添加连接线。

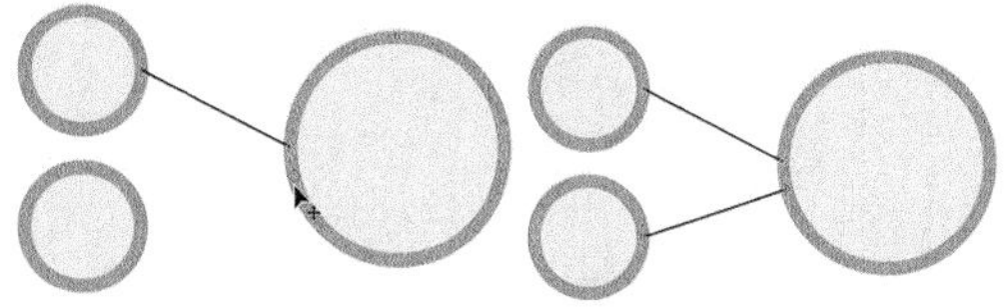

选择【编辑锚点】工具，单击选择连接线上需要移动的锚点，然后按住鼠标移动到对象的其他锚点、中心点或任意位置上即可。

选择【编辑锚点】工具，单击选择对象上需要删除的锚点，然后单击属性栏中的【删除锚点】按钮即可删除该锚点，也可以双击该锚点将其删除。

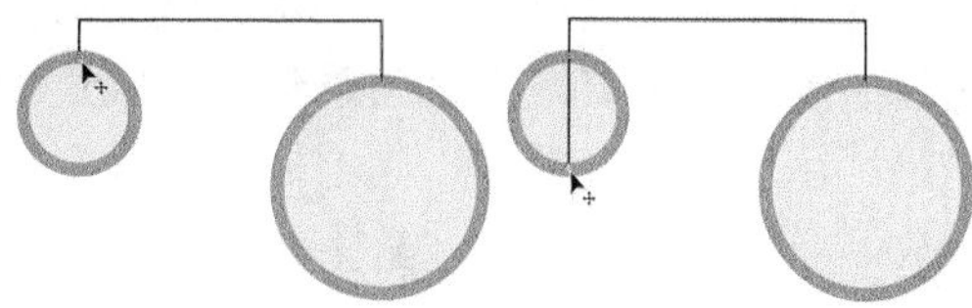

3. 绘制标注线

【3 点标注】工具可以快捷地为对象添加文字性的标注说明。要绘制标注线，首先单击要放置箭头的位置，然后将光标移动至要结束第一条线段的位置，释放鼠标，最后单击结束第二条线段，再输入标注文字即可。

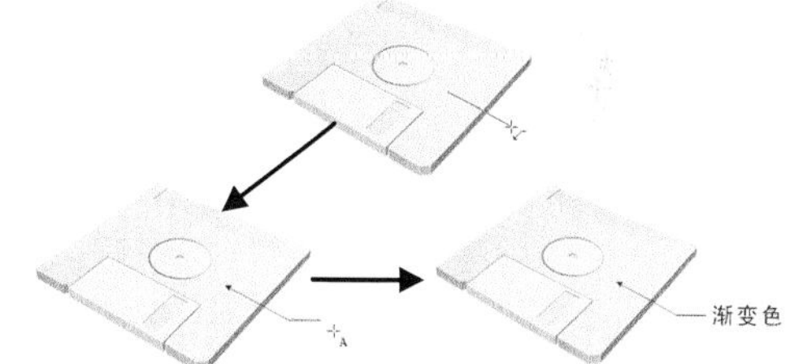

在【3 点标注】工具属性栏中可以设置标注线样式效果。

➤ 【标注形状】按钮：单击该按钮，可以从弹出的列表中选择标注线样式。

➤ 【间隙】数值框：输入数值可设置文本和标注图形之间的距离。

➤ 【起始箭头】选项：单击该下拉列表，可以选择标注线起始端箭头样式。

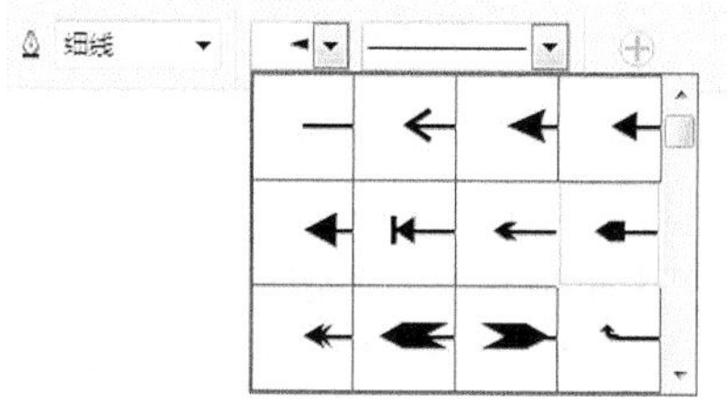

2.1.11 绘制尺度线

使用度量工具可以方便、快捷地测量出对象的水平、垂直距离，倾斜角度，以及标注等。在【平行度量】工具上按下鼠标左键不放，即可展开工具组，其中包括【平行度量】、【水平或垂直度量】、【角度量】和【线段度量】4 种度量工具。

1. 【平行度量】工具

【平行度量】工具用于为对象测量两个节点间的实际距离，并添加标注。

要绘制一条平行度量线，单击开始线条的点，然后拖动至度量线的终点；松开鼠标，然后沿水平或垂直方向移动指针来确定度量线的位置。

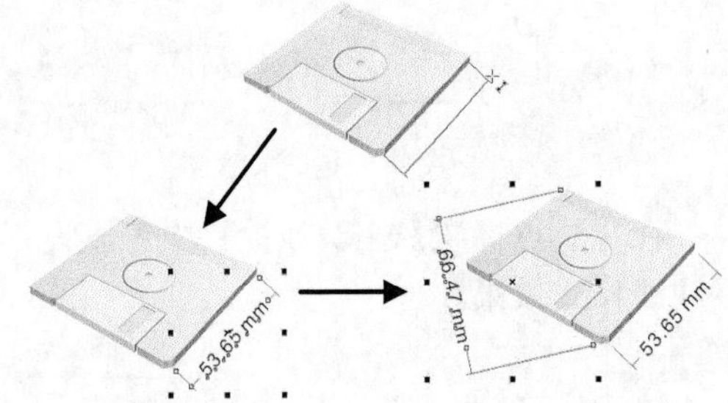

选择【平行度量】工具后，在其工具属性栏，用户可以通过设置属性栏来设置度量线的外观样式。

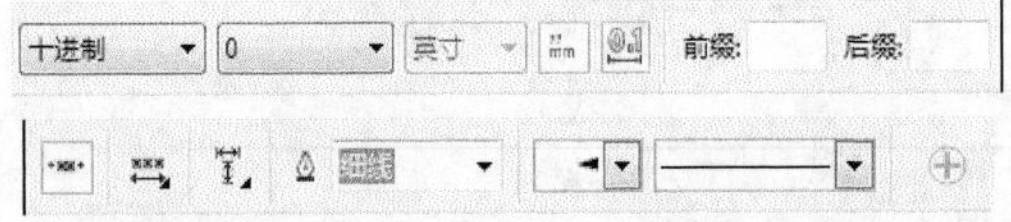

- 【度量样式】：在下拉列表中选择度量线的样式，包含【十进制】、【小数】、【美国工程】和【美国建筑学的】4 种，默认情况下使用【十进制】进行度量。
- 【度量精度】选项：在下拉选项中选择度量线的测量精度，方便用户得到精确的测量结果。
- 【度量单位】选项：在下拉选项中选择度量线的测量单位。
- 【显示单位】按钮：单击该按钮，可在度量线文本后显示测量单位。
- 【显示前导零】选项：当值小于 1 时在度量线测量中显示前导零。
- 【前缀】/【后缀】文本框：在其中输入相应的前缀或后缀文字，在测量文本中显示前缀或后缀。
- 【动态度量】按钮：在重新调整度量线时，单击该按钮可以自动更新测量数值，反之数值不变。
- 【文本位置】按钮：在弹出的下拉列表中可依据度量线定位度量标注文本。

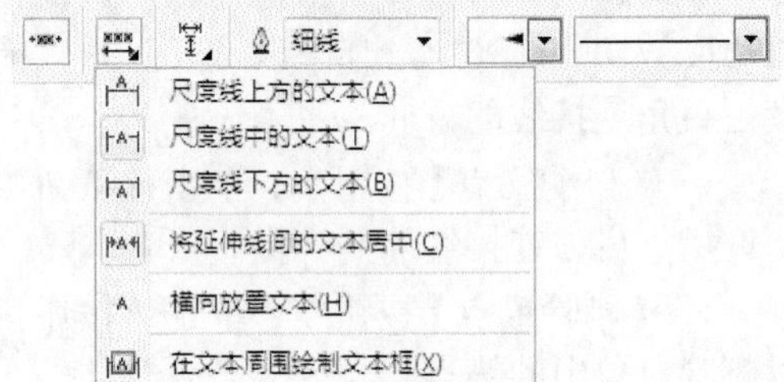

- 【延伸线选项】按钮：在弹出的下拉面板中可以自定义延伸线样式。

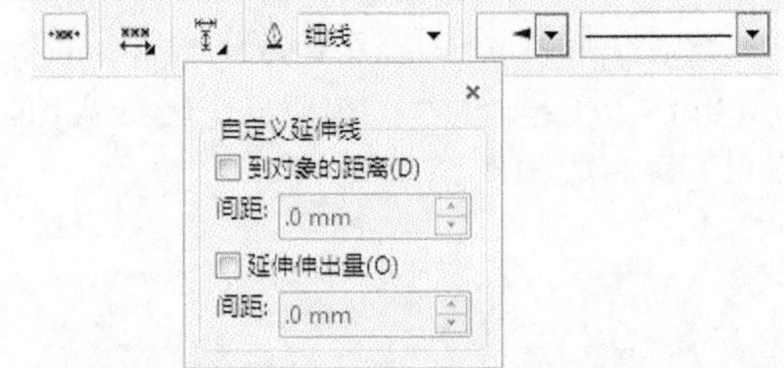

【例 2-6】在打开的绘图文件中，使用【平行度量】工具测量对象。

视频+素材 (光盘素材\第 02 章\例 2-6)

step 1 在 CorelDRAW X7中，打开绘图文件。

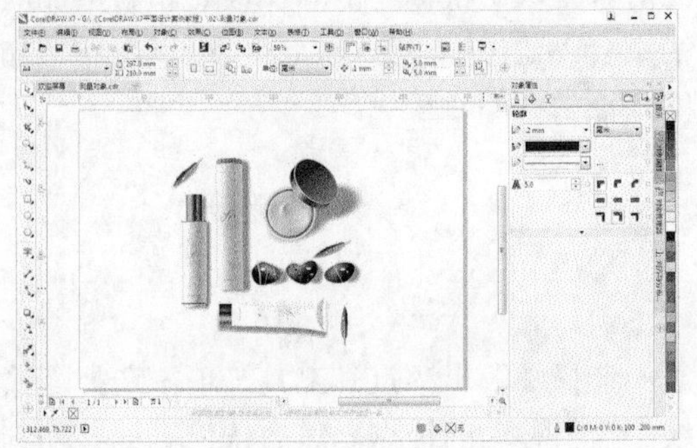

step 2 在工具箱中选择【平行度量】工具，在对象边缘的端点上单击鼠标，移动光标至边缘的另一端点单击，出现尺寸线后，在尺

寸线的水平方向上拖动尺寸线，调整好尺寸线与对象之间的距离后，单击鼠标，系统将自动添加尺寸线。

step 3　继续使用【平行度量】工具，在对象边缘的端点上单击鼠标，移动光标至边缘的另一端点单击，出现尺寸线后，在尺寸线的垂直方向上拖动尺寸线，调整好尺寸线与对象之间的距离后，单击鼠标，系统将自动添加尺寸线。

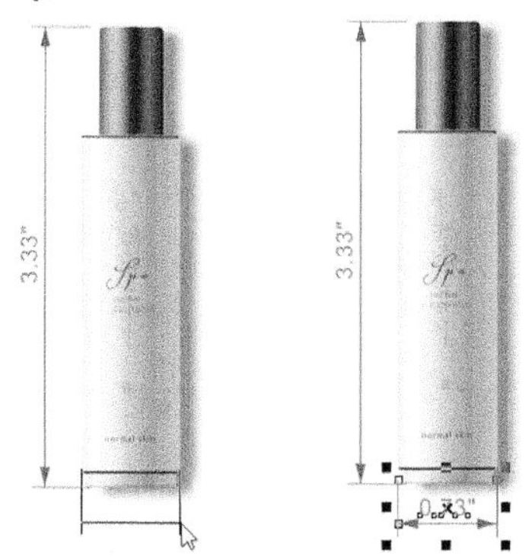

step 4　使用【选择】工具选中添加的尺寸线，在工具属性栏的【度量精度】下拉列表中选择0选项，在【度量单位】下拉列表中选择mm选项，在【前缀】文本框中输入文本“尺寸:”，调整尺寸线。

step 5　按住Shift键，使用【选择】工具选中尺寸线上的文字标注，并在工作区右侧的【对象属性】泊坞窗中设置标注文字的字体为【方正黑体简体】，字体大小数值为8pt。

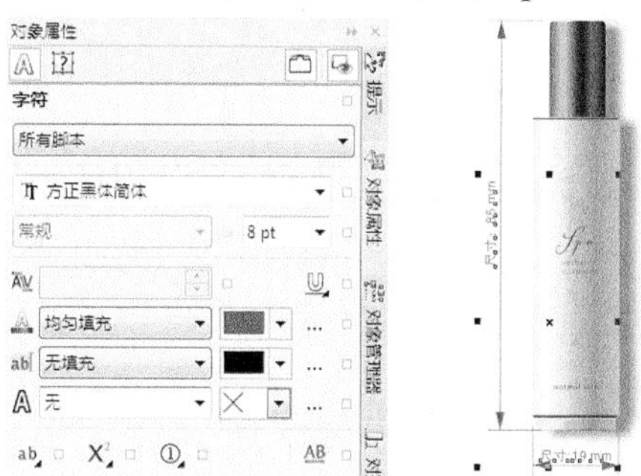

2. 【水平或垂直度量】工具

使用【水平或垂直度量】工具可以标注出对象的垂直距离和水平距离。其使用方法与【平行度量】工具相同。

在使用【水平或垂直度量】工具时按Ctrl键，可按在15°的整数倍方向上移动标注线。在属性栏的度量单位下拉列表中可设置数值的单位，在文本位置下拉列表中可自行选择需要的标注样式。

3. 【角度量】工具

【角度量】工具可准确地测量出所定位的角度。要绘制角度量线，先在想要测量角度的两条线相交的位置单击，然后拖动至要结束第一条线的位置，释放鼠标，将光标移动至要结束第二条线的位置，达到正确角度后双击鼠标即可。

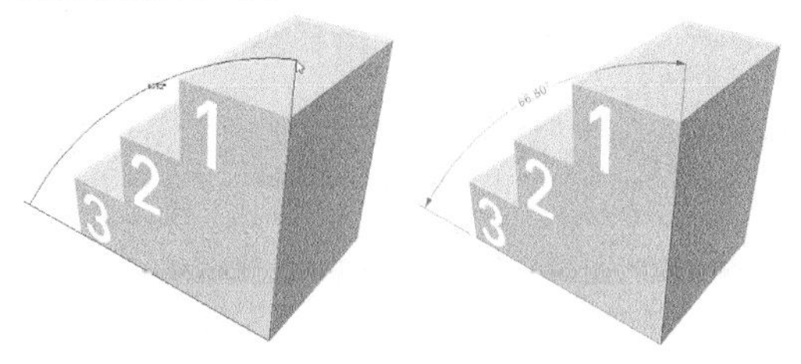

在使用【角度量】工具前，可以在属性栏中设置角的单位，包括【度】、【°】、【弧度】和【粒度】。

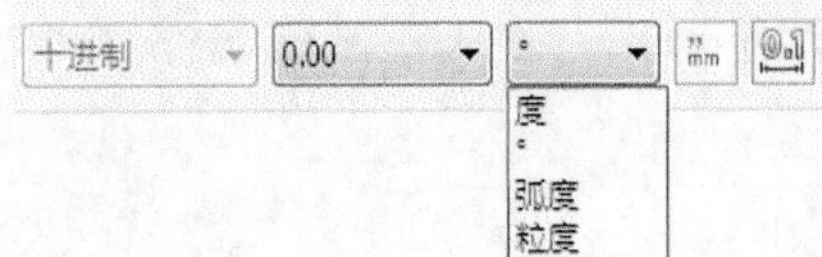

4. 【线段度量】工具

【线段度量】工具可以绘制一条线段度量线。要测量线段，先使用【线段度量】工具在要测量的线段上任意位置单击，然后将光标移动至要放置度量线的位置，在要放置尺寸文本的位置单击即可度量线段。

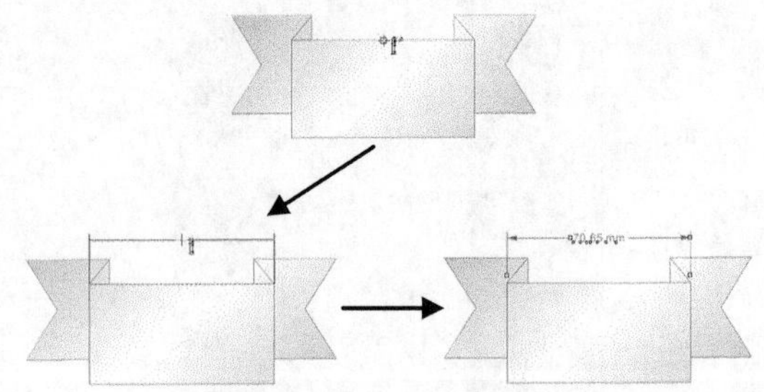

2.2 绘制几何形状

在 CorelDRAW 中，使用形状工具可以很容易地绘制出一些基本形状，如矩形、椭圆形、星形和螺旋线等。

2.2.1 绘制矩形、方形

矩形是图形绘制常用的基本图形，CorelDRAW X7 应用程序中提供了两种绘制工具。使用【矩形】工具和【3 点矩形】工具都可以绘制出用户所需要的矩形或正方形，并且通过属性栏还可以绘制出圆角、扇形角和倒棱角矩形。

1. 【矩形】工具

要绘制矩形，在工具箱中选择【矩形】工具，在绘图页中按下鼠标并拖动出一个矩形轮廓，拖动矩形轮廓范围至合适大小时释放鼠标，即可创建矩形。

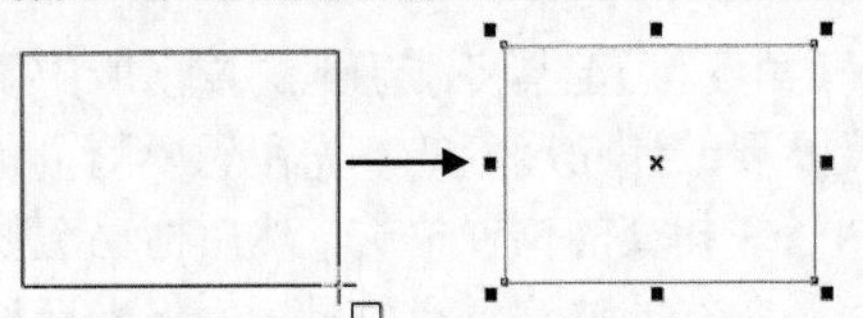

在绘制矩形时，按住 Ctrl 键并按下鼠标拖动，可以绘制出正方形。用户也可以在属性栏中输入相同的宽度和高度数值将矩形变为正方形。

> **实用技巧**
>
> 在绘制时按住 Shift 键可以起始点为中心开始绘制一个矩形，同时按住 Shift 和 Ctrl 键则可以起始点为中心绘制正方形。

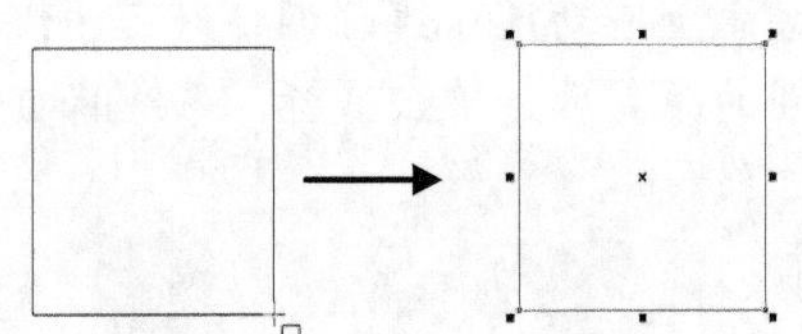

绘制好矩形后，选择【形状】工具，将光标移至所选矩形的节点上，拖动其中任意一个节点，均可得到圆角矩形。

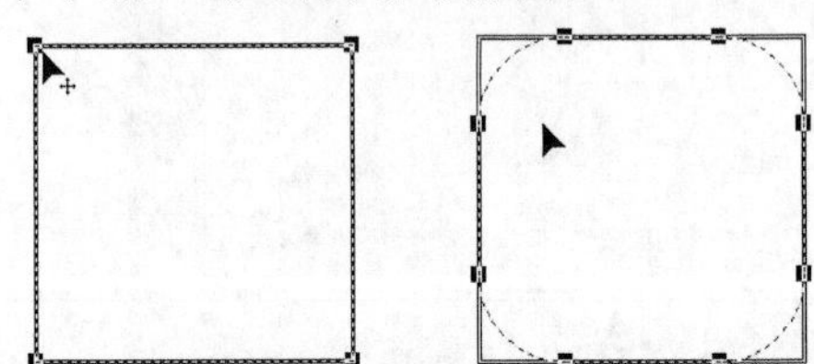

选择【矩形】工具时，工具属性栏显示为【矩形】工具属性栏。在该工具属性栏中通过设置参数选项，用户不仅可以精确地绘制矩形或正方形，而且还可以绘制出不同角度的矩形或正方形。

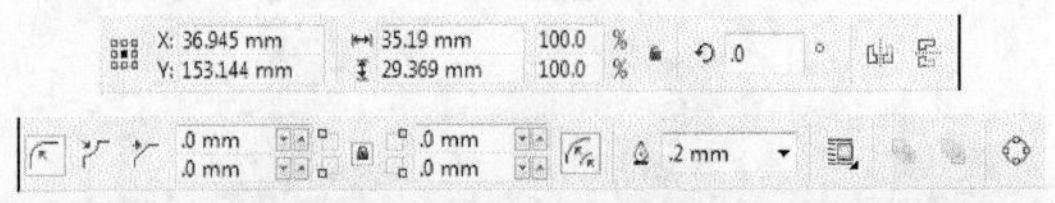

> **实用技巧**
>
> 在属性栏中提供了【圆角】按钮、【扇形角】按钮和【倒棱角】按钮，单击按钮可变换角效果，并可以设置转角半径数值。

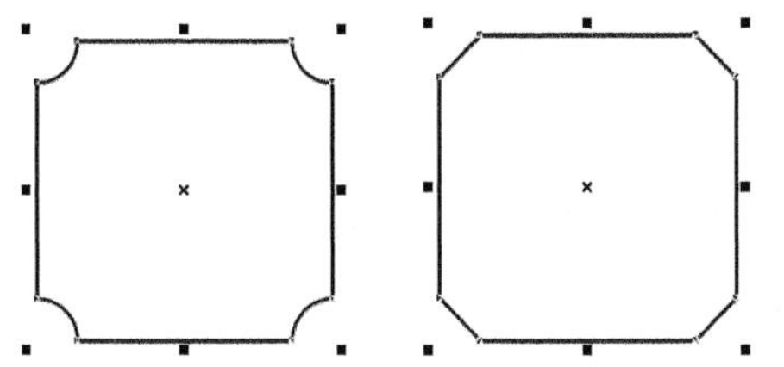

【例2-7】在CorelDRAW中，绘制手机软件图标。

视频+素材（光盘素材\第02章\例2-7）

step 1 在CorelDRAW中，单击【新建】按钮，打开【创建新文档】对话框。在该对话框中的【名称】文本框中输入“手机软件图标”，设置【宽度】和【高度】数值为100mm，在【原色模式】下拉列表中选择RGB选项，然后单击【确定】按钮。

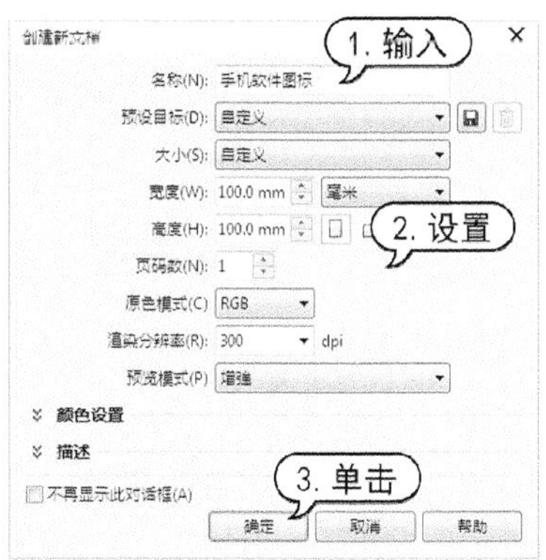

step 2 在【辅助线】泊坞窗中，设置y数值为50mm，单击【添加】按钮。再单击【辅助线类型】按钮，从弹出的下拉列表中选择【垂直】选项，设置x数值为50mm，然后单击【添加】按钮。

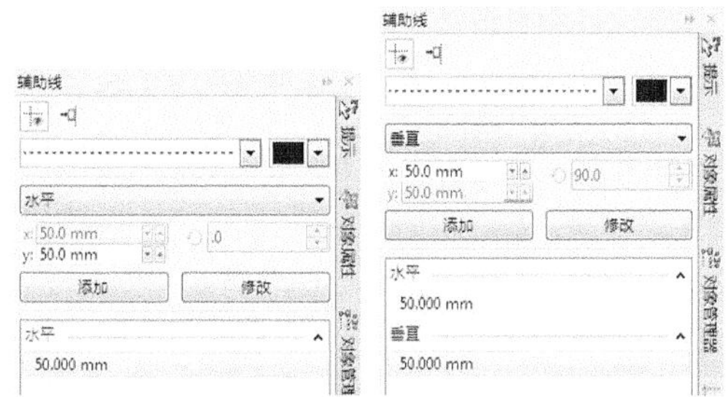

step 3 选择【矩形】工具，按住Shift和Ctrl键单击辅助线的交叉点，并向外拖动绘制正方形。在属性栏中，设置对象大小的【宽度】数值为80mm，设置【转角半径】数值为5mm，【轮廓宽度】数值为1.2mm。

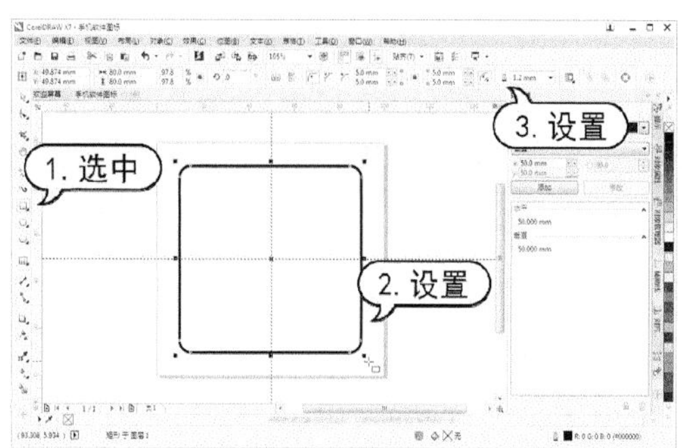

step 4 在调色板中，右击【40%黑】色板填充轮廓线，并按F11键打开【编辑填充】对话框。在该对话框中，设置渐变填充为R:221 G:221 B:221至R:202 G:202 B:202至R:235 G:235 B:235至R:255 G:255 B:255，设置【旋转】数值为90°，然后单击【确定】按钮。

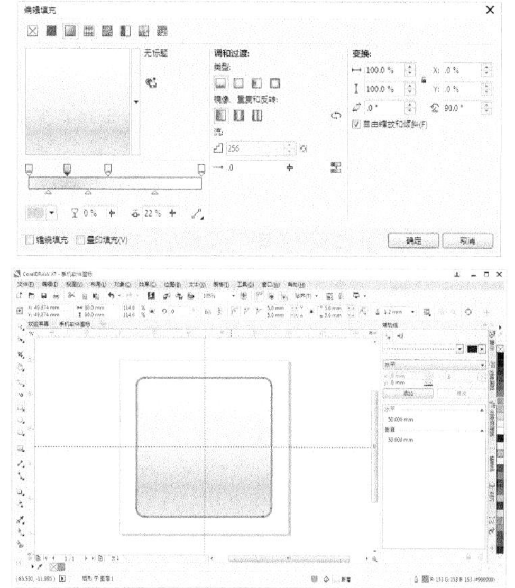

step 5 在【变换】泊坞窗中，单击【大小】按钮，设置x数值为75mm，【副本】数值为1，然后单击【应用】按钮。

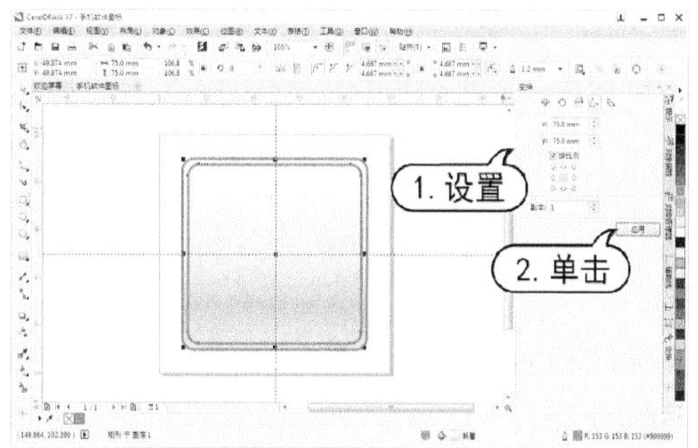

step 6 在调色板中，右击【无】色板将轮廓色设置为无，然后按F11键打开【编辑填充】对话框。在该对话框中，设置渐变填充为R:198 G:216 B:9 至R:122 G:151 B:57 至R:96 G:123 B:62，然后单击【确定】按钮。

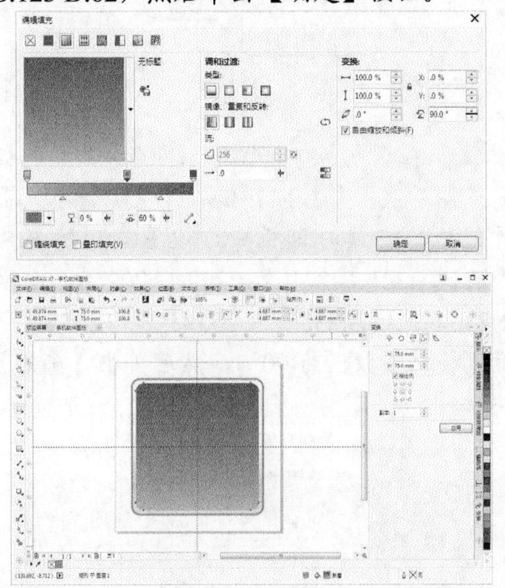

step 7 在【变换】泊坞窗中，设置x数值为72mm，【副本】数值为1，然后单击【应用】按钮。再在调色板中，将填充色设置为【白色】。

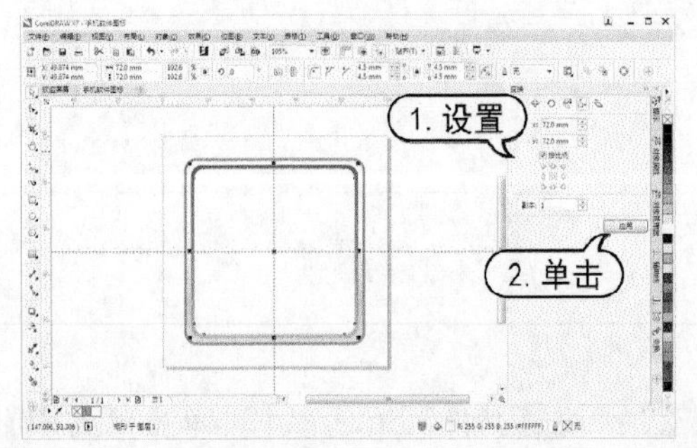

step 8 选择【透明度】工具在创建的矩形上拖曳，创建渐变效果。

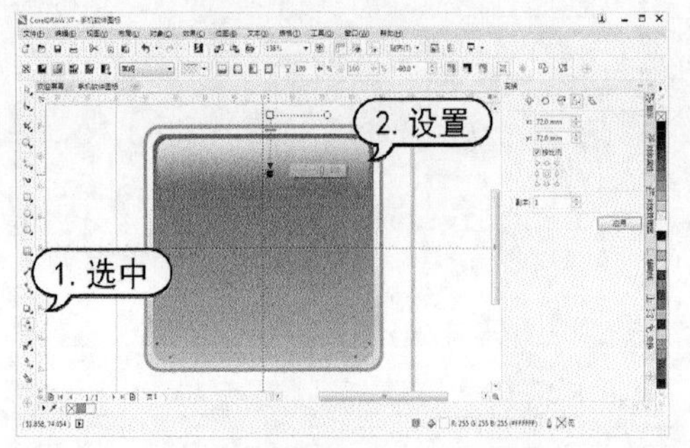

step 9 按Ctrl+C键复制刚调整过的透明矩形，按Ctrl+V键粘贴，接着使用【透明度】工具重新调整透明度效果。

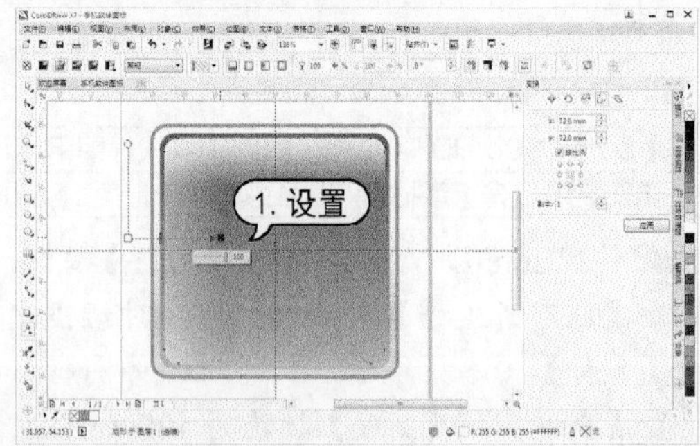

step 10 在标准工具栏中，单击【导入】按钮，打开【导入】对话框。在该对话框中，选择所需要的图形文档，然后单击【导入】按钮。

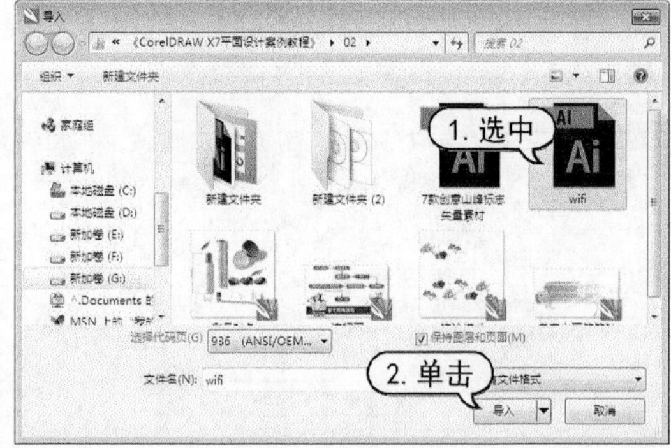

step 11 在绘图文档中，单击导入图形，并打开【对齐与分布】泊坞窗。在泊坞窗中的【对齐对象到】选项区中单击【页面边缘】按钮，再在【对齐】选项区中单击【水平居中对齐】按钮和【垂直居中对齐】按钮。

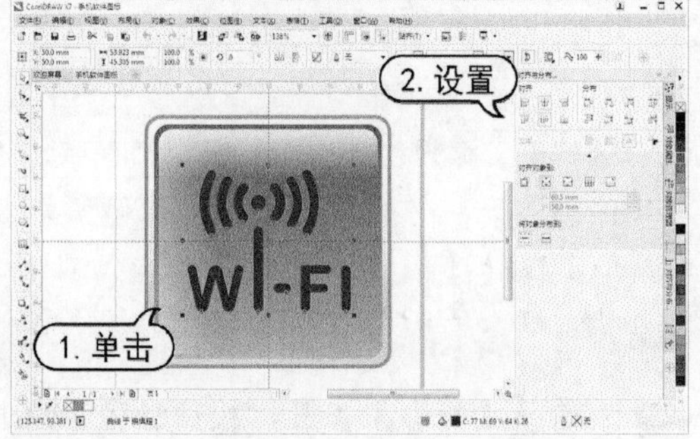

step 12 按F12键，打开【轮廓笔】对话框。在该对话框中，设置【宽度】数值为2mm，颜色为【白色】，【斜接限制】数值为30°，在【位置】选项区中单击【外部位置】按钮，

然后单击【确定】按钮。

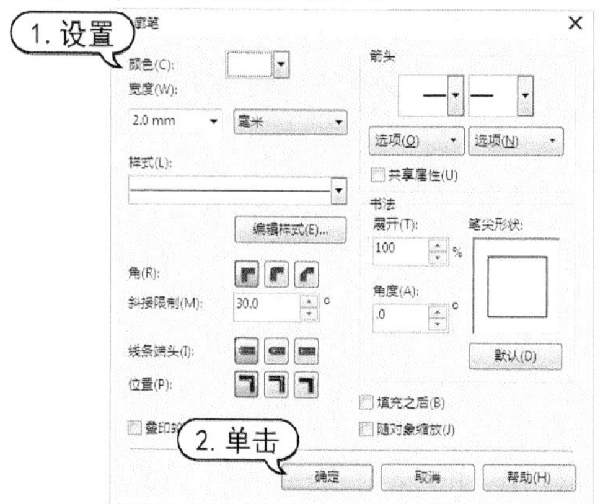

step 13　保持导入图形的选中状态，选择【对象】|【将轮廓转换为对象】命令。

step 14　按F11 键，打开【编辑填充】对话框。在该对话框中，设置渐变填充为R:204 G:204 B:204 至R:255 G:255 B:255，【旋转】数值为 90°，然后单击【确定】按钮。

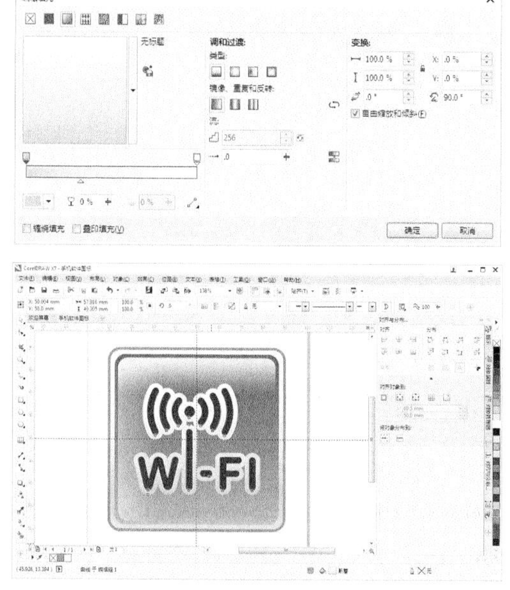

step 15　在标准工具栏中，单击【保存】按钮，打开【保存绘图】对话框。在该对话框中，单击【保存】按钮，保存绘图文档。

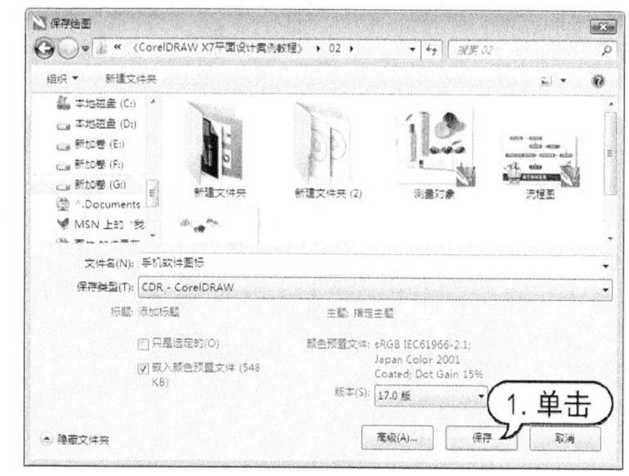

2. 【3 点矩形】工具

在 CorelDRAW X7 应用程序中，用户还可以使用工具箱中的【3 点矩形】工具绘制矩形。

单击工具箱中的【矩形】工具图标右下角的黑色小三角按钮，在打开的工具组中选择【3 点矩形】工具，然后在工作区中按下鼠标并拖动，拖动至合适位置时释放鼠标，创建矩形图形的一边，再移动光标设置矩形图形另外一边的长度范围，在合适位置单击即可绘制矩形。

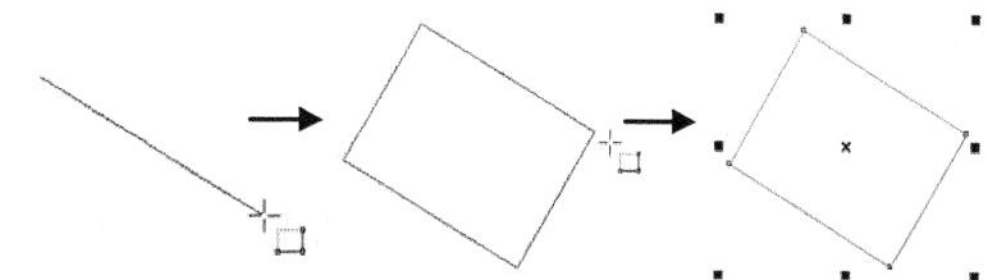

2.2.2　绘制椭圆形、圆形

使用工具箱中的【椭圆形】工具和【3 点椭圆形】工具，可以绘制椭圆形和圆形。另外，通过设置【椭圆形】工具属性栏还可以绘制饼形和弧形。

1. 【椭圆形】工具

要绘制椭圆形，在工具箱中选择【椭圆形】工具，在绘图页中按下鼠标并拖动，绘制出一个椭圆轮廓，拖动椭圆轮廓范围至合适大小时释放鼠标，即可创建椭圆形。

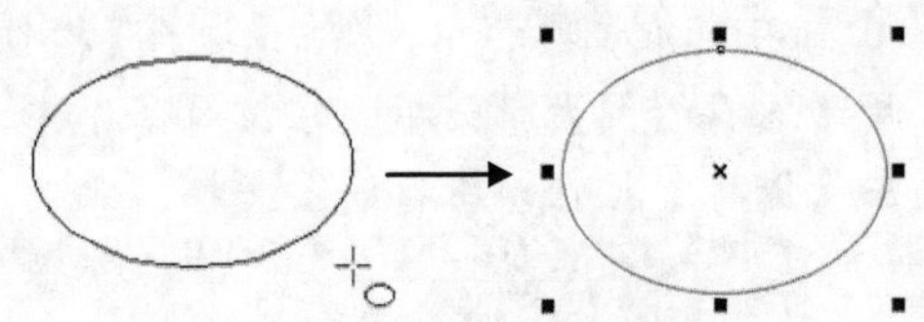

在绘制椭圆形的过程中，如果按住 Shift 键，则会以起始点为原点绘制椭圆形；如果按住 Ctrl 键，则绘制圆形；如果按住 Shift+Ctrl 键，则会以起始点为圆心绘制圆形。

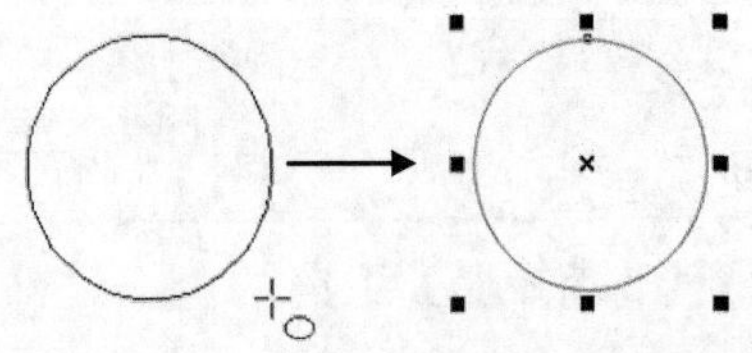

完成椭圆形绘制后，单击工具属性栏中的【饼图】按钮，可以改变椭圆形为饼形；单击工具属性栏中的【弧】按钮，可以改变椭圆形为弧形。

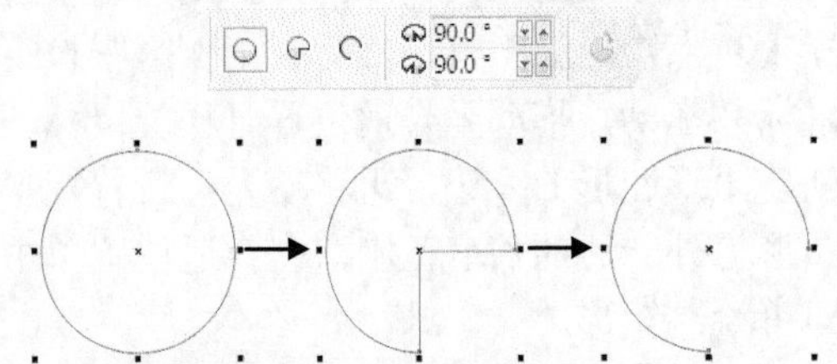

【例 2-8】绘制播放器按钮。
视频+素材 (光盘素材\第 02 章\例 2-8)

step 1 在CorelDRAW中，单击【新建】按钮，打开【创建新文档】对话框。在该对话框的【名称】文本框中输入"播放按钮"，设置【宽度】和【高度】数值为 100mm，然后单击【确定】按钮。

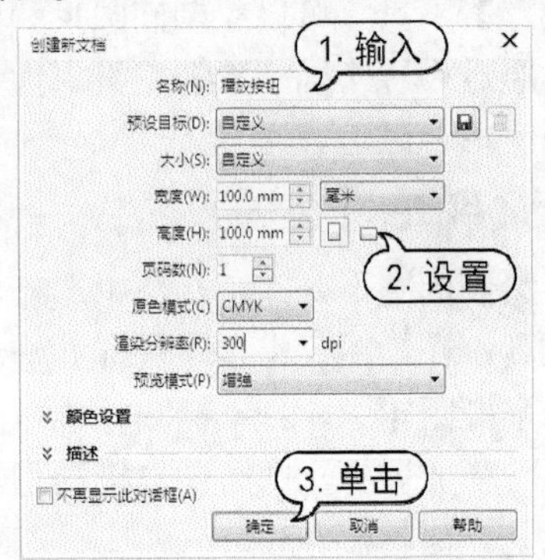

step 2 在【辅助线】泊坞窗中，设置y数值为 50mm，单击【添加】按钮。再单击【辅助线类型】按钮，从弹出的下拉列表中选择【垂直】选项，设置x数值为 50mm，然后单击【添加】按钮。

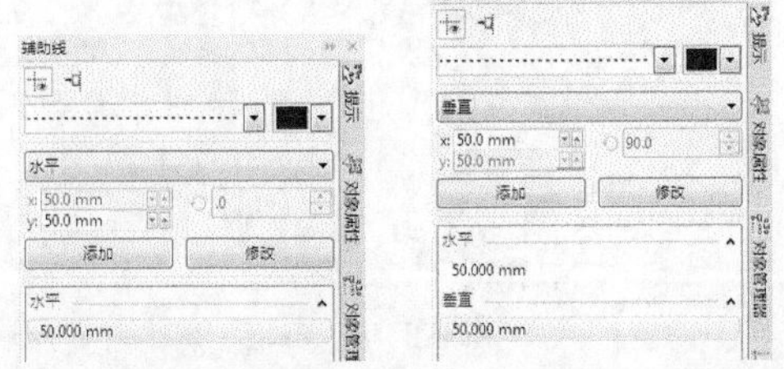

step 3 选择【椭圆形】工具，按住Shift和Ctrl键单击辅助线的交叉点，并向外拖动绘制圆形。在属性栏中设置对象【宽度】数值为 83mm。

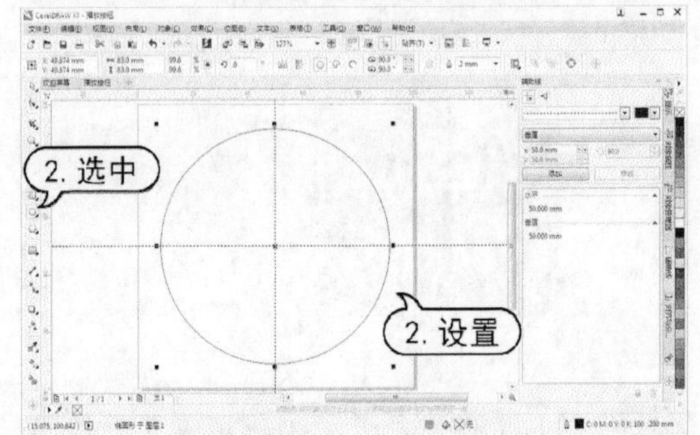

step 4 在调色板中，右击【无】色板设置轮廓色为【无】。然后按F11 键打开【编辑填充】对话框，设置渐变填充为C:58 M:50 Y:47 K:0 至C: 0 M:0 Y:0 K:0，设置【加速】数值为 45，然后单击【确定】按钮。

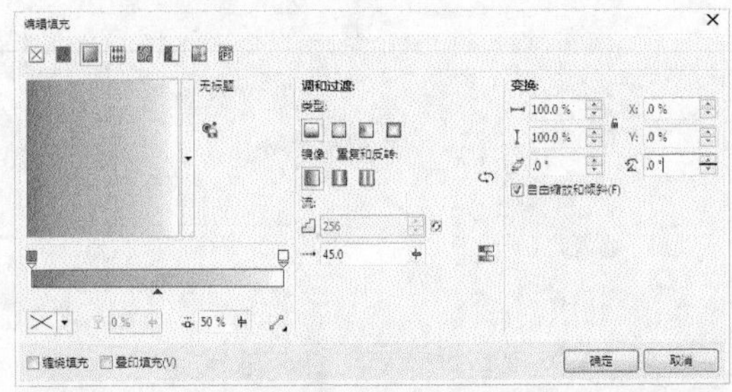

step 5 在【变换】泊坞窗中，设置x数值为 82mm，【副本】数值为 1，然后单击【应用】按钮。

step 6 按F11 键打开【编辑填充】对话框，设置渐变填充为C:0 M:0 Y:0 K:70 至C: 0 M:0 Y:0 K:30，设置【加速】数值为 0，【旋转】

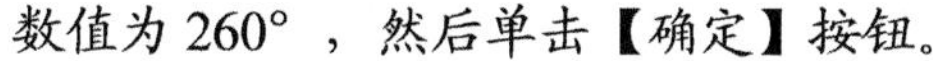

数值为 260°，然后单击【确定】按钮。

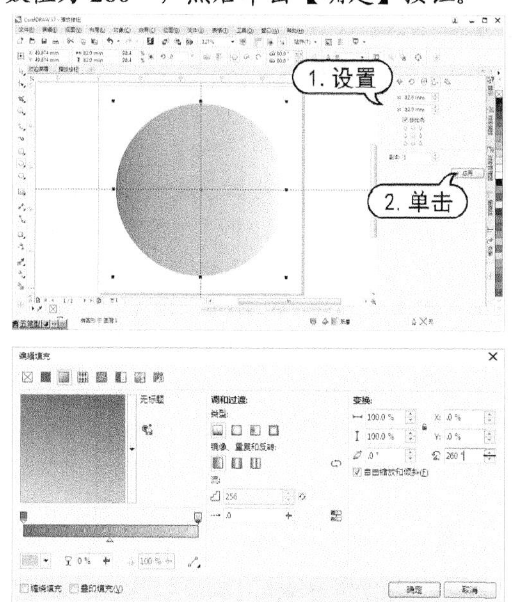

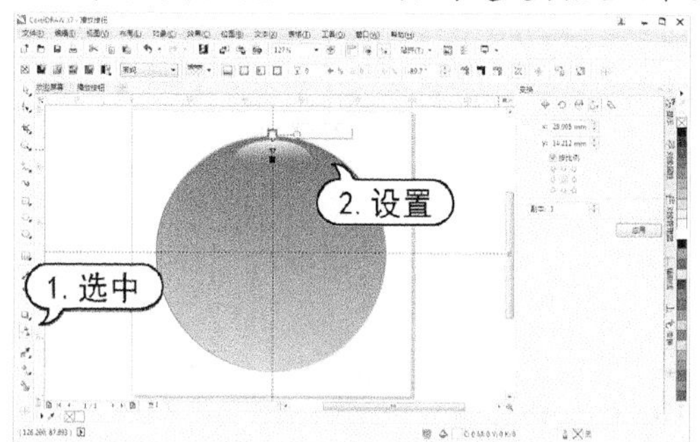

step 7 选择【椭圆形】工具，按住Shift键单击辅助线，并向外拖动绘制椭圆形，将填充色设置为【白色】，轮廓色设置为【无】。然后选择【透明度】工具拖动创建透明度效果。

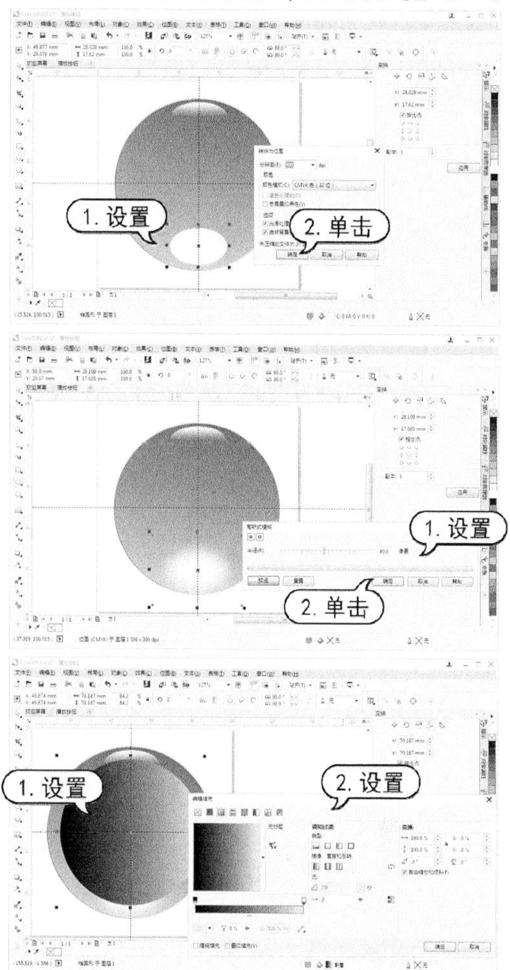

step 8 选择【椭圆形】工具，按住Shift键单击辅助线，并向外拖动绘制椭圆形，将填充色设置为【白色】，轮廓色设置为【无】。然后选择【位图】|【转换为位图】命令，打开【转换为位图】对话框，单击【确定】按钮。

step 9 选择【位图】|【模糊】|【高斯式模糊】命令，打开【高斯式模糊】对话框。在该对话框中，设置【半径】数值为 40 像素，然后单击【确定】按钮。

step 10 选中步骤(5)中创建的圆形，按Ctrl+C键复制，按Ctrl+V键粘贴，并按Shift键缩小复制的圆形。按F11 键，打开【编辑填充】对话框。在该对话框中，设置渐变填充为黑色至C:0 M:0 Y:0 K:20，【旋转】数值为 0°，【加速】数值为 0，然后单击【确定】按钮。

step 11 按Ctrl+C键复制刚创建的圆形，按Ctrl+V键粘贴，并按Shift键缩小复制的圆形。按F11键，打开【编辑填充】对话框。在该对话框中，单击【反转填充】按钮，然后单击【确定】按钮。

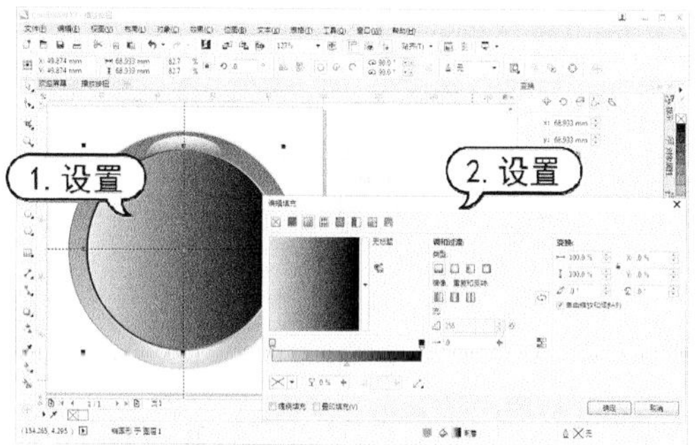

step 12 按Ctrl+C键复制刚创建的圆形，按Ctrl+V键粘贴，并按Shift键缩小复制的圆形。按F11键，打开【编辑填充】对话框。在该对话框中，设置渐变填充为C:0 M:0 Y:0 K:70至C:0 M:0 Y:0 K:20，【加速】数值为-15，然后单击【确定】按钮。

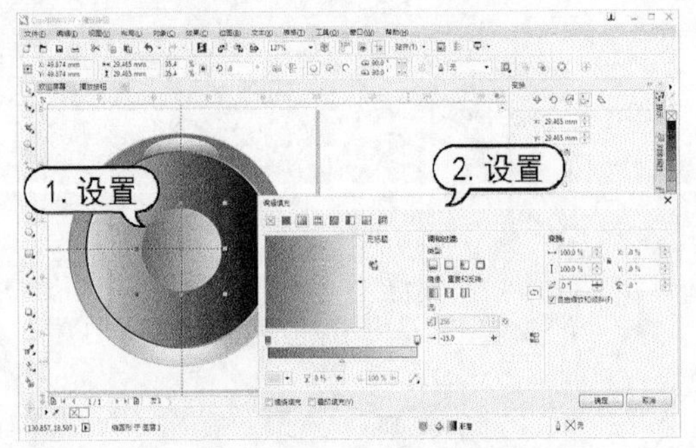

step 13 按Ctrl+C键复制刚创建的圆形，按Ctrl+V键粘贴，并按Shift键缩小复制的圆形。按F11键，打开【编辑填充】对话框。在该对话框中，设置渐变填充为黑色至C:0 M:0 Y:0 K:60，然后单击【确定】按钮。

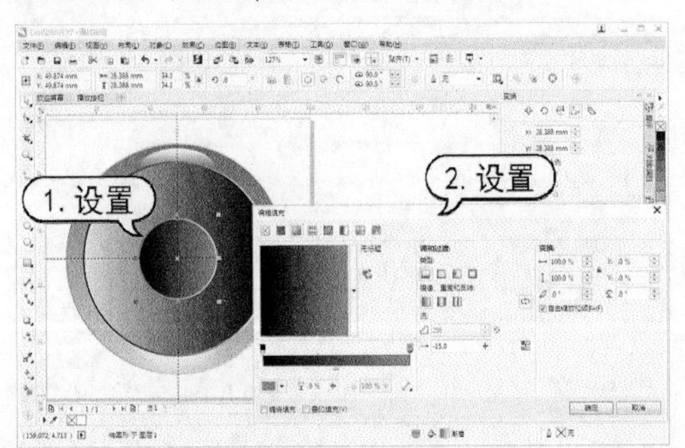

step 14 使用【选择】工具选中模糊椭圆形，按Ctrl+C键复制，按Ctrl+V键粘贴，并调整其位置及大小。

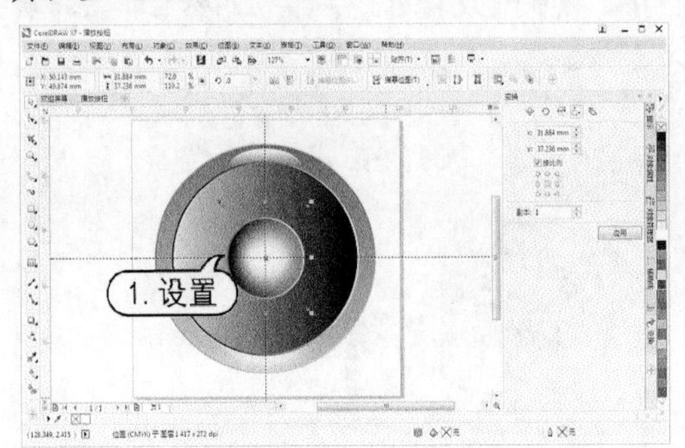

step 15 按Ctrl+A键全选绘制的图形对象，单击鼠标右键，从弹出的菜单中选择【锁定对象】命令。选择【基本形状】工具，在属性栏中单击【完美形状】按钮，从弹出的下拉列表框中选择圆环形，并按住Shift和Ctrl键单击辅助线的交叉点，向外拖动绘制圆环形。在调色板中，右击【无】色板设置轮廓色为【无】。然后按F11 键打开【编辑填充】对话框，单击【渐变填充】按钮，再单击【椭圆形渐变填充】按钮，设置渐变填充为C:0 M:0 Y:0 K:80 至C: 0 M:0 Y:0 K:20，然后单击【确定】按钮。

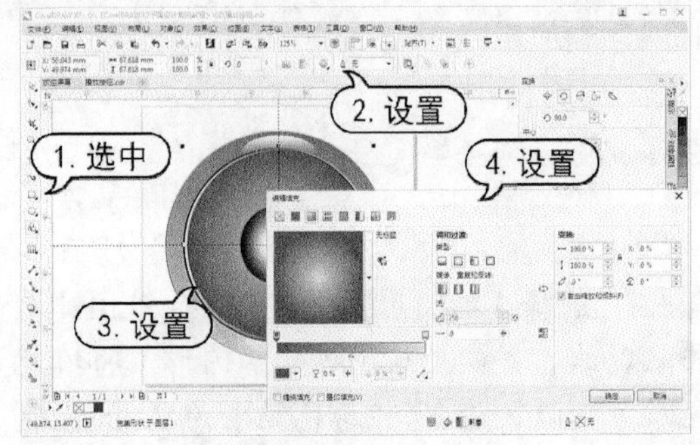

step 16 选择【矩形】工具在绘图页面中拖动绘制矩形条，在【对齐与分布】泊坞窗中单击【水平居中对齐】按钮。

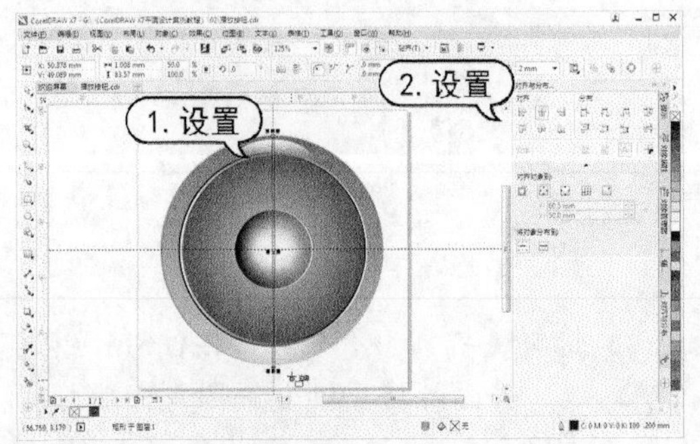

step 17 按Ctrl+C键复制刚创建的矩形条，按Ctrl+V键粘贴，在属性栏中设置【旋转】数值为 90°，并在【对齐与分布】泊坞窗中单击【垂直居中对齐】按钮。

step 18 使用【选择】工具选中步骤(15)至步骤(17)中创建的图形对象，然后在属性栏中单击【移除前面对象】按钮。

step 19 选择【对象】|【拆分曲线】命令，再按F11 键打开【编辑填充】对话框，设置【填

充宽度】数值为 150%，【填充高度】数值为 130%，然后单击【确定】按钮。

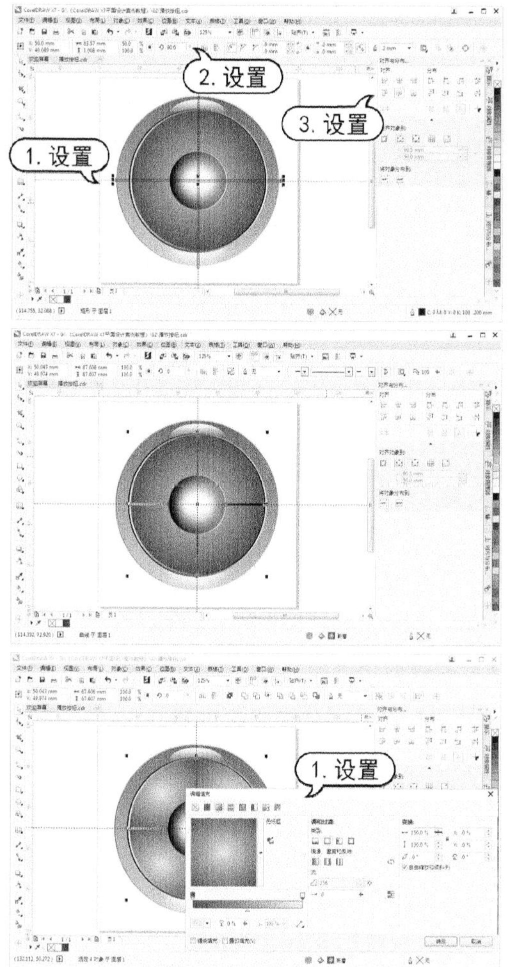

step 20 保持刚编辑对象的选中状态，在属性栏中设置【旋转】数值为 45°。

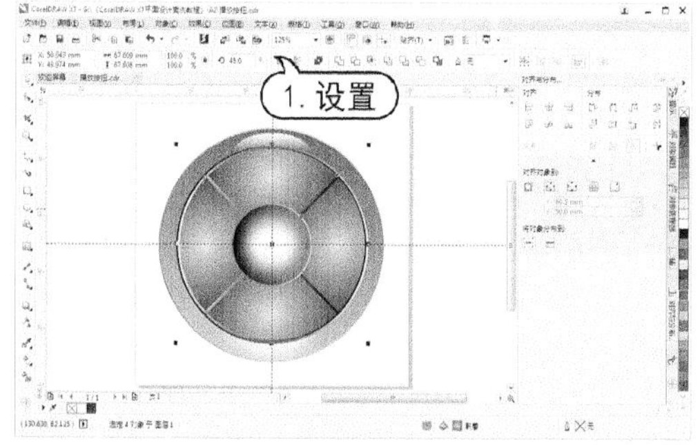

step 21 在标准工具栏中，单击【导入】按钮，打开【导入】对话框。在该对话框中，选择所需要的图形文档，然后单击【导入】按钮。

step 22 单击导入图形对象，然后在【对齐与分布】泊坞窗中单击【水平居中对齐】按钮和【垂直居中对齐】按钮。

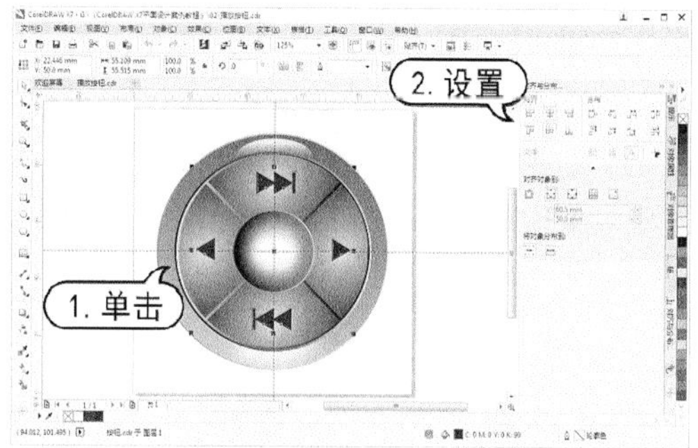

step 23 在标准工具栏中，单击【保存】按钮，打开【保存绘图】对话框。在该对话框中，单击【保存】按钮保存绘图文档。

知识点滴

属性栏中的【起始和结束角度】数值框用于设置【饼图】和【弧】的断开位置的起始角度与终止角度，范围是最大 360°，最小 0°。【更改方向】按钮用于变更起始和终止的角度方向，也就是顺时针和逆时针的调换。

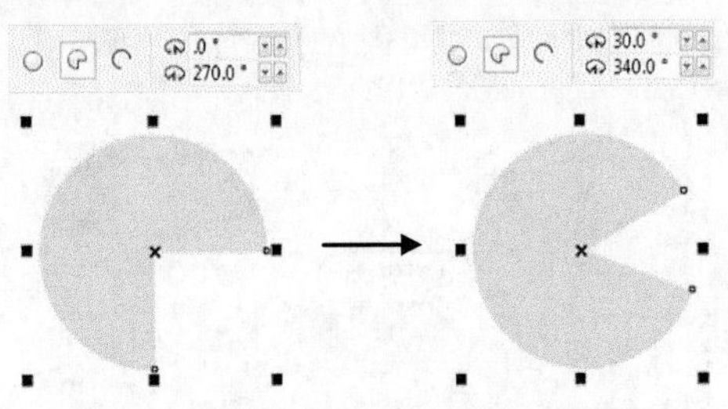

2. 【3 点椭圆形】工具

在 CorelDRAW X7 应用程序中，用户还可以使用工具箱中的【3 点椭圆形】工具绘制椭圆形。

单击工具箱中的【椭圆形】工具图标右下角的黑色小三角按钮，在打开的工具组中选择【3 点椭圆形】工具。使用【3 点椭圆形】工具绘制椭圆形时，用户可以在确定椭圆的直径后，沿该直径的垂直方向拖动鼠标，在合适位置释放鼠标后，即可绘制出带有角度的椭圆形。

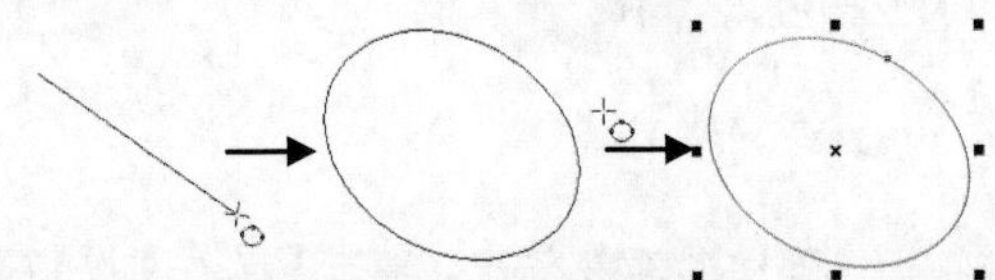

实用技巧

在使用【3 点椭圆形】工具绘制时，按住 Ctrl 键进行拖动可以绘制一个圆形。

2.2.3 绘制多边形

多边形是由多条边线组成的规则图形。用户可以使用【多边形】工具自定义多边形的边数，多边形的边数最少可设置为 3，即三角形。设置的边数越大，多边形越接近圆形。在工具箱中选择【多边形】工具，移动光标至绘图页中，按下鼠标并向斜角方向拖动出一个多边形轮廓，拖动至合适大小时释放鼠标，即可绘制出一个多边形。默认情况下，多边形边数为 5。

知识点滴

使用【多边形】工具绘制多边形时，如果按住 Shift 键，会以起始点为中心绘制多边形；如果按住 Ctrl 键可以绘制正多边形；如果按住 Shift+Ctrl 键可以以起始点为中心绘制正多边形。

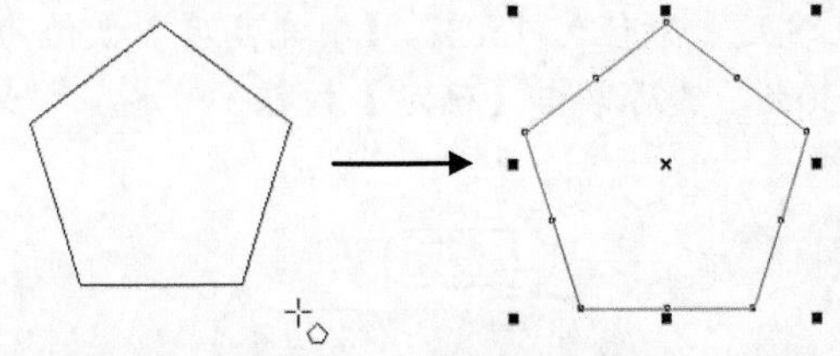

【例 2-9】在绘图文件中，使用【多边形】工具绘制复杂图形。

视频+素材 (光盘素材\第 02 章\例 2-9)

step① 在工具箱中选择【多边形】工具，按下鼠标左键，随意拖动鼠标到适当的位置后释放鼠标，即可绘制出指定边数的多边形。

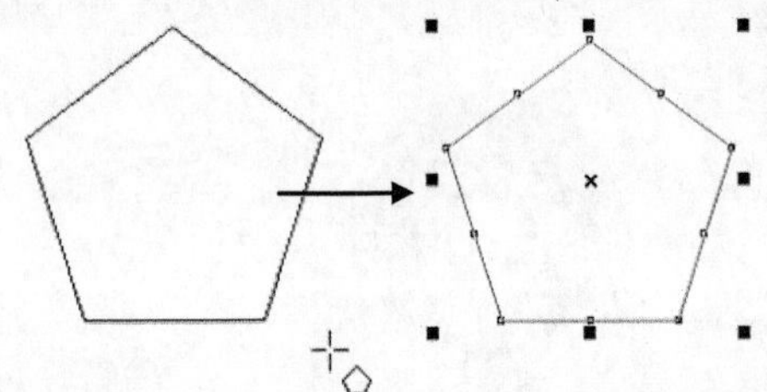

step② 在属性栏的【点数或边数】数值框中输入多边形的边数为 8，设置【轮廓宽度】数值为 1mm，并在调色板中右击C:0 M:60 Y:100 K:0 色板设置轮廓颜色。

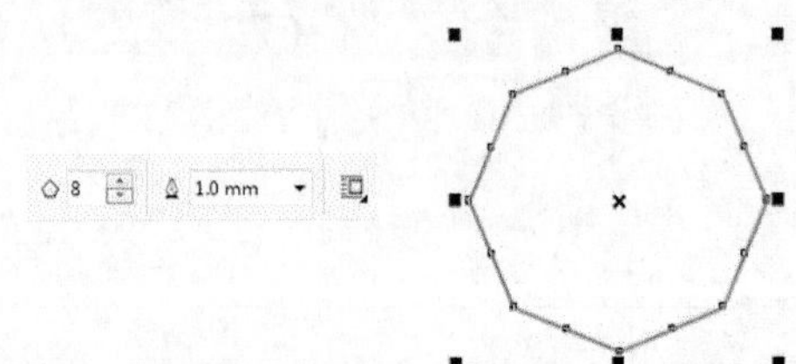

step③ 选择【形状】工具拖动任一边上的节点，其余各边的节点也会发生相应的变化。

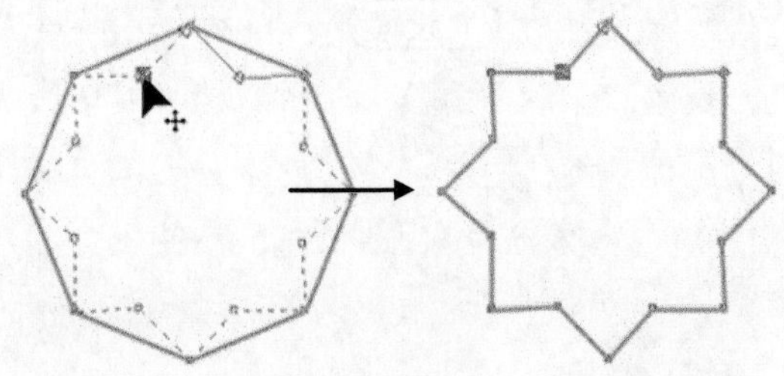

2.2.4 绘制星形和复杂星形

使用【星形】和【复杂星形】工具可以绘制出不同效果的星形。其绘制方法与多边形的绘制方法基本相同，同时还可以在工具属性栏中更改星形的锐度。

在绘制星形时，如果按住 Shift 键，会以起始点为中心绘制星形；如果按住 Ctrl 键可以绘制正星形；如果按住 Shift+Ctrl 键可以以起始点为中心绘制正星形。

【例 2-10】在绘图文件中，使用【复杂星形】工具绘制星形。
视频+素材 (光盘素材\第 02 章\例 2-10)

step① 选择工具箱中的【复杂星形】工具，按下鼠标左键，随意拖动鼠标到适当的位置后释放鼠标，即可绘制出复杂星形。

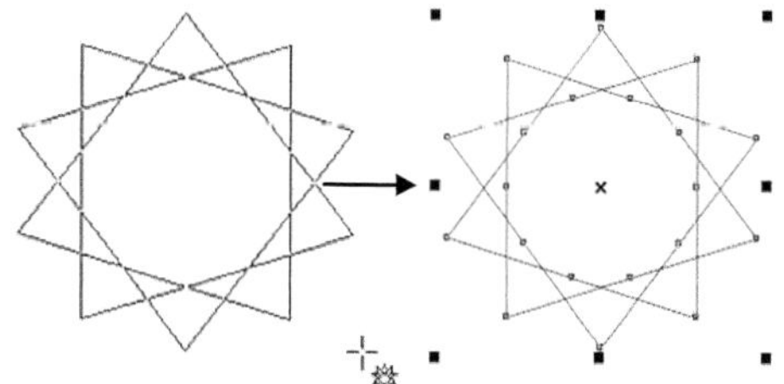

知识点滴

属性栏中的【星形和复杂星形锐度】是指星形边角的尖锐程度。设置不同的边数后，复杂星形的锐度也各不相同。当复杂星形的端点数低于 7 时，不能设置锐度。通常情况下，复杂星形的端点数越多，边角的锐度越高。

step② 在属性栏的【点数或边数】数值框中输入多边形的边数为 15，在【锐度】数值框中输入 4，在调色板中设置复杂星形的填充为【粉色】、轮廓为【红色】。

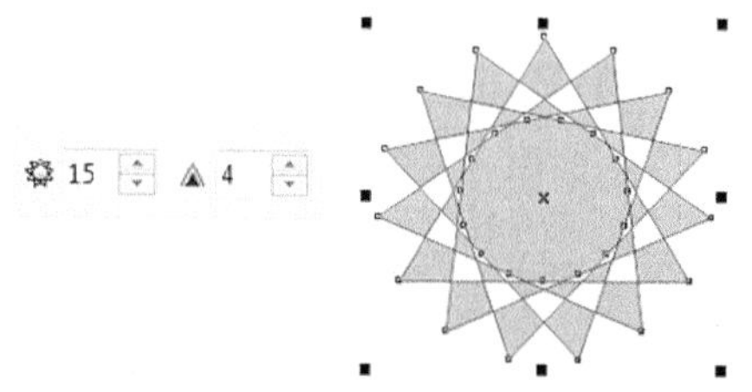

2.2.5 绘制螺纹

使用工具箱中的【螺纹】工具，可以绘制出螺纹图形，绘制的螺纹图形有对称式螺纹和对数式螺纹两种。默认设置下使用【螺纹】工具绘制的图形为对称式螺纹。

使用【螺纹】工具绘制螺纹图形时，如果按住 Shift 键，可以以起始点为中心绘制螺纹图形；如果按住 Ctrl 键，可以绘制圆螺纹图形；如果按住 Shift+Ctrl 键，可以以起始点为中心绘制圆螺纹图形。

- 对称式螺纹：指螺纹均匀扩展，具有相等的螺纹间距。

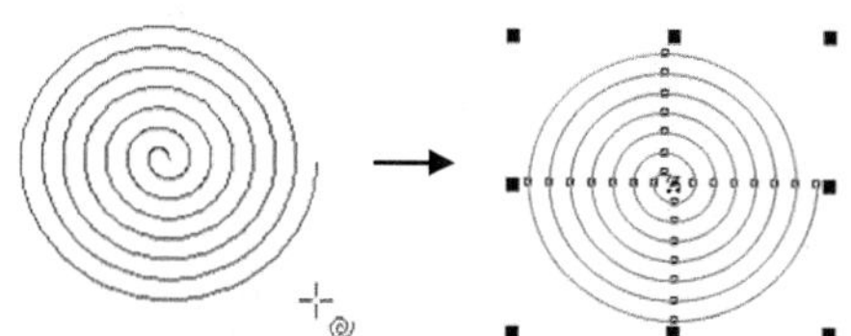

- 对数式螺纹：指螺纹中心不断向外扩展的螺旋方式，螺纹间的距离从内向外不断扩大。

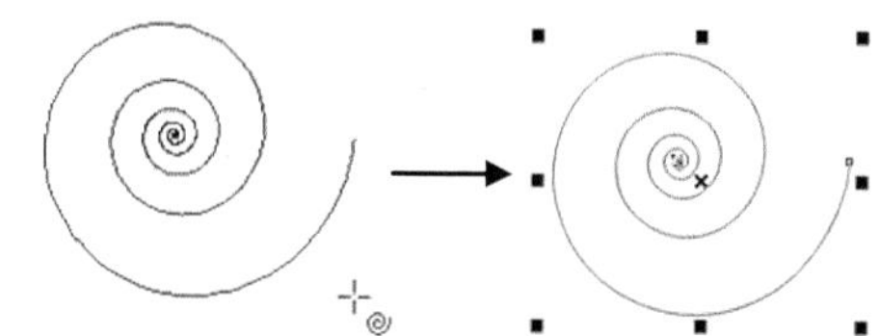

2.2.6 绘制网格

使用【图纸】工具，可以绘制不同行数和列数的网格图形，绘制出的网格是由一组矩形或正方形群组组成的。用户也可以取消群组，使其成为独立的矩形或正方形。

在工具箱中单击【图纸】工具，在工具属性栏的【图纸行和列数】数值框中输入数值指定行数和列数，然后在绘图页中按下鼠标并拖动创建网格。如果要从中心向外绘制网格，可在拖动鼠标时按住 Shift 键；如果要绘制方形单元格的网格，可在拖动鼠标时按住 Ctrl 键。

【例 2-11】使用【图纸】工具。
视频+素材 (光盘素材\第 02 章\例 2-11)

step① 选择工具箱中的【图纸】工具，在属性栏中设置图纸行列数各为 4，然后在绘图页中，按下鼠标左键，随意拖动鼠标到适当的位置后释放鼠标，绘制出如下图所示的网格。

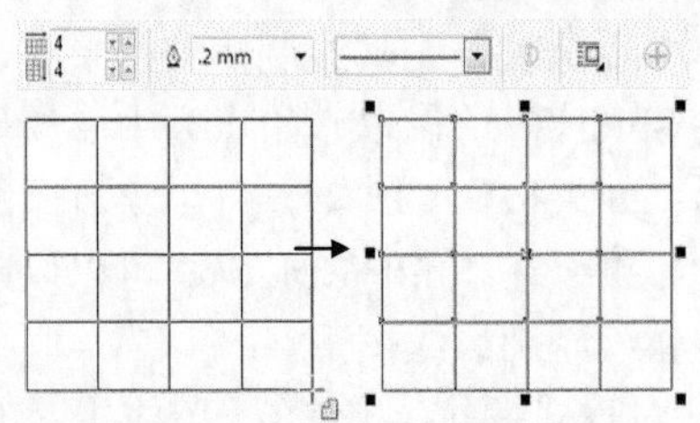

step② 按Ctrl+U键取消群组，选择【选择】工具选中一个网格，然后在调色板中单击【红色】，填充选中的网格。

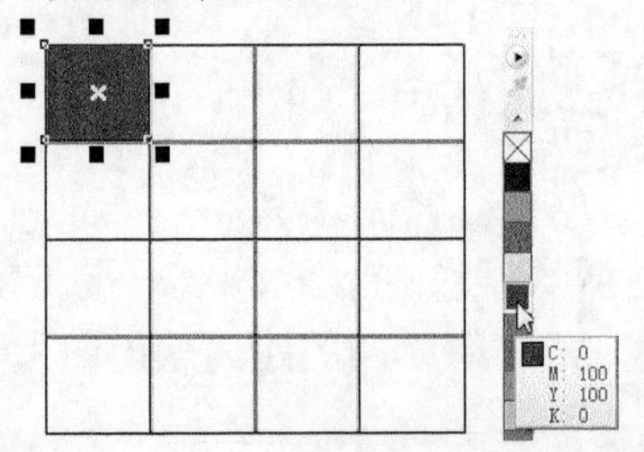

知识点滴

要拆分网格，先使用【选择】工具选择一个网格图形，然后选择【对象】|【组合】|【取消组合对象】命令，或单击工具属性栏中的【取消组合对象】按钮即可。

step③ 在属性栏中，单击【锁定比率】按钮，设置【缩放因子】数值为90%，再设置【圆角半径】数值为3mm。

step④ 使用步骤(2)至步骤(3)的操作方法，选择其他网格，然后在调色板中单击选择颜色，填充选中的网格。

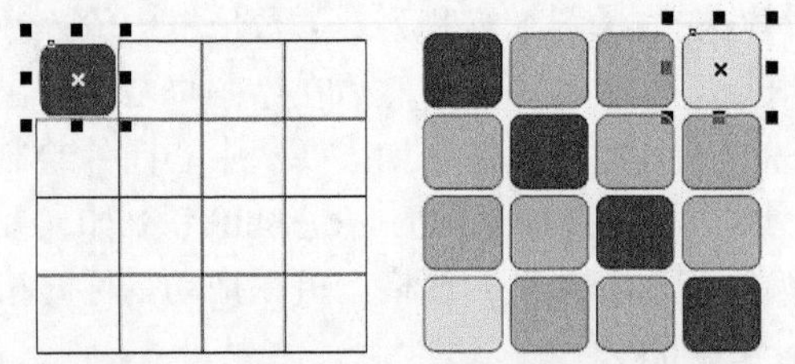

2.2.7 绘制基本形状

在CorelDRAW X7应用程序中，为了方便用户，在工具箱中将一些常用的形状进行了编组。包括【基本形状】工具、【箭头形状】工具、【流程图形状】工具、【标题形状】工具和【标注形状】工具共5组基本形状工具。每个基本形状工具都包含有多个基本形状扩展图形。

1. 【基本形状】工具

【基本形状】工具可以快速绘制梯形、心形、圆柱形和水滴等基本形状。绘制方法和多边形绘制方法基本相同，个别形状在绘制时会出现红色轮廓沟槽，可通过轮廓沟槽修改形状的造型。

选择【基本形状】工具，在属性栏中单击【完美形状】按钮，从弹出的下拉列表框中选择一种形状，然后在绘图页面中单击鼠标左键并拖曳，释放鼠标左键即可完成绘制。

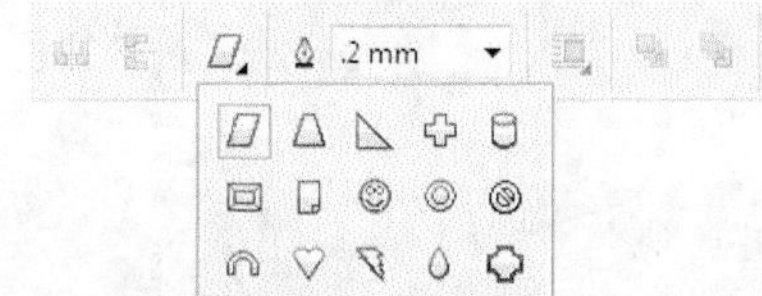

将光标放在红色轮廓沟槽上，按住鼠标左键可以修改形状。

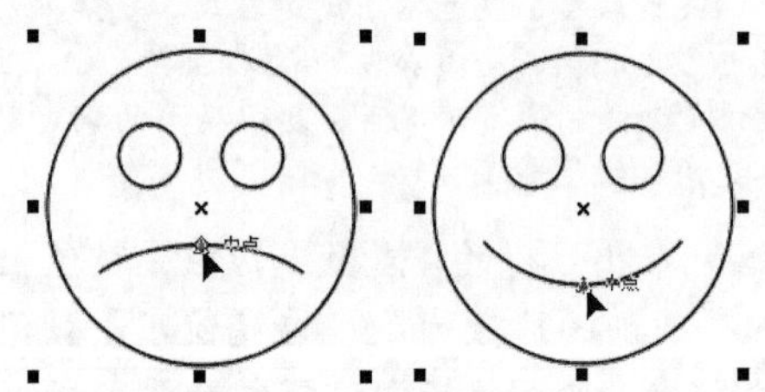

2. 【箭头形状】工具

【箭头形状】工具可以快速绘制路标、指示牌和方向引导标识，移动轮廓沟槽可以修改形状。由于箭头相对复杂，变量也相对较多。

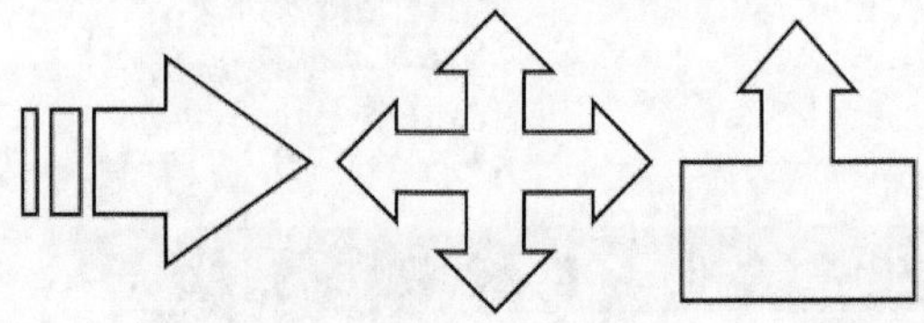

选择【箭头形状】工具，在属性栏中单击【完美形状】按钮，从弹出的下拉列表框中选择一种形状，然后在绘图页面中单击鼠标左键并拖曳，释放鼠标左键即可完成绘制。

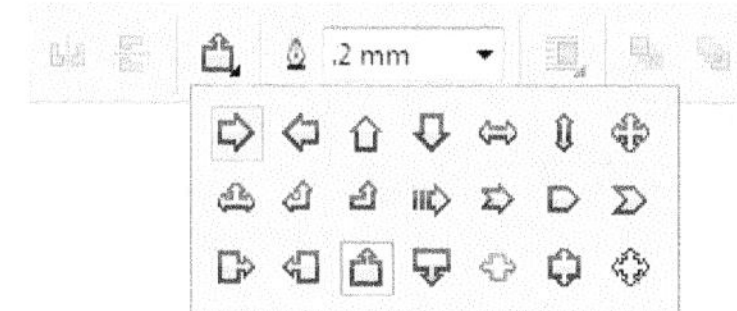

3. 【流程图形状】工具

【流程图形状】工具可以快速绘制数据流程图和信息流程图，不能通过轮廓沟槽修改形状。

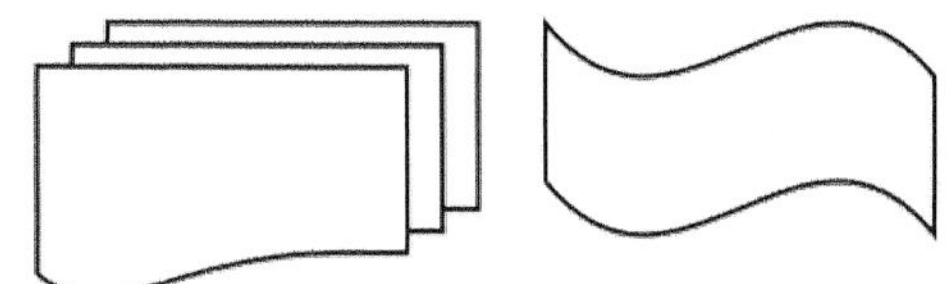

选择【流程图形状】工具，在属性栏中单击【完美形状】按钮，从弹出的下拉列表框中选择一种形状，然后在绘图页面中单击鼠标左键并拖曳，释放鼠标左键即可完成绘制。

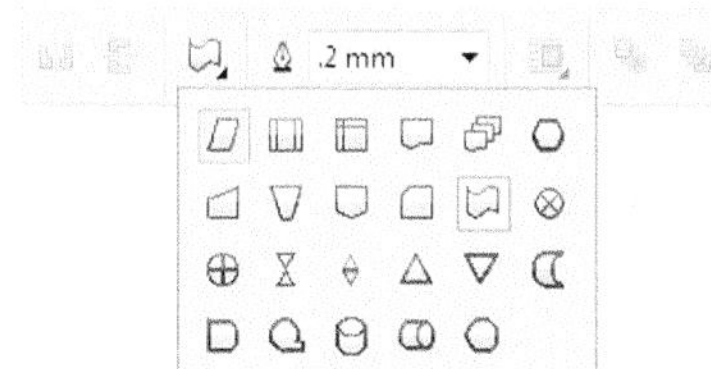

4. 【标题形状】工具

【标题形状】工具可以快速绘制标题栏、旗帜标语、爆炸效果等，还可以通过轮廓沟槽修改形状。

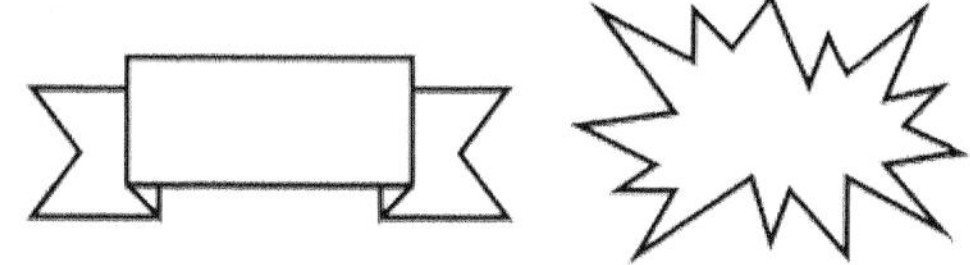

选择【标题形状】工具，在属性栏中单击【完美形状】按钮，从弹出的下拉列表框中选择一种形状，然后在绘图页面中单击鼠标左键并拖曳，释放鼠标左键即可完成绘制。

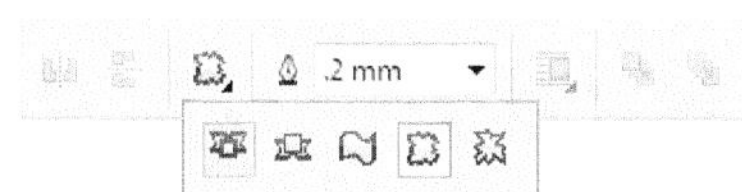

5. 【标注形状】工具

【标注形状】工具可以快速绘制补充说明和对话框，还可以通过轮廓沟槽修改形状。

选择【标注形状】工具，在属性栏中单击【完美形状】按钮，从弹出的下拉列表框中选择一种形状，然后在绘图页面中单击鼠标左键并拖曳，释放鼠标左键即可完成绘制。

【例 2-12】在绘图文件中，绘制预定义形状。
视频+素材 (光盘素材\第 02 章\例 2-12)

step 1 选择工具箱中的【标题形状】工具，在属性栏中单击【完美形状】按钮，在弹出的下拉列表框中选择形状。然后在绘图页中，使用【标题形状】工具，按住鼠标并拖动绘制形状。

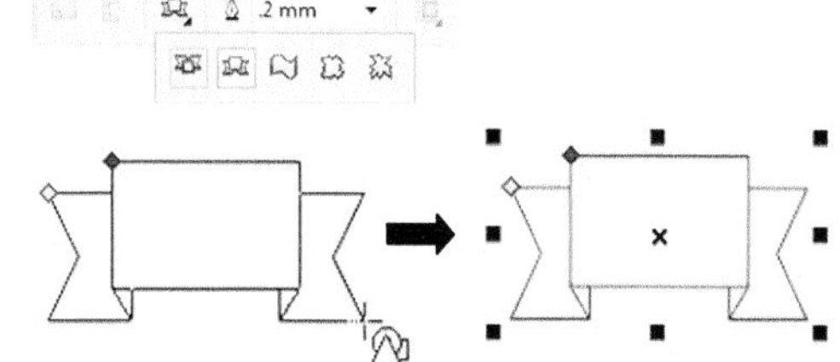

step 2 在属性栏中，设置【轮廓宽度】数值为 0.75mm，并在调色板中单击C:20 M:0 Y:0 K:20 色板填充。

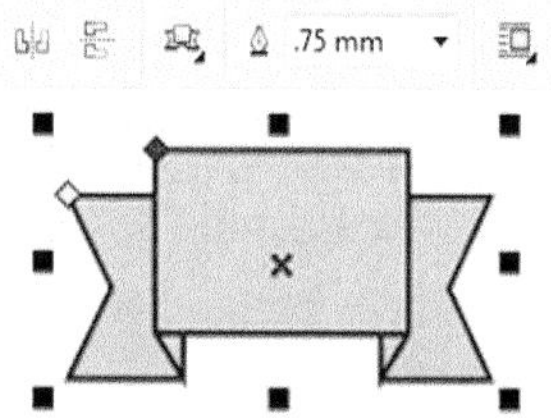

step 3 继续选择【标题形状】工具，拖动形状轮廓沟槽，直至得到所需的形状。

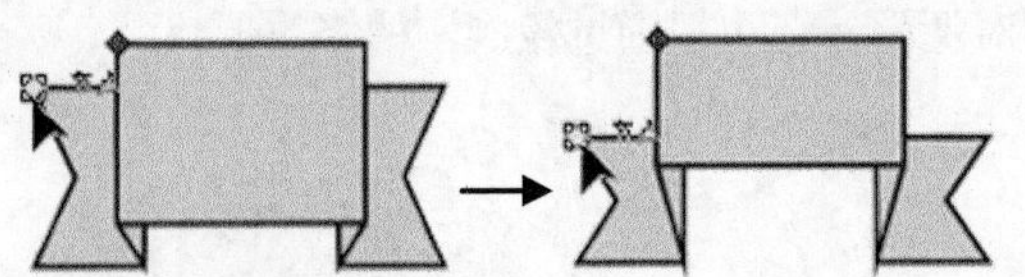

> **实用技巧**
> 在预定义形状中，直角形、心形、闪电形状、爆炸形状和流程图形状均不包含轮廓沟槽。

2.3 案例演练

本章的案例演练部分通过制作 CD 封套和制作商业名片两个综合实例操作，使用户通过练习从而巩固本章所学知识。

2.3.1 制作 CD 封套

【例 2-13】在 CorelDRAW X7 中，制作 CD 封套。
视频+素材 (光盘素材\第 02 章\例 2-13)

step 1 在CorelDRAW X7 应用程序中，选择【文件】|【新建】命令，新建一个A4 大小、横向的空白文档。选择【窗口】|【泊坞窗】|【辅助线】命令，打开【辅助线】泊坞窗。设置y数值为 110mm，单击【添加】按钮。

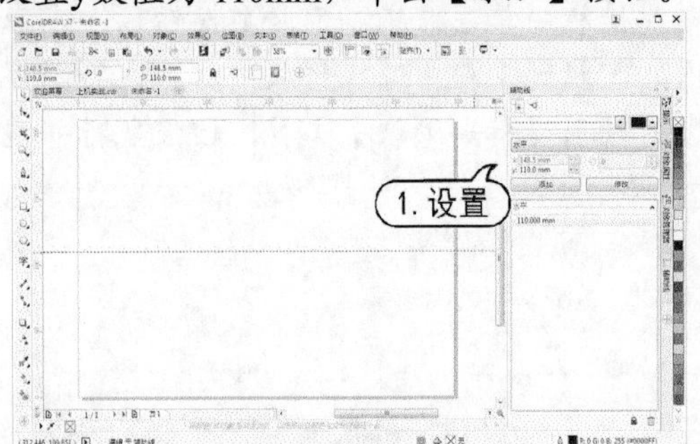

step 2 在【辅助线】泊坞窗的【辅助线类型】下拉列表中选择【垂直】选项，设置x数值为 99mm，单击【添加】按钮；再设置x数值为 198mm，单击【添加】按钮。

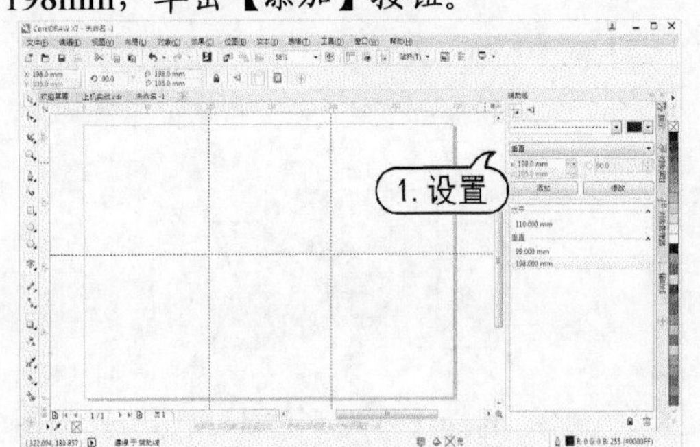

step 3 在泊坞窗中，选中添加的水平和垂直辅助线，然后单击泊坞窗底部的【锁定辅助线】按钮。选择工具箱中的【矩形】工具，将光标放置在辅助线交叉点上单击，然后按住Shift+Ctrl键拖动创建正方形。

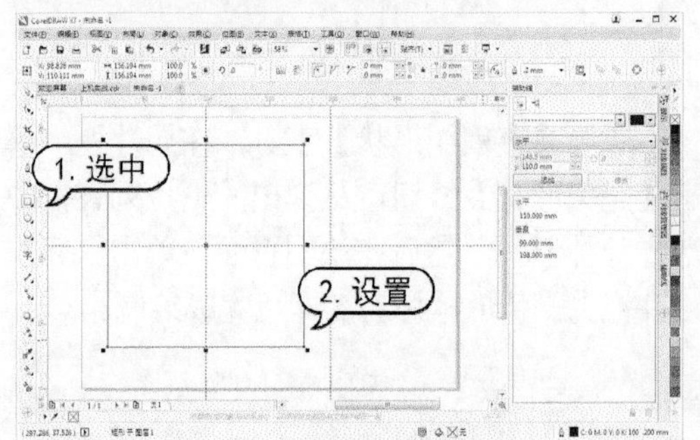

step 4 在属性栏的【对象大小】选项中设置刚绘制的矩形宽度和高度均为 130mm，设置【轮廓宽度】数值为 1mm。

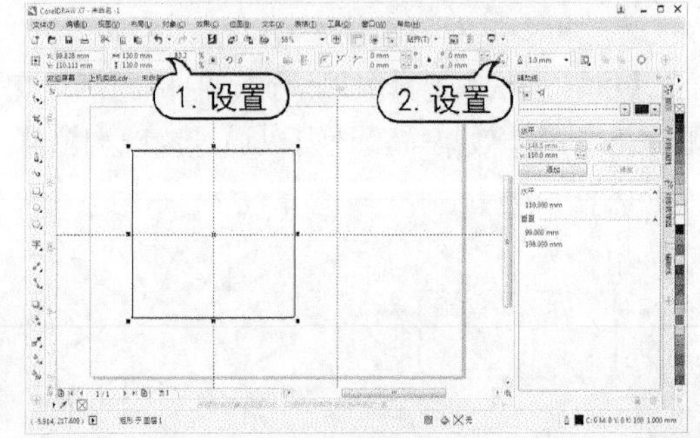

step 5 按Ctrl+C键复制，再按Ctrl+V键粘贴，然后在属性栏中设置对象原点为左下，设置对象【宽度】数值为 125mm，右上的【转角半径】数值为 60mm，【轮廓宽度】数值为 0.5mm。

step 6 使用【矩形】工具，将光标移至辅助线的交叉处，按住Shift键单击并拖动绘制矩形，然后在属性栏中单击【编辑所有角】按钮，设置【转角半径】数值为 12mm，【轮廓宽度】数值为 0.5mm。

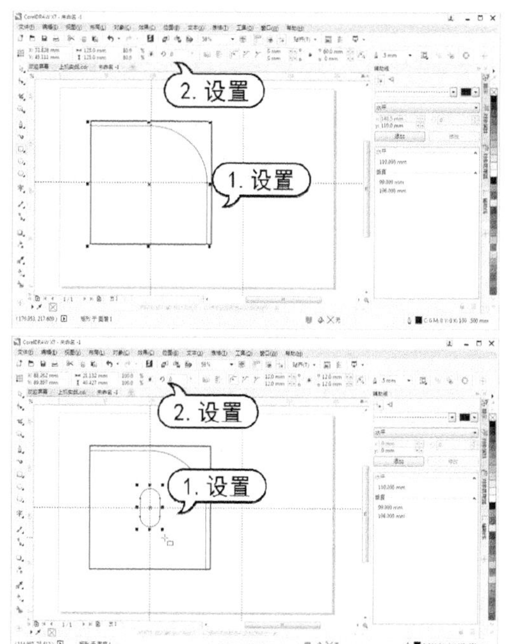

step 7 选择工具箱中的【椭圆形】工具，将光标放置在辅助线交叉点上单击，然后按住Shift+Ctrl键拖动创建圆形。

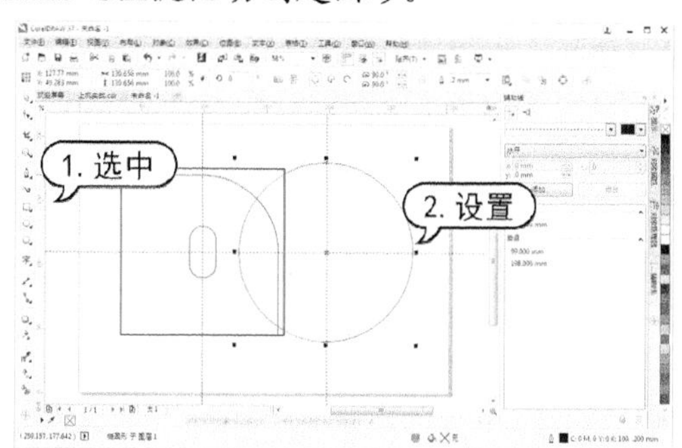

step 8 在属性栏中，设置对象原点为中间，设置对象【宽度】数值为125mm，设置【轮廓宽度】数值为1mm。

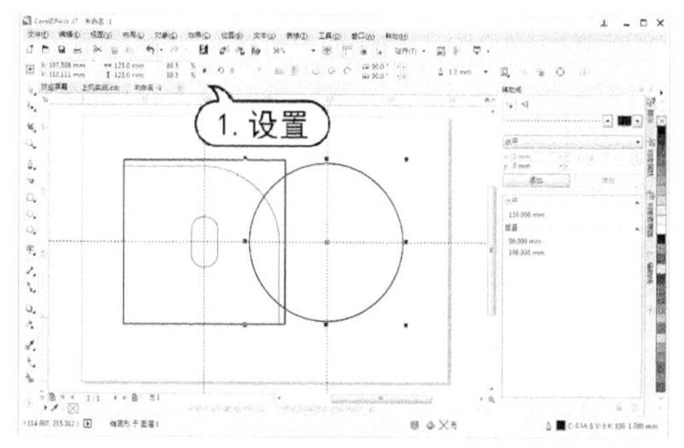

step 9 按Ctrl+C键复制，再按Ctrl+V键粘贴，然后在属性栏中设置对象【宽度】数值为121mm，【轮廓宽度】数值为0.2mm。

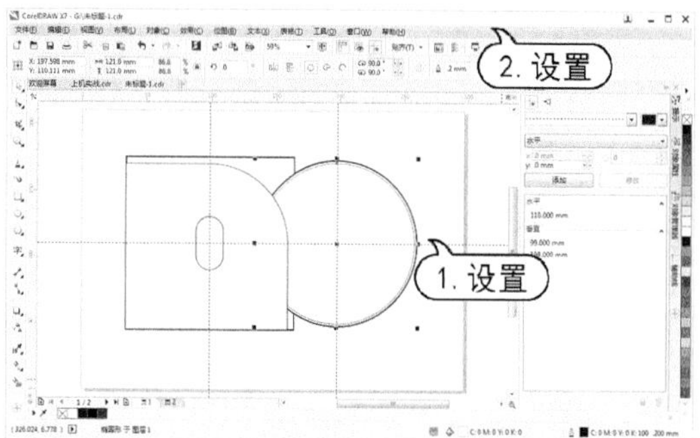

step 10 使用步骤(9)的操作方法再分别创建直径为49mm、46mm和28mm的圆形，并将最后绘制的圆形轮廓宽度设置为1mm。

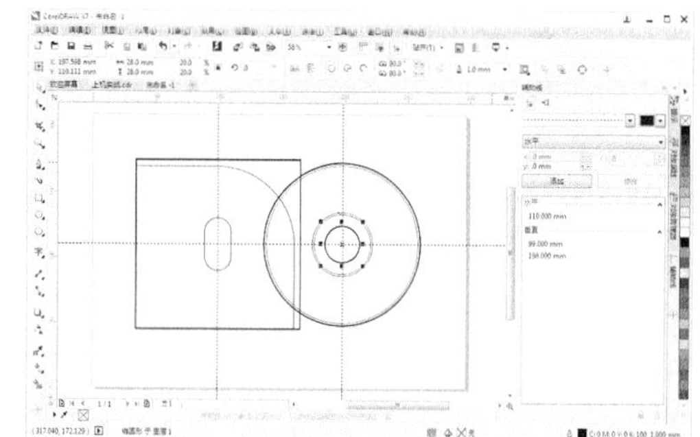

step 11 选择工具箱中的【选择】工具，选中所绘制的圆形，并在调色板中单击白色色板填充颜色，然后按Ctrl+G键组合对象。

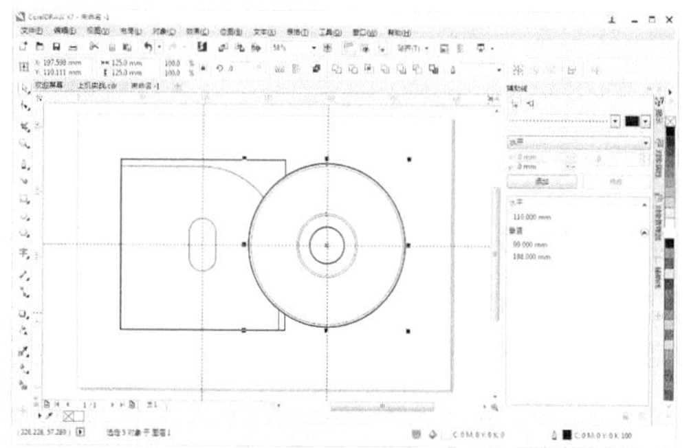

step 12 按Ctrl+PageDown键两次，将组合对象向后层移动。

step 13 选择工具箱中的【选择】工具，按住Shift键选中步骤(5)和步骤(6)中所绘制的图形，并单击属性栏中的【移除前面对象】按钮修剪图形对象。

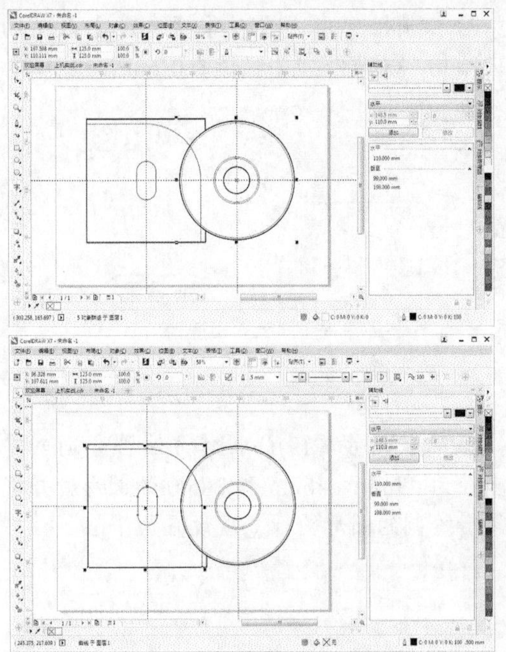

step 14 保持图形对象的选中状态，然后在调色板中单击【白色】，填充颜色。

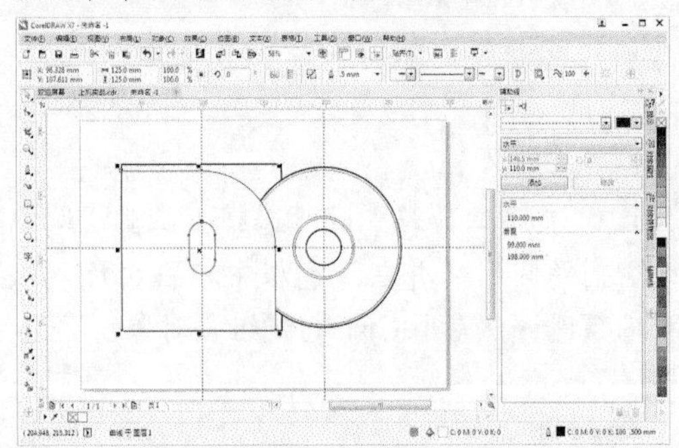

step 15 在工具箱中选择【平行度量】工具，在对象边缘的端点上单击鼠标，移动鼠标至边缘的另一端点单击，在出现尺寸线后，在尺寸线的水平方向上拖动尺寸线，调整好尺寸线与对象之间的距离，单击鼠标后，添加尺寸线。然后在属性栏中的【度量精度】下拉列表中选择 0 选项。

step 16 在标准工具栏中，单击【保存】按钮，打开【保存绘图】对话框。在该对话框中，选择绘图文档所要保存的位置，在【文件名】文本框中输入“光盘封套设计”，然后单击【保存】按钮。

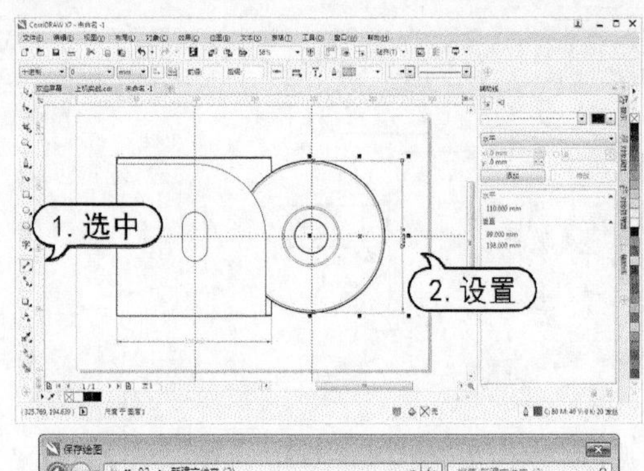

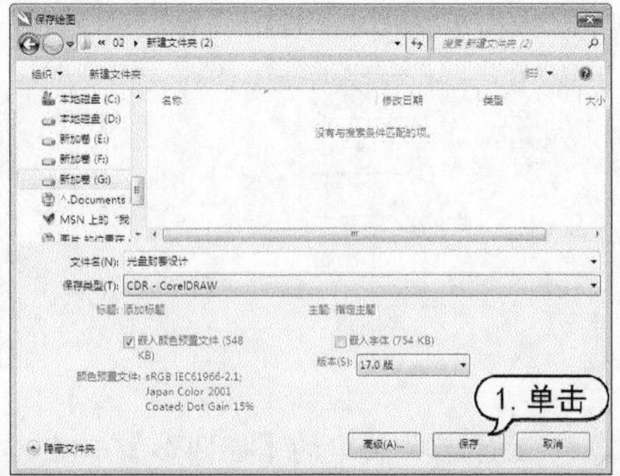

step 17 选择【布局】|【再制页面】命令，打开【再制页面】对话框。在该对话框中，选中【复制图层及其内容】单选按钮，然后单击【确定】按钮。

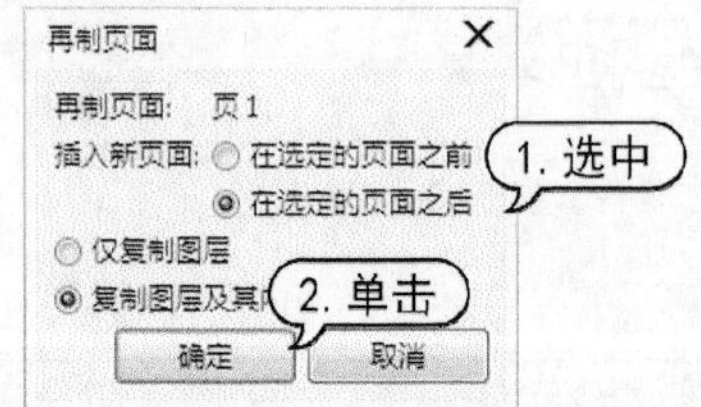

step 18 选择【视图】|【辅助线】命令，隐藏辅助线，然后删除不需要的图形对象。

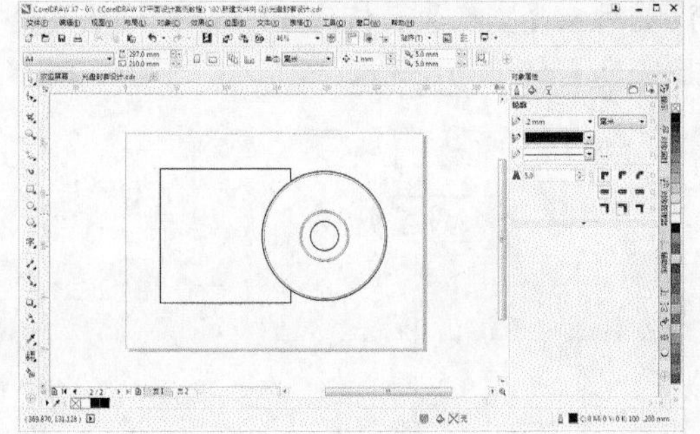

step 19 在标准工具栏中，单击【导入】按钮，打开【导入】对话框。在该对话框中，选择所需要的图像文件，然后单击【导入】按钮。

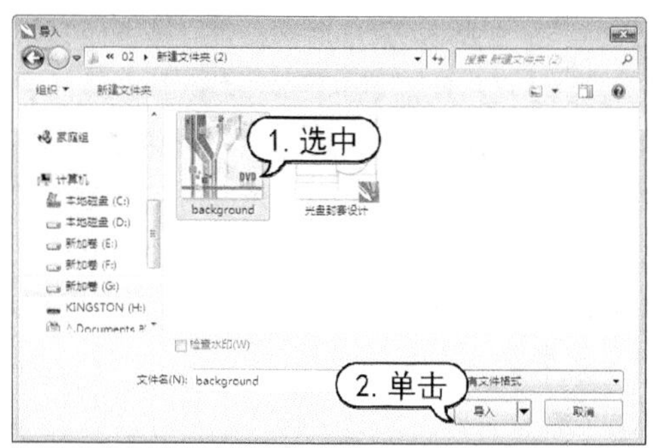

step 20　导入图像，并按Shift+PageDown键将图像放在图层后面，并调整其位置。

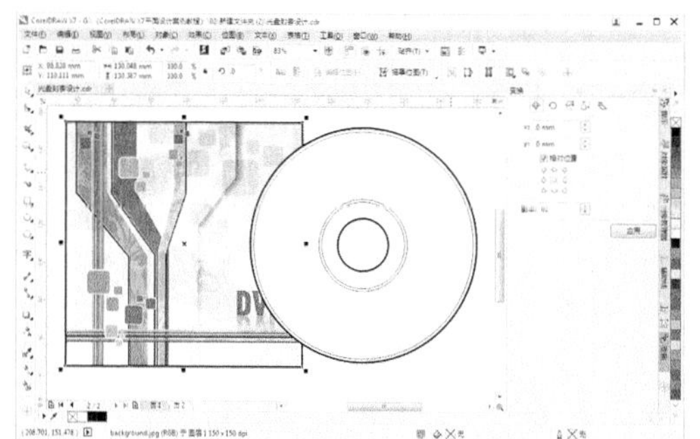

step 21　选择【对象】|【图框精确剪裁】|【置于图文框内部】命令，然后单击先前的矩形。并在调色板中将轮廓色设置为【无】。

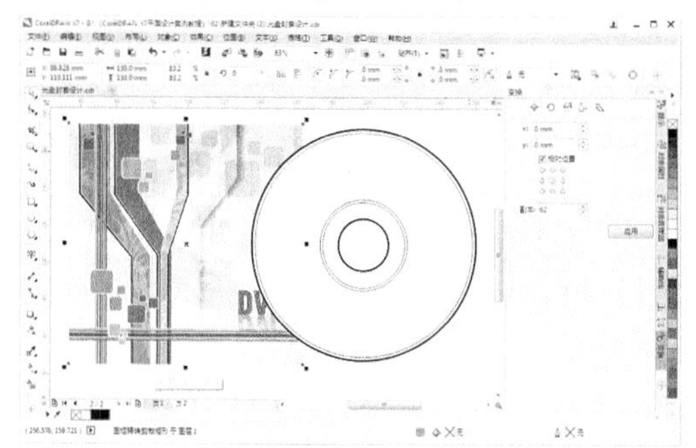

step 22　选择【椭圆形】工具，在绘图页面中拖动绘制椭圆形。

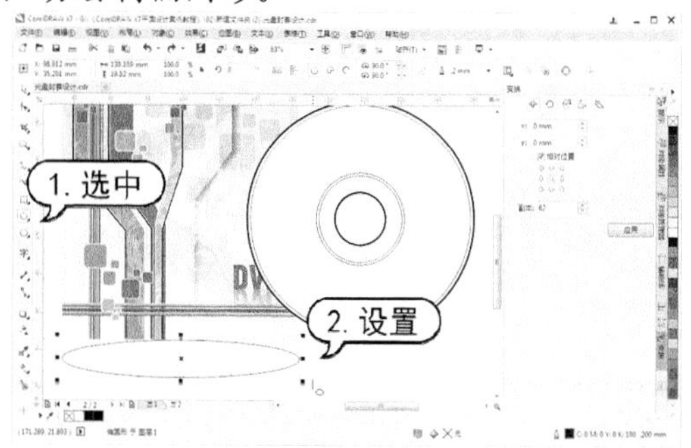

step 23　在调色板中，将刚绘制的椭圆形的轮廓色设置为无，然后按F11 键打开【编辑填充】对话框。在该对话框中，单击【渐变填充】按钮，再单击【椭圆形渐变填充】按钮，并设置渐变色填充为透明度 100%的白色至黑色，然后单击【确定】按钮。

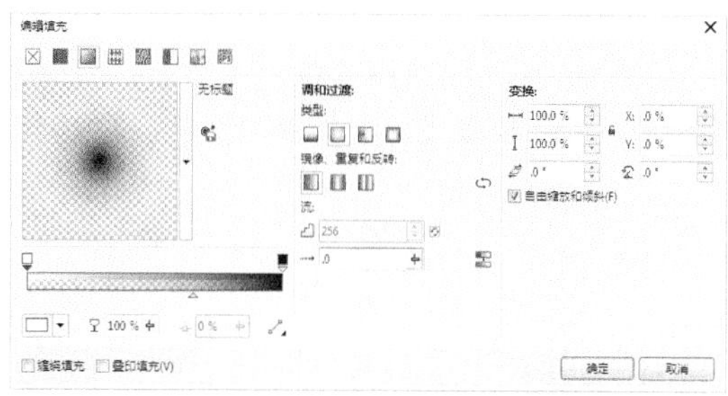

step 24　按Shift+PageDown键将刚创建的椭圆形放置在图层后面，并使用【选择】工具调整椭圆形的位置及形状。

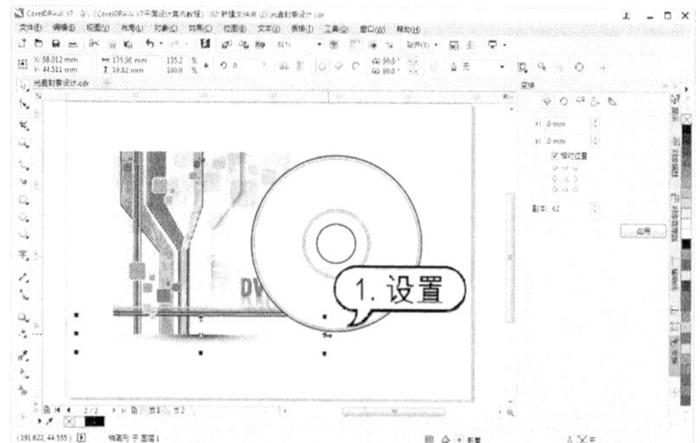

step 25　在【变换】泊坞窗中，单击【位置】按钮，设置y数值为 130mm，【副本】数值为1，然后单击【应用】按钮。

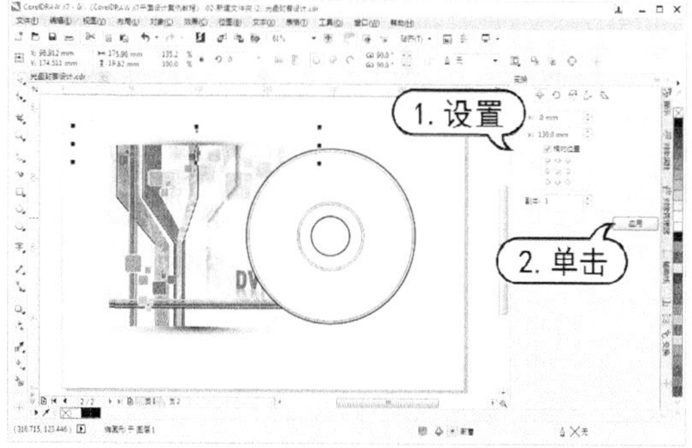

step 26　在【变换】泊坞窗中，单击【旋转】按钮，设置【旋转角度】数值为 90°，【副本】数值为 1，然后单击【应用】按钮。然后使用【选择】工具调整其位置。

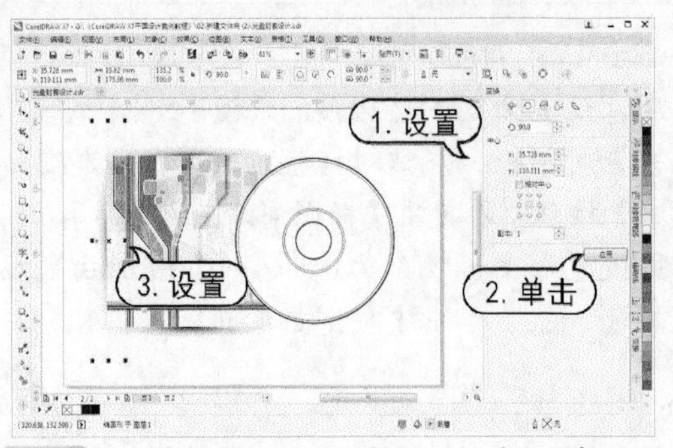

step 27 选中步骤(21)至步骤(26)中创建的对象，按Ctrl+G键组合对象。

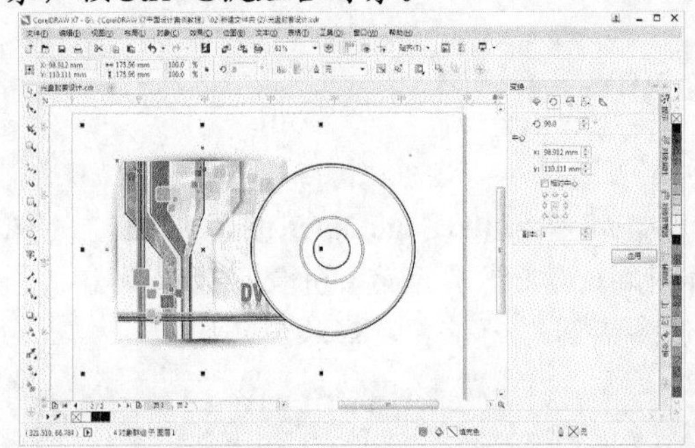

step 28 选中右侧CD图形，按Ctrl+U键取消组合对象。选中最中心的圆形，在调色板中将轮廓色设置为无，然后按F11键打开【编辑填充】对话框。在该对话框中，单击【渐变填充】按钮，再单击【椭圆形渐变填充】按钮，并设置渐变色填充为C:0 M:0 Y:0 K:40至C:0 M:0 Y:0 K: 0至C:0 M:0 Y:0 K: 0，然后单击【确定】按钮。

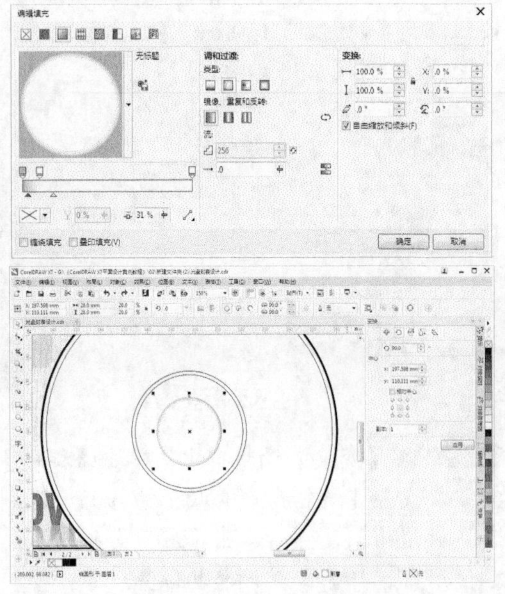

step 29 选中第二层圆形，在调色板中将轮廓色设置为无，然后按F11 键打开【编辑填充】对话框。在该对话框中，单击【渐变填充】按钮，并设置渐变色填充为C:0 M:0 Y:0 K:0至C:0 M:0 Y:0 K: 34 至C:0 M:0 Y:0 K:0 至C:0 M:0 Y:0 K:25，【旋转】数值为-59°，然后单击【确定】按钮。

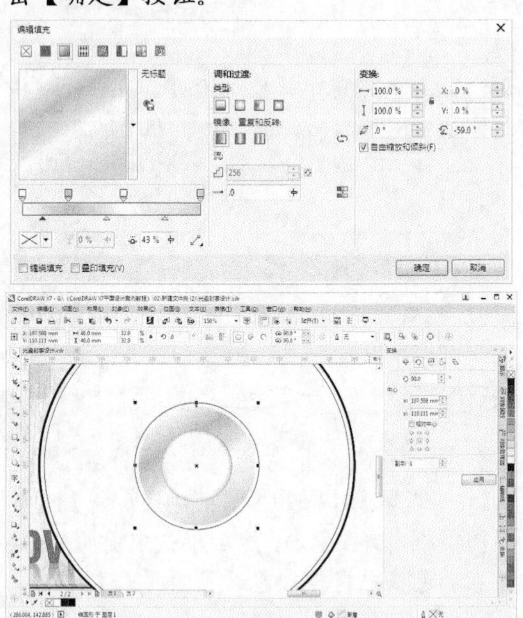

step 30 选中第三层圆形，在调色板中将轮廓色设置为无，然后按F11 键打开【编辑填充】对话框。在该对话框中，单击【渐变填充】按钮，并设置渐变色填充为C:0 M:0 Y:0 K:0至C:0 M:0 Y:0 K: 41 至C:0 M:0 Y:0 K:44 至C:0 M:0 Y:0 K:44 至C:0 M:0 Y:0 K:0 至C:0 M:0 Y:0 K:55，【旋转】数值为-120°，然后单击【确定】按钮。

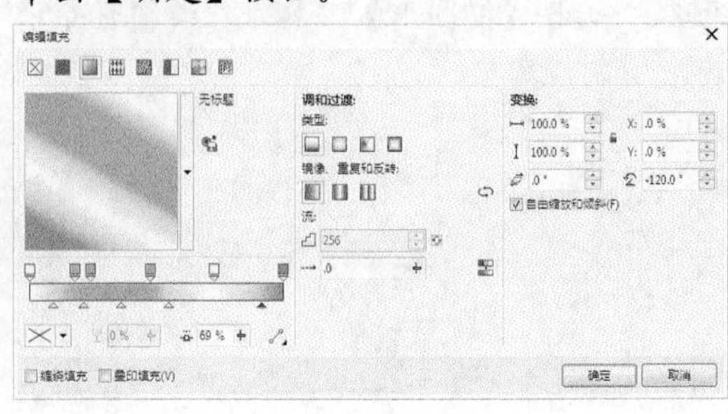

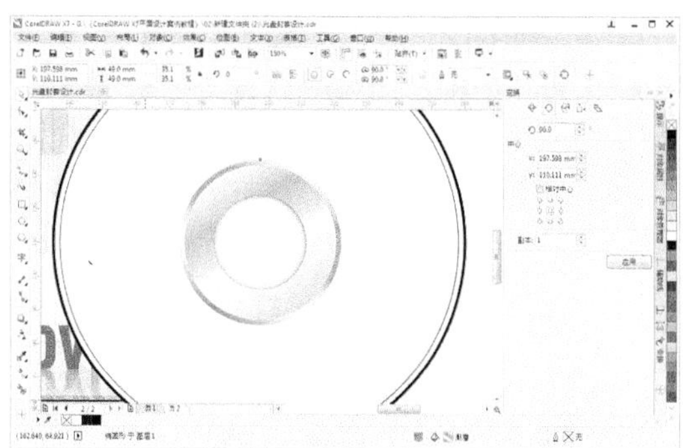

step 31 在标准工具栏中，单击【导入】按钮，打开【导入】对话框。在该对话框中，选择所需要的图像文件，然后单击【导入】按钮。

step 32 在绘图文档中，单击导入图像，然后连续按Ctrl+PageDown键，并调整导入图像的大小及位置。

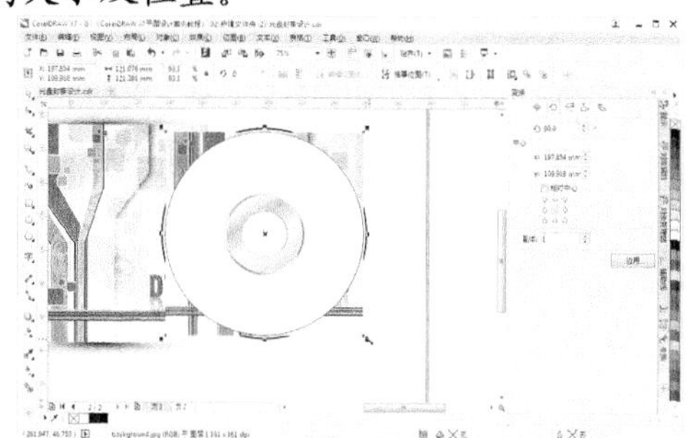

step 33 选择【对象】|【图框精确剪裁】|【置于图文框内部】命令，然后单击第四层圆形，并在调色板中将轮廓色设置为无。

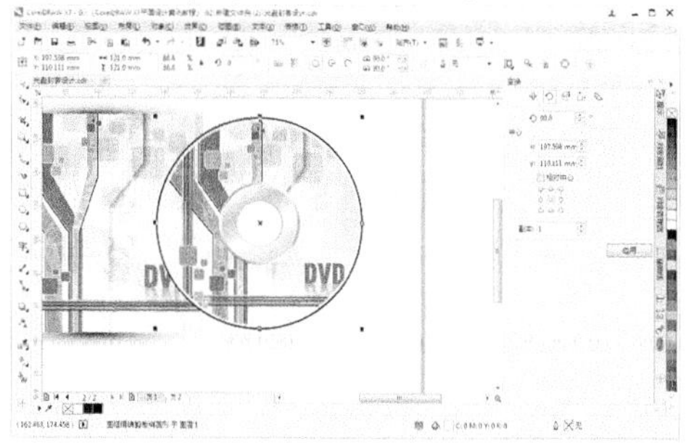

step 34 选中最外侧的圆形，然后按F11键打开【编辑填充】对话框。在该对话框中，单击【渐变填充】按钮，并设置渐变色填充为C:0 M:0 Y:0 K:23 至C:0 M:0 Y:0 K: 0 至C:0 M:0 Y:0 K:50 至C:0 M:0 Y:0 K:25，【旋转】数值为-23°，然后单击【确定】按钮。

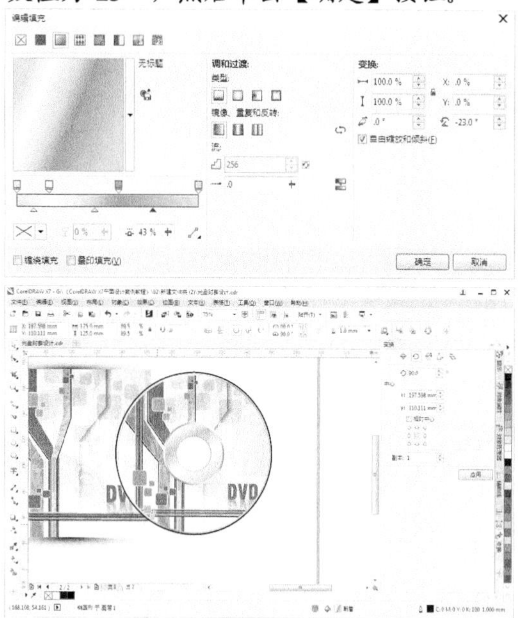

step 35 选择【对象】|【将轮廓转换为对象】命令，然后按F11键打开【编辑填充】对话框。在该对话框中，单击【渐变填充】按钮，并设置渐变色填充为C:0 M:0 Y:0 K:23至C:0 M:0 Y:0 K:50至C:0 M:0 Y:0 K:25，【旋转】数值为45°，然后单击【确定】按钮。

step 36 选中全部圆形，按Ctrl+G键组合对象，然后选择【椭圆形】工具在绘图页面中拖动绘制椭圆形。

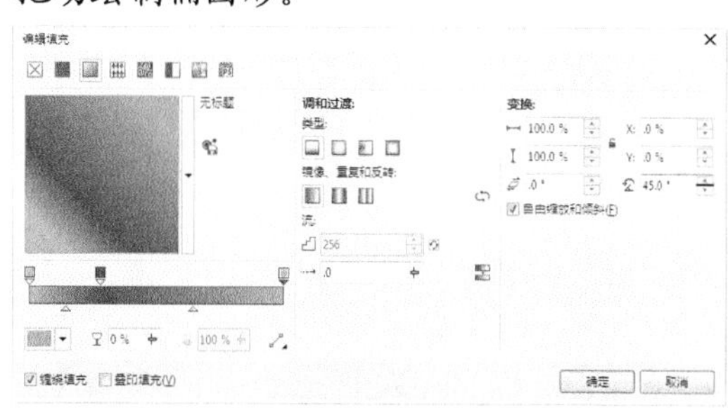

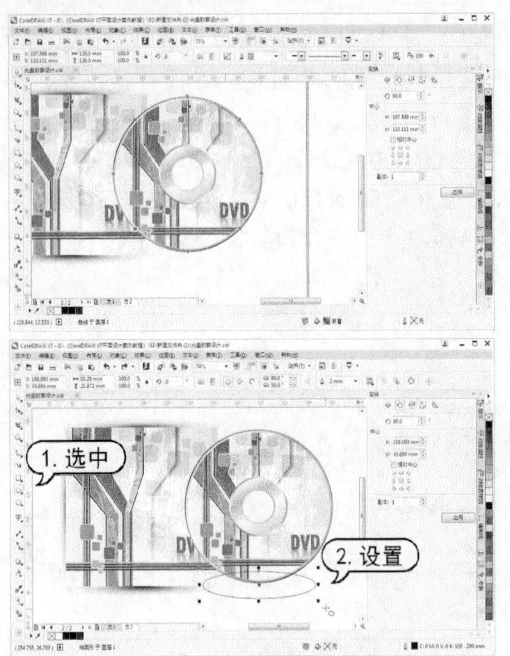

step 37 在调色板中将轮廓色设置为【无】，然后按F11 键打开【编辑填充】对话框。在该对话框中，单击【渐变填充】按钮，再单击【椭圆形渐变填充】按钮，并设置渐变色填充为透明度 100%的白色至黑色，然后单击【确定】按钮。

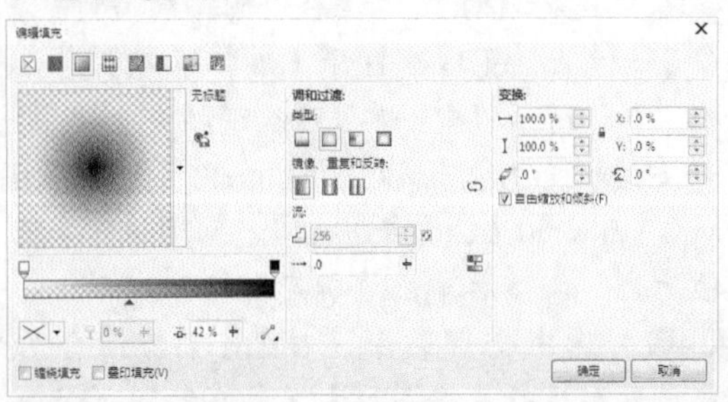

step 38 按Shift+PageDown键将绘制的椭圆形放置在图层后面，使用【选择】工具调整椭圆形的位置。

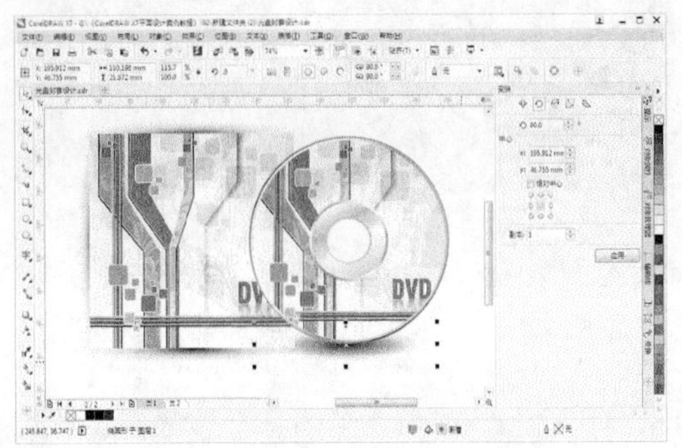

step 39 选中CD图形，选择【阴影】工具在图形上单击并拖动创建阴影效果。

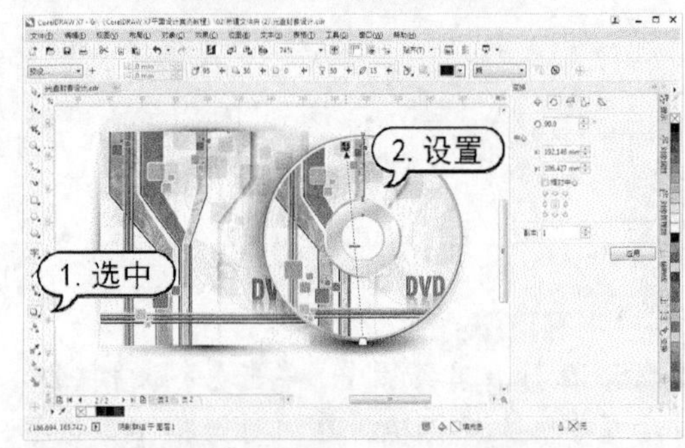

step 40 双击【矩形】工具，创建与页面同等大小的矩形。

step 41 在调色板中将轮廓色设置为【无】，然后按F11 键打开【编辑填充】对话框。在该对话框中，单击【渐变填充】按钮，再单击【椭圆形渐变填充】按钮，并设置渐变色填充为C:0 M:0 Y:0 K:60 至C:0 M:0 Y:0 K:30至C:0 M:0 Y:0 K:0，【填充宽度】数值为200%，【填充高度】数值为 135%，然后单击【确定】按钮。

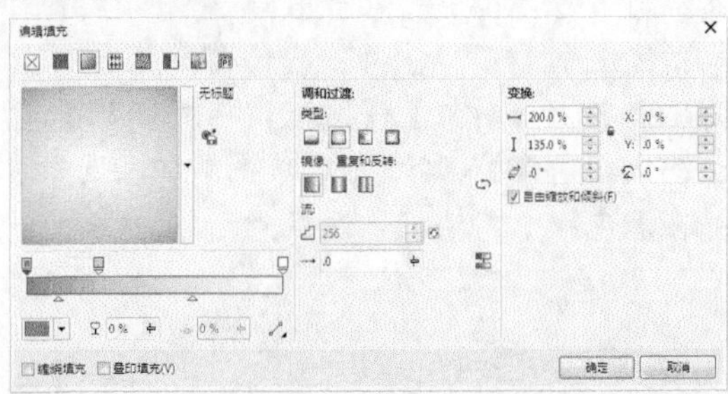

step 42 在标准工具栏中，单击【保存】按钮保存绘图文档。

2.3.2　制作商业名片

【例 2-14】在 CorelDRAW X7 中，制作商业名片。
素材 (光盘素材\第 02 章\例 2-14)

step 1　在CorelDRAW X7 工作区的标准工具栏中单击【新建】按钮，打开【创建新文档】对话框。在该对话框的【名称】文本框中输入“商业名片”，设置【宽度】和【高度】数值为 180 毫米，然后单击【确定】按钮，新建绘图文档。

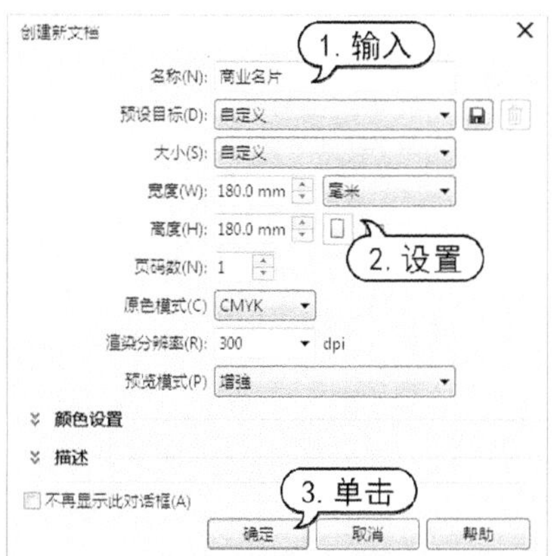

step 2　双击【矩形】工具，在页面中创建与页面同等大小的矩形。

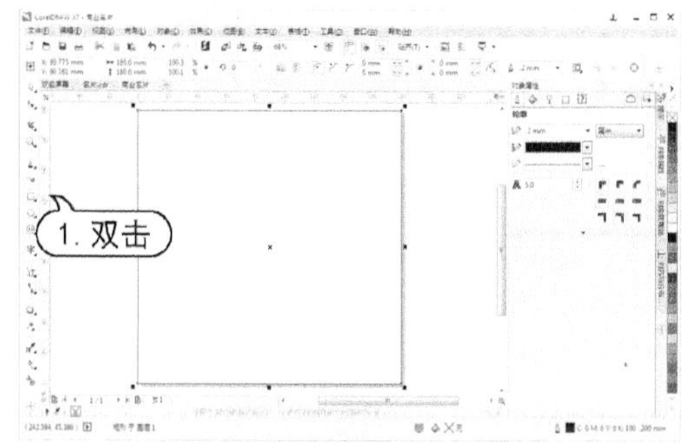

step 3　在状态栏中，双击填充状态，打开【编辑填充】对话框。在该对话框中，单击【渐变填充】按钮，在渐变条上选中起始色标，并单击【设置节点】选项右侧的▾按钮，从弹出的面板中设置节点颜色为C:86 M:48 Y:0 K:0，设置【旋转】数值为-45°，然后单击【确定】按钮填充矩形。

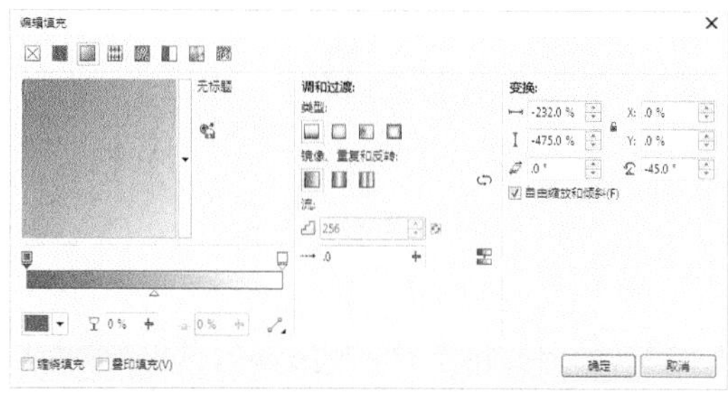

step 4　在调色板中，右击【无】色板设置轮廓色为【无】。在绘制的矩形上右击鼠标，从弹出的快捷菜单中选择【锁定对象】命令。

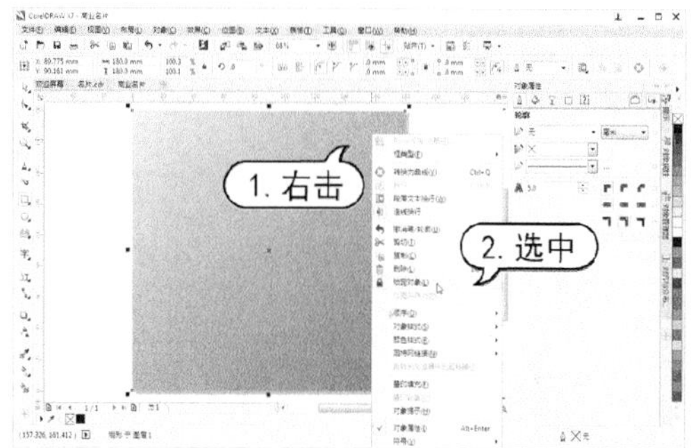

step 5　使用【矩形】工具在页面中拖动绘制矩形，并在工具属性栏中，设置对象的【宽度】数值为 100mm，【高度】数值为 56mm。打开【对齐与分布】泊坞窗，在【对齐对象到:】选项区中单击【页面边缘】按钮，在【对齐】选项区中，单击【水平居中对齐】按钮。

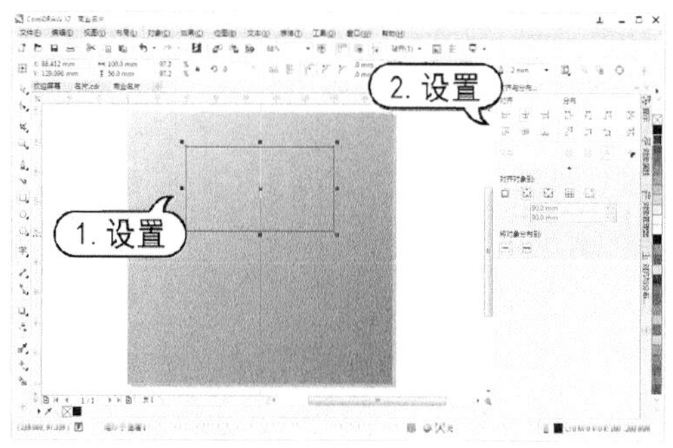

step 6　在调色板中，右击【无】色板，设置

轮廓色为【无】；单击【白】色板，设置填充色为【白色】。然后按Ctrl+C键复制矩形，按Ctrl+V键粘贴，并按Shift键移动复制的矩形。

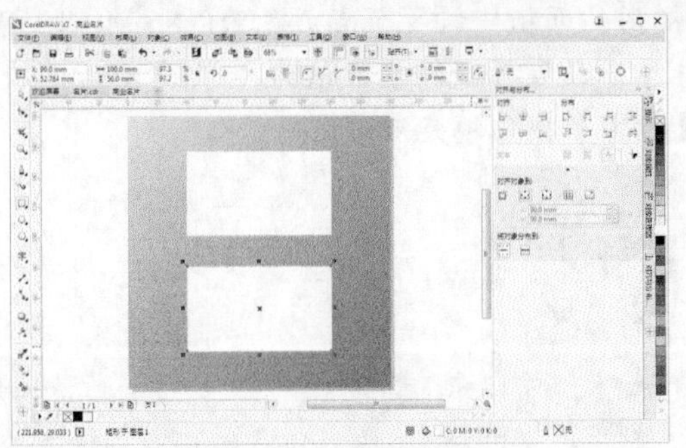

step 7 在工具箱中，选择【基本图形】工具，在其属性栏的【完美形状】选项下拉列表框中选择【环形】选项，然后按Shift+Ctrl键拖动绘制环形。然后在属性栏中选中【锁定比率】单选按钮，设置对象【宽度】数值为19mm。

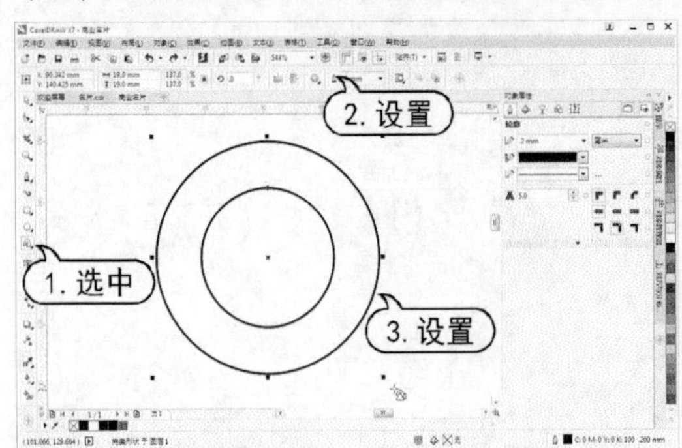

step 8 在刚绘制的环形上，调整红色轮廓沟槽位置从而调整环形形状。

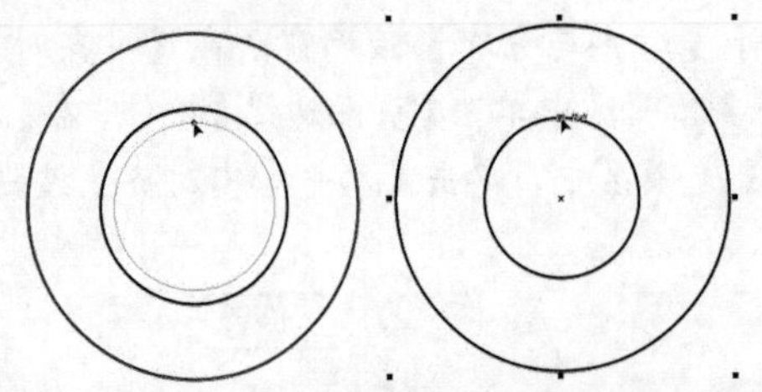

step 9 选择【折线】工具，在刚创建的环形上绘制一个三角形。

step 10 选择【窗口】|【泊坞窗】|【变换】|【旋转】命令，打开【变换】泊坞窗。设置中心点为【中下】，设置【旋转角度】为20°，【副本】数值为4，然后单击【应用】按钮。

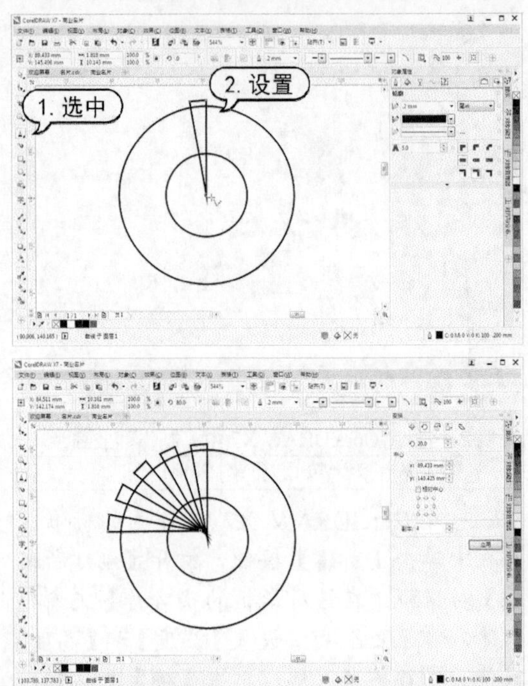

step 11 使用【选择】工具选中所有三角形和环形，在属性栏中单击【移除前面对象】按钮修剪图形。

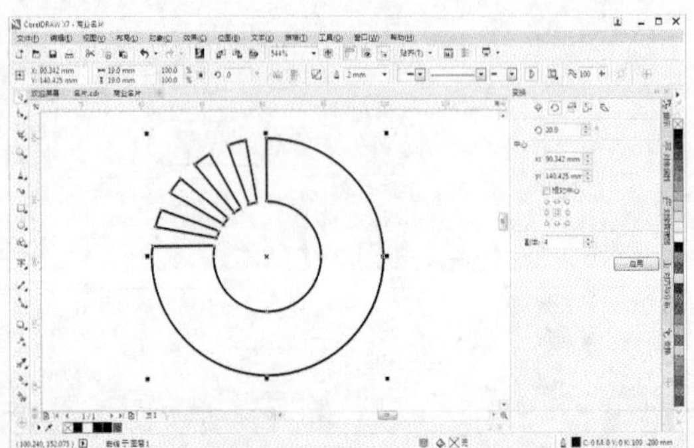

step 12 在调色板中，右击【无】色板，设置轮廓色为【无】。在状态栏中，双击填充状态，打开【编辑填充】对话框。在该对话框中，单击【均匀填充】按钮，在【模型】下拉列表中选择CMYK选项，设置填充色为C:86 M:48 Y:0 K:0，然后单击【确定】按钮。

step 13 选择【文本】工具输入文字，然后单击属性栏中的【文本属性】按钮，打开【文本属性】泊坞窗。

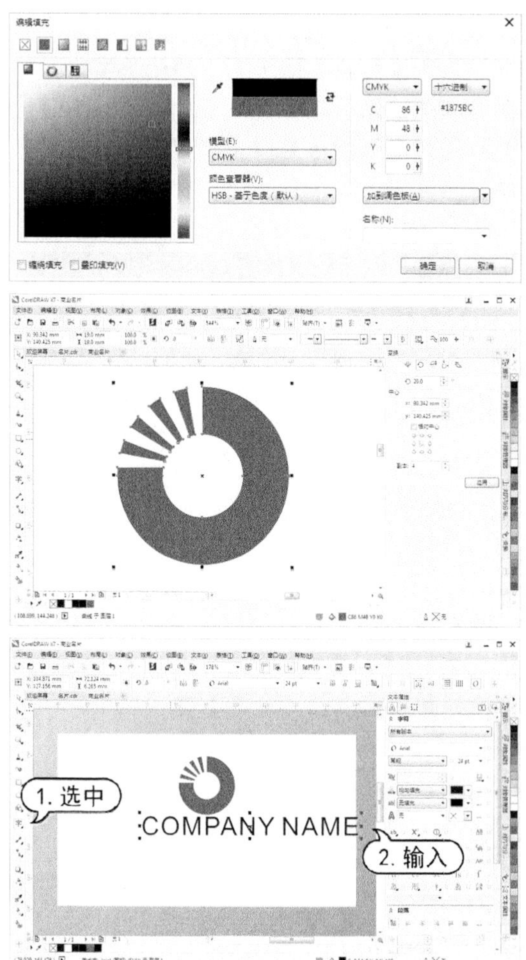

step 14 使用【选择】工具选中文字，在【文本属性】泊坞窗的【字符】选项区中设置字体为Britannic Bold，字体大小为 20pt，文本颜色为C:86 M:48 Y:0 K:0。然后在【段落】选项区中，设置【字符间距】数值为-5%。

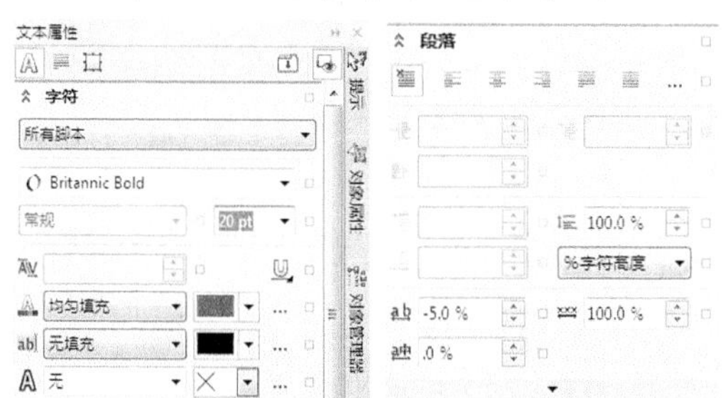

step 15 选择【文本】工具输入文字。然后使用【选择】工具选中文字，在【文本属性】泊坞窗的【字符】选项区中设置字体大小为 11pt，文本颜色为C:86 M:48 Y:0 K:0。

step 16 选择【文本】工具输入文字。使用【选择】工具选中文字，在【文本属性】泊坞窗的【字符】选项区中设置字体为Century 751 SeBd BT，字体大小为 10pt，文本颜色为C:86 M:48 Y:0 K:0。

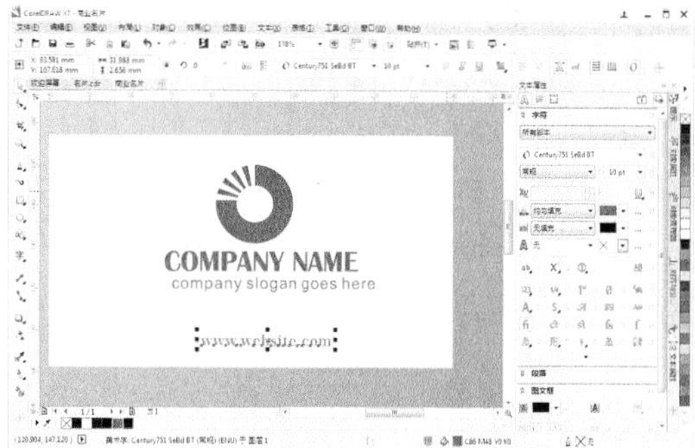

step 17 选中步骤(7)至步骤(16)所创建的对象，打开【对齐与分布】泊坞窗，在【对齐】选项区中，单击【水平居中对齐】按钮。

step 18 选择【矩形】工具在绘图页面中拖动绘制矩形，并在文档调色板中单击C:86 M:48 Y:0 K:0 色板填充矩形，将轮廓色设置为【无】。

step 19 在属性栏中，取消选中【同时编辑所有角】单选按钮，设置右侧两个角的【转角半径】数值为 5mm。

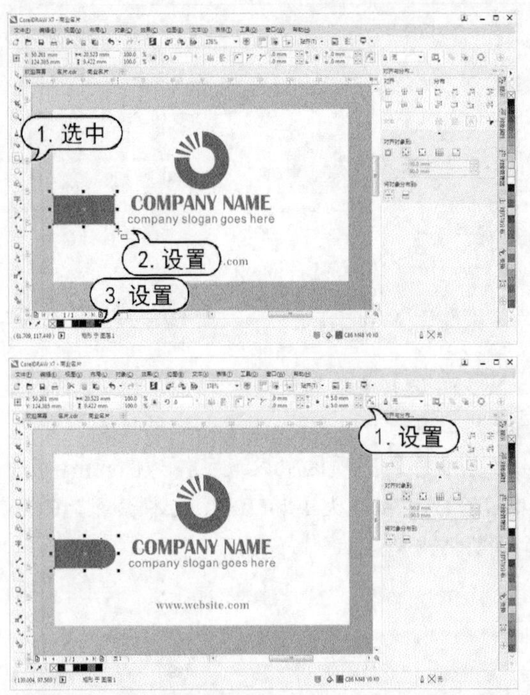

step 20 选择【椭圆形】工具，按Shift+Ctrl键拖动绘制圆形，并设置其填充色为【白色】，轮廓色为【无】，然后调整其位置。

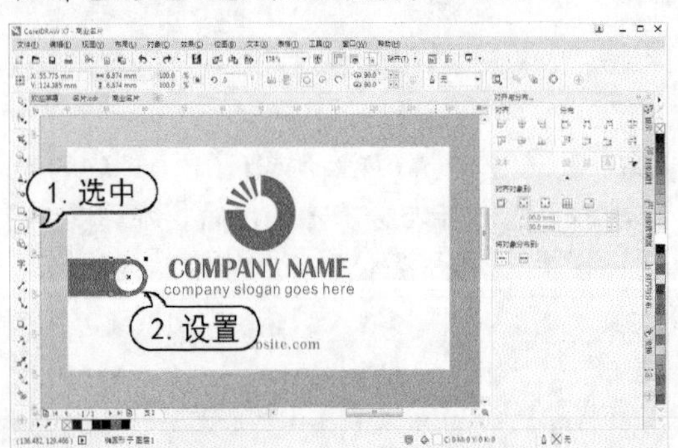

step 21 使用【选择】工具选中步骤(18)至步骤(20)中绘制的图形，然后在属性栏中单击【移除前面对象】按钮。

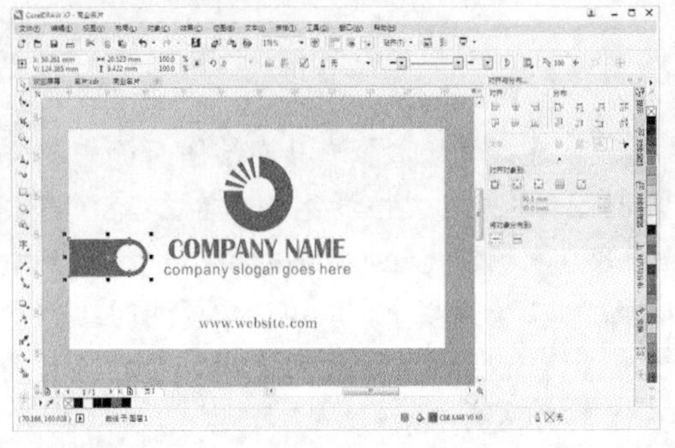

step 22 保持步骤(21)中创建的图形的选中状态，打开【变换】泊坞窗。在泊坞窗中，单击【水平镜像】按钮，设置对象原点为【右中】，【副本】数值为 1，然后单击【应用】按钮。

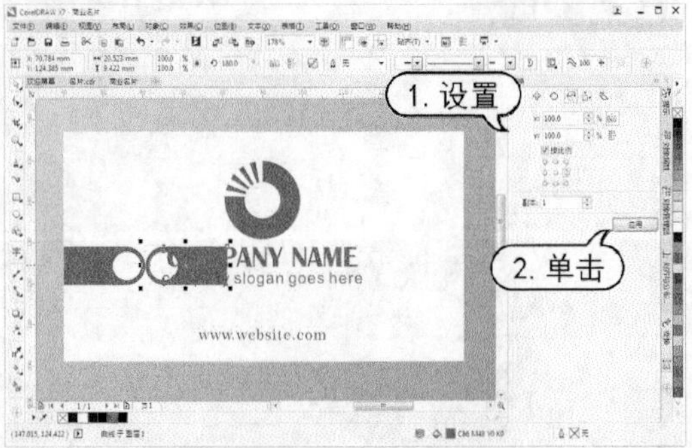

step 23 选中步骤(22)中创建的镜图形和步骤(6)中创建的白色矩形，打开【对齐与分布】泊坞窗，在【对齐对象到:】选项区中单击【活动对象】按钮；在【对齐】选项区中，单击【右对齐】按钮。

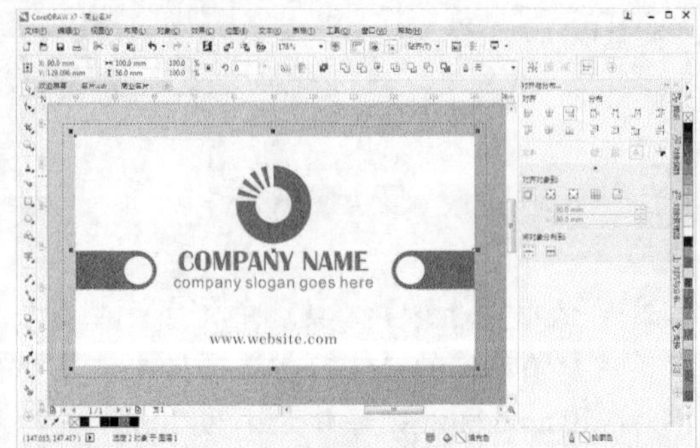

step 24 选中步骤(12)完成的logo图形对象，按Ctrl+C键复制，按Ctrl+V键粘贴，将复制后的对象移动至下方的矩形中，并在属性栏中设置对象【宽度】数值为 25mm。

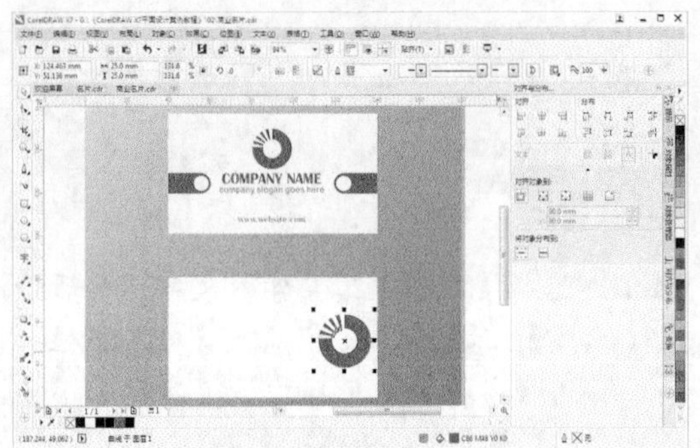

step 25 在标准工具栏中，单击【导入】按钮，打开【导入】对话框。在该对话框中，选中所需要的绘图文档，然后单击【导入】按钮。

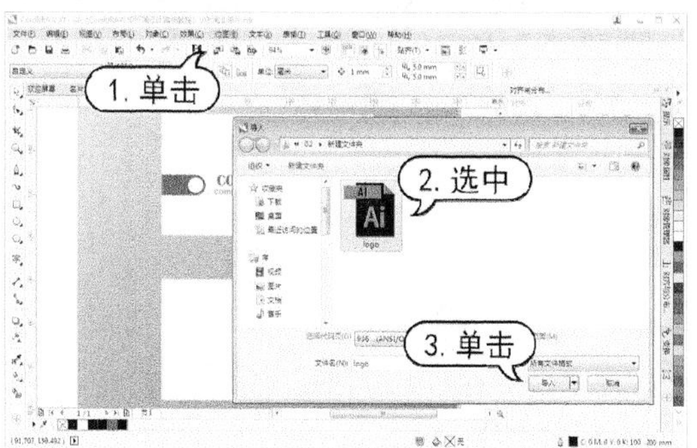

step 26 在页面中单击导入绘图，并在属性栏中设置对象【高度】数值为 25mm。

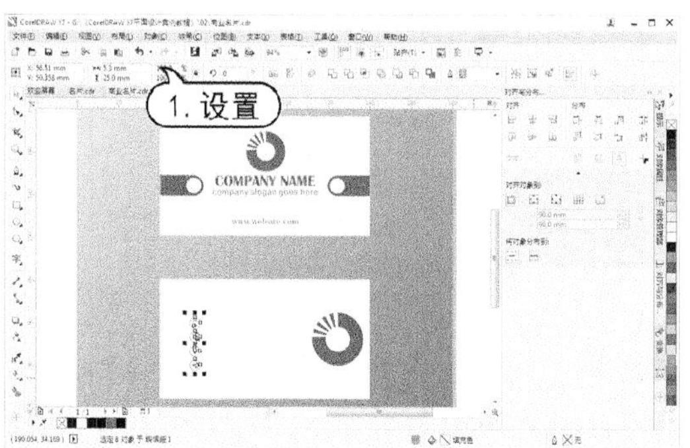

step 27 按Ctrl+G键组合导入的图形对象，并移动其位置。按Shift键选中编辑后的logo对象、导入的对象和下方的矩形，在【对齐与分布】泊坞窗中，单击【垂直居中对齐】按钮。

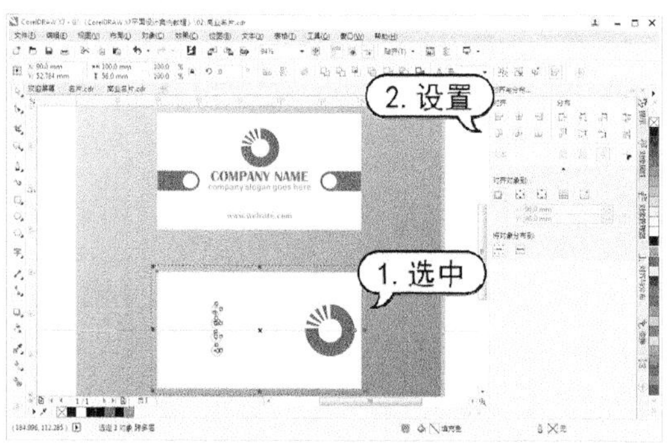

step 28 选择【矩形】工具，拖动绘制矩形。在调色板中，右击【无】色板设置轮廓色为【无】。在文档调色板中，单击C:86 M:48 Y:0 K:0 色板设置填充色，并按Ctrl+PageDown键将对象向后移一层。

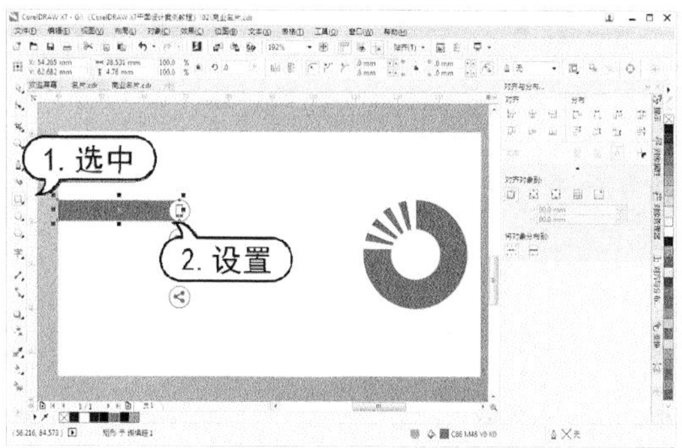

step 29 使用【选择】工具选中刚绘制的矩形，向下拖动的同时按住Shift键，拖动至所需位置释放鼠标左键，同时右击鼠标复制矩形。然后按Ctrl+PageDown键将对象向后移一层。

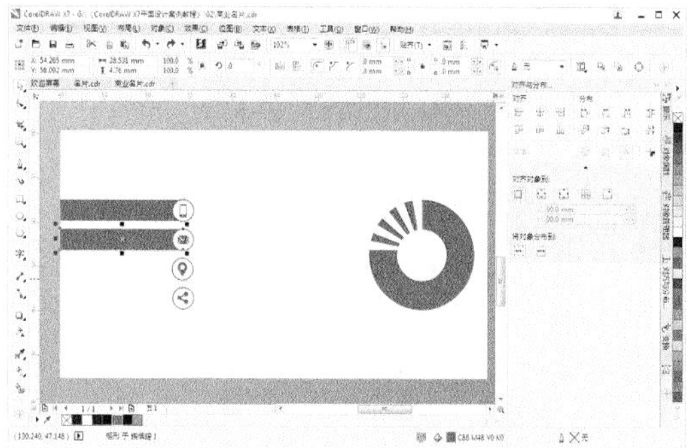

step 30 使用步骤(28)至步骤(29)的操作方法，添加其他矩形对象。

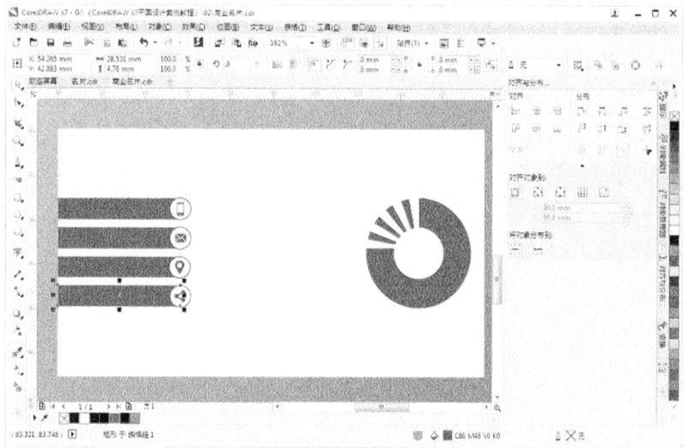

step 31 选择【文本】工具在页面中拖动创建文本框，在属性栏中设置字体为Arial，字体大小为 9pt，然后输入文本内容。

step 32 使用【选择】工具选中文本，打开【文本属性】泊坞窗，在【段落】选项区中，设置【段前间距】数值为 185%。

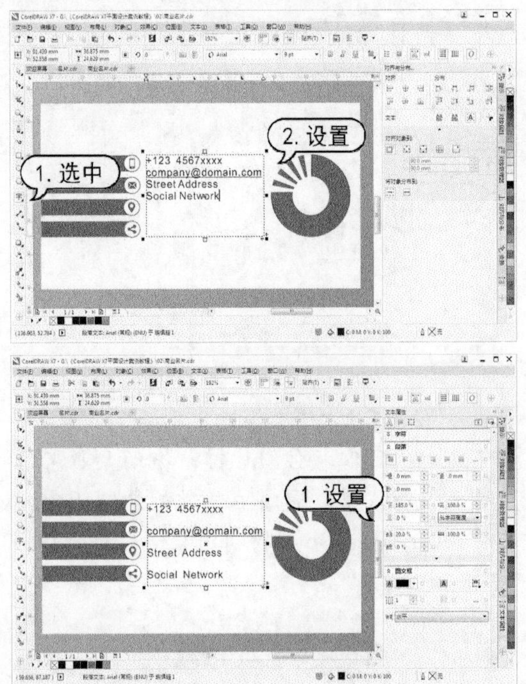

step 33 使用【文本】工具在页面中单击，在属性栏中设置字体为Britannic Bold，字体大小为 14pt，然后输入文本内容。

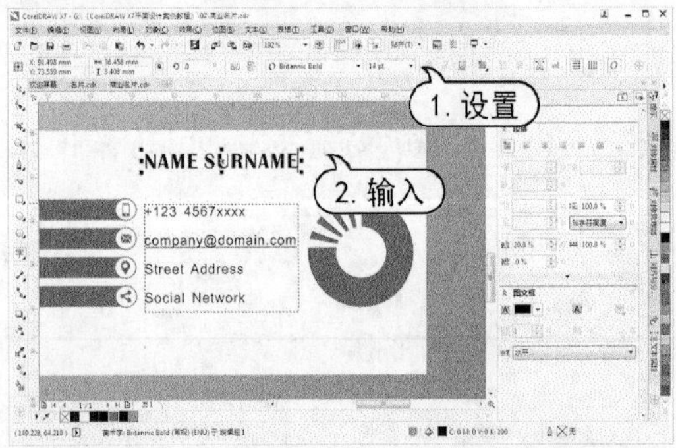

step 34 使用【文本】工具在页面中单击，在属性栏中设置字体为Arial，字体大小为 9pt，然后输入文本内容。

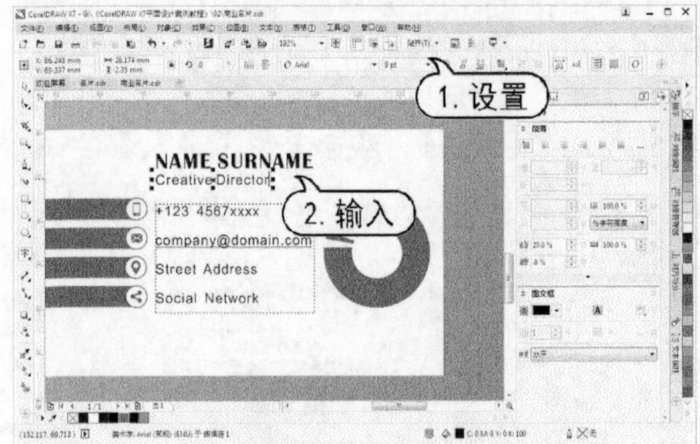

step 35 选中步骤(31)至步骤(34)中创建的文本，在文档调色板中单击C:86 M:48 Y:0 K:0色板设置填充色。

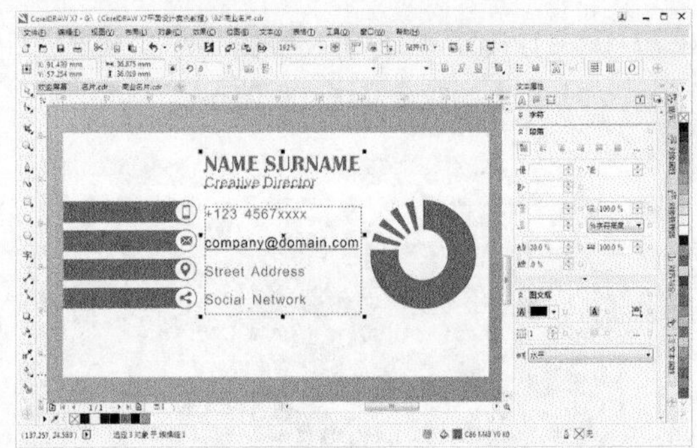

step 36 在标准工具栏中，单击【保存】按钮，打开【保存绘图】对话框。在该对话框中，选择绘图文档所要保存的位置，然后单击【保存】按钮。

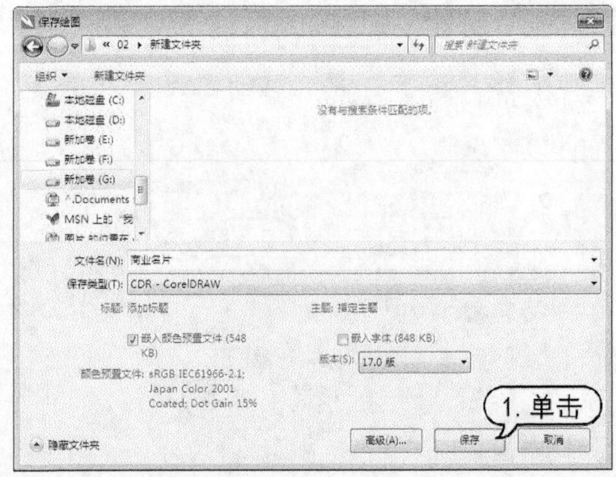

第3章

编辑图形对象

在 CorelDRAW X7 中使用绘图工具创建图形后，用户还可以使用工具或命令编辑、修饰绘制的图形形状。本章主要介绍曲线对象的编辑操作方法，以及图形形状的修饰、修整的基本编辑方法和技巧。

对应光盘视频

例 3-1 减少曲线节点
例 3-2 使用【刻刀】工具
例 3-3 使用【橡皮擦】工具
例 3-4 使用【自由变换】命令
例 3-5 使用【粗糙】工具
例 3-6 使用【造型】泊坞窗
例 3-7 制作拼图效果
例 3-8 使用【图框精确剪裁】命令
例 3-9 制作标贴
例 3-10 制作折纸文字

3.1 编辑曲线对象

在通常情况下，曲线绘制完成后还需要对其进行精确的调整，以达到需要的造型效果。

3.1.1 选择、移动节点

使用【形状】工具将节点框选在矩形选框中，或者将它们框选在形状不规则的选框中，可以选择单个、多个或所有对象节点，为对象的不同部分造型。在曲线线段上选择节点时，将显示控制手柄。通过移动节点和控制手柄，可以调整曲线线段的形状。使用工具箱中的【形状】工具，选中一个曲线对象，然后可以使用以下方法选择节点。

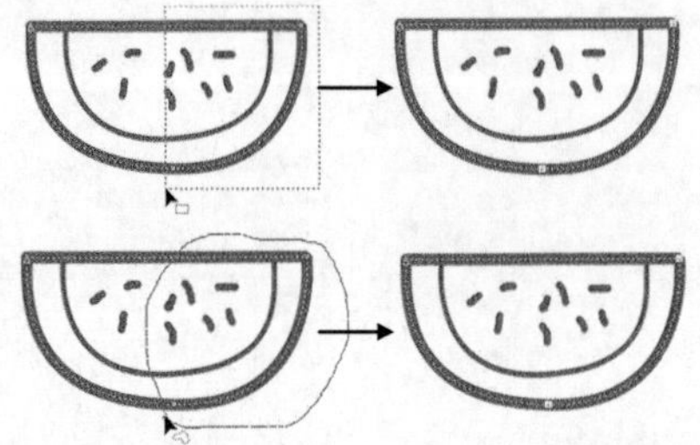

- 框选多个节点：在工具属性栏上，从【选取范围模式】列表框中选择【矩形】选项，然后围绕要选择的节点进行拖动确定选取范围即可。
- 手绘圈选多个节点：在工具属性栏上，从【选取范围模式】列表框中选择【手绘】选项，然后围绕要选择的节点进行拖动确定选取范围即可。
- 挑选多个节点：按住 Shift 键，同时单击每个节点即可选中。按住 Shift 键，再次单击选中的节点可以取消选中。

实用技巧

用户还可以通过使用【选择】、【手绘】、【贝塞尔】或【折线】工具来选择节点。先选择【工具】|【选项】命令，在打开的【选项】对话框左侧列表中选择【工作区】|【显示】命令，然后选中【启用节点跟踪】复选框。再单击曲线对象，将指针移到节点上，直到工具的形状状态光标出现，然后单击节点。

想移动节点改变图形，可以在使用【形状】工具选中节点后，按下鼠标并拖动节点至合适位置后释放鼠标，或按键盘上的方向键，即可改变图形的曲线形状。要改变线段造型，还可以调整控制手柄的角度及其距节点的距离。

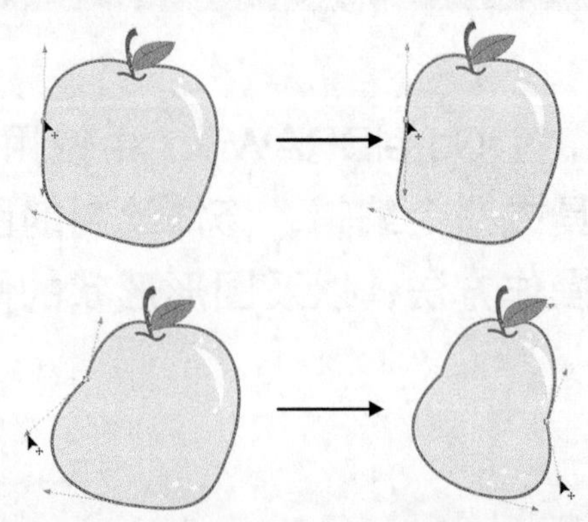

3.1.2 添加、删除节点

在 CorelDRAW X7 中，可以通过添加节点，将曲线形状调整得更加精确；也可以通过删除多余的节点，使曲线更加平滑。增加节点时，将增加对象线段的数量，从而增加了对象形状的控制量。删除选定节点则可以简化对象形状。

使用【形状】工具在曲线对象需要增加节点的位置双击，即可增加节点；如使用【形状】工具在需要删除的节点上双击，即可删除节点。

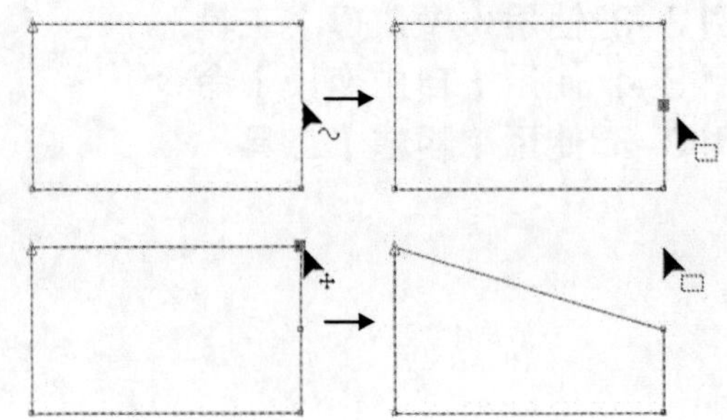

要添加、删除曲线对象上的节点，也可以通过单击工具属性栏中的【添加节点】按

钮和【删除节点】按钮来完成操作。使用【形状】工具在曲线上单击需要添加节点的位置，然后单击【添加节点】按钮即可添加节点。选中节点后，单击【删除节点】按钮即可删除节点。

当曲线对象包含许多节点时，对它们进行编辑并输出将非常困难。在选中曲线对象后，使用属性栏中的【减少节点】功能可以使曲线对象中的节点数自动减少。减少节点数时，将移除重叠的节点并可以平滑曲线对象。该功能对于减少从其他应用程序中导入的对象中的节点数特别有用。

【例 3-1】减少曲线对象中的节点数。

视频+素材 (光盘素材\第 03 章\例 3-1)

step 1 选择【形状】工具，单击选中曲线对象，并单击属性栏中的【选择所有节点】按钮。

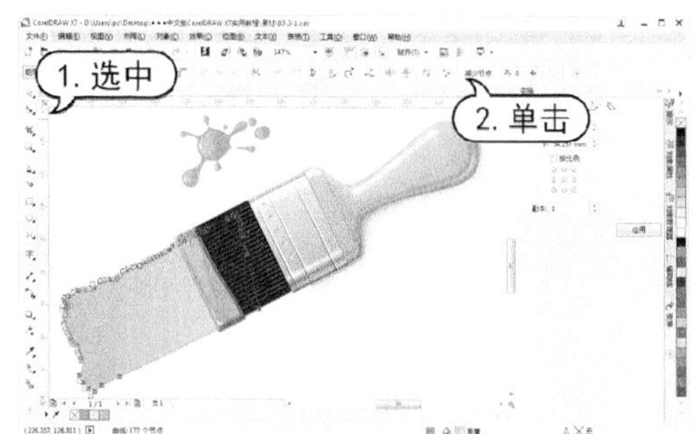

step 2 在工具属性栏中单击【减少节点】按钮 减少节点 ，然后拖动【曲线平滑度】滑块控制要删除的节点数。

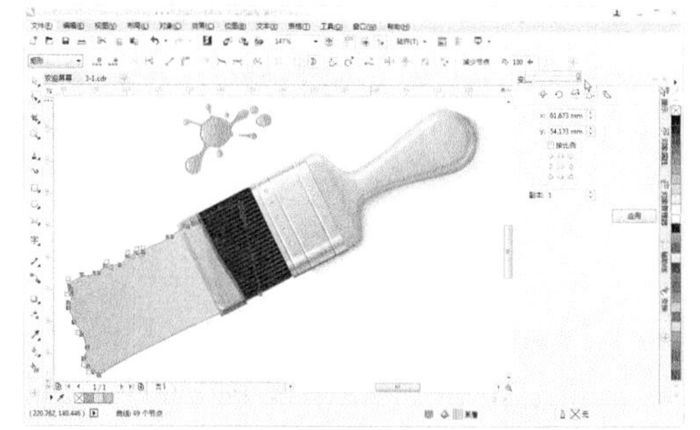

实用技巧

用户也可以在使用【形状】工具选取节点后，单击鼠标右键，在弹出的命令菜单中选择相应的命令来添加、删除节点。

3.1.3 更改节点的属性

CorelDRAW 中的节点分为尖突节点、平滑节点和对称节点 3 种类型。在编辑曲线的过程中，需要转换节点的属性，以调整曲线造型。

要更改节点属性，用户可以使用【形状】工具配合【形状】工具属性栏，方便、简单地对曲线节点进行类型转换的操作。用户只需选择【形状】工具后，单击图形曲线上的节点，然后在【形状】工具属性栏中单击选择相应的节点类型，即可在曲线上进行相关的节点操作。

- 【尖突节点】按钮：单击该按钮可以将曲线上的节点转换为尖突节点。将节点转换为尖突节点后，尖突节点两端的控制手柄成为相对独立的状态。当移动其中一个控制手柄的位置时，不会影响另一个控制手柄。

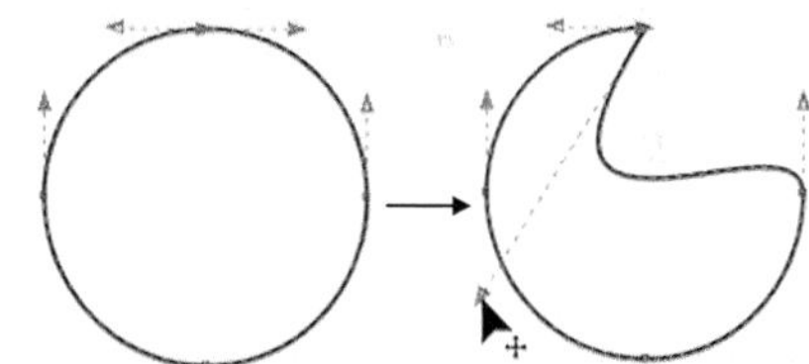

- 【平滑节点】按钮：单击该按钮可以使尖突节点变得平滑。平滑节点两边的控制点是相互关联的，当移动其中一个控制点时，另一个控制点也会随之移动，产生平滑过渡的曲线。

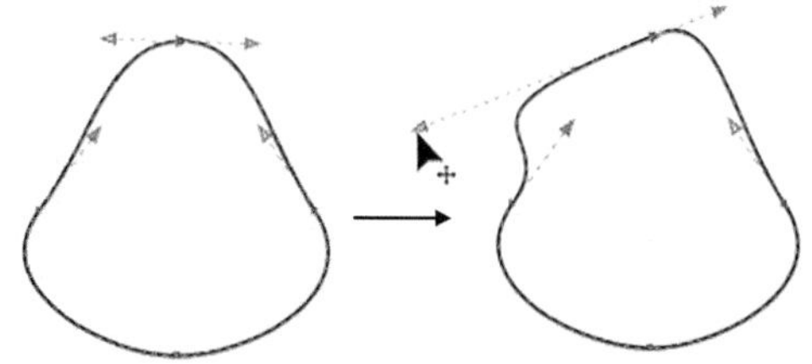

- 【对称节点】按钮：单击该按钮可以产生两个对称的控制柄，无论怎样编辑，这两个控制柄始终保持对称。该类型节点与

平滑类型节点相似，但所不同的是，对称节点两侧的控制柄长短始终保持等距。

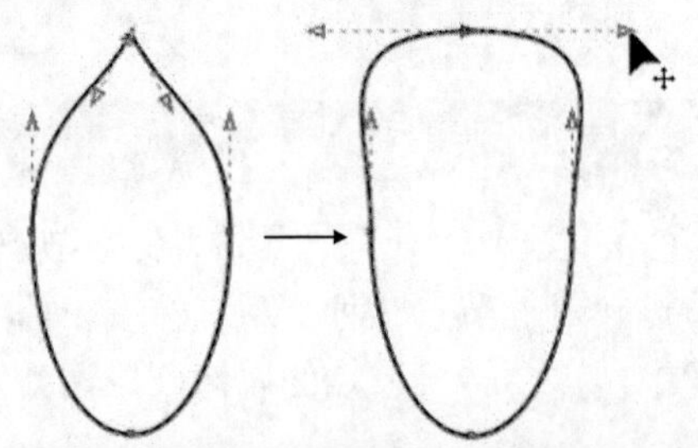

实用技巧

要将平滑节点和尖实节点互相转换，可以使用【形状】工具单击该节点，然后按C键；要将对称节点或平滑节点互相转换，可以使用【形状】工具单击该节点，然后按S键。

3.1.4 曲线和直线互相转换

使用【形状】工具属性栏中的【转换为线条】按钮，可以将曲线段转换为直线段。使用【转换为曲线】按钮，可以将直线段转换为曲线段。

使用【形状】工具单击曲线上的内部节点或终点后，【形状】工具属性栏中的【转换为线条】按钮将呈现可用状态，单击此按钮，该节点与上一个节点之间的曲线即可变为直线段。

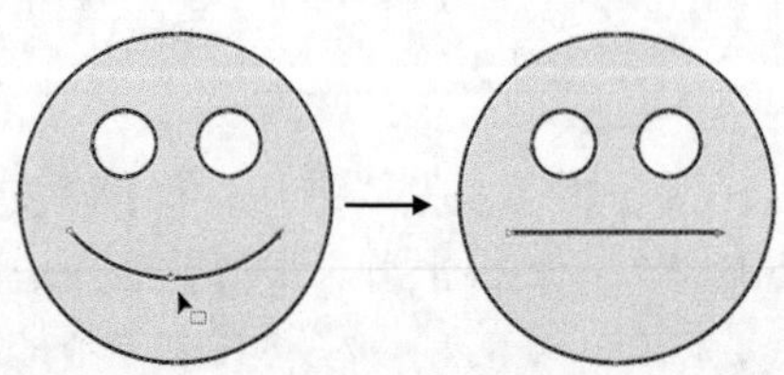

这个操作对于不同的曲线将会产生不同的结果，如果原曲线上只有两个端点而没有其他节点，选择其终止点后单击此按钮，整条曲线将变为直线段；如果原有曲线有内部节点，那么单击此按钮可以将所选节点区域的曲线改变为直线段。

【形状】工具属性栏中的【转换为曲线】按钮与【转换为线条】按钮的功能正好相反，它是将直线段转换成曲线段。同样【转换为曲线】按钮也不能用于曲线的起始点，而只能应用于曲线内的节点与终止点。

用户使用【形状】工具单击曲线上的内部节点或终止点后，【形状】工具属性栏中的【转换为曲线】按钮将呈现可用状态，单击此按钮，这时节点上将会显示控制柄，表示这段直线已经变为曲线，然后通过操纵控制柄将线段改变。

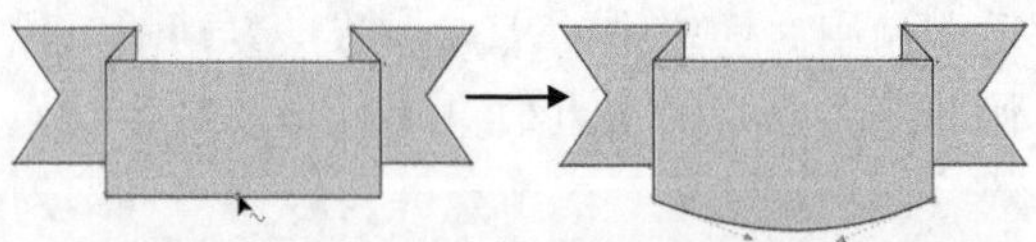

3.1.5 闭合曲线

通过连接两端节点可封闭一个开放路径，但是无法连接两个独立的路径对象。

- 使用【形状】工具选定想要连接的节点后，单击属性栏中的【连接两个节点】按钮，可以将同一个对象上断开的两个相邻节点连接成一个节点，从而使图形封闭。

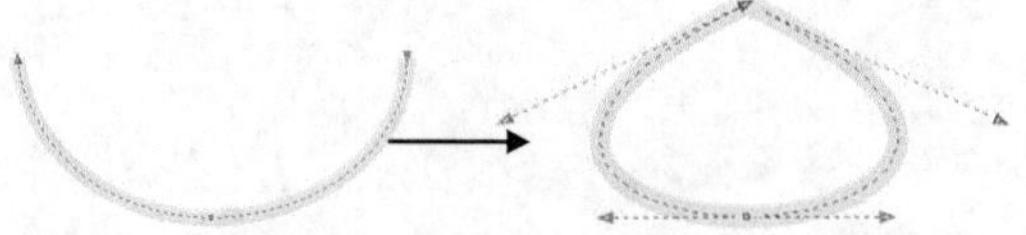

- 使用【形状】工具选取节点后，单击属性栏上的【延长曲线使之闭合】按钮，可以使用线条连接两个节点。

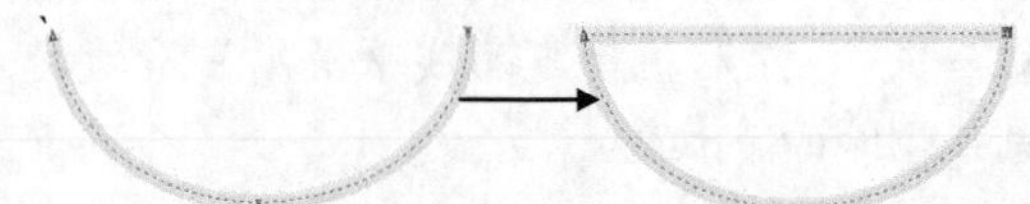

- 使用【形状】工具选取路径后，单击属性栏上的【闭合曲线】按钮，可以将绘制的开放曲线的起始节点和终止节点自动闭合，形成闭合的曲线。

3.1.6 断开曲线

通过断开曲线功能，可以将曲线上的一个节点在原来的位置分离为两个节点，从而断开曲线的连接，使图形转变为不封闭状态。此外，还可以将由多个节点连接成的曲线分离成多条独立的线段。

需要断开曲线时，使用【形状】工具选取曲线对象，并且单击想要断开路径的位置。如果选择多个节点，可在几个不同的位置断开路径，然后单击属性栏上的【断开曲线】按钮。在每个断开的位置上会出现两个重叠的节点，移动其中一个节点，可以看到原节点已经分割为两个独立的节点。

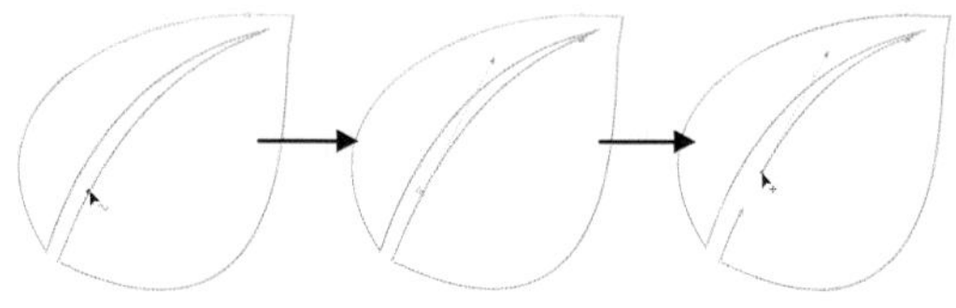

3.2 分割图形

在 CorelDRAW X7 应用程序中，还提供了【刻刀】工具、【橡皮擦】工具和【删除虚拟线段】工具，使用它们可以对图形对象进行拆分、擦除的编辑操作。

3.2.1 使用【刻刀】工具

使用【刻刀】工具可以把一个对象分成几个部分。在工具箱中选择【刻刀】工具，打开其工具属性栏。

- 单击【保留为一个对象】按钮，可以使分割后的对象成为一个整体。
- 单击【剪切时自动闭合】按钮，可以将一个对象分成两个独立的对象。
- 如果同时选中【保留为一个对象】按钮和【剪切时自动闭合】按钮，就不会把对象进行分割，而是将对象连接成一个整体。

【例 3-2】使用【刻刀】工具切割图形。
视频+素材 (光盘素材\第 03 章\例 3-2)

step 1 选择【文件】|【打开】命令，打开一幅绘图文档，并使用【选择】工具选中图形对象。

step 2 选择【刻刀】工具，并在属性栏中单击【剪切时自动闭合】按钮，将光标指向准备切割的对象，当光标变为状态时单击对象，然后将光标移动到适当位置再次单击对象，按Tab键一次或两次，直到选中要保留的部分，然后单击鼠标。

step 3 按下空格键切换到【选择】工具，调整切割后的对象位置。

> **知识点滴**
>
> 用户也可以使用【刻刀】工具，在对象上按住鼠标左键拖动，释放鼠标后，即可按光标移动的轨迹切割对象。

3.2.2 使用【橡皮擦】工具

【橡皮擦】工具的主要功能是擦除曲线中不需要的部分，并且在擦除后会将曲线分割成数段。与使用【形状】工具属性栏中的【断开曲线】按钮和【刻刀】工具对曲线进行分割的方法不同的是，使用这两种方法分割曲线后，曲线的总长度并未变化，而使用【橡皮擦】工具擦除曲线后，光标所经过处的曲线将会被擦除，原曲线的总长度将发生变化。

由于曲线的类型不同，使用【橡皮擦】工具擦除曲线会有 3 种不同的结果：

- 对于开放式曲线，使用【橡皮擦】工具在曲线上单击拖动，光标所经过之处的曲线就会消失。操作完成后原曲线将会被切断为多段开放曲线。
- 对于闭合式曲线，如果只在曲线的一边单击并拖动鼠标进行擦除操作，那么光标经过位置的曲线将会向内凹，并且曲线依旧保持闭合。
- 对于闭合式曲线，如果在曲线上单击并拖动鼠标穿过曲线，那么光标经过位置的曲线将会消失，原曲线会被分割成多条闭合曲线。

当用户选择工具箱中的【橡皮擦】工具后，工具属性栏转换为【橡皮擦】工具属性栏。

形状： ○ □ 1.0 mm

- 【图形笔尖】按钮○/【方形笔尖】按钮□：用于设置橡皮擦的形状。
- 【橡皮擦厚度】选项：用于设置橡皮擦的直径大小。
- 【擦除时自动减少】按钮：用于设置是否自动减少擦除操作中所创建的节点数量。

【例 3-3】在绘图文件中，使用【橡皮擦】工具。
素材 (光盘素材\第 03 章\例 3-3)

step 1 选择【文件】|【打开】命令，打开一幅绘图文档。

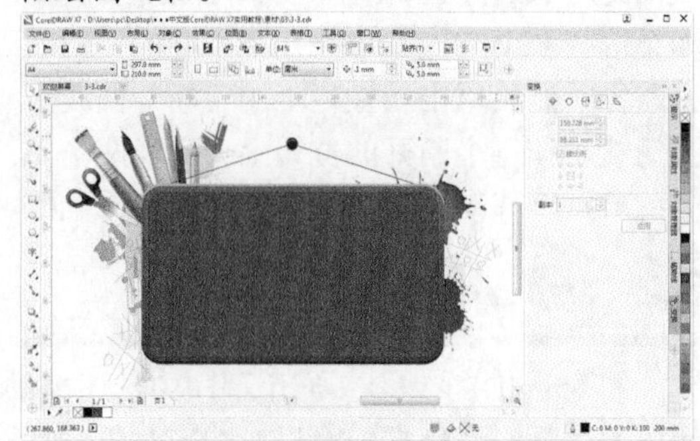

step 2 选中文档中圆角矩形，选择【橡皮擦】工具，在属性栏中设置【橡皮擦厚度】为 0.7mm，在圆角矩形上单击然后拖动鼠标，再单击即可擦除图形。

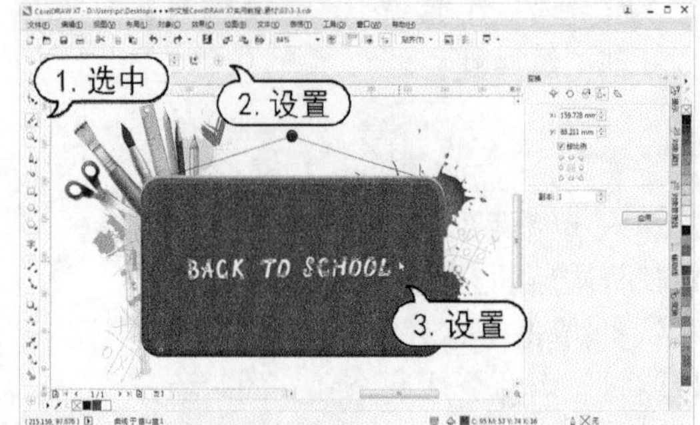

step 3 使用步骤(2)的操作方法，在属性栏中根据需要设置【橡皮擦厚度】数值，在圆角矩形中进行擦除。

3.2.3 使用【虚拟段删除】工具

使用工具箱中的【虚拟段删除】工具，用户可以删除图形中曲线相交点之间的线段。

要删除图形中曲线相交点之间的线段，在工具箱中单击【裁剪】工具，在展开的工具组中选择【虚拟段删除】工具，这时光标将变为刀片形状，接着将光标移至图形内准备删除的线段上单击，该线段即可被删除。

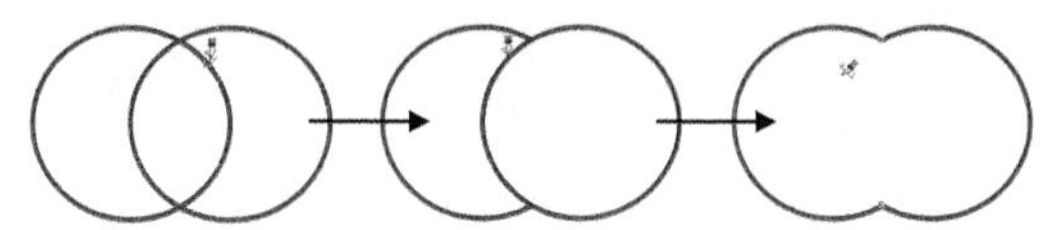

实用技巧

【虚拟段删除】工具不能对群组、文本、阴影和图像进行操作。

3.3　修饰图形

在编辑图形时，除了可以使用【形状】工具编辑图形形状和使用【刻刀】工具切割图形外，还可以使用【自由变换】、【涂抹】、【粗糙】等工具对图形进行修饰，以满足不同的图形编辑需要。

3.3.1　使用【自由变换】工具

使用【自由变换】工具，可以将对象自由旋转、自由角度反射、自由缩放和自由倾斜。在工具箱中选择【自由变换】工具，在属性栏中会显示其相关选项。

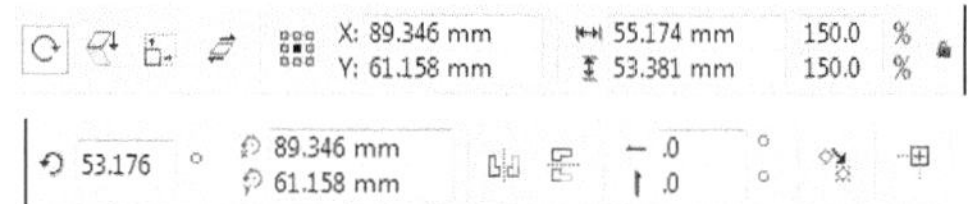

- 【自由旋转】按钮：单击该按钮，可以将对象按自由角度旋转。
- 【自由角度反射】按钮：单击该按钮，可以将对象按自由角度镜像。
- 【自由缩放】按钮：单击该按钮，可以将对象自由缩放。
- 【自由倾斜】按钮：单击该按钮，可以将对象自由倾斜。
- 【应用到再制】按钮：单击该按钮，可在自由变换对象的同时再制对象。
- 【相对于对象】按钮：单击该按钮，在【对象位置】数值框中输入需要的参数，然后按下 Enter 键，可以将对象移动到指定的位置。

【例 3-4】使用【自由变换】工具调整图形对象。
视频+素材 (光盘素材\第 03 章\例 3-4)

step 1　在打开的绘图文档中，选择【选择】工具选中图形对象。

step 2　选择【自由变换】工具，并在属性栏中单击【自由旋转】按钮，再单击【应用到再制】按钮，在对象上按住鼠标左键进行拖动，调整至适当角度后释放鼠标，对象即被自由旋转。

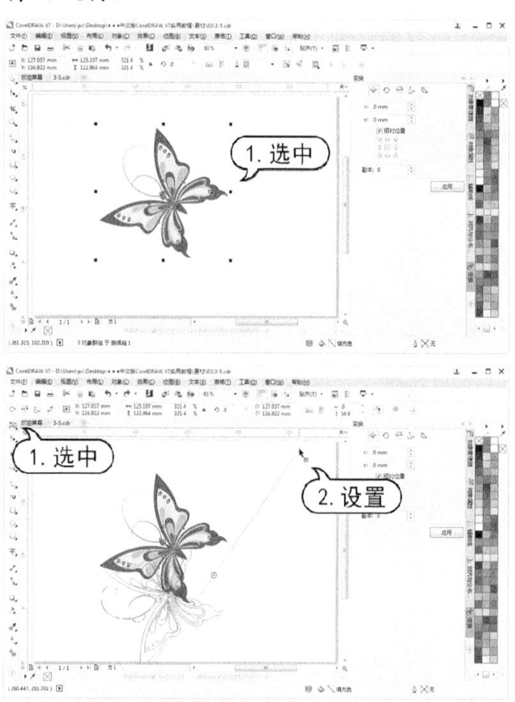

step 3　在属性栏中单击【自由缩放】按钮，单击【锁定比率】按钮，设置【缩放因子】数值为 150%。

step 4　在属性栏中单击【自由角度反射】按钮，在对象上按住鼠标左键进行拖动，镜像对象。

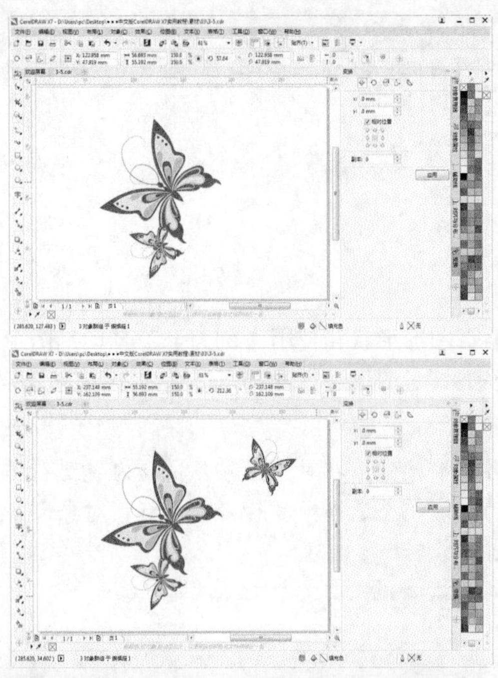

3.3.2 使用【涂抹】工具

使用【涂抹】工具涂抹图形对象的边缘，可以改变对象边缘的曲线路径，对图形进行造型编辑。选择【涂抹】工具，在属性栏中会显示相关选项。

20.0 mm 85

➤ 【笔尖半径】选项：输入数值来设置涂抹笔刷的半径大小。

➤ 【压力】选项：输入数值来设置对图形边缘的涂抹力度。

➤ 【笔压】按钮：在连接数字笔或绘图板后，按下该按钮，可以应用绘画时的压力效果。

➤ 【平滑涂抹】按钮：按下该按钮，可以涂抹得到平滑的曲线。

➤ 【尖状涂抹】按钮：按下该按钮，可以涂抹得到有尖角的曲线。

选取【涂抹】工具后，在属性栏中设置好需要的笔尖半径和压力，然后单击【平滑涂抹】或【尖状涂抹】按钮，在图形对象的边缘按住并拖动鼠标，即可使图形边缘的曲线向对应的方向改变。

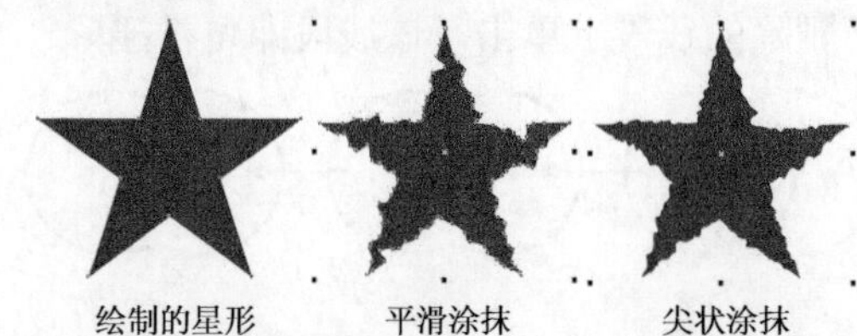

绘制的星形　平滑涂抹　尖状涂抹

3.3.3 使用【转动】工具

使用【转动】工具在图形对象的边缘按住鼠标左键不放，即可按指定方向对图形边缘的曲线进行转动，对图形进行造型编辑。选择【转动】工具，在属性栏中显示相关选项。

2.2 mm 50

➤ 【笔尖半径】选项：输入数值来设置转动图形边缘时的半径大小。

➤ 【速度】选项：输入数值来设置转动变化的速度。

➤ 【逆时针转动】按钮：按下该按钮，可以使图形边缘的曲线按逆时针转动。

➤ 【顺时针转动】按钮：按下该按钮，可以使图形边缘的曲线按顺时针转动。

选取【转动】工具后，在属性栏中设置好需要的笔尖半径和速度，然后按下【逆时针转动】或【顺时针转动】按钮，在图形对象的边缘按住鼠标不动或在转动发生后拖动鼠标，即可使图形边缘的曲线向对应的方向转动。

3.3.4 使用【吸引】和【排斥】工具

【吸引】工具和【排斥】工具在对图形对象边缘的变化效果上是相反的，【吸引】工具可以将笔触范围内的节点吸引在一起。

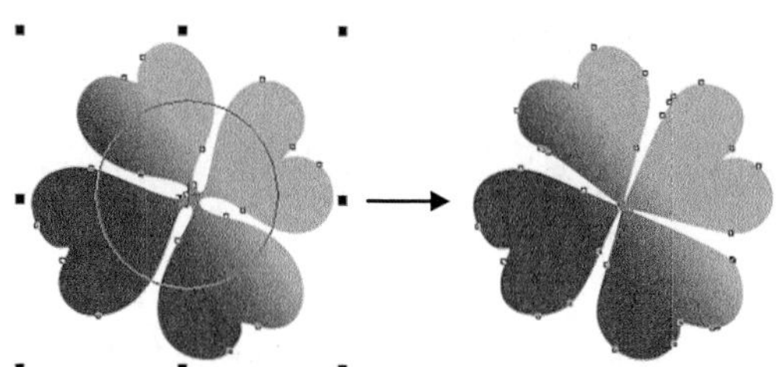

【排斥】工具则是将笔触范围内的相邻的节点分离开，分别产生不同的造型效果。

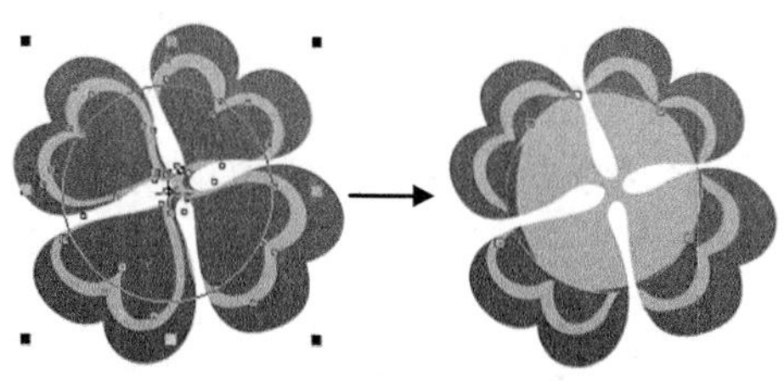

选取【吸引】工具后，在属性栏中设置好需要的笔尖半径和速度，然后在图形对象的边缘按住鼠标不动或在变化发生后拖动鼠标，即可使图形边缘的节点吸引聚集到一起。

3.3.5　使用【粗糙】工具

【粗糙】工具是一种扭曲变形工具，它可以改变矢量图形对象中曲线的平滑度，从而产生粗糙的边缘变形效果。【粗糙】工具的属性栏设置与【涂抹】工具类似。

- 【尖突频率】：通过输入数值可以改变粗糙的尖突频率，范围最小为 1，尖突比较和缓；最大为 10，尖突比较密集。
- 【尖突方向】：可以更改粗糙尖突的方向。

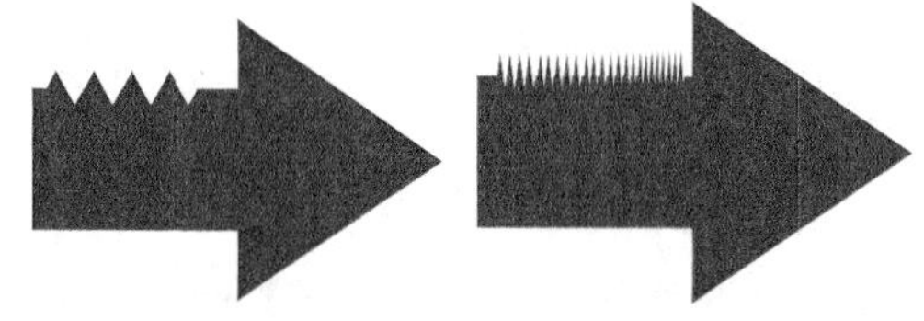

【例 3-5】使用【粗糙】工具调整图形效果。
视频+素材 (光盘素材\第 03 例 3-5)

step 1　在打开的绘图文档中，使用【选择】工具选取需要处理的对象。

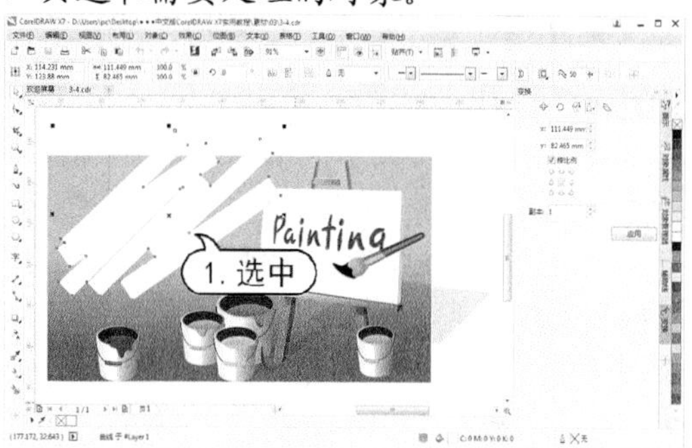

step 2　选择【粗糙】工具，在属性栏中设置【笔尖半径】为 10.0 mm，【干燥】为 10，然后单击鼠标左键并在对象边缘拖动鼠标，即可使对象产生粗糙的边缘效果。

3.3.6　使用【沾染】工具

使用【沾染】工具，可以通过拖动曲线轮廓创建更为复杂的曲线图形。【沾染】工具可以在图形对象的边缘或内部任意涂抹，以达到变形对象的目的。

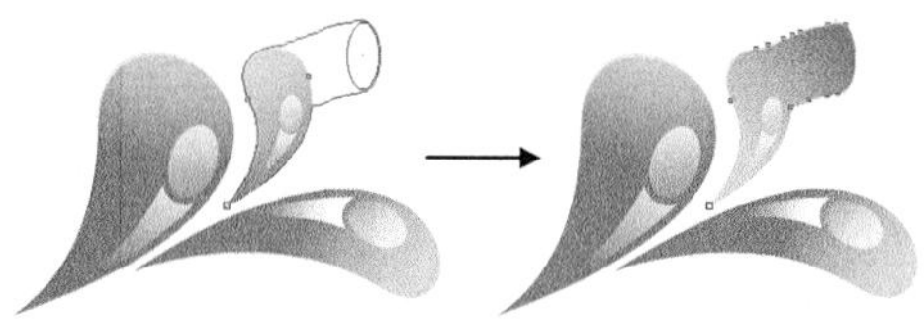

用户使用【沾染】工具时，可以在【沾染】工具属性栏中进行设置。

1.0 mm　0　45.0 °　.0 °

- 【笔尖半径】选项：输入数值可以设置涂抹笔刷的半径大小。
- 【干燥】选项：输入数值可以使涂抹效果变宽或变窄。

➤【水分浓度】选项：可以设置涂抹笔刷的力度。

➤【笔倾斜】选项：用于设置涂抹笔刷模拟压感笔的倾斜角度。

➤【笔方位】选项：用于设置涂抹笔刷模拟压感笔的笔尖形状的角度。

3.4 造形对象

选择【对象】|【造形】|【造型】命令或【窗口】|【泊坞窗】|【造型】命令，打开【造型】泊坞窗。该泊坞窗可以执行【焊接】、【修剪】、【相交】、【简化】、【移除后面对象】、【移除前面对象】和【边界】命令对对象进行编辑操作。用户也可以分别执行【对象】|【造形】命令子菜单中的相应命令，进行相关操作。

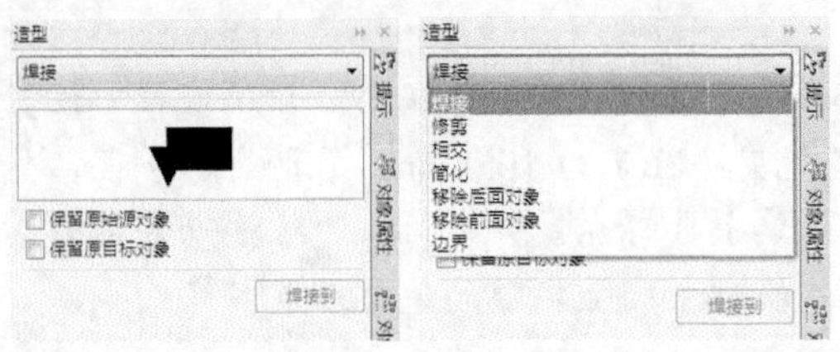

同时，在选择两个或两个以上对象后，属性栏中还提供了与【造形】命令相对应的功能按钮，也可以快捷地使用这些命令。

3.4.1 合并图形

应用【合并】命令可以合并多个单一对象或组合的多个图形对象，还能合并单独的线条，但不能合并段落文本和位图图像。它可以将多个对象结合在一起，创建具有单一轮廓的独立对象。新对象将沿用目标对象的填充和轮廓属性，所有对象之间的重叠线条将全部删除。

使用框选对象的方法全选需要合并的图形，选择【对象】|【造形】|【合并】命令，或单击属性栏中的【合并】按钮即可合并图形。

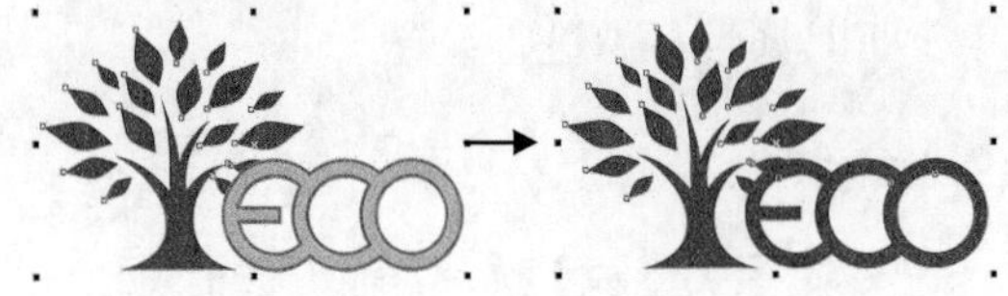

除了使用【造形】命令修整合并对象外，还可以通过【造型】泊坞窗完成对象的合并操作。泊坞窗中的【焊接】选项和【对象】|【造形】|【合并】命令是相同的操作，只是名称有变化，并且泊坞窗中的【焊接】命令可以进行设置，使焊接更精确。

实用技巧

使用框选方式选择对象进行合并时，合并后的对象属性与所选对象中位于最下层的对象保持一致。如果使用【选择】工具并按Shift键选择多个对象，那么合并后的对象属性与最后选取的对象保持一致。

【例3-6】通过【造型】泊坞窗修整图形形状。

视频+素材 (光盘素材\第03\例3-6)

step 1 选择用于合并的对象后，选择【窗口】|【泊坞窗】|【造型】命令，打开【造型】泊坞窗，在泊坞窗顶部的下拉列表中选择【焊接】选项。

知识点滴

【保留原始源对象】复选框：选中该复选框后，在合并对象的同时将保留来源对象；【保留原目标对象】复选框：选中该复选框后，在合并对象的同时将保留目标对象。

step 2 选中【保留原始源对象】和【保留原目标对象】复选框，然后单击【焊接到】按钮，接下来单击目标对象，即可将对象焊接。

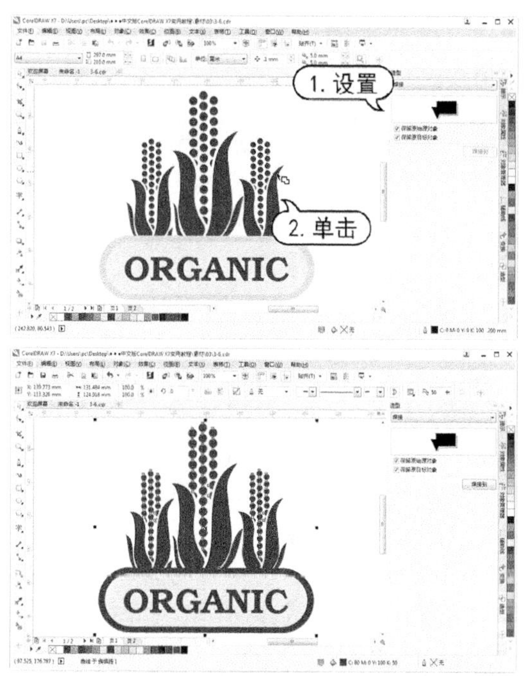

实用技巧

在【造型】泊坞窗中，还可以选择【修剪】、【相交】、【简化】、【移除后面对象】、【移除前面对象】和【边界】选项，其操作方法与【焊接】选项的操作相似。

3.4.2　修剪图形

应用【修剪】命令，可以从目标对象上剪掉与其他对象之间重叠的部分，目标对象仍保留原有的填充和轮廓属性。用户可以使用上面图层的对象作为来源对象修剪下面图层的对象，也可以使用下面图层的对象修剪上面图层的对象。

使用框选对象的方法全选需要修剪的图形，选择【对象】|【造形】|【修剪】命令，或单击属性栏中的【修剪】按钮即可。

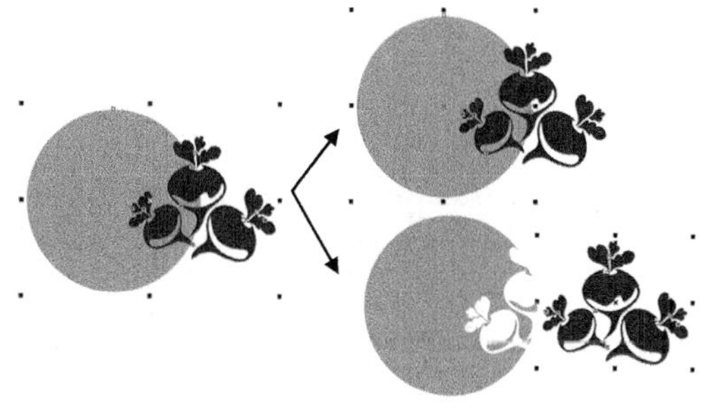

与【合并】功能相似，修改后的图形效果与选择对象的方式有关。在选择【修剪】命令时，根据选择对象的先后顺序不同，应用【修剪】命令后的效果也会相应不同。

【例 3-7】制作拼图效果。
视频+素材 (光盘素材\第 03 章\例 3-7)

step 1　在CorelDRAW中，单击【新建】按钮，打开【创建新文档】对话框。在该对话框中的【名称】文本框中输入“拼图游戏”，在【大小】下拉列表中选择A4 选项，单击【横向】按钮，然后单击【确定】按钮。

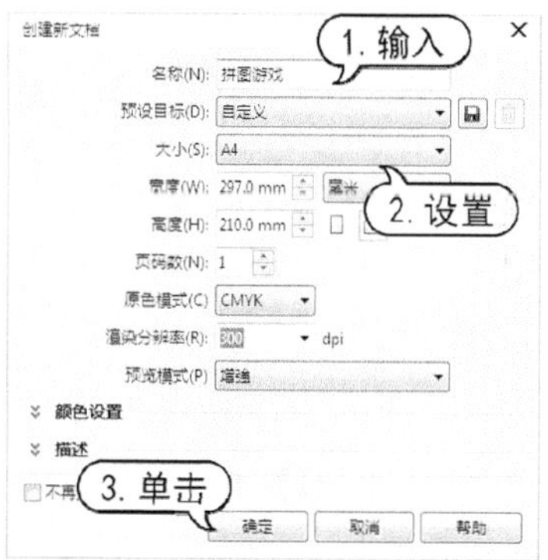

step 2　选择【布局】|【页面背景】命令，打开【选项】对话框。在该对话框中，选中【位图】单选按钮，单击【浏览】按钮，打开【导入】对话框。在该对话框中，选择所需要的图像，然后单击【导入】按钮。

step 3　在【选项】对话框中，选中【自定义尺寸】单选按钮，取消选中【保持纵横比】复选框，设置【水平】数值为 297，【垂直】数值为 210，然后单击【确定】按钮。

step 4　选择【图纸】工具，在属性栏中设置【列数】数值为 6，【行数】数值为 5，然后将光标移动到页面中按住鼠标左键拖动绘制表格，然后按Ctrl+U键取消组合。

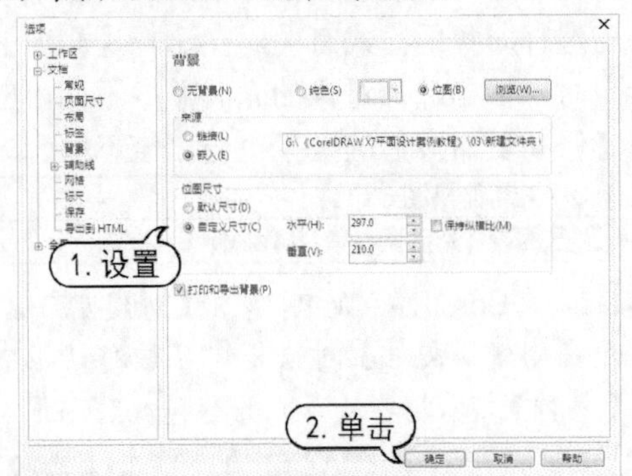

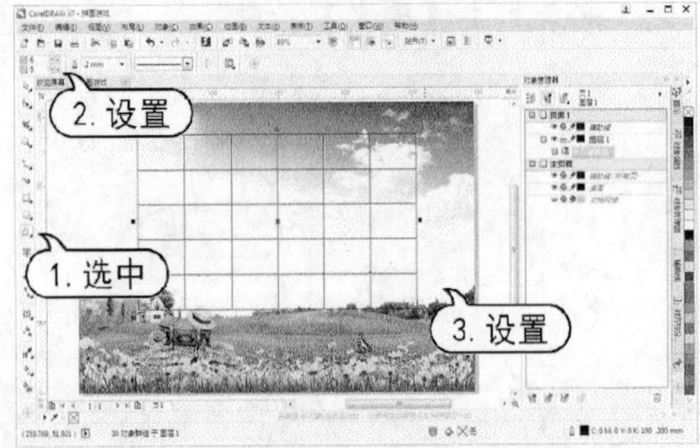

step 5 选择【椭圆形】工具，按住Shift+Ctrl键同时单击鼠标左键，并向外拖动绘制圆形。

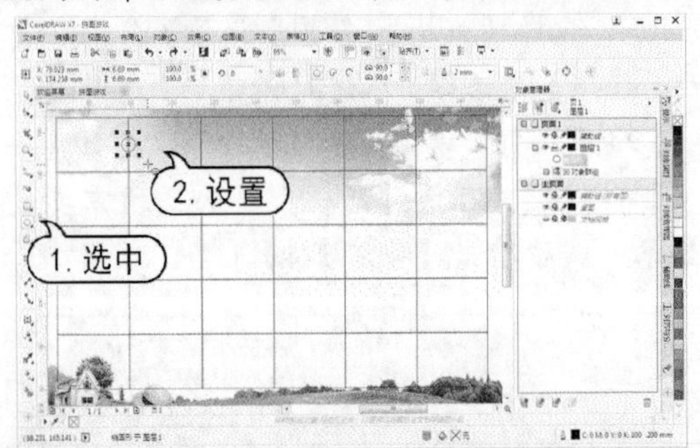

step 6 按住Shift键及鼠标左键拖动绘制的圆形，至合适的位置释放鼠标左键同时单击鼠标右键，复制圆形。然后多次按Ctrl+D键重复相同操作。

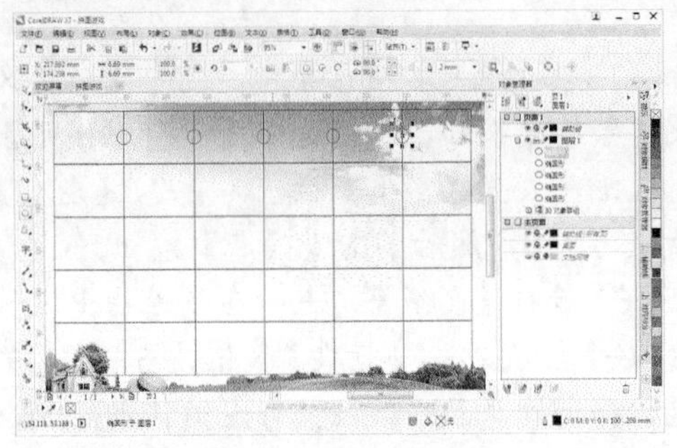

step 7 使用步骤(6)相同的操作方法，添加其他圆形。

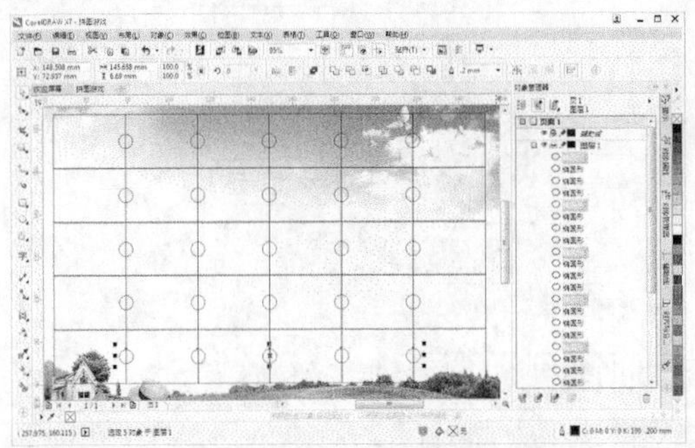

step 8 选中第一个圆形对象，在【造型】泊坞窗中，选中【保留原始源对象】复选框，在下拉列表中选择【修剪】选项，然后单击【修剪】按钮，再单击其右侧的矩形。接着使用相同操作方法修剪其他圆形对象。

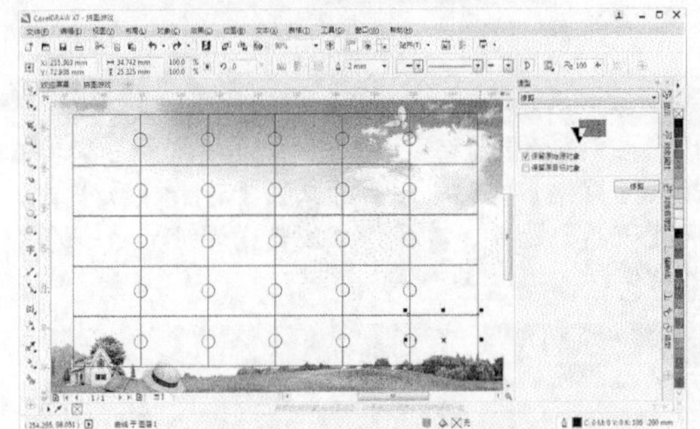

step 9 选中第一个圆形对象，在【造型】泊坞窗中的下拉列表中选择【焊接】选项，然后单击【焊接到】按钮，再单击其左侧的矩形。接着使用相同操作方法焊接其他圆形对象。

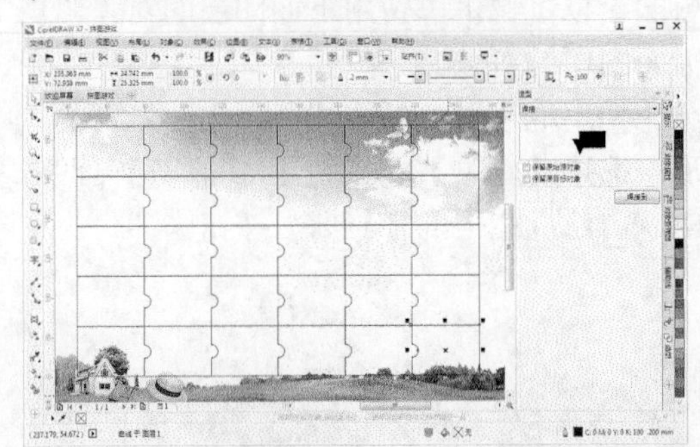

实用技巧

在【造型】泊坞窗中选择【边界】命令后，选择【放到选定对象后面】选项可将应用后的线描轮廓放置在原对象的后面；选择【保留原对象】选项将保留原对象。

step 10 使用步骤(5)至步骤(9)的操作方法，添加纵向修剪焊接的圆形。

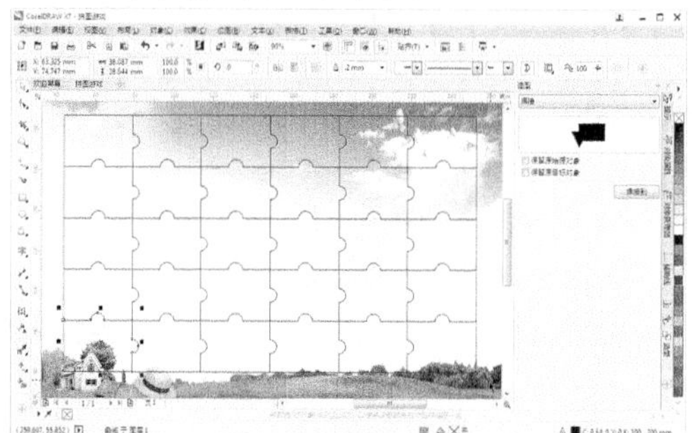

step 11 按Ctrl+A键全选先前创建的图形对象，在属性栏中设置【轮廓宽度】数值为0.75mm，然后单击【合并】按钮。

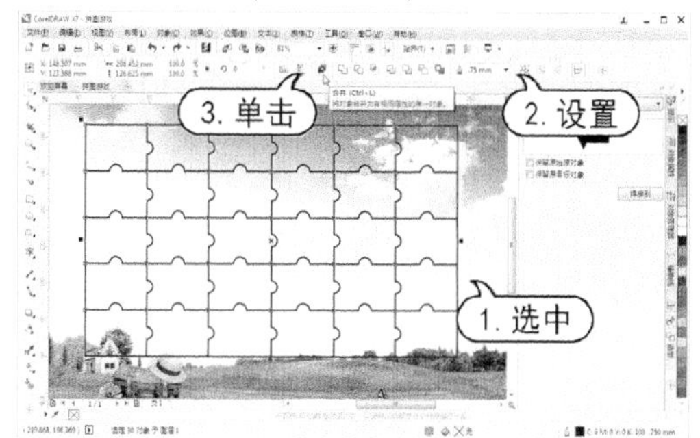

step 12 在标准工具栏中单击【导入】按钮，打开【导入】对话框。在该对话框中，选中需要导入的图像文档，然后单击【导入】按钮。

step 13 按Shift+PageDown键，调整图像大小。选择【对象】|【图框精确剪裁】|【置于图文框内部】命令，然后单击步骤(11)中创建的对象。

step 14 选择【阴影】工具在图形对象上拖动添加阴影效果，并在属性栏中设置【阴影的不透明度】数值为95，【阴影羽化】数值为6。

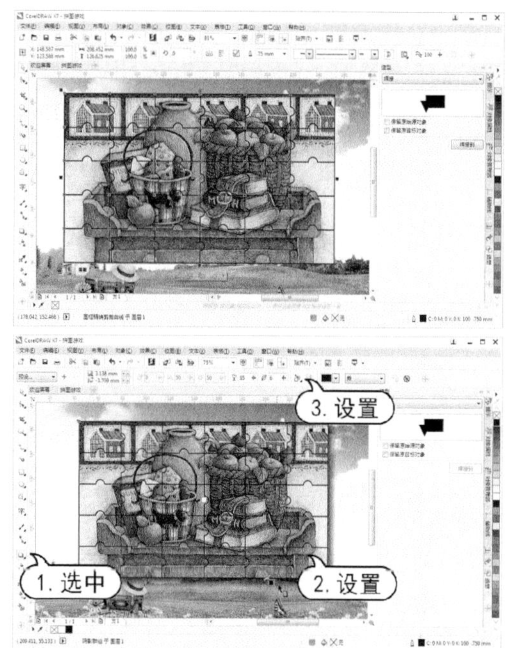

step 15 选择【文本】工具在页面中单击输入文本，并在【对象属性】泊坞窗中设置字体为“汉仪咪咪体简”，字体大小为100pt，字体颜色为【白色】，然后使用【选择】工具调整文本位置。

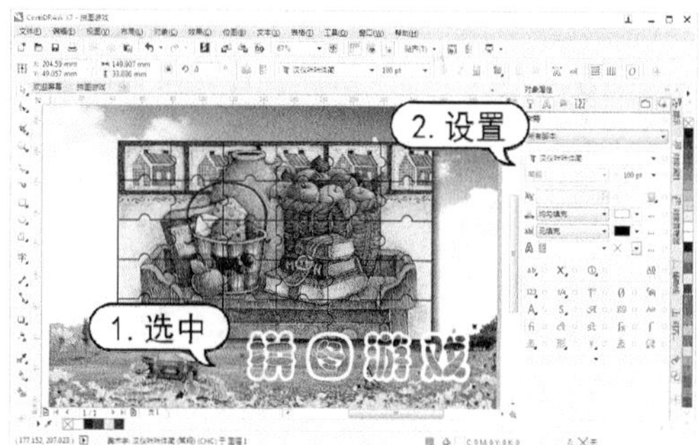

step 16 选择【阴影】工具在文本对象上拖动添加阴影效果，并在属性栏中设置【阴影的不透明度】数值为100，【阴影羽化】数值为5。

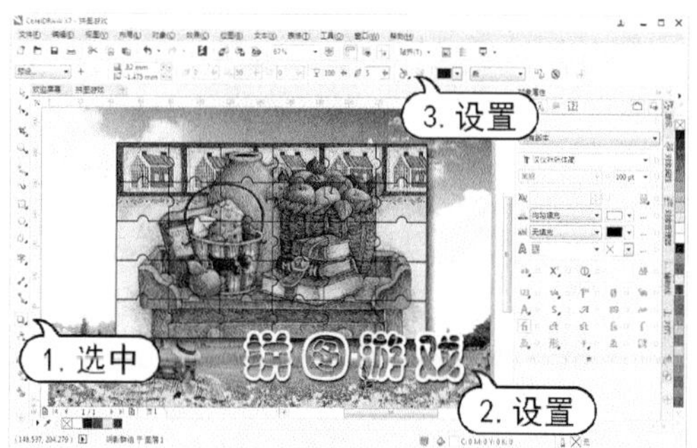

step⑰ 在标准工具栏中，单击【保存】按钮，打开【保存绘图】对话框。在该对话框中，单击【保存】按钮保存绘图文档。

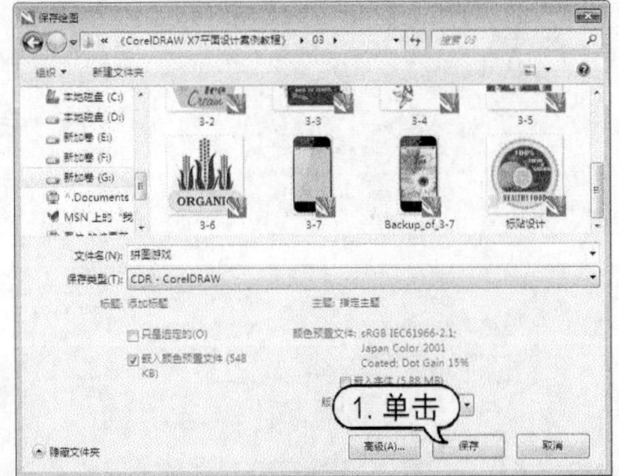

3.4.3 相交图形

应用【相交】命令，可以得到两个或多个对象重叠的交集部分。选择需要相交的图形对象，选择【对象】|【造形】|【相交】命令，或单击属性栏中的【相交】按钮，即可在两个图形对象的交叠处创建一个新的对象，新对象以目标对象的填充和轮廓属性为准。

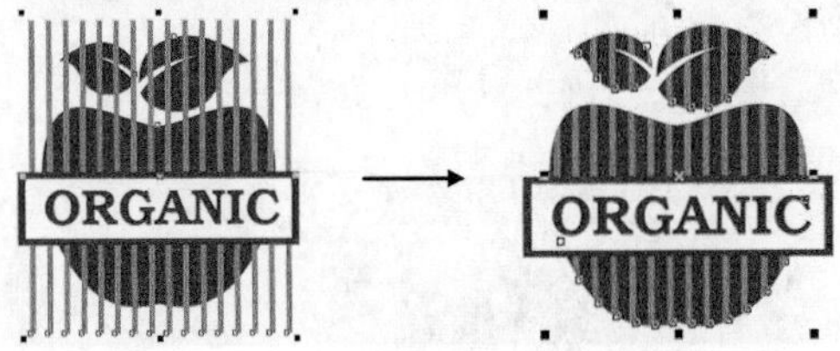

3.4.4 简化图形

应用【简化】命令，可以减去两个或多个重叠对象的交集部分，并保留原始对象。选择需要简化的对象后，单击属性栏中的【简化】按钮即可。

> **实用技巧**
>
> 在【简化】操作时，需要同时选中两个或多个对象才能激活【应用】按钮，如果选中的对象有阴影、文本、立体模型、艺术笔、轮廓图、调和的效果，在进行简化前需要转曲对象。

3.4.5 移除对象

选择所有图形对象后，单击属性栏中的【移除后面对象】按钮可以减去最上层对象下的所有图形对象，包括重叠与不重叠的图形对象，还能减去下层对象与上层对象的重叠部分，而只保留最上层对象中的剩余的部分。

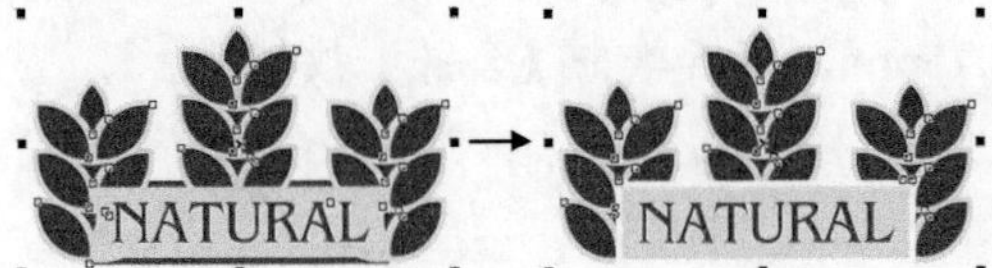

【移除前面对象】命令和【移除后面对象】命令作用相反。选择所有图形对象后，单击【移除前面对象】按钮可以减去最上面图层中所有的图形对象以及上层对象与下层对象的重叠部分，而只保留最下层对象中剩余的部分。

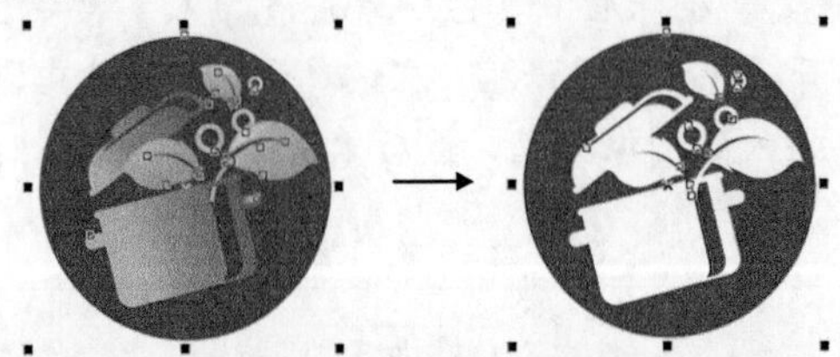

3.4.6 创建边界

应用【边界】命令，可以沿所选的多个对象的重叠轮廓创建新对象。选择所有图形对象后，单击属性栏中的【创建边界】按钮，即可沿所选对象的重叠轮廓创建新对象。

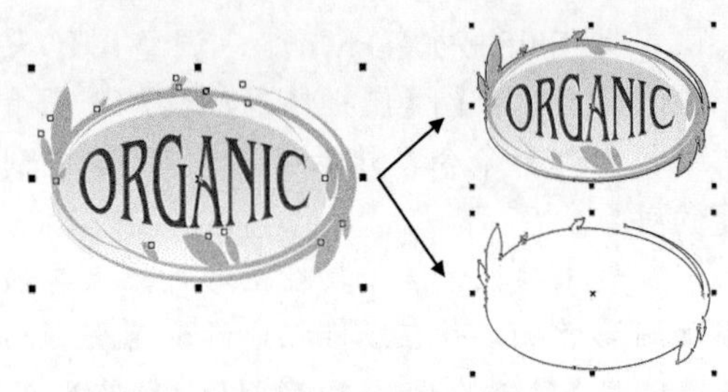

3.5　编辑轮廓线

在绘图过程中，可通过修改对象的轮廓属性来修饰对象。默认状态下，系统为绘制的图形添加颜色为黑色、宽度为 0.2mm、线条样式为直线的轮廓线样式。

3.5.1　修改轮廓线

在 CorelDRAW 中，用户可以选取需要设置轮廓属性的对象后，双击状态栏中轮廓状态，或按快捷键 F12，打开【轮廓笔】对话框。使用【轮廓笔】对话框可以设置轮廓线的宽度、线条样式、边角形状、线条端头形状、箭头形状、书法笔尖形状等属性。

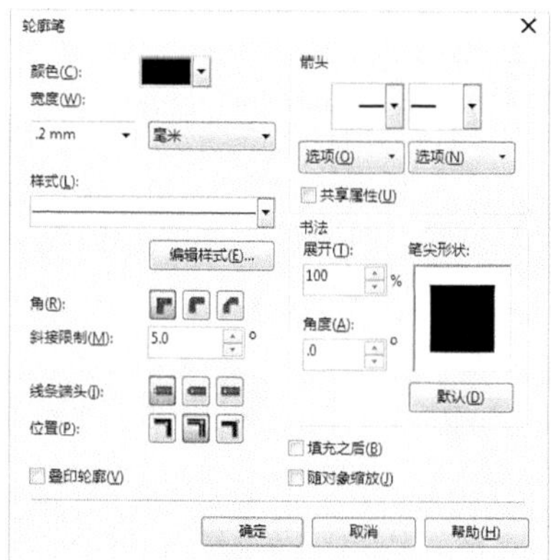

▶ 单击【颜色】下拉按钮，在展开的颜色选取器中选择合适的轮廓颜色；也可以单击【更多】按钮，在弹出的【选择颜色】对话框中自定义轮廓颜色，然后单击【确定】按钮，返回【轮廓笔】对话框。

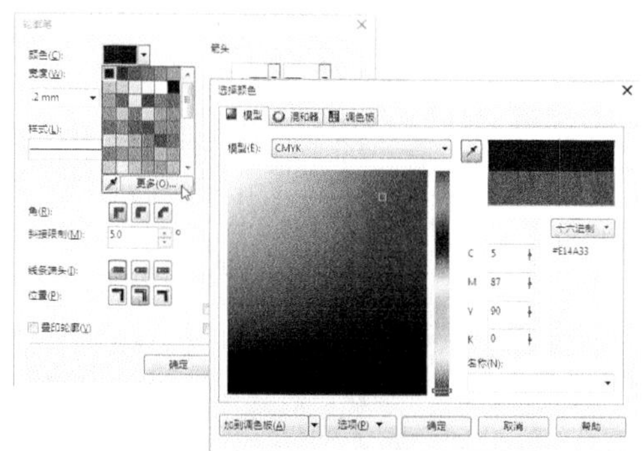

▶ 在【轮廓笔】对话框的【宽度】选项中可以选择或自定义轮廓的宽度，并可在【宽度】数值框右边的下拉列表中选择数值的单位。

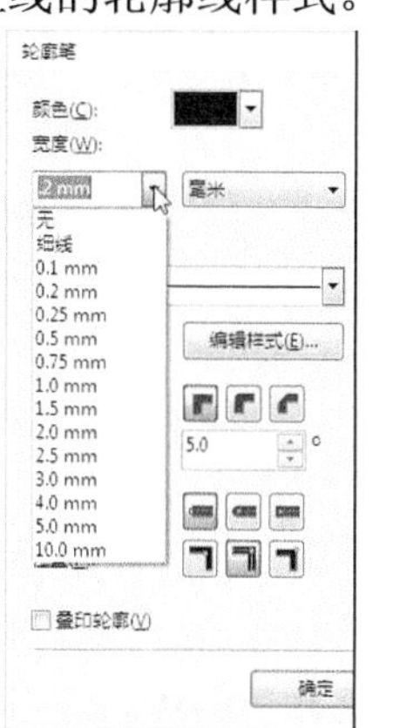

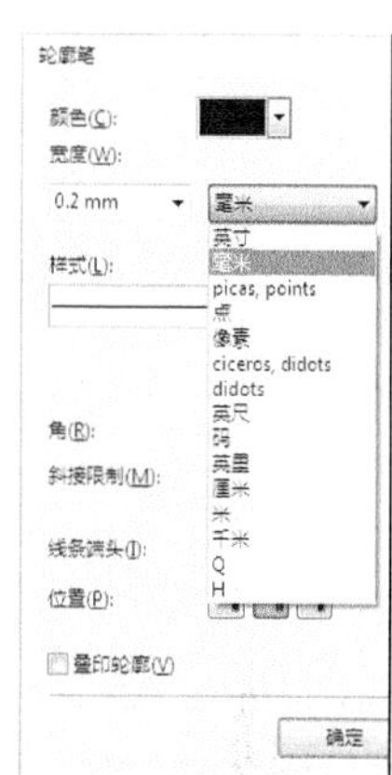

知识点滴

要改变轮廓线的宽度，可在选择需要设置轮廓宽度的对象后，单击属性栏的【轮廓宽度】选项中相应项进行设置。在该选项下拉列表中可以选择预设的轮廓线宽度，也可以直接在该选项数值框中输入所需的轮廓宽度值。

▶ 在【样式】下拉列表中可以为轮廓线选择一种线条样式。

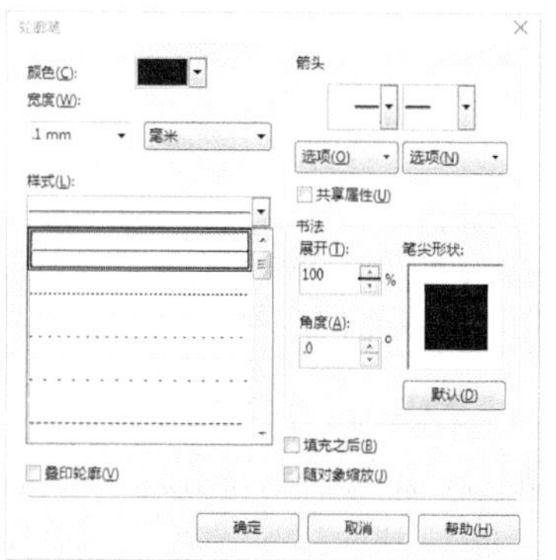

➤ 单击【编辑样式】按钮，在打开的【编辑线条样式】对话框中可以自定义线条样式。

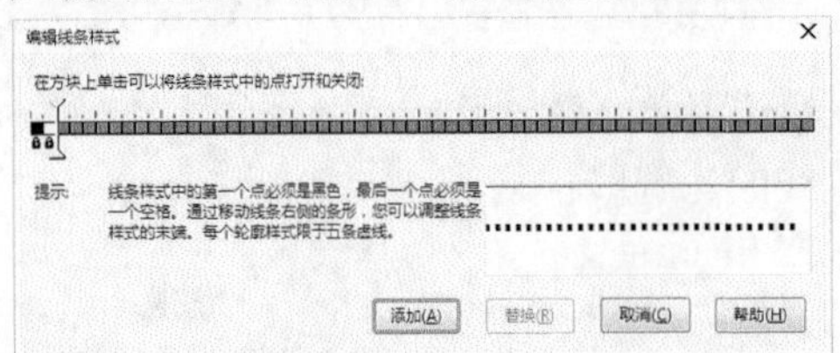

➤ 在【轮廓笔】对话框的【角】选项栏中，可以将线条的拐角设置为尖角、圆角或斜角样式。

➤【斜接限制】选项用于消除添加轮廓时出现的尖突情况，可以在数值框中输入数值进行修改。数值越小越容易出现尖突，正常情况下 45° 为最佳值。

➤【线条端头】选项栏中，可以设置线条端头的效果。

➤ 在【箭头】选项区中，可以设置添加起始端和终止端的箭头样式。

➤ 在【书法】选项区中，可以为轮廓线条设置书法轮廓样式。在【展开】数值框中输入数值，可以设置笔尖的宽度。在【角度】数值框中输入数值，可以基于绘画更改画笔的方向。用户也可以在【笔尖形状】预览框中单击或拖动，手动调整书法轮廓样式。

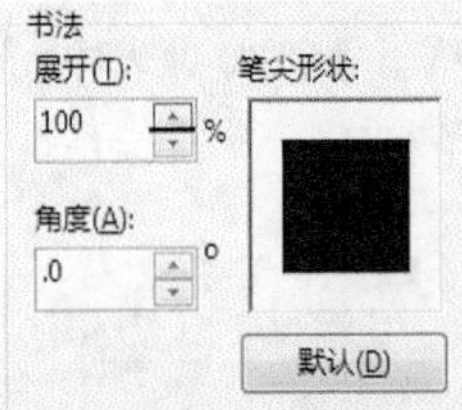

实用技巧

在【轮廓笔】该对话框中，选中【填充之后】复选框能将轮廓限制在对象填充的区域之外；选中【随对象缩放】复选框，则在对图形进行比例缩放时，其轮廓的宽度会按比例进行相应的缩放。

3.5.2 清除轮廓线

在绘制图形时，默认轮廓线宽度为 0.2mm，轮廓色为黑色，通过相关操作可以将轮廓去除，以达到想要的效果。在 CorelDRAW 中提供了 4 种清除轮廓线的方法。

➤ 选中对象，在调色板中右击【无】色板将轮廓线去除。

➤ 选中对象，单击属性栏【轮廓宽度】的下拉选项，从弹出的菜单中选择【无】选项将轮廓线去除。

➤ 选中对象，在属性栏中【线条样式】的下拉列表中选择【无样式】选项将轮廓线去除。

➤ 选中对象，双击状态栏中轮廓笔状态，或按 F12 键打开【轮廓笔】对话框，在对话框中的【宽度】下拉列表中选择【无】选项，然后单击【确定】按钮将轮廓线去除。

3.5.3 转换轮廓线

在 CorelDRAW 中，只能对轮廓线进行宽度、颜色和样式的调整。如果要为对象中的轮廓线填充渐变、图样或底纹效果，或者要对其进行更多的编辑，可以选择并将轮廓线转换为对象，以便能进行下一步的编辑。

选择需要转换轮廓线的对象，选择【对象】|【将轮廓转换为对象】命令可将该对象中的轮廓转换为对象，然后即可为对象轮廓使用渐变、图样或底纹效果填充。

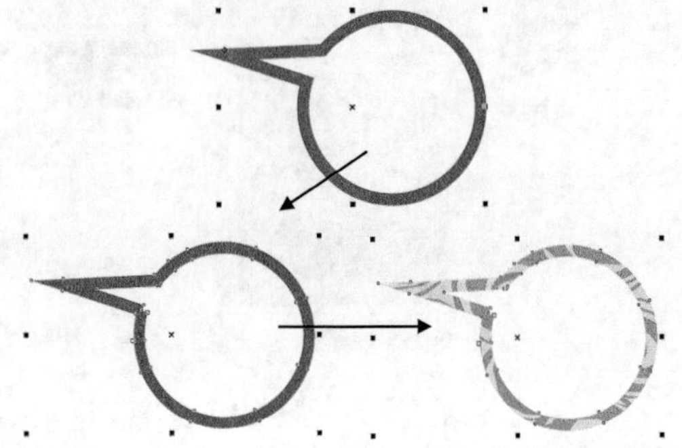

3.6　图框精确裁剪对象

执行【图框精确剪裁】命令可以将对象置入到目标对象的内部，使对象按目标对象的外形进行精确的剪裁。在 CorelDRAW 中进行图形编辑、版式编排等操作时，【图框精确剪裁】命令是经常用到的一项重要功能。

3.6.1　创建图框精确裁剪

要用图框精确剪裁对象，先使用【选择】工具选中需要置入容器中的对象，然后选择【对象】|【图框精确剪裁】|【置于图文框内部】命令，当光标变为黑色粗箭头时单击作为容器的图形，即可将所选对象置于该图形中。

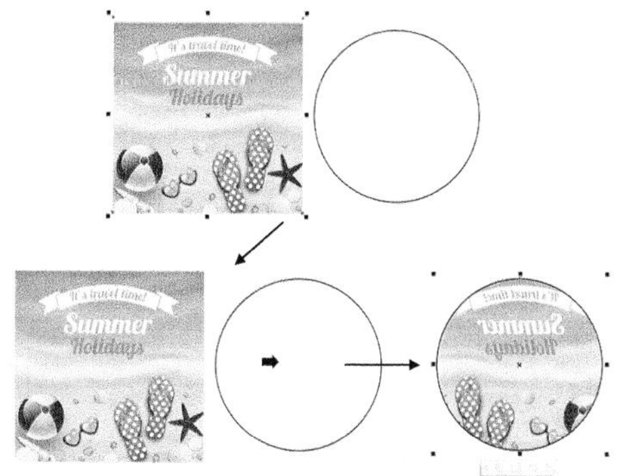

还可以使用【选择】工具选择需要置入容器中的对象，在按住鼠标右键的同时将该对象拖动到目标对象上，释放鼠标后弹出命令菜单，选择【图框精确剪裁内部】命令，所选对象即被置入到目标对象中。

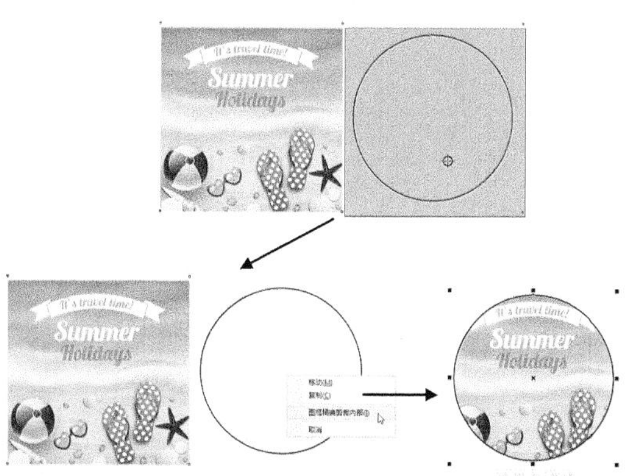

【例 3-8】使用【图框精确剪裁】命令编辑图形对象。

视频+素材 (光盘素材\第 03 章\例 3-8)

step 1　在CorelDRAW X7 应用程序中，打开所需的绘图文档。

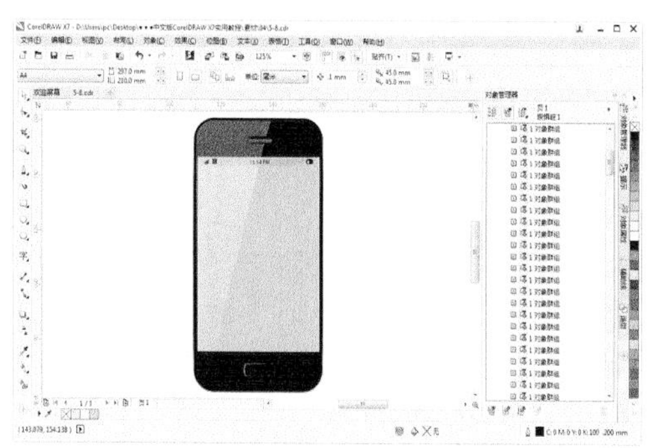

step 2　在标准工具栏中单击【导入】按钮，打开【导入】对话框。在该对话框中，选中需要导入的图像文档，然后单击【导入】按钮。

step 3　在绘图页面中，保持导入对象的选中状态，选择【对象】|【图框精确剪裁】|【置于图文框内部】命令，这时光标变为黑色粗箭头状态，单击要置入的图形对象，即可将所选对象置于该图形中。

step 4 选择【对象】|【图框精确剪裁】|【编辑PowerClip】命令，进入容器内部，根据需要对导入的图像进行缩放。

step 5 选择【对象】|【图框精确剪裁】|【结束编辑】命令完成编辑。

3.6.2 创建 PowerClip 对象

在 CorelDRAW 中可以使用图文框放置矢量对象和位图。图文框可以是任何对象，如美术字或矩形。当内容对象大于图文框时，将对内容对象进行裁剪以适合图文框形状，这样就创建了图框精确剪裁对象。

1. 创建空 PowerClip 图文框

在 CorelDRAW 中选中要作为图文框的对象后，选择【对象】|【图框精确裁剪对象】|【创建空 PowerClip 图文框】命令即可。

用户也可以右击对象，在弹出的快捷菜单中选择【框类型】|【创建空 PowerClip 图文框】命令。还可以选择【窗口】|【工具栏】|【布局】命令，打开【布局】工具栏。在【布局】工具栏上单击【PowerClip 图文框】按钮☒创建 PowerClip 图文框。

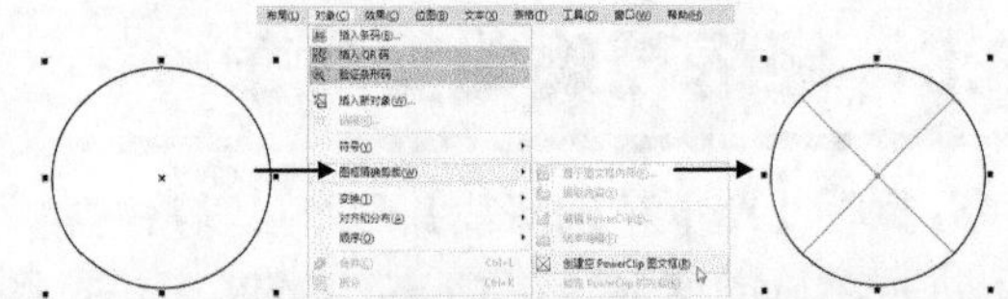

知识点滴

创建 PowerClip 图文框后，还可以将其还原为对象。选中 PowerClip 图文框后，右击鼠标，在弹出的快捷菜单中选择【框类型】|【无】命令，或单击【布局】工具栏中的【无框】按钮☒即可。

2. 向 PowerClip 图文框添加内容

要将对象或位图置入到 PowerClip 图文框中，可以按住鼠标将其拖动至 PowerClip 图文框中释放鼠标即可示。要将对象添加到已有内容的 PowerClip 图文框中，按住 W 键同时，拖动对象至 PowerClip 图文框中释放鼠标。

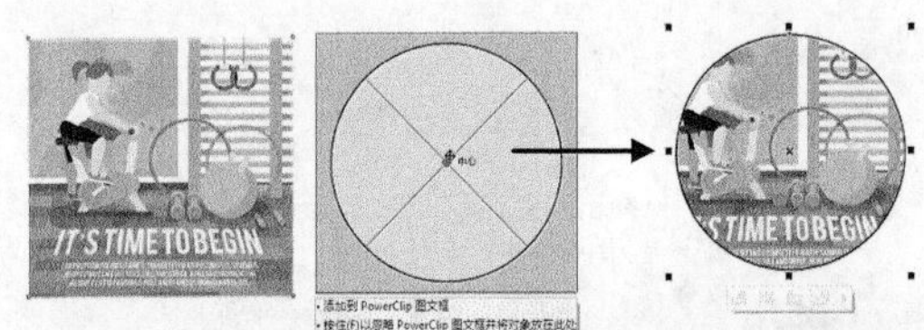

知识点滴

如果内容位于图文框以外，则置入图文框中会自动居中对齐内容对象以使其可见。要更改此设置，选择【工具】|【选项】命令，打开【选项】对话框。在该对话框左侧的【工作区】类别列表中选择【PowerClip 图文框】选项，然后在右侧区域中设置需要的选项。

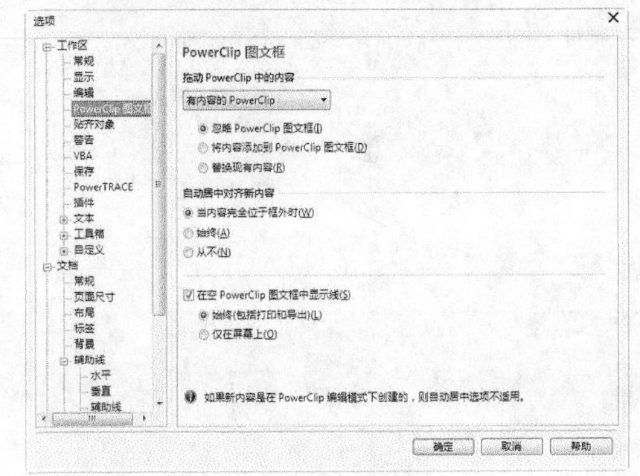

3. 编辑 PowerClip 对象

选择图框精确裁剪对象后，还可以进入容器内部，对内容对象进行缩放、旋转或移

动位置等调整。要编辑内容对象可，可以选择【对象】|【图框精确裁剪】|【编辑 PowerClip】命令，即可编辑对象内容。

在完成对图框精确剪裁内容的编辑后，选择【对象】|【图框精确剪裁】|【结束编辑】命令；或在图框精确剪裁对象上单击鼠标右键，从弹出的快捷菜单中选择【结束编辑】命令，即可结束编辑。

知识点滴

每当选中 PowerClip 对象时，都将在对象底部显示一个浮动工具栏。使用 PowerClip 浮动工具栏可以在图文框内编辑、选择、提取、锁定或重新定位内容。

4. 定位内容

选择图框精确裁剪对象后，可以选择【对象】|【图框精确裁剪】命令子菜单中的【内容居中】、【按比例调整内容】、【按比例填充框】或【延展内容以填充框】命令定位内容对象。

- 【内容居中】命令：将 PowerClip 图文框中内容对象设为居中对齐。
- 【按比例调整内容】命令：在 PowerClip 图文框中，以内容对象最长一侧适合框的大小，内容对象比例不变。
- 【按比例填充框】命令：在 PowerClip 图文框中，缩放内容对象以填充框，并保持内容对象比例不变。
- 【延展内容以填充框】命令：在 PowerClip 图文框中，调整内容对象大小并进行变形，以使其填充框。

3.6.3　提取内容

【提取内容】命令用于提取嵌套图框精确裁剪的每一级的内容。选择【效果】|【图框精确剪裁】|【提取内容】命令；或者在图框精确剪裁对象上单击鼠标右键，从弹出的快捷菜单中选择【提取内容】命令，即可将置入到容器中的对象从容器中提取出来。

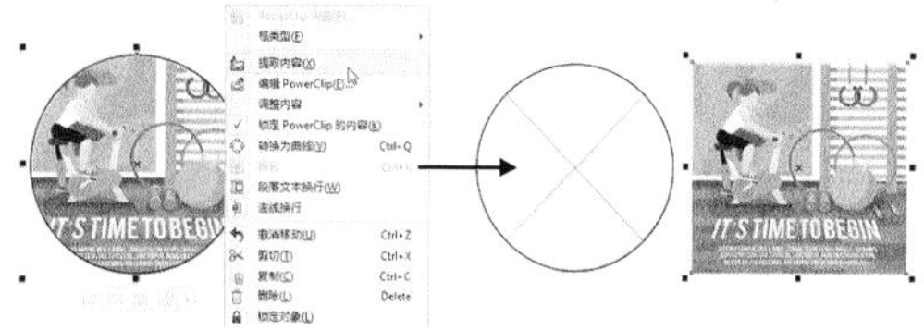

3.6.4　锁定图框精确剪裁的内容

用户不但可以对图框精确剪裁对象的内容进行编辑，还可以通过单击鼠标右键，在弹出的快捷菜单中选择【锁定 PowerClip 的内容】命令，将容器内的对象锁定。

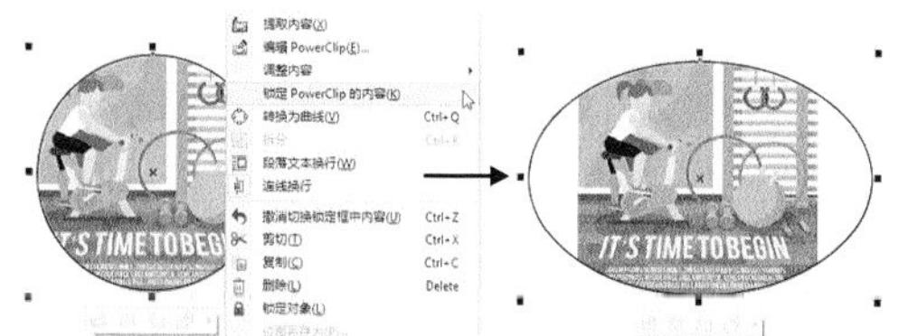

要解除图框精确剪裁内容的锁定状态，只需再次选择【锁定 PowerClip 的内容】命令即可。接触锁定图框精确剪裁的内容后，在变换图框精确剪裁对象时，只对容器对象进行变换，而容器内的对象不受影响。

3.7 案例演练

本章的案例演练部分通过制作标贴和折纸文字的综合实例操作，使用户通过练习从而巩固本章所学知识。

3.7.1 制作标贴

【例 3-9】制作标贴。
视频+素材 (光盘素材\第 03 章\例 3-9)

step 1 在CorelDRAW X7 工作区中的标准工具栏中，单击【新建】按钮，打开【创建新文档】对话框。在该对话框的【名称】文本框中输入"标贴设计"，设置【宽度】和【高度】数值为 150mm，在【原色模式】下拉列表中选择RGB选项，然后单击【确定】按钮。

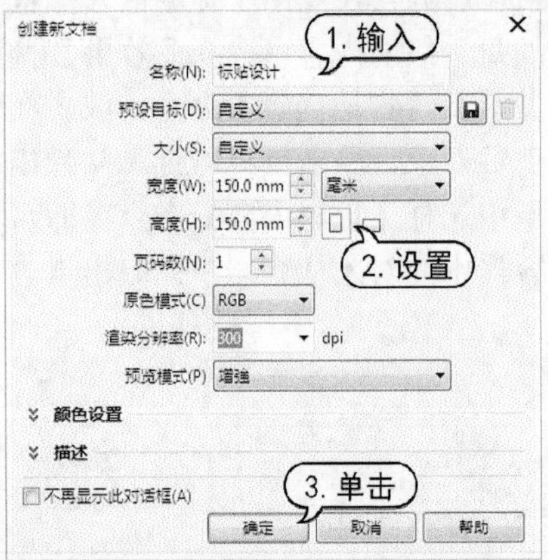

step 2 选择【窗口】|【泊坞窗】|【辅助线】命令，打开【辅助线】泊坞窗。设置y数值为75mm，然后单击【添加】按钮。

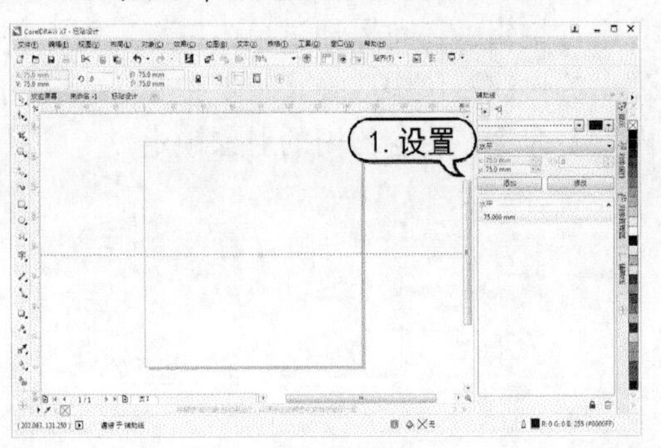

step 3 在【辅助线】泊坞窗的【辅助线类型】下拉列表中选择【垂直】选项，设置x数值为75mm，单击【添加】按钮。然后选中新创建的水平和垂直辅助线，然后单击【锁定辅助线】按钮。

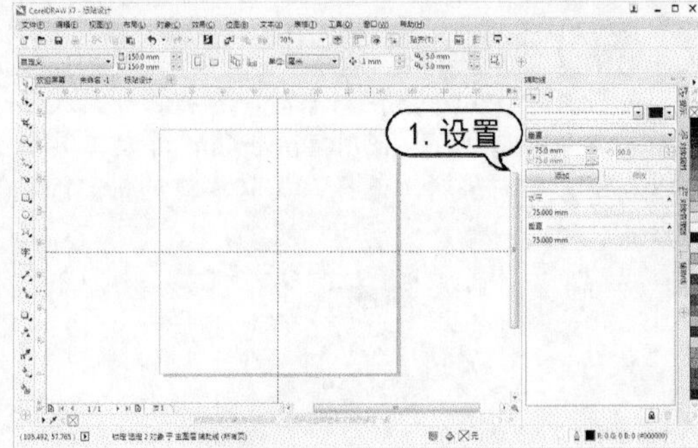

step 4 选择【星形】工具，依据辅助线，按住Shift+Ctrl键拖动绘制星形。然后在属性栏中设置对象【宽度】数值为 120mm，设置【点数或边数】数值为 43，【锐度】数值为 3，【轮廓宽度】数值为 1mm。

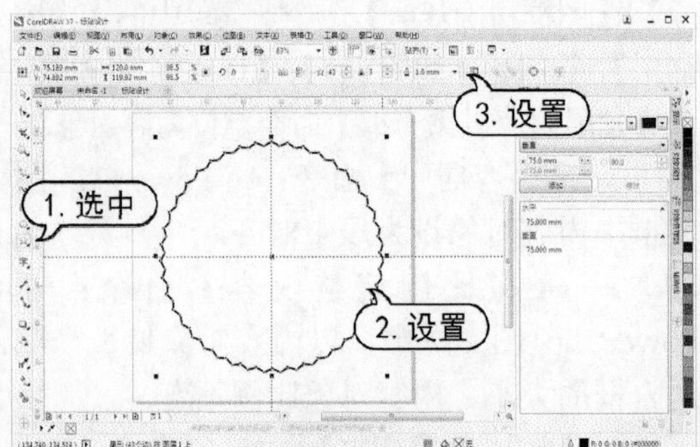

step 5 打开【对象属性】泊坞窗，单击【轮廓颜色】下拉列表，从弹出的列表框中单击【更多】按钮，打开【选择颜色】对话框。在该对话框中，设置颜色为R:153 G: 190 B:78，然后单击【确定】按钮。

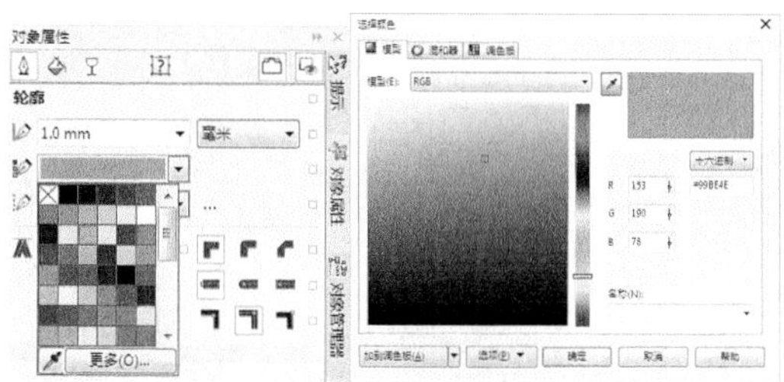

step 6 在【对象属性】泊坞窗中，单击【填充】按钮，在【填充】选项区中单击【均匀填充】按钮，设置填充色为R:177 G:211 B:33。

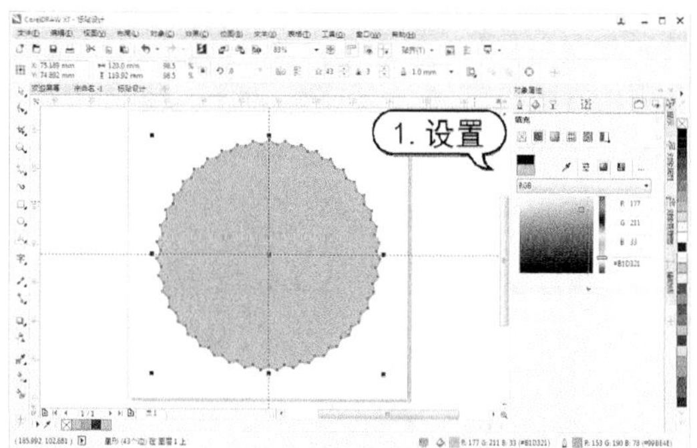

step 7 按Ctrl+C键复制，按Ctrl+V键粘贴刚绘制的星形，并在属性中设置【缩放因子】数值为 92%。然后在调色板中，右击【无】色板将轮廓色设置为无，在【对象属性】泊坞窗中设置填充色为R:242 G:236 B:219。

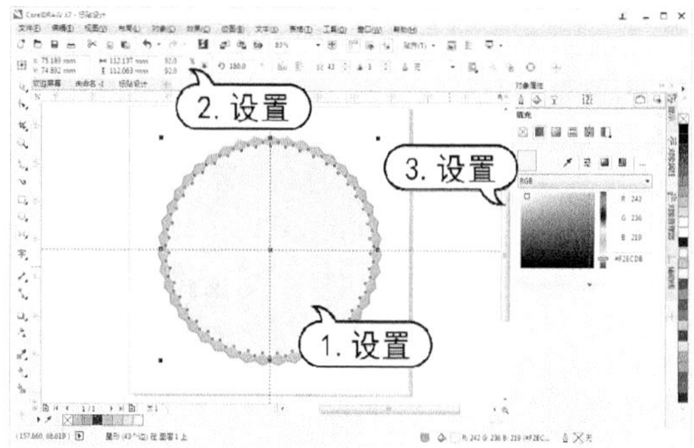

step 8 选择【椭圆形】工具，依据辅助线，按住Shift+Ctrl键拖动绘制圆形。

step 9 在【对象属性】泊坞窗中，单击【轮廓】按钮，设置【轮廓宽度】为 0.75mm，设置【轮廓颜色】为R:129 G:156 B:91，在【线条样式】下拉列表中选择一种线条样式。

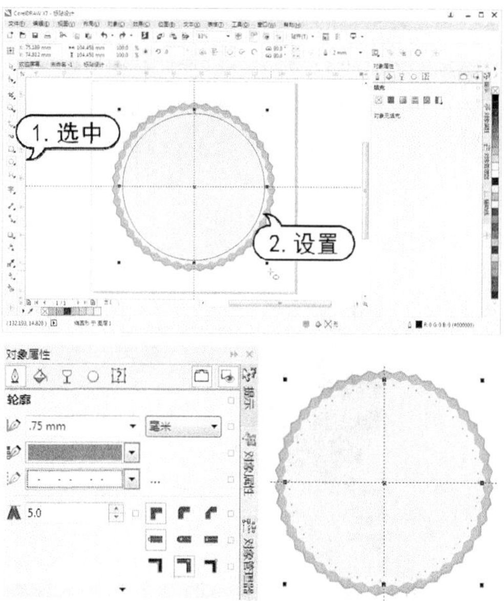

step 10 使用【椭圆形】工具，依据辅助线，按住Shift+Ctrl键拖动绘制圆形。在【对象属性】泊坞窗中的【轮廓宽度】下拉列表中选择 0.75mm，设置【轮廓颜色】为R:177 G:211 B:33。

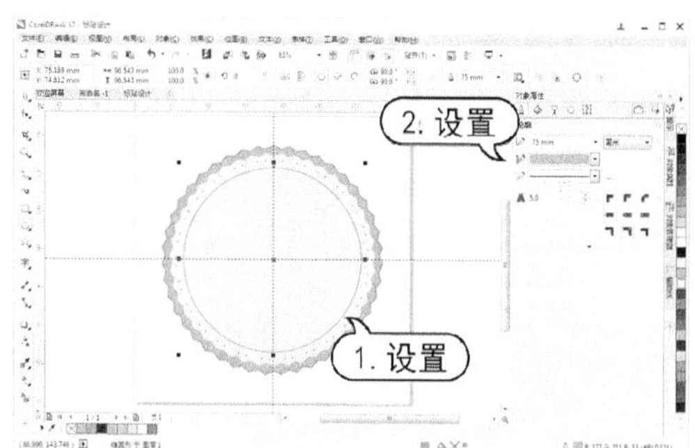

step 11 在【对象属性】泊坞窗中，单击【填充】按钮，在【填充】选项区中单击【均匀填充】按钮，设置填充色为R:129 G:156 B:91。

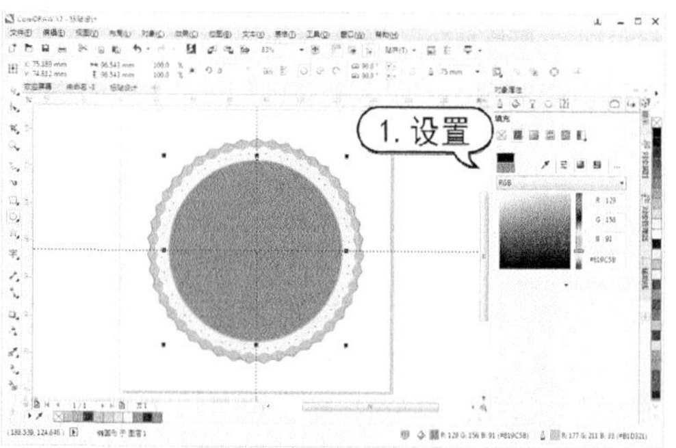

step 12 按Ctrl+C键复制，按Ctrl+V键粘贴圆形，并在属性中设置【缩放因子】数值为95%。然后在调色板中，右击【无】色板将轮廓色设置为无，在【对象属性】泊坞窗中设置填充色为R:68 G:105 B:60。

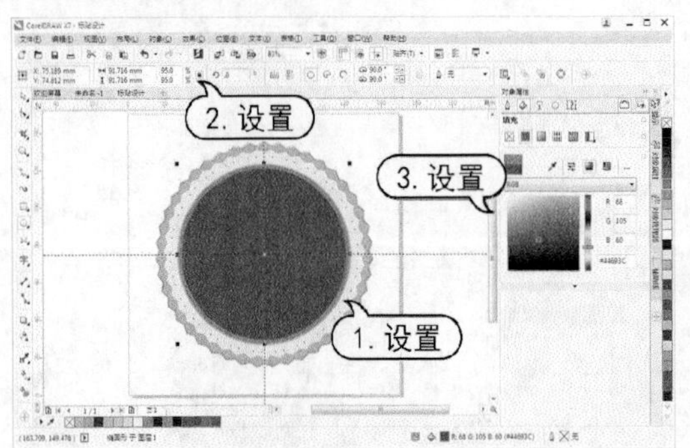

step 13 在标准工具栏中，单击【导入】按钮，打开【导入】对话框，在该对话框中选中所需要的绘图文档，然后单击【导入】按钮。

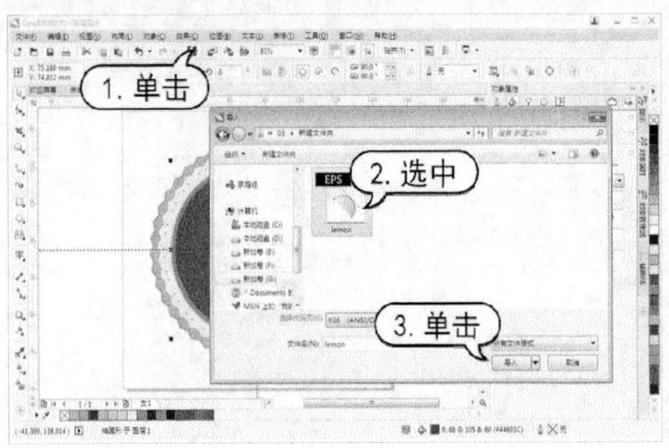

step 14 在绘图页面中，单击导入图形对象，并调整导入图形对象的大小及位置。

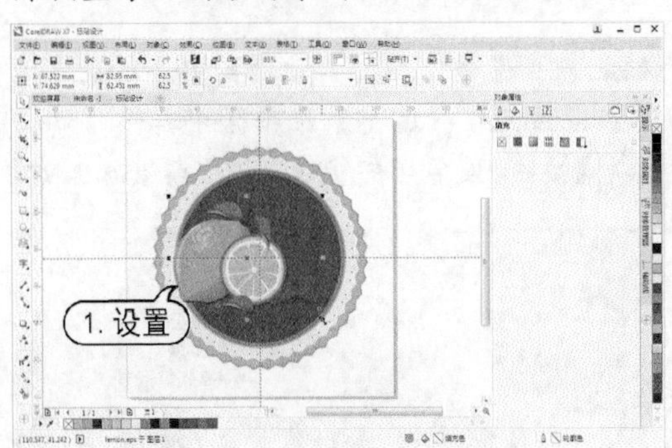

step 15 选择【文本】工具输入文字，在【对象属性】泊坞窗中设置字体为 Britannic Bold，字体大小为36pt，字体颜色为 R:242 G:230 B:194。

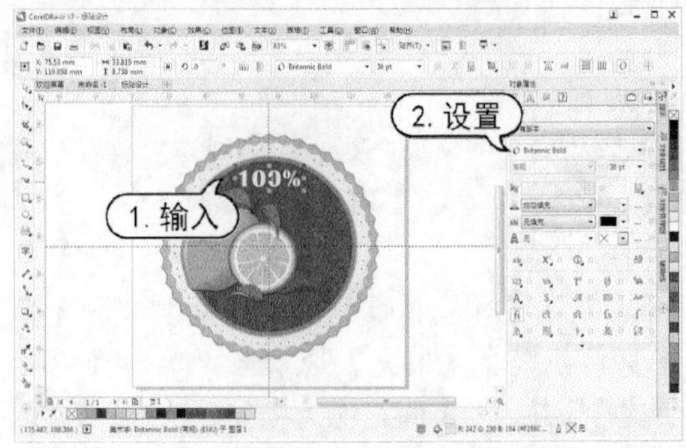

step 16 选择【文本】工具输入文字，在【对象属性】泊坞窗中设置字体为Britannic Bold，字体颜色为R:242 G:230 B:194。

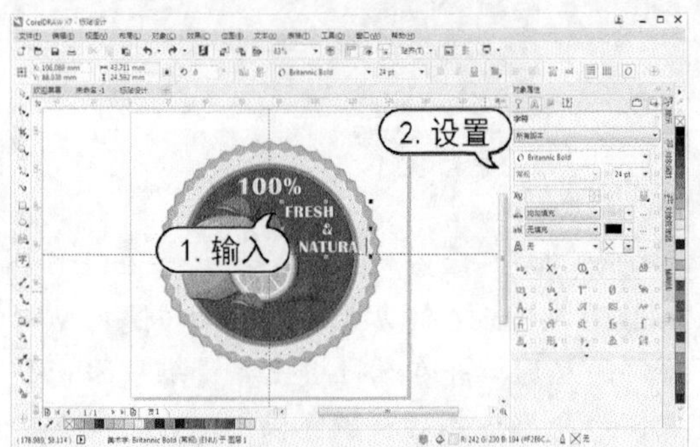

step 17 使用【选择】工具选择文字，在【对象属性】泊坞窗中，单击【段落】按钮，设置【行间距】数值为 75%，【字符间距】数值为-16%。

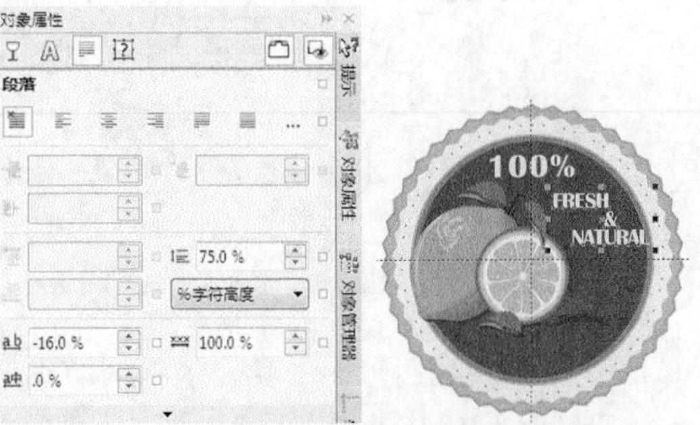

step 18 使用【选择】工具选择文字，并拖动调整文本对象的外观。

step 19 选择【标题形状】工具，在属性栏的【完美形状】下拉列表中选择一种形状，然后按住Shift键，在垂直辅助线上单击并拖动绘制图形。

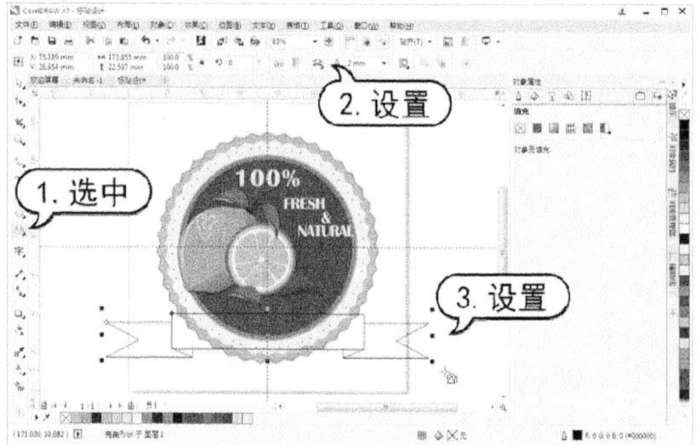

step 20 选择【形状】工具，调整刚绘制的标题图形轮廓。

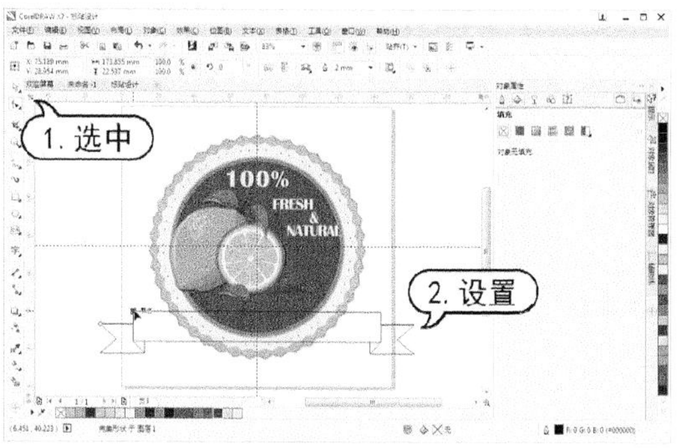

step 21 选择【选择】工具选中标题图形，并调整其形状。

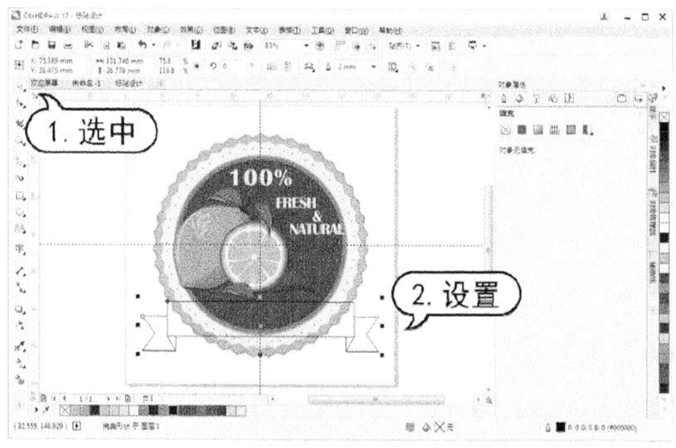

step 22 在【对象属性】泊坞窗中，单击【均匀填充】按钮，设置填充色为R:242 G:230 B:194。

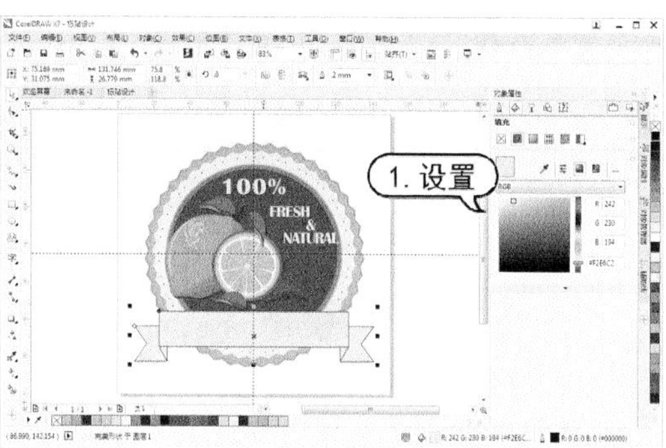

step 23 在【对象属性】泊坞窗中，单击【轮廓】按钮，设置【轮廓宽度】为0.5mm，设置【轮廓颜色】为R:158 G:212 B:66。

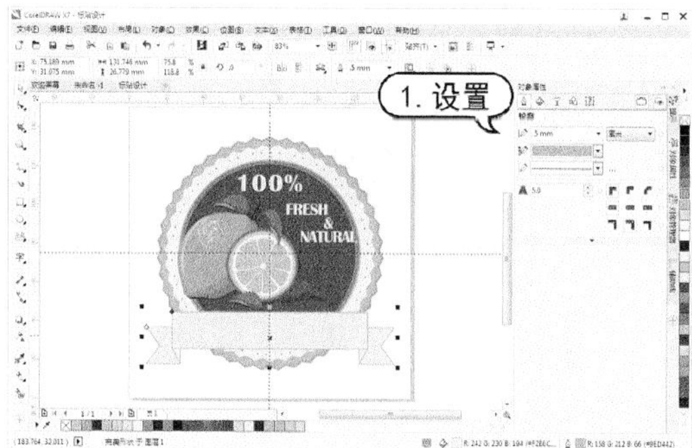

step 24 选择【钢笔】绘制图形，并在调色板中将轮廓色设置为【无】，在【对象属性】泊坞窗中，单击【填充】按钮，设置填充色为R:158 G:212 B:66。

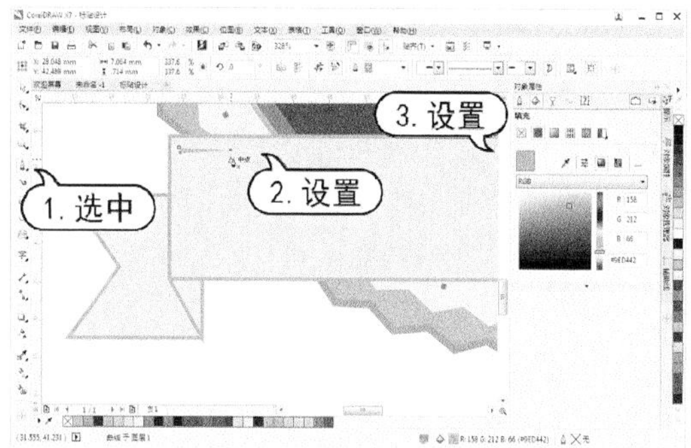

step 25 选择【窗口】|【泊坞窗】|【变换】|【位置】命令，打开【变换】泊坞窗。在泊坞窗中，设置y数值为-1mm，【副本】数值为16，然后单击【应用】按钮。

step 26 使用【选择】工具，选中刚创建的对象，按Ctrl+G键，调整至合适位置。在【变换】泊坞窗中，再单击【缩放和镜像】按钮，单击【水平镜像】按钮，设置【副本】数值为 1，再单击【应用】按钮，然后再调整复制对象位置。

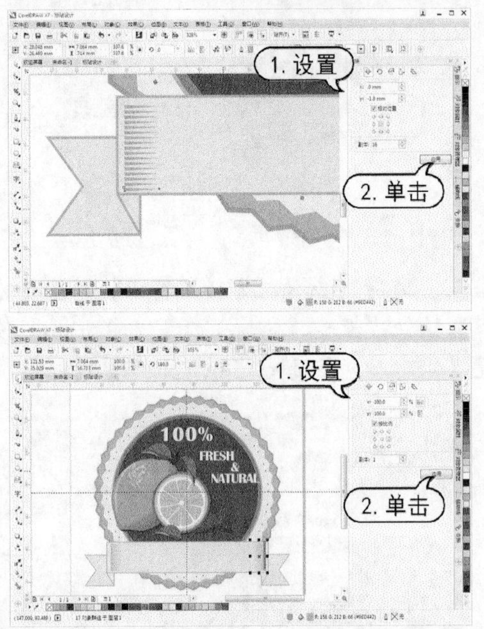

step㉗ 选择【文本】工具在绘图页面中单击，然后输入文字内容。

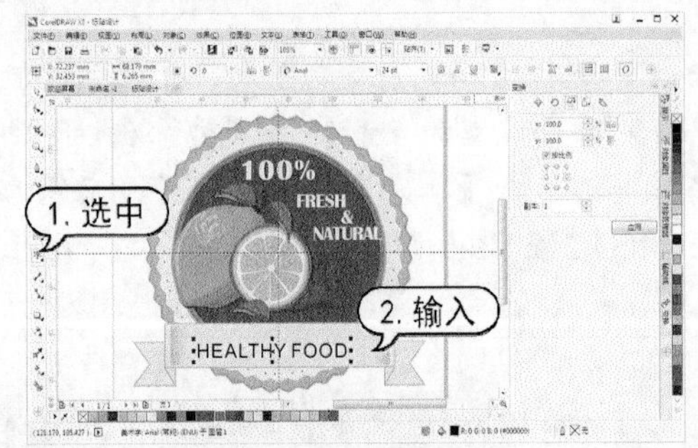

step㉘ 在【对象属性】泊坞窗中设置字体为 Bernard MT Condensed，字体大小为 36pt，字体颜色为R:52 G:142 B:15。

step㉙ 在标准工具栏中，单击【保存】按钮，打开【保存绘图】对话框。在该对话框中，单击【保存】按钮即可保存绘图文档。

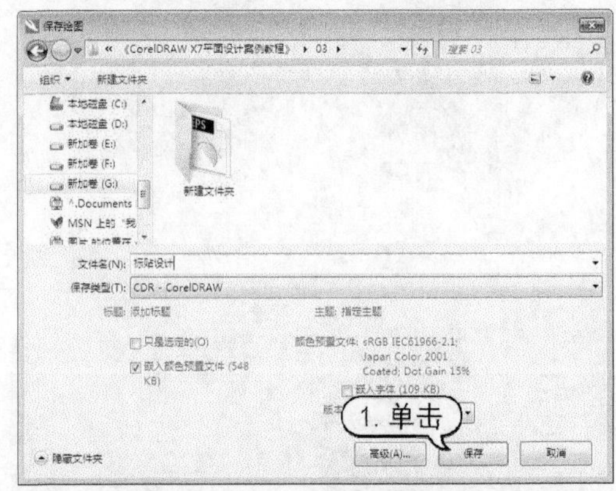

3.7.2 制作折纸文字

【例 3-10】制作折纸文字。

视频+素材 (光盘素材\第 03 章\例 3-10)

step① 在CorelDRAW X7 工作区中的标准工具栏中，单击【新建】按钮，打开【创建新文档】对话框。在该对话框的【名称】文本框中输入“折纸文字”，在【大小】下拉列表中选择A4，单击【横向】按钮，然后单击【确定】按钮。

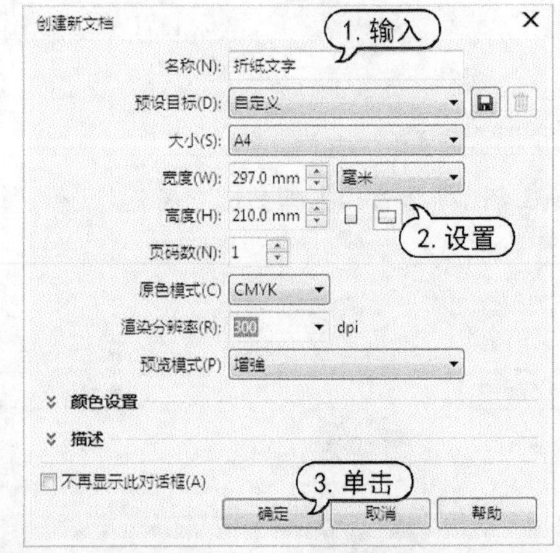

step② 选择【布局】|【页面背景】命令，打开【选项】对话框。在该对话框中，选中【位图】单选按钮，再单击【浏览】按钮。在打开的【导入】对话框中，选中所需要的图像，然后单击【导入】按钮。

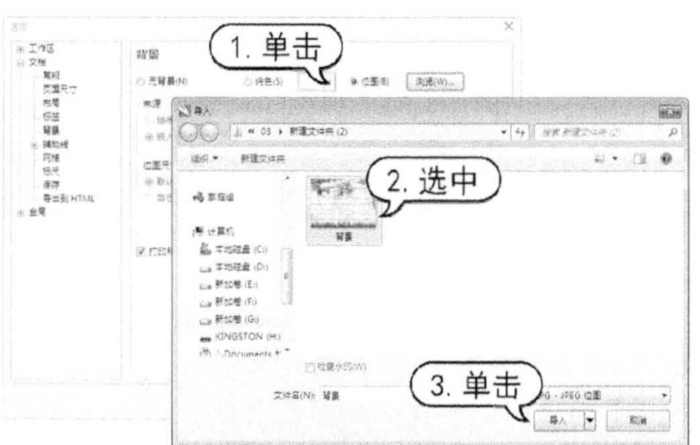

step 3　在【位图尺寸】选项区中，选中【自定义尺寸】单选按钮，取消选中【保持纵横比】复选框，设置【水平】数值为 297，【垂直】数值为 210，然后单击【确定】按钮。

step 4　选择【文本】工具在绘图页面中输入文字，并按Ctrl+A键全选。在属性栏中单击【文本对齐】按钮，从弹出的下拉列表中选择【居中】选项。然后在【对象属性】泊坞窗中，设置字体为Atmosphere，字体样式为【粗体】，字体大小为 150pt，字体颜色为【30% 黑】。

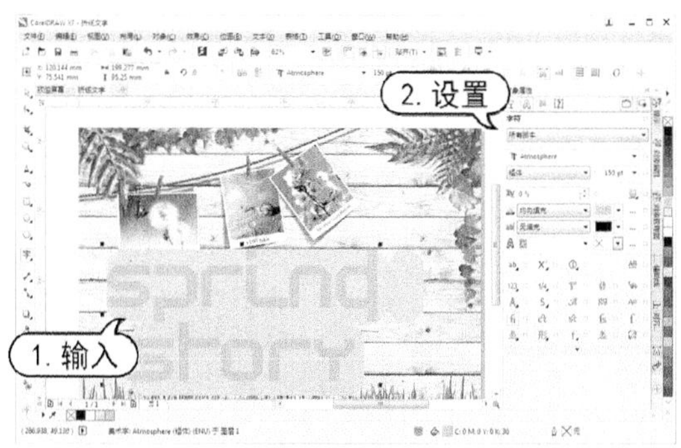

step 5　使用【形状】工具选中刚创建的文本，并调整文本间距。

step 6　使用【选择】工具调整文字位置，然后右击文字，在弹出的菜单中选择【锁定对象】命令。

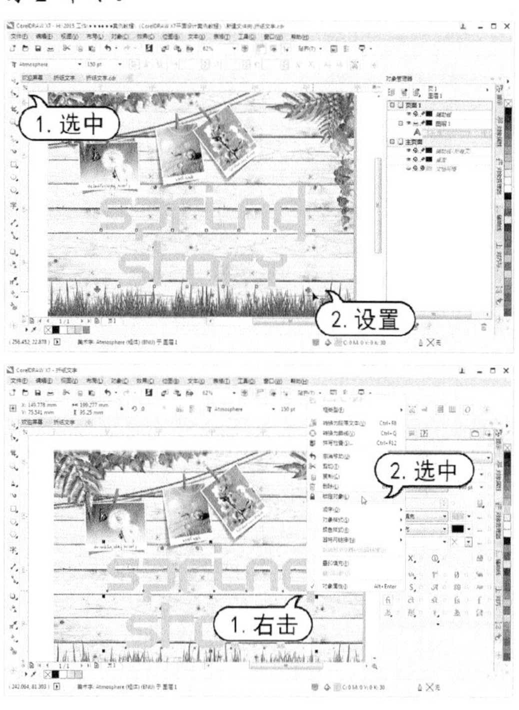

step 7　选择【矩形】工具，在绘图页面中依据文本绘制矩形。

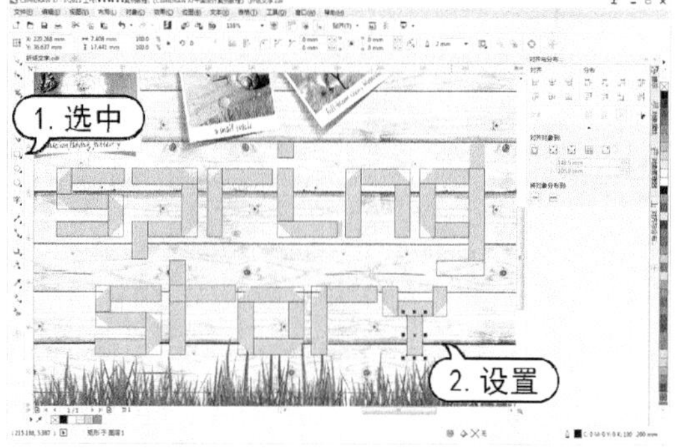

step 8　使用【选择】工具，按Ctrl+A键选中刚绘制的全部矩形，然后按Ctrl+Q键将矩形转换为曲线。

step 9　选择【形状】工具，依据文本调整创建的矩形节点。

step 10　使用【选择】工具，并按住Shift键选择要填充的图形对象。

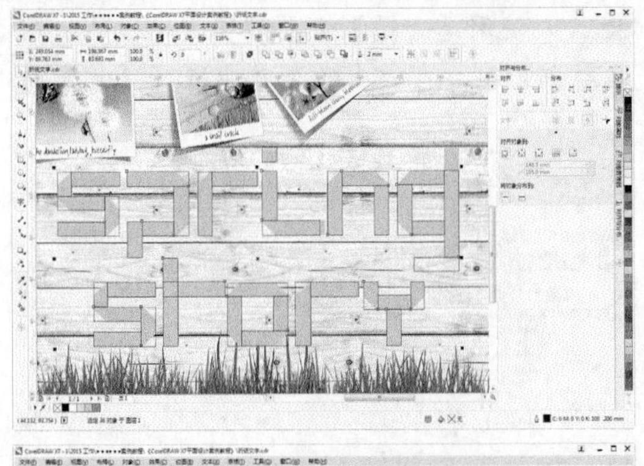

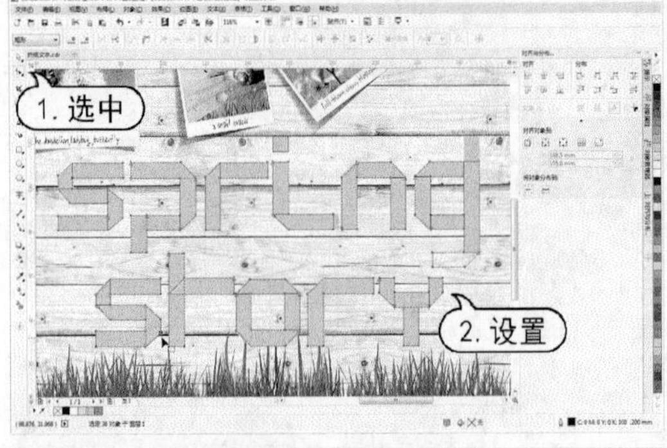

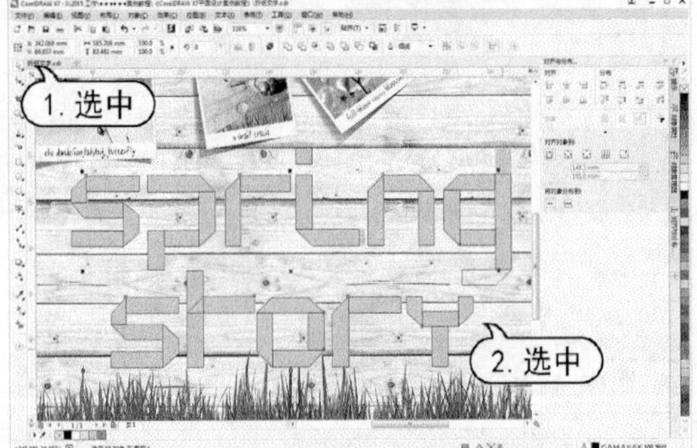

step 11 在调色板中，将轮廓色设置为【无】。按F11 键，打开【编辑填充】对话框。在该对话框中，单击【渐变填充】按钮，设置渐变填充色为C:99 M:64 Y:100 K:52 至C:92 M:47 Y:100 K:13 至C:42 M:0 Y70 K:0，然后单击【确定】按钮。

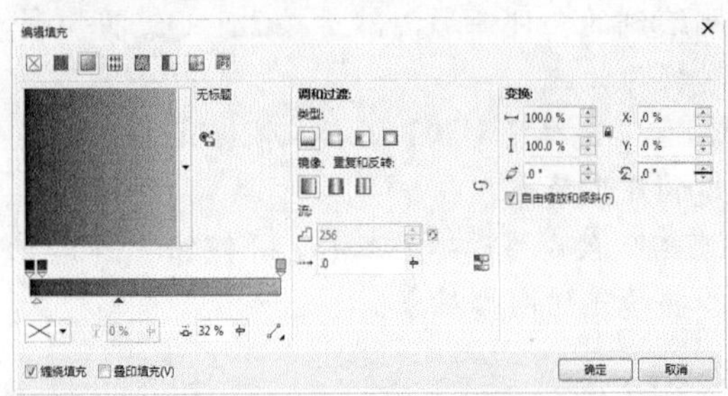

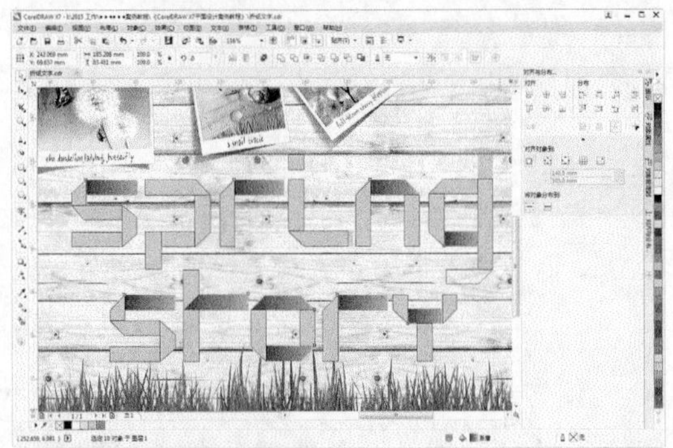

step 12 使用【选择】工具，并按住Shift键选择要设置填充的图形对象。

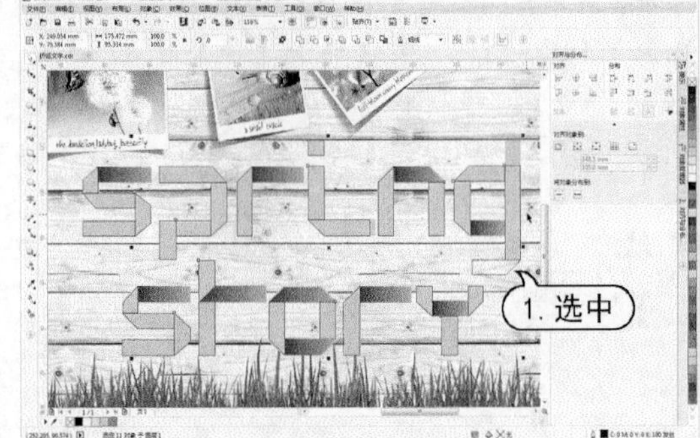

step 13 在调色板中，将轮廓色设置为【无】。按F11 键，打开【编辑填充】对话框。在该对话框中，设置渐变色效果，并设置【旋转】数值为-90°，然后单击【确定】按钮。

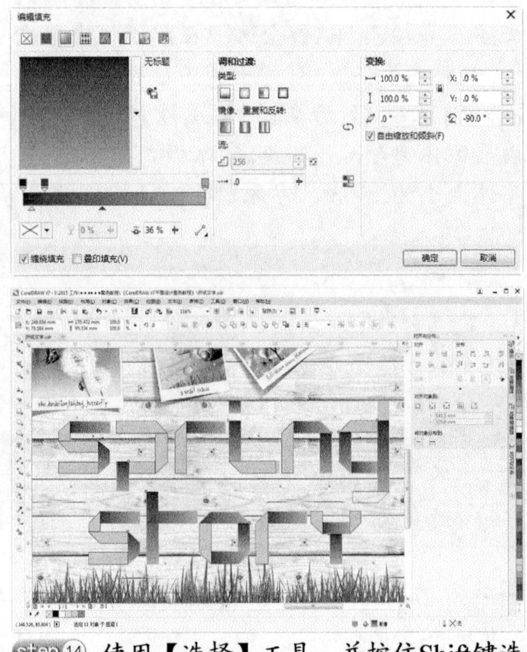

step 14 使用【选择】工具，并按住Shift键选

择要设置填充的图形对象。

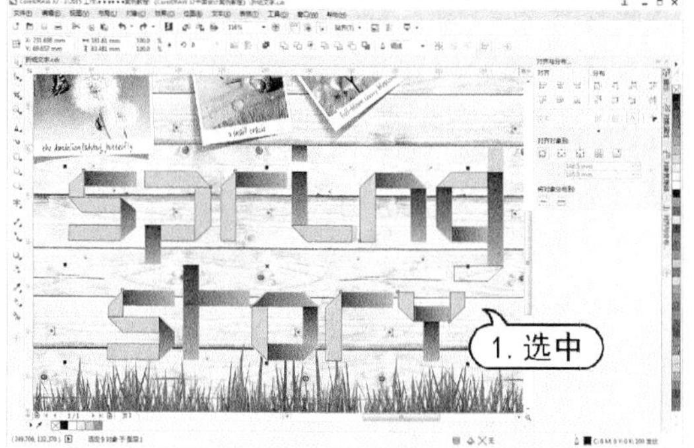

step 15 将选中对象轮廓色设置为【无】，按F11键打开【渐变编辑】对话框。在该对话框中，设置渐变色效果，设置【旋转】数值为-90°，然后单击【确定】按钮。

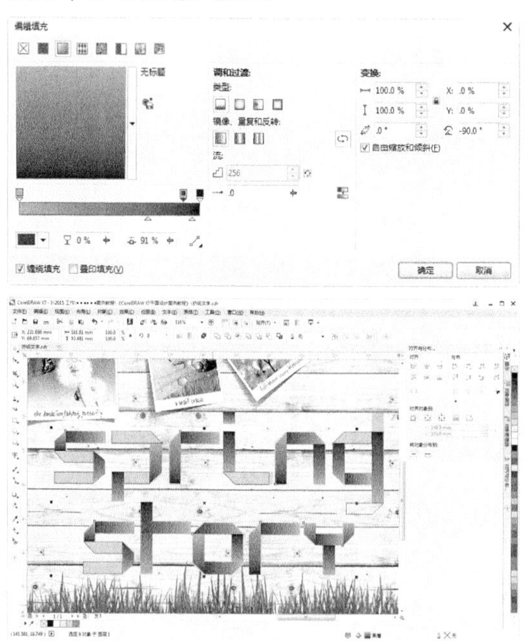

step 16 使用【选择】工具，并按住Shift键选择要设置填充的图形对象。

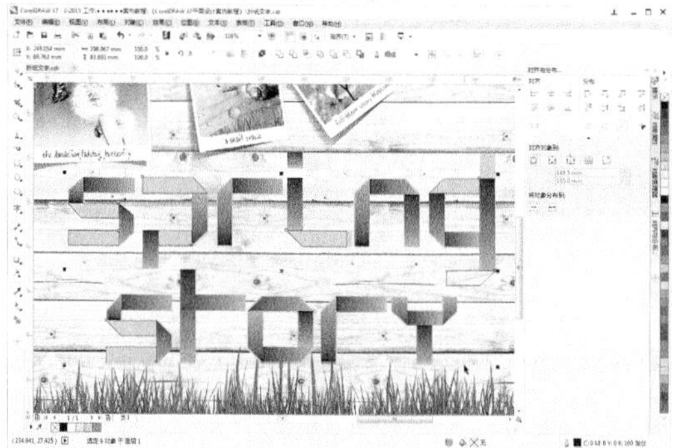

step 17 将选中对象轮廓色设置为【无】，按F11键打开【渐变编辑】对话框。在该对话框中，设置渐变色效果，然后单击【确定】按钮。

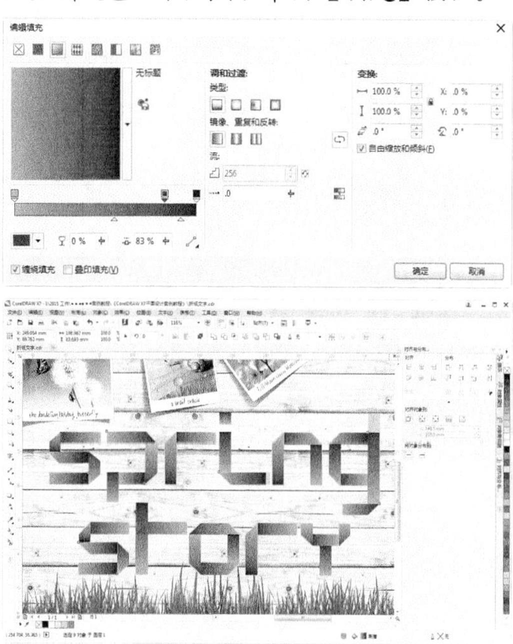

step 18 按Ctrl+A键全选步骤(7)至步骤(17)中编辑的图形对象，然后按Ctrl+G键组合图形对象。

step 19 在【对象管理器】泊坞窗中，选择锁定的美术字，然后选择【对象】|【锁定】|【解锁对象】命令。

step 20 在【对象管理器】泊坞窗中，单击【删除】按钮，删除美术字。

step 21 使用【选择】工具选中折纸文字，再选择【阴影】工具在文字上单击并拖动，并在属性栏中设置【阴影羽化】数值为 5，【阴影的不透明度】数值为 70。

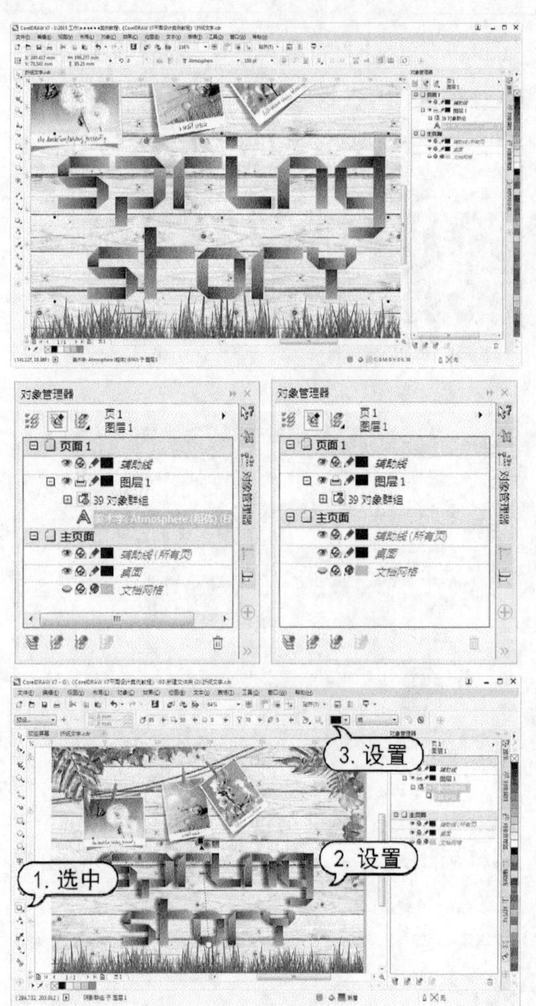

step 22 在标准工具栏中，单击【保存】按钮，打开【保存绘图】对话框。在该对话框中，单击【保存】按钮。

第 4 章

对象的操作

CorelDRAW X7 为用户提供了强大的编辑对象功能，用户除了可以进行选择、复制等基本操作外，还可以进行移动、旋转、缩放和镜像等变换操作，从而使对象更加符合设计制作的需要。

对应光盘视频

例 4-1 改变图形对象顺序
例 4-2 再制选中的对象
例 4-3 复制选定对象属性
例 4-4 对齐分布对象
例 4-5 制作幼儿园展板
例 4-6 移动并复制对象
例 4-7 旋转对象
例 4-8 改变对象大小
例 4-9 制作商品折扣券
例 4-10 UI 设计

4.1 选择对象

在 CorelDRAW X7 中，选择图形对象是编辑图形最基本的操作。对象的选择可以分为选择单个对象、选择多个对象和选择绘图页中所有对象 3 种方式。

4.1.1 选择单一对象

需要选择单个对象时，在工具箱中选择【选择】工具，单击要选取的对象，对象的四周会出现 8 个控制点，中央会显示中心点，这表明对象已经被选中。

如果对象是处于组合状态的图形，要选择对象中的单个图形元素，可在按下 Ctrl 键的同时再单击此图形，此时图形四周将出现控制点，表明该图形已经被选中。也可以使用 Ctrl+U 键将对象解除组合后，再选择单个图形。

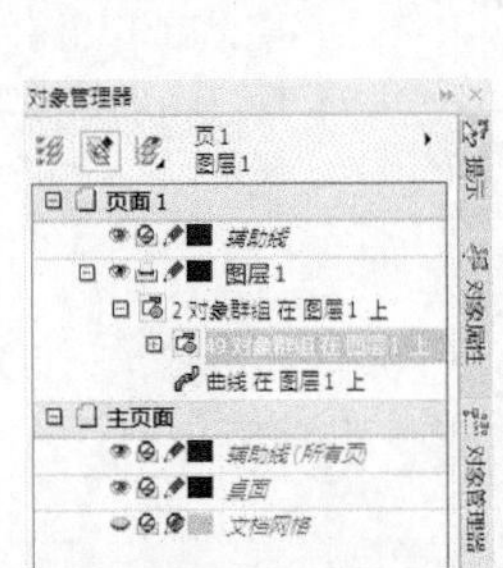

使用【选择】工具在绘图页中按住鼠标左键并拖曳出一个虚线框，将所要选取的对象全部框选后，释放鼠标即可选取全部被框选对象。在框选时，按住 Alt 键，则可以选择所有接触到虚线框的对象，不管该对象是否被全部包围在虚线框内。

实用技巧

利用空格键可以从其他工具快速切换到【选择】工具，再按一下空格键，则切换回原来的工具。

4.1.2 选择多个对象

在实际操作中，经常需要同时选择多个对象进行编辑。

要选择多个对象时，在工具箱中选择【选择】工具，单击其中一个对象将其选中，然后按住 Shift 键不放，逐个单击其余的对象即可。

也可以像选择单个对象一样，在工作区中对象以外的地方按住鼠标左键，拖曳鼠标创建一个虚线框，框选所要选择的所有对象，释放鼠标后，即可看到选框范围内的对象都被选中。

实用技巧

在框选多个对象时，如果选取了多余的对象，可按住 Shift 键单击多选的对象，即可取消对该对象的选取。

4.1.3 按一定顺序选择对象

使用快捷键，可以很方便地按图形的层叠关系，在工作区中从上到下快速地依次选取对象，并依次循环选取。

在工具箱中选择【选择】工具，按 Tab 键，直接选取在绘图页中最后绘制的图形对象。继续按 Tab 键，系统会按用户绘制图形的先后顺序从后到前逐步选取对象。

4.1.4　选择重叠对象

在 CorelDRAW 中，使用【选择】工具选择被覆盖在对象下面的图形对象时，按住 Alt 键在重叠处单击鼠标，即可选取被覆盖的图形。再次单击鼠标，则可以选取下一层的对象，依次类推，重叠在后面的图形都可以被选中。

4.1.5　全选对象

全选对象是指选择绘图页面中的所有对象，其中包括所有的图形对象、文本、辅助线和相应对象上的所有节点。选择【编辑】|【全选】命令打开该对话框，其中有【对象】、【文本】、【辅助线】和【节点】4 个全选命令，执行不同的全选命令会得到不同的全选结果。

- 【对象】命令：选择该命令，将选取绘图页面中的所有对象。
- 【文本】命令：选择该命令，将选取绘图页面中的所有文本对象。
- 【辅助线】命令：选择该命令，将选取绘图页面中的所有辅助线，被选取的辅助线呈红色被选中状态。
- 【节点】命令：在选取当前页面中的其中一个图形对象后，该命令才能使用，且被选取的对象必须是曲线对象。选择该命令，所选对象中的全部节点都将被选中。

4.2　对象的叠放次序

在 CorelDRAW 中，绘制的对象是依次排列的，新创建的对象会被排列在原对象前，即最上层。用户可以通过菜单栏中的【对象】|【顺序】命令中的相关命令，调整所选对象的前后排列顺序；也可以在选定对象上右击，在弹出的菜单中选择【顺序】命令。

- 【到页面前面】：将选定对象移到页面上所有其他对象的前面。
- 【到页面后面】：将选定对象移到页面上所有其他对象的后面。
- 【到图层前面】：将选定对象移到活动图层上所有其他对象的前面。
- 【到图层后面】：将选定对象移到活动图层上所有其他对象的后面。
- 【向前一层】：将选定对象向前移动一个位置。如果选定对象位于活动图层上所有其他对象的前面，则将选定对象移到图层的上方。
- 【向后一层】：将选定对象向后移动一个位置。如果选定对象位于所选图层上所有其他对象的后面，则将选定对象移到图层的下方。
- 【置于此对象前】：将选定对象移到绘图窗口中选定对象的前面。
- 【置于此对象后】：将选定对象移到绘图窗口中选定对象的后面。
- 【逆序】：将选定对象进行反向排序。

【例 4-1】在绘图文件中，改变图形对象顺序。
视频+素材 (光盘素材\第 04 章\例 4-1)

step 1　在打开的绘图文件中，选择【选择】工具选择需要排列顺序的对象。

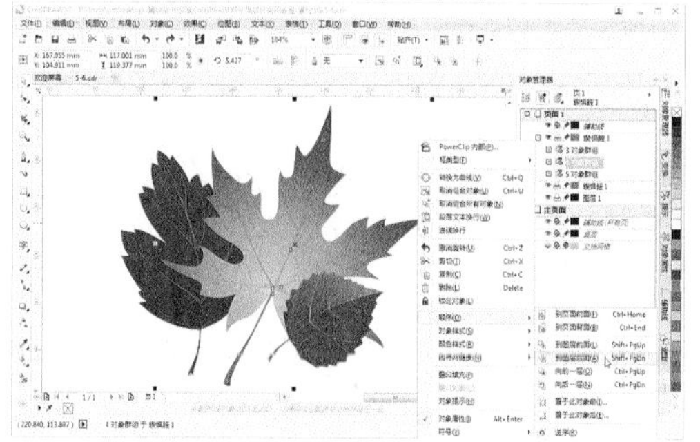

实用技巧

选中需要调整顺序的对象后，可以通过使用快捷键快速调整对象顺序。按 Ctrl+Home 键可将对象置于页面顶层，按 Ctrl+End 键可将对象置于页面底层；按 Shift+PageUp 键可将对象置于图层顶层，按 Shift+Pagedown 键可将对象置于图层底层；按 Ctrl+PageUp 键可将对象往上移动一层，按 Ctrl+Pagedown 键可将对象往下移动一层。

step 2 在所选对象上单击右键，在弹出的菜单中选择【顺序】|【到图层后面】命令，即可重新排列对象顺序。

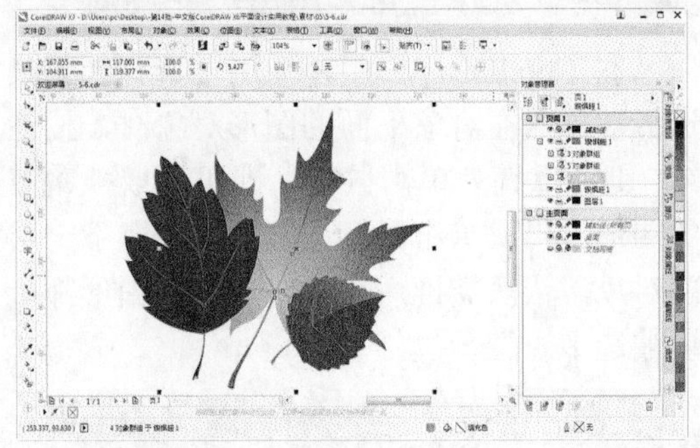

4.3 复制对象

在 CorelDRAW X7 中，复制对象有多种方法。选取对象后，按下数字键盘上的+键，即可快速地复制出一个新对象。

4.3.1 对象基本复制

选择对象后，可以通过复制对象，将其放置到剪贴板上，然后再粘贴到绘图页面或其他应用程序中。

在 CorelDRAW X7 中，可以选择【编辑】|【复制】命令；或右击对象，在弹出的菜单中选择【复制】命令；或按 Ctrl+C 键；或单击工具栏中的【复制】按钮都可将对象复制到剪贴板中。再选择【编辑】|【粘贴】命令；或右击，在弹出的菜单中选择【粘贴】命令；或按 Ctrl+V 键；或单击工具栏中的【粘贴】按钮都可将剪贴板中的对象复制粘贴。

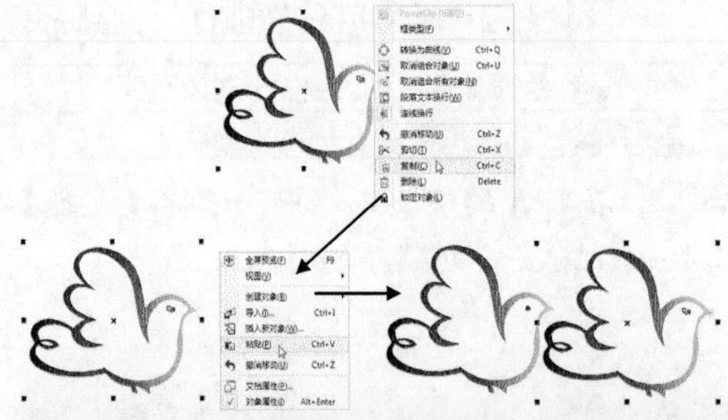

知识点滴

使用【选择】工具选择对象后，按下鼠标左键将对象拖动到适当的位置，在释放鼠标左键之前按下鼠标右键，即可将对象复制到该位置。

还可以在选中对象后，在标准工具栏中单击【复制】按钮，再单击【粘贴】按钮进行原位置复制。

4.3.2 对象的再制

对象的再制是指将对象按一定的方式复制为多个对象。再制对象时，可以沿着 X 和 Y 轴指定副本和原始对象之间的偏移距离。

在绘图窗口中无任何选取对象的状态下，可以通过属性栏设置来调节默认的再制偏移距离。在属性栏上的【再制距离】数值框中输入 X、Y 方向上的偏移值即可。

【例 4-2】在绘图文件中，再制选中的对象。
视频+素材 (光盘素材\第 04 章\例 4-2)

step 1 使用【选择】工具选取需要再制的对象，按住鼠标左键拖动一定的距离，然后在释放鼠标左键之前单击鼠标右键，即可在当前位置复制一个副本对象。

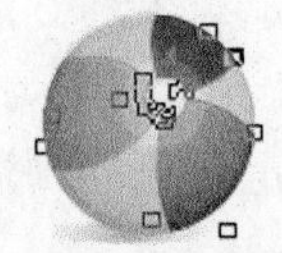
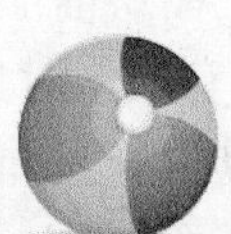
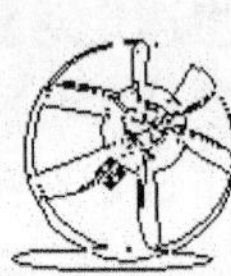
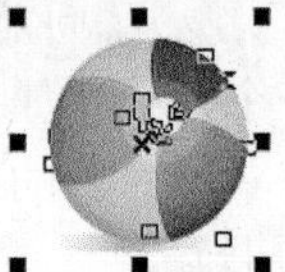

step 2 在绘图窗口中取消对象的选取，在工

具属性栏上设置【再制距离】的X值为 50mm，Y值为 50mm，然后选中刚复制的对象，选择菜单栏中的【编辑】|【再制】命令或按Ctrl+D键，即可按照刚才指定的距离和角度再制出新的对象。

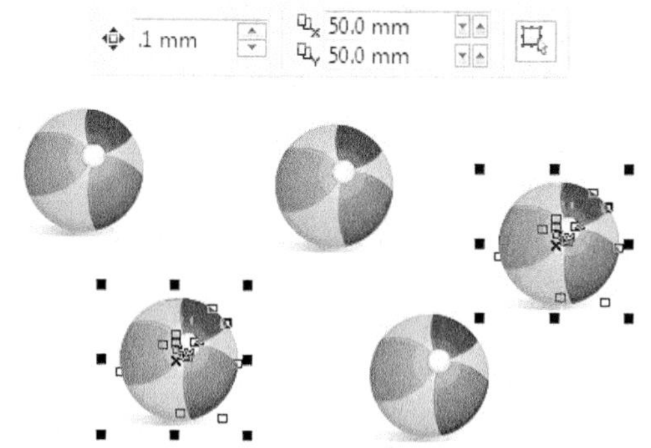

4.3.3　复制对象属性

在 CorelDRAW X7 中，复制对象属性是一种比较特殊、重要的复制方法，它可以方便快捷地将指定对象中的轮廓笔、轮廓色、填充和文本属性，通过复制的方法应用到所选对象中。

实用技巧

用鼠标右键按住一个对象不放，将对象拖动至另一个对象上后，释放鼠标，在弹出的命令菜单中选择【复制填充】、【复制轮廓】或【复制所有属性】选项，即可将源对象中的填充、轮廓或所有属性复制到所选对象上。

【例 4-3】在绘图文件中，复制选定对象属性。
视频+素材 (光盘素材\第 04 章\例 4-3)

step 1　使用【选择】工具在绘图文件中选取需要复制属性的对象。

step 2　选择【编辑】|【复制属性自】命令，打开【复制属性】对话框。在【复制属性】对话框中，选择需要复制的对象属性选项，选中【填充】复选框。

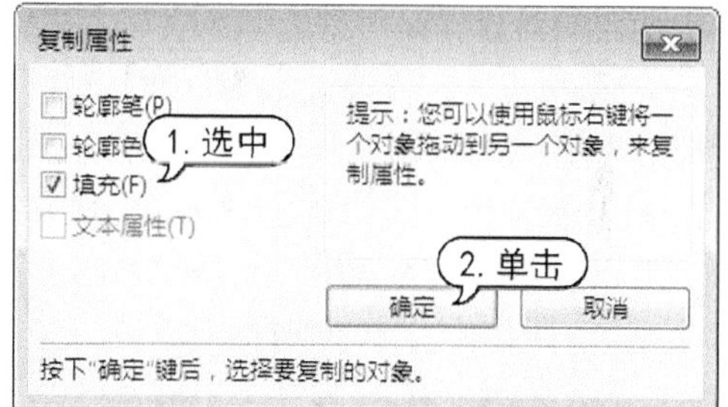

step 3　单击该对话框中的【确定】按钮，当光标变为可动状态后，单击用于复制属性的源对象，即可将该对象的属性按照设置复制到所选择的对象上。

4.4　对齐与分布对象

在 CorelDRAW X7 中，可以准确地对齐和分布对象。可以使对象互相对齐，也可以使对象与绘图页面的各个部分对齐，如中心、边缘和网格。互相对齐对象时，可以按对象的中心或边缘对齐。

4.4.1 对齐对象

使用【选择】工具在工作区中选择要对齐的对象后，将以最先创建的对象将成为对齐其他对象的基准，再选择【对象】|【对齐和分布】命令子菜单中的相应命令即可对齐对象。

- 左对齐：选择该命令，选中的对象以最先创建的对象为基准进行左对齐。
- 右对齐：选择该命令，选中的对象以最先创建的对象为基准进行右对齐。
- 顶端对齐：选择该命令，选中的对象将按最先创建的对象为基准进行顶端对齐。
- 底端对齐：选择该命令，选中对象将按最先创建的对象为基准进行底端对齐。
- 水平居中对齐：选择该命令，选中对象将按最后选定的对象为基准进行水平居中对齐。
- 垂直居中对齐：选择该命令，选中对象将按最后选定的对象为基准进行垂直居中对齐。
- 在页面居中：选择该命令，选中对象将以页面为基准居中对齐。
- 在页面水平居中：选择该命令，选中对象将以页面为基准水平居中对齐。
- 在页面垂直居中：选择该命令，选中对齐将以页面为基准垂直居中对齐。

4.4.2 使用【对齐与分布】泊坞窗

使用【选择】工具选中两个或两个以上对象后，选择【对象】|【对齐和分布】|【对齐与分布】命令，或选择【窗口】|【泊坞窗】|【对齐与分布】命令，或在属性栏中单击【对齐与分布】按钮，均可打开【对齐与分布】泊坞窗。

在选中对象后，单击【对齐】选项区中相应的按钮，即可对齐对象。当单击对齐按钮后，单击泊坞窗中的按钮，可以展开更多选项，在【对齐对象到】选项区中可以指定对齐对象的区域。

- 【活动对象】：单击该按钮，最后选定的对象将成为对齐其他对象的参照点。如果框选对象，则使用位于选定内容左上角的对象作为参照点进行对齐。
- 【页面边缘】：单击该按钮，使对象与页边对齐。
- 【页面中心】：单击该按钮，使对象与页面中心对齐。
- 【网格】：单击该按钮，使对象与最接近的网格线对齐。
- 【指定点】：单击该按钮后，在指定坐标框中键入值，使对象与指定点对齐。

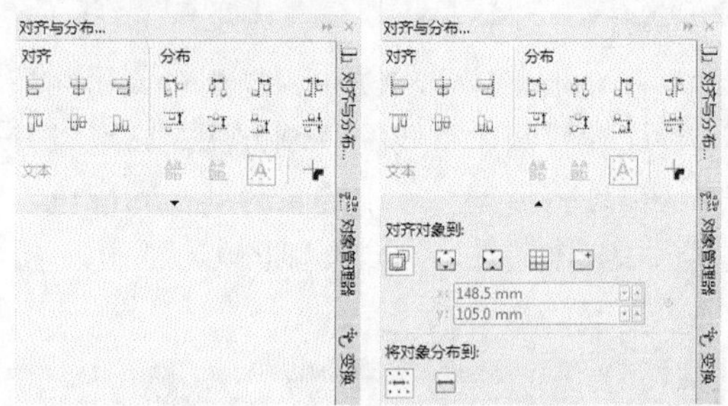

在【对齐与分布】泊坞窗的【分布】选项区中，单击相应按钮，即可分布选中对象。单击分布按钮后，还可以指定分布对象的区域。

- 【左分散排列】：单击该按钮后，从对象的左边缘起以相同间距排列对象。
- 【水平分散排列中心】：单击该按钮后，从对象的中心起以相同间距水平排列对象。
- 【右分散排列】：单击该按钮后，从对象的右边缘起以相同间距排列对象。
- 【水平分散排列间距】：单击该按钮后，在对象之间水平设置相同的间距。
- 【顶部分散排列】：单击该按钮后，从对象的顶边起以相同间距排列对象。
- 【垂直分散排列中心】：单击该按钮后，从对象的中心起以相同间距垂直排列对象。

▶【底部分散排列】：单击该按钮后，从对象的底边起以相同间距排列对象。

▶【垂直分散排列间距】：单击该按钮后，在对象之间垂直设置相同的间距。

在进行分布时，可以在【将对象分布到】选项区中设置分布的位置。

▶【选定的范围】：单击该按钮后，可以在选定的对象范围内进行分布。

▶【页面范围】：单击该按钮后，将对象以页边距为定点平均分布在页面范围内。

【例 4-4】在绘图文件中，对齐分布对象。

视频+素材 (光盘素材\第 04 章\例 4-4)

step 1 使用【选择】工具选择需要对齐的所有对象。

step 2 单击属性栏中的【对齐与分布】按钮，打开【对齐与分布】泊坞窗。在泊坞窗的【对齐】选项区中单击【垂直居中对齐】按钮。

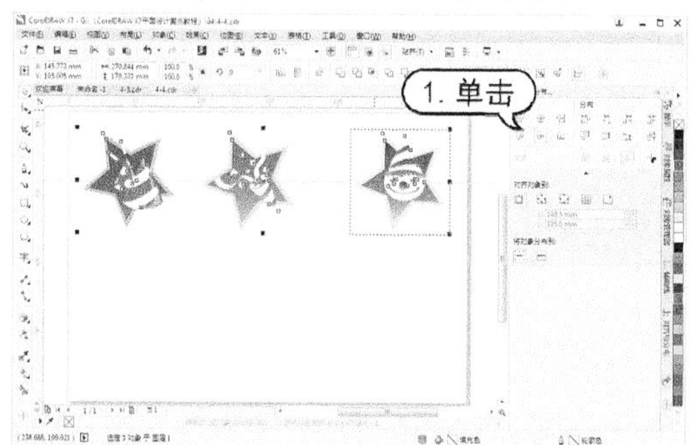

step 3 在【对齐与分布】泊坞窗的【对齐对象到】选项区中单击【页面边缘】按钮，并在【分布】选项区中单击【水平分散排列中心】按钮。

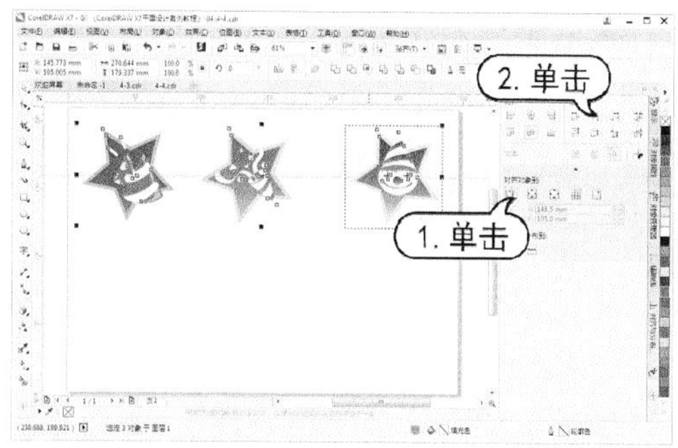

4.4.3 步长和重复

在编辑过程中可以使用【步长和重复】命令进行水平、垂直和角度再制对象。选择【编辑】|【步长和重复】命令，或选择【窗口】|【泊坞窗】|【步长和重复】命令，打开【步长和重复】泊坞窗。

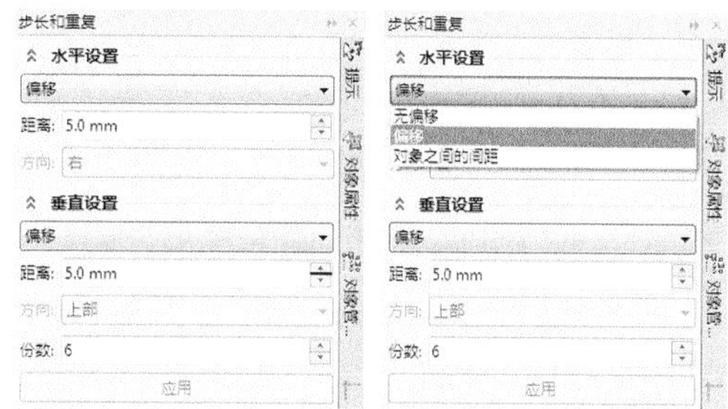

在【水平设置】选项区和【垂直设置】选项区中可以设置【类型】、【距离】和【方向】选项。

在【类型】选项下拉列表中可以选择【无偏移】、【偏移】和【对象之间的间距】选项。

▶【无偏移】选项：是指不进行任何偏移。选择【无偏移】选项后，下面的【距离】和【方向】选项无法进设置。

▶【偏移】选项：是指以对象为基准进行水平偏移。选择【偏移】选项后，下面的【距离】和【方向】选项被激活，在【距离】后面输入数值，可以在水平方向上进行重复再制。当【距离】数值为 0 时，为原位置重复再制。

▶【对象之间的间距】选项：是指以对象之间的间距进行再制。选择该选项，可以激活【方向】选项，选择相应的方向，然后在份数后面输入数值进行再制。当【距离】数值为 0 时，为水平边缘重合的再制效果。

【例 4-5】制作幼儿园展板。
视频+素材 (光盘素材\第 04 章\例 4-5)

step 1 在CorelDRAW中，单击【新建】按钮，打开【创建新文档】对话框。在该对话框中的【名称】文本框中输入“幼儿园展板”，设置【宽度】数值为 206mm，【高度】数值为 146mm，然后单击【确定】按钮。

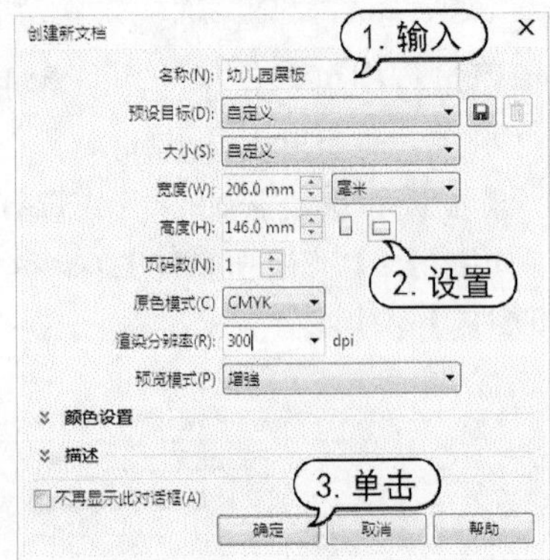

step 2 选择【布局】|【页面背景】命令，打开【选项】对话框。在该对话框中，选中【位图】单选按钮，单击【浏览】按钮，打开【导入】对话框。在该对话框中，选择所需要导入的图像，然后单击【导入】按钮。设置【水平】数值为 207，然后单击【确定】按钮。

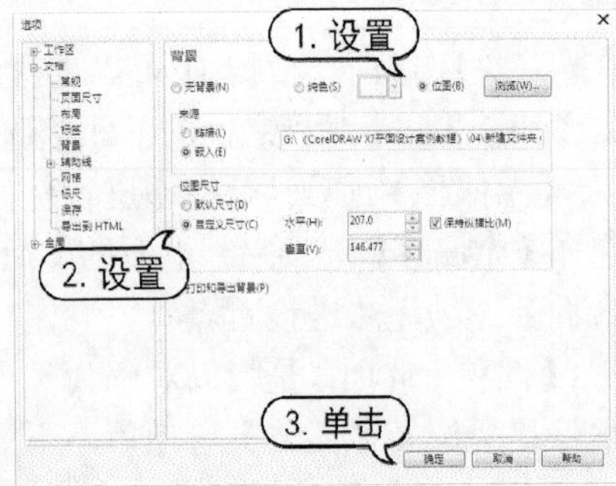

step 3 选择【矩形】工具绘制，在属性栏中设置对象【宽度】数值为 160mm，【高度】数值为 125mm，并在调色板中将填充色设置为【白色】，轮廓色为【无】。

step 4 继续使用【矩形】工具绘制矩形，在属性栏中设置对象原点为【左上】，设置对象【宽度】和【高度】数值为 4mm，并在调色板中将填充色设置为C:0 M:60 Y:100 K:0，轮廓色为【无】。

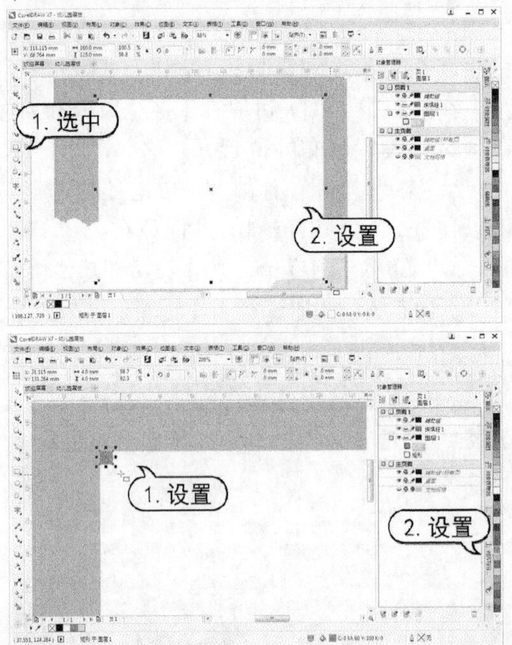

step 5 打开【变换】泊坞窗，单击【缩放和镜像】按钮，在显示的设置选项中单击【水平镜像】按钮，设置对象原点为【右中】，设置【副本】数值为 1，然后单击【应用】按钮。接着在调色板中设置填充色为C:0 M:0 Y:100 K:0。

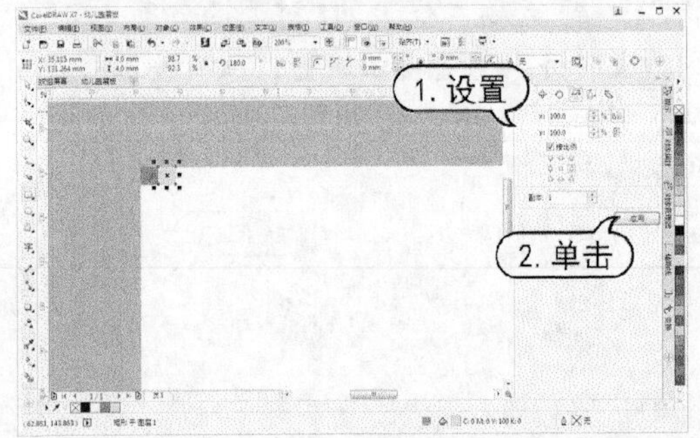

step 6 选中步骤(4)至步骤(5)中创建的矩形，按Ctrl+G键组合，选择【编辑】|【步长和重复】命令，打开【步长和重复】泊坞窗。在泊坞窗中，设置【垂直设置】选项区中的【距离】数值为 0mm；设置【水平设置】选项区中的【距离】数值为 8mm；【份数】数值为 19，然后单击【应用】按钮。

step 7 选中步骤(4)至步骤(6)中创建的矩形，按Ctrl+G键组合。在【步长和重复】泊坞窗中，设置【水平设置】选项区中的【距离】数值为 0mm；设置【垂直设置】选项区中的【距离】数值为-4mm；【份数】数值为 1，然后单击【应用】按钮。

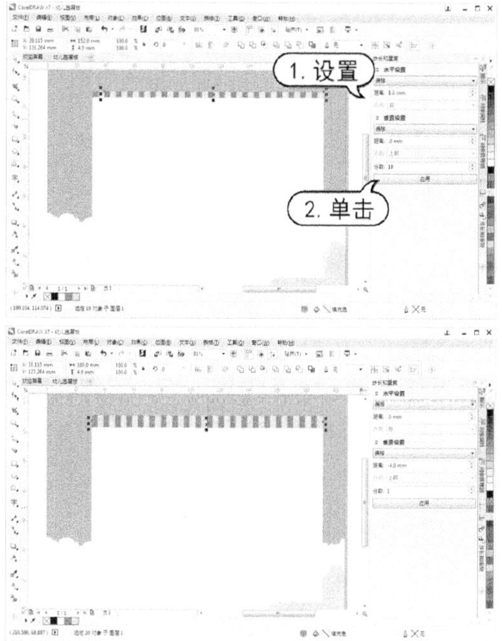

step 8 在属性栏中，设置对象原点为【中央】，然后单击【水平镜像】按钮。

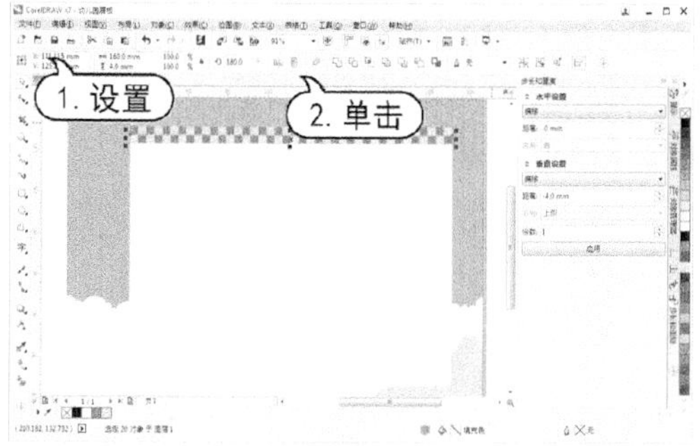

step 9 步骤(7)至步骤(8)中相同的操作方法，添加其他组合对象。

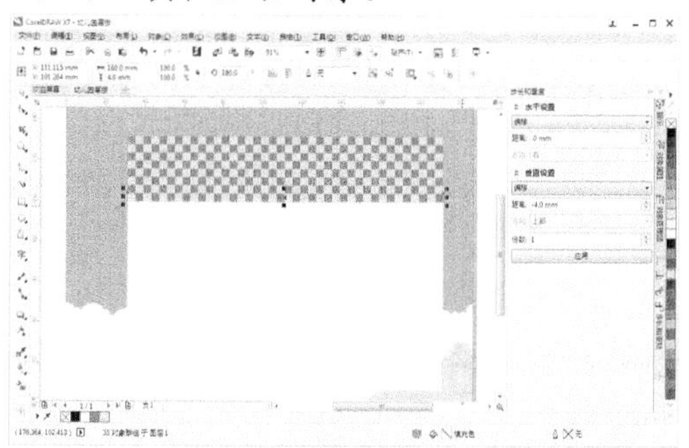

step 10 在标准工具栏中单击【导入】按钮，打开【导入】对话框。在该对话框中，选中需要导入的图像文档，然后单击【导入】按钮。

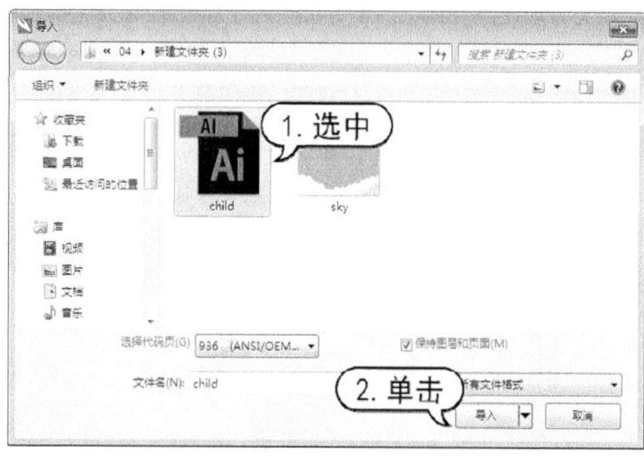

step 11 在绘图页面中单击导入图形文档，并在【对齐与分布】泊坞窗中，单击【底端对齐】按钮和【水平居中对齐】按钮。

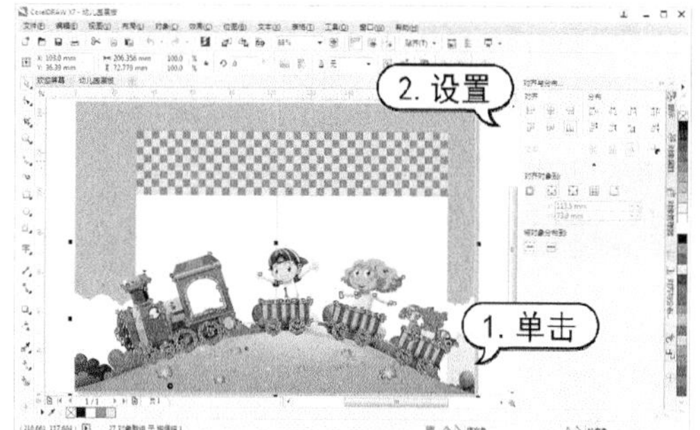

step 12 选中步骤(3)和步骤(9)中创建的矩形，按Ctrl+G键组合对象。选择【阴影】工具在对象上拖动创建阴影，并在属性栏中设置【阴影的不透明度】数值为 25，设置【阴影羽化】数值为 5。

step 13 按Ctrl+C键复制刚编辑的对象，按Ctrl+V键粘贴，然后使用【选择】工具调整对象的位置及旋转角度。

step 14 选择【文本】工具在页面中输入文字

内容，然后选择【选择】工具，在【对象属性】泊坞窗中设置字体为Cooper Black，字体颜色为C:2 M:100 Y:36 K:0，轮廓宽度为1mm，轮廓颜色为【白色】，再使用【选择】工具调整文字大小及位置。

step 15 选择【2点线】工具，按住Shift键在页面中拖动绘制直线，并在属性栏中设置轮廓宽度数值为0.5mm，在【起始箭头】和【终止箭头】下拉列表中选择圆形端，然后在调色板中设置轮廓色为C:100 M:100 Y:0 K:0。

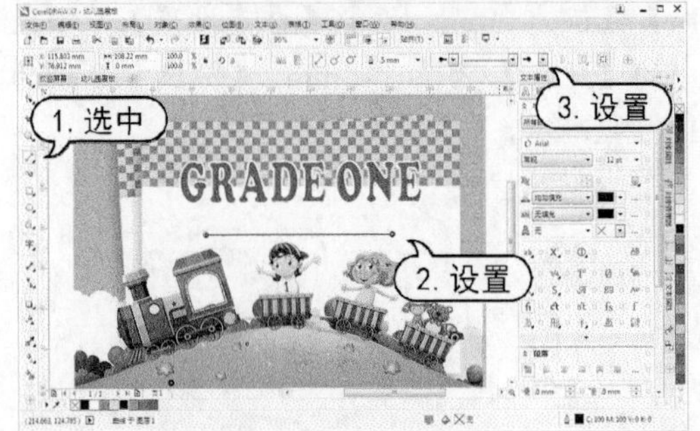

step 16 选择【文本】工具在页面中输入文字内容，然后选择【选择】工具，在【对象属性】泊坞窗中设置字体为MV Boli，字体大小为24pt，字体颜色为C:40 M:29 Y:100 K:0，再使用【选择】工具调整文字位置。

step 17 在标准工具栏中，单击【保存】按钮，打开【保存绘图】对话框。在该对话框中，单击【保存】按钮保存绘图文档。

4.5 群组与合并

用户可以把几个对象群组起来，方便操作。使用CorelDRAW提供的【群组】和【合并】命令可以将多条曲线、直线和不同的几何图形、文本，甚至一些复杂的图片等对象组合成一个新的对象，应用变换操作时，系统将把它当作一个对象处理。

4.5.1 群组对象的操作

在进行较为复杂的绘图编辑时，为了方便操作，可以对一些对象进行组合。组合以后的多个对象，将被作为一个单独的对象进行处理。

如果要组合对象，首先使用【选择】工具选取对象，然后选择【对象】|【组合】|【组合对象】命令；或在工具属性栏上单击【组合对象】按钮；或在选定对象上右击，在弹出的菜单中选择【组合对象】命令。用户还可以从不同的图层中选择对象，并组合对象。组合后，选择的对象将位于同一图层中。

如果要将嵌套组合变为原始对象状态，则可以选择【对象】|【组合】|【取消组合对象】或【取消组合所有对象】命令；或在工具属性栏上单击【取消组合对象】或【取消组合所有对象】按钮；或在选定对象上右击，

在弹出的菜单中选择【取消组合对象】或【取消组合所有对象】命令。

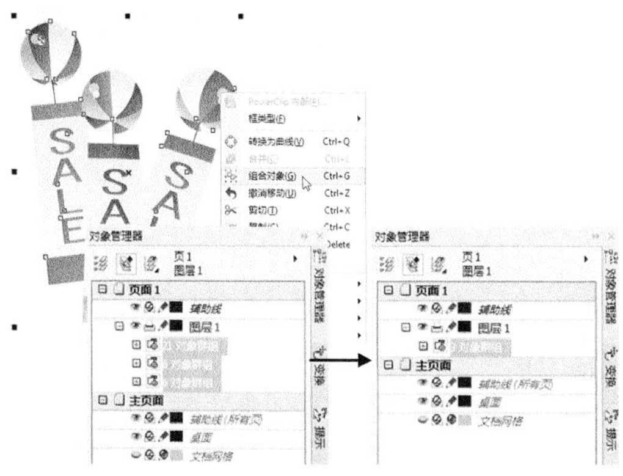

4.5.2　合并对象的操作

合并对象与组合对象不同，使用【合并】命令可以将选定的多个对象合并为一个对象。组合时，选定的对象保持它们组合前的各自属性；而使用合并命令后，各对象将合并为一个对象，并具有相同的填充和轮廓。当应用【合并】命令后，对象重叠的区域会变为透明，其下的对象可见。

如果要合并对象，先使用【选择】工具选取对象，然后选择菜单栏中的【对象】|【合并】命令；或单击工具属性栏中的【合并】按钮；或在选定对象上右击，在弹出的菜单中选择【合并】命令。

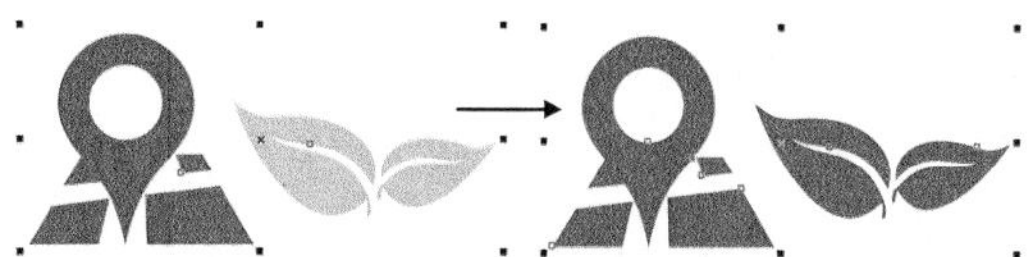

实用技巧

合并后的对象属性和选取对象的先后顺序有关，如果采用点选的方式选择所要结合的对象，则结合后的对象属性与后选择的对象属性保持一致。如果采用框选的方式选取所要结合的对象，则结合后的对象属性会与位于最下层的对象属性保持一致。

合并对象后，可以通过【拆分曲线】命令取消合并，将合并的对象分离成结合前的各个独立对象。在选中合并对象后，选择菜单栏中的【对象】|【拆分曲线】命令；或在选定对象上右击，在弹出的菜单中选择【拆分曲线】命令；或按下 Ctrl+K 快捷键；或单击属性栏中的【拆分】按钮均可拆分合并对象。

4.6　变换对象

对图形对象的移动、缩放、比例、倾斜、旋转和镜像等操作是在绘图编辑中经常需要使用的处理操作。选择【窗口】|【泊坞窗】|【变换】命令，在展开的子菜单中选择任一项命令，即可打开【变换】泊坞窗。通过【变换】泊坞窗可以对所选对象进行移动、旋转、缩放、镜像等精确的变换设置。另外，在【变换】泊坞窗中还可在变换对象的同时，将设置应用于再制的对象，而原对象保持不变。

4.6.1　移动对象

使用【选择】工具选择需要移动的对象，然后在对象上按下鼠标左键并拖动，即可任意移动对象的位置。拖动对象时按住 Ctrl 键不放，可以使对象只在水平或垂直方向上移动。如果想移动一个对象到其他页面时，可以拖动它到文档导航器的页码上，选择所需放置的页数，直到将对象放置在该页面的指定位置上，再释放鼠标。

1. 微调对象

使用键盘上的方向箭头可以朝任意方向微调对象。默认是对象以 0.1mm 的增量移动。用户也可以通过【选项】对话框中的【文档】列表下的【标尺】选项来修改增量。在属性栏中同样可以设置微调距离。在取消所有对象的选取后，在【微调偏移】数值框中输入一个数值即可调整微调距离。

➤ 要以微调移动对象，使用【选择】工具选取要微调的对象，按下键盘上的箭头键。

➤ 要以较小的增量移动对象，先选取要微调的对象，按住 Ctrl 键不放，并按下所需移动方向的箭头键。

➤ 要以较大的增量移动对象，先选取要微调的对象，按住 Shift 键不放，并按下所需移动方向的箭头键。

2. 使用坐标定位对象

在 CorelDRAW X7 中，还可以设置水平和垂直坐标来按照指定的距离移动对象。

选取对象后，在属性栏中可以快速地将对象移动到指定的位置。在 X 和 Y 数值框中键入数值确定对象的新位置，即相对于标尺原点的坐标。正值表示对象向上或向右移动，负值表示对象向下或向左移动。

知识点滴

右击工具栏的空白处，在弹出的菜单中选择【变换】命令，这时【变换】工具栏将会显示在绘图窗口中。使用与设置属性栏相同的方法可以定位对象。但需要注意的是，必须禁用【相对于对象】按钮 ⊞。

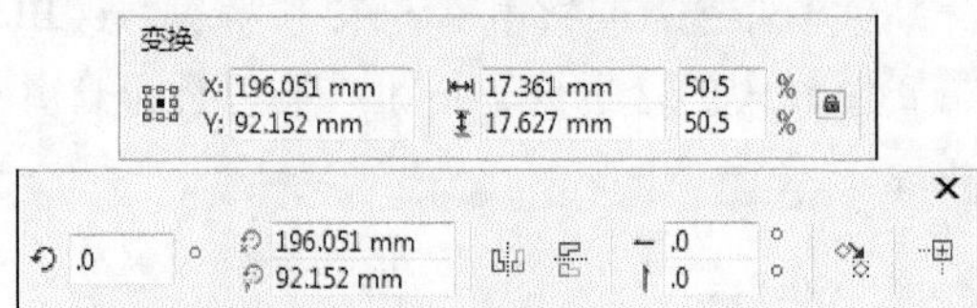

除了上面介绍的方法，还可以选择【窗口】|【泊坞窗】|【变换】|【位置】命令，在【变换】泊坞窗中分别输入新的【水平】和【垂直】值。默认情况下，对象在定位时基于中心点移动，因此对象的中心将移动到指定的标尺坐标处。但用户可以使用【变换】泊坞窗指定新的锚点。锚点与对象的选定控制点相对应。通过改变锚点，可以将对象移到指定的标尺坐标处。

【例 4-6】在绘图文件中，使用【变换】泊坞窗移动并复制对象。

视频+素材 (光盘素材\第 04 章\例 4-6)

step 1 使用【选择】工具选择需要移动的对象，然后选择【窗口】|【泊坞窗】|【变换】|【位置】命令，打开【变换】泊坞窗，此时泊坞窗显示为【位置】选项组。

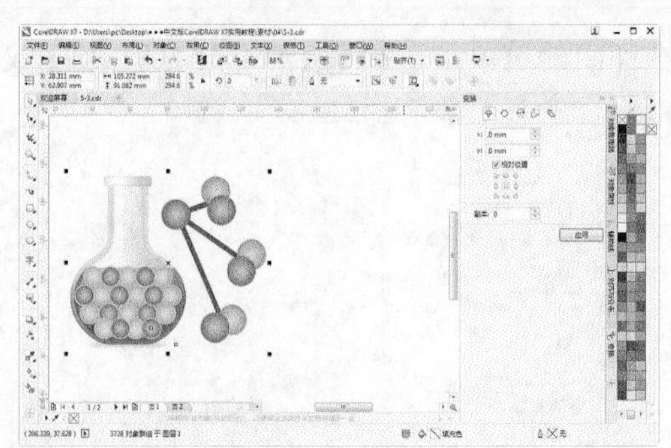

step 2 在泊坞窗中，设置对象原点为【右下】，然后在x数值框中输入 80mm，y数值框中输入-80mm，设置【副本】数值为 1，单击【应用】按钮，可保留原来的对象不变，将设置应用到复制的对象上。

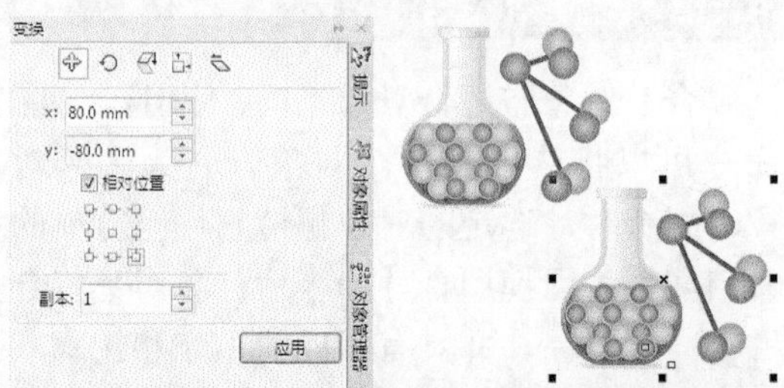

实用技巧

【相对位置】选项是指将对象或者对象副本，以原对象的锚点作为相对的坐标原点，沿某一方向移动到相对于原位置指定距离的新位置上。

4.6.2 旋转对象

在 CorelDRAW X7 中，可以自由旋转对象角度，也可以让对象按照指定的角度进行旋转。

1. 使用【选择】工具旋转对象

使用【选择】工具，可以通过拖动旋转控制柄交互式旋转对象。使用【选择】工具双击对象，对象的旋转和倾斜控制柄会显示出来。选取框的中心出现一个旋转中心标记。拖动任意一个旋转控制柄以顺时针或逆时针方向旋转对象，在旋转时分别按住 Alt 或 Shift 键可以同时使对象倾斜或调整对象大小。

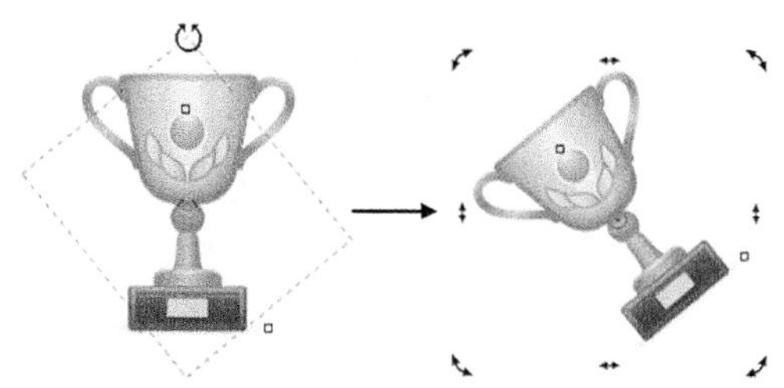

2. 使用【自由旋转】工具

使用【自由变换】工具属性栏上的【自由旋转】工具，可以很容易地使对象围绕绘图窗口中的其他对象或任意点进行旋转。只需单击鼠标就可以设置旋转中心，单击的位置即为旋转中心。开始拖动鼠标时，会出现对象的轮廓和一条延伸到绘图页外的蓝色旋转线。旋转线指出从旋转中心旋转对象时基于的角度，通过对象的轮廓可以预览旋转的效果。

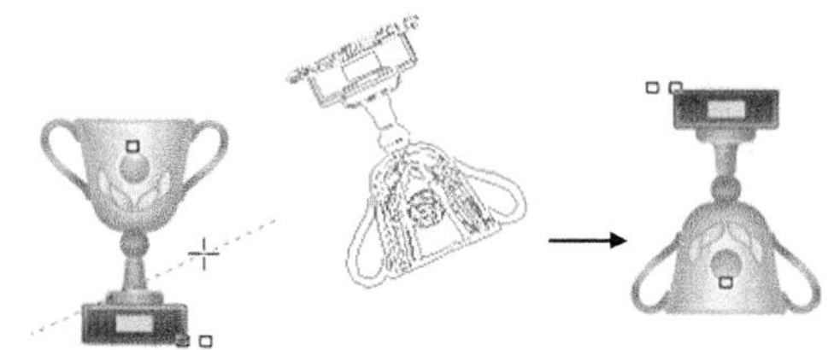

实用技巧

要旋转对象，也可以在选择所需要旋转的对象后，在属性栏中的【旋转角度】数值框中，对旋转的角度进行设置。

3. 精确旋转对象

在【变换】工具属性栏或【变换】泊坞窗中可以按照指定的数值快速旋转对象。要使对象绕着选定控制柄旋转，可以使用【变换】泊坞窗修改旋转中心。旋转对象时，正数值可以使对象从当前位置逆时针旋转相应角度，负数值则顺时针旋转。

【例 4-7】在绘图文件中，使用泊坞窗旋转对象。
视频+素材 (光盘素材\第 04 章\例 4-7)

step 1 选择【选择】工具选定对象。选择【窗口】|【泊坞窗】|【变换】|【旋转】命令，打开【变换】泊坞窗。在打开的【变换】泊坞窗中，显示【旋转】设置选项。

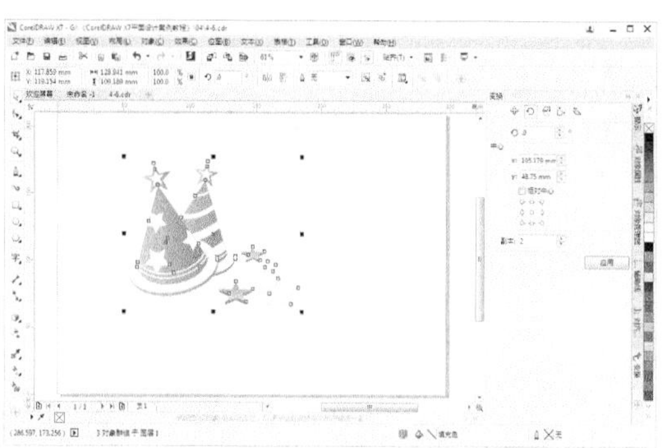

step 2 设置【旋转角度】数值为-30°，x数值为 100mm，y数值为 0mm，设置【副本】数值为 1，然后单击【应用】按钮，即可按照所设置的参数完成对象的旋转操作。

4.6.3 缩放对象

在 CorelDRAW 中，可以缩放对象调整对象的大小。用户可以通过保持对象的纵横比来按比例改变对象的尺寸，也可以通过指定值或直接更改对象来调整对象的尺寸，还可以通过改变对象的控制点位置缩放对象。

1. 使用【选择】工具缩放对象

使用【选择】工具选中对象后，可以通过调整对象控制点调整对象大小和缩放对象。

- 按住 Shift 键，同时拖动一个角控制点，可以从对象的中心调整选定对象的大小。
- 按住 Ctrl 键，同时拖动一个角控制点，可以将选定对象调整为原始大小的几倍。
- 按住 Alt 键，同时拖动一个角控制点，可以延展选定对象并同时调整其大小。

2. 使用【自由缩放】工具

在选中对象后，选择工具箱中的【自由变

换】工具，然后再单击属性栏中的【自由缩放】工具，可以沿水平和垂直坐标轴缩放对象。另外，该工具放大和缩小对象是相对于对象的参考点进行缩放的，只要在页面中单击即可设置参考点。在对象内部单击，可从中心缩放对象；在对象外部单击，可根据拖动鼠标的距离和方向来缩放和定位对象。

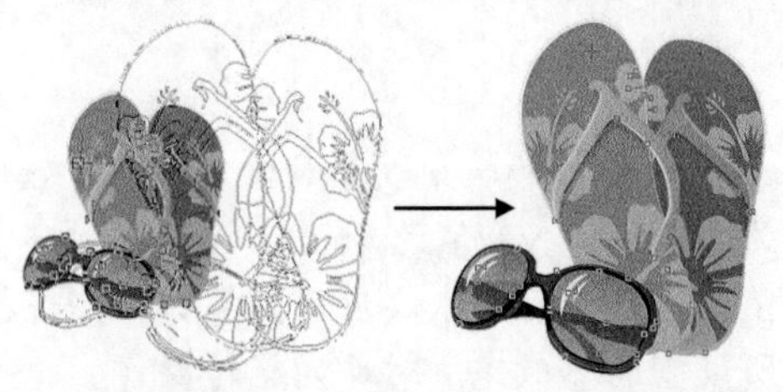

3. 精确修改对象大小

默认状态下，CorelDRAW 以中心缩放对象。缩放是以指定的百分比改变对象的尺寸，调整大小则是以指定的数值改变对象的尺度。使用【变换】泊坞窗，可以按照指定的值改变对象的尺寸。

实用技巧

除了使用【选择】工具、【自由变换】工具和【变换】泊坞窗外，通过设置属性栏中的【对象的大小】数值框中的数值，也可以精确设置对象的大小。

【例 4-8】在绘图文件中，使用泊坞窗改变对象大小。
视频+素材 (光盘素材\第 04 章\例 4-8)

step 1 选择需要调整大小的对象，单击【变换】泊坞窗中的【大小】按钮，切换至【大小】选项组。

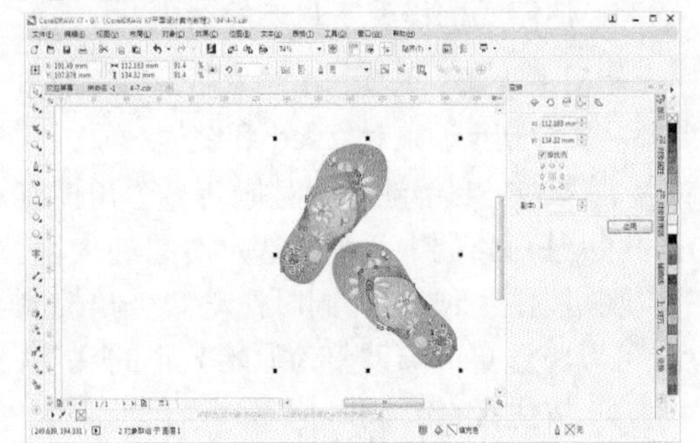

step 2 在【变换】泊坞窗中，设置对象原点为【左上】，x数值框中设置数值为 40mm，并选择对象缩放的相对位置，设置【副本】数值为 1，完成后单击【应用】按钮，即可调整对象的大小。

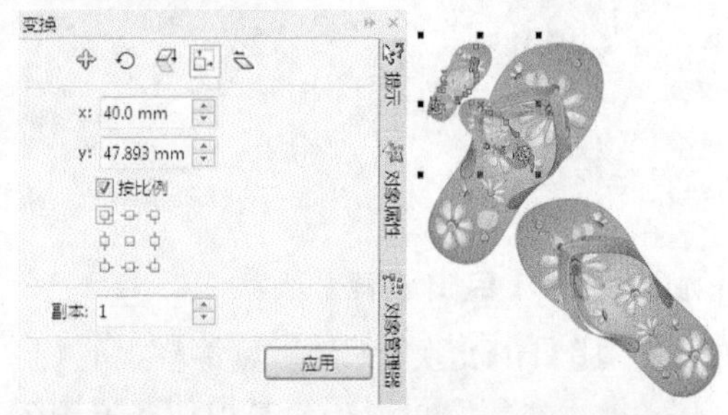

4.6.4 镜像对象

通过 CorelDRAW 中的镜像选项可以水平或垂直镜像对象。水平镜像对象会将对象由左向右或由右向左翻转；垂直镜像对象则会将对象由上向下或由下向上翻转。

1. 使用【选择】工具镜像对象

使用【选择】工具选定对象后，将光标移动到对象左边或右边居中的控制点上，按下鼠标左键并向对应的另一边拖动鼠标，当拖出对象范围后释放鼠标，可使对象按不同的宽度比例进行水平镜像；如拖动上方或下方居中的控制点到对应的另一边，当拖出对象范围后释放鼠标，可使对象按不同的高度比例垂直镜像。

使用【选择】工具镜像对象时，再拖动鼠标并按住 Ctrl 键，可以使对象保持长宽比例不变的情况下水平或垂直镜像对象。在释放鼠标之前单击鼠标右键，可以在镜像对象的同时复制对象。

2. 使用【自由角度反射】工具

使用【自由变换】工具属性栏上的【自由角度反射】工具可以按照指定的角度镜像绘图窗口中的对象，可以通过单击鼠标设置参考点。开始拖动鼠标时，会出现对象的轮廓和一条镜像线延伸到绘图窗口外。设置参考点的位置决定对象与镜像线之间的距离。镜像线指示了从参考点镜像对象时所基于的角度，拖动镜像线可设置镜像角度。

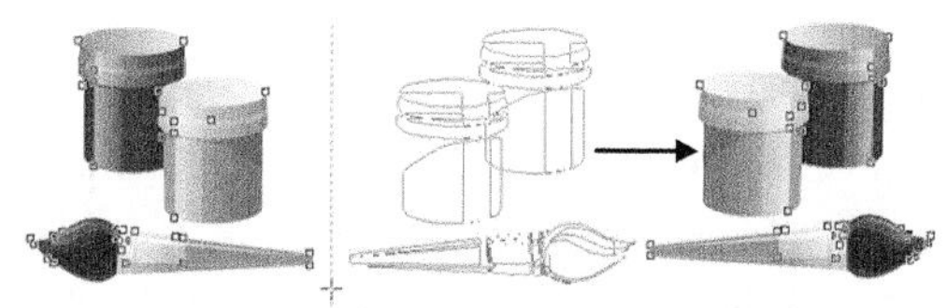

实用技巧

用户还可以通过调整属性栏中的【缩放因子】值来调整对象的缩放比例。单击属性栏中的【水平镜像】按钮和【垂直镜像】按钮，也可以使对象水平或垂直镜像。

3. 精确镜像对象

在 CorelDRAW 中，通过属性栏和【变换】泊坞窗都可以精确地镜像对象。默认状态下，镜像的中心点是对象的中心点，用户可以通过【变换】泊坞窗修改中心点以指定对象的镜像方向。在【变换】泊坞窗中单击【缩放和镜像】按钮，切换到【缩放和镜像】选项设置。在该选项区域中，用户可以调整对象的缩放比例并使对象在水平或垂直方向上镜像。

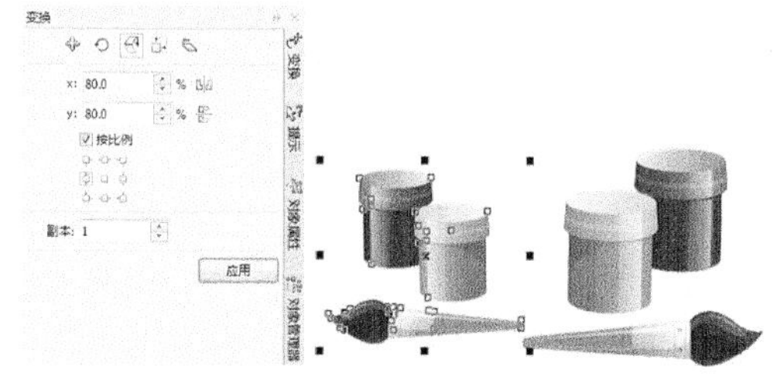

- 【缩放】选项：用于调整对象在宽度和高度上的缩放比例。
- 【镜像】选项：使对象在水平或垂直方向上翻转。
- 【按比例】：选中该复选框，在调整对象的比例时，对象将按长宽比例缩放。

4.6.5 倾斜对象

在 CorelDRAW 中，可以沿水平和垂直方向倾斜对象。用户不仅可以使用工具倾斜对象，还可以指定度数来精确倾斜对象。

1. 使用【选择】工具倾斜对象

使用【选择】工具双击对象，对象的旋转和倾斜控制柄会显示出来。其中双向箭头显示的是倾斜控制手柄。当光标移动到倾斜控制柄上时，光标则会变成倾斜标志。使用鼠标拖动倾斜控制柄可以交互地倾斜对象；也可以在拖动时按住 Alt 键，同时沿水平和垂直方向倾斜对象；也可以在拖动时按住 Ctrl 键以控制对象的移动。

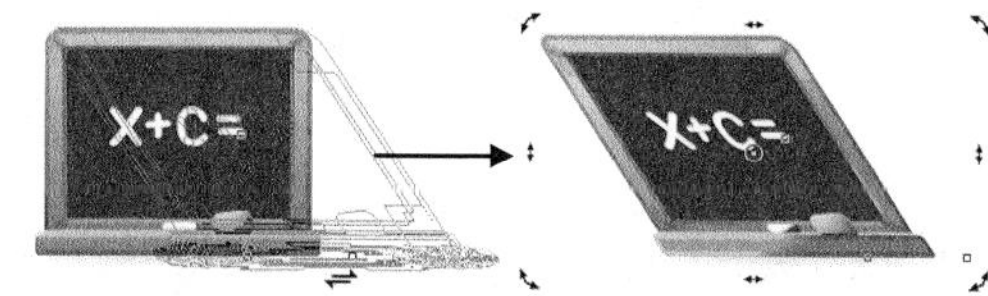

2. 使用【自由倾斜】工具

使用【自由变换】工具属性栏上的【自由倾斜】工具可以使对象基于一个参考点同时进行水平和垂直倾斜。单击绘图窗口中的任意位置可以快速设置倾斜操作基于的参考点。

3. 精确倾斜对象

用户也可以使用【变换】泊坞窗中的【倾斜】选项，精确地对图形的倾斜度进行设置。倾斜对象的操作方法与旋转对象基本相似。

4.7 锁定、解锁对象

锁定对象可以防止在绘图过程中无意中移动、调整大小、变换、填充或以其他方式误操作而更改对象。在 CorelDRAW 中，可以锁定单个、多个或分组的对象。如果要修改锁定的对象，需要先解除锁定状态。用户可以一次解除锁定一个对象，或者同时解除对所有锁定对象的锁定。

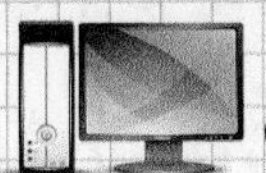

如果需要锁定对象，先使用【选择】工具选择对象，然后选择【对象】|【锁定】|【锁定对象】命令；也可以在选定对象上右击，在弹出的菜单中选择【锁定对象】命令，把选定的对象固定在特定的位置上，以确保对象的属性不被更改。

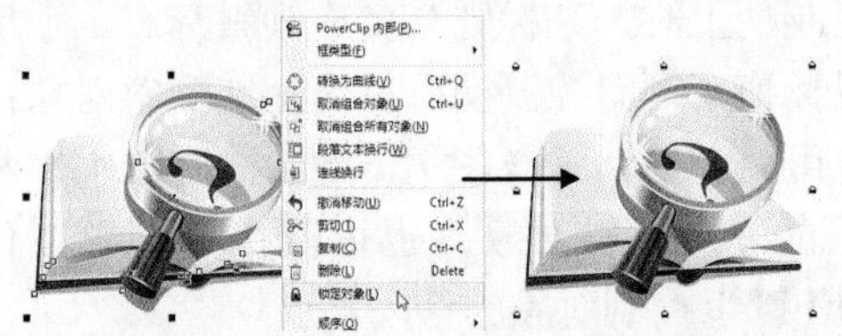

当对象被锁定在绘图页中后，无法进行对象的移动、调整大小、变换、克隆、填充或修改。锁定对象不适用于控制某些对象，如混合对象、嵌合于某个路径的文本和对象、含立体模型的对象、含轮廓线效果的对象，以及含阴影效果的对象等。

在锁定对象后，就不能对该对象进行任何的编辑。如果要继续编辑对象，就必须解除对象的锁定。如果要解锁对象，使用【选择】工具选择锁定的对象，然后选择【对象】|【锁定】|【解锁对象】命令即可；也可以在选定对象上右击，在弹出的菜单中选择【解锁对象】命令。如果要解锁多个对象或对象组合，则使用【选择】工具选择锁定的对象，然后选择【对象】|【锁定】|【对所有对象解锁】命令。

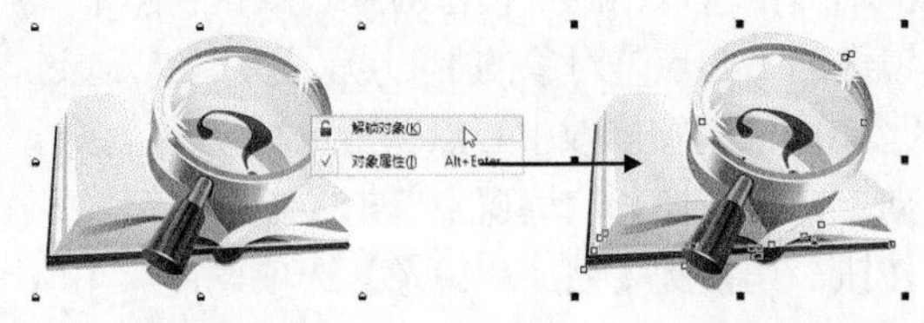

4.8 案例演练

本章的案例演练部分通过制作商品折扣券和 UI 设计的综合实例操作，使用户通过练习从而巩固本章所学知识。

4.8.1 制作商品折扣券

【例 4-9】制作商品折扣券。
视频+素材 (光盘素材\第 04 章\例 4-9)

step 1 在CorelDRAW X7 应用程序工作区的标准工具栏中，单击【新建】按钮，打开【创建新文档】对话框。在该对话框的【名称】文本框中输入“折扣券”，设置【宽度】数值为 155mm，【高度】数值为 77mm，在【原色模式】下拉列表中选择CMYK选项，然后单击【确定】按钮。

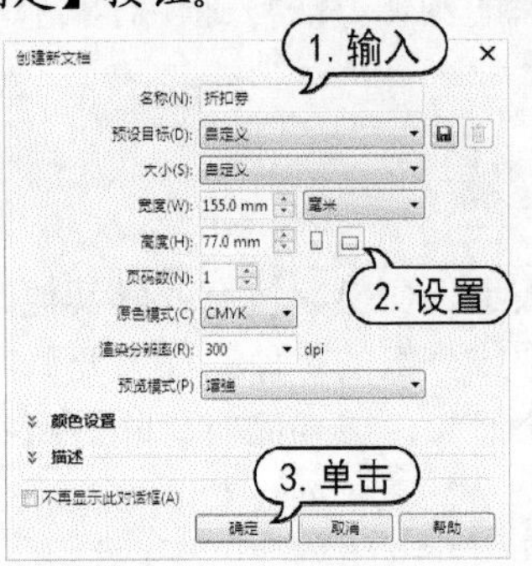

step 2 选择【布局】|【页面背景】命令，打开【选项】对话框。在该对话框中，选中【位图】单选按钮，单击【浏览】按钮，打开【导入】对话框。在该对话框中，选择所需要的背景图像，然后单击【导入】按钮。

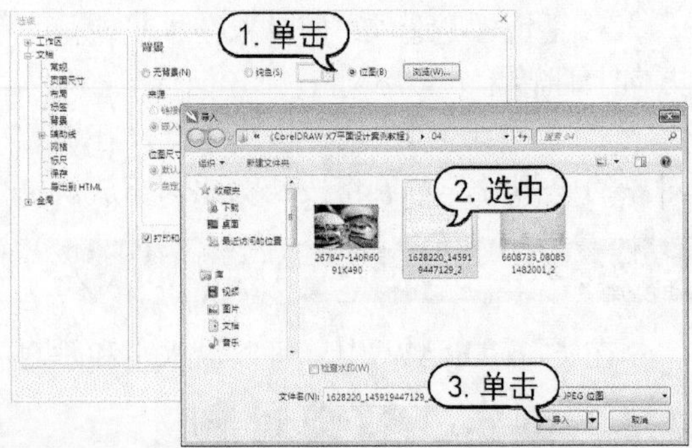

step 3 在【选项】对话框的【位图尺寸】选项区中，取消选中【保持纵横比】复选框，选中【自定义尺寸】单选按钮，设置【水平】数值为 155，【垂直】数值为 77，然后单击【确定】按钮。

step 4 选择【矩形】工具，在页面中拖动绘制矩形，并在属性栏中，取消选中【锁定比率】按钮，设置对象【宽度】数值为 10mm，【高度】数值为 77mm。

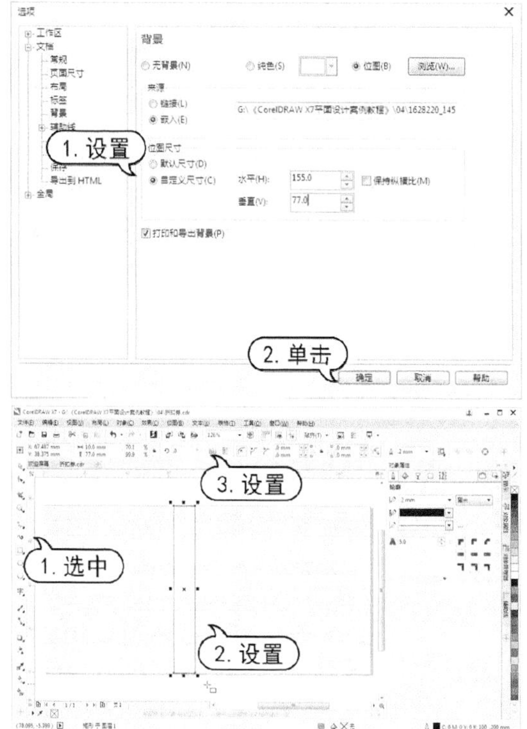

step 5 选择【窗口】|【泊坞窗】|【变换】|【倾斜】命令，打开【变换】泊坞窗。在泊坞窗中，设置对象原点为【右下】，x数值为 10°，然后单击【应用】按钮。

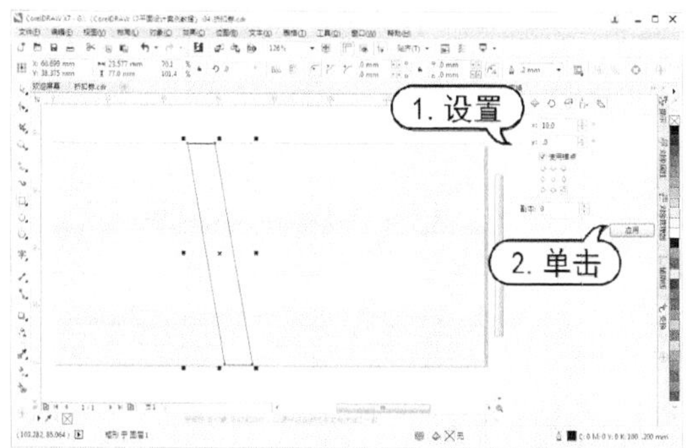

step 6 在调色板中，右击【无】色板，设置轮廓色为【无】。然后双击状态栏中填充状态，打开【编辑填充】对话框。在该对话框中，单击【渐变填充】按钮，设置起始色为C:65 M:41 Y:100 K:0,终止色为C:52 M:5 Y:89 K:0,【旋转】数值为 75°，然后单击【确定】按钮。

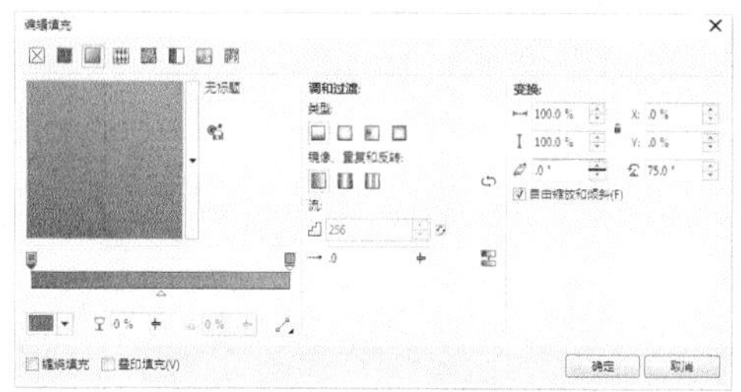

step 7 选择【窗口】|【泊坞窗】|【对齐与分布】命令，打开【对齐与分布】泊坞窗。在泊坞窗的【对齐对象到】选项区中，单击【页面边缘】按钮；在【对齐】选项区中单击【垂直居中对齐】按钮。

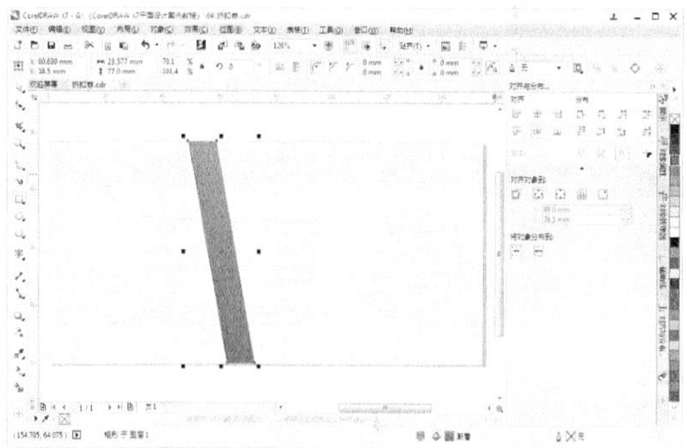

step 8 选择【折线】工具，在绘图页面中绘制如图所示的图形。

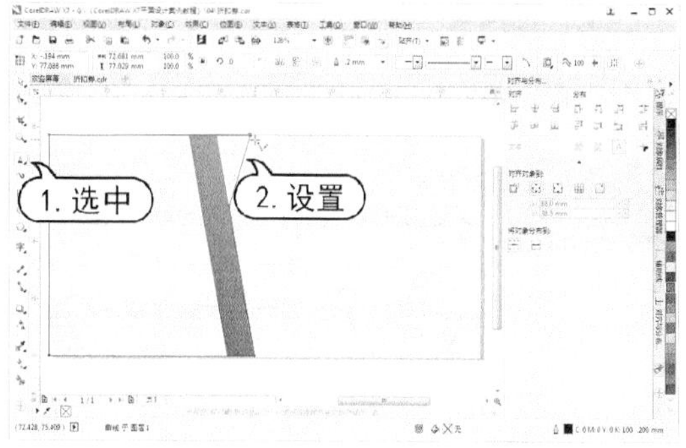

step 9 在标准工具栏中，单击【导入】按钮，打开【导入】对话框。在【导入】对话框中，选中所需要的图像文件，然后单击【导入】按钮。

step 10 在页面中单击，导入图像，并在属性栏中，设置对象原点为【左上】，设置【缩放因子】数值为 35%。

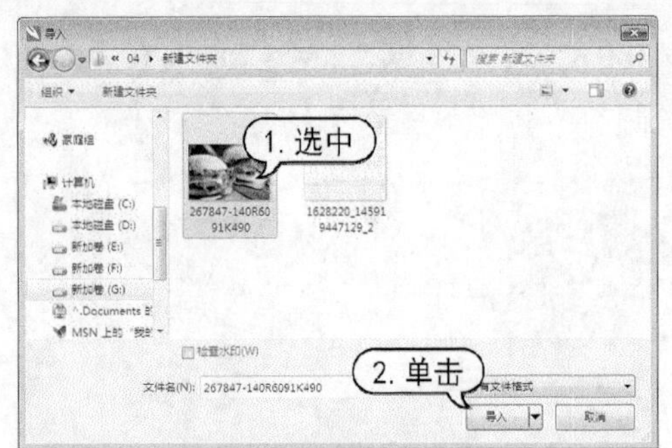

step⑪ 选择【对象】|【图框精确剪裁】|【置于图文框内部】命令，当出现黑色箭头后，单击步骤(8)中绘制的图形。

step⑫ 单击图文框下方的浮动工具栏中的【编辑PowerClip】按钮，进入编辑状态，调整图像在图文框中的位置。

step⑬ 选择【位图】|【模糊】|【高斯式模糊】命令，打开【高斯式模糊】对话框。在该对话框中，设置【半径】数值为5像素，然后单击【确定】按钮。

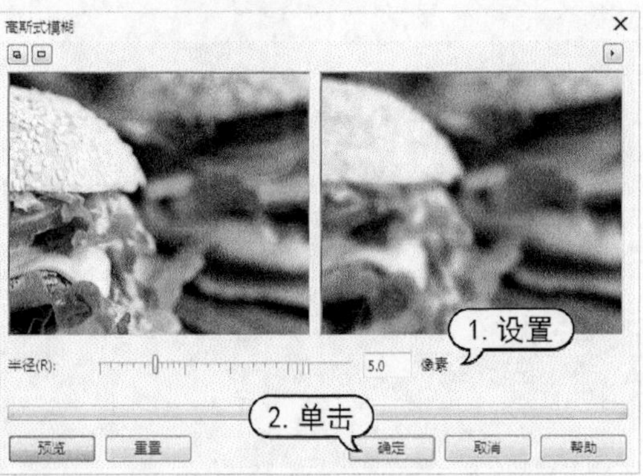

step⑭ 单击图文框下方的浮动工具栏中的【停止编辑内容】按钮，并在调色板中设置轮廓色为【无】。然后按Ctrl+Pagedown键，将对象向下一层。

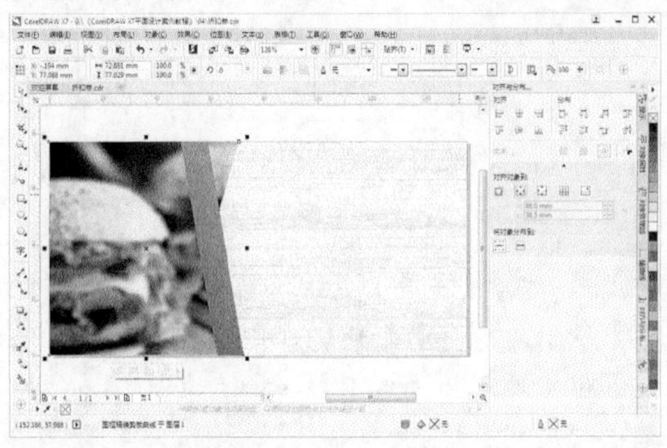

step⑮ 选择【矩形】工具，在绘图页面中单击拖动绘制矩形。

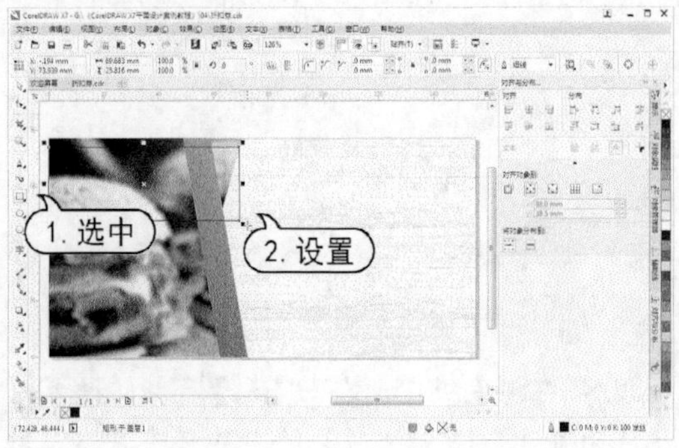

step⑯ 在调色板中，右击【无】色板，设置轮廓色为【无】。然后双击状态栏中填充状态，打开【编辑填充】对话框。在该对话框中，单击【均匀填充】按钮，设置填充色为C:88 M:83 Y:70 K:56，然后单击【确定】按钮。

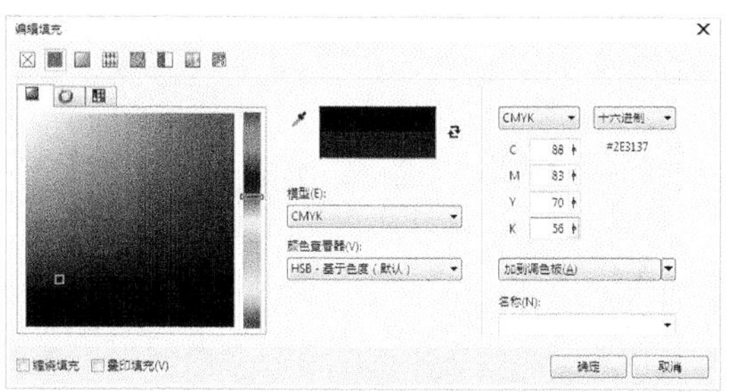

step 17 选择【对象】|【转换为曲线】命令，使用【形状】工具选中矩形右下角节点，并调整其位置。

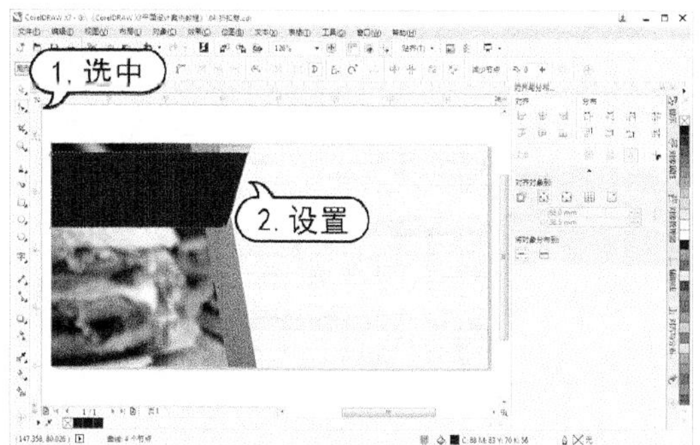

step 18 选择【选择】工具选中刚编辑过的图形对象，然后按Ctrl+Pagedown键，将对象向后一层。

step 19 选择【文本】工具在页面中单击，并输入文本内容。然后按Ctrl+A键全选文本，在属性栏中，单击【文本属性】按钮，打开【文本属性】泊坞窗。在【文本属性】泊坞窗中，设置字体为Adobe Gothic Std B，字体大小为 32pt，字体颜色为C:4 M:78 Y:85 K:0。

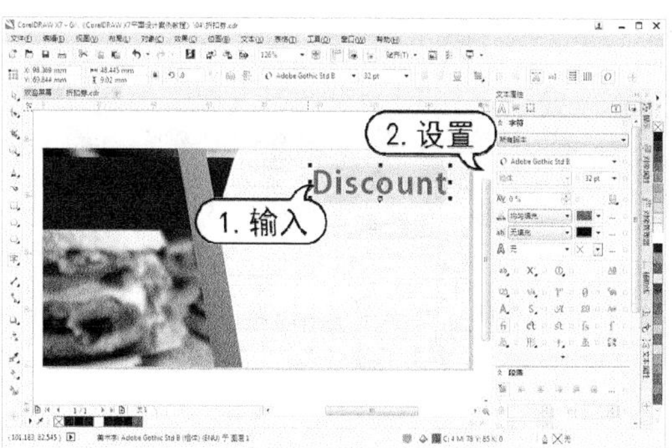

step 20 选择【文本】工具在页面中单击，并输入文本内容。然后按Ctrl+A键全选文本，在属性栏中，单击【文本属性】按钮，打开【文本属性】泊坞窗。在【文本属性】泊坞窗中，设置字体为Adobe Gothic Std B，字体大小为 60pt，字体颜色为C:88 M:83 Y:70 K:56。

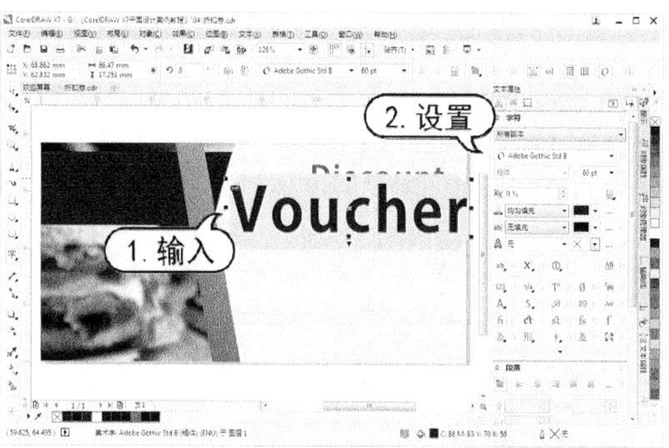

step 21 选择【形状】工具选中刚创建的文字，并调整字符间距。

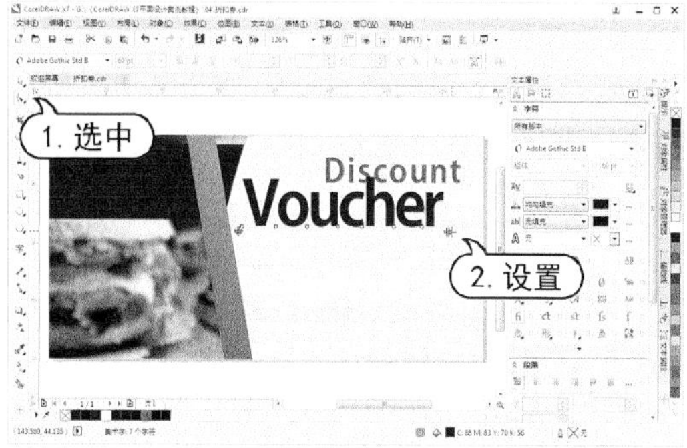

step 22 使用【形状】工具选中文字节点，在属性栏中，设置【字符角度】数值为 10°。

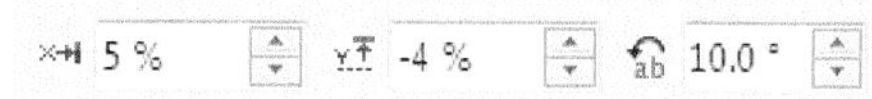

step 23 使用【形状】工具选中步骤(19)中创建的文字，并调整字符间距。

step 24 使用【文本】工具在页面中单击，在泊坞窗中设置字体为Impact，字体大小为50pt，字体颜色为【白色】，然后输入文本内容。

step 25 使用【文本】工具选中文字，在泊坞窗中设置字体大小为24pt。

step 26 选择【选择】工具，调整步骤(19)至步骤(25)输入文字的位置。

step 27 选择【椭圆形】工具，按Ctrl键拖动绘制圆形，并在属性栏中设置对象大小的【宽度】数值为20mm。

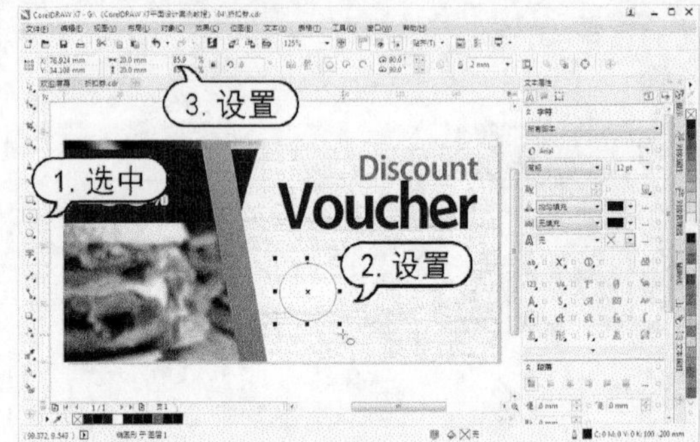

step 28 在调色板中，右击【无】色板，设置轮廓色为【无】。然后双击状态栏中填充状态，打开【编辑填充】对话框。在该对话框中，单击【渐变填充】按钮，设置起始色为C:1 M:78 Y:89 K:0，终止色为C:3 M:53 Y:88 K:0，【旋转】数值为-25°，然后单击【确定】按钮。

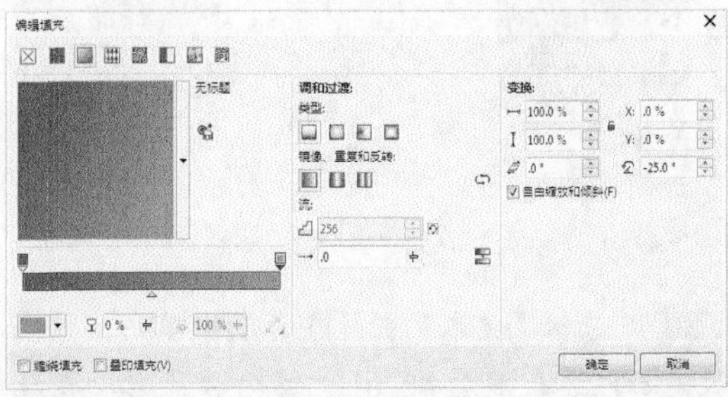

step 29 选择【文本】工具，在页面中单击输入文本。然后使用【选择】工具调整文本位置，并在属性栏中，单击【文本对齐】按钮，从弹出的列表中选择【居中】。在【文本属性】泊坞窗的【字符】选项区中，设置字体为Arial

Rounded MT Bold，字体大小为 11pt，字体颜色为【白色】；在【段落】选项区中，设置【字符间距】数值为-35%。

step 30 选择【文本】工具，在页面中单击输入文本。然后使用【选择】工具调整文本位置，并在【文本属性】泊坞窗的【字符】选项区中，设置字体为【方正黑体简体】，字体大小为 9pt；在【段落】选项区中，设置【字符间距】数值为-20%。

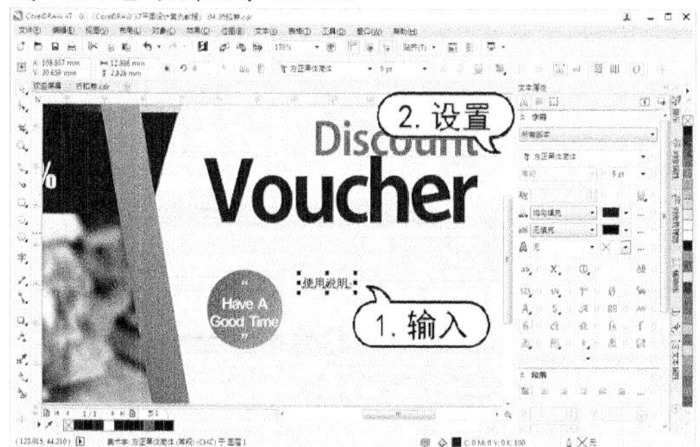

step 31 选择【文本】工具在页面拖动创建文本框，在属性栏中设置字体为【黑体】，字体大小为 6pt，然后输入文本。

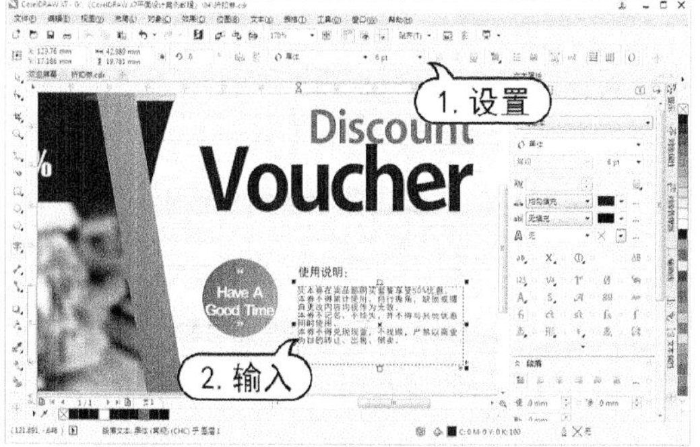

step 32 使用【选择】工具调整文本位置，在【文本属性】泊坞窗的【段落】选项区中，单击【两端对齐】按钮，再单击【垂直间距单位】按钮，从弹出的下拉列表中选择【点】选项，设置【段后间距】数值为 8pt。

step 33 在【文本属性】泊坞窗的【段落】选项区中，选中【项目符号】复选框，并单击【项目符号设置】按钮…，打开【项目符号】对话框。在该对话框的【字体】下拉列表中选择Wingdings 2 选项，在【符号】下拉列表中框中选择一种项目样式，设置【大小】数值为 5pt，【基线位移】数值为 0pt，【到文本的项目符号】数值为 0.9mm，然后单击【确定】按钮。

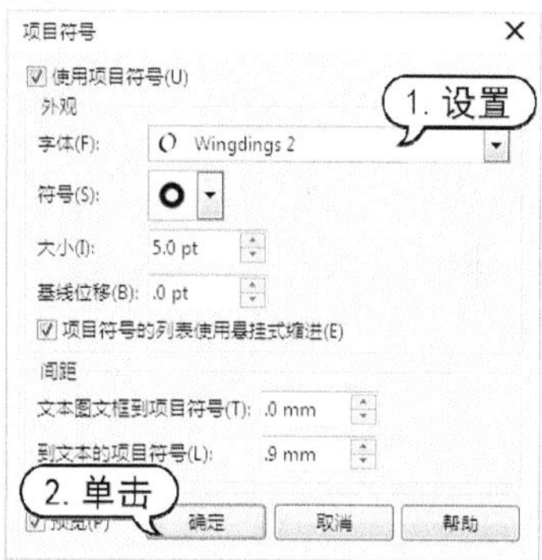

step 34 在标准工具栏中，单击【保存】按钮，打开【保存绘图】对话框。在该对话框中，选择文件存储位置，然后单击【保存】按钮。

4.8.2 UI设计

【例 4-10】在 CorelDRAW X7 中，进行 UI 设计。
素材 (光盘素材\第 04 章\例 4-10)

step 1 在CorelDRAW X7 应用程序工作区的标准工具栏中，单击【新建】按钮，打开【创建新文档】对话框。在该对话框的【名称】文本框中输入“UI设计”，设置【宽度】数值为 540mm，【高度】数值为 800mm，在【原色模式】下拉列表中选择RGB选项，然后单击【确定】按钮。

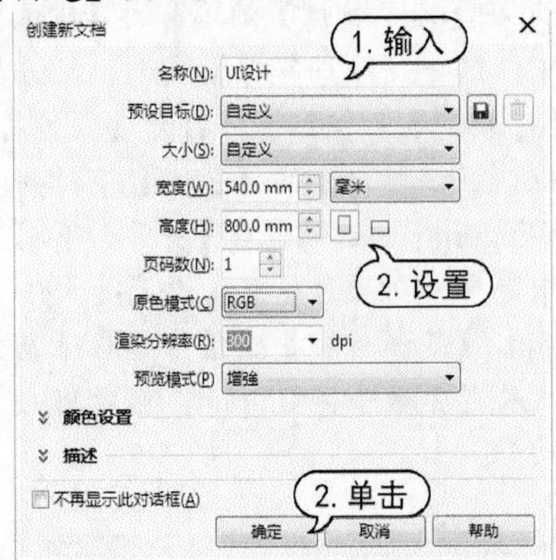

step 2 在工作区右侧的【辅助线】泊坞窗中，设置y数值为 40，然后单击【添加】按钮。

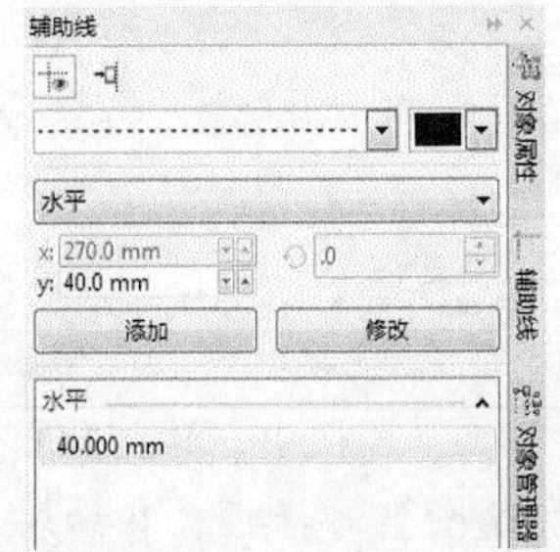

step 3 使用与步骤(2)相同的操作方法，在【辅助线】泊坞窗中y数值框中分别输入 280、760，然后单击【添加】按钮。

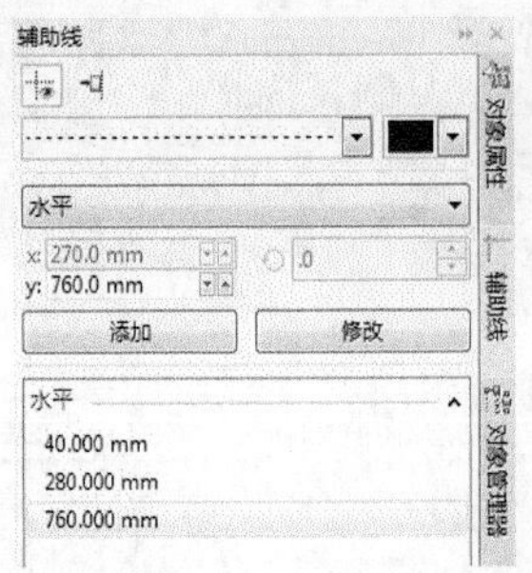

step 4 在【辅助线】泊坞窗中的【辅助线类型】下拉列表中选择【垂直】选项，在x文本框中分别输入 40、280、500，然后单击【添加】按钮添加辅助线。

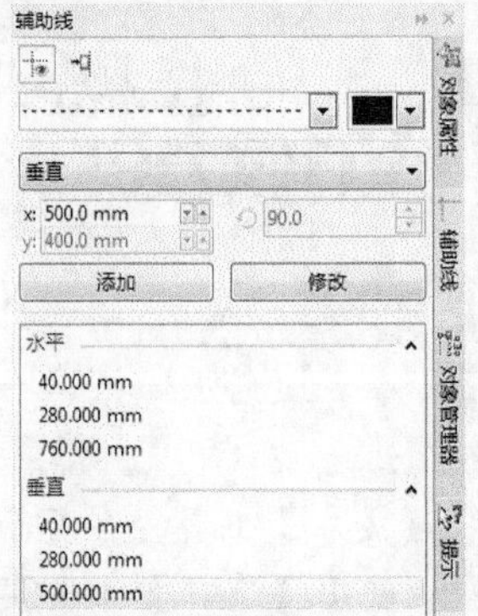

step 5 在【辅助线】泊坞窗中，按Shift键选中创建的辅助线，并单击泊坞窗底部的【锁定对象】按钮，锁定辅助线。

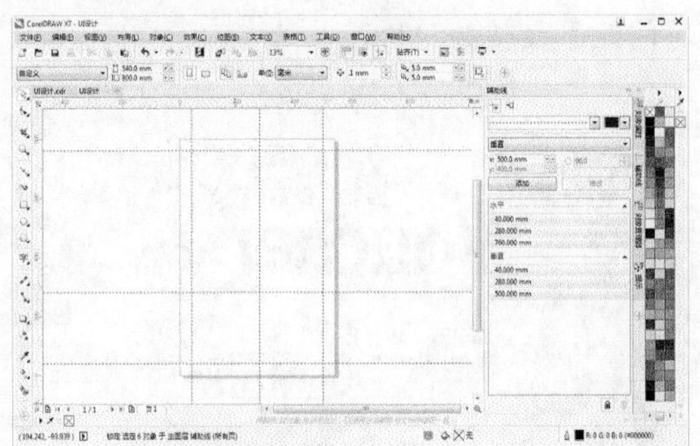

step 6 选择【矩形】工具依据辅助线拖动绘制矩形，并在调色板中右击【无】色板取消轮廓色，单击【黑色】色板填充矩形。

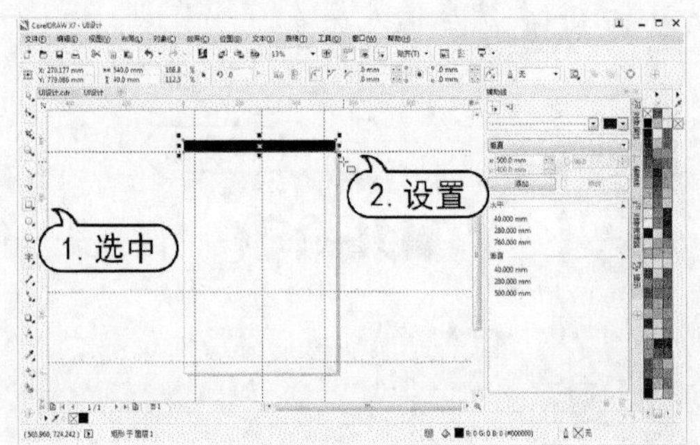

step 7 选择【椭圆形】工具，按Shift+Ctrl键依据辅助线拖动绘制圆形。

step 8 在属性栏中设置【轮廓宽度】数值为 2.5mm，在调色板中，右击【白色】色板设置轮廓色，并按F11 键打开【编辑填充】对话框。在该对话框中，设置起始点为【白色】，终止点为R:51 G:51 B:51 色板，在混色条上添加两个滑块分别设置过渡颜色，【旋转】数值为 90°，然后单击【确定】按钮。

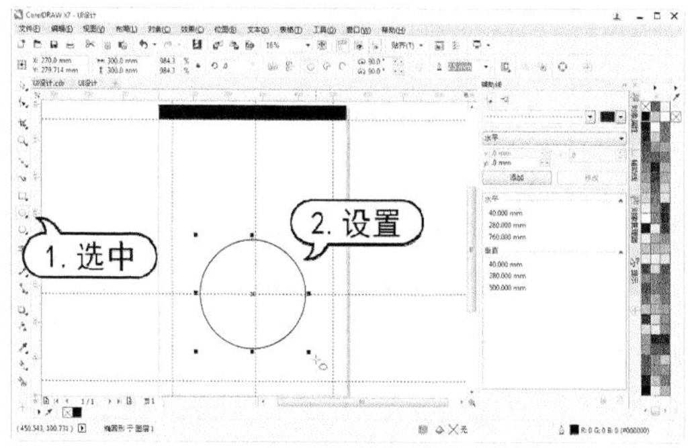

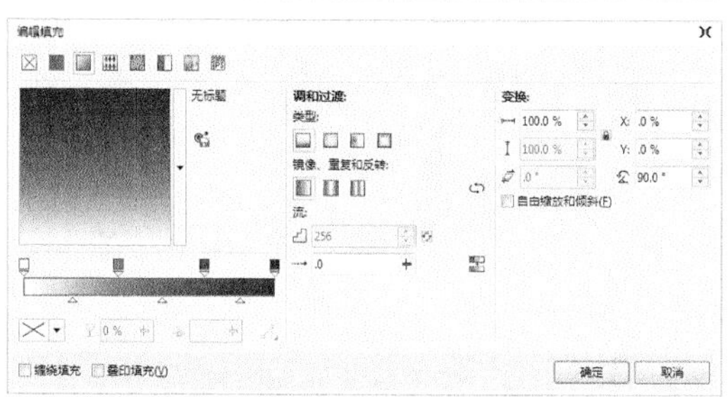

step 9　选择【窗口】|【泊坞窗】|【变换】|【大小】命令，打开【变换】泊坞窗。在泊坞窗中，设置x数值为 275mm，【副本】数值为 1，然后单击【应用】按钮。

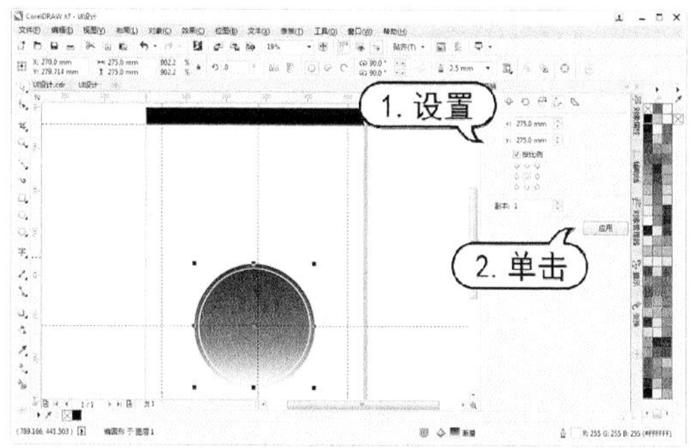

step 10　在调色板中取消轮廓色，按F11 键打开【编辑填充】对话框。在该对话框中，设置渐变色为R:0 G:51 B:153 至R:102 G:102 B:255 至R:0 G:255 B:255，【旋转】数值为 119.7°，【填充宽度】数值为 80%，然后单击【确定】按钮。

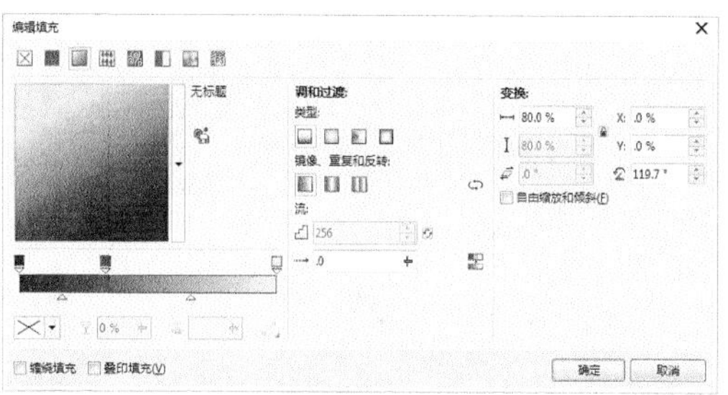

step 11　在【变换】泊坞窗中，设置x数值为 240mm，【副本】数值为 1，然后单击【应用】按钮。并在状态栏中双击填充属性，打开【编辑填充】对话框。在该对话框中单击【椭圆形渐变填充】按钮，设置渐变色从浅灰到白色，设置【填充宽度】数值为 200%，x数值为-22%，y数值为 22%，然后单击【确定】按钮填充变换的对象。

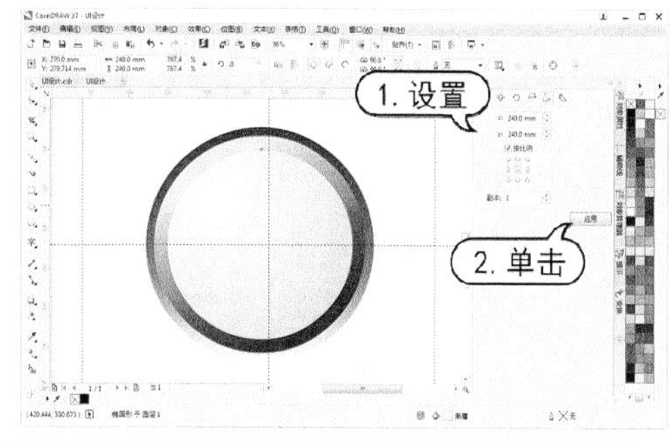

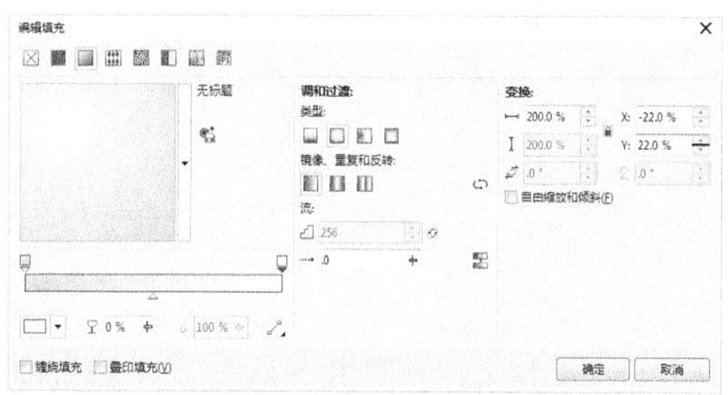

step 12　保持刚创建对象的选中状态，选择【阴影】工具，在属性栏中单击【预设列表】下拉列表选择【小型辉光】选项，单击【阴影颜色】按钮，在弹出的下拉面板中选择【黑色】色板，设置【阴影的不透明度】数值为 80，【阴影羽化】数值为 8。

step 13　分别选择【矩形】工具和【椭圆形】工具，在页面中依据辅助线拖动绘制如图所示的图形对象，并使用【选择】工具选中绘制的图形对象。

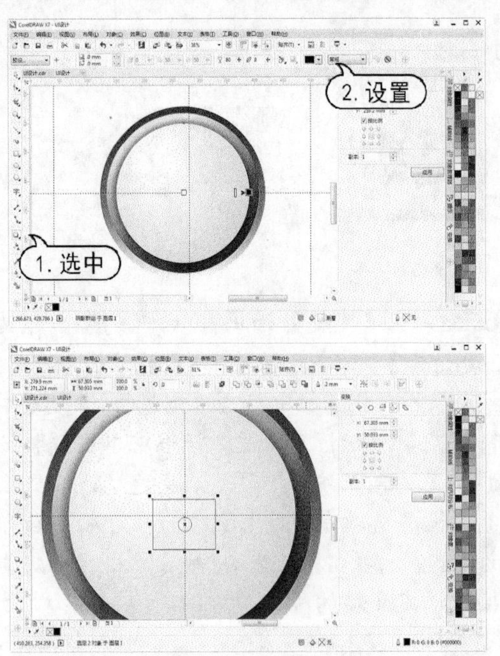

step 14 再单击属性栏中的【移除前面对象】按钮，然后在【对象属性】泊坞窗中单击【填充】按钮，再单击【均匀填充】按钮，设置填充颜色为R:51 G:51 B:51。

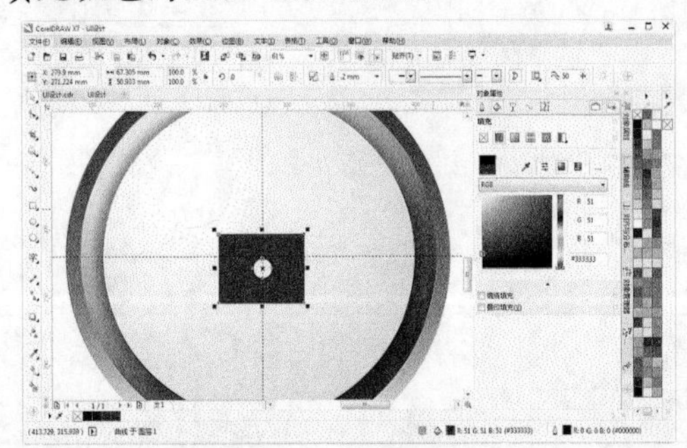

step 15 选择【贝塞尔】工具在图像中绘制路径，并在【对象属性】泊坞窗中单击【轮廓】按钮，设置【轮廓宽度】为 10mm，【轮廓颜色】为R:51 G:51 B:51。

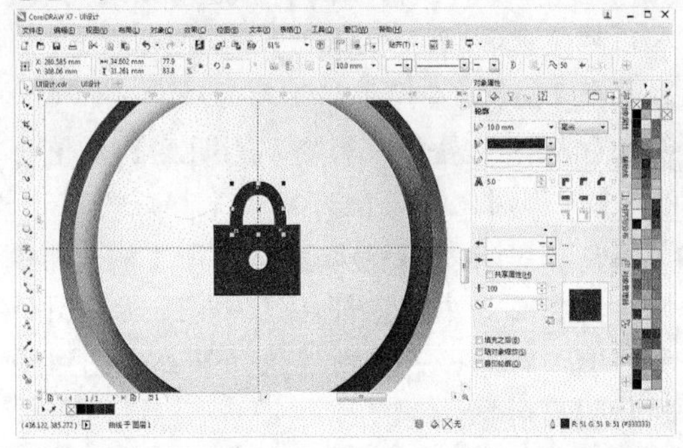

step 16 选择【对象】|【将轮廓转换为对象】命令将路径转换为图形。使用【选择】工具，按Shift键选中步骤(14)中创建的对象，然后单击属性栏中的【合并】按钮。

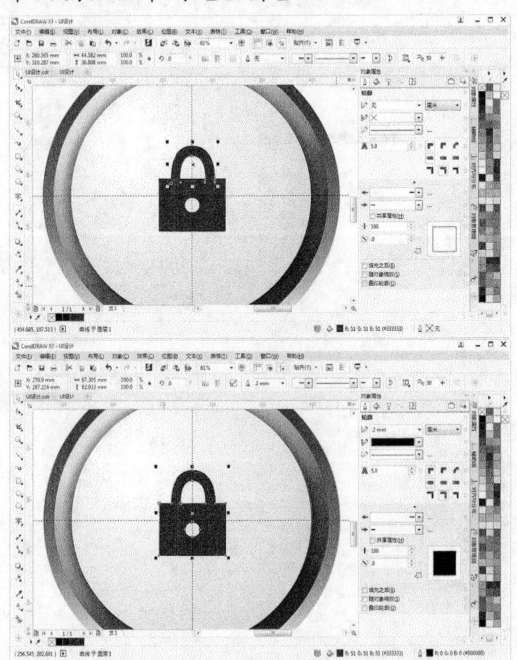

step 17 选择【矩形】工具在页面中拖动绘制矩形，在属性栏中设置【圆角半径】数值为16mm，【轮廓宽度】数值为 2.5mm。在调色板中，右击【白色】色板设置轮廓色。并在【对象属性】泊坞窗中单击【填充】按钮，在【类型】选项中单击【线性】按钮，设置渐变色从 70%黑到 30%黑，【填充宽度】为 70%，【旋转】为-90°。

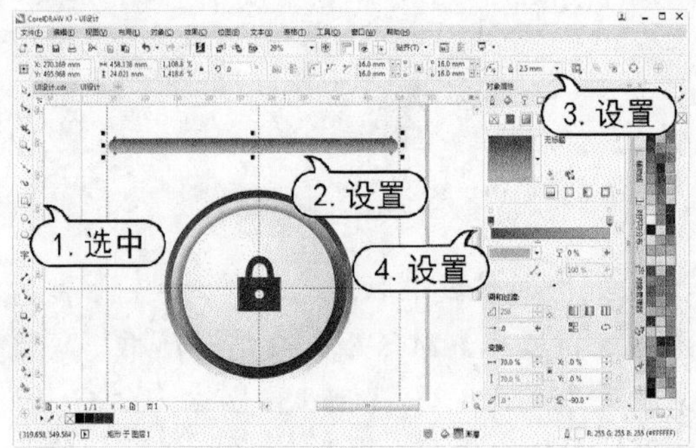

step 18 按Ctrl+C键复制刚绘制的图形，按Ctrl+V键粘贴。在调色板中取消轮廓色，并在【对象属性】泊坞窗中，设置渐变色从R:0

G:72 B:255 到R:0 G:255 B:255，【填充宽度】为 80%，【旋转】为 90°。

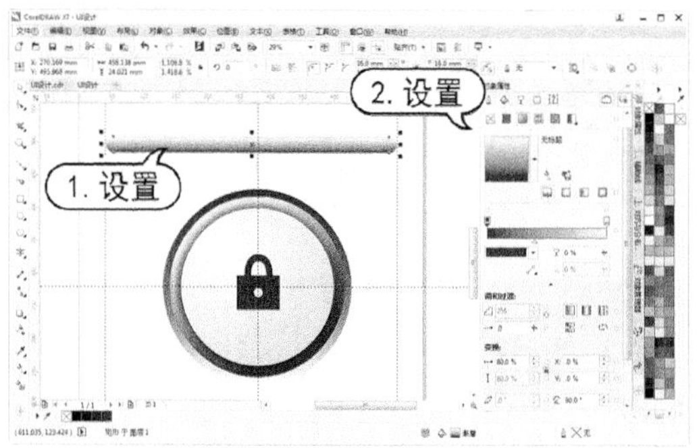

step 19 选择【选择】工具选中刚填充渐变的对象，并调整对象大小。

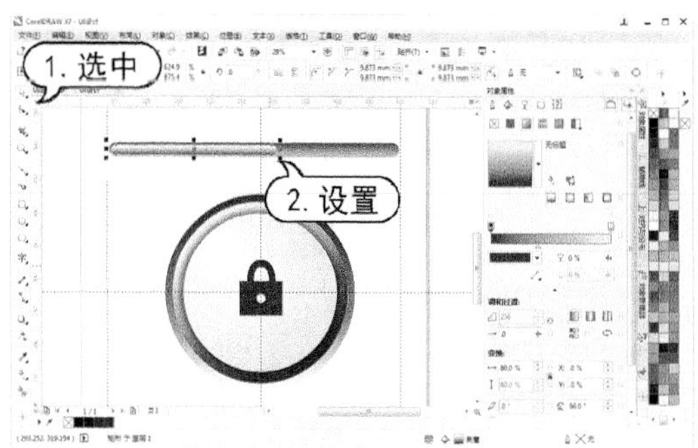

step 20 选择【布局】|【页面背景】命令，打开【选项】对话框。在该对话框中，选中【位图】单选按钮，并单击【浏览】按钮，打开【导入】对话框。在【导入】对话框中选择作为背景的图片并单击【导入】按钮。选中【自定义尺寸】单选按钮，取消选中【保持纵横比】复选框，设置【水平】数值为 540，【垂直】数值为 800，然后单击【确定】按钮。

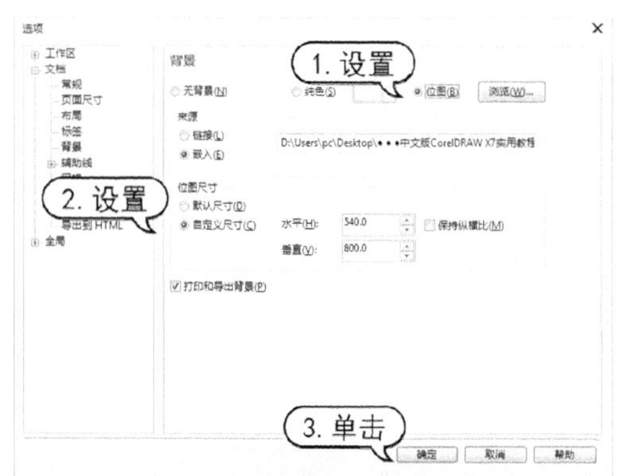

step 21 选择【文本】工具，在调色板中单击【白色】色板，在属性栏中【字体列表】中选择【方正黑体_GBK】，设置【字体大小】为 48pt，然后在页面中输入文字内容。

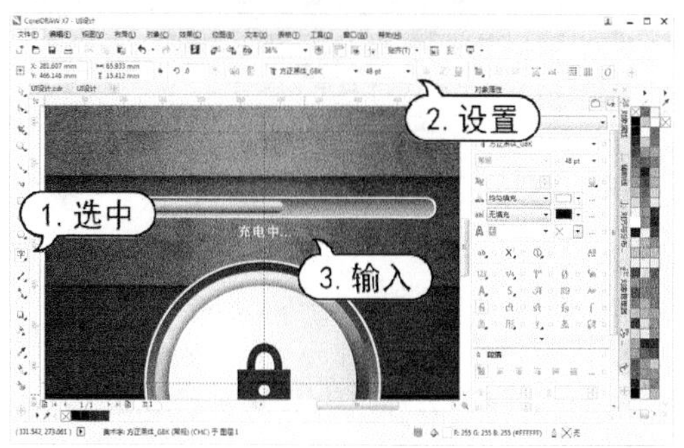

step 22 选择【阴影】工具，在属性栏中单击【预设列表】下拉列表，选择【平面右下】选项，设置阴影偏移值为 1.5mm和 1mm，【阴影的不透明度】数值为 80，【阴影羽化】数值为 3。

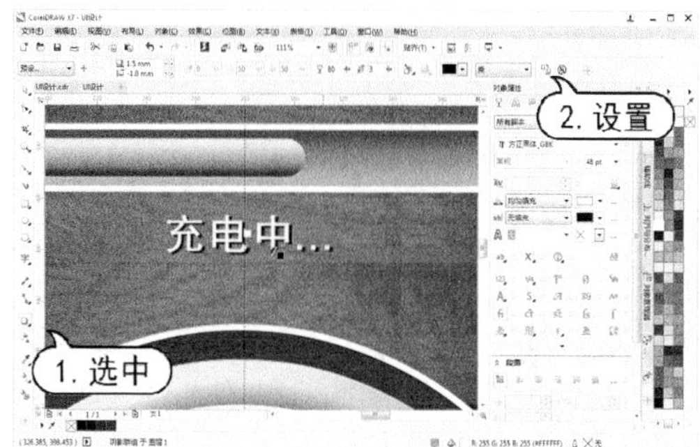

step 23 使用步骤(21)至步骤(22)同样的操作方法，在绘图文档中输入文字内容，并添加阴影效果。

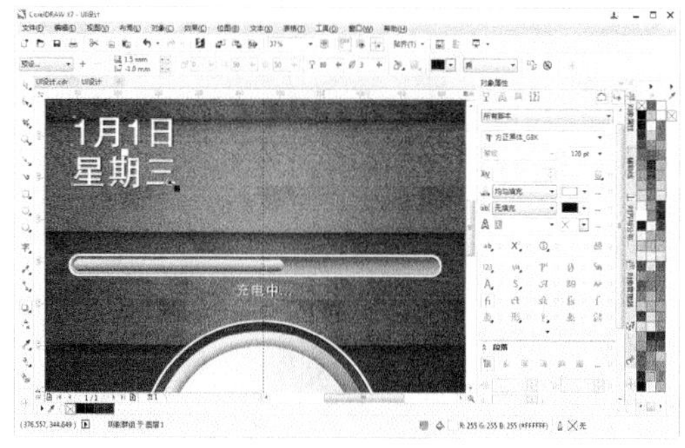

step 24 选择【贝塞尔】工具绘制如图所示的图形对象，并在调色板中取消轮廓色，单击【白色】色板填充对象。

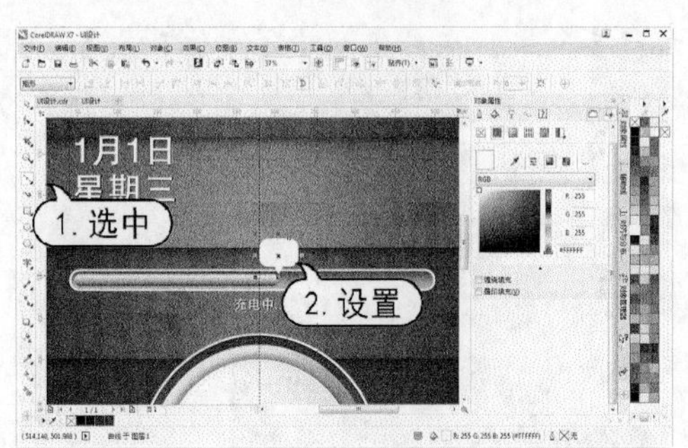

step 25 选择【阴影】工具，在属性栏中单击【预设列表】下拉列表，选择【平面右下】选项，设置阴影偏移值为 2mm和-1.4mm，设置【阴影的不透明度】数值为 80，【阴影羽化】数值为 7。

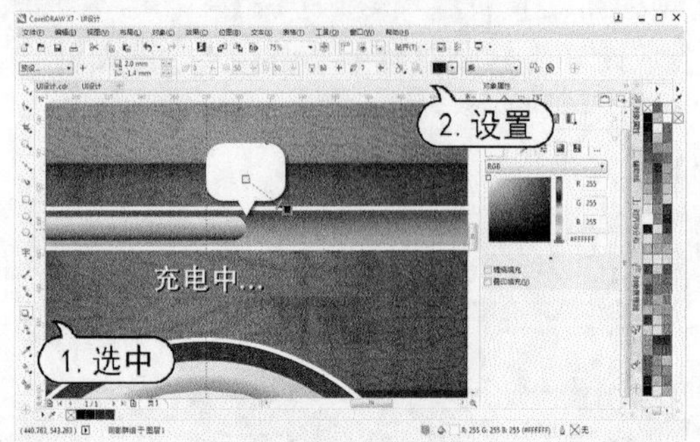

step 26 选择【文本】工具，在属性栏中【字体列表】中选择DFGothic-EB，设置【字体大小】为 60pt，然后在页面中单击输入文字。

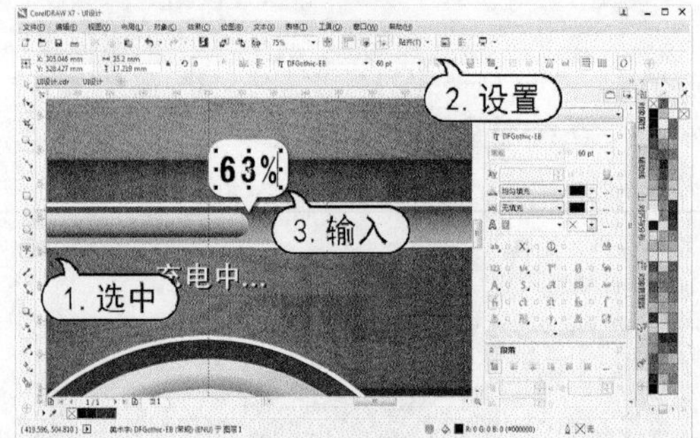

step 27 选择【矩形】工具，在页面中按Shift+Ctrl键拖动绘制方形，然后在属性栏中设置【宽度】和【高度】为 116mm，【圆角半径】为 5mm，【轮廓宽度】为 2mm，并在调色板中设置轮廓色为【白色】。

step 28 按Ctrl+C键复制刚创建的图形，按Ctrl+V键粘贴图形对象。在属性栏中设置参考点为左侧中间，设置【宽度】为 58mm，单击【同时编辑所有角】按钮，设置右侧圆角半径为 0mm。

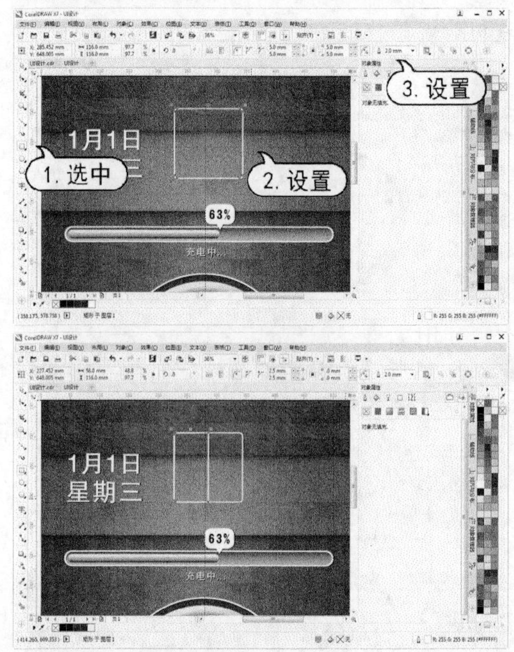

step 29 在调色板中取消轮廓色，并按F11 键，打开【编辑填充】对话框。在该对话框中的【类型】选项区中单击【线性渐变填充】按钮，设置渐变色，【旋转】为-90° ，然后单击【确定】按钮。

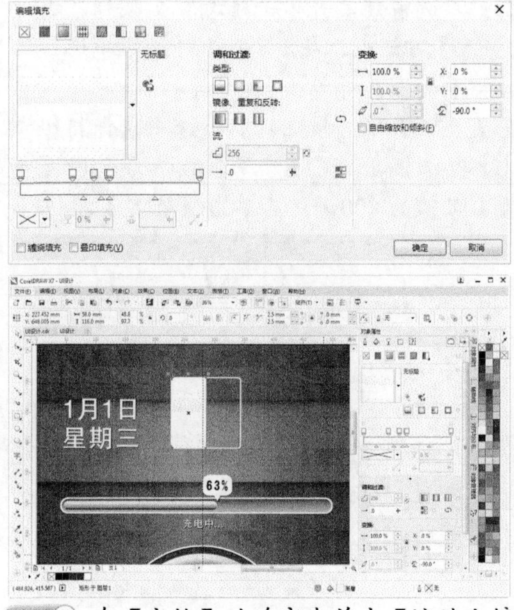

step 30 在【变换】泊坞窗中单击【缩放和镜像】按钮，单击【水平镜像】按钮，设置参

考中心点为右侧中间，【副本】数值为 1，然后单击【应用】按钮。

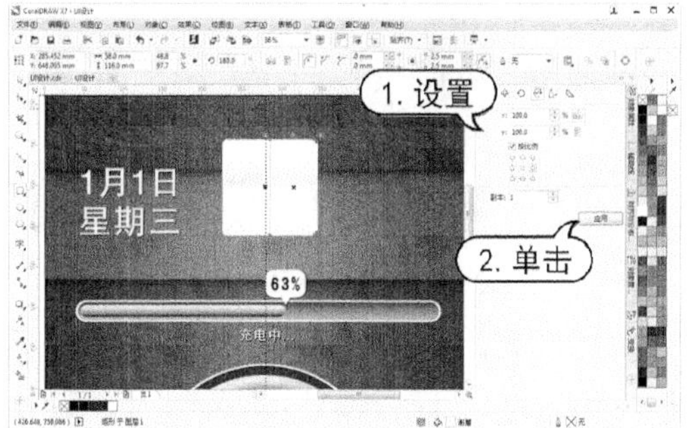

step 31 选择【矩形】工具拖动绘制矩形，并在属性栏中设置【轮廓宽度】为 2mm，【高度】为 116mm，在调色板中取消轮廓色，然后在【对象属性】泊坞窗中，单击【填充】按钮，再单击【渐变填充】按钮。并设置渐变从浅灰到白色，【旋转】数值为 0°，【填充宽度】数值为 2%，然后单击【确定】按钮。

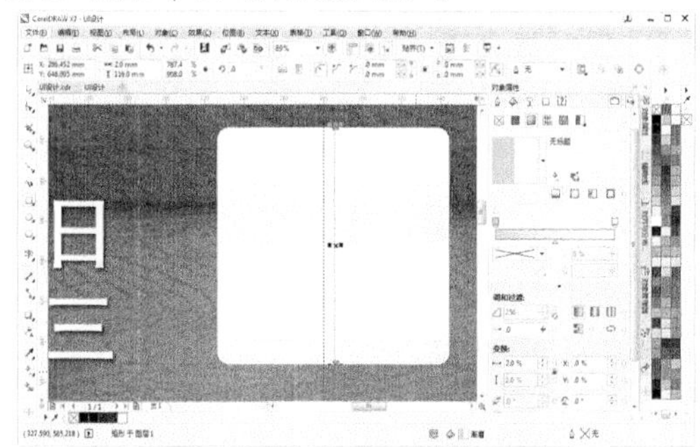

step 32 选择【矩形】工具拖动绘制矩形，并在属性栏中设置【宽度】为 4mm，【高度】为 21mm，【圆角半径】为 0.6mm，【轮廓宽度】为【细线】。然后在【对象属性】泊坞窗中，设置渐变色，【旋转】为 90°，【填充宽度】为 100%。

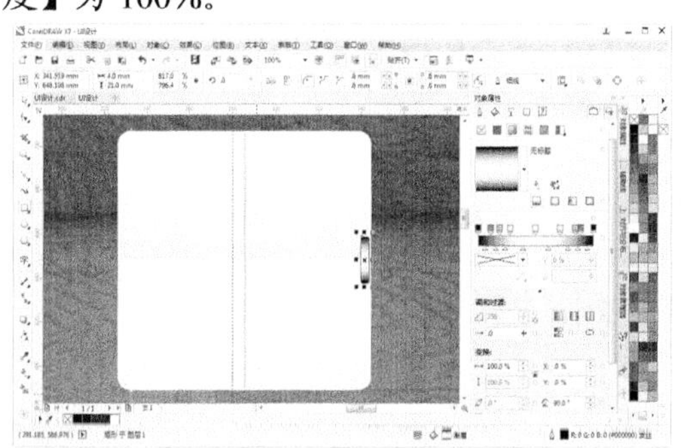

step 33 在【变换】泊坞窗中，单击【位置】按钮。设置参考中心点为右侧中间，设置x为-112，【副本】为 1，然后单击【应用】按钮。

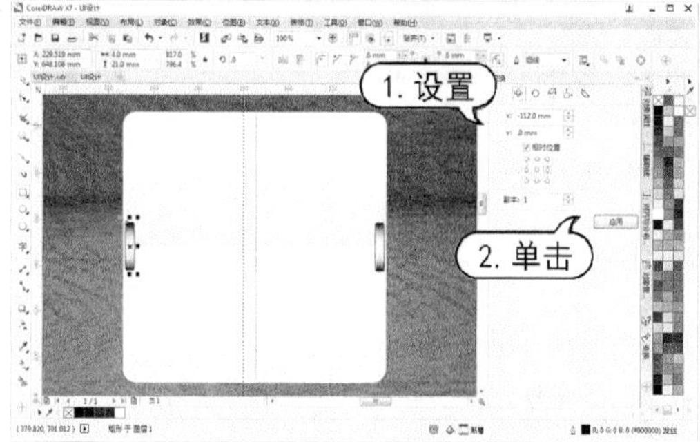

step 34 选择【文本】工具，在属性栏中【字体列表】中选择DFGothic-EB选项，设置【字体大小】为 255pt，然后在页面中单击输入文字。

step 35 使用【选择】工具选中步骤(27)中创建的圆角矩形，再选择【阴影】工具，在属性栏中单击【预设列表】下拉列表，选择【平面右下】选项，设置阴影偏移值为 1.5mm和 -1.5mm，设置【阴影的不透明度】数值为 80，【阴影羽化】数值为 2。

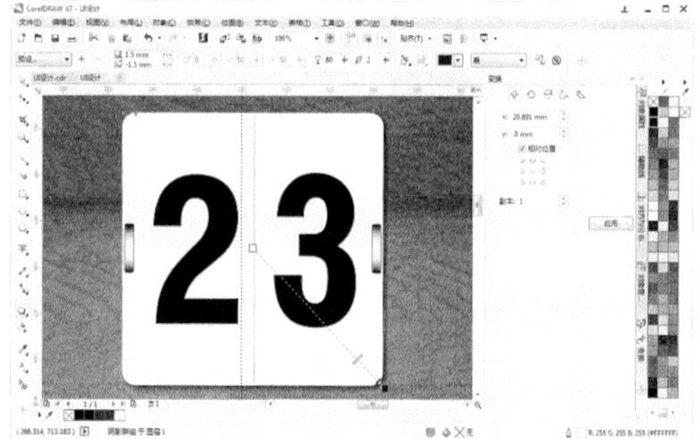

step 36 使用【选择】工具选中步骤(34)中输入的文字，按F11 键打开【渐变填充】对话框。在该对话框的【类型】选项中单击【线性】按钮，设置渐变色效果，【角度】数值为 90°，然后单击【确定】按钮应用填充。

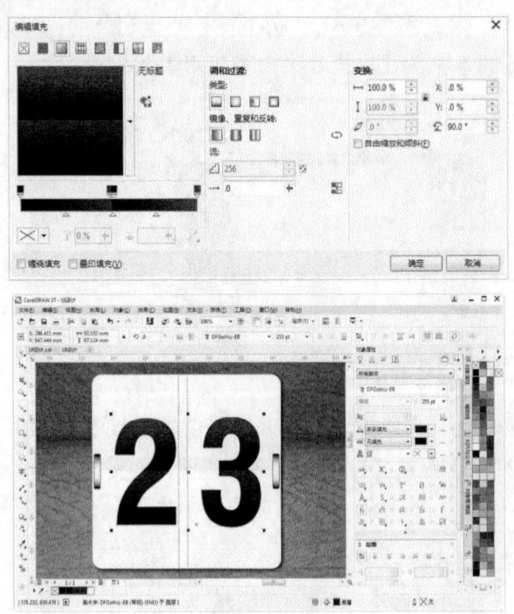

step 37 使用【选择】工具选中步骤(27)至步骤(36)中创建的对象，并按Ctrl+G键进行组合对象。在【变换】泊坞窗中，设置参考点为【正中】，设置x为150mm，【副本】为1，然后单击【应用】按钮。

step 38 使用步骤(21)至步骤(22)相同的操作方法，输入文字内容，并添加阴影效果。

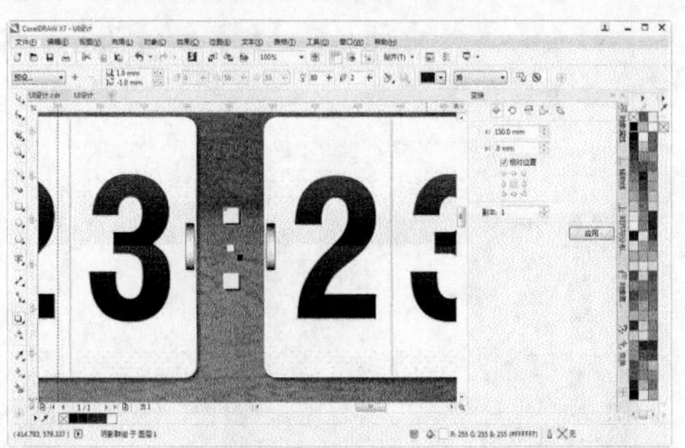

step 39 选择【贝塞尔】工具在页面中绘制图形，并在调色板中取消轮廓色，设置填充色为【白色】。

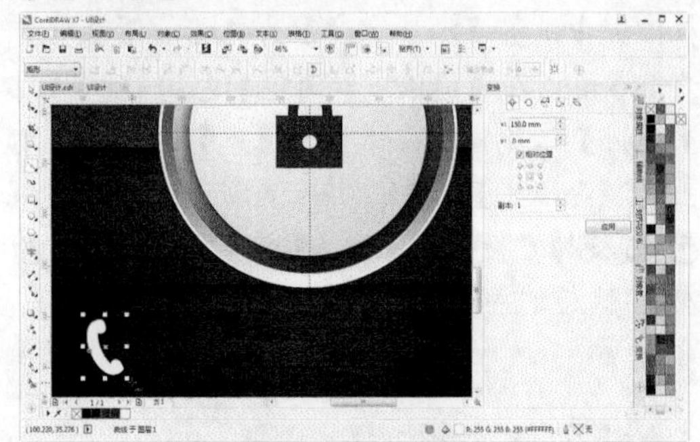

step 40 使用步骤(13)至步骤(16)同样的操作方法，分别创建其他的图形对象。

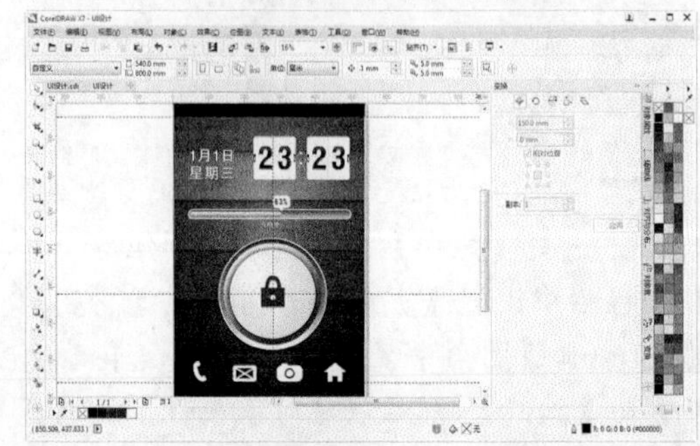

step 41 在标准工具栏中，单击【保存】按钮，打开【保存绘图】对话框。在该对话框中，单击【保存】按钮。

第 5 章

填充颜色

CorelDRAW X7 中的对象填充功能非常强大，用户可以对各种封闭的图形或文本填充所需颜色、渐变、纹理、图案填充等。

对应光盘视频

例 5-1 使用【调色板编辑器】对话框
例 5-2 填充均匀颜色
例 5-3 填充渐变颜色
例 5-4 应用图样填充
例 5-5 应用底纹填充
例 5-6 应用 PostScript 底纹填充
例 5-7 使用【智能填充】工具
例 5-8 使用【网状填充】工具
例 5-9 复制对象属性
例 5-10 使用【颜色泊坞窗】泊坞窗
例 5-11 洗衣粉包装设计
例 5-12 化妆品包装设计

5.1 使用调色板

在 CorelDRAW X7 中，选择颜色最快捷的方法就是使用工作区右侧的调色板。在选择一个对象后，可以通过选择工作区中的默认调色板设置对象的填充色和轮廓色。单击默认调色板中的色样，可以为选定的对象选择填充颜色。右键单击默认调色板中的一个色样，可以为选定的对象选择轮廓颜色。

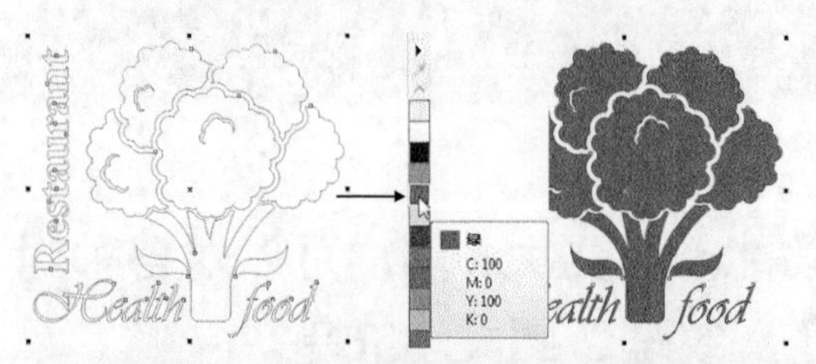

实用技巧

选中需要填充的对象后，在按住 Ctrl 键的同时，使用鼠标左键在调色板中单击想要添加的颜色，即可使填充也朝着另一种颜色减淡。

在默认调色板中单击色样并按住鼠标，屏幕上将显示弹出式颜色挑选器，可以从一种颜色的不同灰度中单击选择颜色色样。要查看默认调色板中的更多颜色，单击调色板顶部和底部的滚动箭头即可。也可以选择调色板菜单中的【滚动到起始处】命令或【滚动到结束处】命令滚动调色板查看色板。

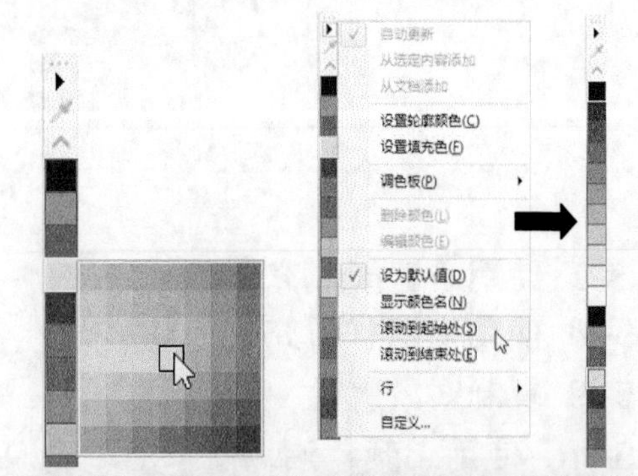

知识点滴

在调色板的顶部也设置有【无填充】按钮☒。使用鼠标左键单击该按钮可以去除对象的内部填充；使用鼠标右键单击该按钮则可以去除对象的轮廓颜色。

5.1.1 选择调色板

选择【窗口】|【调色板】命令，将打开菜单命令，该菜单中提供了多种不同的调色板供用户选择使用。当选择一个调色板后，该调色板前会显示☑图标，并且所选调色板显示在工作区中。在工作区中，可以同时打开多个调色板，这样可以更方便地选择颜色。

5.1.2 【调色板管理器】泊坞窗

选择【窗口】|【调色板】|【调色板管理器】命令，打开【调色板管理器】泊坞窗。使用该泊坞窗可以打开、新建并编辑调色板。

1. 打开调色板

在【调色板管理器】泊坞窗中，系统提供了多种调色板可供用户使用。用户单击所需调色板名称前的 图标，当该图标显示为 状态时，该调色板即显示在工作区中。用户也可以单击泊坞窗中的【打开调色板】按钮，在【打开调色板】对话框中将所需的调色板打开。

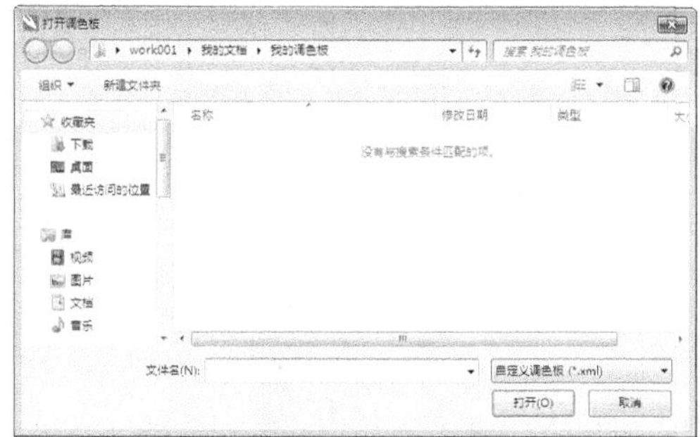

2. 新建调色板

在【调色板管理器】泊坞窗中，用户可以创建新调色板。单击泊坞窗中的【创建一个新的空白调色板】按钮，将打开【另存为】对话框。

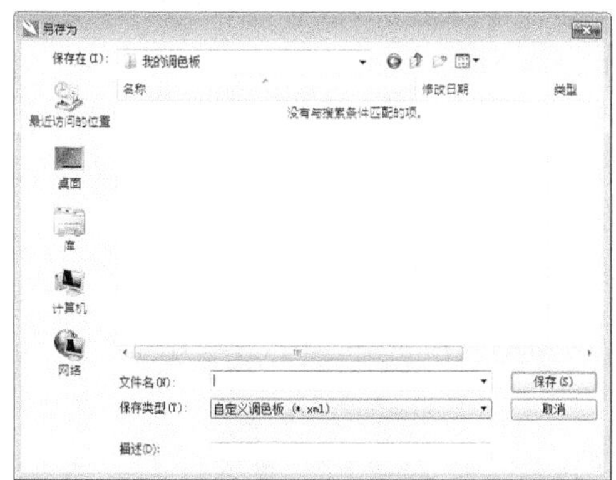

在该对话框的【文件名】文本框中输入所要创建的调色板名称，在【描述】文本框中可输入相关说明信息的文字，然后单击【保存】按钮即可创建一个空白调色板。

如果要在选取对象范围内新建调色板，只需选择一个或多个对象后，单击【调色板管理器】泊坞窗中的【使用选定的对象创建一个新调色板】按钮，在打开的【另存为】对话框中，指定新建调色板的文件名，然后单击【保存】按钮即可。

单击【调色板管理器】泊坞窗中的【使用文档创建一个新调色板】按钮，可以在打开的文档范围内新建调色板。单击该按钮后，在打开的【另存为】对话框中，指定新建调色板的文件名，然后单击【保存】按钮即可。

选择【窗口】|【调色板】|【文档调色板】命令，可以在绘图页面底部显示空白调色板。用户也可以将其拖动至任意位置以便用户使用。在绘图文档中，选择色板后，会自动添加到【文档调色板】中。

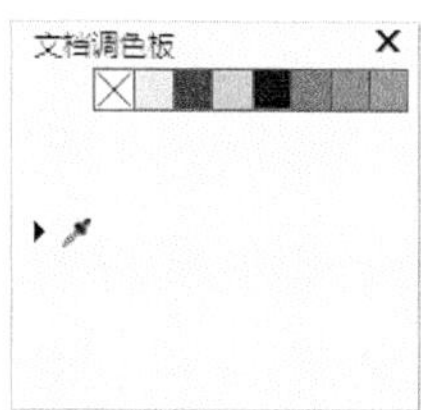

单击【文档调色板】中的按钮，在弹出的菜单中默认选中【自动更新】复选框，当用户为图形对象填充颜色时，该颜色会自动添加到文档调色板中。当选择【从选定内容添加】选项时，可在选取对象范围内新建调色板；当选择【从文档添加】选项时，可从打开的文档范围内新建调色板。

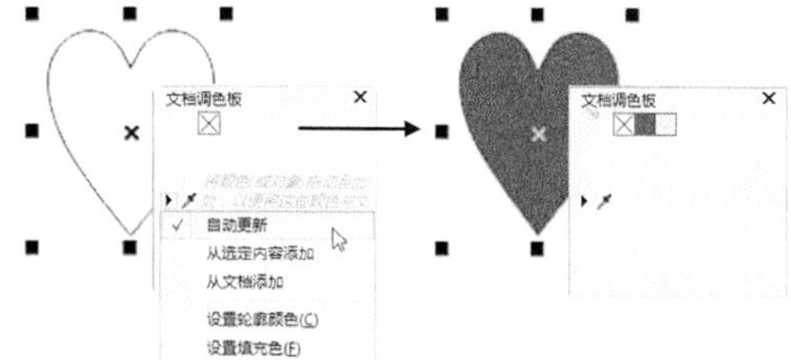

3. 使用调色板编辑器

单击【调色板管理器】泊坞窗中的【打开调色板编辑器】按钮，或在【文档调色板】中双击颜色，打开【调色板编辑器】对话框，使用该对话框可以新建调色板，并为新建的调色板添加颜色。

实用技巧

在【调色板编辑器】对话框中，单击【编辑颜色】按钮，可以打开【选择颜色】对话框，在该对话框中可编辑当前所选颜色。编辑完成后，单击【确定】按钮即可。如果要删除某个颜色，单击【删除颜色】按钮即可将所选的颜色删除。而单击【重置调色板】按钮，可以恢复系统的默认值。

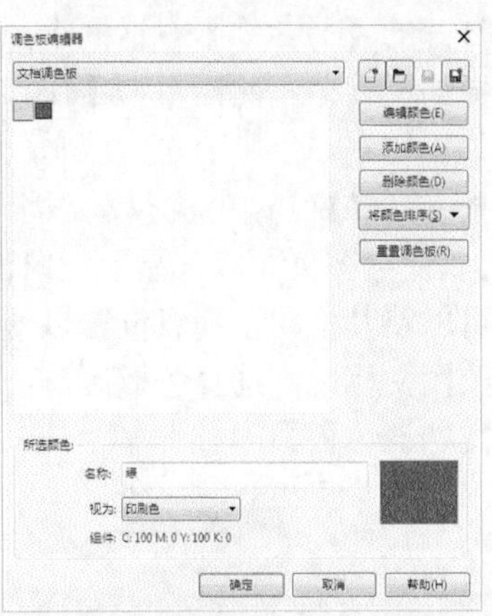

【例 5-1】使用【调色板编辑器】对话框。

视频 (光盘素材\第 05 章\例 5-1)

step 1 选择【窗口】|【调色板】|【调色板编辑器】命令，打开【调色板编辑器】对话框。

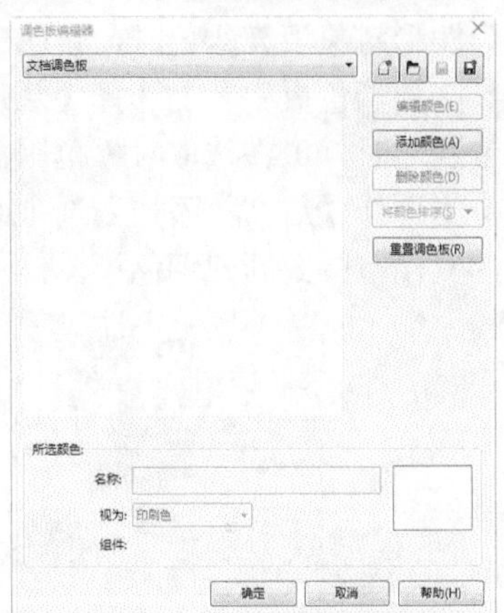

step 2 单击【调色板编辑器】对话框中的【新建调色板】按钮，可以打开【新建调色板】对话框。在该对话框的【文件名】文本框中输入新建调色板名称“可爱色系色板”，然后单击【保存】按钮。

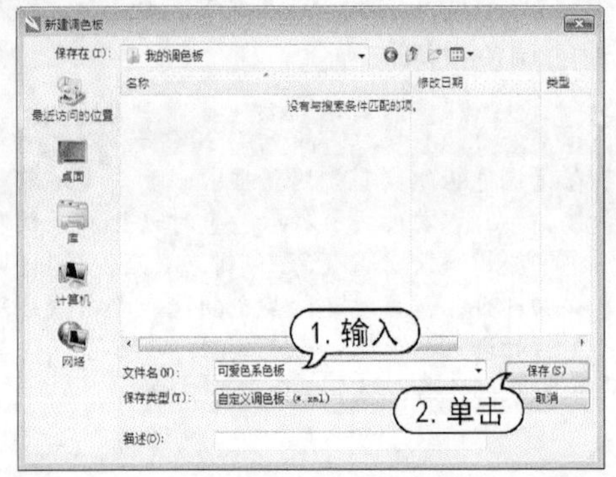

step 3 单击【调色板编辑器】对话框中的【添加颜色】按钮，打开【选择颜色】对话框。

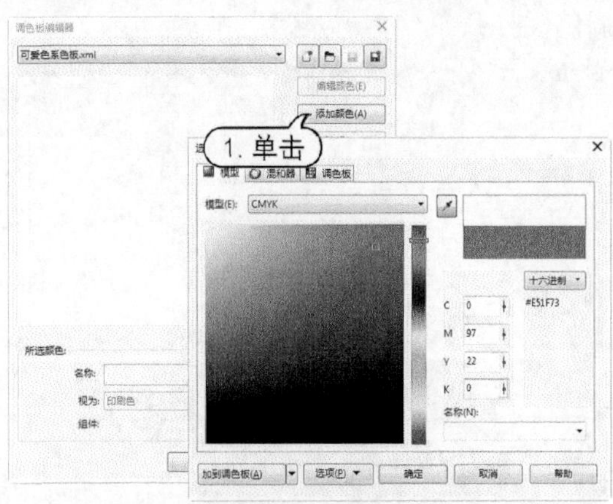

step 4 在【选择颜色】对话框中调节所需颜色，然后单击【加到调色板】按钮，即可将调节好的颜色添加到调色板中，添加完成后，单击【确定】按钮，关闭【选择颜色】对话框。

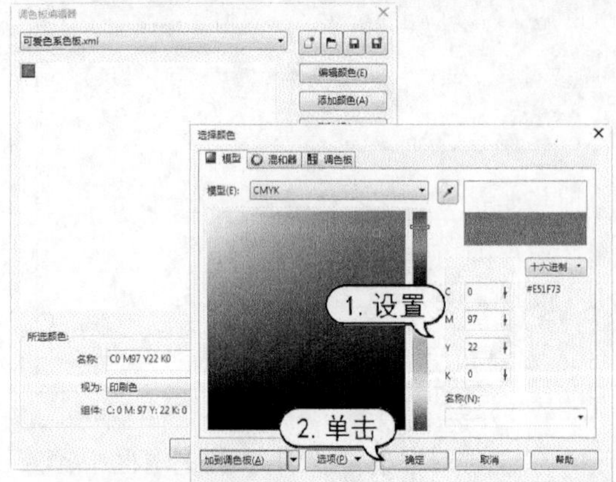

step 5 使用步骤(3)至步骤(4)的相同操作方法，添加其他颜色。

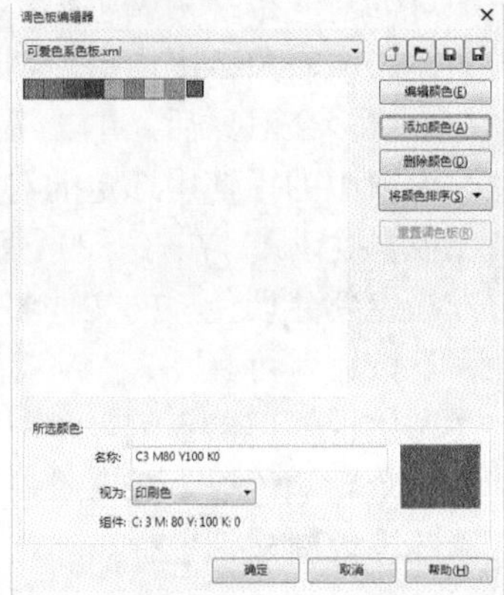

知识点滴

要在【文档调色板】中添加颜色，还可以直接在绘图中选定对象后，按住鼠标左键将其拖动至【文档调色板】中，释放鼠标即可将对象中的颜色添加到【文档调色板】中。

step 6 单击【调色板编辑器】对话框中的【将颜色排序】按钮，在弹出的菜单中选择调色板中颜色排列的方式。

step 7 单击【保存调色板】按钮，保存新建调色板的设置。如果单击【调色板另存为】按钮，即可打开【另存为】对话框将当前调色板设置进行另存。

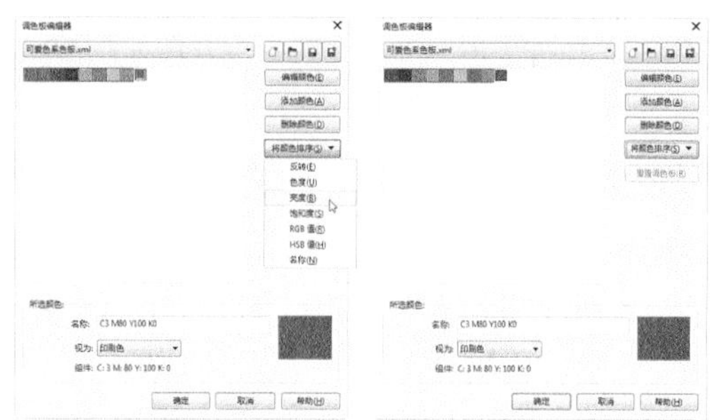

5.2　填充对象

在 CorelDRAW X7 中，提供了均匀填充、渐变填充、向量图样填充、位图图样填充、双色图样填充共 5 种填充样式。用户可以选择预设的填充样式，也可以自己创建样式。

5.2.1　均匀填充

均匀填充是在封闭路径的对象内填充单一的颜色。一般情况下，在绘制完图形后，单击工作界面右侧调色板中的颜色即可为绘制的图形填充所需要的颜色。

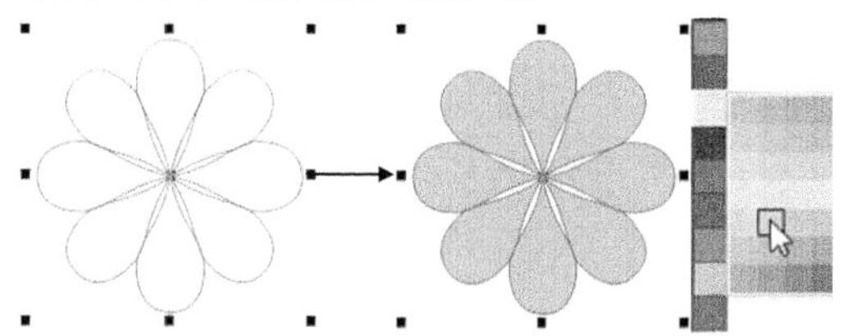

如果在调色板中没有所需的颜色，用户还可以自定义颜色。单击工具箱中的【交互式填充】工具，在属性栏中单击【均匀填充】按钮，然后可以单击【填充色】选项，打开弹出面板为选定的对象进行均匀填充操作。

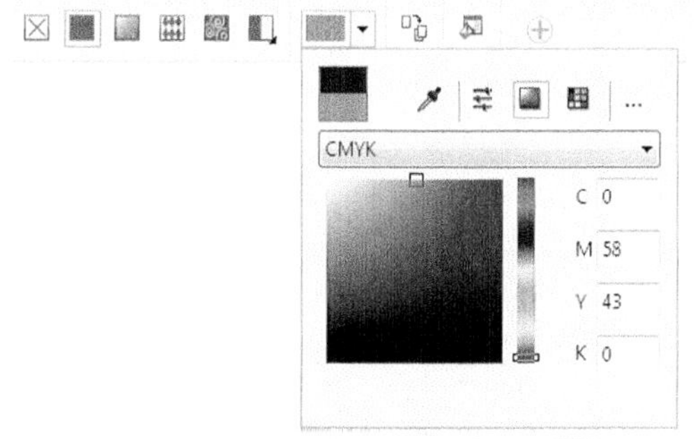

还可以单击【编辑填充】按钮，打开【编辑填充】对话框。在该对话框中，包括了【模型】、【混合器】和【调色板】3 种不同的颜色选项卡供用户使用。

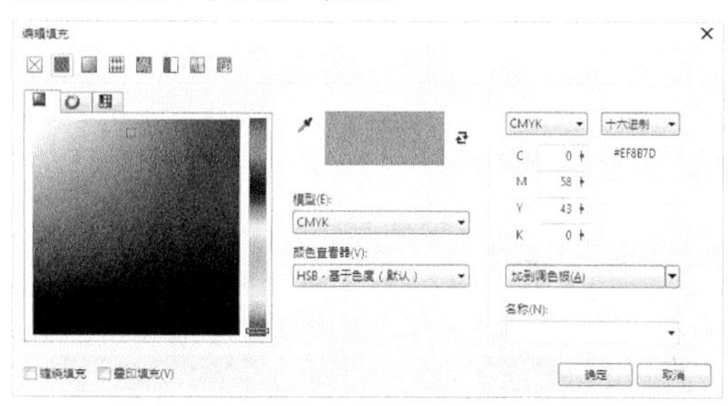

1. 使用【模型】选项卡

在【均匀填充】对话框中选定【模型】选项卡后，可以单击【模型】下拉列表选择一种颜色模式。当选择好颜色模型后，用户可以通过多种方法来设置填充颜色。

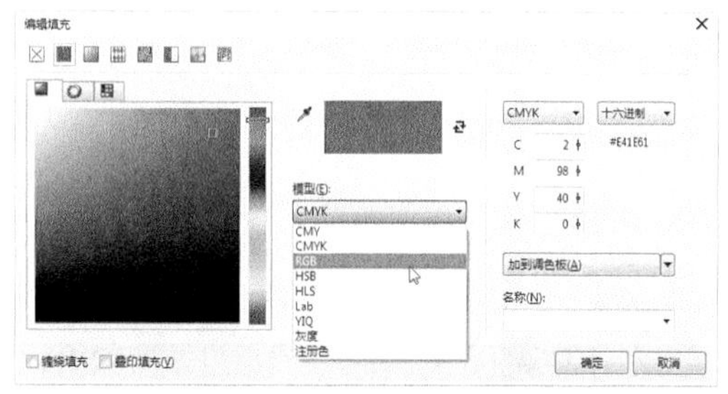

➤ 可用鼠标直接拖动色轴上的控制点来显示各种颜色，然后在颜色预览区域中单击选定颜色。

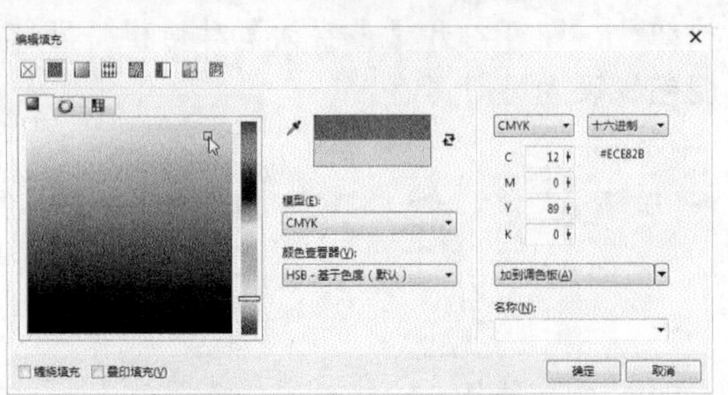

▶ 可在【组件】选项区中对显示出的颜色参数进行设置得到所需的颜色。

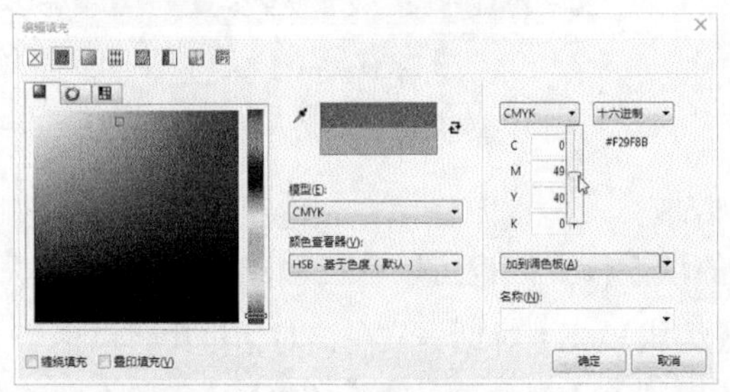

▶ 可以在【名称】下拉列表中，选择系统定义好的一种颜色名称。

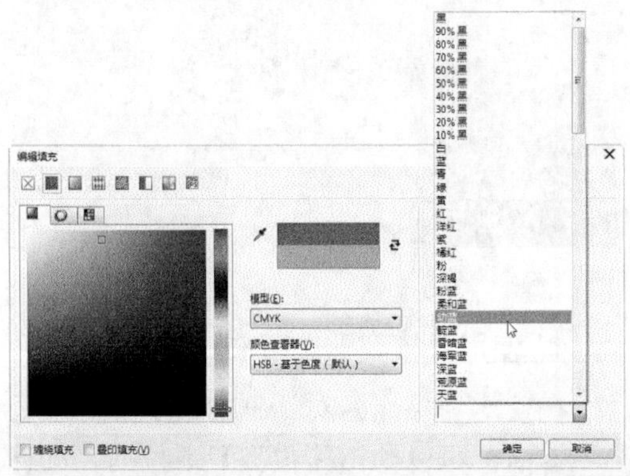

知识点滴

【颜色查看器】下拉列表可以对【模型】选项卡的显示进行设置。

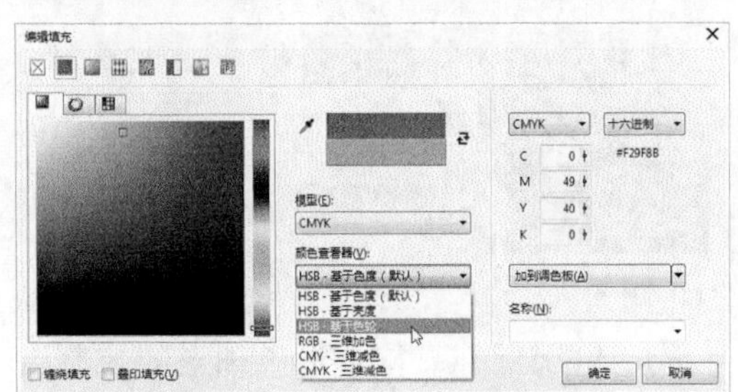

【例 5-2】在打开的绘图文件中，填充颜色。

视频+素材 (光盘素材\第 05 章\例 5-2)

step 1 选择要填充的对象，单击工具箱中的【交互式填充】工具，在属性栏中单击【均匀填充】按钮。

step 2 在属性栏中，单击【编辑填充】按钮打开【编辑填充】对话框。

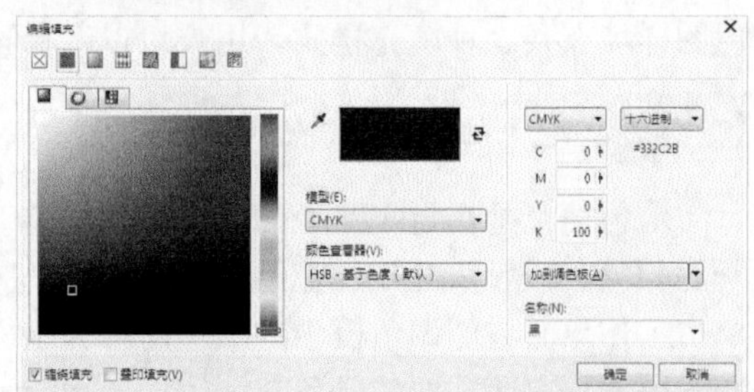

step 3 在【编辑填充】对话框的【模型】下拉列表中选择RGB选项，在【组件】中输入所需的颜色参数值R:255 G:181 B:43。

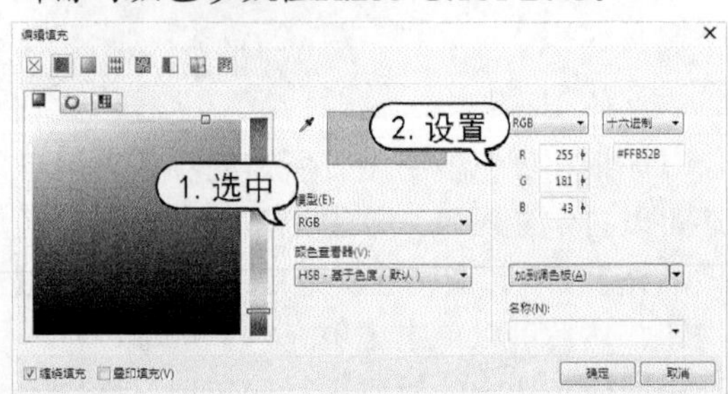

step 4 设置完成后，单击【确定】按钮关闭【编辑填充】对话框，并填充图形。

2. 使用【混合器】选项卡

在【编辑填充】对话框中，单击【混合器】选项卡。

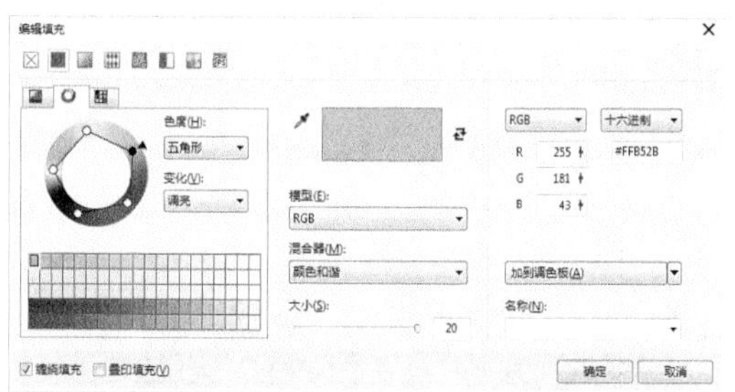

➤【模型】选项：用于选择填充颜色的色彩模式。

➤【色度】选项：用于决定显示颜色的范围及颜色之间的关系，单击下拉按钮，可以从提供的下拉列表中选择不同的显示方式。

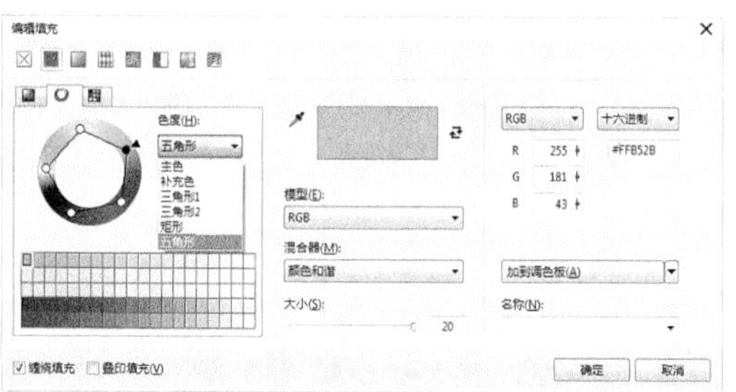

➤【变化】选项：从下拉列表中可以选择颜色表的显示色调。

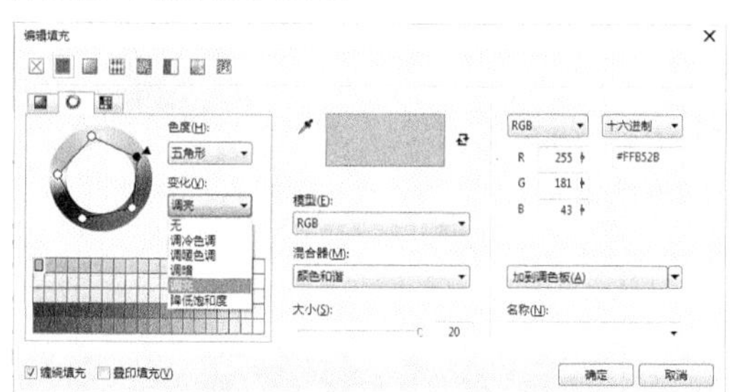

➤【混合器】选项：从下拉列表中可以选择颜色表的显示色调。

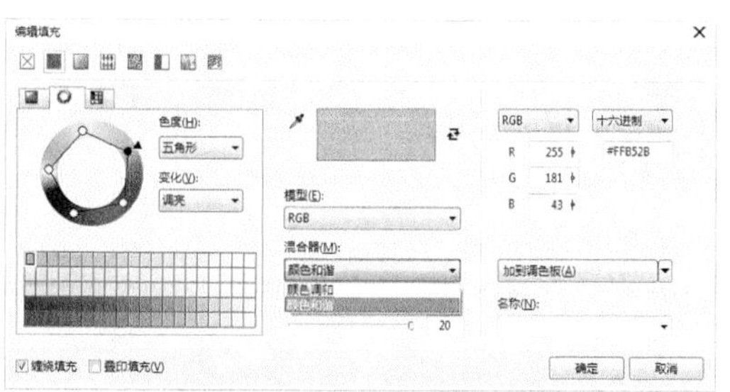

➤【大小】选项：用于设置颜色表所显示的列数。

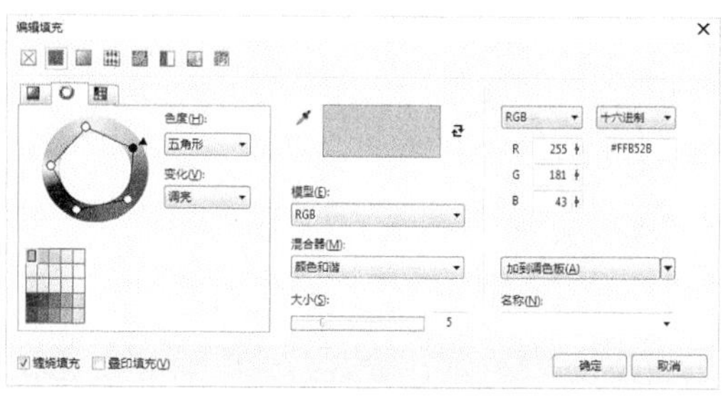

3. 使用【调色板】选项卡

在【编辑填充】对话框中，单击【调色板】选项卡。

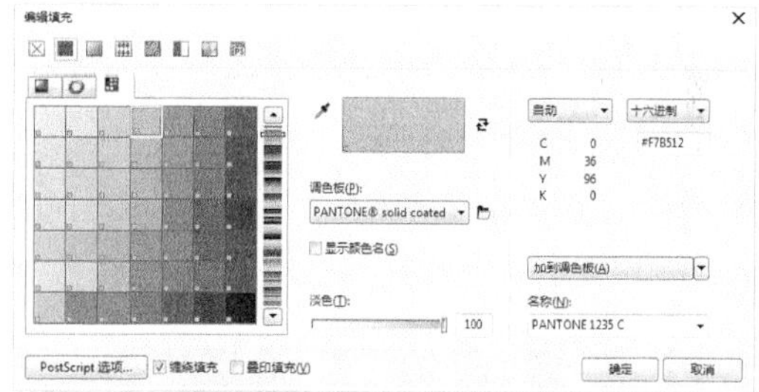

在该对话框的【调色板】下拉列表中，包含了系统提供的固定调色板类型。

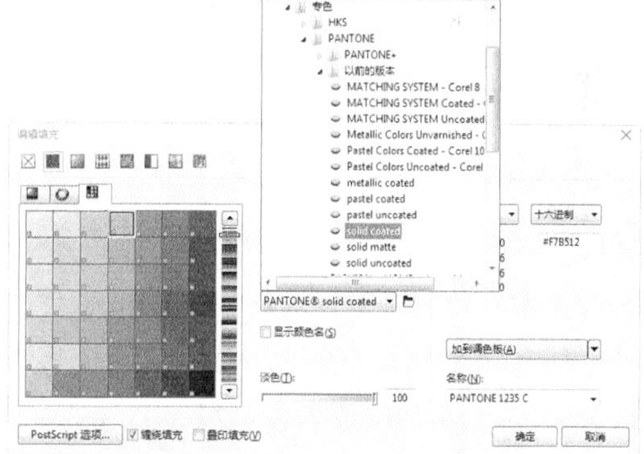

拖动纵向颜色条中的矩形滑块，可从中选择一个需要的颜色区域，在左边的正方形颜色窗口中会显示该区域中的色样。

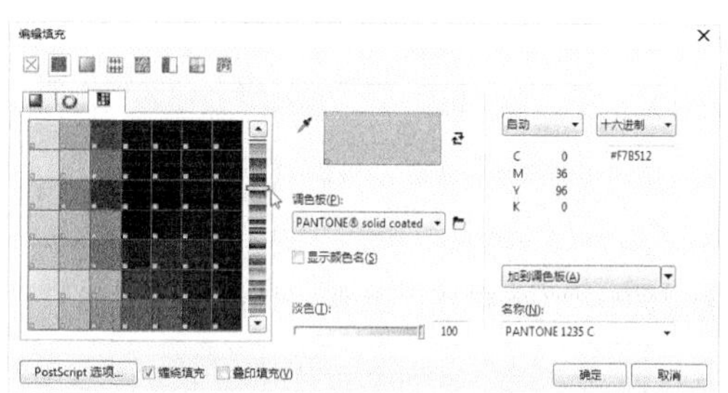

在【淡色】选项区中设置数值，或拖动滑块，可以更改颜色的色调效果。

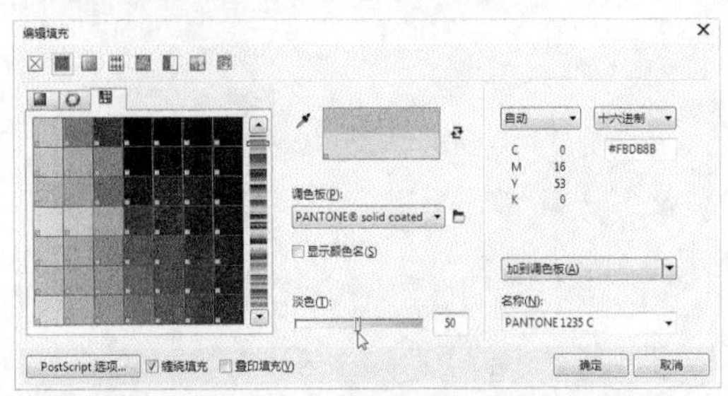

5.2.2 渐变填充

渐变填充是根据线性、射线、圆锥或方角的路径将一种颜色向另一种颜色逐渐过渡。渐变填充有双色渐变和自定义渐变两种类型。双色渐变填充会将一种颜色向另一种颜色过渡，而自定义渐变填充则能创建不同的颜色重叠效果。用户也可以通过修改填充的方向，新增中间色彩或修改填充的角度来创建自定义渐变填充。

在 CorelDRAW X7 中，提供了多种预设渐变填充样式。使用【选择】工具选取对象后，在工具箱中单击【交互式填充】工具，在属性栏中单击【渐变填充】按钮，显示渐变填充设置。

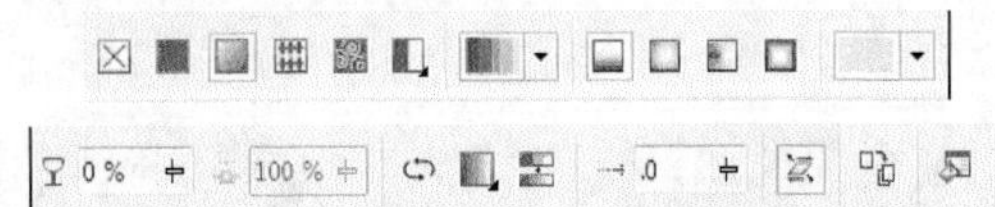

在属性栏的【填充挑选器】下拉面板中可选择一种渐变填充选项，并且可以选择渐变类型，根据自己的需要对其进行重新设置。

用户还可以在【编辑填充】对话框中自定义渐变填充样式。添加多种过渡颜色，使相邻的颜色之间相互融合。

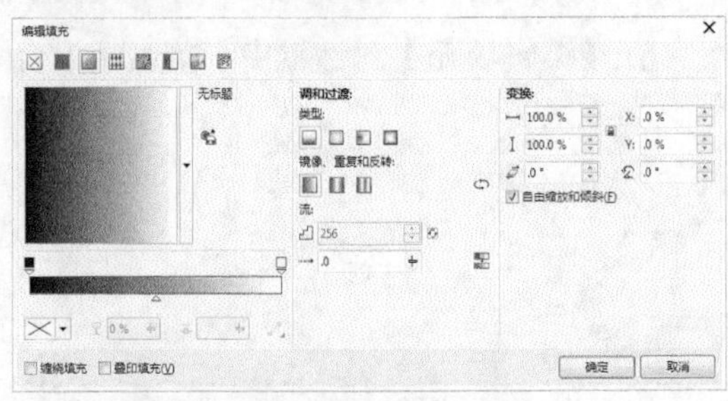

【例 5-3】为选定对象填充自定义渐变。

视频+素材 (光盘素材\第 05 章\例 5-3)

step 1 在打开的绘图文件中，使用【选择】工具选择图形对象。

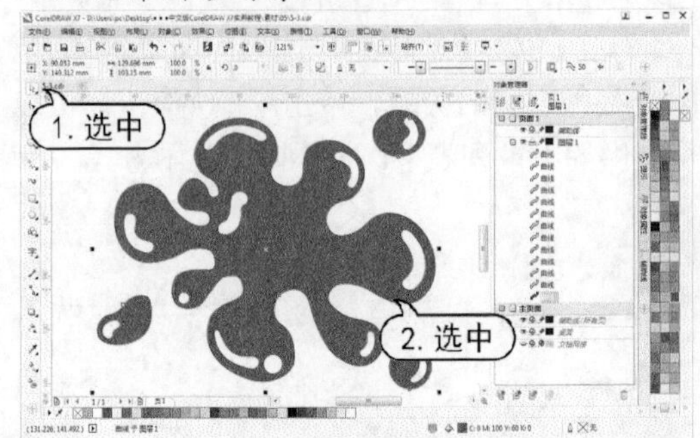

step 2 单击工具箱中的【交互式填充】工具，在属性栏中单击【渐变填充】按钮。

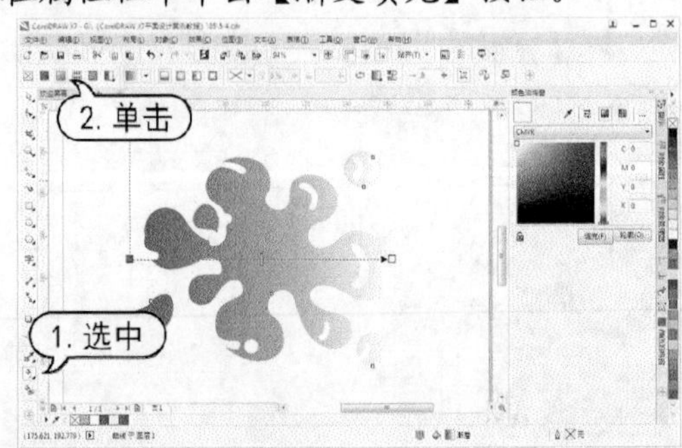

step 3 在属性栏中，单击【编辑填充】按钮，打开【编辑填充】对话框。

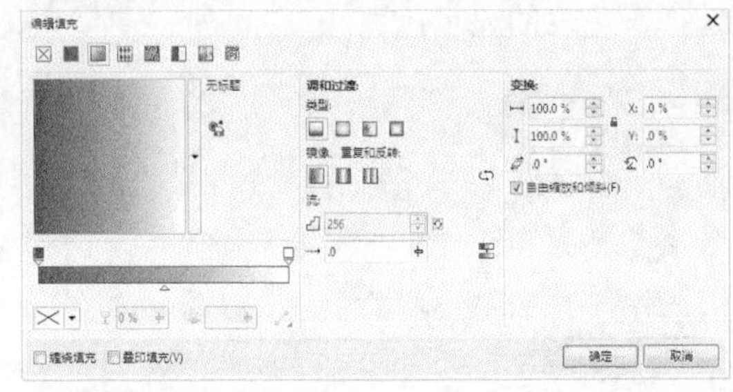

step 4 在该对话框的【类型】选项下单击【椭圆形渐变填充】按钮□，在渐变色条上单击起始点色标，然后单击【节点颜色】选项，在弹出的面板中设置节点颜色为R:161 G:75 B:232。

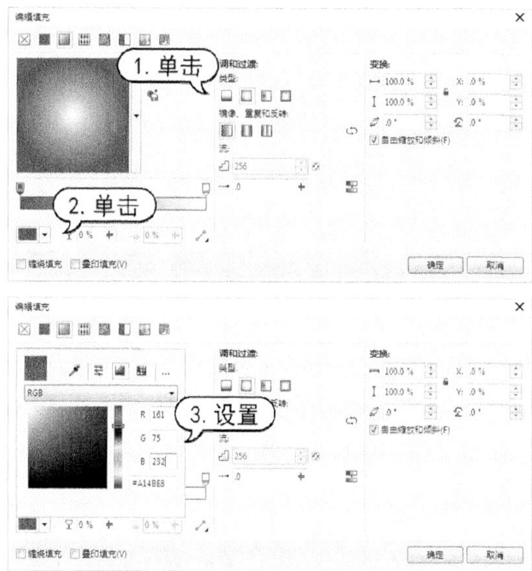

step 5 在渐变色条上双击添加一个色标，并设置其节点颜色为R:232 G:90 B:213。

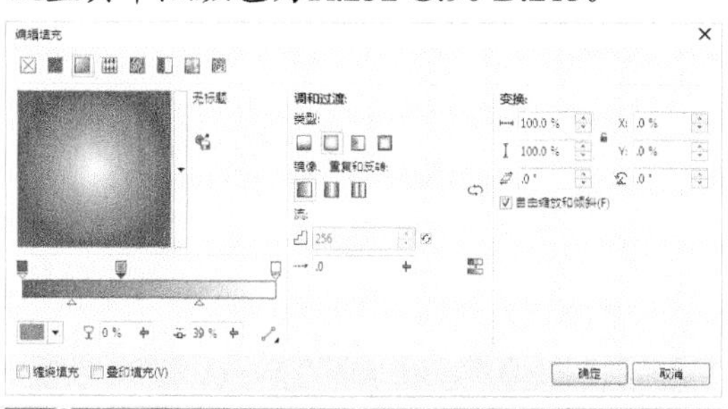

实用技巧

双击渐变色条上的色标，即可将色标删除。

step 6 设置完成后，单击【确定】按钮关闭【编辑填充】对话框，并应用自定义渐变填充。

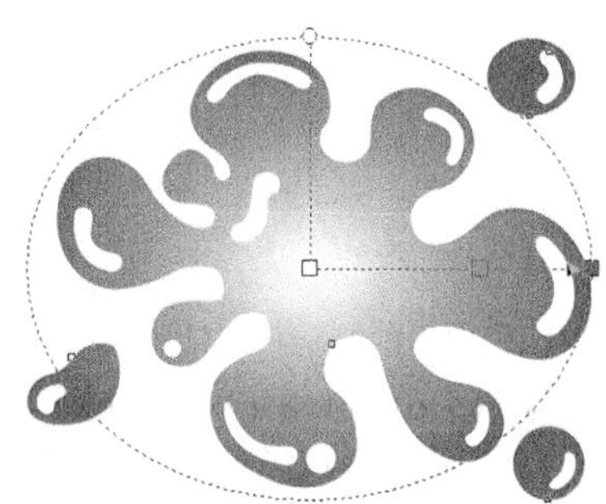

5.2.3 图样填充

图样填充是反复应用预设生成的图案进行拼贴来填充对象。

CorelDRAW 提供了向量图样、位图图样和双色图样填充，每种填充都提供对图样大小和排列的控制。使用【选择】工具选取对象后，打开【编辑填充】对话框。在该对话框中分别单击【向量图样填充】、【位图图样填充】或【双色图样】按钮，可显示相应的设置选项。

1. 向量图样填充

向量图样填充既可以由矢量图案和线描样式图形生成，也可以通过装入图像的方式填充为位图图案。

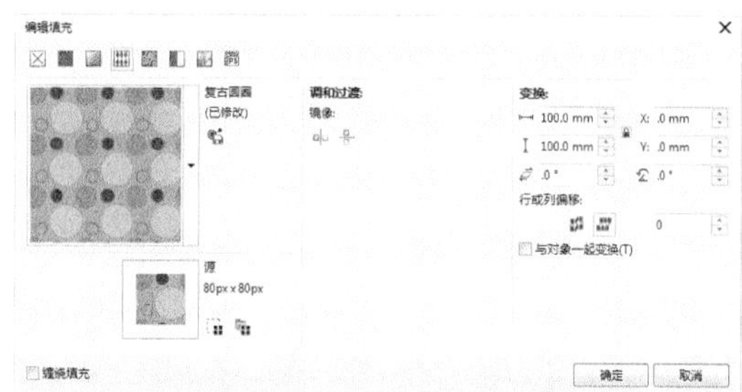

2. 位图图样填充

位图图样填充可以选择位图图像进行图样填充，其复杂性取决于图像的大小和图像分辨率等。

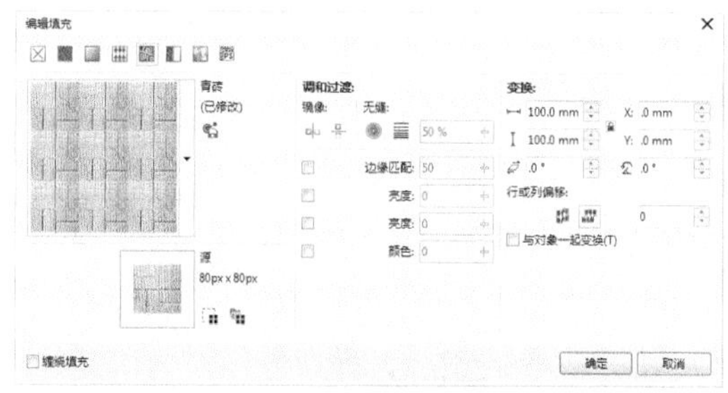

实用技巧

在【编辑填充】对话框中单击【向量图样填充】按钮或【位图图样填充】按钮时，可以从【填充挑选器】中单击【浏览】按钮，打开【打开】对话框选择个人存储的图样文档。在使用位图进行填充时，复杂的位图会占用较多的内存空间，因此会影响填充速度。

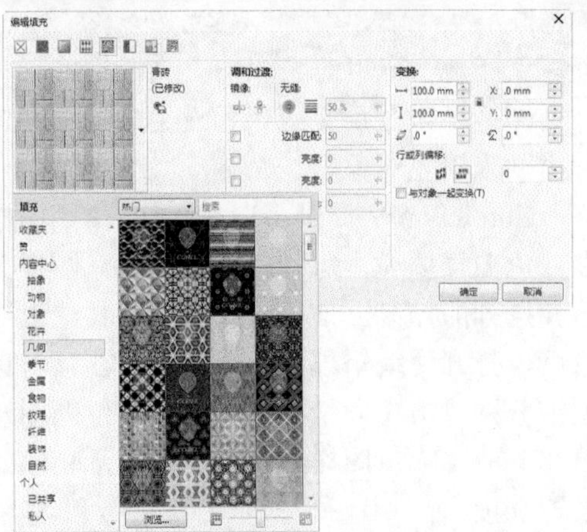

3. 双色图样填充

双色图样填充是指为对象填充只有【前部】和【后部】两种颜色的图案样式。

> **实用技巧**
>
> 在【编辑填充】对话框中，选中【与对象一起变换】复选框可以将对象变换应用于填充。

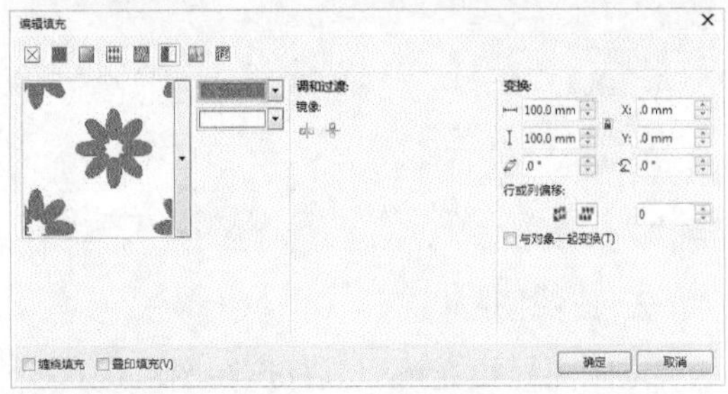

【例 5-4】在绘图文件中，应用图样填充。
视频+素材 (光盘素材\第 05 章\例 5-4)

step 1 在打开的绘图文件中，使用【选择】工具选择图形对象。

step 2 单击工具箱中的【交互式填充】工具，在属性栏中单击【双色图样填充】按钮，再单击【编辑填充】按钮，打开【编辑填充】对话框。

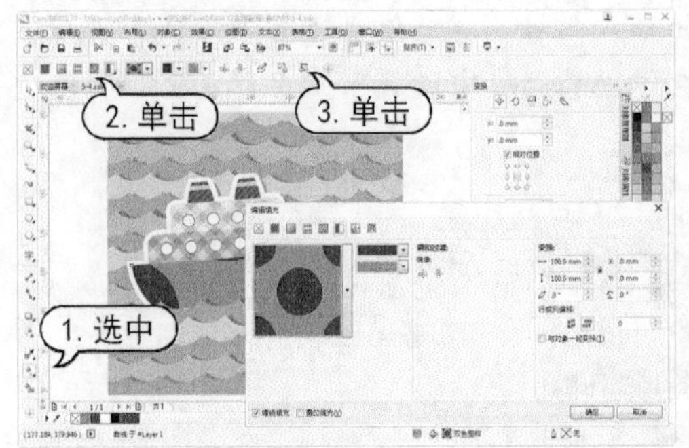

step 3 在【编辑填充】对话框中选中【双色】单选按钮，在图样下拉面板中选择一种图样；单击【前景颜色】下拉面板，从中选择色板；然后单击【背景颜色】下拉面板，从中选择色板；单击【锁定纵横比】按钮，设置【填充宽度】数值为 50mm，【旋转】数值为 45°。

step 4 设置完成后，单击【确定】按钮关闭【编辑填充】对话框，并应用图样填充。

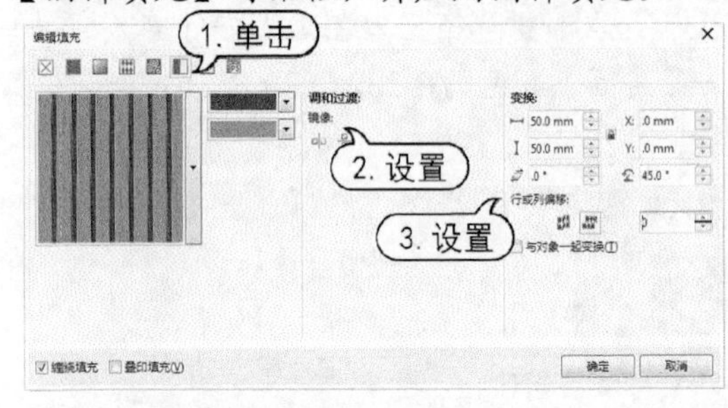

5.2.4 底纹填充

底纹填充是随机生成的填充，可用来赋予对象自然的外观。CorelDRAW X7 提供了多种预设的底纹，而且每种底纹均有一组可以更改的选项。用户可以使用任一颜色模型或调色板中的颜色来自定义底纹填充。底纹填充只能包含 RGB 颜色，但是，可以将其他颜色模型和调色板作为参考来选择颜色。

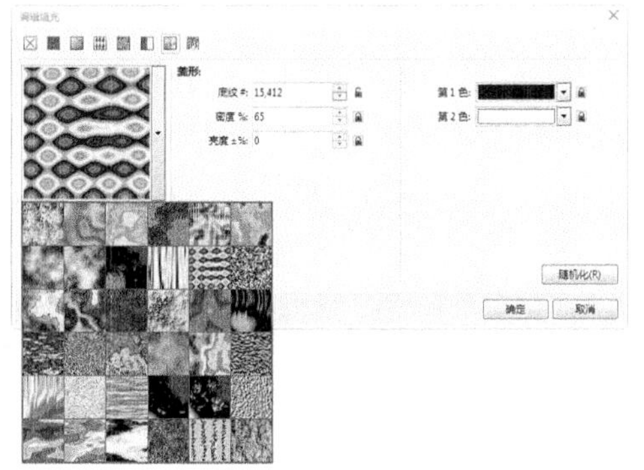

使用【选择】工具选取对象后，打开【编辑填充】对话框。在该对话框中单击【底纹填充】按钮，可显示相应的设置选项。

在【编辑填充】对话框中，单击【变换】按钮打开【变换】对话框。在【变换】对话框中可以更改底纹填充的平铺大小，设置平铺原点来准确指定填充的起始位置。还允许用户偏移填充中的平铺，当相对于对象顶部调整第一个平铺的水平或垂直位置时，会影响其余的填充。此外，还可以旋转、倾斜、调整平铺大小，并且更改底纹中心来创建自定义填充。

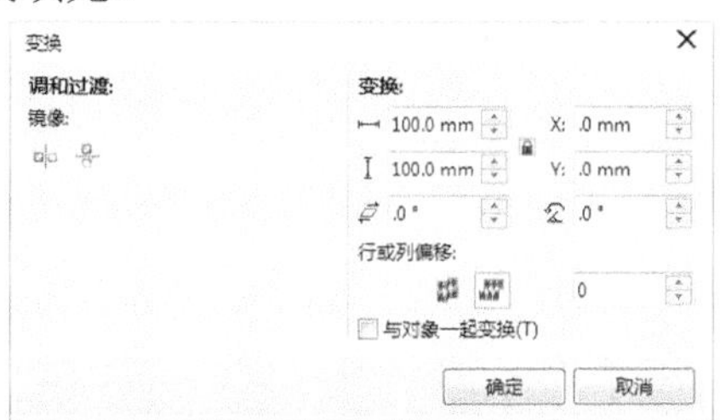

在【编辑填充】该对话框中，单击【选项】按钮打开【底纹选项】对话框。在【底纹选项】对话框中，增加底纹平铺的分辨率时，会增加填充的精确度。

知识点滴

用户可以将修改的底纹保存到底纹库中。单击【底纹填充】对话框中的按钮，打开【保存底纹为】对话框，在【底纹名称】文本框中输入底纹的保存名称，并在【库名称】下拉列表中选择保存后的位置，然后单击【确定】按钮即可。

【例 5-5】在绘图文件中，应用底纹填充。

视频+素材 (光盘素材\第 05 章\例 5-5)

step 1 在打开的绘图文件中，使用【选择】工具选择图形对象。

step 2 按F11 键打开【编辑填充】对话框，在该对话框中单击【底纹填充】按钮，并在【底纹库】下拉列表中选择【样本 9】选项。

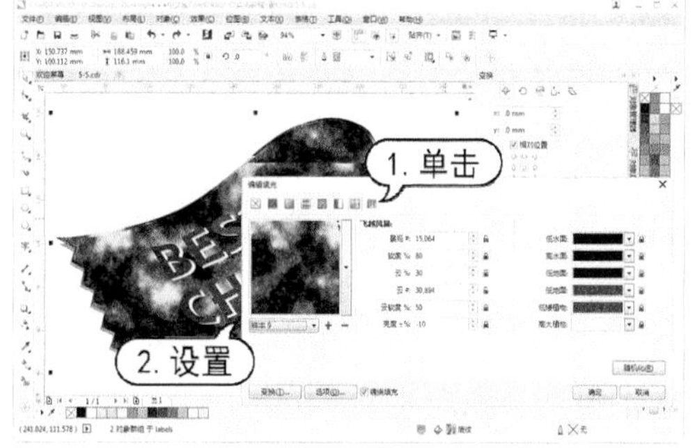

step 3 在【样本 9】底纹库的【底纹列表】中选择【纺织品】选项，然后分别单击【低水面】、【高水面】、【低矮植物】和【高大植物】颜色挑选器，选择所需要的颜色，设置【景观#】数值为 6000，【云%】数值为 45，【云软度】数值为 50。

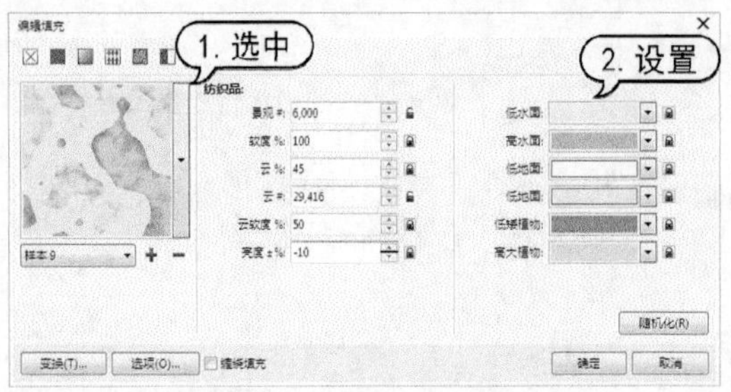

step 4 单击对话框底部的【选项】按钮，打开【底纹选项】对话框。设置【位图分辨率】为 300 dpi，然后单击【确定】按钮。

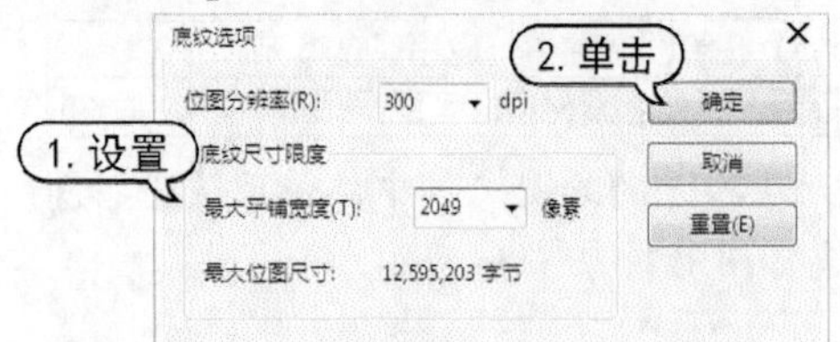

step 5 单击【变换】按钮，打开【变换】对话框。设置【宽度】和【高度】数值为 200.0 mm，然后单击【确定】按钮。

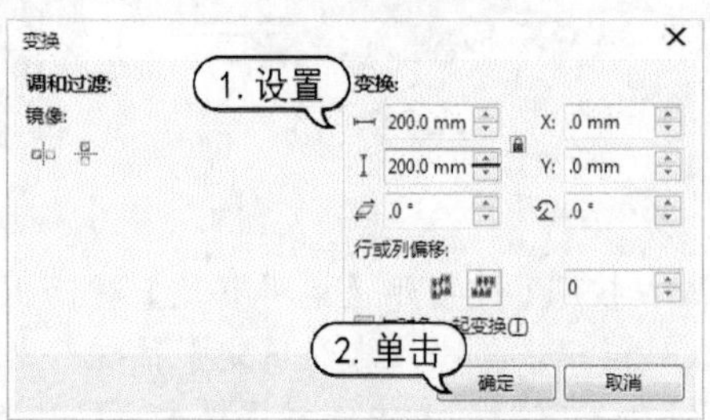

step 6 设置完成后，单击【编辑填充】对话框底部的【确定】按钮，关闭该对话框，并应用底纹填充。

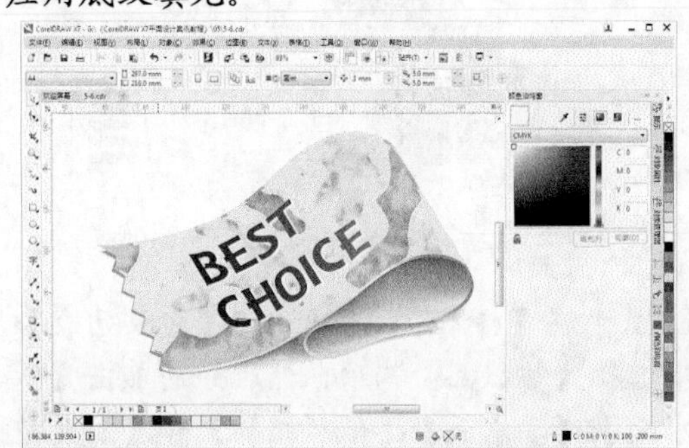

5.2.5 PostScript 填充

PostScript 底纹填充是使用 PostScript 语言创建的特殊纹理填充对象。有些 PostScript 底纹填充较为复杂，因此，包含 PostScript 底纹填充的对象在打印或屏幕更新时需要较长时间。在使用 PostScript 填充时，当视图处于【简单线框】、【线框】模式时，无法进行显示；当视图处于【草稿】、【普通】模式时，PostScript 底纹图案用字母 ps 表示；只有视图处于【增强】、【模拟叠印】模式时，PostScript 底纹图案才可显示出来。

在应用 PostScript 底纹填充时，可以更改底纹大小、线宽、底纹的前景或背景中出现的灰色量等参数。在【编辑填充】对话框中选择不同的底纹样式时，其参数设置也会相应发生改变。

【例 5-6】在绘图文件中，应用 PostScript 底纹填充。

视频+素材 (光盘素材\第 05 章\例 5-6)

step 1 在打开的绘图文件中，使用【选择】工具选择图形对象。

step 2 单击工具箱中的【交互式填充】工具，在属性栏中单击【双色图样填充】按钮后，单击【编辑填充】按钮，打开【编辑填充】对话框。并在该对话框中单击【PostScript底纹】按钮。

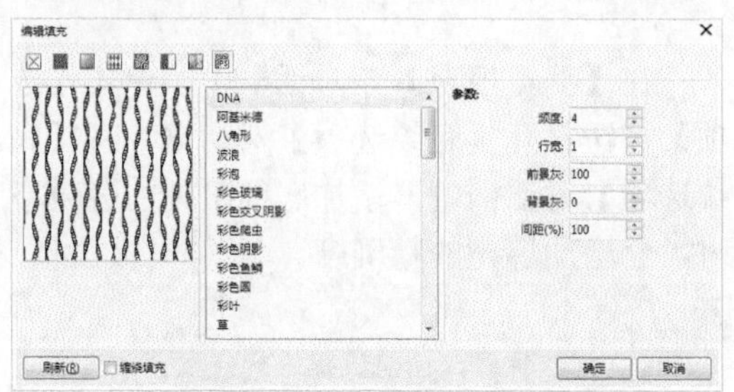

step 3 在底纹列表中选择【彩色圆】选项，然后设置【数目(每平方英寸)】数值为 25，

【最大】数值为300,【最小】数值为10,单击【刷新】按钮预览效果。

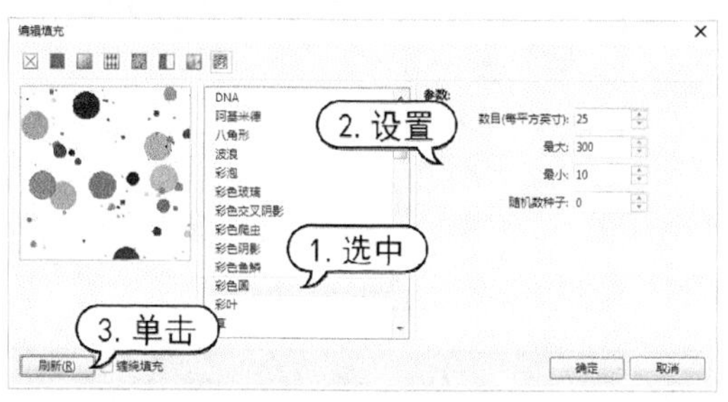

step 4 设置完成后,单击【确定】按钮关闭【编辑填充】对话框,并应用PostScript底纹填充。

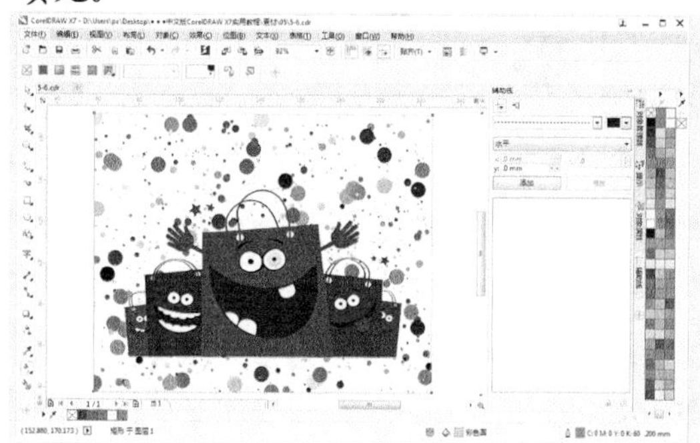

5.3 智能填充

使用【智能填充】工具,除了可以为对象应用普通的标准填充外,还能自动识别重叠对象的多个交叉区域,并对这些区域应用色彩和轮廓填充。在填充的同时,还能将填色的区域生成新的对象。

在【智能填充】工具属性栏中可以设置工具填充效果。

➤ 【填充选项】:将选择的填充属性应用到新对象,其中包括【使用默认值】、【指定】和【无填充】3个选项。

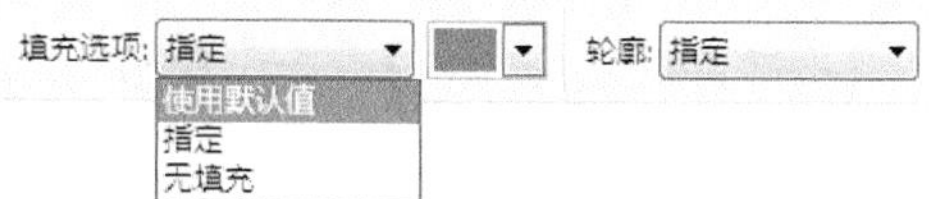

➤ 【填充色】:为对象设置内部填充颜色,该选项只有当【填充选项】设置为【指定】时才可用。

➤ 【轮廓选项】:将选择的轮廓属性应用到对象,其中包括【使用默认值】、【指定】和【无轮廓】3个选项。

➤ 【轮廓宽度】:选择对象的轮廓宽度。

➤ 【轮廓色】:为对象设置轮廓颜色,该选项只有当【轮廓】选项设置为【指定】时才可用。

【例5-7】在绘图文件中,使用【智能填充】工具填充图形对象。
视频+素材 (光盘素材\第05章\例5-7)

step 1 选择【文件】|【打开】命令,打开一幅绘图文档。

step 2 选择【智能填充】工具,在属性栏【填充选项】下拉列表中选择【指定】选项,设置填充色,【轮廓宽度】为【无】,然后使用【智能填充】工具单击图形区域。

step 3 在属性栏中重新设置填充色,然后使用【智能填充】工具单击图形区域填充颜色。

step 4 在属性栏中重新设置填充色，设置【轮廓宽度】为 4mm，然后使用【智能填充】工具单击图形区域。

实用技巧

当页面中只有一个对象时，在页面空白处单击，即可为该对象填充颜色。

5.4 使用【网状填充】工具

使用【网状填充】时，可以为对象应用复杂的独特效果。应用网状填充时，不但可以指定网格的列数和行数，而且可以指定网格的交叉点。创建网状对象之后，还可以通过添加和删除节点或交点来编辑网状填充网格。

在属性栏中，可以设置【网状填充】工具的填充效果。

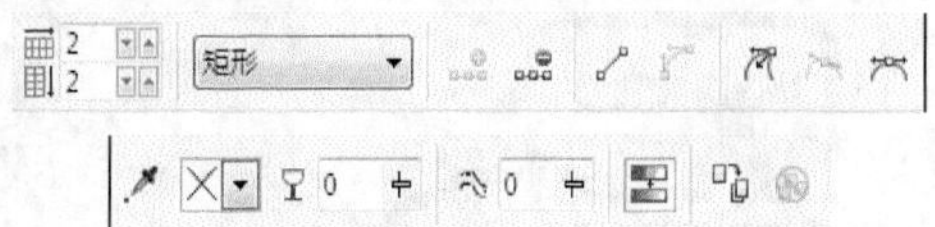

- 【网格大小】选项：可以分别设置水平和垂直方向上网格的数目。
- 【选取模式】选项：单击该按钮，可以从弹出的下拉列表中选择【矩形】和【手绘】选项作为选定内容的选取框。
- 【添加交叉点】按钮：单击该按钮，可以在网状填充的网格中添加一个交叉点。
- 【删除节点】按钮：删除所选节点，改变曲线对象的形状。
- 【转换为线条】按钮：将所选节点处的曲线转换为直线。
- 【转换为曲线】按钮：将所选节点对应的直线转换为曲线，转换为曲线后的线段会出现两个控制柄，通过调整控制柄更改曲线的形状。
- 【尖突节点】按钮：单击该按钮，可以将所选节点转换为尖突节点。
- 【平滑节点】按钮：单击该按钮，可将所选节点转换为平滑节点，提高曲线的圆润度。
- 【对称节点】按钮：将同一曲线形状应用到所选节点的两侧，使节点两侧的曲线形状相同。
- 【对网状填充颜色进行取样】按钮：从文档窗口中对选定节点进行颜色选取。
- 【网状填充颜色】：为所选节点选择填充颜色。
- 【透明度】：设置所选节点的透明度。
- 【曲线平滑度】：通过更改节点数量调整曲线平滑度。
- 【平滑网状颜色】按钮：减少网状填充中的硬边缘，使填充颜色过渡更加柔和。
- 【复制网状填充】按钮：将文档中另一个对象的网状填充应用到所选对象。
- 【清除网状】按钮：移除对象中的网状填充。

【例 5-8】在绘图文件中，使用【网状填充】工具填充图形对象。

视频+素材 (光盘素材\第 05 章\例 5-8)

step 1 打开的绘图文件中，使用【选择】工具选择图形对象。

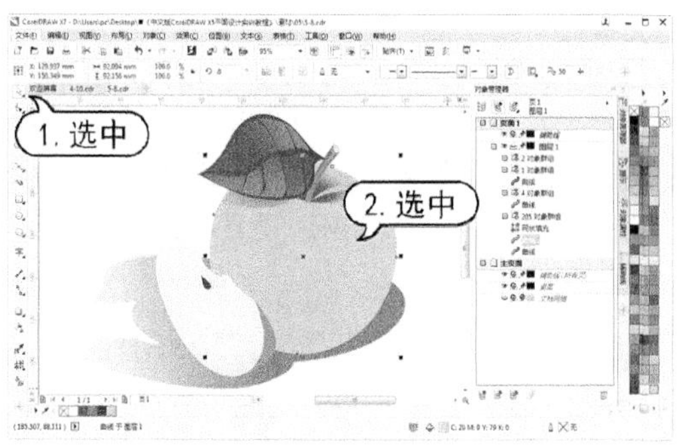

step 2 选择【网状填充】工具，在选中的对象上将出现网格。

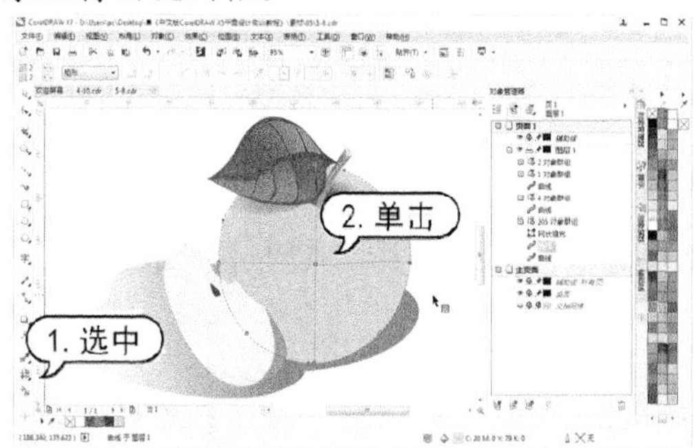

step 3 将光标靠近网格线，当光标变为状时在网格线上双击，可以添加一条经过该点的网格线。

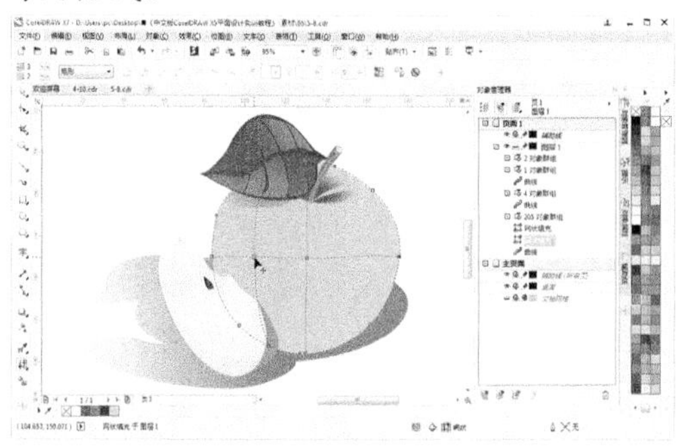

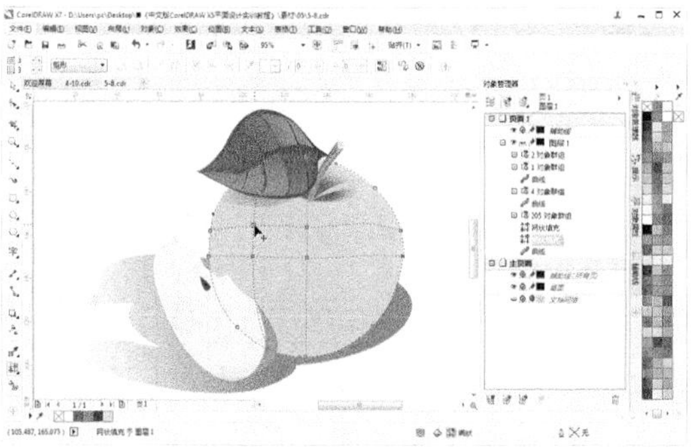

step 4 选择要填充的节点，使用鼠标左键单击调色板中相应的色样即可对该节点处的区域进行填充。

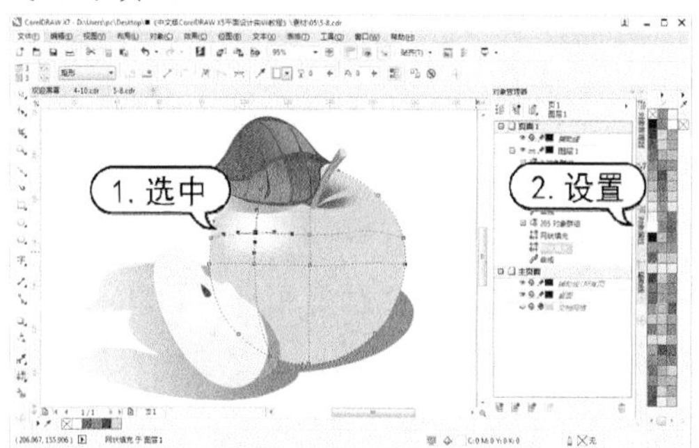

step 5 选择要填充的节点，在属性栏中单击【网状填充颜色】选项，在弹出的面板中单击【更多】按钮，打开【选择颜色】对话框。在该对话框中，设置填充颜色为C:64 M:7 Y:100 K:0，然后单击【确定】按钮。

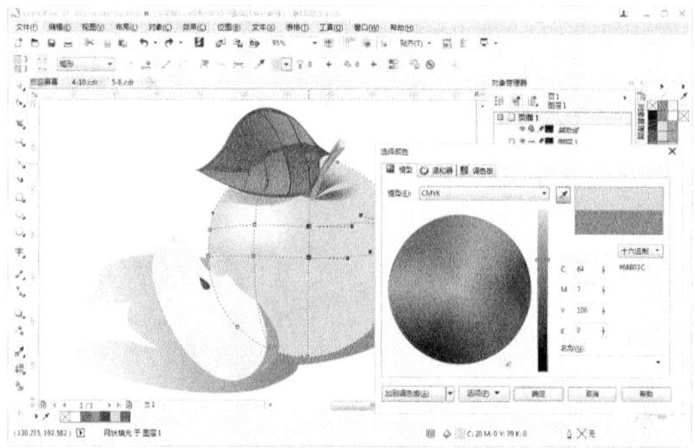

step 6 将光标移动到节点上，按住并拖动节点，即可改变颜色填充的效果，网格上的节点调整方法与路径上节点调整方法相似。

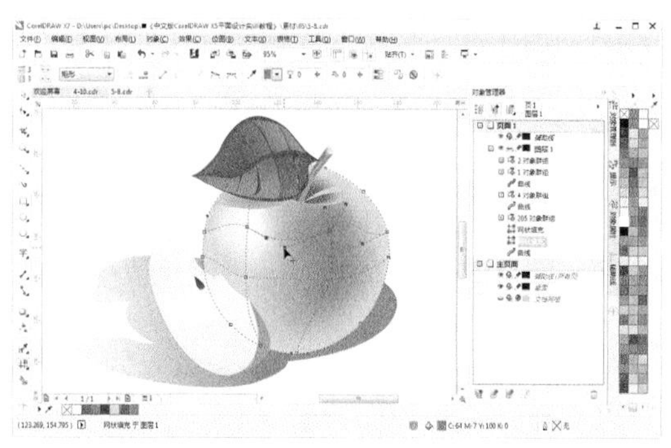

实用技巧

网状填充只能应用于闭合对象或单条路径。如果要在复杂的对象中应用网状填充，首先必须创建网状填充的对象，然后将它与复杂对象组合。

5.5 使用【滴管】工具

滴管工具包括【颜色滴管】工具和【属性滴管】工具。【颜色滴管】工具提供的是取色和填充的辅助工具；【属性滴管】工具还可以选择并复制对象属性，如填充、线条粗细、大小和效果等。

使用滴管工具吸取对象中的填充、线条粗细、大小和效果等对象属性后，将自动切换到【应用颜色】工具或【应用对象属性】工具，将这些对象属性应用于工作区中的其他对象上。

1. 【颜色滴管】工具

任意绘制一个图形对象，然后使用【颜色滴管】工具在绘制的图形上单击进行取样。再移动光标至需要填充的图形对象上，当光标出现纯色色块时，单击鼠标左键即可填充对象。若要填充对象轮廓颜色，则将光标移动至对象轮廓上，单击鼠标左键即可为对象轮廓填充颜色。

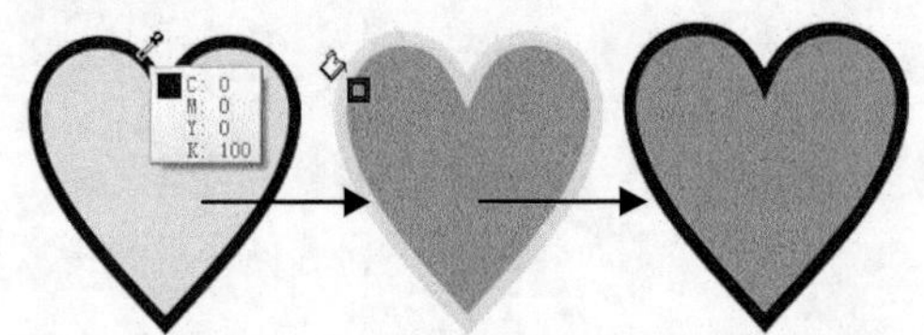

选择【颜色滴管】工具后，在工具属性栏中可以设置【颜色滴管】工具的取色方式。

- 【选择颜色】按钮：单击该按钮，可以在绘图页面中进行颜色取样。
- 【应用颜色】按钮：单击该按钮，可以将取样的颜色应用到其他对象。
- 【从桌面选择】按钮：单击该按钮，【颜色滴管】工具不仅可以在绘图页面中进行颜色取样，还可以在应用程序外进行颜色取样。
- 【1×1】、【2×2】、【5×5】按钮：单击按钮后，可以对 1×1、2×2、5×5 像素区域内的平均颜色值进行取样。
- 【所选颜色】：可以对取样的颜色进行查看。
- 【添加到调色板】按钮：单击该按钮，可将取样的颜色添加到【文档调色板】或【默认 CMYK 调色板】中，单击该选项右侧的按钮可显示调色板类型。

2. 【属性滴管】工具

【属性滴管】工具的使用方法与【颜色滴管】工具类似。在【属性滴管】工具的属性栏中，可以对滴管工具的工具属性进行设置，如设置取色方式、要吸取的对象属性等。

属性 ▾ 变换 ▾ 效果 ▾

分别单击【属性】、【变换】、【效果】按钮，可以展开选项面板。在展开的选项面板中，被勾选的选项表示【颜色滴管】工具能吸取的信息范围。吸取对象中的各种属性后，就可以使用【应用对象属性】工具将这些属性应用到其他对象上。

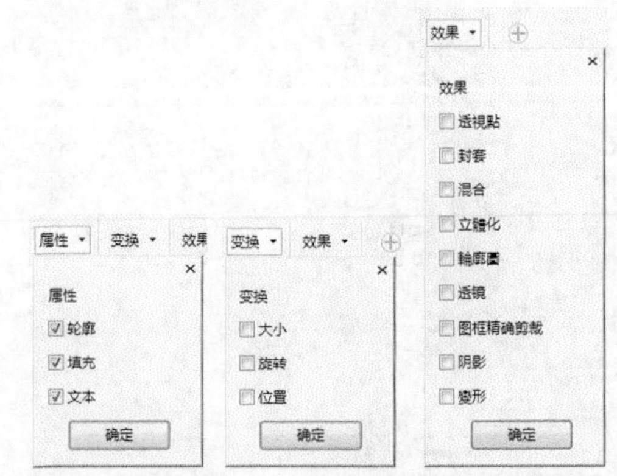

【例 5-9】在绘图文件中，使用【属性滴管】工具复制对象属性。
视频+素材 (光盘素材\第 05 章\例 5-9)

step 1 打开一幅绘图文件，并使用【选择】工具选择其中之一的图形对象。

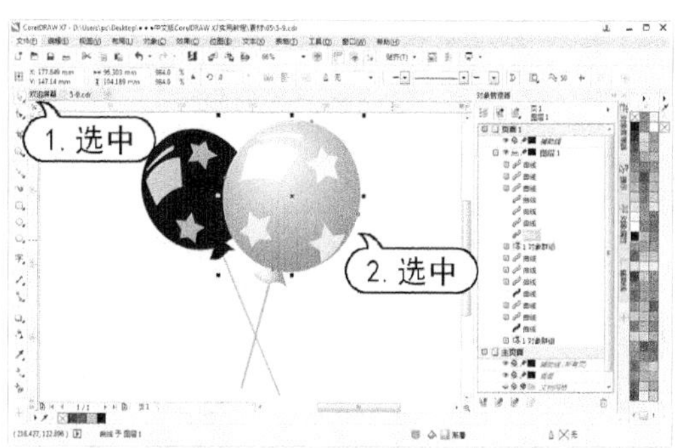

step 2　选择【属性滴管】工具，在属性栏的【属性】下拉列表中选择【轮廓】、【填充】选项，然后单击【确定】按钮。

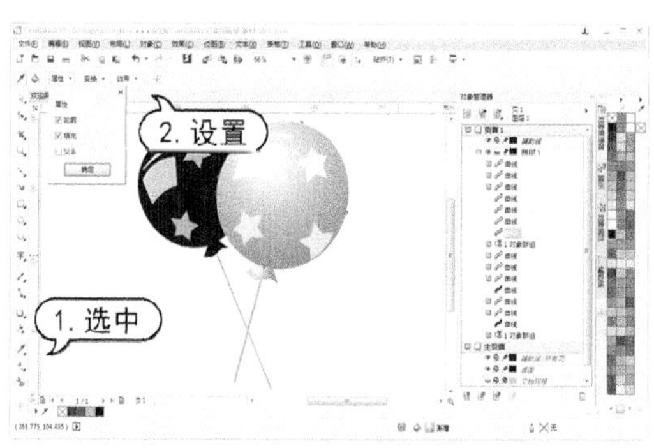

step 3　使用【属性滴管】工具单击对象，当光标变为油漆桶状时，使用鼠标单击需要应用对象属性的对象，即可将吸取的源对象信息应用到目标对象中。

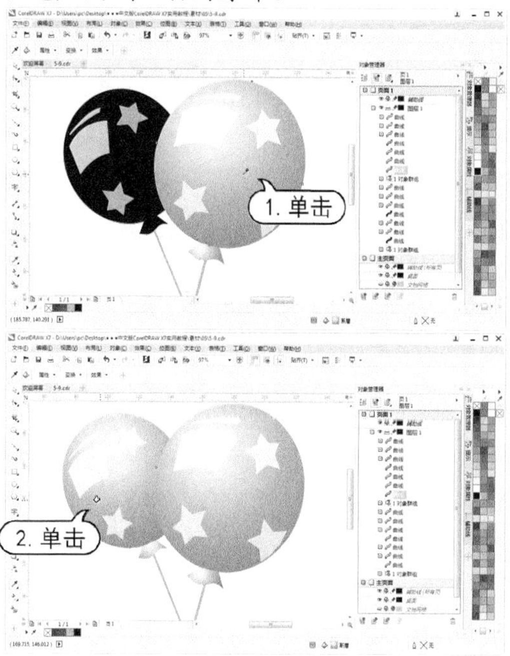

5.6 使用【颜色】泊坞窗

选择【窗口】|【泊坞窗】|【彩色】命令，可以在绘图窗口右边打开【颜色泊坞窗】泊坞窗。在该泊坞窗中，可以通过对颜色值进行设置，然后将调整后的颜色填充到对象的内部或轮廓中。

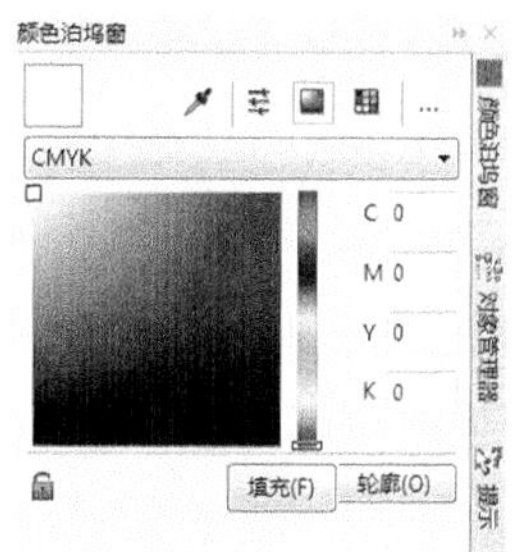

在【颜色】泊坞窗中，单击【自动应用颜色】按钮将颜色挑选器与填充或轮廓关联起来，以便可以自动更新该颜色。

【例 5-10】使用【颜色泊坞窗】泊坞窗设置颜色，填充对象。
视频+素材 (光盘素材\第 05 章\例 5-10)

step 1　在打开的绘图文档中，使用【选择】工具选中需要填充的图形对象。

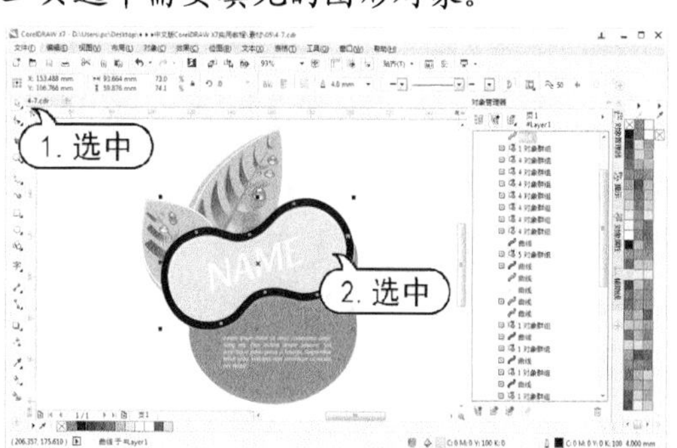

step 2　选择【窗口】|【泊坞窗】|【彩色】命令，打开【颜色泊坞窗】泊坞窗。在该泊坞窗中，拖动各个颜色滑块或直接在对应的数值框中输入数值，以设置相应的颜色值，然后单击【填充】按钮，对象即被填充为该颜色。

step 3 在【颜色泊坞窗】中，重新设置一个颜色，单击【轮廓】按钮，则对象的轮廓即被填充为该颜色。

5.7 填充开放路径

默认状态下，CorelDRAW 只能对封闭的曲线填充颜色。如果要对开放的曲线也填充颜色，就必须更改工具选项设置。

单击属性栏中的【选项】按钮，打开【选项】对话框，在其中展开【文档】|【常规】选项。

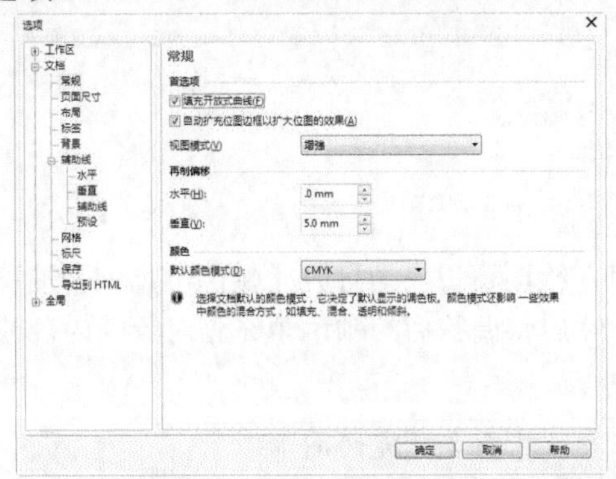

在【常规】设置中选中【填充开放式曲线】复选框，然后单击【确定】按钮即可对开放式曲线填充颜色。

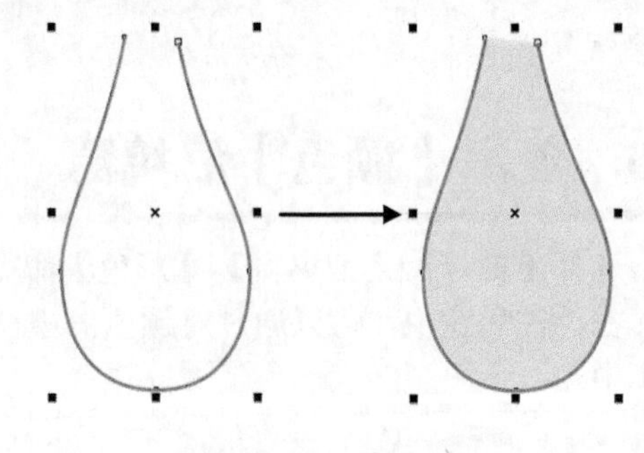

5.8 使用【对象属性】泊坞窗

使用【对象属性】泊坞窗也可以对图形对象的填色和轮廓色进行设置。选择【窗口】|【泊坞窗】|【对象属性】命令，或按 Alt+Enter 键，即可打开【对象属性】泊坞窗。

单击【对象属性】泊坞窗顶端的【填充】按钮，可以快速地显示出当前所选对象的填充属性。用户可以在其中为对象重新设置填充参数。

在【填充类型】选项栏中，所选对象当前的填充类型为选取状态，单击其他类型按钮，可以为所选对象更改填充类型。选择了需要的填充类型后，可在下方显示对应的设置选项。选择不同的填充类型，填充设置选项也不同。

知识点滴

在【对象属性】泊坞窗中单击顶部的【轮廓】按钮，可以显示出当前所选对象的轮廓属性设置，单击【轮廓】选项组底部的按钮，可以展开更多选项。用户也可以在其中为对象重新设置轮廓属性。

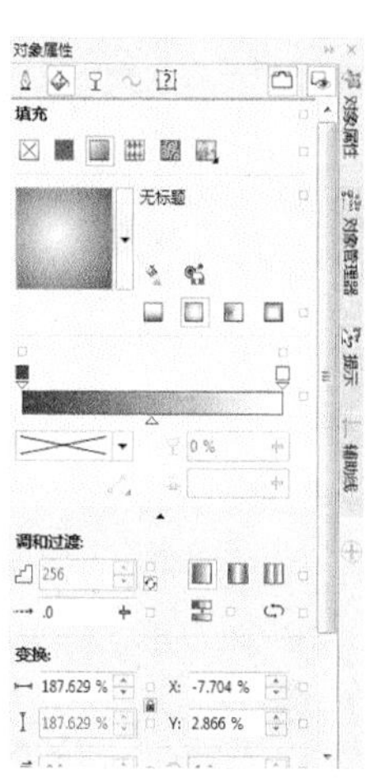
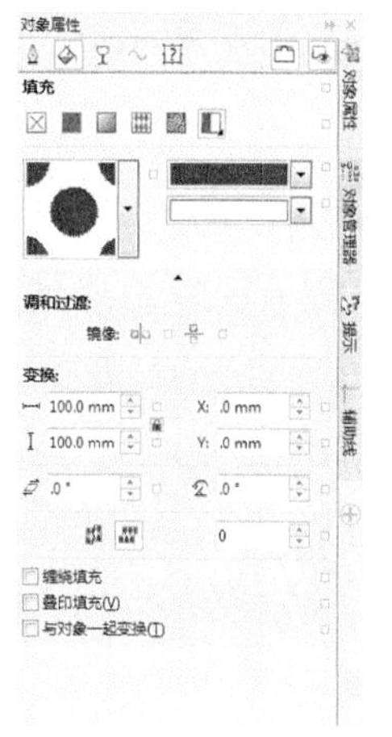
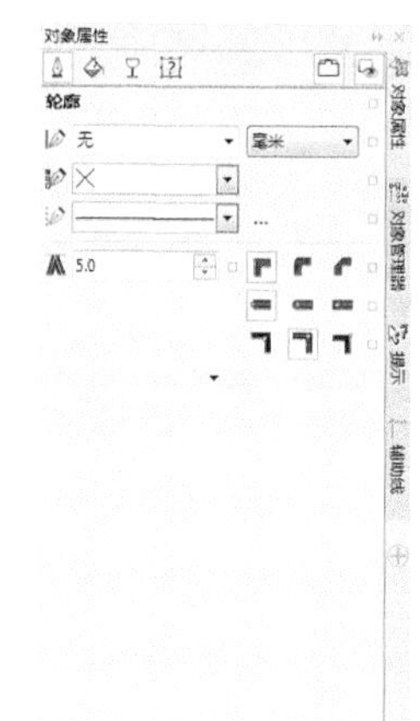
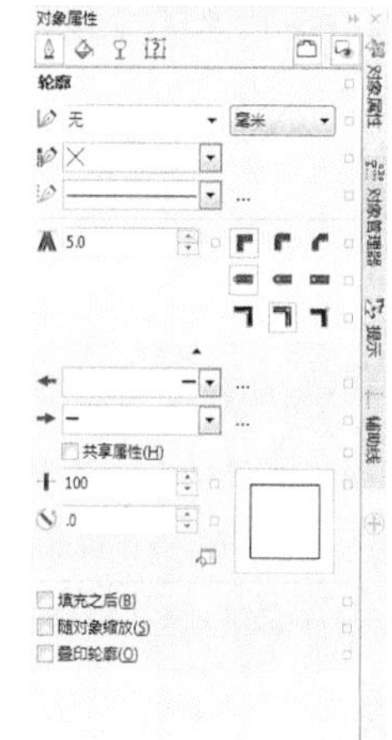

5.9　案例演练

本章的案例演练部分通过制作洗衣粉包装设计和化妆品包装设计两个综合实例操作，使用户通过练习从而巩固本章所学知识。

5.9.1　洗衣粉包装设计

【例 5-11】洗衣粉包装设计。

素材 (光盘素材\第 05 章\例 5-11)

step 1　选择【文件】|【新建】命令，打开【创建新文档】对话框。在该对话框的【名称】文本框中输入“包装设计”，设置【宽度】为 420mm，【高度】为 320mm，单击【横向】按钮，在【原色模式】下拉列表中选择CMYK 选项，然后单击【确定】按钮。

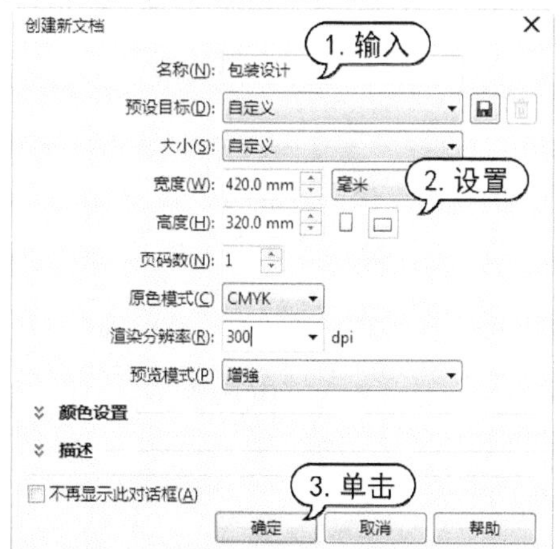

step 2　选择【矩形】工具在页面中拖动绘制矩形，并在属性栏中设置【宽度】为 125mm，【高度】为 165mm。

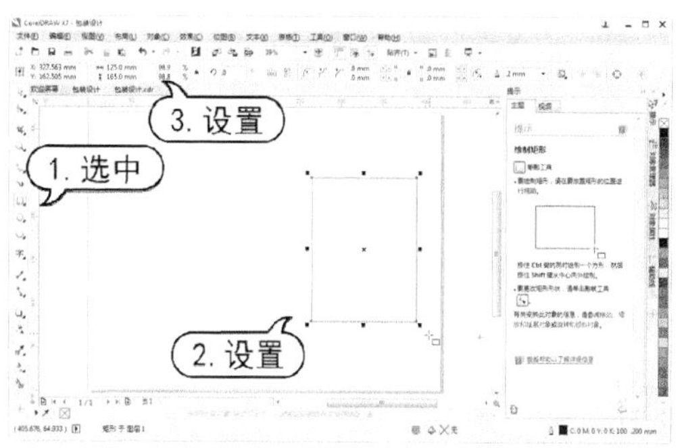

step 3　选择【窗口】|【泊坞窗】|【变换】|【大小】命令，打开【变换】泊坞窗。在泊坞窗中，取消选中【按比例】复选框，设置x 为 60mm，参考中心点为左侧中间，设置【副本】为 1，然后单击【应用】按钮。

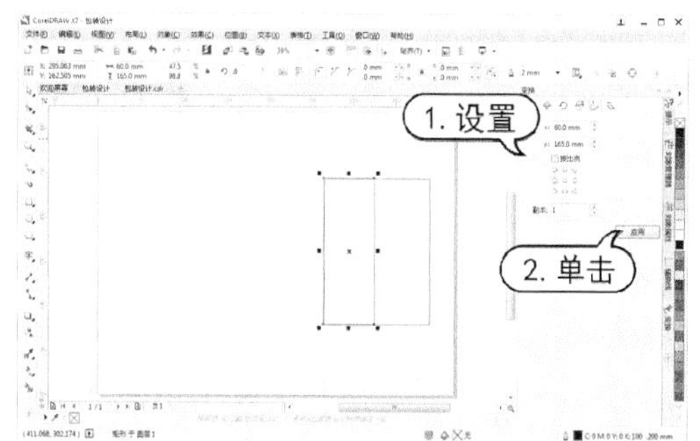

step 4　在【变换】泊坞窗中，单击【位置】按钮，设置参考中心点为右侧中间，x为

-60mm，设置【副本】为 0，然后单击【应用】按钮。

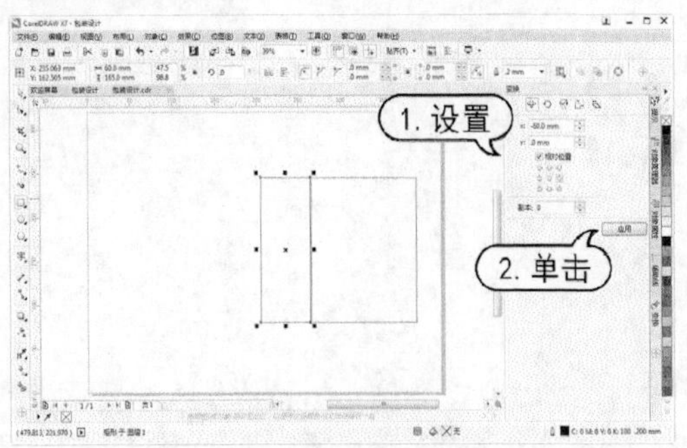

step 5 单击标准工具栏中的【导入】按钮，打开【导入】对话框。在该对话框中选中图像，单击【导入】按钮。

step 6 在绘图页面中单击导入图形，并调整导入图像大小。

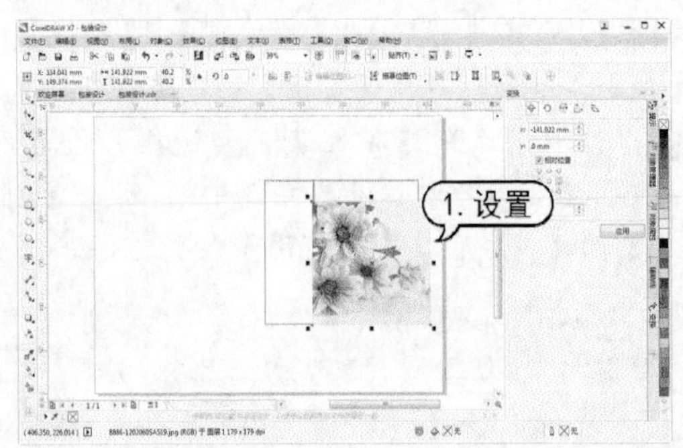

step 7 选择【透明度】工具，在属性栏中单击【渐变透明度】按钮，再单击【线性透明度】按钮，设置【角度】为-89°，选中终止点节点，在显示的浮动数值框中设置【节点透明度】为 14。

step 8 选择【对象】|【图框精确剪裁】|【置于图文框内部】命令，当光标变为黑色箭头后，单击步骤(2)中创建的矩形。

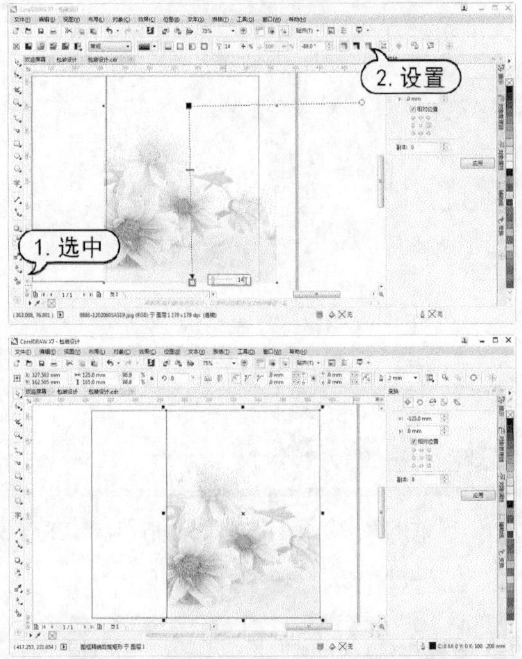

step 9 使用步骤(5)至步骤(7)相同的操作方法，将图像导入到步骤(3)中创建的矩形中。

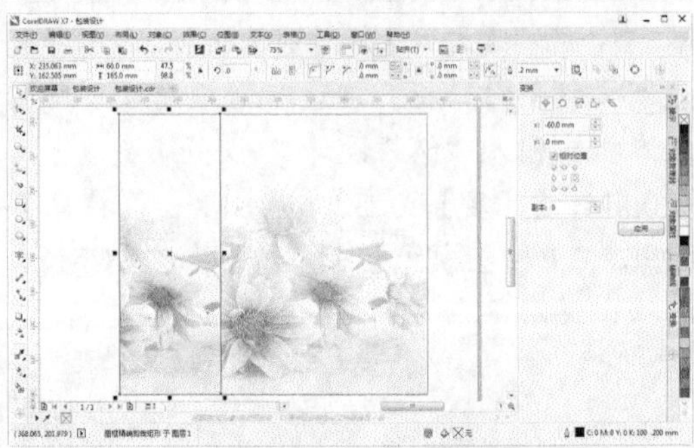

step 10 选择【矩形】工具在页面中拖动绘制矩形，并在属性栏中设置对象原点为左下角，【宽度】为 125mm，【高度】为 60mm。

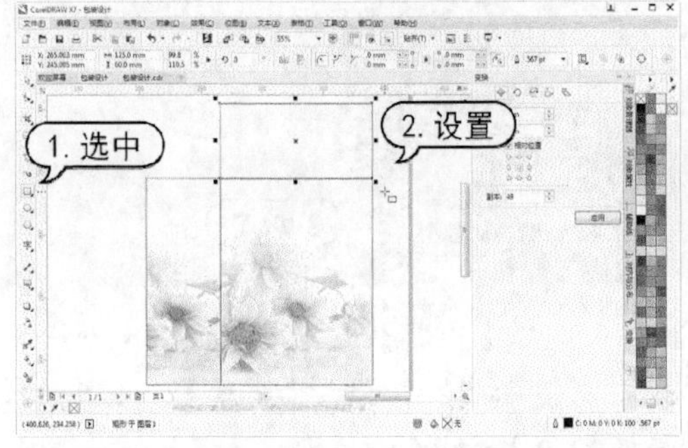

step 11　继续使用【矩形】工具在页面中拖动绘制矩形，并在属性栏中设置【宽度】数值为 125mm，【高度】数值为 10mm，单击【同时编辑所有角】按钮🔒，设置左上和右上的【圆角半径】数值为 5mm。

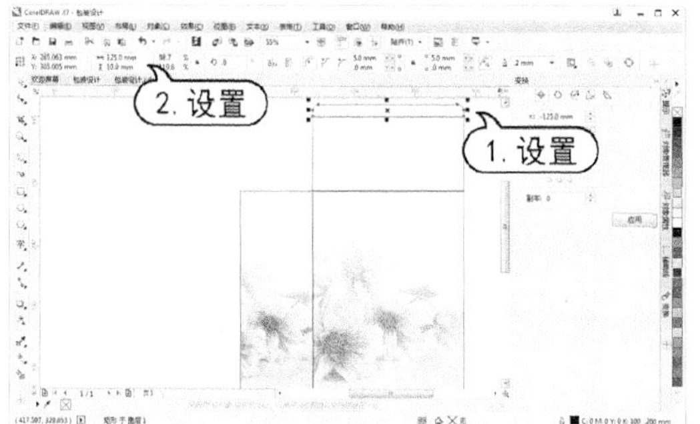

step 12　继续使用【矩形】工具在页面中拖动绘制矩形，并在属性栏中设置【宽度】数值为 60mm，【高度】数值为 60mm，设置左上和右上的【圆角半径】数值为 3mm。

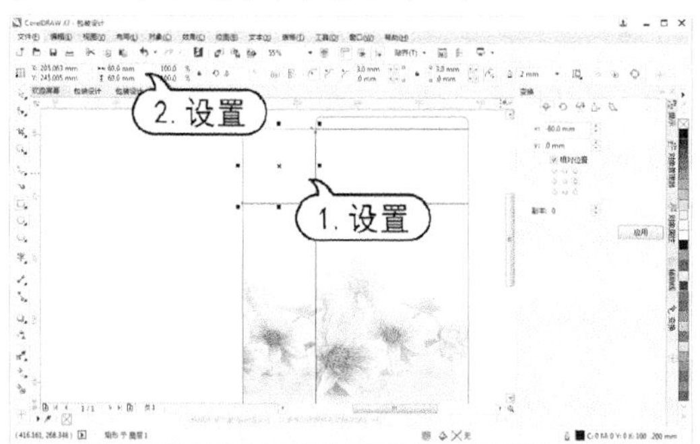

step 13　按Ctrl+Q键将刚创建的对象转换为曲线，然后使用【形状】工具在对象上双击添加节点，并使用【形状】工具进行调整。

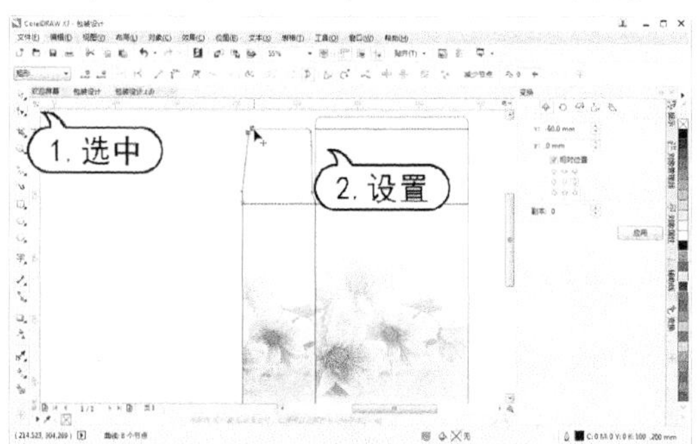

step 14　选择【贝塞尔】工具，在页面中绘制如图所示图形，并在调色板中取消轮廓线，单击C:40 M:0 Y:100 K:0 色板进行填充。

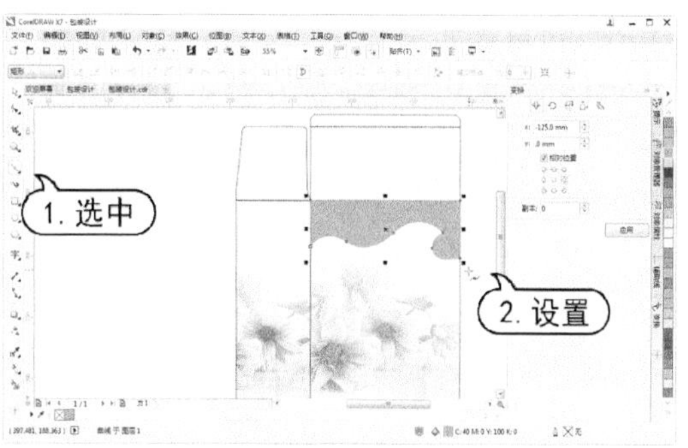

step 15　按Ctrl+C键复制刚绘制的对象，按Ctrl+V键粘贴。按F11 键打开【编辑填充】对话框。在该对话框中，设置渐变从C:40 M:80 Y:0 K:20 到C:20 M:60 Y:0 K:0，然后单击【确定】按钮填充。

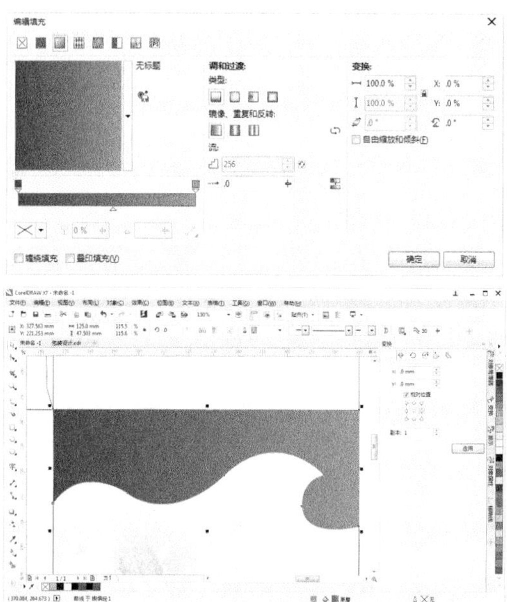

step 16　在【变换】泊坞窗中，单击【位置】按钮，设置对象参考中心点为中央，设置y为 1.5mm，【副本】为 0，然后单击【应用】按钮。

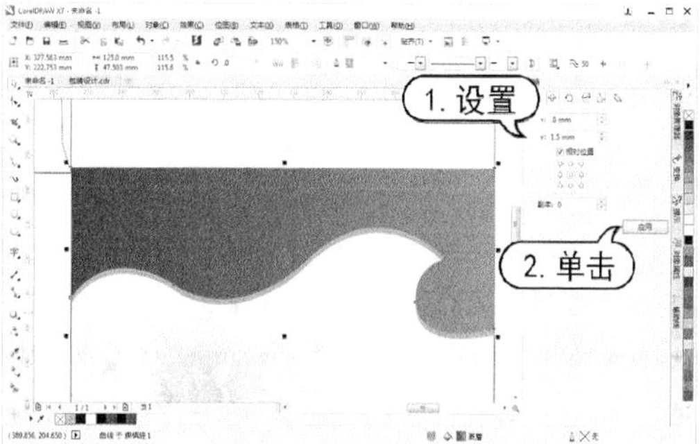

step 17 使用【形状】工具选中刚创建对象上方的两个节点，并向下拖动对齐矩形顶边。

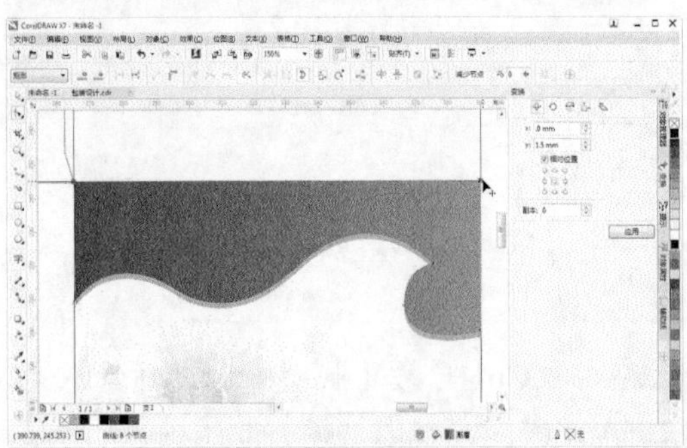

step 18 使用步骤(14)至步骤(17)的同样操作方法在页面中绘制图形，并进行填充设置。

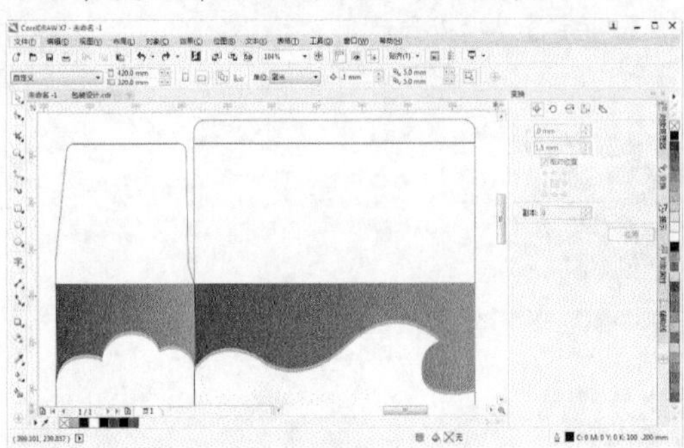

step 19 选择【属性滴管】工具在步骤(15)中填充的对象上单击，当光标变为填充工具时分别单击步骤(10)至步骤(13)中绘制的对象，进行填充。

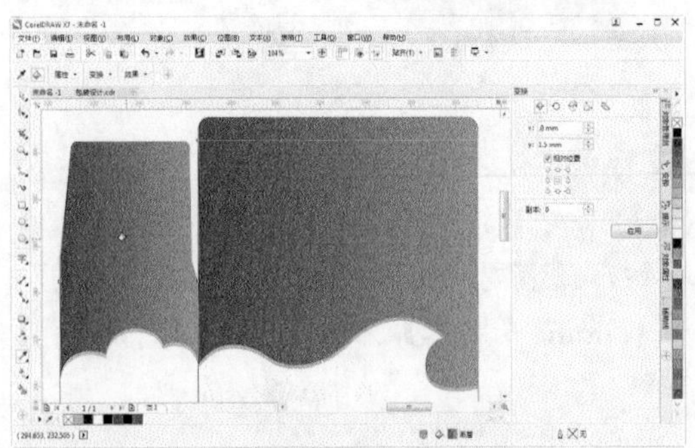

step 20 使用【选择】工具选中步骤(13)中创建的对象，双击状态栏中的填充属性，打开【编辑填充】对话框。在该对话框中设置【旋转】为90°，然后单击【确定】按钮。

step 21 单击标准工具栏中的【导入】按钮，打开【导入】对话框。在该对话框中，选中需要导入的图形文档，然后单击【导入】按钮，并在绘图页面中单击。

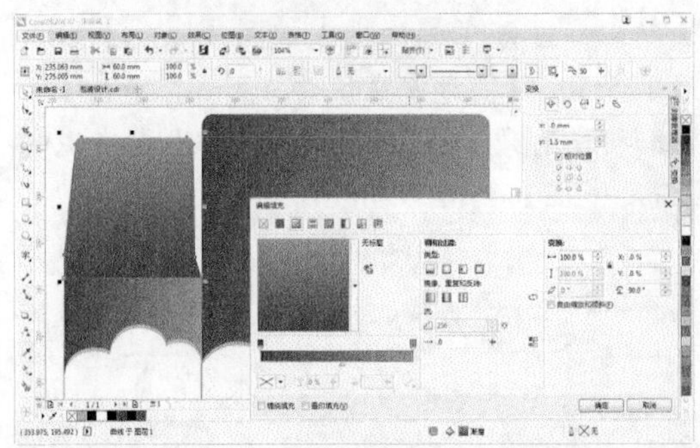

step 22 使用【选择】工具，在绘图页面中选中导入的图形，并调整图形的形状大小和角度。

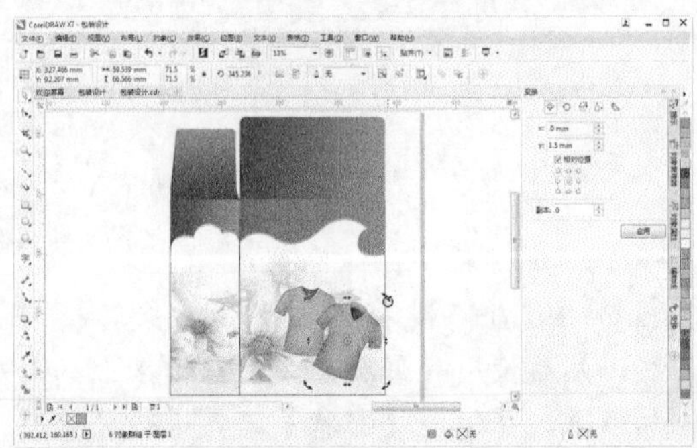

step 23 选择【椭圆形】工具，按Shift+Ctrl键拖动绘制圆形。

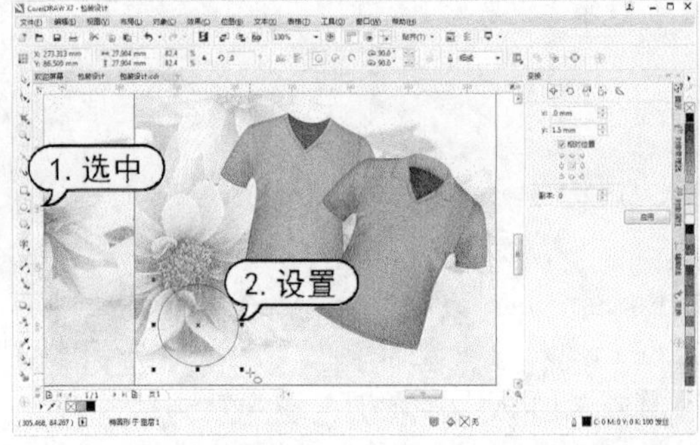

step 24 选择【属性】滴管工具在步骤(15)中填充的对象上单击，当光标变为填充工具时分别单击刚绘制的圆形。

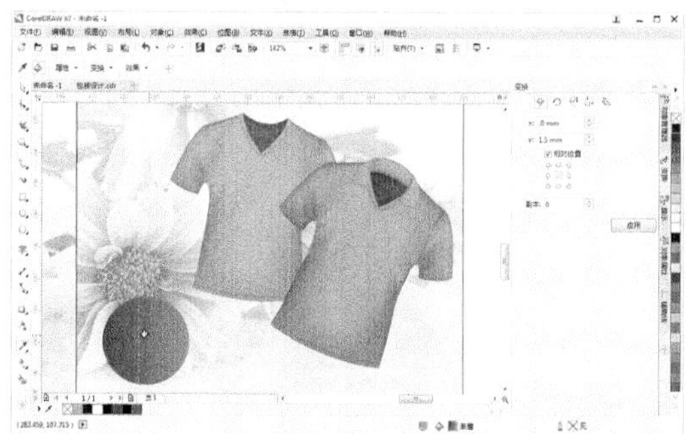

step 25 在【变换】泊坞窗中，单击【大小】按钮，选中【按比例】复选框，选中中央参考点，并设置x为 17mm，【副本】为 1，然后单击【应用】按钮。

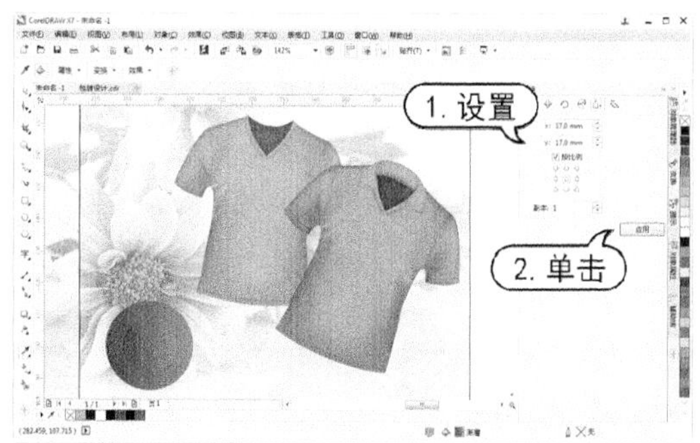

step 26 双击状态栏中的填充属性，打开【编辑填充】对话框。在该对话框中设置【旋转】为 180，然后单击【确定】按钮。

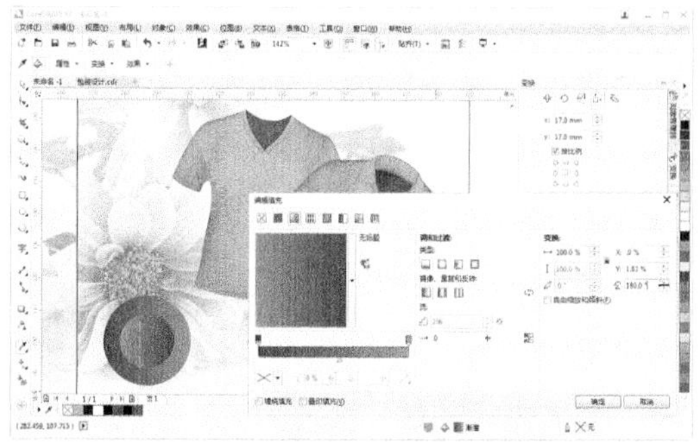

step 27 在【变换】泊坞窗中，单击【大小】按钮，设置x为 14mm，【副本】为 1，然后单击【应用】按钮，并在调色板中单击【白色】色板填充对象。

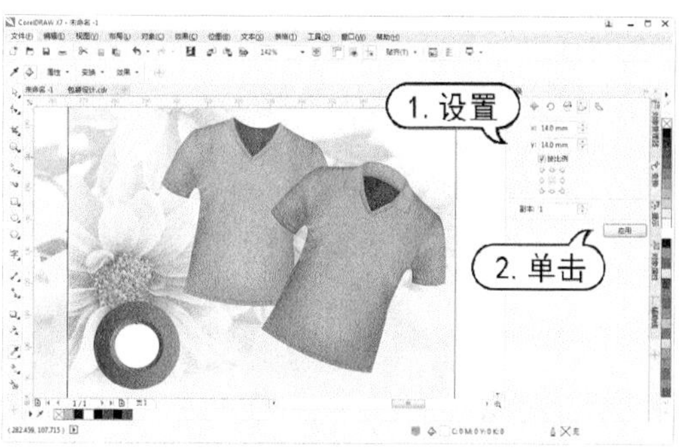

step 28 选择【文本】工具在页面中单击，在属性栏【字体列表】下拉列表中选择Arial，设置【字体大小】为 20pt，输入文字内容。

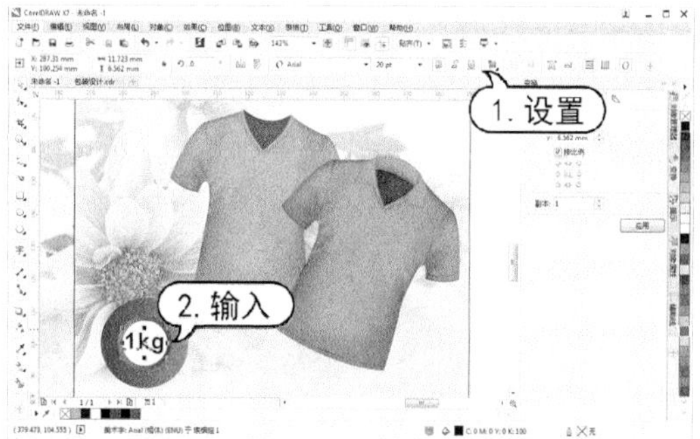

step 29 使用【选择】工具调整文字位置，再双击状态栏中填充状态，打开【编辑填充】对话框。在该对话框中设置颜色为C:61 M:93 Y:28 K:0，然后单击【确定】按钮。

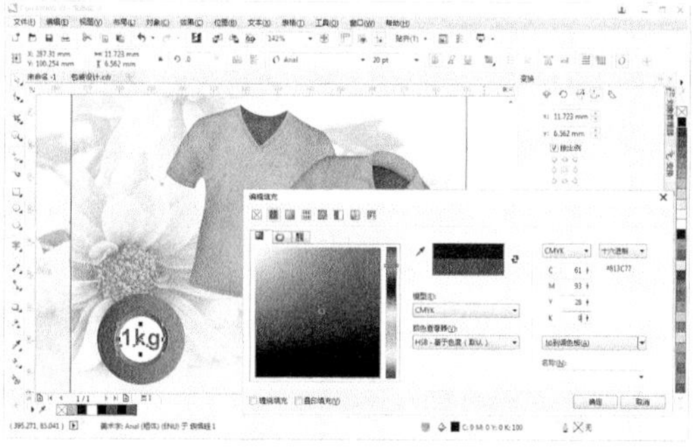

step 30 继续使用【文本】工具在步骤(25)中创建的对象轮廓上单击，并输入文字内容，然后选中输入内容，在属性栏【字体列表】中选择【方正黑体_GBK】选项，设置【字体大小】为 11pt，在调色板中单击【白色】色板填充字体，并使用【选择】工具调整文字位置。

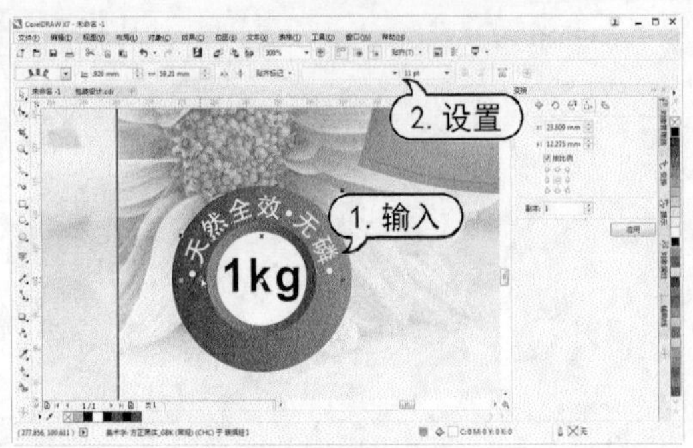

step 31 使用【文本】工具在页面中单击，在属性栏【字体列表】下拉列表中选择【汉仪粗圆简】，设置【字体大小】为 56pt，然后输入文字内容。

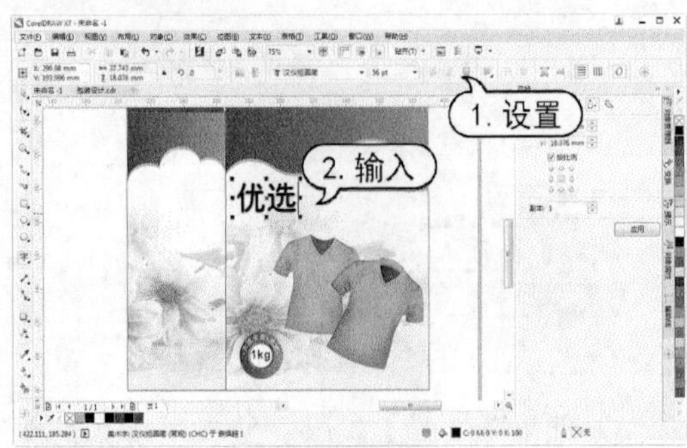

step 32 使用步骤(28)的操作方法分别输入文字内容，并设置【字体大小】分别为 24pt和 28pt。

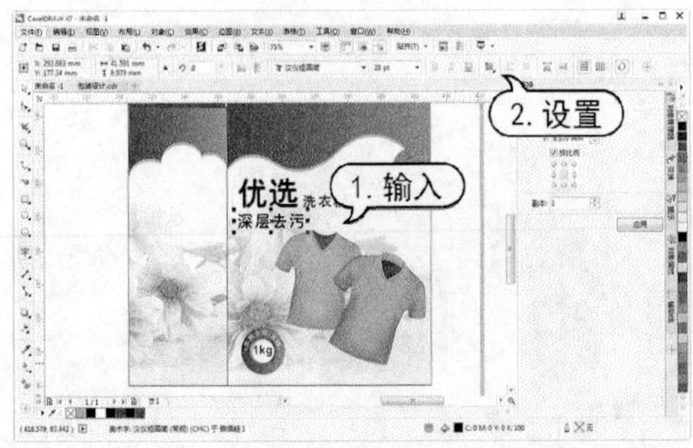

step 33 选择【属性】滴管工具在步骤(15)中填充的对象上单击，当光标变为填充工具时分别单击创建的文字。

step 34 选择【文本】工具在页面中单击，在属性栏【字体列表】下拉列表中选择Aharoni，设置【字体大小】为 15pt，在调色板中单击【白色】色板，然后输入文字内容。

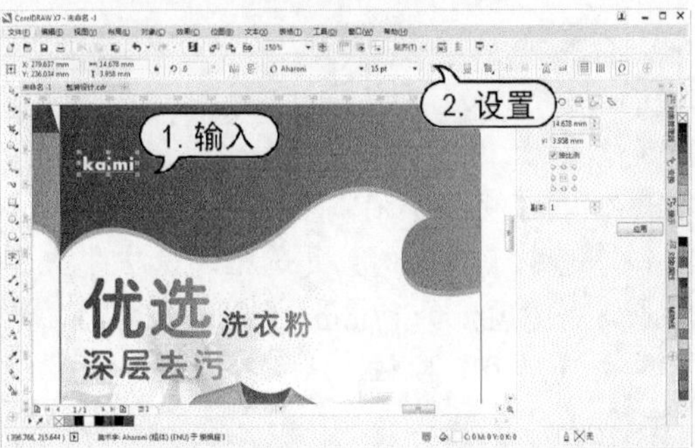

step 35 选择【文本】工具在页面中单击，在属性栏【字体列表】下拉列表中选择【方正黑体_GBK】，设置字体大小为 18pt，在调色板中单击【白色】色板，然后输入文字内容。

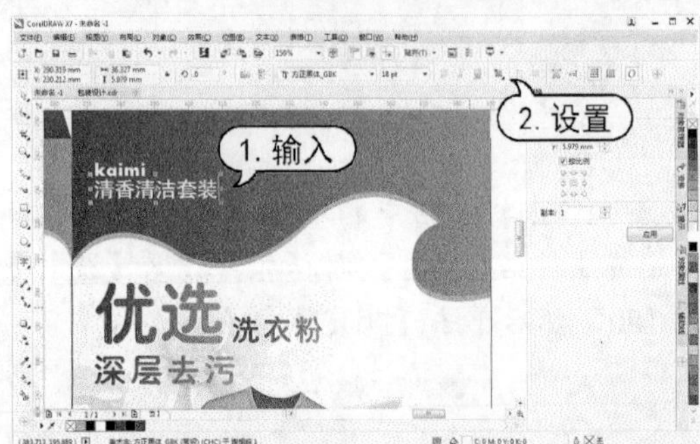

step 36 选中步骤(33)至步骤(34)中创建的文字对象，按住鼠标左键拖动到要放置的位置，按右键释放鼠标，移动并复制文字对象。

step 37 在【变换】泊坞窗中，单击【缩放和镜像】按钮，单击【垂直镜像】按钮，设置【副本】为0，再单击【应用】按钮。

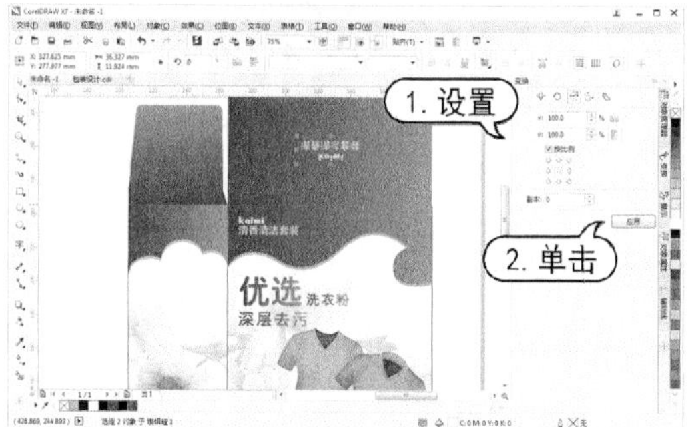

step 38 使用【选择】工具选中矩形和文字对象，选择【窗口】|【泊坞窗】|【对齐与分布】命令，在【对齐与分布】泊坞窗中单击【活动对象】按钮和【水平居中对齐】按钮。

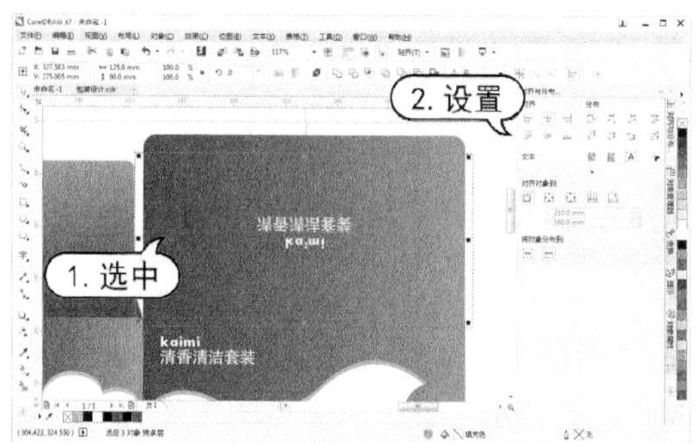

step 39 选中步骤(31)至步骤(33)中创建的文字对象，按住鼠标左键拖动到要放置的位置，按右键释放鼠标，移动并复制文字对象。在【变换】泊坞窗中，单击【大小】按钮，设置x为45mm，【副本】为0，然后单击【应用】按钮。

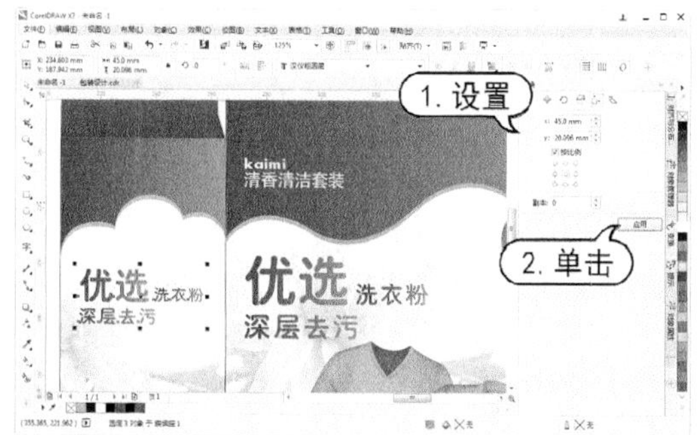

step 40 使用【文本】工具在页面中拖动创建文本框，在属性栏【字体列表】中选择【方正大黑简体】，设置【字体大小】为10pt，双击状态栏中的填充属性，打开【编辑填充】对话框。在该对话框中，设置填充颜色为C:60 M:90 Y:26 K:0，然后单击【确定】按钮，再输入文字内容。

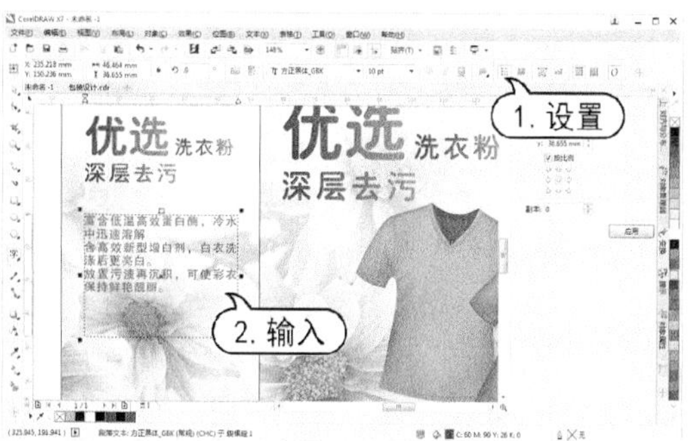

step 41 使用【文本】工具选中文字内容，选择【文本】|【项目符号】命令，打开【项目符号】对话框。在该对话框中，选中【使用符号项目】复选框，设置【大小】为13.5pt，【基线位移】为-1pt，【到文本的项目符号】为1mm，然后单击【确定】按钮添加项目符号。

step 42 使用【选择】工具框选包装盒正面和侧面所有对象，按Ctrl+G键组合对象，然后在【变换】泊坞窗中，单击【位置】按钮，设置参考点为左侧中间，x为-185mm，y为0mm，选中左侧中间的参考点，设置【副本】为1，然后单击【应用】按钮。

step 43 使用【选择】工具框选顶部对象，在【变换】泊坞窗中，设置参考点为中间下方，x为-185mm，y为-235mm，【副本】为1，然后单击【应用】按钮。

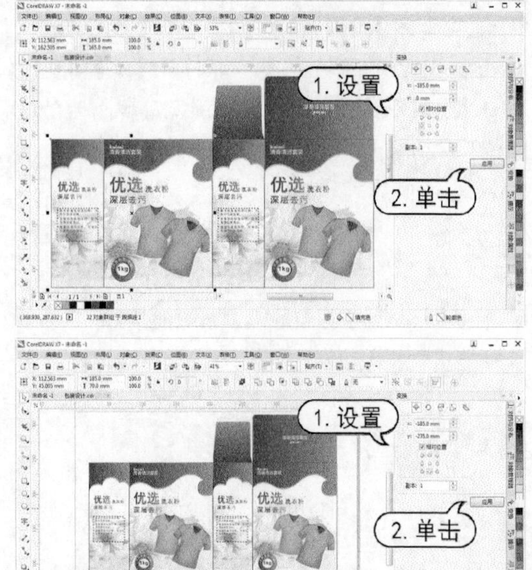

step 44 在【变换】泊坞窗中，单击【缩放和镜像】按钮，单击【垂直镜像】按钮，设置参考点为中央，【副本】为 0，然后单击【应用】按钮。

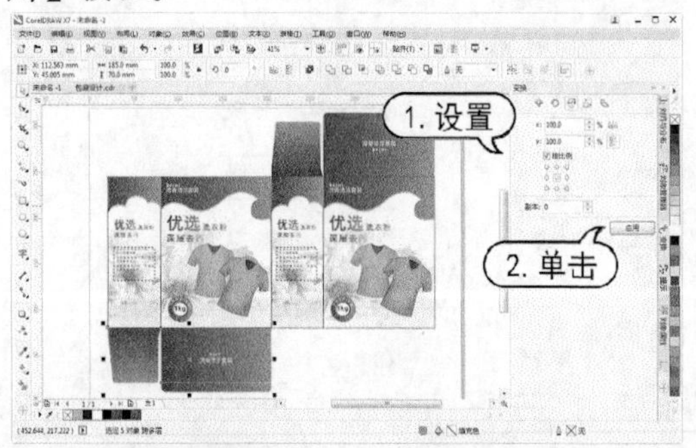

step 45 使用【选择】工具选中步骤(13)中创建的对象及其镜像对象，在【变换】泊坞窗中，单击【垂直镜像】按钮，设置【副本】为 1，然后单击【应用】按钮。

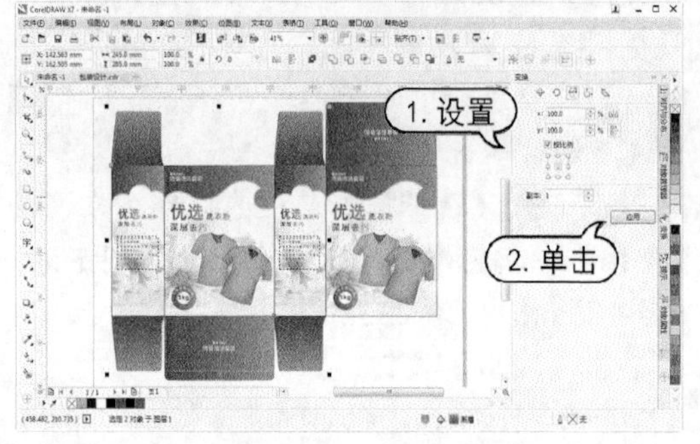

5.9.2 化妆品包装设计

【例 5-12】化妆品包装设计。

视频+素材 (光盘素材\第 05 章\例 5-12)

step 1 选择【文件】|【新建】命令，打开【创建新文档】对话框。在该对话框的【名称】文本框中输入“化妆品包装设计”，设置【宽度】为 210mm，【高度】为 280mm，然后单击【确定】按钮。

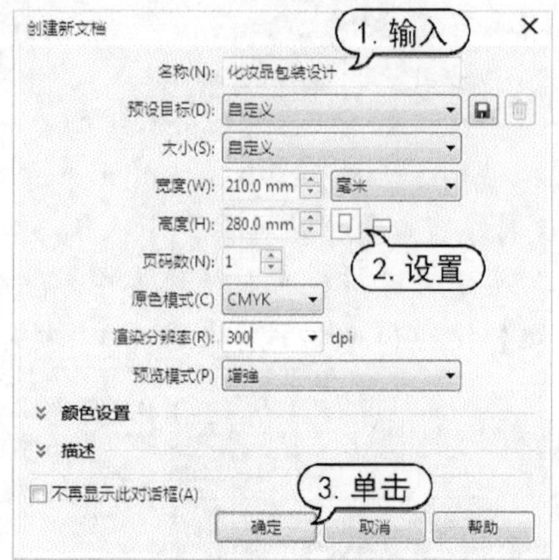

step 2 选择【布局】|【页面背景】命令，打开【选项】对话框。选中【位图】单选按钮，在单击【浏览】按钮，打开【导入】对话框。在该对话框中，选中所需要的图像文档，然后单击【导入】按钮。

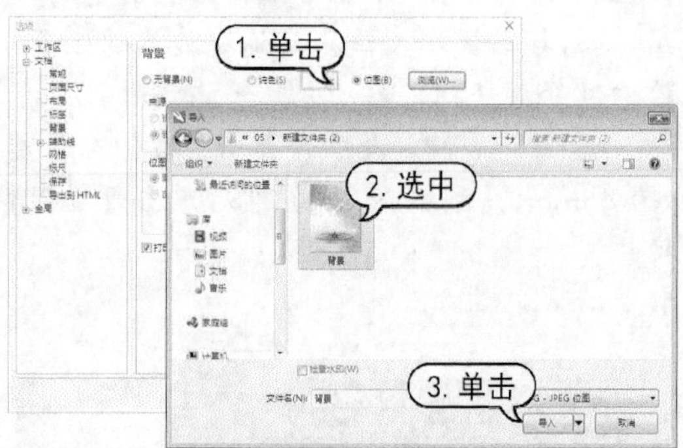

step 3 在【选项】对话框的【位图尺寸】选项区中，选中【自定义尺寸】单选按钮，取消选中【保持纵横比】复选框，设置【水平】数值为 210，【垂直】数值为 280，然后单击【确定】按钮。

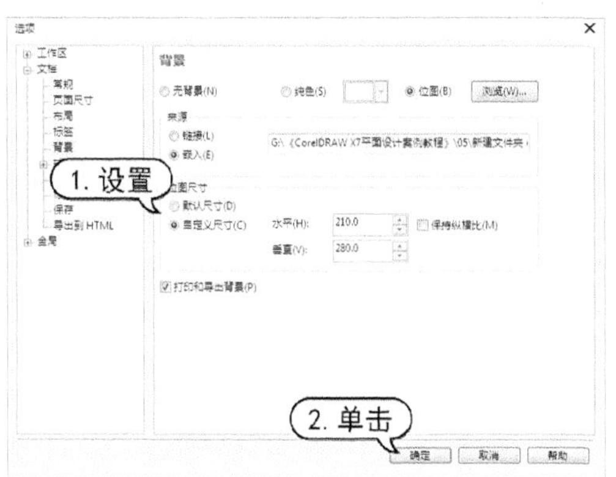

step 4 选择【矩形】工具在绘图页面中拖动绘制矩形，并在属性栏中设置对象大小的【宽度】数值为 70mm，【高度】数值为 120mm。

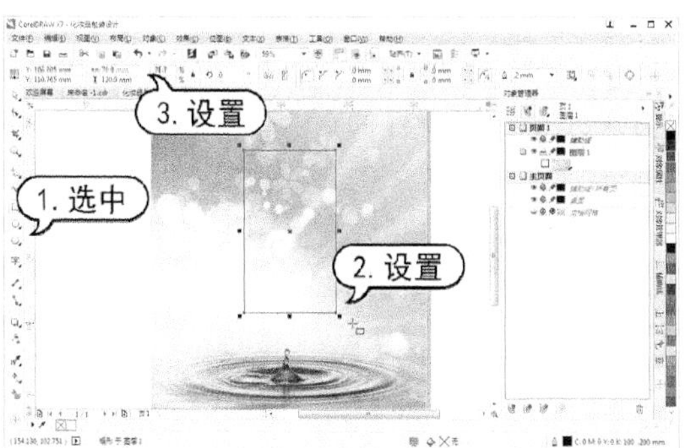

step 5 在【变换】泊坞窗中，单击【缩放和镜像】按钮，设置对象原点为【中下】，单击【垂直镜像】按钮，设置【副本】数值为 1，然后单击【应用】按钮。

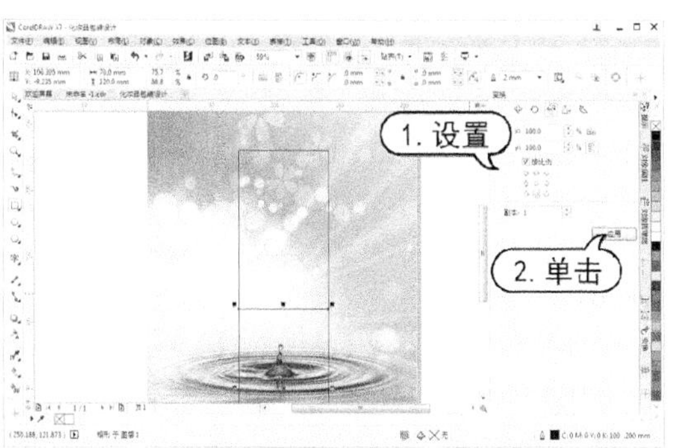

step 6 在属性栏中设置对象原点为【中上】，对象大小的【高度】数值为 40mm。

step 7 选中步骤(4)中绘制的矩形，在【变换】泊坞窗中，设置对象原点为【中上】，单击【垂直镜像】按钮，设置【副本】数值为 1，然后单击【应用】按钮。

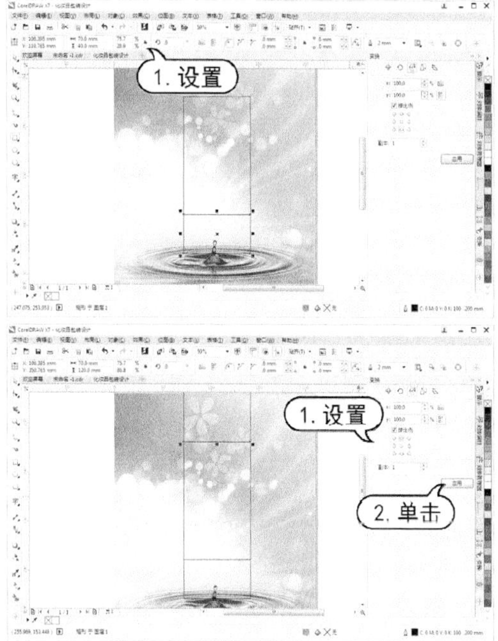

step 8 在属性栏中设置对象原点为【中下】，对象大小的【宽度】数值为 90mm，【高度】数值为 8mm。

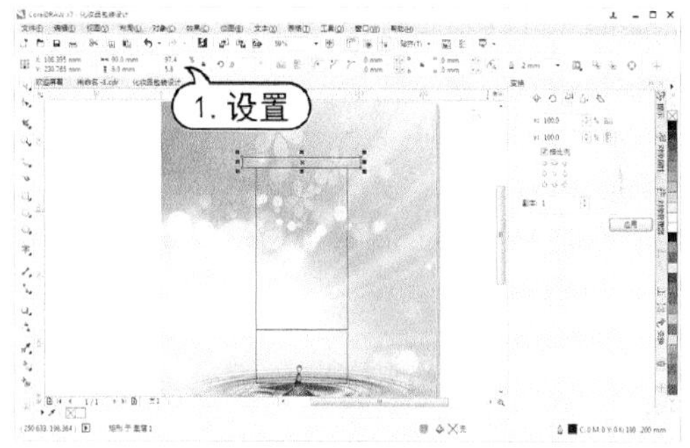

step 9 选中步骤(4)中绘制的矩形，在属性栏中取消选中【同时编辑所有角】单击按钮，设置左下和右下的【转角半径】数值为 2mm。

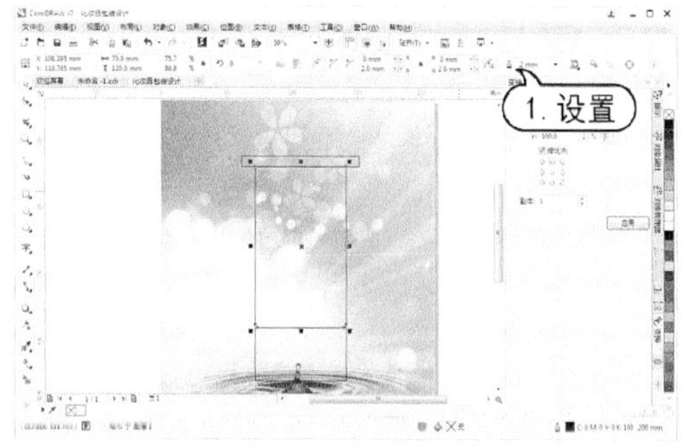

step 10 按Ctrl+Q键将对象转换为曲线，并使

用【形状】工具调整节点位置。

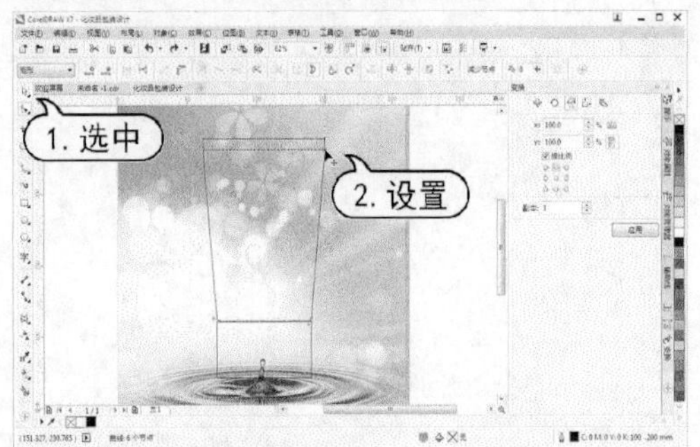

step 11 选中步骤(5)中绘制的矩形，在属性栏中设置左下和右下的【转角半径】数值为10mm。

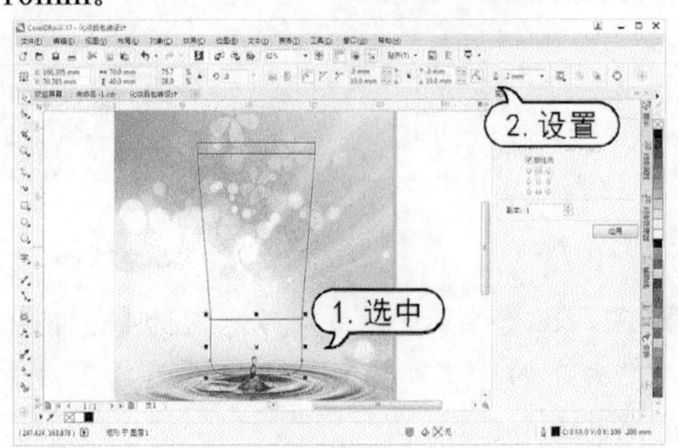

step 12 选中步骤(4)中绘制的矩形，在调色板中设置填充色为【白色】，轮廓色为【无】。

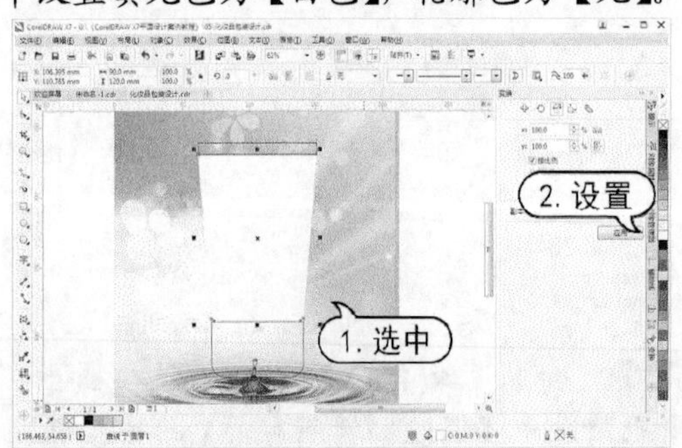

step 13 选择【网格填充】工具在形状上单击，添加节点。并在调色板中，设置节点颜色。

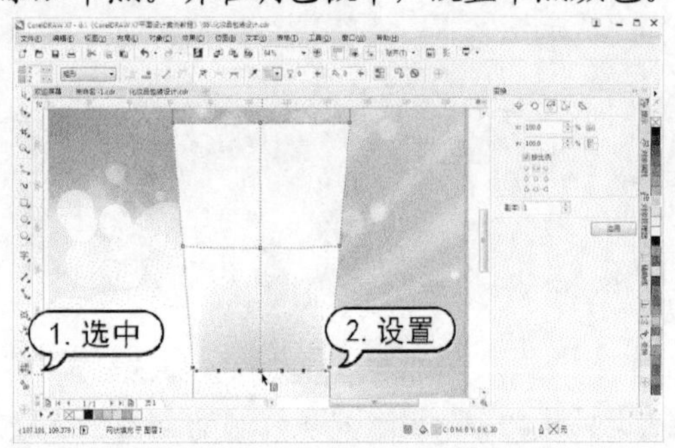

step 14 使用步骤(13)相同的操作方法，添加节点并调整颜色。

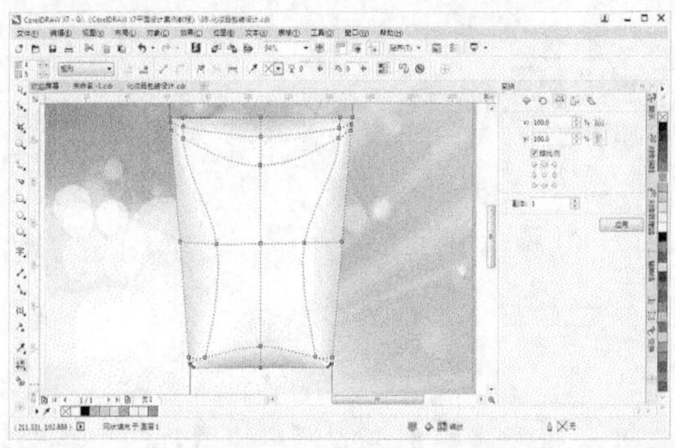

step 15 选中步骤(5)中绘制的矩形，将轮廓色设置为【无】，按F11键打开【编辑填充】对话框。在该对话框中，设置渐变填充色为C:75 M:45 Y:8 K:0 至C:76 M:42 Y:0 K:0 至C:44 M:13 Y:9 K:0 至C:36 M:0 Y:11 K:0 至C:56 M:15 Y:0 K:0 至C:94 M:65 Y:16 K:0 至C:70 M:40 Y:7 K:0,设置【填充宽度】数值为 99%，Y数值为 55%，然后单击【确定】按钮。

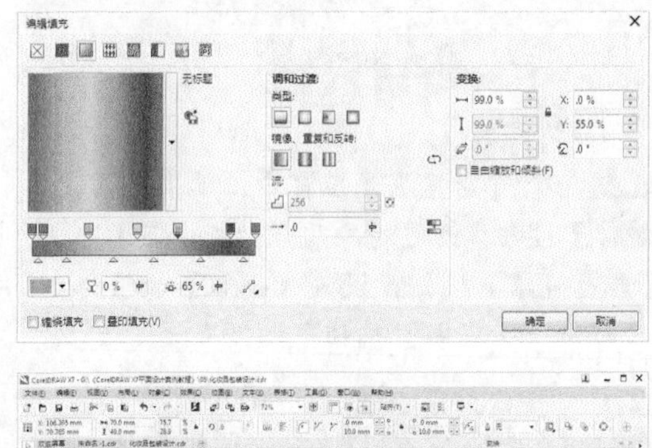

step 16 选中步骤(8)中绘制的矩形，将轮廓色设置为【无】，按F11 键打开【编辑填充】对话框。在该对话框中，设置渐变填充色为C:0 M:0 Y:0 K:25 至C:0 M:0 Y:0 K:0 至C:0 M:0 Y:0 K:30,【旋转】数值为 90° ，然后单击【确

定】按钮。

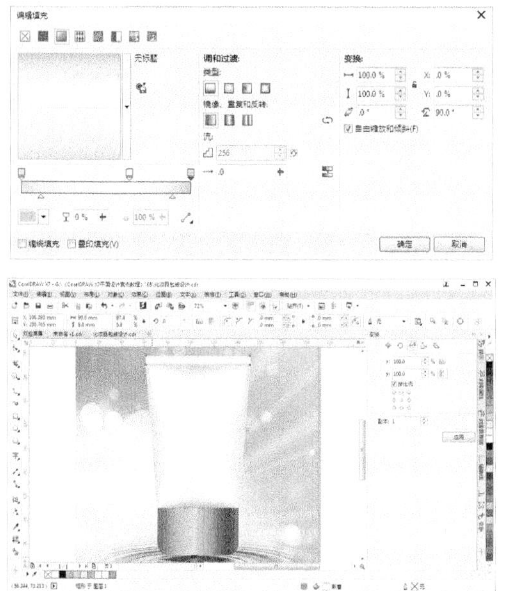

step 17 选择【矩形】工具绘制矩形，并在属性栏中设置【宽度】为 0.8mm，【高度】为 6mm。然后将轮廓色设置为【无】，按F11 键打开【编辑填充】对话框。在该对话框中，单击【椭圆形渐变填充】按钮，设置渐变填充色为C:0 M:0 Y:0 K:25 至C:0 M:0 Y:0 K:0，然后单击【确定】按钮。

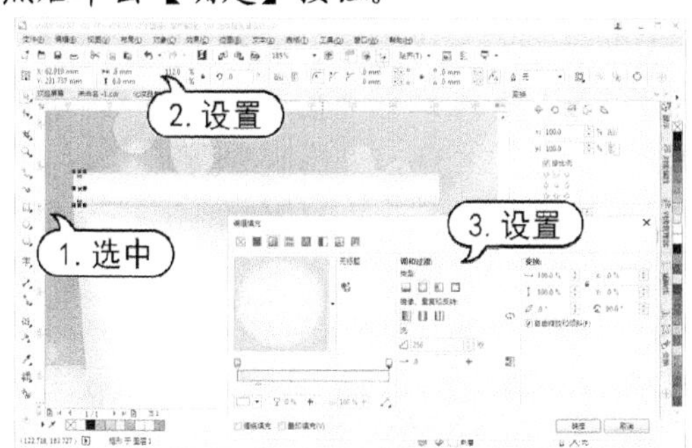

step 18 在【变换】泊坞窗中，单击【位置】按钮，设置x数值为 1.4mm，y数值为 0mm，【副本】数值为 62，然后单击【应用】按钮。

step 19 选中上一步创建的对象，按Ctrl+G键。选中步骤(4)中创建的图形，选择【形状】工具进一步调整形状。

step 20 选中步骤(15)中创建的图形，选择【效果】|【封套】命令，打开【封套】泊坞窗。在泊坞窗中，单击【添加新封套】按钮，并调整形状。

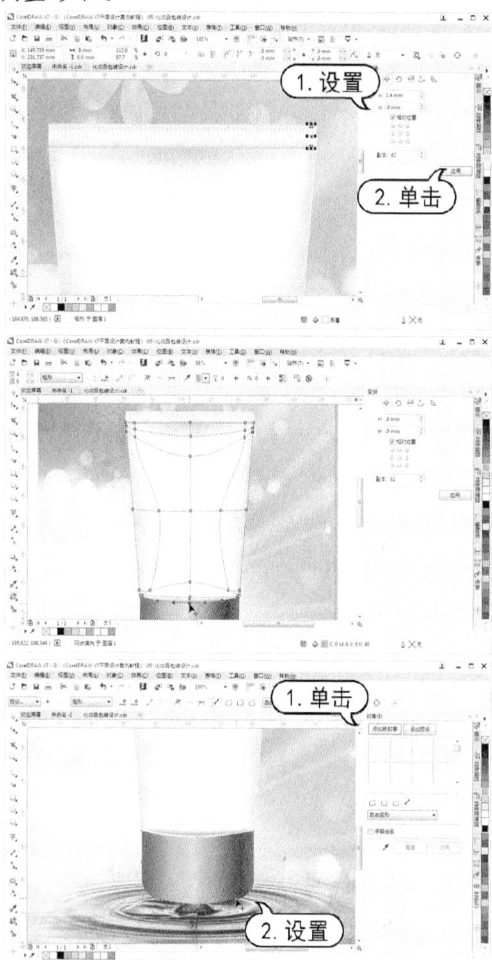

step 21 选择【椭圆形】工具，在绘图页面中拖动绘制椭圆形。在调色板中，设置轮廓色为【无】。按F11 键打开【编辑填充】对话框，设置渐变填充为C:68 M:35 Y:2 K:0 至C:100 M:99 Y:53 K:8，【旋转】数值为-45°，然后单击【确定】按钮。

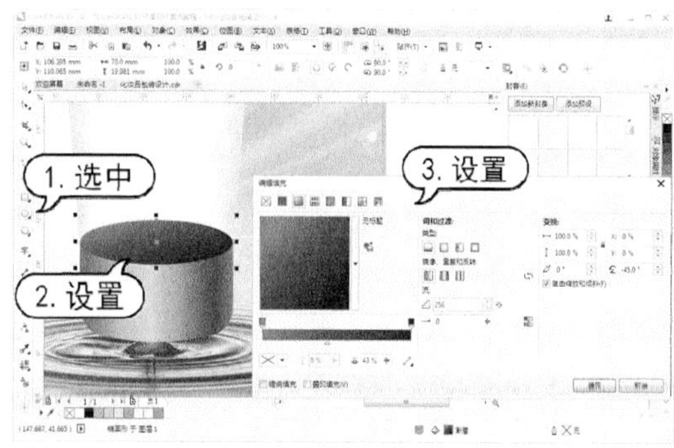

step 22 按Shift+PageDown键将刚绘制的椭圆形放置到图层后面。

step 23 按Ctrl+C键复制步骤(21)中绘制的对象，按Ctrl+V键粘贴在下一层，并按Shift+PageDown键将刚绘制的椭圆形放置到图层后面。按键盘上↓方向键向下移动复制的图形。然后调整复制的图形的形状。

step 24 选中步骤(20)中创建的对象，在【变换】泊坞窗中单击【大小】按钮，设置x数值为66mm，【副本】数值为1，然后单击【确定】按钮。

step 25 选择【效果】|【透镜】命令，打开【透镜】泊坞窗。选择【透明度】透镜选项，设置【颜色】为【白色】，然后设置【比率】数值为85%。

step 26 使用【选择】工具，选中步骤(4)至步骤(25)中创建的图形对象，按Ctrl+G键进行组合。

step 27 在标准工具栏中，单击【导入】按钮，打开【导入】对话框。在该对话框中，选择所需要的图像文件，然后单击【导入】按钮。

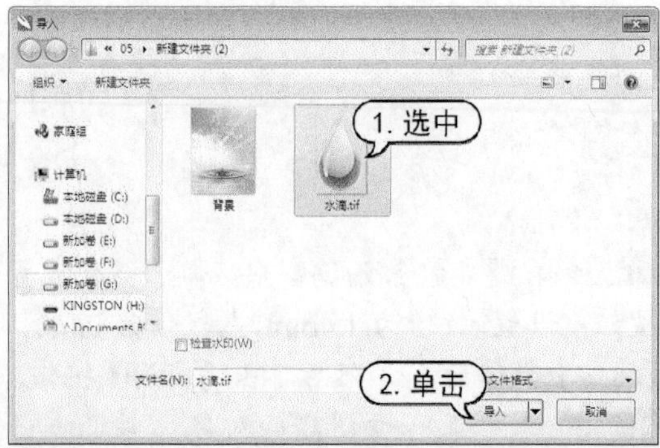

step 28 在绘图页面中单击，导入图像。在属性栏中，选中【锁定比率】单选按钮，设置对象大小的【高度】数值为75mm。

step 29 使用【选择】工具选中步骤(26)中组合的对象和导入的图像，在【对齐与分布】

泊坞窗的【对齐对象到】选项区中单击【活动对象】按钮，再单击【对齐】选项区中的【水平居中对齐】按钮。

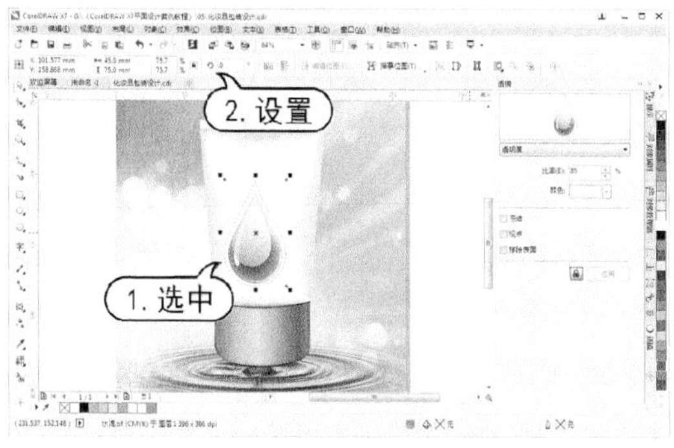

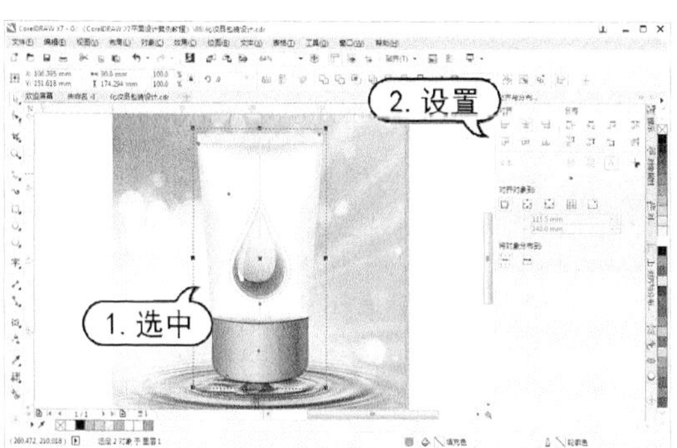

step 30 选择【文本】工具在绘图页面中，单击并输入文字内容。然后按Ctrl+A键全选文字内容，在属性栏中单击【文本对齐】按钮，从弹出的下拉列表中选择【居中】选项，在【对象属性】泊坞窗中设置字体为【方正粗倩简体】，字体大小为 24pt，字体颜色为C:70 M:42 Y:0 K:0。

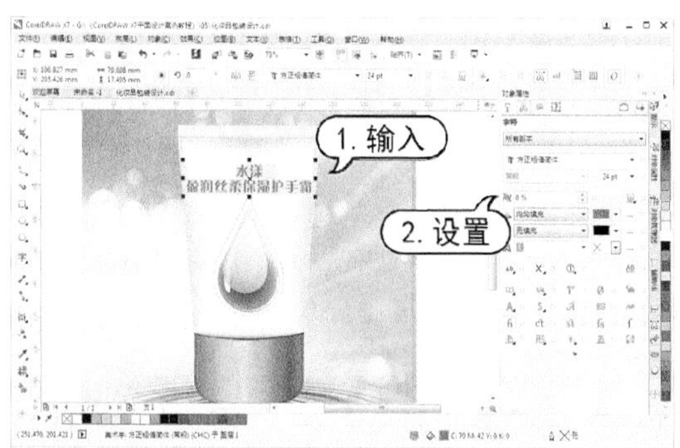

step 31 选中第二排文字，在【对象属性】泊坞窗中，设置字体大小为 14pt。

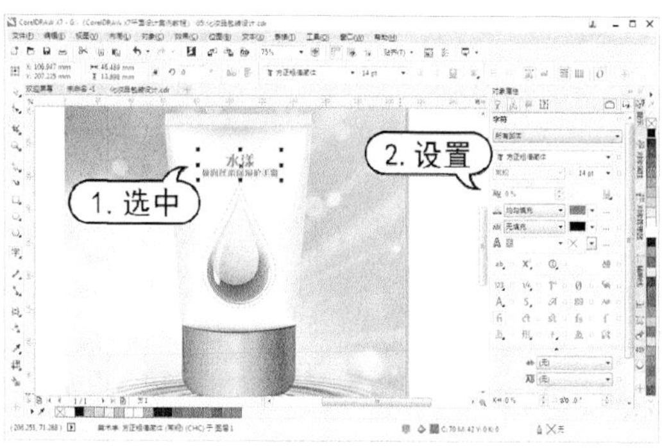

step 32 在【对象属性】泊坞窗中，单击【段落】按钮，设置【行间距】数值为 150%。

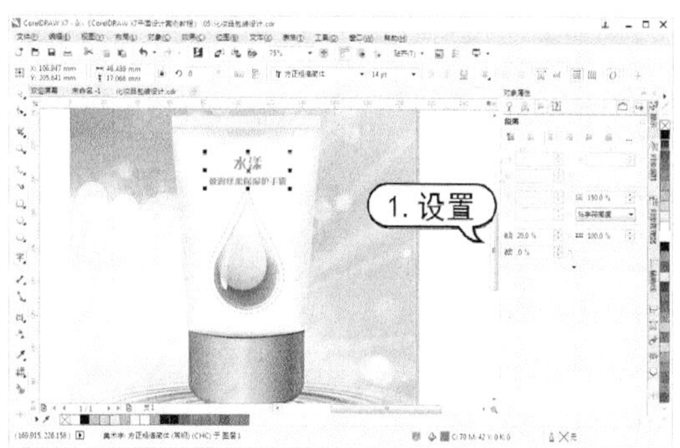

step 33 选择【文本】工具在绘图页面中单击，并输入文字内容。然后按Ctrl+A键全选文字内容，在属性栏中单击【文本对齐】按钮，从弹出的下拉列表中选择【居中】选项，在【对象属性】泊坞窗中单击【字符】按钮，设置字体为Adobe Gothic Std B，字体大小为36pt，字体颜色为【白色】。

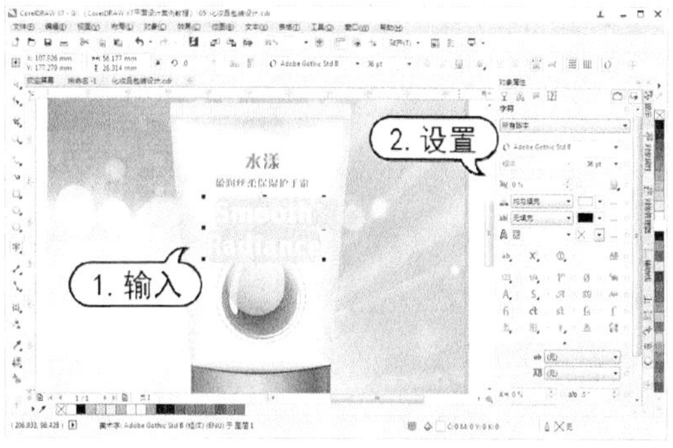

step 34 选择【阴影】工具，在属性栏中单击【预览】下拉按钮，从弹出的菜单中选择【小型辉光】，设置【阴影羽化】数值为 5，【阴影的不透明度】数值为 85。

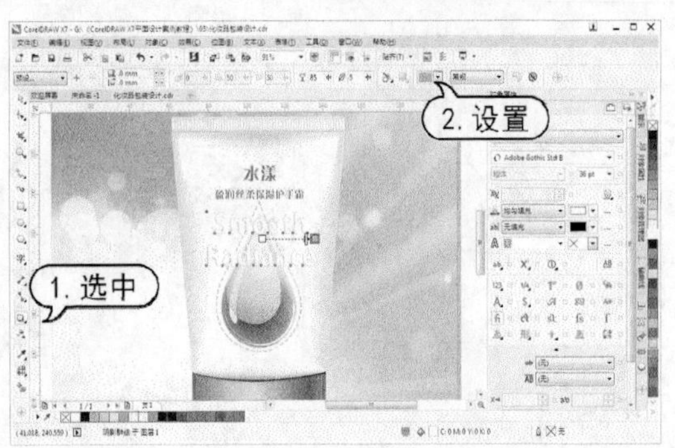

step 35 选择【文本】工具在绘图页面中拖动创建文本框，并输入文字内容。然后按Ctrl+A键全选文字内容，在【对象属性】泊坞窗中单击【字符】按钮，设置字体为【方正黑体简体】，字体大小为14pt，字体颜色为【白色】。

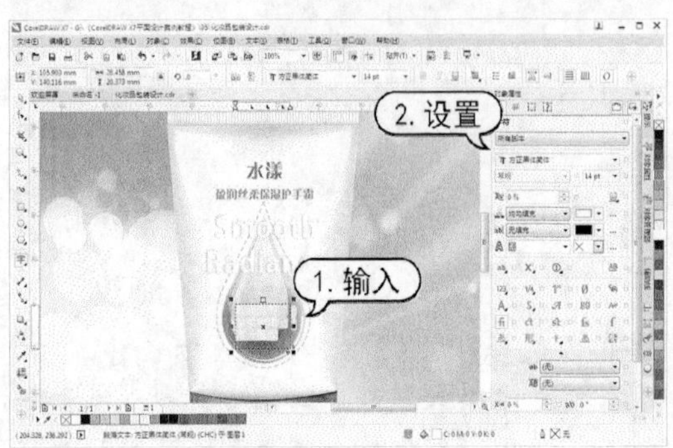

step 36 在【对象属性】泊坞窗中，单击【段落】按钮，设置【段前间距】数值为110%，并选中【项目符号】复选框。

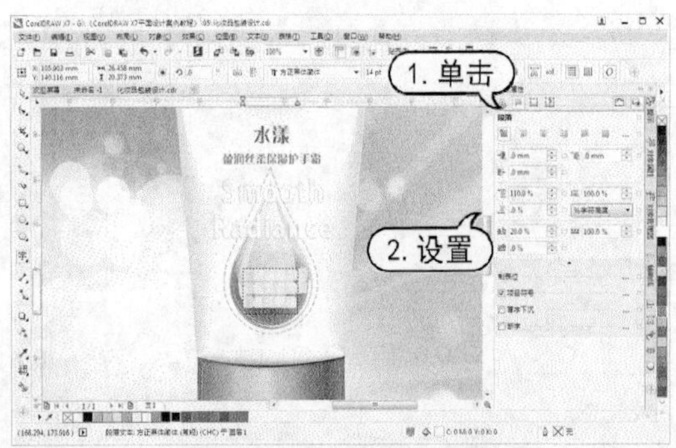

step 37 单击【项目符号设置】按钮，打开【项目符号】对话框。在该对话框中，设置【大小】数值为14pt，【基线位移】数值为-1pt，【到文本的项目符号】数值为1mm，然后单击【确定】按钮。

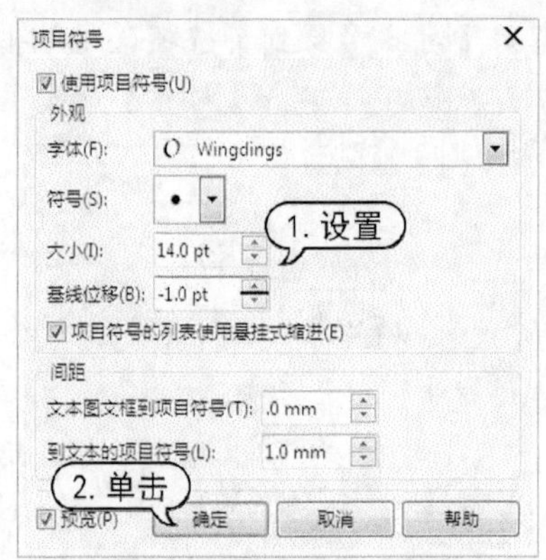

step 38 选择【文本】工具在绘图页面中，单击并输入文字内容。然后按Ctrl+A键全选文字内容，在属性栏中单击【文本对齐】按钮，从弹出的下拉列表中选择【居中】选项，在【对象属性】泊坞窗中设置字体为【黑体】，字体大小为10pt，字体颜色为C:70 M:42 Y:0 K:0。

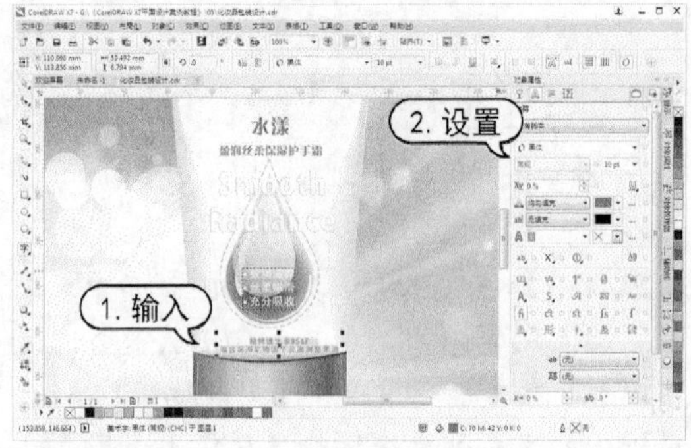

step 39 调整文本和水滴图形位置，按Ctrl+A键选中所有对象，在【对齐与分布】泊坞窗中单击【水平居中对齐】按钮。

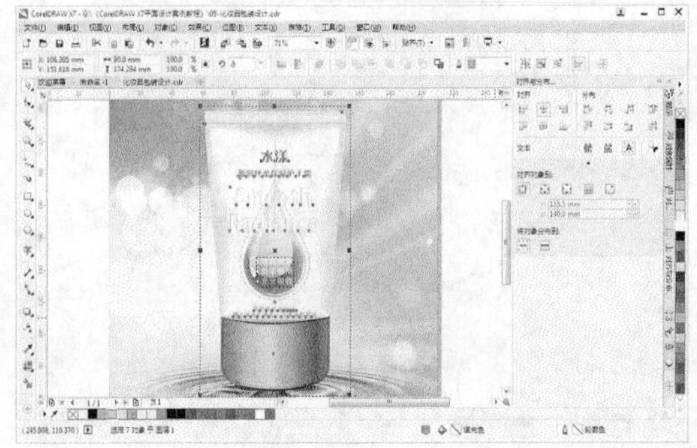

step 40 选择【文本】工具在绘图页面中单击并输入文字内容，然后按Ctrl+A键全选文字内容，在【对象属性】泊坞窗中单击【字符】

按钮，设置字体为【方正黑体简体】，字体大小为 24pt，字体颜色为C:0 M:53 Y:38 K:0，单击【下划线】按钮，从弹出的下拉列表中选择【字下加单细线】选项。

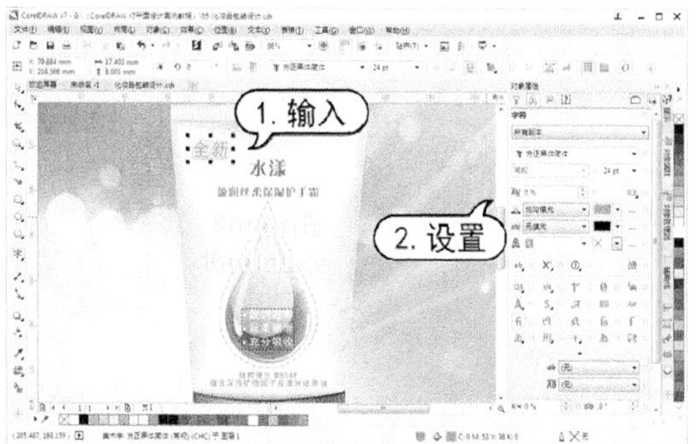

step 41 使用【选择】工具单击文字，然后变换文字效果。

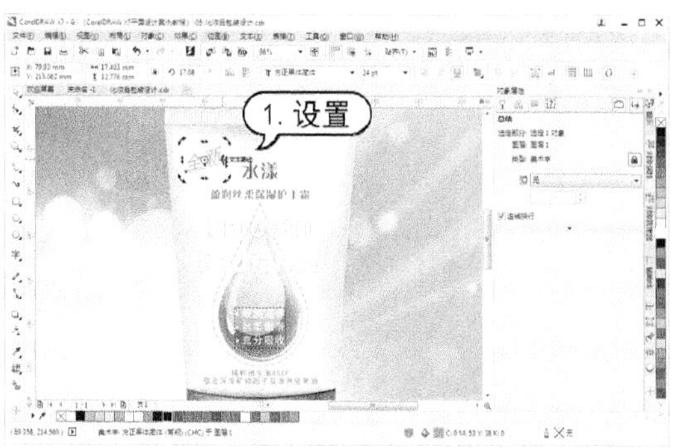

step 42 使用【选择】工具选中步骤(30)至步骤(41)中创建的对象，按Ctrl+G键组合对象。再按Ctrl+A键全选对象，按Ctrl+G键组合对象。

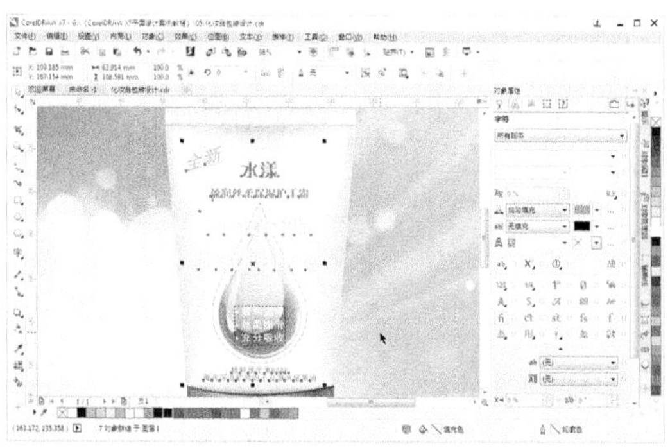

step 43 使用【选择】工具选中上一步组合的对象，调整其在绘图页面中的位置。

step 44 在标准工具栏中，单击【导入】按钮，打开【导入】对话框。在该对话框中，选择所需要的图像文件，然后单击【导入】按钮。

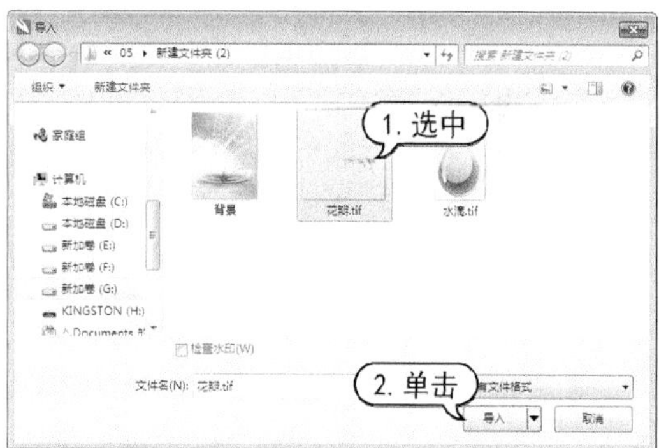

step 45 在绘图页面中单击，导入图像，并调整导入图像的大小及位置。

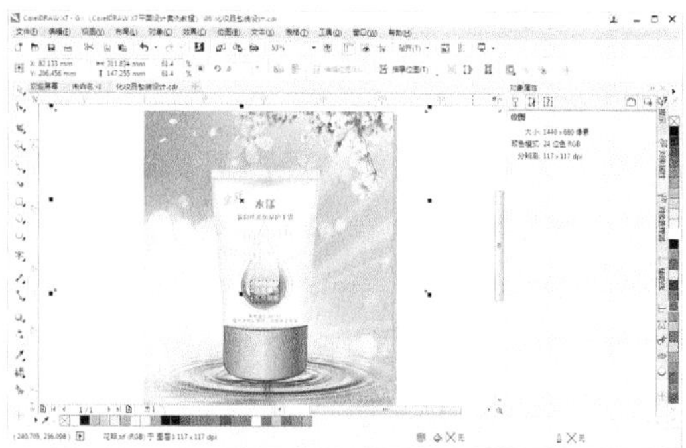

step 46 双击【矩形】工具，创建与页面同等大小的矩形。

step 47 选中导入图像，选择【对象】|【图框精确剪裁】|【置于图文框内部】命令，然后单击绘制的矩形，并将其轮廓色设置为【无】。

step 48 在标准工具栏中，单击【保存】按钮，打开【保存绘图】对话框。在该对话框中，单击【保存】按钮。

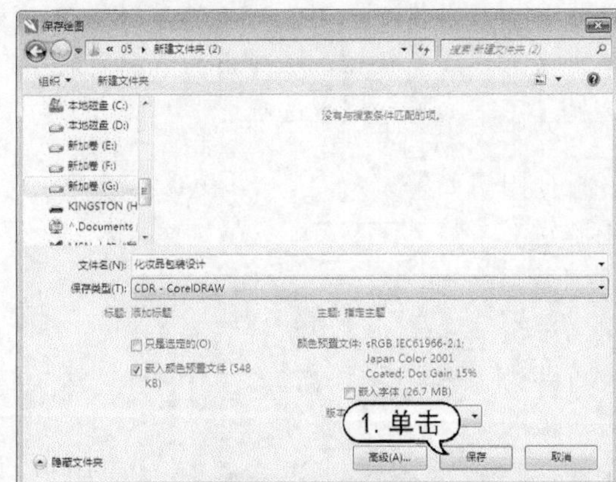

第6章

文本的应用

CorelDRAW X7 中提供了创建文本、设置文本格式及设置段落文本等多种文本功能，使用户可以根据设置需要方便地创建各种类型文字和设置文本属性。掌握这些文本对象的操作方法，有利于用户更好地在版面设计中合理应用文本对象。

对应光盘视频

例 6-1 输入段落文本
例 6-2 导入文本
例 6-3 使文字沿路径排列
例 6-4 图形内输入文本
例 6-5 调整文字效果
例 6-6 调整文字颜色
例 6-7 设置段落文本的缩进
例 6-8 调整段落文本间距
例 6-9 设置段落文本的项目符号
例 6-10 设置首字下沉效果
例 6-11 设置分栏效果
本章其他视频文件参见配套光盘

6.1 添加文本

在 CorelDRAW X7 应用程序中使用的文本类型，包括美术字文本和段落文本。美术字文本用于添加少量文字，可将其当作个单独的图形对象来处理；段落文本用于添加大篇幅的文本，可对其进行多样的文本编排。美术字文本是一种特殊的图形对象，用户既可以进行图形对象方面的处理操作，也可以进行文本对象方面的处理操作；而段落文本只能进行文本对象的处理操作。

添加文本 添加文本

在进行文字处理时，可直接使用【文本】工具输入文字，也可从其他应用程序中载入文字，用户可根据具体的情况选择不同的文字输入方式。

6.1.1 添加美术字文本

要输入美术字文本，只要选择工具箱中的【文本】工具，在绘图页面中的任意位置单击鼠标左键，出现输入文字的光标后，便可直接输入文字。需要注意的是美术字文本不能够自动换行，如需要换行可以按 Enter 键进行文本换行。

青青河边草
悠悠天不老

添加美术字文本后，用户可以通过属性栏设置修改文本属性。选取输入的文本后，可在属性栏选项设置文本格式。

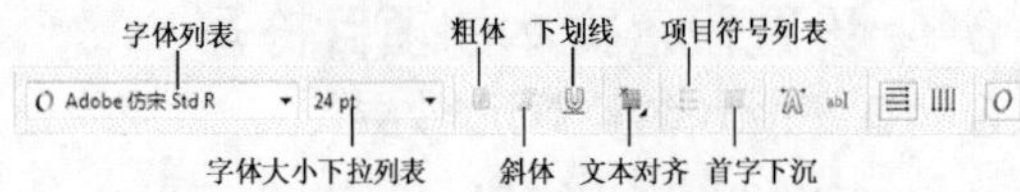

文本属性栏中的【字体列表】用于为输入的文字设置字体。

【字体大小】下拉列表用于为输入的文字设置字体大小。

按下属性栏中对应的字符效果按钮，可以为选择的文字设置粗体、斜体和下划线等效果。

知识点滴

使用【文本】工具输入文字后，可直接拖动文本四周的控制点来改变文本大小。如果要通过属性栏精确改变文字的字体和大小，必须先使用【选择】工具选择文本后才能执行。

6.1.2 添加段落文本

段落文本与美术字文本有本质区别。如果要创建段落文本必须先使用【文本】工具在页面中拖动创建一个段落文本框，才能进行文本内容的输入，并且所输入的文本会根据文本框范围自动换行。

段落文本框是一个大小固定的矩形，文本中的文字内容受到文本框的限制。如果输入的文本超过文本框的大小，那么超出的部分将会被隐藏。用户可以通过调整文本框的范围显示隐藏的文本。

【例 6-1】在绘图文件中，使用【文本】工具输入段落文本。
视频+素材 (光盘素材\第 06 章\例 6-1)

step 1 选择【文本】工具，在绘图窗口中按下鼠标左键不放，拖曳出一个矩形的段落文本框。

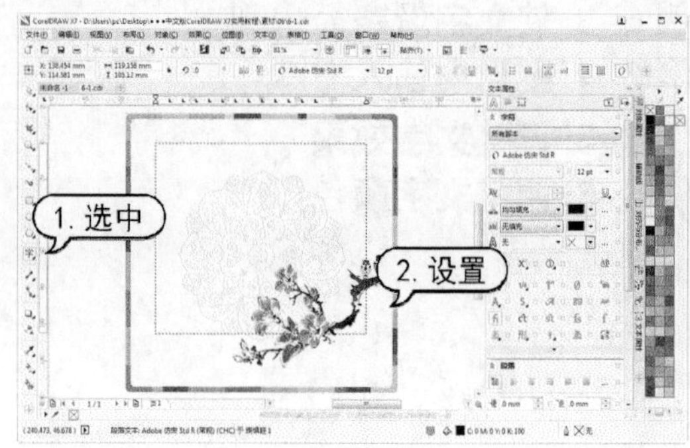

step 2 释放鼠标后，在文本框中将出现输入

文字的光标，此时即可在文本框中输入段落文本。默认情况下，无论输入的文字多少，文本框的大小都会保持不变，超出文本框边界范围的文字都将被自动隐藏。要显示全部文字，可移动光标至下方的控制点，然后按下鼠标并拖动，直到文字全部出现即可。

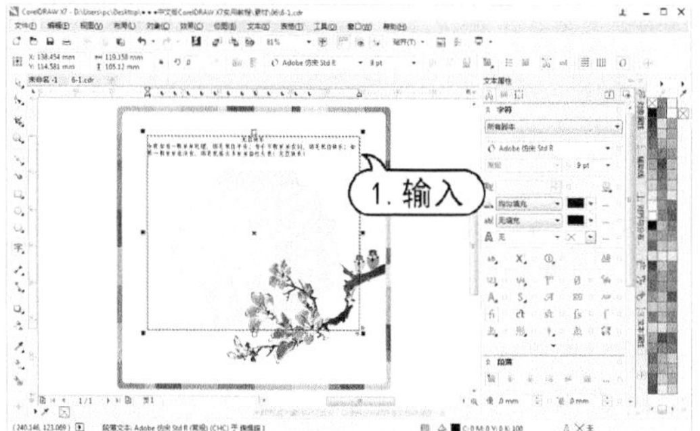

step 3　按Ctrl+A键将文字全选，并在属性栏【字体列表】中选择【华文行楷】，设置【字体大小】为 24pt。

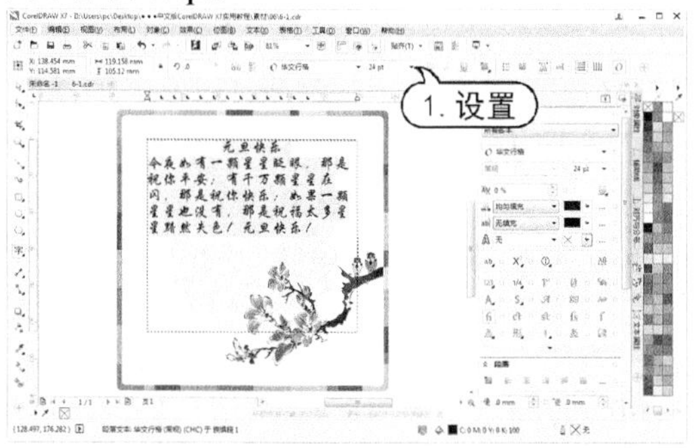

知识点滴

在选择文本框后，也可以选择【文本】|【段落文本框】|【使文本适合框架】命令，文本框将自动调整文字的大小，使文字在文本框中完全显示出来。

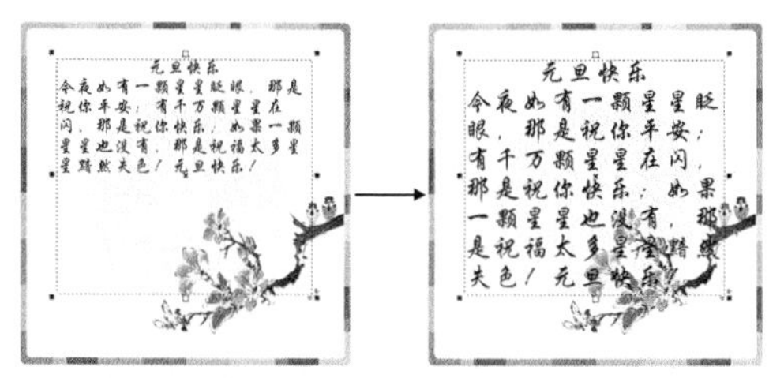

6.1.3　贴入、导入外部文本

如果需要在 CorelDRAW 中添加其他文字处理程序中的文本，如 Word 或写字板等程序中的文字时，可以使用贴入或导入的方式来完成。

1. 贴入文本

要贴入文字，先要在其他文字处理程序中选取需要的文字，然后按下快捷键 Ctrl+C 进行复制。再切换到 CorelDRAW X7 应用程序中，使用【文本】工具在页面中按住鼠标左键并拖动创建一个段落文本框，然后按下快捷键 Ctrl+V 进行粘贴，打开【导入/粘贴文本】对话框。用户可以根据实际需要，选中其中的【保持字体和格式】、【仅保持格式】或【摒弃字体和格式】单选按钮，然后单击【确定】按钮即可。

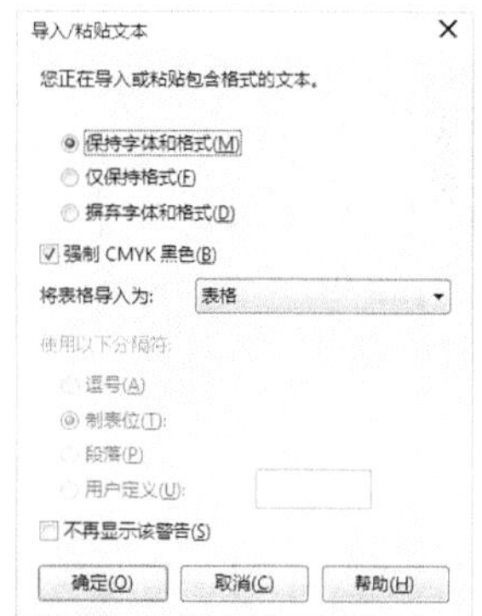

- 【保持字体和格式】：保持字体和格式可以确保导入和粘贴的文本保留原来的字体类型，并保留项目符号、栏、粗体与斜体等格式信息。
- 【仅保持格式】：只保留项目符号、栏、粗体与斜体等格式信息。
- 【摒弃字体和格式】：导入或粘贴的文本将采用选定文本对象的属性，如果为选定对象，则采用默认的字体与格式属性。
- 【将表格导入为】：在其下拉列表中可以选择导入表格的方式，包括【表格】和【文本】选项。选择【文本】选项后，下方的【使用以下分割符】选项将被激活，在其中可以选择使用的分隔符的类型。
- 【不再显示该警告】：选中该复选框后，执行粘贴命令时将不会出现该对话框，应用程序将按默认设置对文本进行粘贴。

知识点滴

将【记事本】中的文字复制并粘贴到 CorelDRAW 文件中时，系统会直接对文字进行粘贴，而不会弹出【导入/粘贴文本】对话框。

2. 导入文本

要导入文本，可以选择【文件】|【导入】命令，在弹出的【导入】对话框中选择需要导入的文本文件，然后单击【导入】按钮。在弹出的【导入/粘贴文本】对话框中进行设置后，单击【确定】按钮。当光标变为标尺状态后，在绘图页面中单击鼠标，即可将该文件中的所有文字内容以段落文本的形式导入到当前页面中。

【例 6-2】在绘图文档中，导入文本。
视频+素材 (光盘素材\第 06 章\例 6-2)

step① 选择【文件】|【导入】命令，在打开的【导入】对话框中选择需要导入的文本文件，然后单击【导入】按钮。

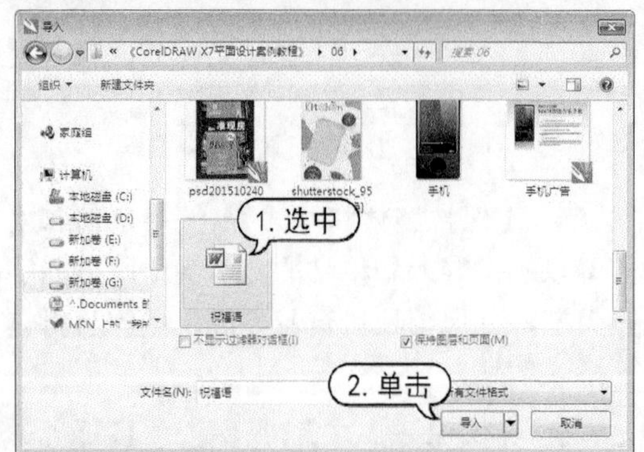

step② 在打开的【导入/粘贴文本】对话框中，选中【保持字体和格式】单选按钮，然后单击【确定】按钮。

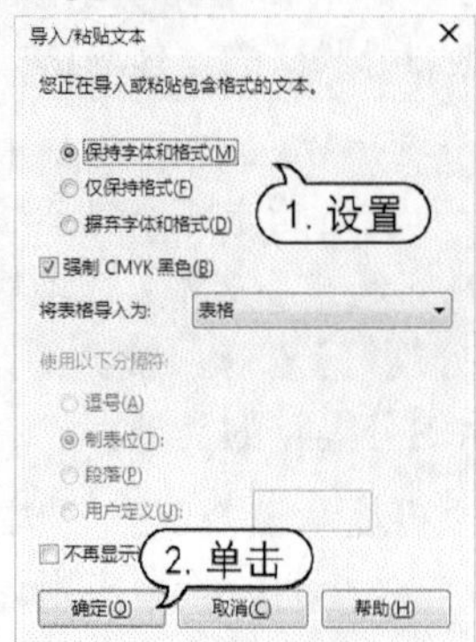

step③ 当光标变为标尺状态时，在绘图窗口中单击鼠标，即可将该文件中所有的文字内容以段落文本的形式导入到当前绘图窗口中。

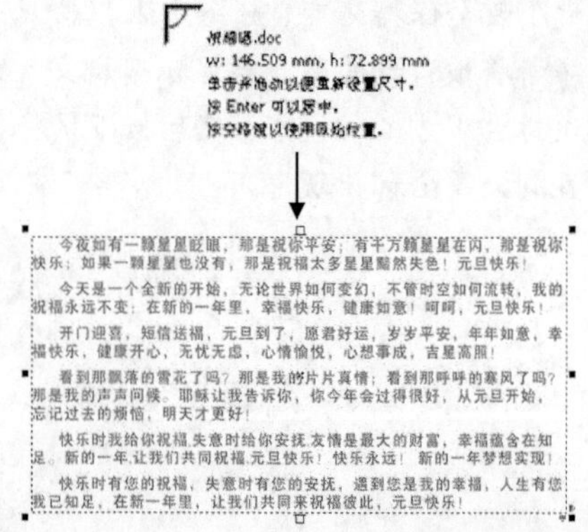

6.1.4 沿路径输入文本

在 CorelDRAW X7 中，将文本对象沿路径进行编排是文本对象一种特殊的编排方式。默认状态下，所输入的文本都是沿水平方向排列的，虽然可以使用【形状】工具将文本对象进行旋转或偏移操作，但这种方法只能用于简单的文本对象编辑，而且操作步骤比较烦琐。使用 CorelDRAW X7 中的沿路径编排文本的功能，可以将文本对象嵌入到不同类型的路径中，使其具有更多变化的外观，并且用户通过相关的编辑操作还可以更加精确地调整文本对象与路径的嵌合。

1. 创建路径文本

在 CorelDRAW 中，用户如果想沿图形对象的轮廓线放置文本对象，其最简单的方法就是直接在轮廓线路径上输入文本，文本对象将会自动沿路径进行排列。

如果要将已输入的文本沿路径排列，可以选择菜单栏中的【文本】|【使文本适合路径】命令进行操作。结合工具属性栏还可以更加精确地设置文本对象在指定路径上的位置、放置方式以及文本对象与路径的距离等参数属性。

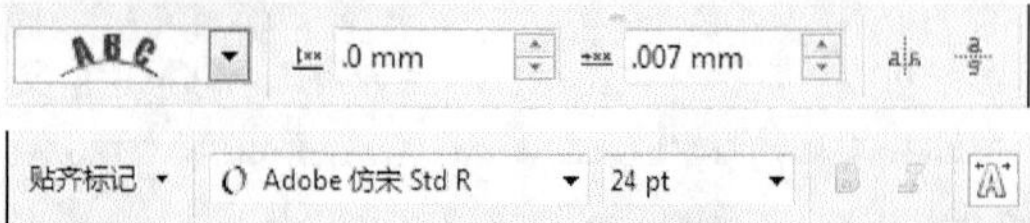

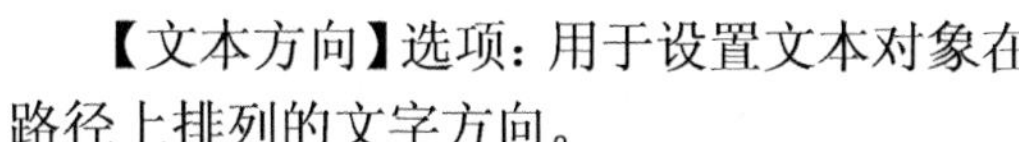

【文本方向】选项：用于设置文本对象在路径上排列的文字方向。

- 【与路径的距离】选项：用于设置文本对象与路径之间的间隔距离。
- 【偏移】选项：用于设置文本对象在路径上的水平偏移尺寸。
- 【镜像文本】选项：单击该选项中的【水平镜像文本】按钮和【垂直镜像文本】按钮，可以设置镜像文本后的位置。

【例 6-3】使文字沿路径排列。
视频+素材 (光盘素材\第 06 章\例 6-3)

step 1　打开绘图文档，选择【文本】工具将鼠标光标移动到路径边缘，当光标变为形状时，单击绘制的曲线路径，出现输入文本的光标后，输入文字内容。

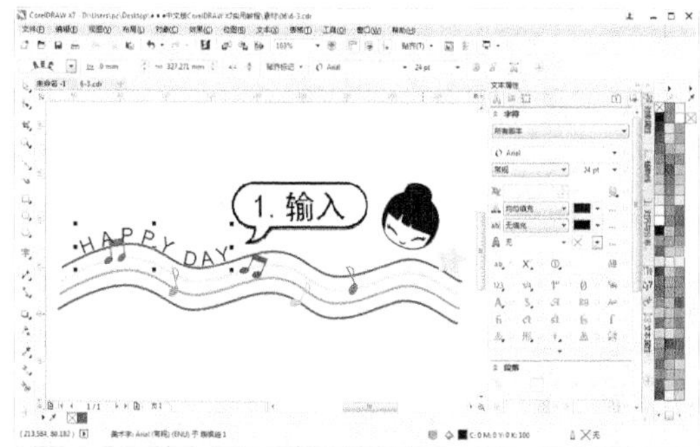

step 2　使用【文本】工具选中输入的文字，在属性栏中【文本方向】下拉列表中选择一种样式，设置【与路径的距离】数值为 12.5mm，【偏移】数值为 435mm，在【字体列表】中选择Bauhaus 93，【字体大小】数值为 50pt，并在调色板中单击C:0 M:100 Y:60 K:0 色板填充字体。

2. 在图形内输入文本

在 CorelDRAW 中除了可以沿路径输入文本外，还可以在图形对象内输入文本。使用该功能可以创建更加多变、活泼的文本框样式。

【例 6-4】在打开的绘图文件中，在图形内输入文本。
视频+素材 (光盘素材\第 06 章\例 6-4)

step 1　在CorelDRAW应用程序中，选择打开一幅绘图文件。

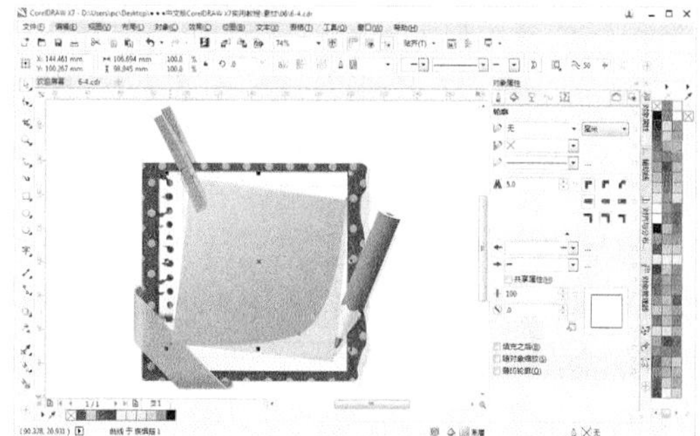

step 2　选择【文本】工具，将光标移动到对象的轮廓线内，当光标变为形状时单击鼠标左键，此时在图形内将出现段落文本框。在属性栏【字体列表】中选择Freestyle Script，设置【字体大小】数值为 36pt，然后在文本框中输入所需的文字内容。

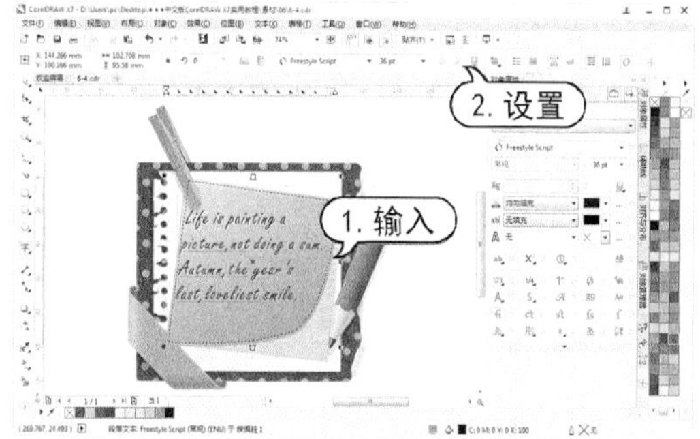

知识点滴

选择文本后，在属性栏上单击【贴齐标记】按钮，选择【打开贴齐记号】选项，然后在【记号间距】框中键入一个值。当在路径上移动文本时，文本将按照用户在【记号间距】数值框中指定的增量进行移动。移动文本时，文本与路径间的距离显示在原始文本的下方。

3. 拆分沿路径文本

将文本对象沿路径排列后，CorelDRAW 会将文本对象和路径作为一个对象。如果需要分别对文本对象或路径进行处理，那么可以将文本对象从图形对象中分离出来。分离后的文本对象会保持它在路径上的形状。

用户想将文本对象与路径分离，只需使用【选择】工具选择沿路径排列的文本对象，然后选择菜单栏中的【对象】|【拆分在一条路径上的文本】命令即可。拆分后，文本对象和图形对象将变为两个独立的对象，可以分别对它们进行编辑处理。

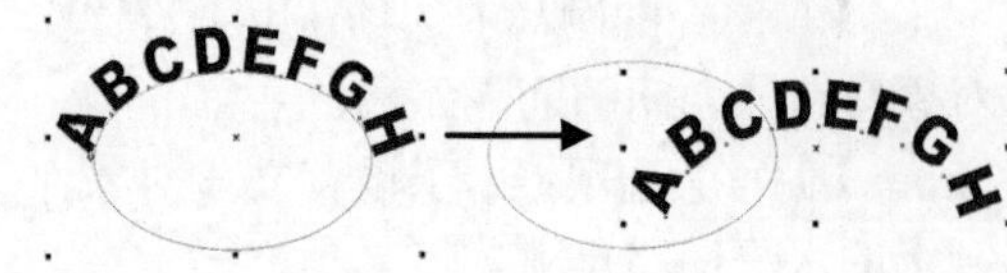

6.2 选择文本对象

在 CorelDRAW 中对文本对象和图形对象进行编辑处理之前，首先要选中文本才能进行相应的操作。用户如果要选择绘图页中的文本对象，可以使用工具箱中的【选择】工具，也可以使用【文本】工具和【形状】工具。

用户使用【选择】或【文本】工具选择对象时，在文本框或美术字文本周围将会显示 8 个控制柄，使用这些控制柄，可以调整文本框或美术字文本的大小；用户还可以通过文本对象中心显示的 × 标记，调整文本对象的位置。上述两种方法可以对全部文本对象进行选择调整，但是如果想要对文本中某个文字进行调整时，则可以使用【形状】工具。

- 选择【编辑】|【全选】|【文本】命令，可以选择当前绘图窗口中所有的文本对象。使用【选择】工具选中文本后，双击文本，可以快速地切换到【文本】工具。
- 使用【选择】工具：这是选择全部文本对象操作方法中比较简单的一种。只需选择工具箱中的【选择】工具，然后在文本对象的任意位置单击，即可选择全部文本对象。
- 使用【文本】工具：选择工具箱的【文本】工具后，将光标移至文本对象的位置上单击，并按 Ctrl+A 键全选文本。或在文本对象上单击并拖动鼠标，选中需要编辑的文字内容。
- 使用【形状】工具：使用【形状】工具，在文本对象上单击，这时会显示文本对象的节点，再在文本对象外单击并拖动，框选文本对象，即可将文本全部选择。用户也可以单击某一文字的节点，选择该文字，所选择的文字的节点将变为黑色。如要选择多个文字，可以按住 Shift 键同时使用【形状】工具进行选择。

6.3 设置文本格式

CorelDRAW 的文本格式化功能可以实现各种基本的格式化内容。其中有美术字文本和段落文本都可以共用的基本格式化方法，如改变字体、字号，增加字符效果等一些基本格式化。另外，还有一些段落文本所特有的格式化方法。

6.3.1 【文本属性】泊坞窗

选择【文本】|【文本属性】命令，或按Ctrl+T 键，或在属性栏中单击【文本属性】按钮，即可打开【文本属性】泊坞窗。在CorelDRAW 中，将字符、段落、图文框的设置选项，全部集成在了【文本属性】泊坞窗中，通过展开需要的选项组即可为所选的文本或段落进行对应的编辑设置。

- 【字符】选项组中的选项主要用于文本中字符的格式设置，如设置字体、字符样式、字体大小及字距等效果。如果输入的是英文，还可以更改其大小写状态。
- 【段落】选项组中的选项主要用于文本段落的格式设置，如文本对齐方式、首行缩进、段落缩进、行距、字符间距等效果。

- 【图文框】选项组中的选项，主要用于文本框内容格式的设置，如文本框中文本的背景样式、文本方向、分栏等效果。

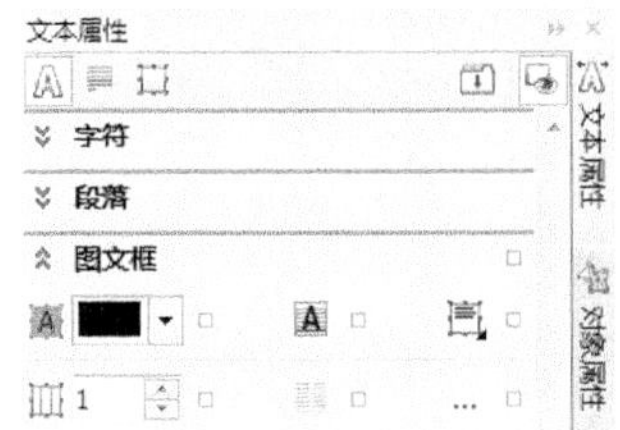

6.3.2 设置字体、字号

字体、字号、颜色是文本格式中最重要和最基本的属性，它直接决定着用户输入的文本大小和显示状态，影响着文本视觉效果。在 CorelDRAW 中，段落文本和美术字文本的字体和字号的设置方法基本相同，用户可以先在【文本】工具属性栏或【文本属性】泊坞窗中设置字体、字号，然后再进行文本输入；也可以先输入文本，然后在【文本属性】泊坞窗根据绘图的需要进行格式化。

【例 6-5】在绘图文档中输入文字，并调整文字效果。
视频+素材 (光盘素材\第 06 章\例 6-5)

step 1 打开绘图文档，选择【文本】工具在页面中单击，输入文字内容。

step 2 使用【文本】工具选中输入的文本对象，在工具属性栏的【字体列表】中选择Adobe Gothic Std B，设置【字体大小】数值为 36pt。

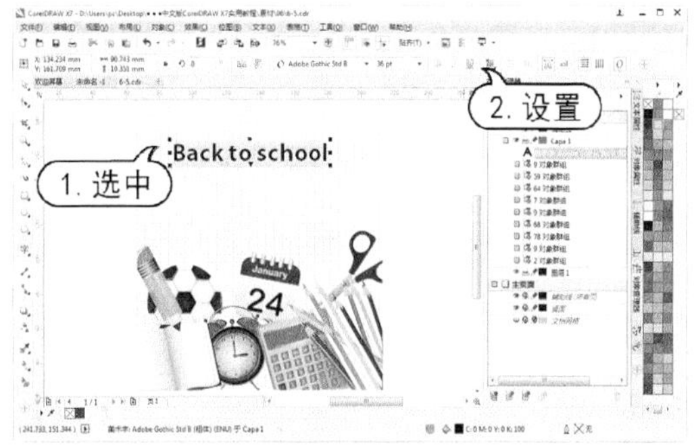

step 3 在【对象属性】泊坞窗中，单击【填充类型】下拉列表选择【渐变填充】选项，并单击右侧的【填充设置】按钮，打开【编

辑填充】对话框。在该对话框中设置渐变色为红色到橘色渐变，【旋转】数值为 30°，然后单击【确定】按钮。

step④ 单击属性栏中的【文本属性】按钮，打开【文本属性】泊坞窗，在【字符】选项组中，设置【字体大小】数值为 50pt，【字距调整范围】数值为-15%，【字符水平偏移】数值为-108%，【字符角度】数值为-5°。

6.3.3 更改文本颜色

在 CorelDRAW X7 中可以快速更改文本的填充色、轮廓颜色和背景色，也可以更改单个字符、文本块或文本对象中的所有字符的颜色。

【例 6-6】在绘图文档中，调整文字颜色。
视频+素材 (光盘素材\第 06 章\例 6-6)

step① 打开绘图文档，选择【文本】工具在页面中单击，在属性栏【字体列表】中选择 Adobe Gothic Std B，设置【字体大小】数值为 86pt，输入文字内容。

step② 使用【文本】工具选中第一行文字，在【文本属性】泊坞窗【字符】选项组的【填充类型】下拉列表中选择【渐变填充】选项，单击【填充设置】按钮…，打开【编辑填充】对话框。在该对话框中，设置渐变色为黑色到 60%黑，设置【旋转】数值为 35°，然后单击【确定】按钮应用填充。

step③ 使用【文本】工具选中第二行文字，在【文本属性】泊坞窗的【字符】选项组中，单击【填充类型】下拉列表，选择【渐变填充】选项，单击【填充设置】按钮…，打开【编辑填充】对话框设置填充渐变色。单击【背景填充类型】下拉列表，选择【均匀填充】选项，在【文本背景颜色】下拉面板中选择【黄色】色板。在【轮廓宽度】下拉列表中选择 1.0mm，在【轮廓颜色】下拉面板中选择【洋红】色板。

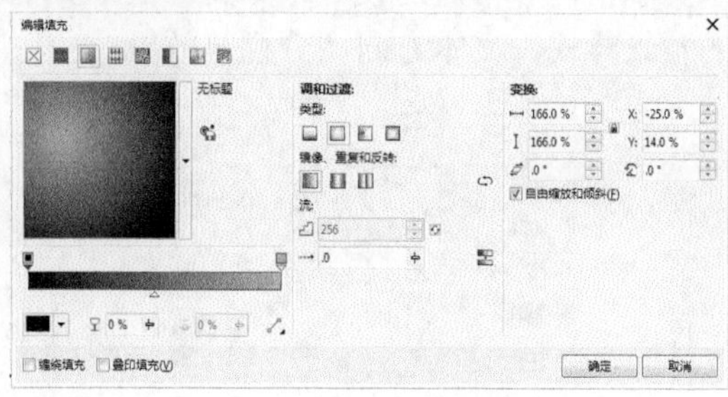

6.3.4 偏移、旋转字符

用户可以使用【形状】工具移动或旋转字符。选择一个或多个字符节点，然后在属性栏上的【字符水平偏移】数值框、【字符垂直偏移】数值框或【字符角度】数值框中输入数值即可偏移和旋转文字。

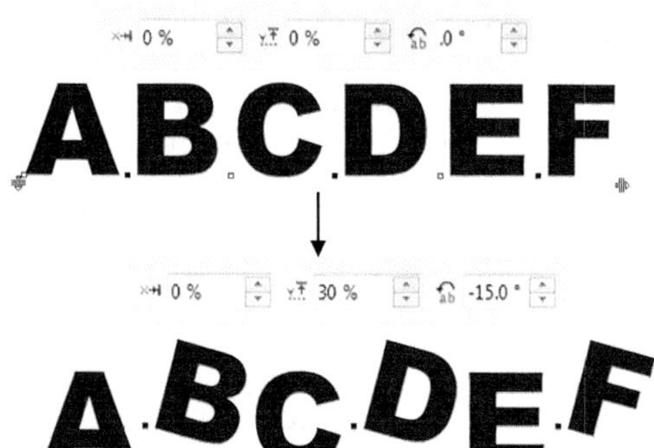

也可以使用【文本属性】泊坞窗调整文本对象的偏移和旋转。单击【文本属性】泊坞窗中的▼按钮，可以展开更多选项，然后在显示的【字符水平偏移】、【字符垂直偏移】或【字符角度】数值框中输入数值即可偏移和旋转文字。

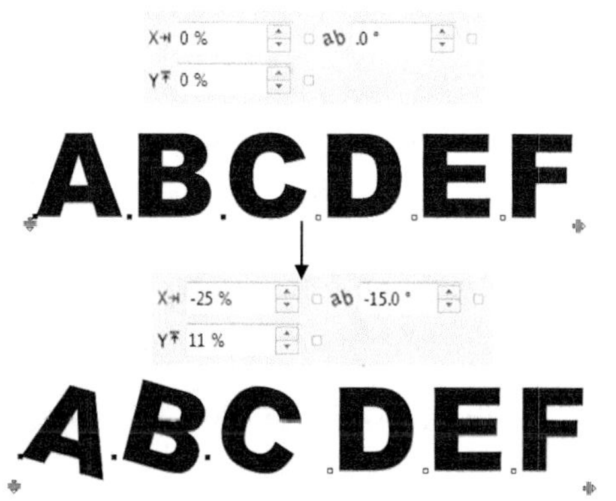

6.3.5 设置字符效果

在编辑文本过程中，有时需要根据文字内容，为文字添加相应的字符效果，以达到区分、突出文字内容的目的。设置字符效果可以通过【文本属性】泊坞窗来完成。

1. 添加划线

在处理文本时，为了强调一些文本的重要性或编排某些特殊的文本格式，常在文本中添加一些划线，如上划线、下划线和删除线。

选择【文本】|【文本属性】命令或单击属性栏中的【文本属性】按钮，打开【文本属性】泊坞窗，展开其中的【字符】选项。

➤ 【下划线】选项：用于为文本添加下划线效果。该选项的下拉列表中向用户提供了 6 种预设的下划线样式。单击【下划线】按钮，在弹出的下拉列表中可以选择预设效果。

➤ 【字符删除线】选项：用于为文本添加删除线效果。该选项的下拉列表中向用户提供了 6 种预设的删除线样式。单击【字符删除线】按钮，在弹出的下拉列表中可以选择预设效果。

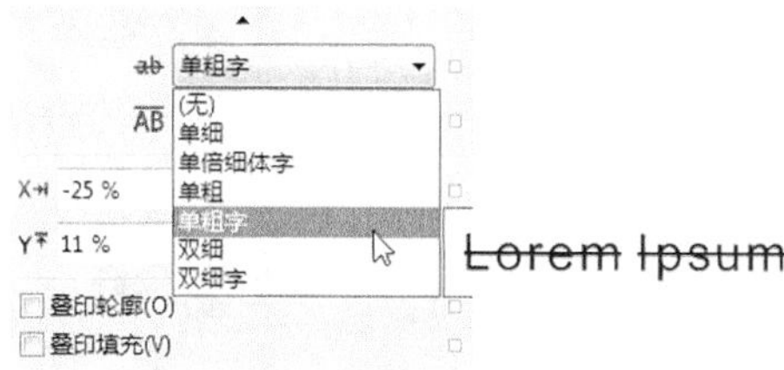

➤ 【字符上划线】选项：用于为文本添加上划线效果。该选项的下拉列表中向用户提供了 6 种预设的上划线样式。单击【字符

上划线】按钮，在弹出的下拉列表中可以选择预设效果。

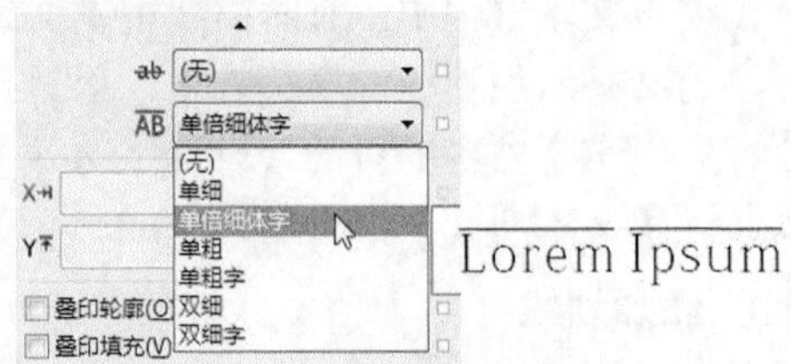

2. 设置上标和下标

在输入一些数学或其他自然科学方面的文本时，常要对文本中的某一字符使用上标或下标。在 CorelDRAW 中，用户可以方便地将文本改为上标或下标。

要将字符更改为上标或下标，先要使用【文本】工具选中文本对象中的字符，然后在【文本属性】泊坞窗中，单击【位置】按钮 X。在弹出的下拉列表中，选择【上标】选项可以将选定的字符更改为其他字符的上标。

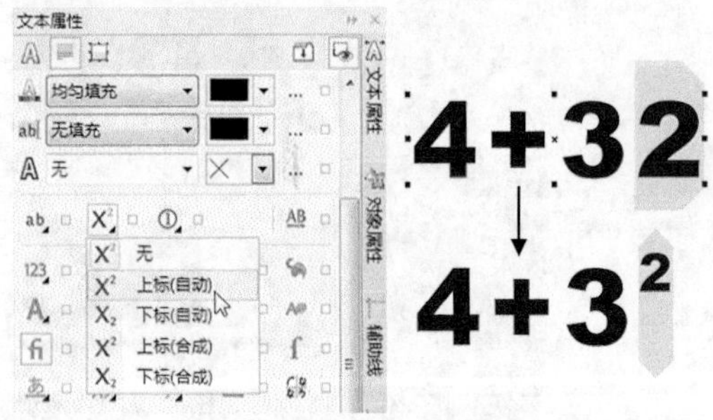

选择【下标】选项可以将选定的字符更改为其他字符的下标。

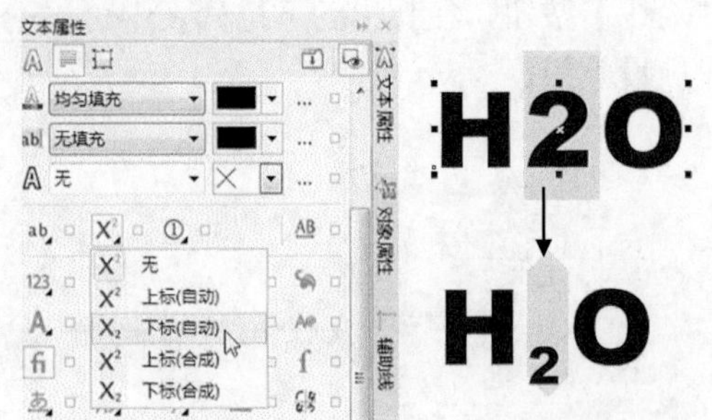

要取消上标或下标设置，先使用【文本】工具选定上标或下标字符，然后在【文本属性】泊坞窗中【位置】下拉列表中，选择【无】选项。

> **知识点滴**
>
> 如果选择支持下标和上标的 OpenType 字体，则可以应用相应的 OpenType 功能。但是，如果选择不支持上标和下标的字体(包括 OpenType 字体)，则可以应用字符的合成版，这是 CorelDRAW 通过改变默认字体字符的特性生成的。

3. 更改字母大小写

在 CorelDRAW 中，对于输入的英文文本，可以根据需要选择句首字母大写、全部小写或全部大写等形式。通过 CorelDRAW 提供的更改大小写功能，还可以进行大小写字母间的转换。所有这些功能仅对英文文本适用，对于中文文本则不存在大小写的问题。要实现大小写的更改，可以通过【更改大小写】命令，或【文本属性】泊坞窗来实现。

在选择文本对象后，选择【文本】|【更改大小写】命令，打开【更改大小写】对话框。在该对话框中，选中择其中的 5 个单选按钮之一，然后单击【确定】按钮可以更改文本对象大小写。

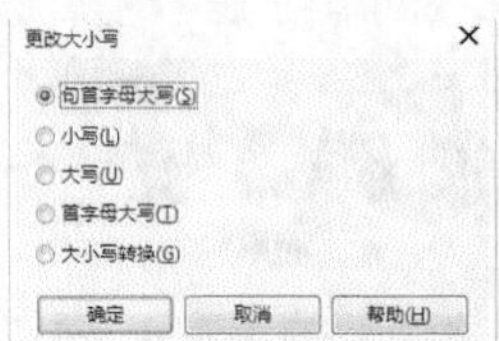

- 【句首字母大写】：选中该单选按钮，使选定文本中每个句子的第一个字母大写。
- 【小写】：选中该单选按钮，将把选定文本中的所有英文字母转换为小写。
- 【大写】：选中该单选按钮，将把选定文本中的所有英文字母转换为大写。
- 【首字母大写】：选中该单选按钮，使选定文本中的每一个单词的首字母大写。
- 【大小写转换】：选中该单选按钮，可以实现大小写的转换，即将所有大写字母改为小写字母，而将所有的小写字母改为大写字母。

用户也可以在【文本属性】泊坞窗中，单击【大写字母】按钮 ab，在弹出的下拉列表中更改文本大写。

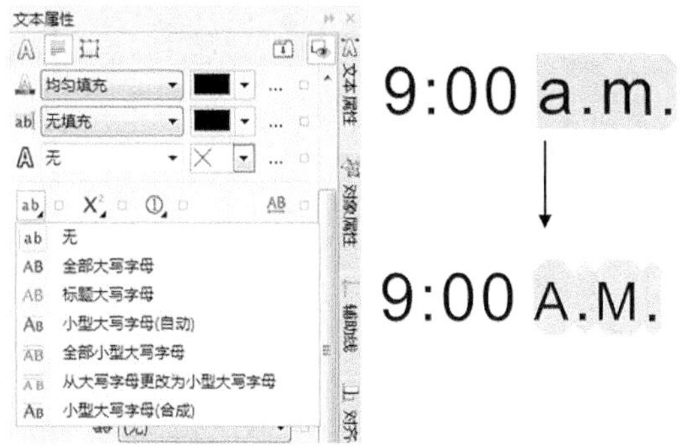

➤【无】选项：关闭列表中的所有功能。

➤【全部大写字母】选项：使用相应的大写字符替代小写字符。

➤【标题大写字母】选项：如果所选字体支持，则应用该功能的 OpenType 版。

➤【小型大写字母(自动)】选项：如果所选字体支持，则应用该功能的 OpenType 版。

➤【全部小型大写字母】选项：使用缩小版的大写字符替代原来的字符。

➤【从大写字母更改为小型大写字母】选项：如果所选字体支持，则应用该功能的 OpenType 版。

➤【小型大写字母(合成)】选项：应用合成版的小型大写字母，看起来与在旧版本 CorelDRAW 中一样。

6.3.6　设置文本对齐方式

在 CorelDRAW 中，用户可以对创建的文本对象进行多种对齐方式的编排，以满足不同的版面编排的需要。段落文本的对齐方式是基于段落文本框的边框进行的，而美术字文本的对齐方式是基于输入文本时的插入点位置进行对齐的。

要实现段落文本与美术文本的对齐，可以通过使用【文本】工具属性栏、【文本属性】泊坞窗来进行。用户可以根据自己的需要和习惯，选择合适的方法进行编排操作。

要使用【文本】工具属性栏对齐段落文本，可以先使用【文本】工具选择所需对齐的文本对象，然后单击属性栏中的【文本对齐】按钮，从弹出的下拉列表中选择相应的对齐选项；或单击【文本属性】泊坞窗中【段落】选项组中的文本对齐按钮即可。

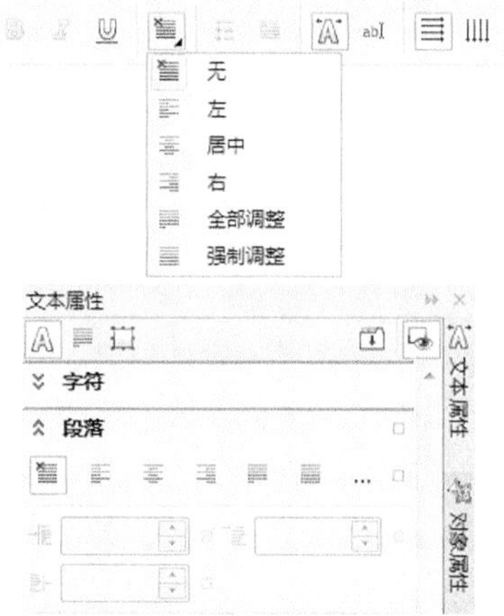

➤【无水平对齐】：单击该按钮，所选择的文本对象将不应用任何对齐方式。

➤【左对齐】：如果所选择的文本对象是段落文本，单击该按钮，将会以文本框左边界对齐文本对象；如果所选择的文本对象是美术字文本，将会相对插入点左对齐文本对象。

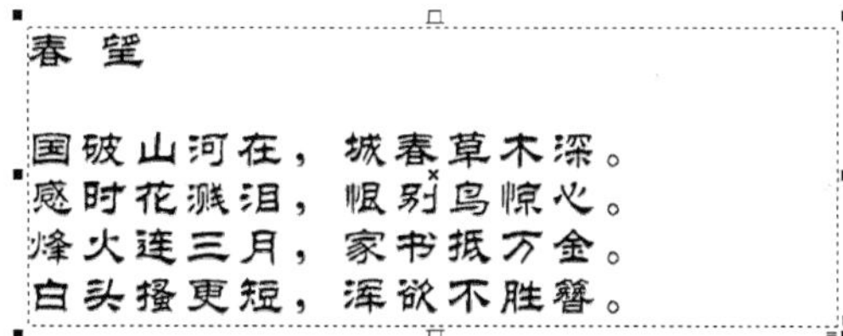

➤【居中】：如果所选择的文本对象是段落文本，单击该按钮，将会以文本框中心点对齐文本对象；如果所选择的文本对象是美术字文本，将会相对插入点中心对齐文本对象。

春　望

国破山河在，城春草木深。
感时花溅泪，恨别鸟惊心。
烽火连三月，家书抵万金。
白头搔更短，浑欲不胜簪。

➤【右对齐】：如果所选择的文本对象是段落文本，单击该按钮，将会以文本框右边界对齐文本对象；如果所选择的文本对象是美术字文本，将会相对插入点右对齐文本对象。

春　望

国破山河在，城春草木深。
感时花溅泪，恨别鸟惊心。
烽火连三月，家书抵万金。
白头搔更短，浑欲不胜簪。

➤【两端对齐】：如果所选择的文本对象是段落文本，单击该按钮，将会以文本框两端边界分散对齐文本对象，但不分散对齐末行文本对象；如果所选择的文本对象是美术字文本，将会以文本对象最长行的宽度分散对齐文本对象。

➤【强制两端对齐】：如果所选择的文本是段落文本，单击该按钮，将会以文本框两端边界分散对齐文本对象，并且末行文本对象也进行强制分散对齐；如果所选择的文本对象是美术字文本，将会相对插入点两端对齐文本对象。

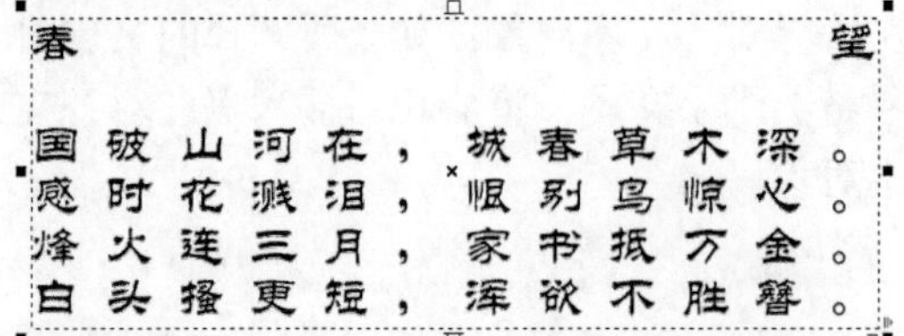

6.3.7 设置文本缩进

文本的段落缩进可以改变段落文本框与框内文本的距离。首行缩进可以调整段落文本的首行与其他文本行之间的空格字符数；左、右缩进可以调整除首行外的文本与段落文本框之间的距离。

【例 6-7】在绘图文件中，设置段落文本的缩进。
视频+素材 (光盘素材\第 06 章\例 6-7)

step 1 选择段落文本后，单击属性栏中的【文本属性】按钮，打开【文本属性】泊坞窗，并在泊坞窗中，展开【段落】选项组。

step 2 在【首行缩进】数值框中输入 18.5mm，然后按下Enter键设置段落文本首行缩进。

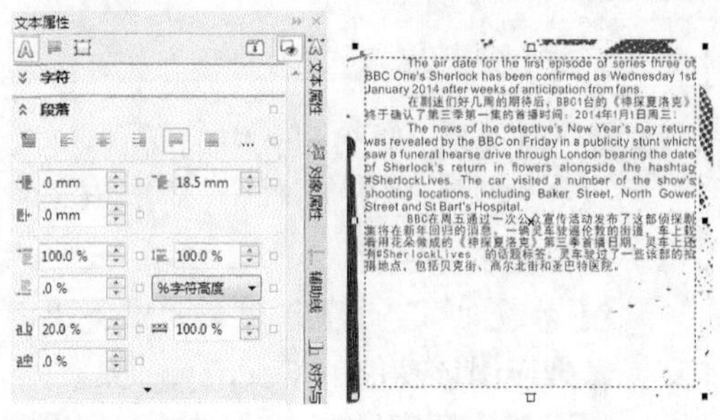

step 3 分别在【左行缩进】和【右行缩进】数值框中输入适当的数值 8mm，然后按下Enter键设置段落文本的左右缩进。

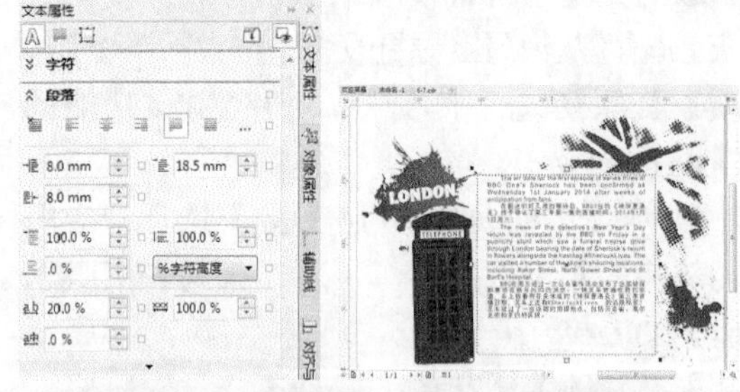

6.3.8 设置文本间距

调整文本间距可以使文本美观且易于阅读。在 CorelDRAW 中，不论是美术字文本还是段落文本，都可以精确设置字符间距和行距。

1. 使用【形状】工具调整间距

在 CorelDRAW 中，可以使用【形状】工具调整文本间距。选中文本后，选择【形状】工具在文本框右边的控制符号⇛上按住鼠标左键，拖动鼠标光标到适当位置后释放鼠标左键，即可调整文本的字间距。

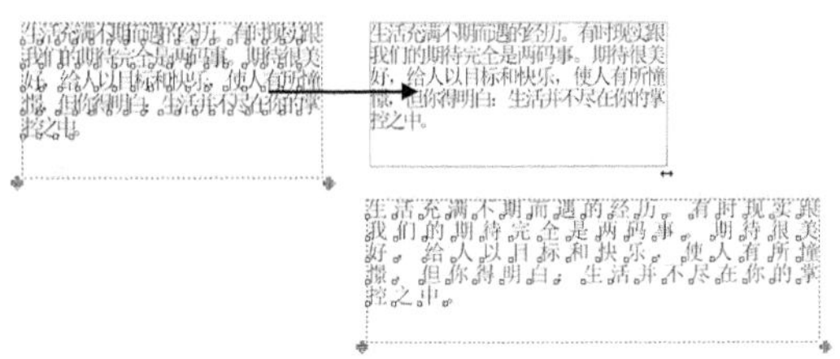

要调整行间距，可按住鼠标左键拖动文本框下面的控制符号⇟，拖动鼠标光标到适当位置后释放鼠标左键，即可调整文本行距。

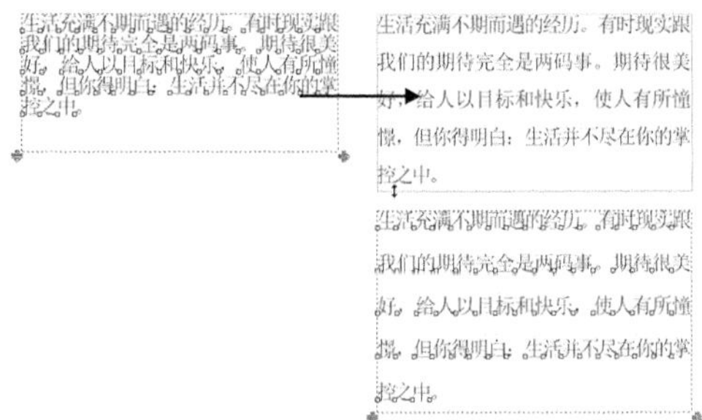

2. 精确调整文本间距

通过调整字符间距和行间距可以提高文本的可读性。使用【形状】工具只能大概调整文本间距，要对间距进行精确的调整，可以通过在【文本属性】泊坞窗中设置精确参数的方式来完成。

- 【段前间距】选项：用于设置在段落文本之前插入的间距。

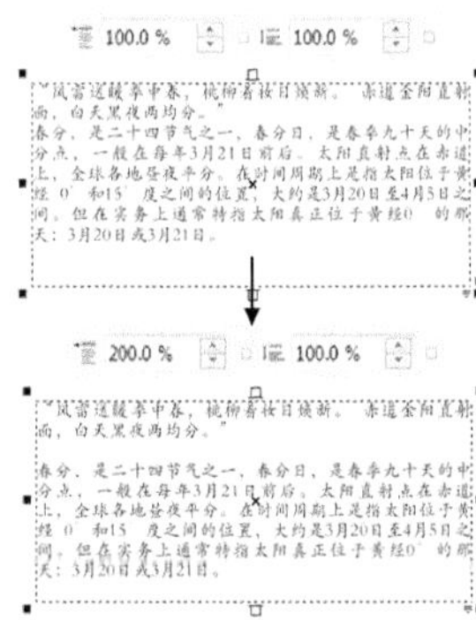

- 【段后间距】选项：用于设置在段落文本之后插入的间距。
- 【行间距】选项：用于设置行之间的间距。

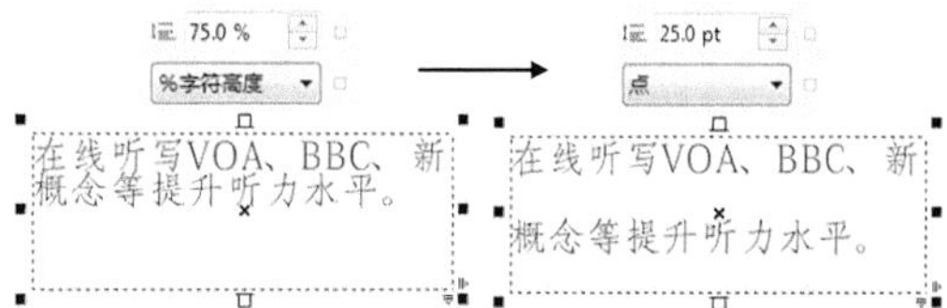

- 【垂直间距单位】：用于选择行间距的测量单位；【%字符高度】选项允许用户使用相对于字符高度的百分比值；【点】选项允许使用点为单位；【点大小的%】选项用户使用相对于字符点大小的百分比值。

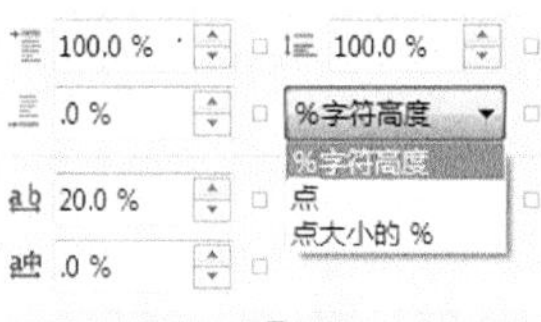

- 【字符间距】选项：可以更改文本块中的字符之间的间距。

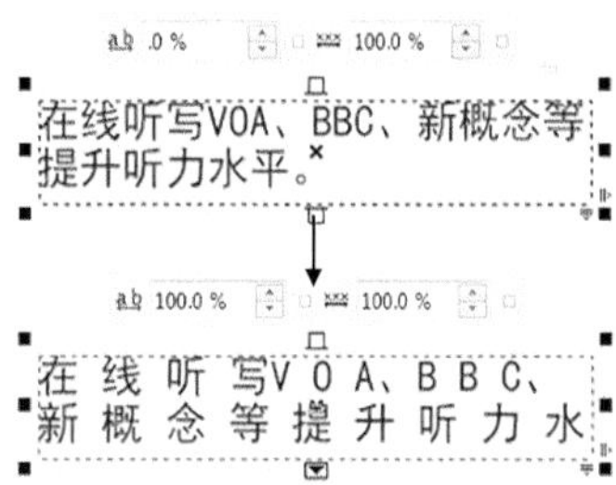

- 【字间距】选项：可以调整字之间的间距。
- 【语言间距】选项：可以控制文档中多语言文本的间距。

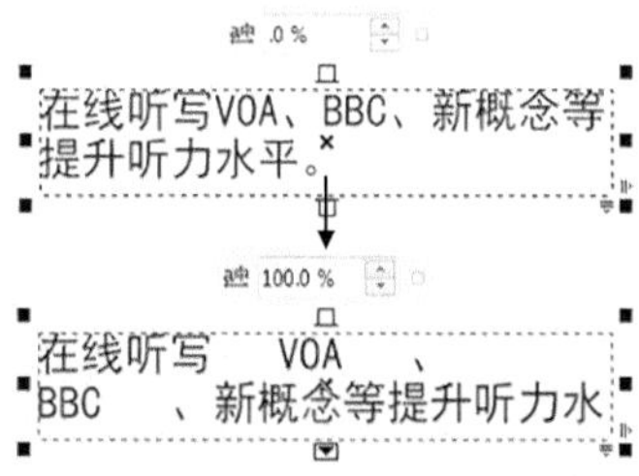

【例 6-8】在绘图文件中，调整段落文本间距。
视频+素材 (光盘素材\第 06 章\例 6-8)

step① 打开一幅绘图文档，并使用【选择】工具选择文档中的段落文本。

step② 选择【形状】工具，在文本框右边的控制符号上按下鼠标左键，拖动鼠标到适当的位置后释放鼠标，即可调整文本的字符间距。

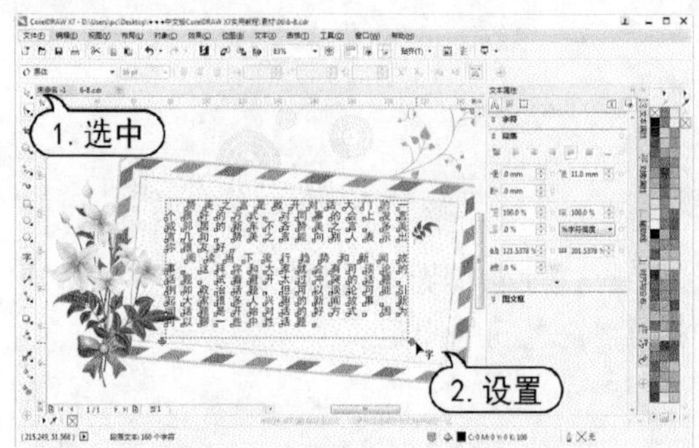

step③ 按下鼠标左键拖动文本框下面的控制符号到适当位置，然后释放鼠标，即可调整文本行距。

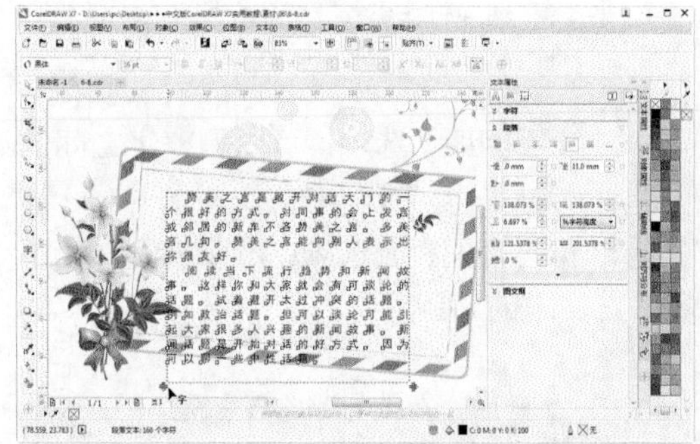

step④ 单击属性栏中的【文本属性】按钮，打开【文本属性】泊坞窗。在【段落】选项组中，设置【行距】为 110%，即可调整文本的行间距。

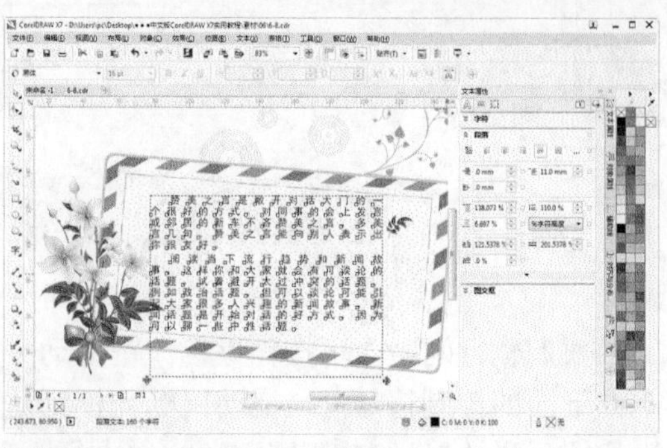

step⑤ 继续在【段落】选项组中，设置【段前间距】为 120%，【字符间距】为 20%。

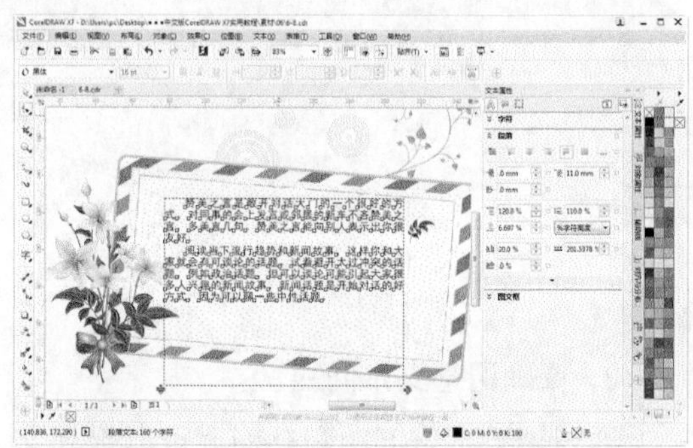

6.3.9 设置项目符号

为文本添加项目符号，可以使文本中一些并列的段落风格统一、条理清晰。在 CorelDRAW 中，为用户提供了丰富的项目符号样式。选择【文本】|【项目符号】命令，或在【文本属性】泊坞窗的【段落】选项组中选中【项目符号】复选框，并单击【项目符号设置】按钮，打开【项目符号】对话框进行设置，可以为段落文本的句首添加各种项目符号。

- 【字体】选项：设置项目符号字体。
- 【符号】选项：选择项目符号的样式。
- 【大小】选项：设置项目符号的大小。
- 【基线位移】选项：指定项目符号从基线位移的距离。
- 【项目符号的列表使用悬挂缩进】选项：选择该项，即可添加具有悬挂式缩进格式的项目符号。
- 【文本图文框到项目符号】选项：指

定项目符号从段落文本框缩进的距离。

➤ 【到文本的项目符号】选项：指定项目符号和文本之间的距离。

实用技巧

用户可以更改项目符号颜色。使用【文本】工具选择项目符号，然后单击调色板中的颜色即可。

【例 6-9】在绘图文件中，设置段落文本的项目符号。

视频+素材 (光盘素材\第 06 章\例 6-9)

step 1 在打开的绘图文档中，使用【选择】工具选中需要添加项目符号的段落文本。

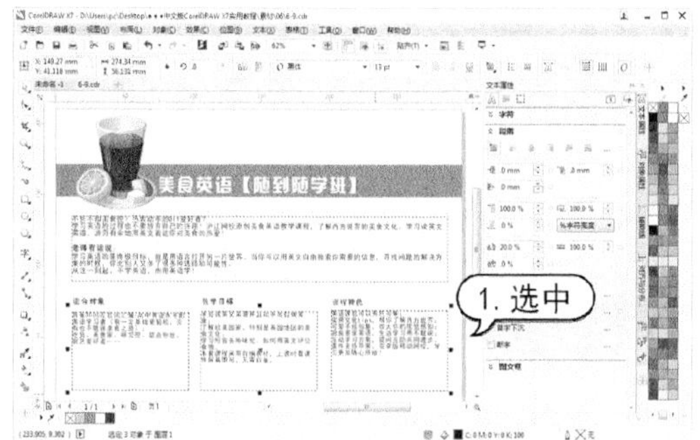

step 2 在【文本属性】泊坞窗中的【段落】选项组中，选中【项目符号】复选框。

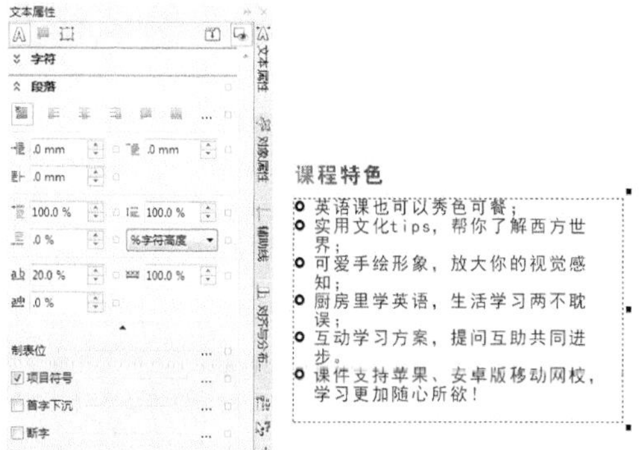

step 3 单击【项目符号设置】按钮，打开【项目符号】对话框。在该对话框中，选中【使用项目符号】复选框，在【符号】下拉列表中选择系统提供的符号样式，在【大小】数值框中输入适当的符号大小值 11pt，并设置【基线位移】数值为 1mm，【到文本的项目符号】数值为 2.5mm，然后单击【确定】按钮应用设置。

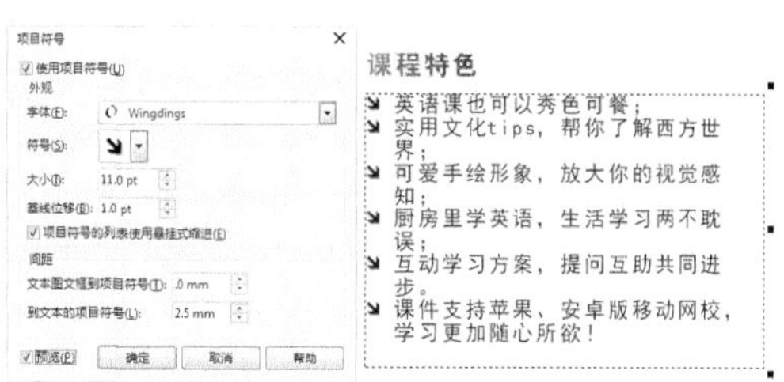

6.3.10 设置首字下沉

要设置首字下沉效果，可以在【文本】工具属性栏上单击【首字下沉】按钮，或选择【文本】|【首字下沉】命令，或在【文本属性】泊坞窗的【段落】选项组中选中【首字下沉】复选框，并单击【首字下沉设置】按钮，打开【首字下沉】对话框。在该对话框中，选中【使用首字下沉】复选框。

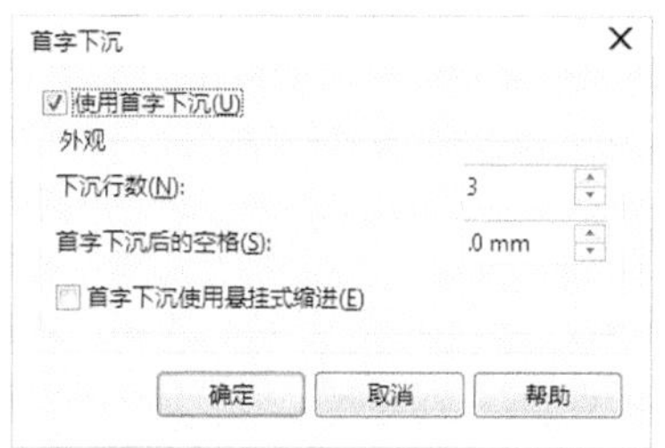

➤ 【下沉行数】选项：可以指定字符下沉的行数。

➤ 【首字下沉后的空格】选项：可以指定下沉字符与正文间的距离。

➤ 【首字下沉使用悬挂式缩进】复选框：可以使首字符悬挂在正文左侧。

知识点滴

要取消段落文本的首字下沉效果，可在选择段落文本后，单击属性栏中的【首字下沉】按钮，或取消选中【首字下沉】对话框中的【使用首字下沉】复选框。

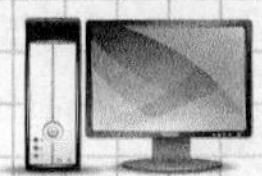

【例 6-10】在绘图文件中，设置首字下沉效果。
视频+素材 (光盘素材\第 06 章\例 6-10)

step 1 在CorelDRAW X7 中，使用【选择】工具选中段落文本。

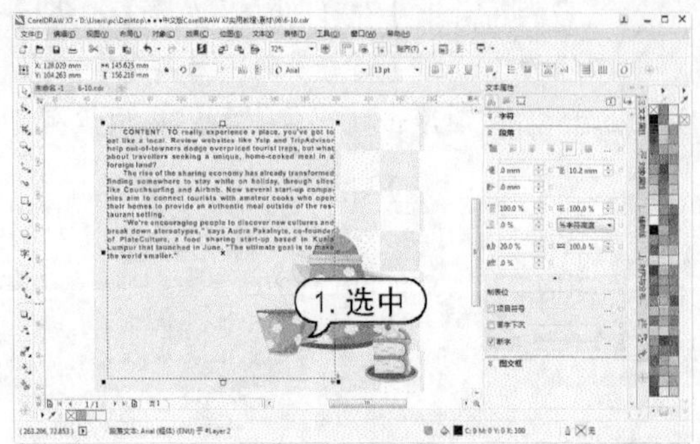

step 2 选择【文本】|【首字下沉】命令，打开【首字下沉】对话框，选中【使用首字下沉】复选框。

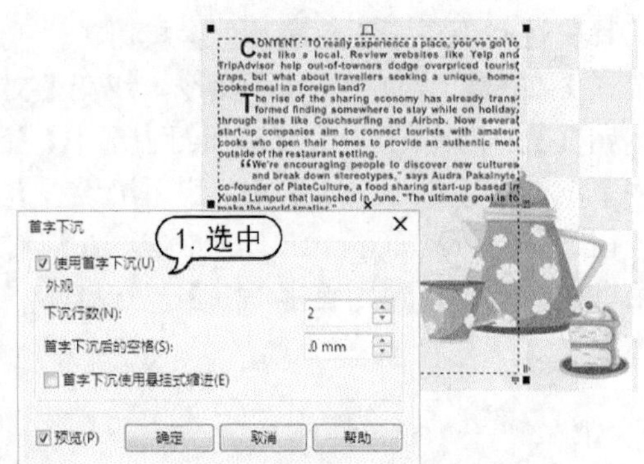

step 3 在【下沉行数】数值框中输入需要下沉的行数量 3，选中【首字下沉使用悬挂式缩进】复选框，然后单击【确定】按钮。

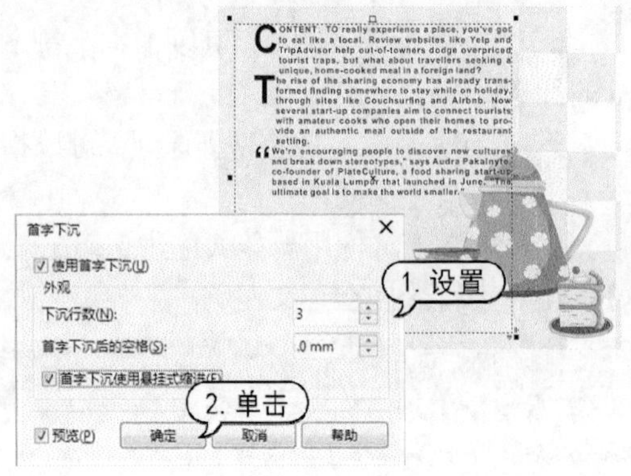

6.3.11 设置分栏

对文本对象进行分栏操作是一种非常实用的编排方式。在 CorelDRAW 中提供的分栏格式可分为等宽和不等宽两种。用户可以为选择的段落文本对象添加一定数量栏，还可以为分栏设置栏间距。用户在添加、编辑或删除栏时，可以为保持段落文本框的长度而重新调整栏的宽度，也可以为保持栏的宽度而调整文本框的长度。在选中段落文本对象后，选择【文本】|【栏】命令，打开【栏设置】对话框，在其中可以为段落文本分栏。

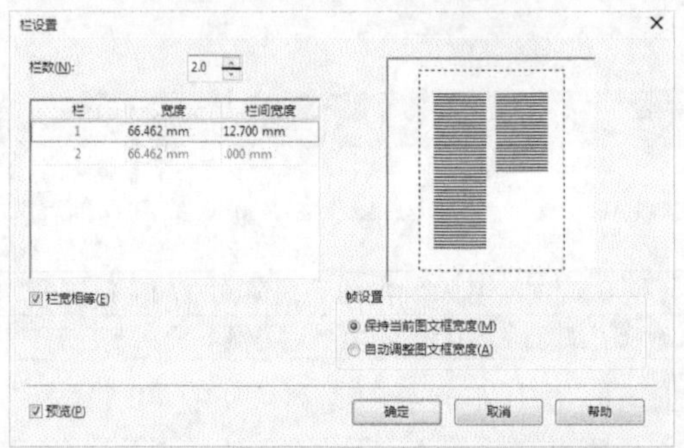

知识点滴

在【栏设置】对话框中，如果选中【保持当前图文框宽度】单选按钮，可以在增加或删除分栏的情况下，仍保持文本框的宽度不变；如果选中【自动调整图文框宽度】单选按钮，那么当增加或删除分栏时，文本框会自动调整而栏的宽度将保持不变。

【例 6-11】在绘图文件中，设置分栏效果。
视频+素材 (光盘素材\第 06 章\例 6-11)

step 1 在打开的绘图文件中，选择【选择】工具选中段落文本对象。

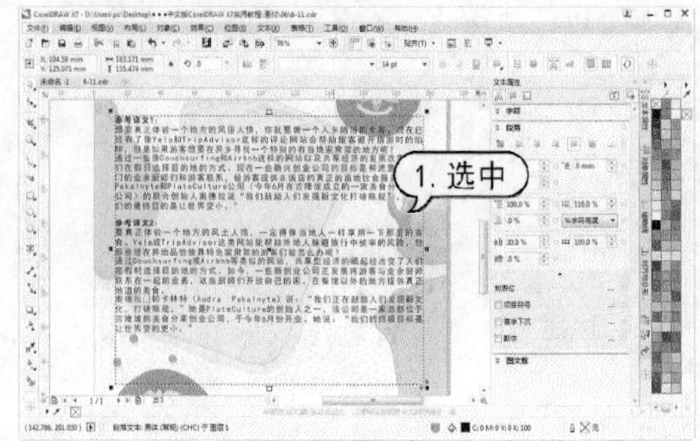

step 2 在【文本属性】泊坞窗中展开【图文

框】选项区，设置【栏数】为 2。

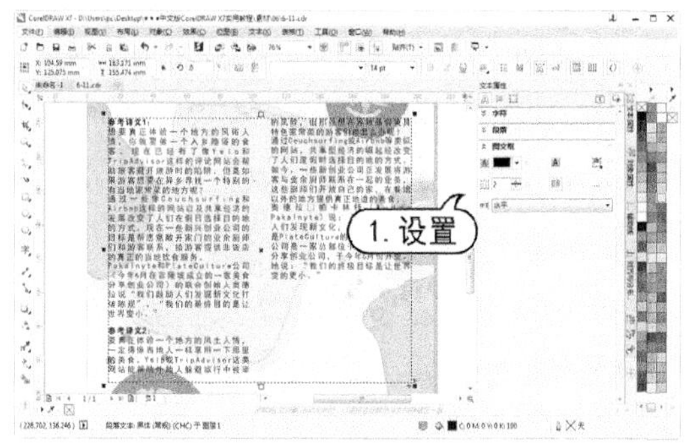

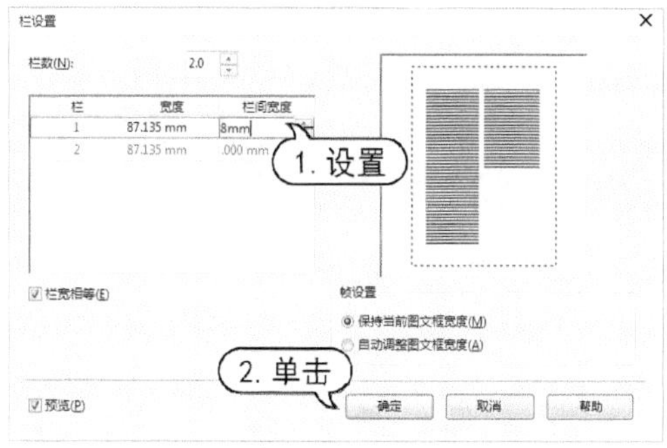

知识点滴

对于已经添加了等宽栏的文本，还可以进一步改变栏的宽度和栏间距。使用【文本】工具选择所需操作的文本对象，这时文本对象将会显示分栏线，将光标移至文本对象中间的分栏线上时，光标将变为双向箭头，按住鼠标左键并拖动分界线，可调整栏宽和栏间距。

step 3　单击…按钮，打开【栏设置】对话框。在该对话框中，设置栏间宽度为 8mm，然后单击【确定】按钮应用。

6.4　文本的链接

在 CorelDRAW 中，可以通过链接文本的方式，将一个段落文本分离成多个文本框链接，文本框链接可移动到同个页面的不同位置，也可以在不同页面中进行链接，它们之间始终是相互关联的。

6.4.1　链接多个文本框

如果所创建的绘图文件中有多个段落文本，那么可以将它们链接在一起，并显示文本内容的链接方向。链接后的文本框中的文本内容将相互关联，如果前一个文本框中的文本内容超出所在文本框的大小，那么所超出的文本内容将会自动出现在后一个文本框中，依此类推。链接的多个文本框中的文本对象属性是相同的，如果改变其中一个文本框中文本的字体或文字大小，其他文本框中的文本也会发生相应的变化。

【例 6-12】在绘图文件中，链接多个文本框。
视频+素材 (光盘素材\第 06 章\例 6-12)

step 1　选择工具箱中的【文本】工具，在绘图窗口中的适当位置创建多个文本框。

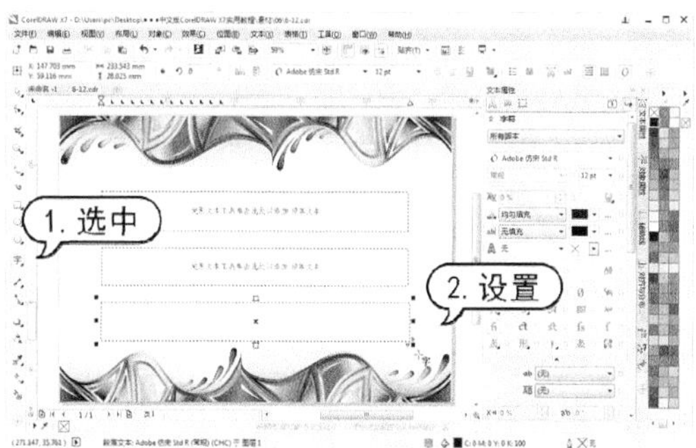

step 2　在第一个段落文本框中贴入文本。

step 3　移动光标至文本框下方的▣控制点上，光标变为双向箭头形状。单击鼠标左键，光标变为▤形状后，将光标移动到另一个文本框中，光标变为黑色箭头后单击，即可将未显示的文本显示在文本框中，并可以将两个文本框进行链接。

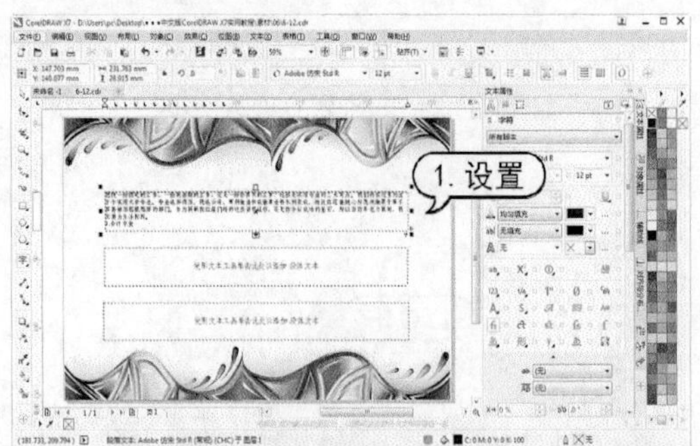

实用技巧

使用【选择】工具选择文本对象，移动光标至文本框下方的控制点上，光标变为双向箭头形状，单击鼠标左键，光标变为形状后，在页面上的其他位置按下鼠标左键拖动出一个段落文本框，此时未显示的文本部分将自动转移到新创建的链接文本框中。

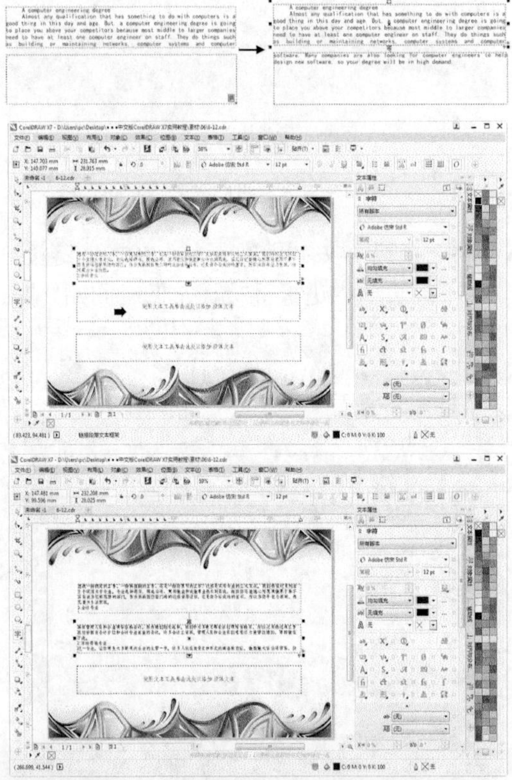

6.4.2 链接段落文本框与图形对象

文本对象的链接不仅仅限于段落文本框，也可以应用于段落文本框与图形对象之间。当段落文本框中的文本内容与未闭合路径的图形对象链接时，文本对象将会沿路径进行链接；当段落文本框中的文本内容与闭合路径的图形对象链接时，会将图形对象当作文本框进行文本对象的链接。

【例 6-13】在绘图文件中，链接段落文本框与图形对象。

视频+素材 (光盘素材\第 06 章\例 6-13)

step 1 在打开的绘图文件中，使用【选择】工具选择段落文本。

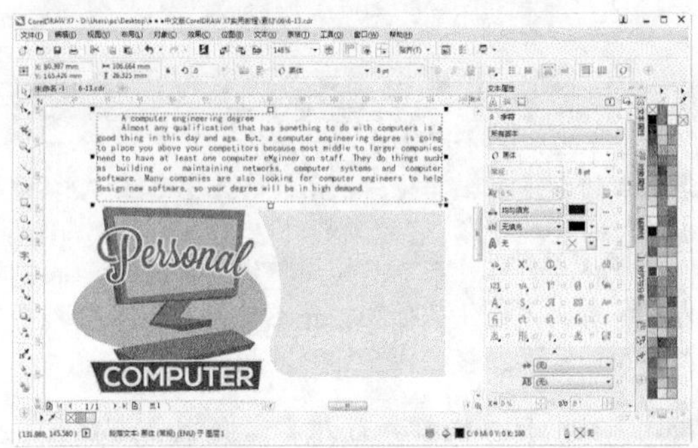

step 2 移动光标至文本框下方的控制点上，光标变为双向箭头形状。单击鼠标左键，光标变为形状后，将光标移动到图形对象中，光标变为黑色箭头后单击链接文本框和图形对象。

step 3 使用【选择】工具调整文本框大小，即可改变链接效果。

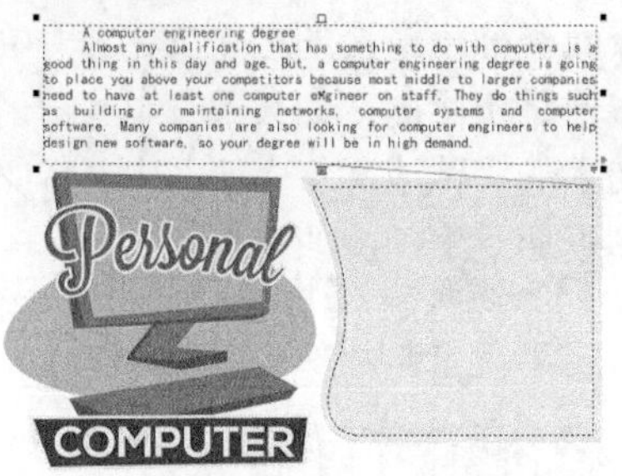

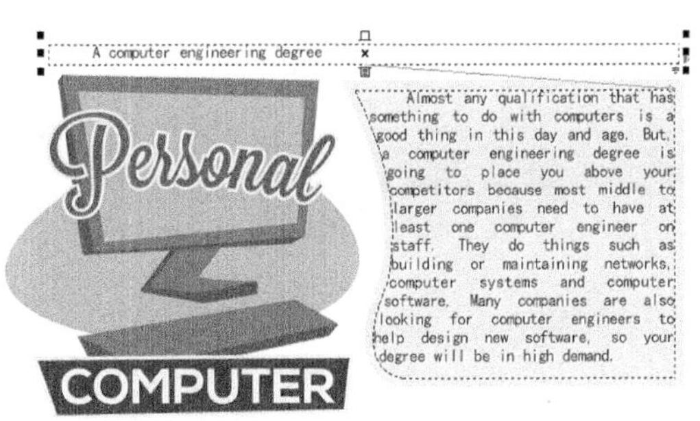

6.4.3　解除对象之间的链接

要解除文本链接，可以在选取链接的文本对象后，按 Delete 键删除。删除链接后，剩下的文本框仍保持原来的状态。另外，在选取所有的链接对象后，可以选择【文本】|【段落文本框】|【断开链接】命令，将链接断开。断开链接后，文本框各自独立。

6.5　编辑和转换文本

在处理文字的过程中，除了可以直接在绘图窗口中设置文字属性外，还可以通过【编辑文本】对话框来完成。在编辑文本时，可以根据版面需要，将美术字文本转换为段落文本，以便编排文字；或者为了在文字中应用各种填充或特殊效果，将段落文本转换为美术字文本。除此之外，用户也可以将文本转换为曲线，以方便对字形进行编辑。

6.5.1　编辑文本内容

在选择文本对象后，选择【文本】|【编辑文本】命令，即可打开【编辑文本】对话框，选中更改文本的内容，设置文字的字体、字号、字符效果、对齐方式，更改英文大小写以及导入外部文本等。

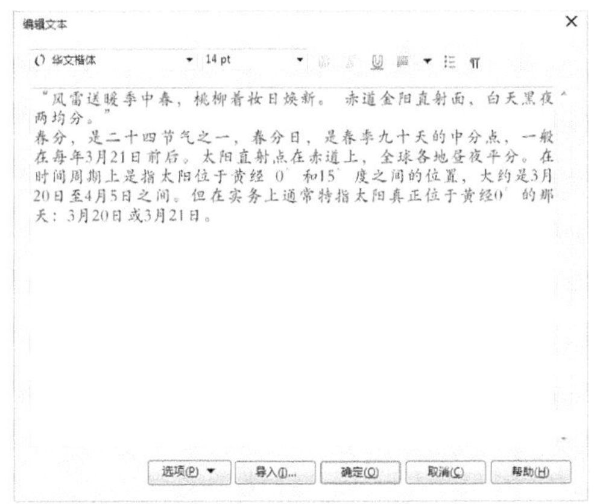

实用技巧

用户还可以按 Ctrl+Shift+T 键，或单击属性栏中的【编辑文本】按钮 abI，打开【编辑文本】对话框。

6.5.2　美术字和段落文本的转换

美术字文本与段落文本具有不同的属性，各有其独特的编辑方式。如果用户需要将美术字文本转换为段落文本，先使用【选择】工具选择需要进行转换的美术字文本，然后选择菜单栏中的【文本】|【转换到段落文本】命令，即可将所选择的美术字文本转换为段落文本。转换后的美术字文本周围会显示段落文本框，可以应用段落文本的编辑操作。

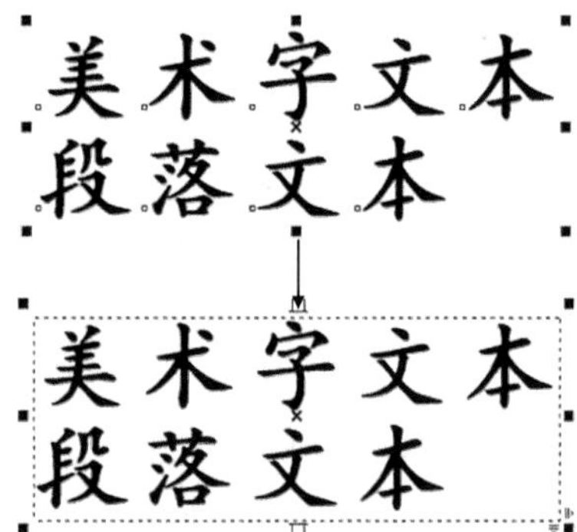

如果使用【选择】工具选择所要转换的段落文本，选择【文本】|【转换到美术字】命令，即可将所选的段落文本转换为美术字文本。

知识点滴

用户也可以通过在想要进行转换的文本对象上右击，在弹出的快捷菜单中选择相应的转换命令，或直接按 Ctrl+F8 快捷键，实现美术字文本与段落文本之间的相互转换。

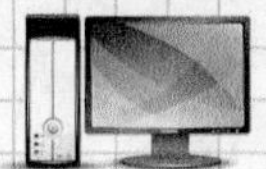

6.5.3 转换文字方向

在默认状态下，CorelDRAW X7 中输入的文本为横向排列。在编辑过程中，常常需要转换文字的排列方向，这时可通过以下操作方法来完成。

使用【选择】工具选中需要转换的文本对象，在属性栏中单击【将文本更改为垂直方向】按钮或【将文本更改为水平方向】按钮，即可将文本由水平方向转换为垂直方向，或由垂直方向转换为水平方向。

6.5.4 文本转换为曲线

虽然文本对象之间可以通过相互转换进行各种编辑，但如要将文本作为特殊图形对象应用图形对象的编辑操作，那么就需要将文本对象改变为具有图形对象属性的曲线以适应编辑调整的操作。

用户如果想将文本对象转换为曲线图形对象，可以在绘图页中选择需要操作的文本对象，再选择菜单栏中的【对象】|【转换为曲线】命令，或按 Ctrl+Q 键将文本对象转换为曲线图形对象，然后使用【形状】工具通过添加、删除或移动文字的节点改变文本的形状。也可以使用【选择】工具选择文本对象后，单击鼠标右键在打开的快捷菜单中选择【转换为曲线】命令，实现将文本对象转换为曲线图形对象的操作。

实用技巧

文本对象一旦转换为曲线图形对象后，将不再具有原有的文本属性了，也就是说其将不能再进行与文本对象相关的各种编辑处理。

【例 6-14】在绘图文件中，将文本转换为曲线，并编辑其形状。

视频+素材 (光盘素材\第 06 章\例 6-14)

step 1 在打开的绘图文件中，使用【选择】工具选择需要转换为曲线的文本对象。选择【对象】|【转换为曲线】命令，将文本对象转换为曲线。

step 2 选择【形状】工具选中文字路径上的节点，并调整路径形状。

6.5.5 自动断字

断字功能用于当某个单词不能排入一行时，将该单词拆分。CorelDRAW 具有自动断字功能。当使用自动断字功能时，CorelDRAW 将预设断字定义与自定义的断字设置结合使用。

1. 自动断字

选择段落文本对象，然后选择【文本】|【使用断字】菜单命令，即可在文本段落中自动断字。

First or second graders may be more eager to talk about the fun they have in sports.They often forget to have fun. Without constant reminders and good examples,they may also forget what behavior is appropriate before, during, and after a sporting event.

First or second graders may be more eager to talk about the fun they have in sports.They often forget to have fun. Without con-stant reminders and good examples,they may also forget what behavior is appropriate before, dur-ing, and after a sporting event.

2. 断字设置

除了使用自动断字功能外，用户还可以自定义断字设置。例如，指定连字符前后的最小字母数以及指定断字区，或者使用可选连字符指定当单词位于行尾时的断字位置，还可以为可选连字符创建定制定义，以指定在 CorelDRAW 中输入单词时在特定单词中插入连字符的位置。

选中段落文本，选择【文本】|【断字设置】菜单命令，在打开的【断字】对话框中选中【自动连接段落文本】复选框，当激活该对话框中的所有选项后，即可进行设置。

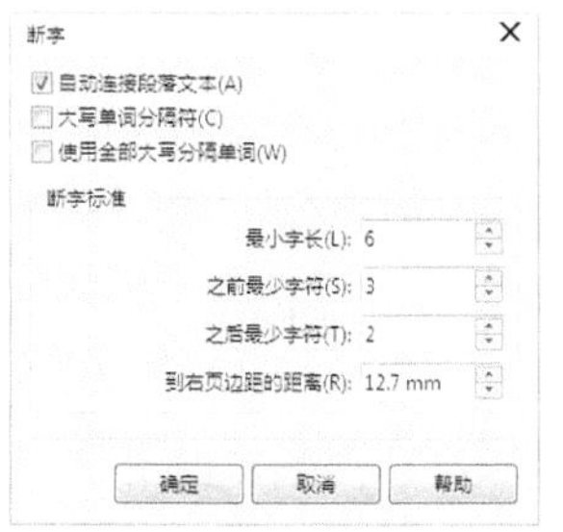

【断字】对话框中部分参数介绍如下。

- 【最小字长】微调框：设置自动断字的最短单词长度。
- 【之前最少字符】微调框：设置要在前面开始断字的最小字符数。
- 【之后最少字符】微调框：设置要在后面开始断字的最小字符数。
- 【到右页边距的距离】微调框：用于选择断字区。如果某个单词超出了右页边距所指定的范围，那么系统会将该单词移动到下一行。

3. 插入可选连字符

选择文本对象，并使用【文本】工具在单词中需要放置可选连字符的位置处单击，然后选择【文本】|【插入格式化代码】|【可选的连字符】命令，或按下 Ctrl+-键，即可插入可选连字符。在插入可选连字符后，如果单词在此处断开，就会在字母断开处添加一个-连字符。

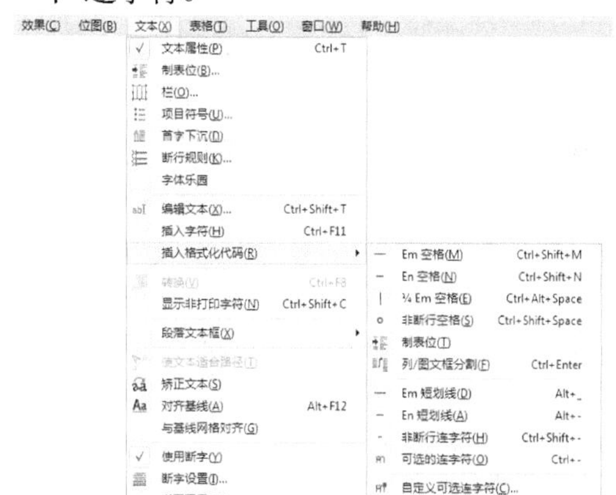

选择【文本】|【插入格式化代码】|【自定义可选连字符】命令，可以打开【自定义可选连字符】对话框，设置用户所需的连字符样式。

6.6　图文混排

排版设计中，经常需要对图形、图像和文字进行编排。在 CorelDRAW 中，可以使文本沿图形外部边缘形状进行排列。需要注意的是，文本绕图的功能不能应用于美术字文本。如果需要使用该功能，必须先将美术字文本转换为段落文本。

如果需要对输入的文本对象实现文本绕图编排效果，可以在所选的图形对象上单击鼠标右键，从弹出的快捷菜单中选择【段落文本换行】命令，然后将图形对象拖动到段落文本上释放，这时段落文本将会自动环绕在图形对象的周围。

【例 6-15】在绘图文件中，将图文进行混排。
视频+素材 (光盘素材\第 06 章\例 6-15)

step 1 在打开的绘图文件中，使用【选择】工具选择要在其周围环绕文本的对象。

实用技巧

选择图形对象后，也可以单击属性栏中的【文本换行】按钮，在弹出的下拉面板中选择换行方式，设置换行偏移数值。

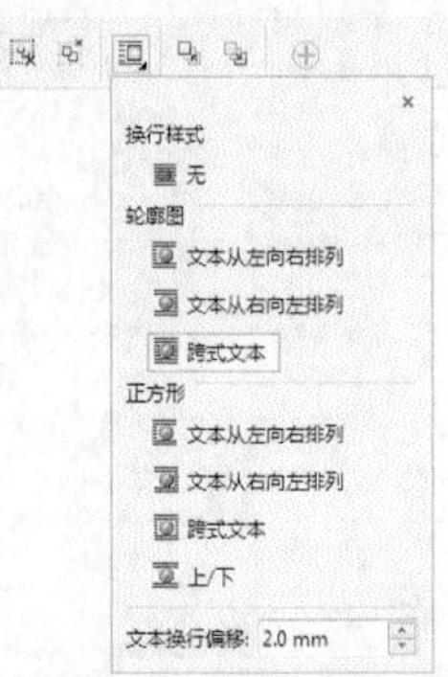

step 2 在【对象属性】泊坞窗的【总结】选项组中，单击【段落文本换行】下拉列表，选择【正方形-跨式文本】选项，设置【文本换行偏移】为 2.5mm。

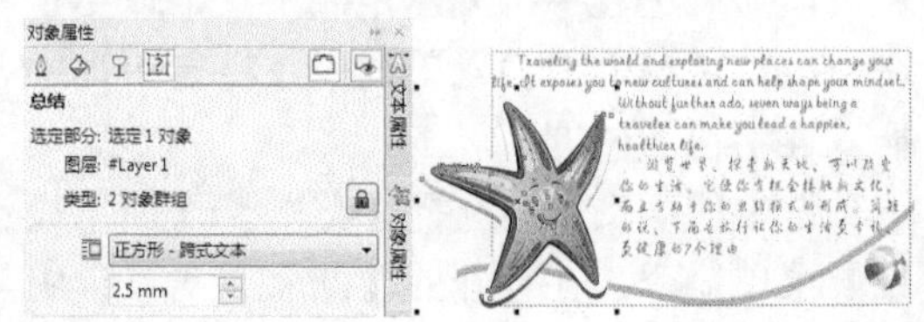

6.7 案例演练

本章的案例演练部分通过制作手机广告和地产广告两个综合实例操作，使用户通过练习从而巩固本章所学知识。

6.7.1 制作手机广告

【例 6-16】制作手机广告。
视频+素材 (光盘素材\第 06 章\例 6-16)

step 1 选择【文件】|【新建】命令，打开【创建新文档】对话框。在该对话框中的【名称】文本框中输入“手机广告”，在【大小】下拉列表中选择A4，单击【横向】按钮，在【原色模式】下拉列表中选择CMYK，然后单击【确定】按钮。

step 2 选择【矩形】工具在页面中拖动绘制与页面同宽的矩形。

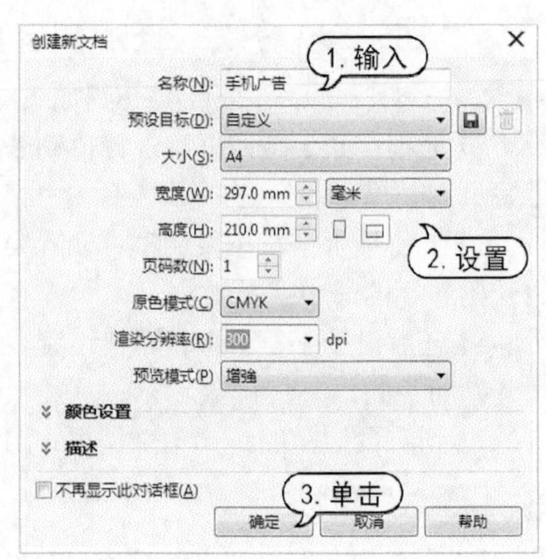

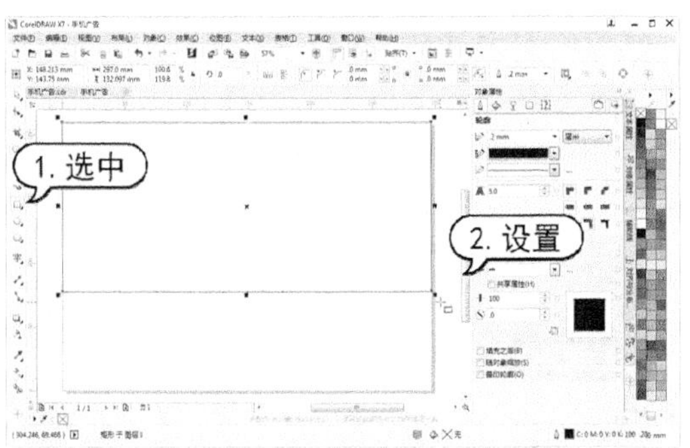

step 3 在调色板中取消轮廓线，并按F11 键打开【编辑填充】对话框。在该对话框中，设置渐变色为C:0 M:0 Y:0 K:30 到白色，【旋转】数值为-90°，然后单击【确定】按钮。

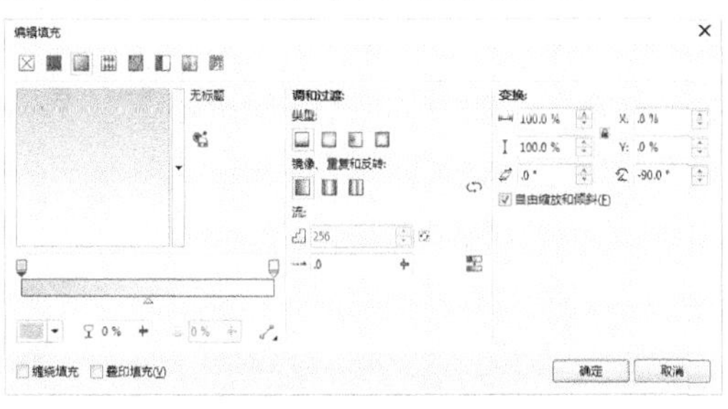

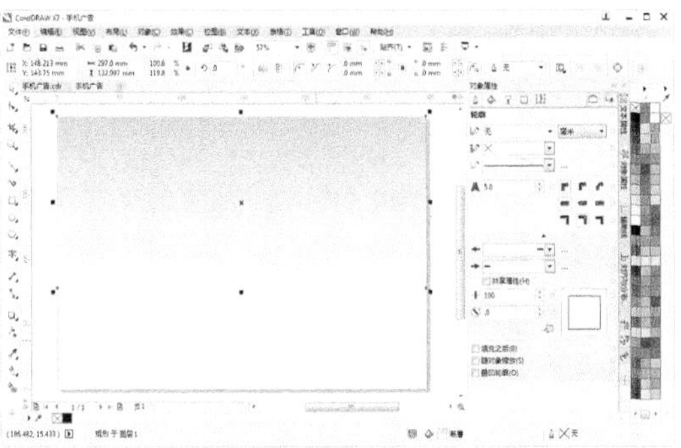

step 4 选择【贝塞尔】工具在页面中绘制图形，并使用与步骤(3)相同的操作方法填充图形。

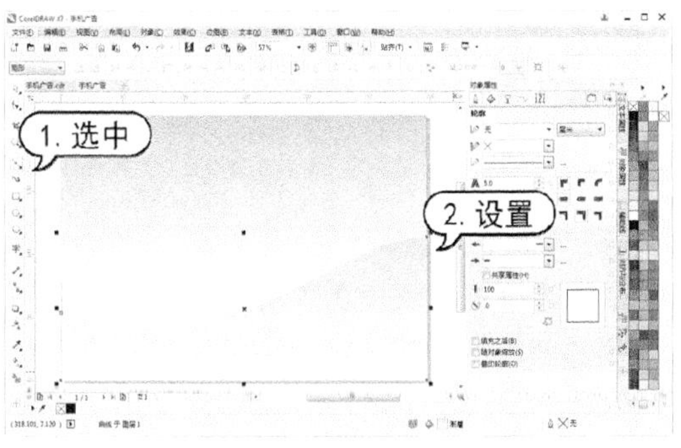

step 5 选择【贝塞尔】工具在页面中绘制图形，并使用与步骤(3)相同的操作方法使用C:0 M:0 Y:0 K:40 到白色渐变填充图形。

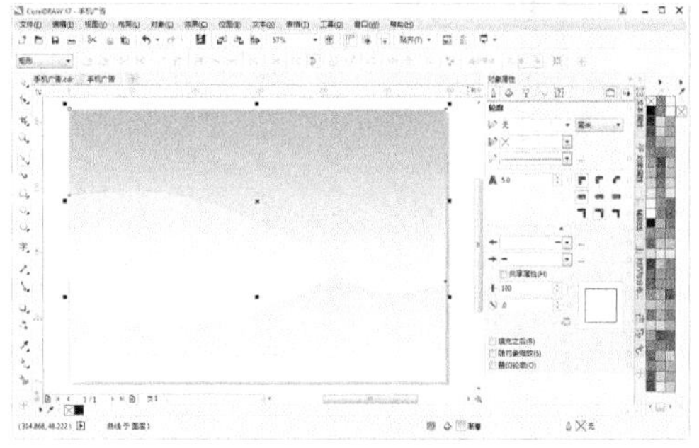

step 6 选中步骤(4)和步骤(5)中创建的图形，然后选择【透明度】工具，并在属性栏中单击【均匀透明度】按钮。

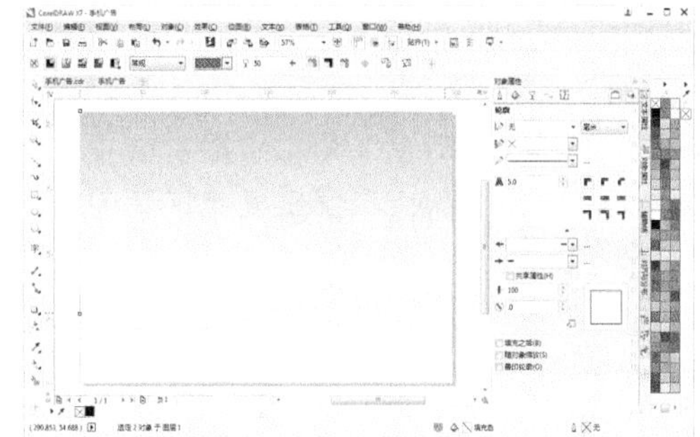

step 7 在标准工具栏中单击【导入】按钮，打开【导入】对话框。在该对话框中，选择需要导入的图像，单击【导入】按钮将图像导入到绘图页面中。

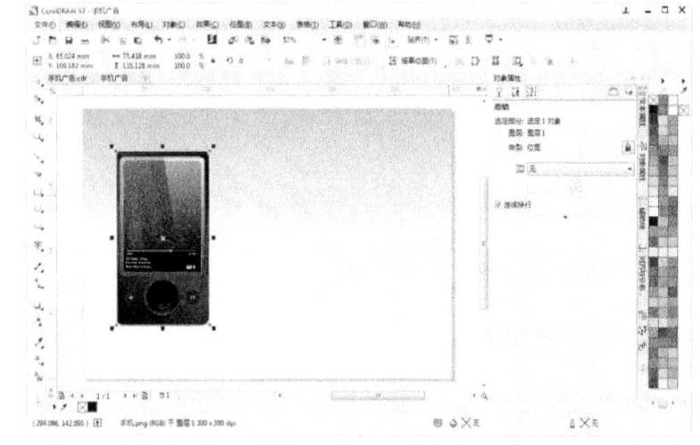

step 8 保持导入图像的选中状态，按Ctrl+C 键复制对象，按Ctrl+V键粘贴。然后单击属性栏中的【垂直镜像】按钮，并调整复制对象的位置。

step 9 选择【透明度】工具，在图像上拖动创建透明效果。

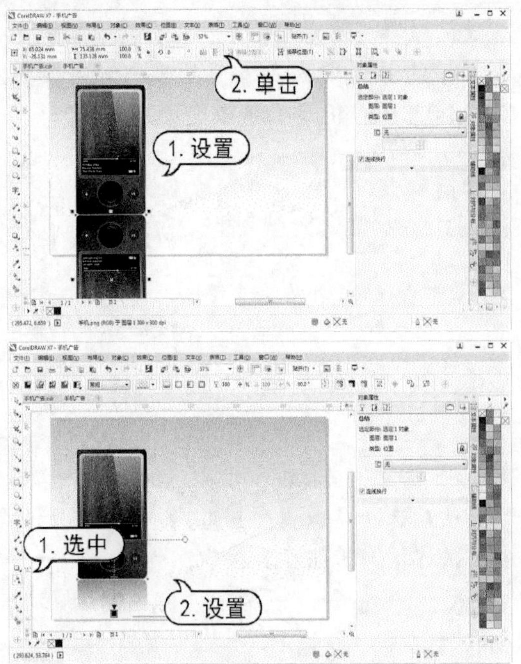

step 10 选择【矩形】工具在绘图页面中拖动绘制矩形，并在属性栏中设置【圆角半径】数值为1.8mm。然后在调色板中取消轮廓线，按F11 键打开【编辑填充】对话框。在该对话框中，设置渐变色为C:0 M:60 Y:100 K:0到C:0 M:100 Y:0 K:0，设置【旋转】数值为 90°，然后单击【确定】按钮。

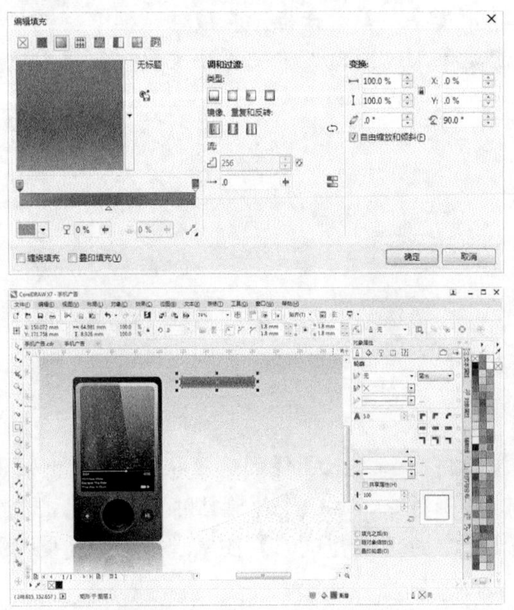

step 11 选择【文本】工具在刚绘制的矩形上单击输入文本内容，并在属性栏【字体列表】下拉列表中选择【方正大黑_GBK】，设置【字体大小】数值为 20pt，在调色板中单击【白色】色板，然后调整文本位置。

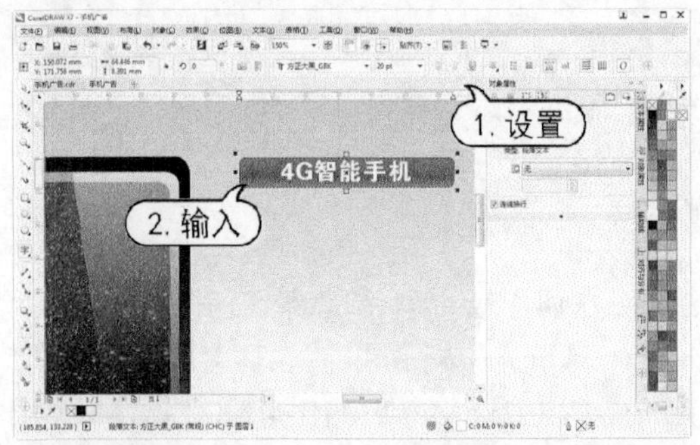

step 12 选择【文本】工具在绘图页面单击，在属性栏【字体列表】下拉列表中选择【方正小标宋简体】，设置【字体大小】数值为50pt，然后输入文字内容。

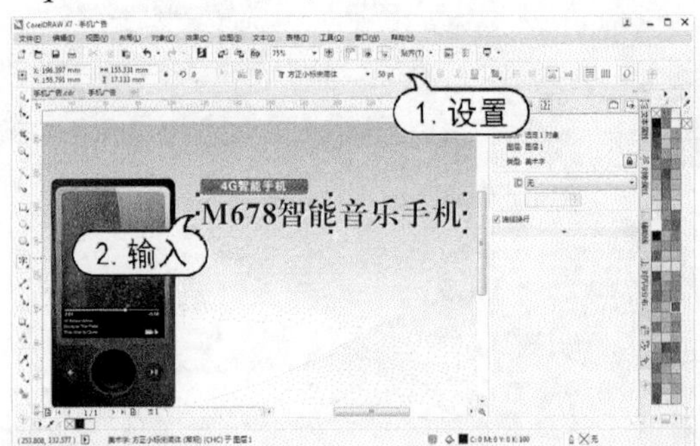

step 13 选择【矩形】工具绘制矩形，在属性栏中设置【圆角半径】数值为 4.5mm，并在调色板中取消轮廓色，单击【白色】色板填充。

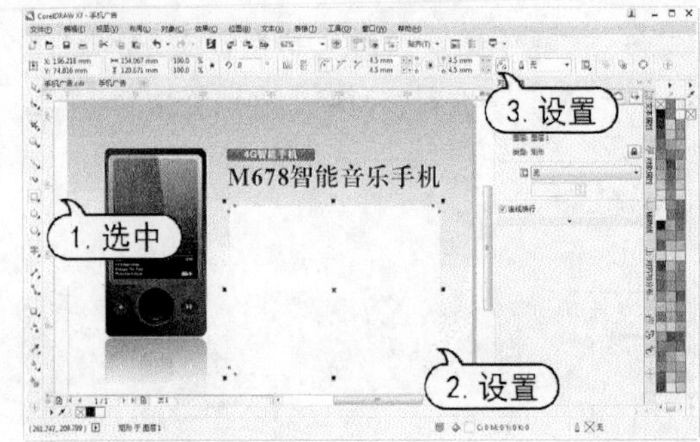

step 14 选择【透明度】工具，在属性栏中单击【均匀透明度】按钮，设置【透明度】数值为 40。

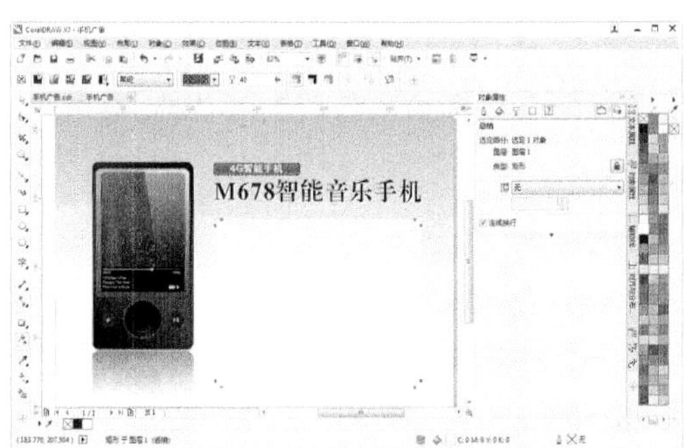

step 15 选择【文本】工具在刚绘制的矩形中单击，在属性栏【字体列表】下拉列表中选择【宋体】，设置【字体大小】数值为 12pt，单击【文本对齐】按钮，在弹出的下拉列表中选择【全部调整】，然后输入文字内容。

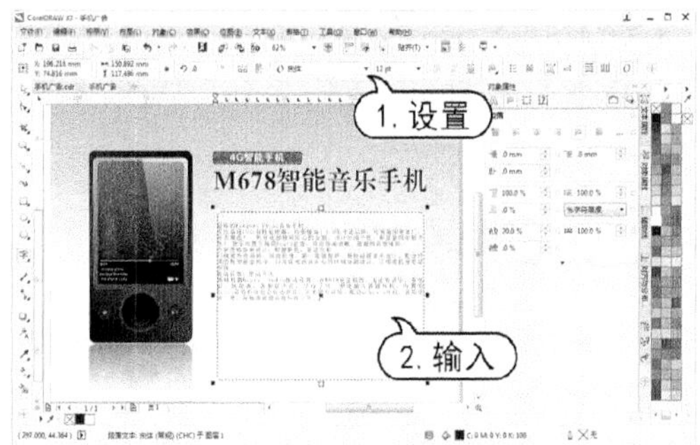

step 16 按Ctrl+A键全选文本框内文字内容，单击属性栏中的【文本属性】按钮，打开【文本属性】泊坞窗。在【文本属性】泊坞窗中的【段落】选项组中，设置【首行缩进】数值为 8mm，【段前间距】数值为 13%，【段后间距】数值为 180%。

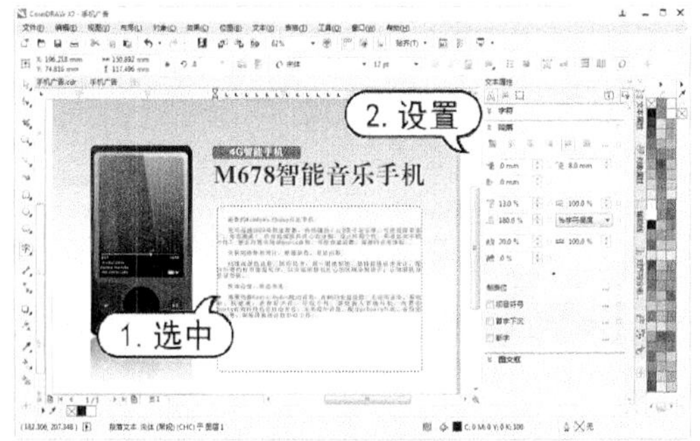

step 17 使用【文本】工具选中第一行标题文字，在属性栏【字体列表】下拉列表中选择【方正大黑_GBK】，设置【字体大小】数值为 14pt。

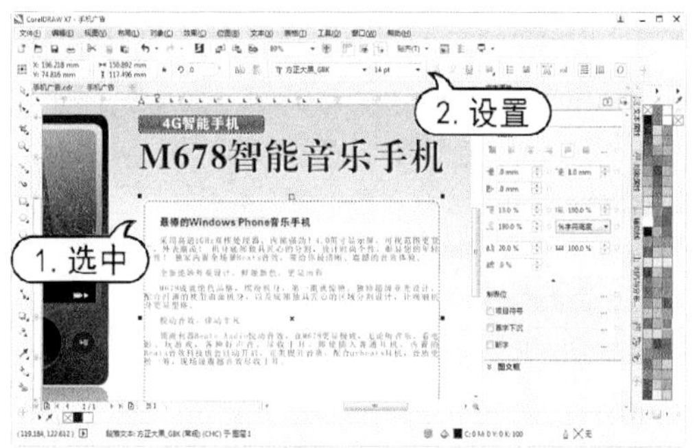

step 18 保持第一行标题文字的选中状态，选择【文本】|【项目符号】命令，打开【项目符号】对话框。在该对话框中，选中【使用项目符号】复选框，设置【大小】数值为 22pt，【基线位移】数值为-4pt，然后单击【确定】按钮。

step 19 使用与步骤(17)至步骤(18)相同的操作方法分别选中另外两行标题文字，在属性栏中设置字体、字号，并添加项目符号完成设置。

6.7.2 制作地产广告

【例 6-17】制作地产广告。
视频+素材 (光盘素材\第 06 章\例 6-17)

step 1 选择【文件】|【新建】命令，打开【创

建新文档】对话框。在该对话框中的【名称】文本框中输入“地产广告”，设置【宽度】数值为285mm，【高度】数值为420mm，然后单击【确定】按钮新建绘图文档。

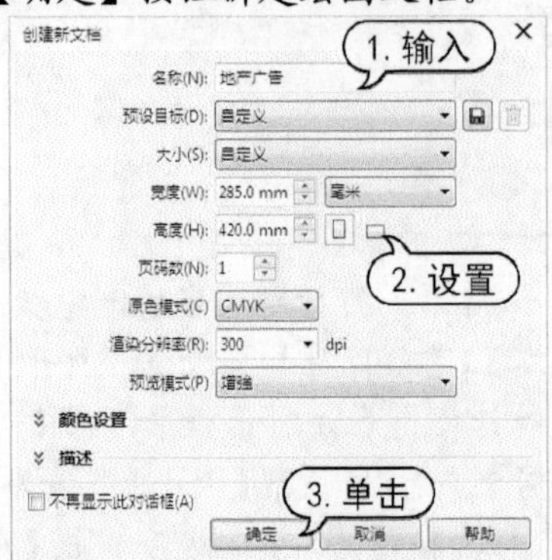

step 2 选择【布局】|【页面背景】命令，打开【选项】对话框。在该对话框中，选中【纯色】单选按钮，并单击颜色按钮，从弹出的下拉面板中选择【黑色】色板，然后单击【确定】按钮。

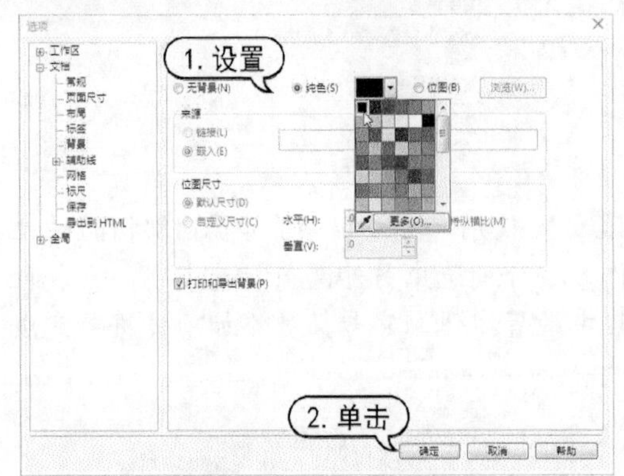

step 3 在标准工具栏中，单击【导入】按钮，打开【导入】对话框。在该对话框中，选中所需要的图像文件，然后单击【导入】按钮。

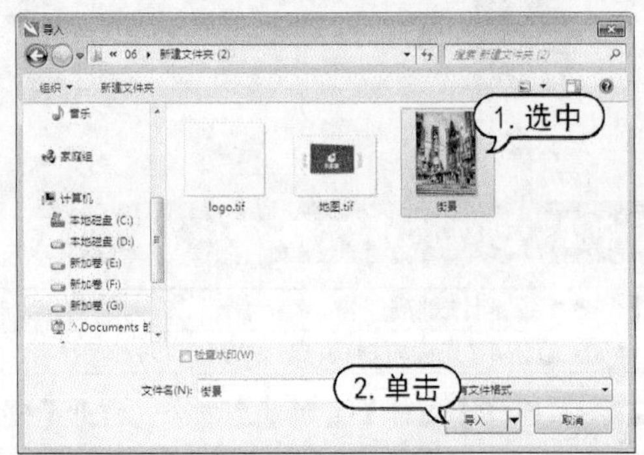

step 4 在绘图页面中，单击导入图像，并在属性栏中设置【缩放因子】数值为80%。

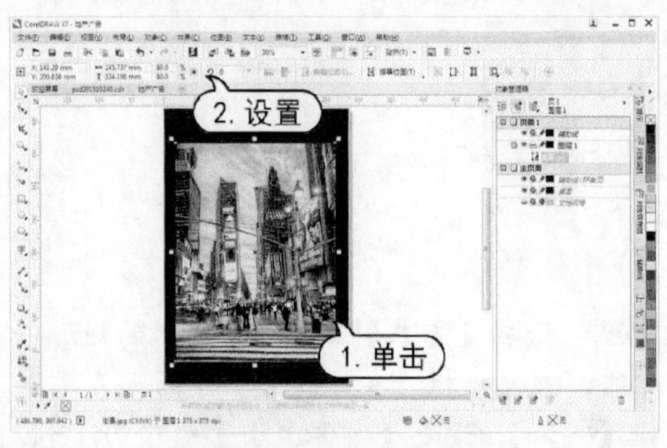

step 5 打开【对齐与分布】泊坞窗，在【对齐到对象】选项区中，单击【页面边缘】按钮，然后在【对齐】选项区中单击【水平居中对齐】和【垂直居中对齐】按钮。

step 6 选择【对象】|【锁定】|【锁定对象】命令，锁定图像。选择【矩形】工具在页面中绘制矩形，并在调色板中，右击【无】色板，将轮廓色为【无】，单击【橘色】色板，设置填充色。

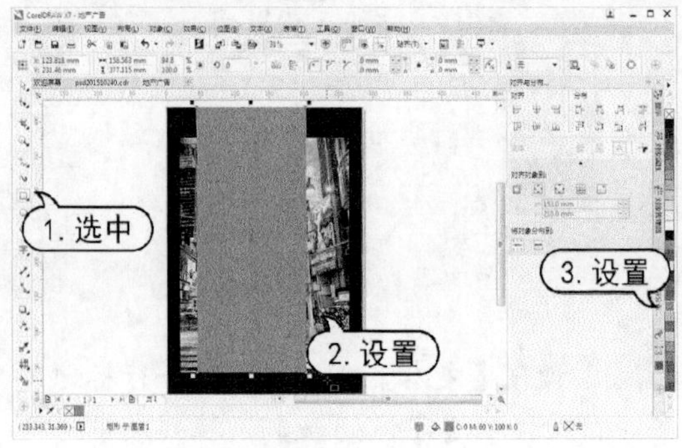

step 7 在标准工具栏中，单击【导入】按钮，打开【导入】对话框。在该对话框中，选择

所需要的图像文件，然后单击【导入】按钮。

step 8 在页面中单击，导入图像文件，并调整其位置。

step 9 选择【矩形】工具拖动绘制矩形，在在调色板中，右击【无】色板，将轮廓色设置为【无】。打开【对象属性】泊坞窗，单击【填充】按钮，在【填充】选项区中单击【均匀填充】按钮，并设置填充色为C:40 M:0 Y:0 K:100。

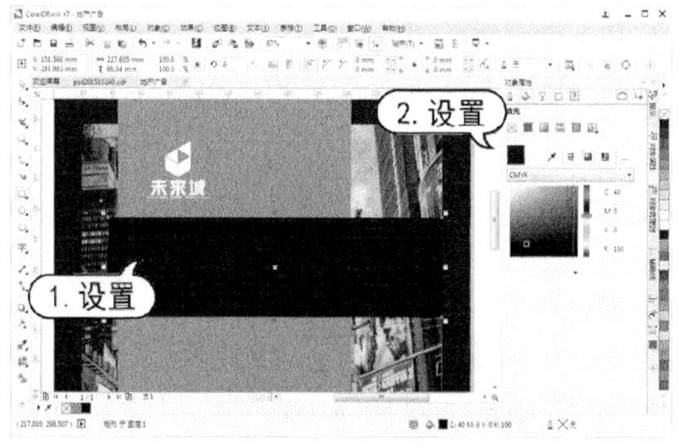

step 10 打开【变换】泊坞窗中，单击【倾斜】按钮，设置x数值为-10°，然后单击【应用】按钮。

step 11 在属性栏中，设置倾斜后的矩形左上和右下的【转角半径】数值为7mm。

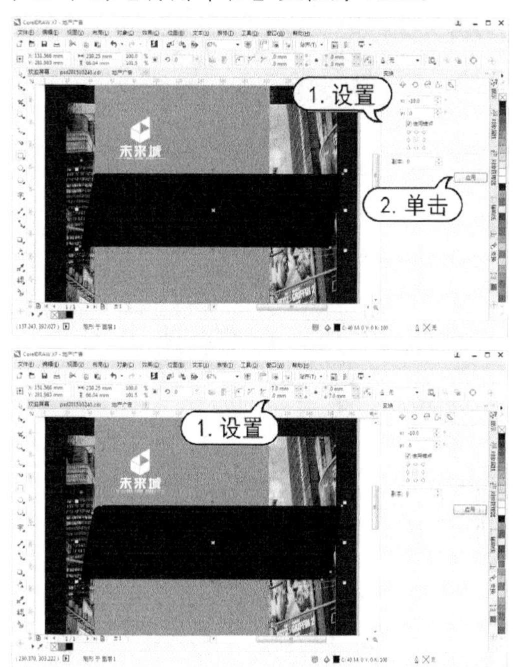

step 12 选择【对象】|【转换为曲线】命令，选择【形状】工具在转换为曲线的图形边缘双击添加节点，并调整其形状。

step 13 使用【选择】工具选中刚绘制的图形，按Ctrl+C键复制，按Ctrl+V键粘贴。在调色板中单击【白色】色板，将图形填色设置为【白色】。然后按Ctrl+Pagedown键将图形向后移一层，并调整其位置。

step 14 选择【钢笔】工具在页面中绘制图形，并在调色板中，右击【无】色板，将轮廓色设置为【无】，单击【酒绿 C:40 M:0 Y:100 K:0】色板，设置填充色。

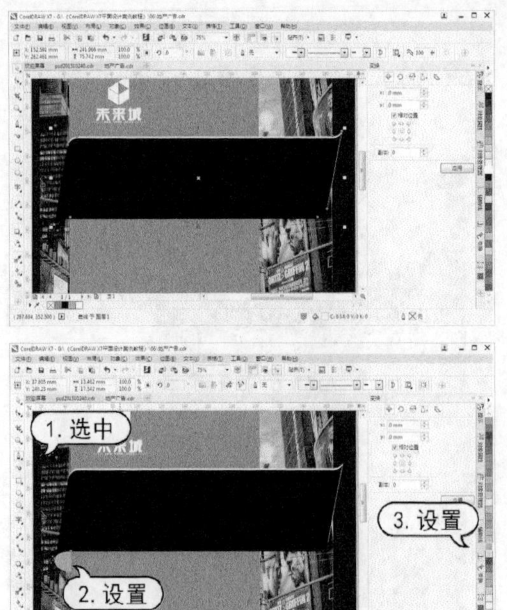

step 15 打开【对象管理器】泊坞窗，锁定【图层 1】，并单击【新建图层】按钮，新建【图层 2】。

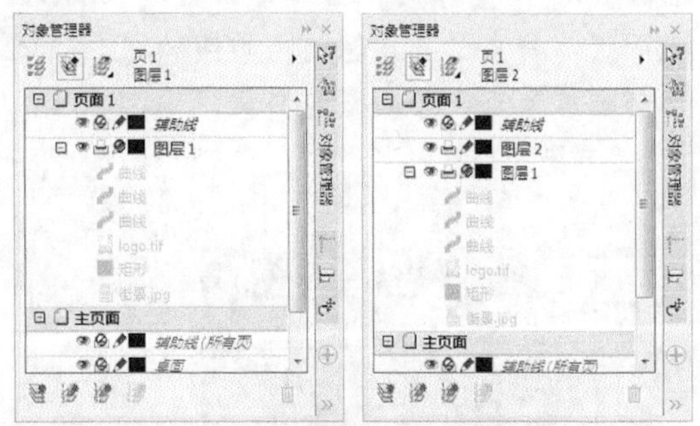

step 16 选择【文本】工具，在页面中单击，并打开【文本属性】泊坞窗。在该泊坞窗中，设置字体为【汉仪综艺体简】，字体大小为110pt，字体颜色为【白色】，然后输入文字内容，再使用【选择】工具调整文字位置。

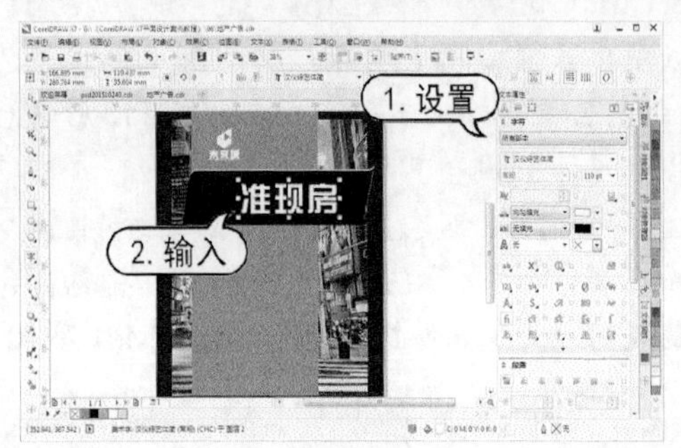

step 17 使用与步骤(16)相同的操作方法在页面中输入文字，在【文本属性】泊坞窗中，设置字体为【黑体】，字体大小为 72pt，字符间距为-10%。

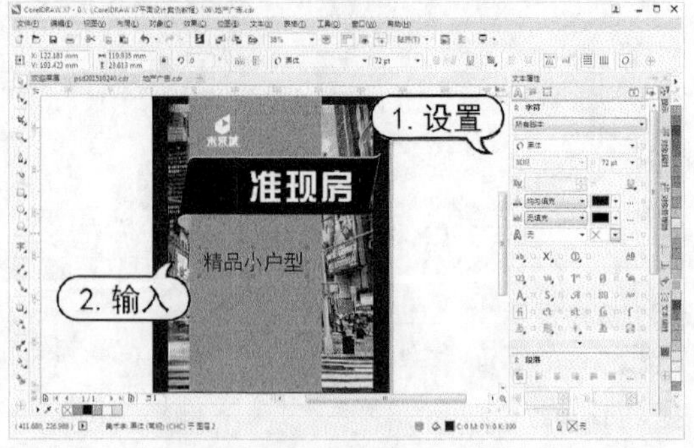

step 18 使用与步骤(16)相同的操作方法在页面中输入文字，在【文本属性】泊坞窗中，设置字体为【黑体】，字体大小为 60pt，字符间距为-8%。

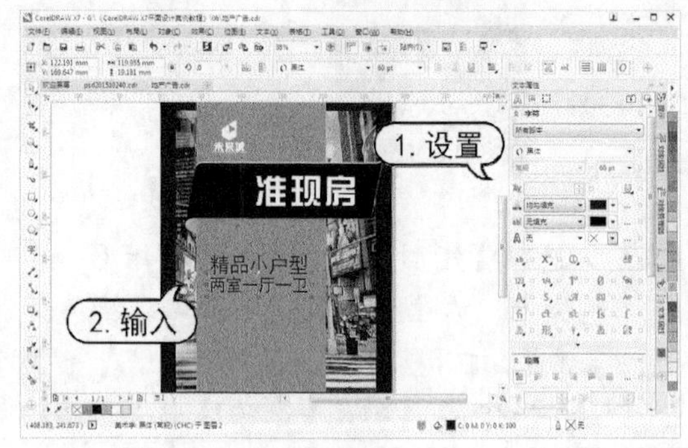

step 19 选择【标注形状】工具，在属性栏中单击【完美形状】按钮，从弹出的下拉列表框中选择一种形状样式，然后在页面中绘制形状，并在调色板中设置轮廓色为【无】，填充色为【白色】。

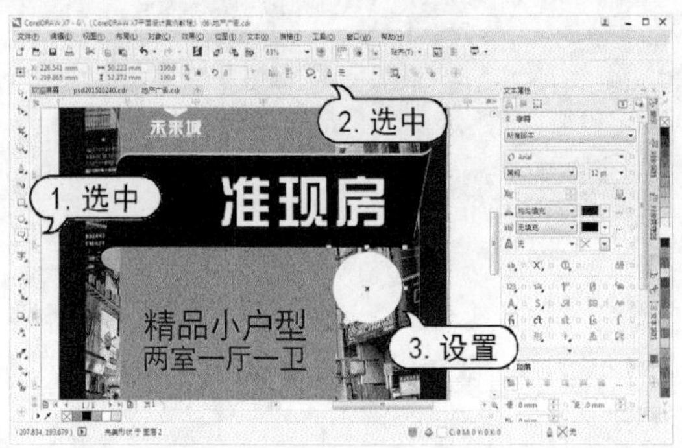

step 20　使用【选择】工具调整刚绘制的形状大小，并旋转角度。

step 21　选择【文本】工具，在页面中单击，并在【文本属性】泊坞窗中，设置字体为 Franklin Gothic Heavy，字体大小为 100pt，字符间距为-20%，然后输入文字内容。

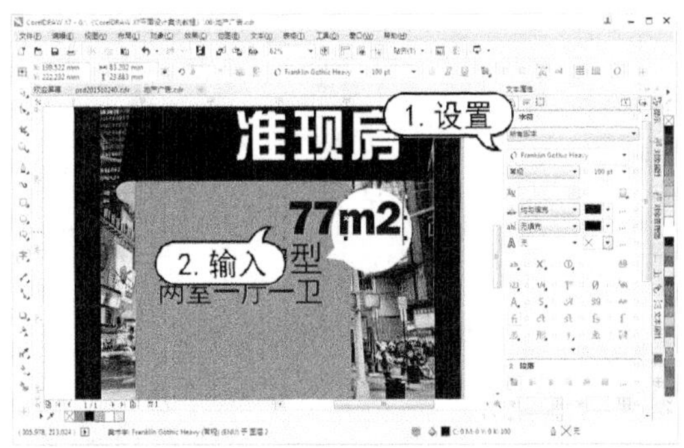

step 22　使用【文本】工具，选中后两个文字，并在【文本属性】泊坞窗中，设置字体大小为 60pt。

step 23　使用【文本】工具，选中最后一个文字，并在【文本属性】泊坞窗中，单击【位置】按钮，从弹出的下拉列表中选择【上标(自动)】选项。

step 24　使用【选择】工具调整步骤(21)创建的文字位置及大小。

step 25　选择【文本】工具在页面中拖动，创建文本框。在【文本属性】泊坞窗中，设置字体为【黑体】，字体大小为 18pt，字体颜色为【白色】，在【段落】选项区中单击【居中】按钮，然后输入文字内容。

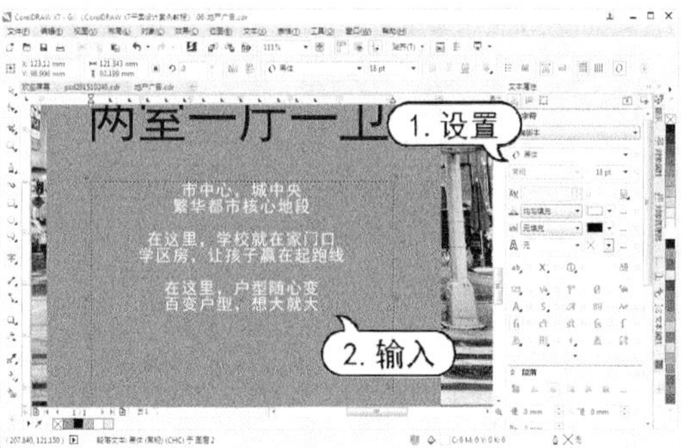

step 26　在标准工具栏中，单击【导入】按钮，打开【导入】对话框。在该对话框中，选择所需要的图像文件，然后单击【导入】按钮。

step 27　在页面中单击，导入图像，并调整导入图像的大小及位置。

step 28　选择【文本】工具在页面中拖动，创建文本框。在【文本属性】泊坞窗中，设置字体为【黑体】，字体大小为 18pt，字体颜色为【白色】，设置【段前间距】数值为 150%，然后输入文字内容。

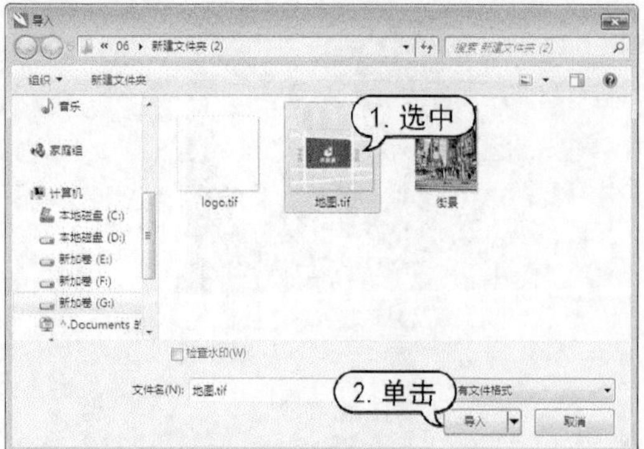

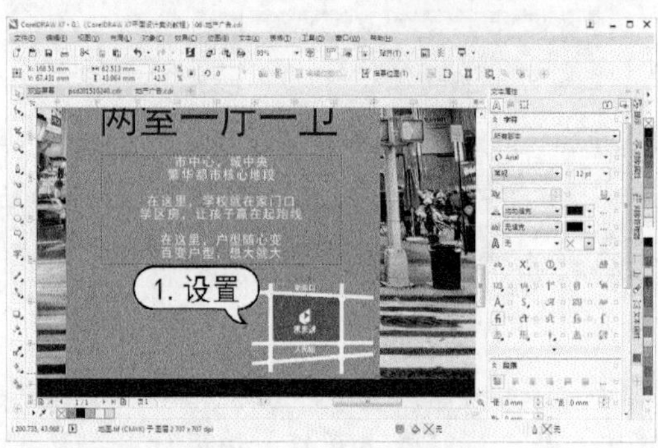

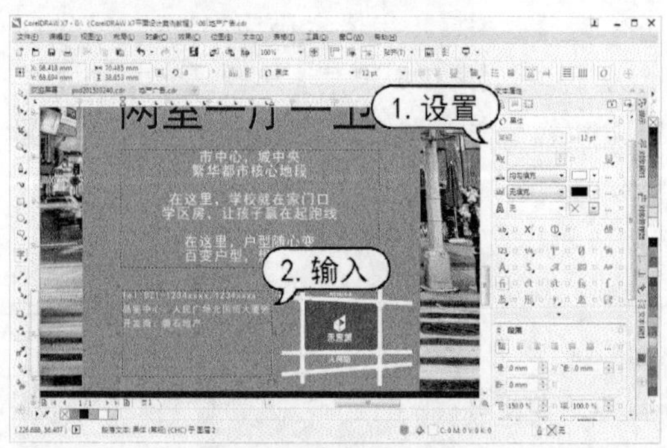

step 29 使用【文本】工具选中第一行文字，在【文本属性】泊坞窗中设置字体为Adobe Gothic Std B。

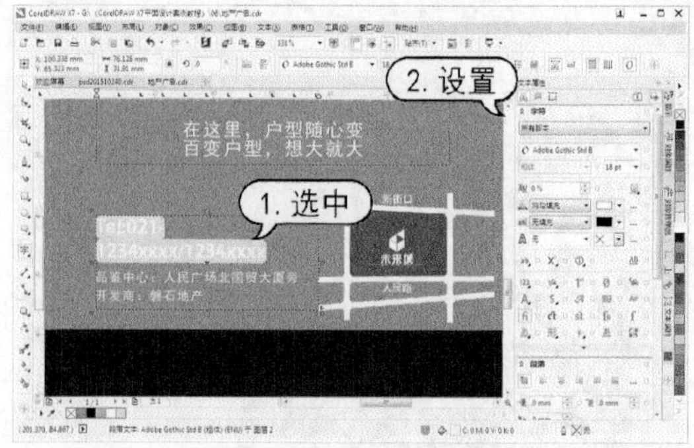

step 30 调整文本框大小，并使用与步骤(16)相同的操作方法在页面中输入文字，在【文本属性】泊坞窗中，设置字体为【黑体】，字体大小为 28pt，字体颜色为【白色】。

step 31 在标准工具栏中，单击【保存】按钮，打开【保存绘图】对话框。在该对话框中，单击【保存】按钮。

第 7 章

创建图形效果

通过使用 CorelDRAW X7 中提供的多种特殊效果工具，用户可以创建出阴影、轮廓图、调和、变形、封套、立体化、透明等效果。掌握这些特殊效果工具的使用方法，可以创建出更多造型多样，丰富版面的视觉效果。

对应光盘视频

例 7-1 使用【阴影】工具
例 7-2 创建轮廓图
例 7-3 使用【调和】工具
例 7-4 使用【变形】工具
例 7-5 创建立体化效果
例 7-6 使用【透明度】工具
例 7-7 使用【添加透视】命令
例 7-8 制作促销吊旗
例 7-9 制作开学促销广告

7.1 阴影效果

使用【阴影】工具可以非常方便地为图像、图形、美术字文本等对象添加交互式阴影效果，使其更加具有视觉层次和纵深感。但不是所有对象都能添加交互式阴影效果，如应用调和效果的对象、应用立体化效果的对象等。

7.1.1 创建阴影效果

创建阴影效果的操作方法十分简单，只需选择工作区中要操作的对象，然后选择工具箱中的【阴影】工具，在该对象上按下鼠标并拖动，即可拖动创建阴影。拖动至合适位置时释放鼠标，这样就创建了阴影效果。

创建阴影效果后，通过拖动阴影效果开始点和阴影结束点，可设置阴影效果的形状、大小及角度；通过拖动控制柄中阴影效果的不透明度滑块，可设置阴影效果的不透明度。另外，还可以通过设置【阴影】工具属性栏中的参数选项进行调整。

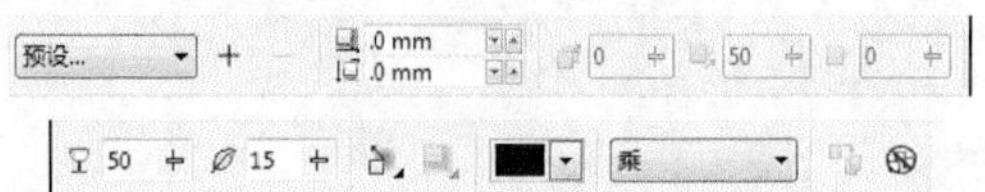

- 【预设列表】选项：单击该按钮，在弹出的下拉列表中选择预设阴影选项。

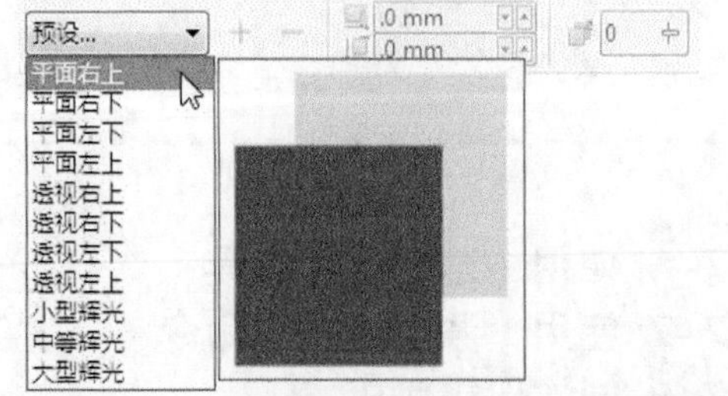

- 【阴影偏移】选项：用于设置阴影和对象之间的距离。
- 【阴影角度】选项：用于设置阴影效果起始点与结束点之间构成的水平角度的大小。
- 【阴影延展】选项：用于设置阴影效果的向外延伸程度。用户可以直接在数值框中输入数值，也可以单击其选项按钮通过移动滑块进行调整。随着滑块向右移动，阴影效果向外延伸越远。
- 【阴影淡出】选项：用于设置阴影效果的淡化程度。用户可以直接在数值框中输入数值，也可以单击其选项按钮通过移动滑块进行调整。滑块向右移动，阴影效果的淡化程度越大；滑块向左移动，阴影效果的淡化程度越小。
- 【阴影的不透明】选项：用于设置阴影效果的不透明度，其数值越大，不透明度越高，阴影效果也就越强。
- 【阴影羽化】选项：用于设置阴影效果的羽化程度，其取值范围为 0~100。
- 【羽化方向】选项：用于设置阴影羽化的方向。单击该按钮，在弹出的下拉列表中可以选择【向内】、【中间】、【向外】、【平均】4 个选项，用户可以根据需要进行选择。

- 【羽化边缘】选项：用于设置羽化边缘的效果类型。单击该按钮，在弹出的下拉列表中可以选择【线性】、【方形的】、【反白方形】和【平面】4 个选项按钮，用户可以根据需要单击选择。

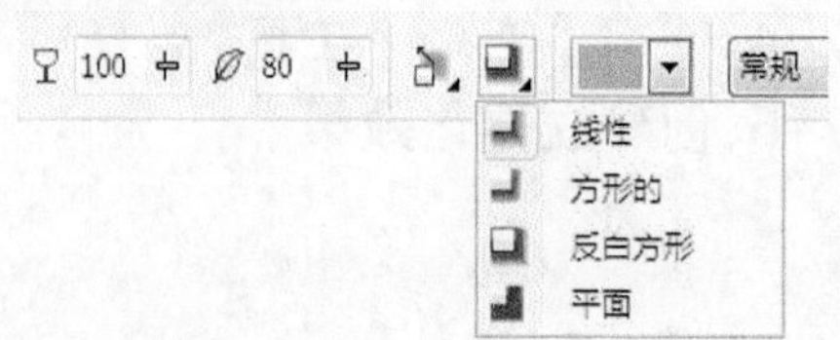

- 【阴影颜色】选项：用于设置阴影的颜色。
- 【合并模式】选项：单击该按钮，在弹出的下拉列表中选择阴影颜色与下层对象

颜色的调和方式。

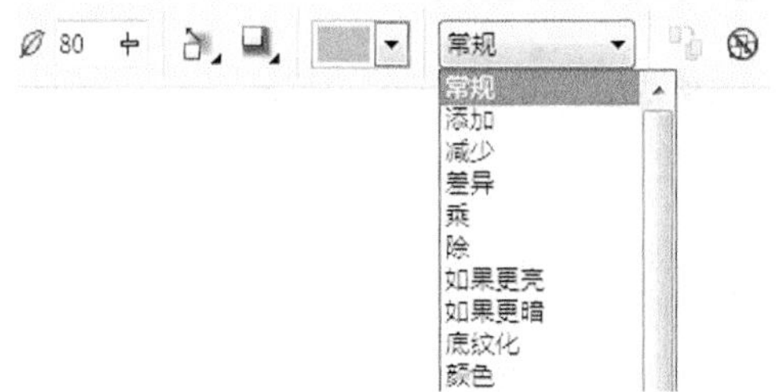

【例 7-1】使用【阴影】工具为选定对象添加阴影。
视频+素材 (光盘素材\第 07 章\例 7-1)

step 1 选择【选择】工具选取需要创建阴影效果的对象。

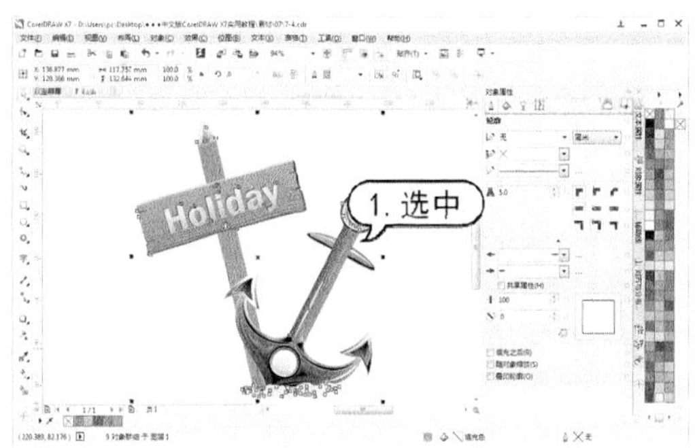

step 2 选择【阴影】工具，在图形对象上按住鼠标左键不放，拖动鼠标到合适的位置，释放鼠标后，即可为对象创建阴影效果。

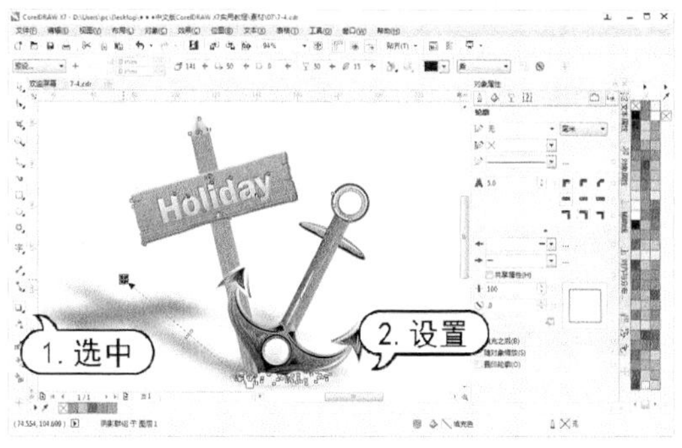

知识点滴

在对象的中心按下鼠标左键并拖动鼠标，可创建出与对象相同形状的阴影效果。在对象的边缘线上按下鼠标左键并拖动鼠标，可创建具有透视的阴影效果。

step 3 在工具属性栏设置【阴影的不透明】为 70，【阴影羽化】为 10，在【阴影颜色】下拉面板中选择一种颜色，即可调整阴影效果。

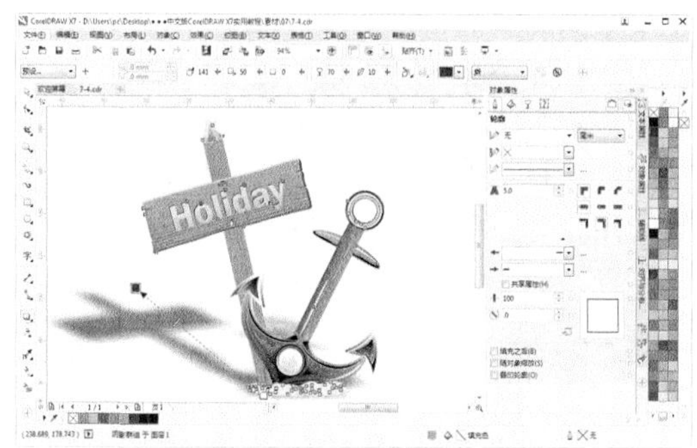

7.1.2 复制阴影效果

使用【阴影】工具选中未添加阴影效果的对象，在属性栏中单击【复制阴影效果属性】按钮，当光标变为黑色箭头时，单击目标对象的阴影，复制该阴影属性到所选对象。

CorelDraw
happy new year

CorelDraw
happy new year

CorelDraw
happy new year

7.1.3 分离与清除阴影

用户可以将对象和阴影分离成两个相互独立的对象，分离后的对象仍保持原有的颜色和状态。要将对象与阴影分离，在选择整个阴影对象后，选择【对象】|【拆分阴影群组】命令，或按 Ctrl+K 键即可。

分离阴影后，使用【选择】工具移动图形或阴影对象，可以看到对象与阴影分离后的效果。要清除阴影效果，只需选中阴影对象后，选择【效果】|【清除阴影】命令或单击属性栏中的【清除阴影】按钮即可。

7.2 轮廓图效果

轮廓图效果是由对象的轮廓向内或向外放射而形成的同心图形效果。在 CorelDRAW X7 中，用户可通过向中心、向内和向外 3 种方向创建轮廓图，不同的方向产生的轮廓图效果也会不同。轮廓图效果可以应用于图形或文本对象。

7.2.1 创建轮廓图

和创建调和效果不同，轮廓图效果只需在一个图形对象上即可完成。使用【轮廓图】工具可以在选择对象的内外边框中添加等距轮廓线，轮廓线与原来对象的轮廓形状保持一致。创建对象的轮廓图效果后，除了可以通过光标调整轮廓图效果的控件操作外，也可以通过设置【轮廓图】工具属性栏中的相关参数选项实现。

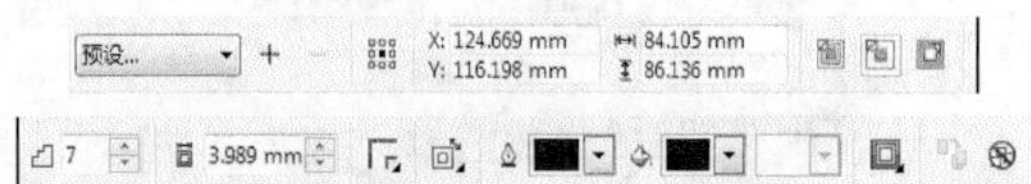

- 【预设列表】：在下拉列表中可以选择预设的轮廓图样式。

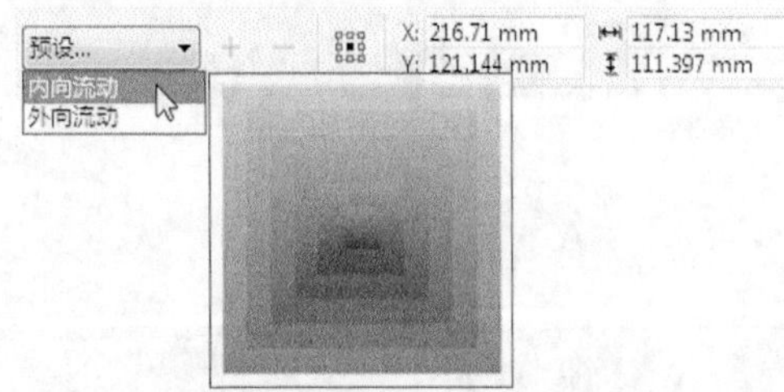

- 【到中心】：单击该按钮，调整为由图形边缘向中心放射的轮廓图效果。将轮廓图设置为该方向后，将不能设置轮廓图步数，轮廓图步数将根据所设置的轮廓图偏移量自动进行调整。
- 【内部轮廓】：单击该按钮，调整为向对象内部放射的轮廓图效果。选择该轮廓图方向后，可以在后面的【轮廓图步长】数值框中设置轮廓图的发射数量。
- 【外部轮廓】：单击该按钮，调整为向对象外部放射的轮廓图效果。用户同样也可对其设置轮廓图的步数。
- 【轮廓图步长】选项：在数值框中输入数值可决定轮廓图的发射数量。

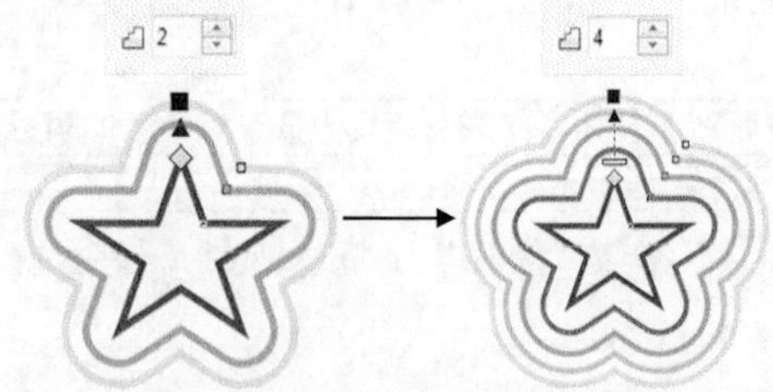

- 【轮廓图偏移】选项：可设置轮廓图效果中各步数之间的距离。
- 【轮廓图角】选项：在下拉面板中，可以设置轮廓图的角类型，包括【斜接角】、【圆角】和【斜切角】选项。

- 【轮廓色】选项：在下拉面板中，可以设置轮廓色的颜色渐变序列，包括【线性轮廓色】、【顺时针轮廓色】和【逆时针轮廓色】选项。

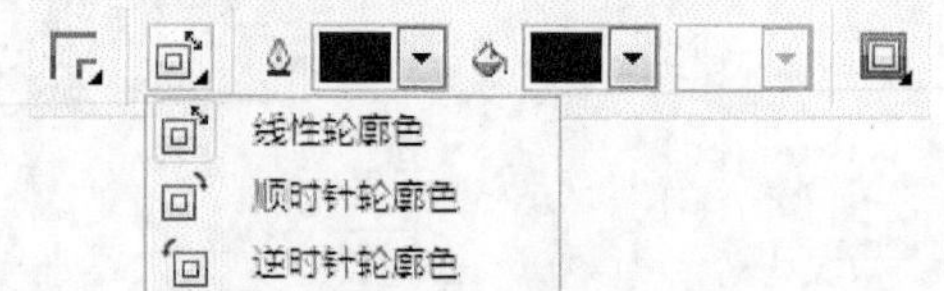

- 【对象和颜色加速】选项：在下拉面板中，可以调整轮廓中对象大小和颜色变化的速率。

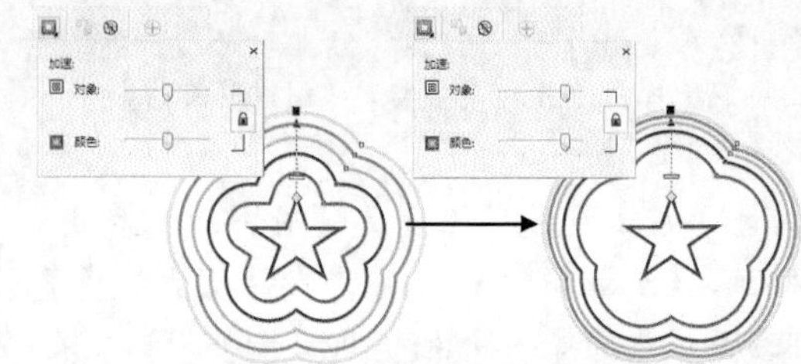

【复制轮廓图属性】按钮：单击该按钮可以将其他轮廓图属性应用到所选轮廓中。

用户还可以通过【轮廓图】泊坞窗调整创建的调和效果。选中对象后，选择【窗口】|【泊坞窗】|【效果】|【轮廓图】命令，或按 Ctrl+F9 键，打开【轮廓图】泊坞窗。

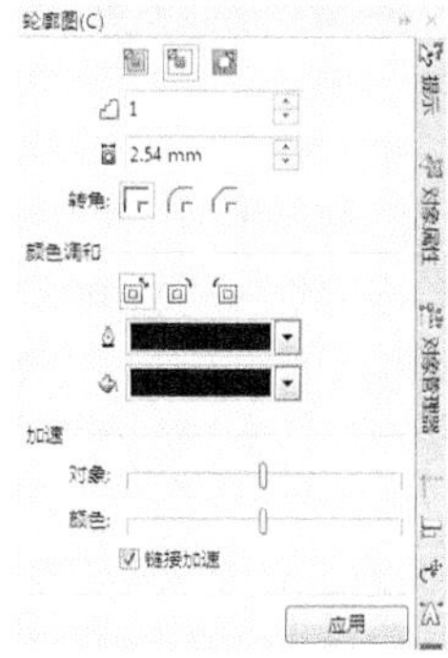

7.2.2　设置轮廓图的填充和颜色

在应用轮廓图效果时，可以设置不同的轮廓颜色和内部填充颜色，不同的颜色设置可产生不同的轮廓图效果。

【例 7-2】在绘图页面中，创建、调整轮廓图效果。
视频+素材 (光盘素材\第 07 章\例 7-2)

step 1　选择工具箱中的【星形】工具，在页面中绘制形状。在属性栏中设置【点数或边数】数值为 5，【锐度】数值为 45，【轮廓宽度】数值为 2mm，然后在调色板中设置形状的填充色为C:0 M:20 Y:20 K:0 和轮廓色为 C:60 M:40 Y:0 K:0。

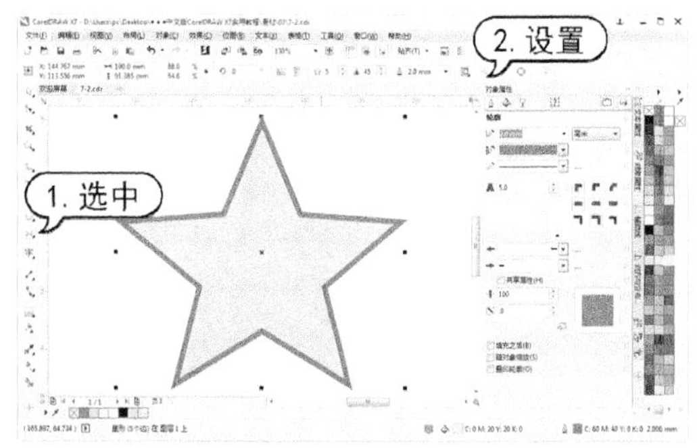

step 2　选择【轮廓图】工具，在属性栏中单击【外部轮廓】按钮，设置【轮廓图步长】数值为 4，【轮廓图偏移】数值为 10mm，单击【轮廓图角】按钮，从列表中选择【圆角】选项。

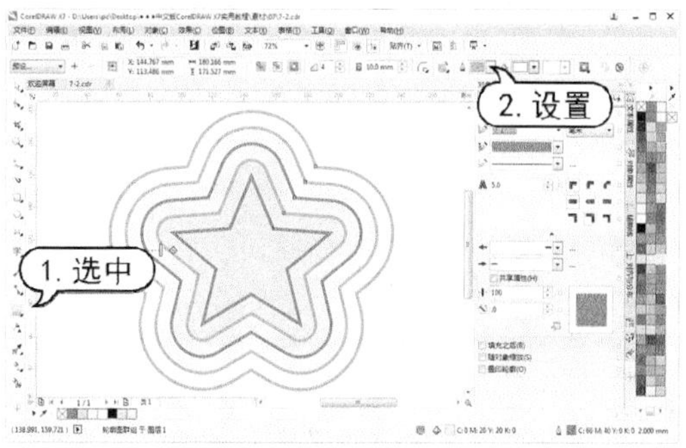

step 3　在属性栏中单击【填充色】按钮，在弹出的颜色选取器中选择所需的颜色。

step 4　单击【对象和颜色加速】按钮，在弹出的下拉面板中拖动滑块，调整对象大小和颜色变化的速率。

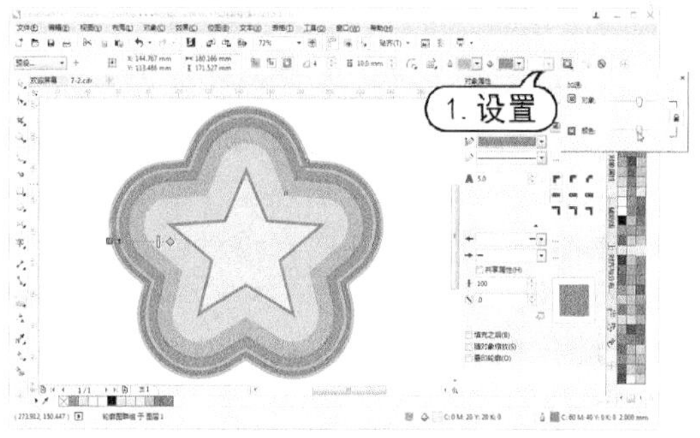

7.2.3　分离与清除轮廓图

分离和清除轮廓图的操作方法，与分离和清除调和效果的操作方法相同。要分离轮廓图，在选择轮廓图对象后，选择【对象】|【拆分轮廓图群组】命令，或右击鼠标在弹出的菜单中选择【拆分轮廓图群组】命令即可。

分离后的对象仍保持分离前的状态，用

户可以使用【选择】工具移动对象。

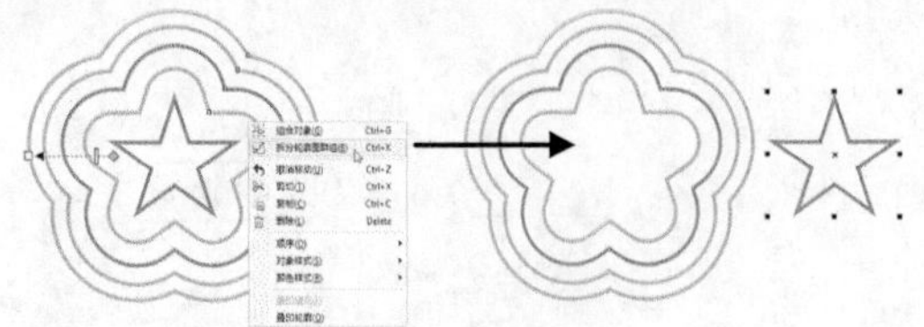

要清除轮廓图效果，在选择应用轮廓图效果的对象后，选择【效果】|【清除轮廓】命令，或单击属性栏中的【清除轮廓】按钮即可。

7.3 调和效果

【调和】工具是 CorelDRAW 中用途最广泛的工具之一。利用该工具可以定义对象形状和阴影的混合、增加文字图片效果等。【调和】工具应用于两个对象之间，经过中间形状和颜色的渐变合并两个对象，创建混合效果。当两个对象进行混合时，是沿着两个对象间的路径，以一连串连接图形，在两个对象之间创建渐变变化的。这些中间生成的对象会在两个原始对象的形状和颜色之间产生平滑渐变的效果。

7.3.1 创建调和效果

在 CorelDRAW 中，可以创建两个或多个对象之间形状和颜色的调和效果。在应用调和效果时，对象的填充方式、排列顺序和外形轮廓等都会直接影响调和效果。要创建调和效果，先在工具箱中选择【调和】工具，然后单击第一个对象，并按住鼠标拖动到第二个对象上后，释放鼠标即可创建调和效果。

【例 7-3】使用【调和】工具，在对象之间创建调和效果。

视频+素材 (光盘素材\第 07 章\例 7-3)

step① 选择工具箱中的【贝塞尔】工具绘制图形，在调色板中取消轮廓色，按F11 键打开【编辑填充】对话框，在该对话框中单击【均匀填充】按钮，设置填充色为R:102 G:0 B:0，然后单击【确定】按钮。

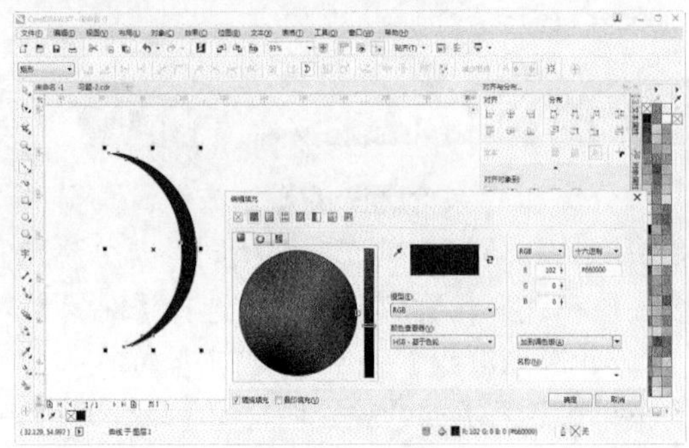

step② 使用【选择】工具选中绘制的图形，在【变换】泊坞窗中单击【位置】按钮，设置x为 100mm，【副本】为 1，然后单击【应用】按钮。

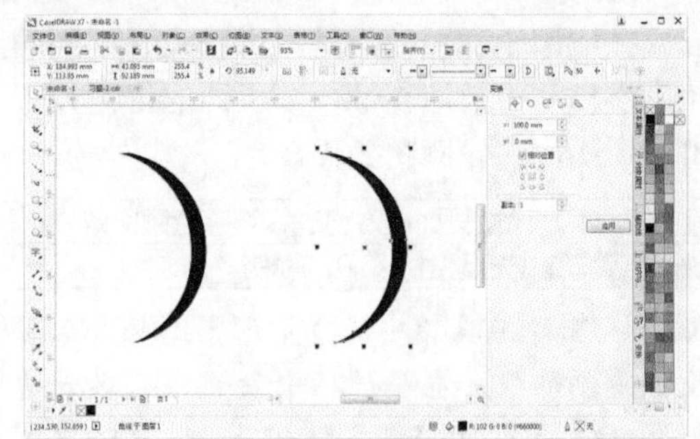

step③ 按F11 键，打开【编辑填充】对话框。在该对话框中，单击【均匀填充】按钮，设置填充色为R:255 G:51 B:0，然后单击【确定】按钮。

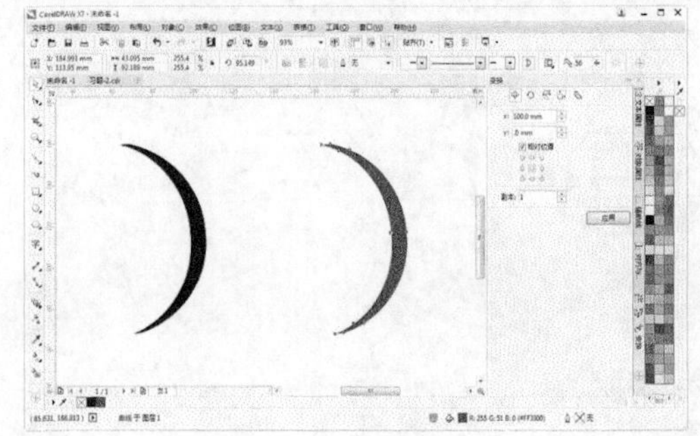

step④ 在工具箱中选择【调和】工具，在起始对象上按下鼠标左键不放，向另一个对象拖动鼠标，释放鼠标即可创建调和效果，然

后在属性栏中设置【调和对象】数值为 3。

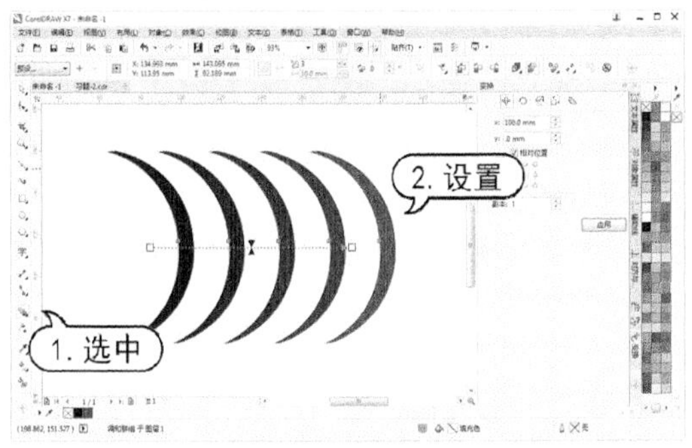

7.3.2　控制调和效果

创建对象之间的调和效果后，除了可以通过光标调整调和效果的控件操作外，也可以通过设置【调和】工具属性栏中的相关参数选项来实现。在该工具属性栏中，各主要参数选项的作用如下。

- 【预设列表】：在该选项下拉列表中提供了调和预设样式。

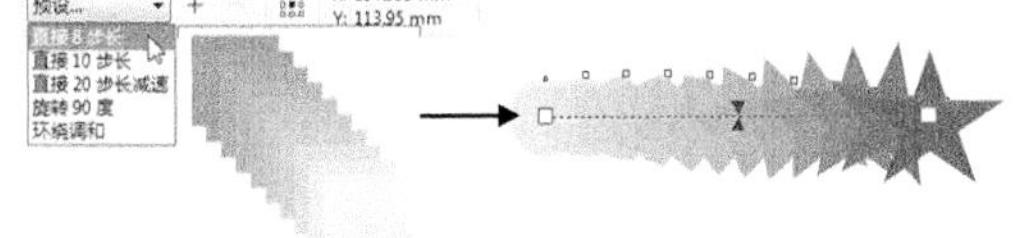

- 【调和对象】选项：用于设置调和效果的调和步数或形状之间的偏移距离。

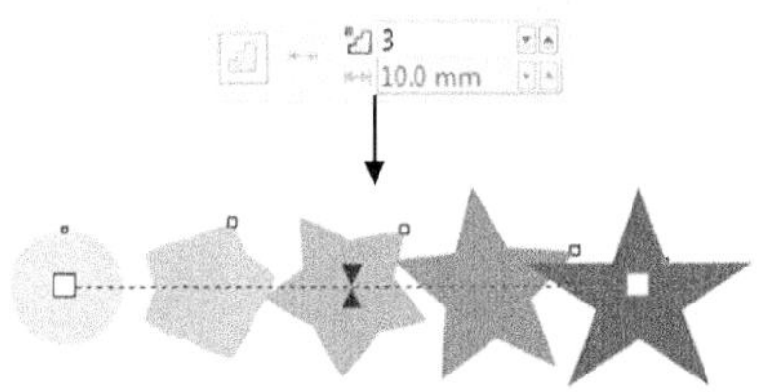

- 【调和方向】选项：用于设置调和效果的角度。

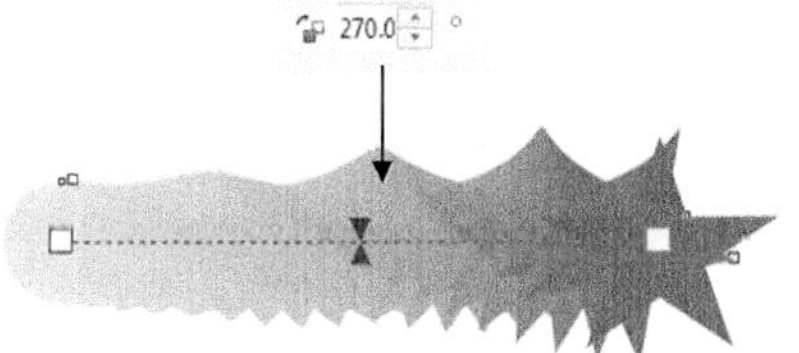

- 【环绕调和】选项：按调和方向在对象之间产生环绕式的调和效果，该按钮只有在为调和对象设置了调和方向后才能使用。

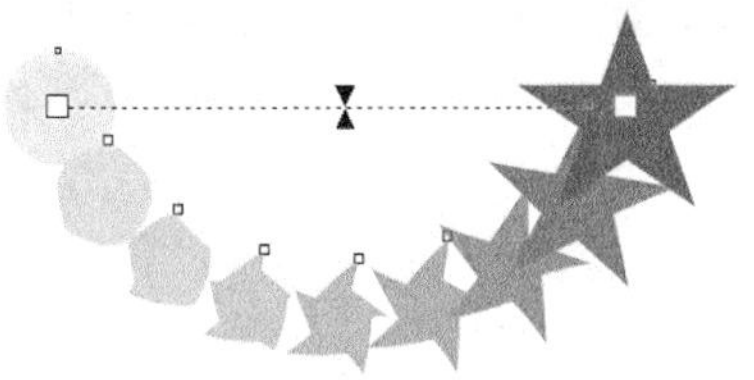

- 【路径属性】：单击该按钮，可以打开该选项菜单，其中包括【新路径】、【显示路径】和【从路径分离】3 个命令。【新路径】命令用于重新选择调和效果的路径，从而改变调和效果中过渡对象的排列形状；【显示路径】命令用于显示调和效果的路径；【从路径分离】命令用于将调和效果的路径从过渡对象中分离。
- 【直接调和】按钮：直接在所选对象的填充颜色之间进行颜色过渡。
- 【顺时针调和】按钮：使对象上的填充颜色按色轮盘中顺时针方向进行颜色过渡。

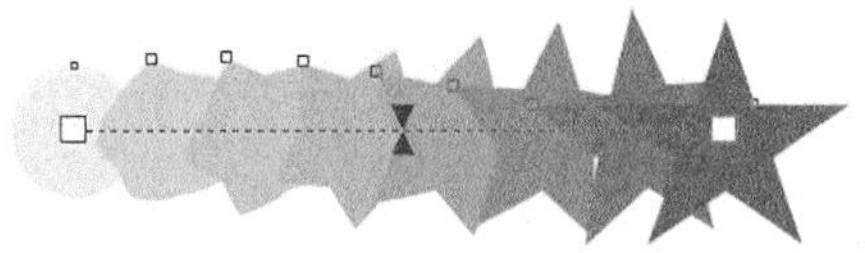

- 【逆时针调和】按钮：使对象上的填充颜色按色轮盘中逆时针方向进行颜色过渡。

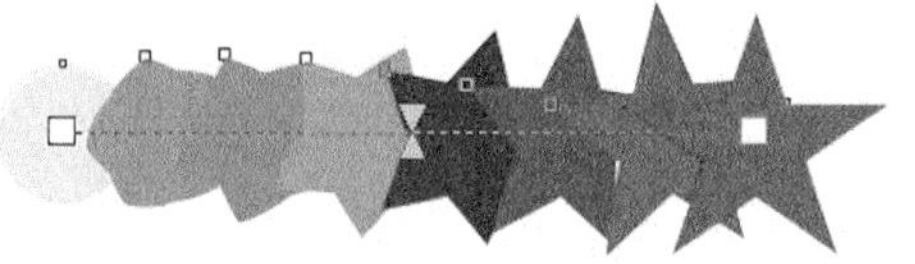

- 【对象和颜色加速】选项：单击该按钮，弹出【加速】选项，拖动【对象】和【颜色】滑块可调整形状和颜色的加速效果。

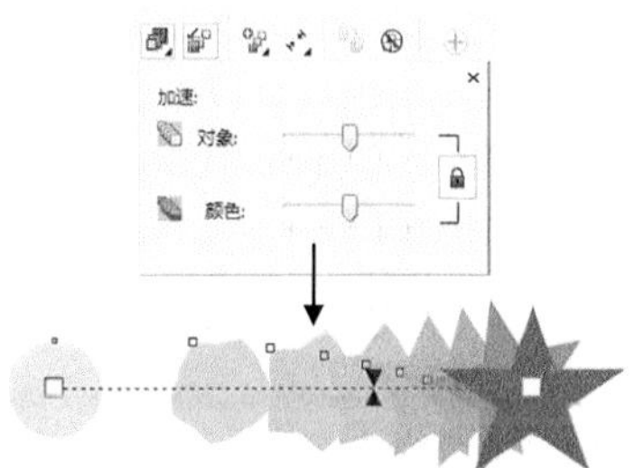

知识点滴

单击【加速】选项中的呈锁定状态时，表示【对象】和【颜色】同时加速。再次弹击该按钮，将其解锁后，可以分别对【对象】和【颜色】进行设置。

- 【调整加速大小】：单击该按钮，可按照均匀递增式改变加速设置效果。
- 【更多调和选项】：单击该按钮，可以拆分和融合调和、旋转调和中的对象和映射节点。
- 【起始和结束对象属性】选项：用于重新设置应用调和效果的起始端和结束端对象。在绘图窗口中重新绘制一个用于应用调和效果的图形，将其填充为所需的颜色并取消外部轮廓。选择调和对象后，单击【起始和结束对象属性】按钮，在弹出式选项中选择【新终点】命令，此时光标变为状态；在新绘制的图形对象上单击鼠标左键，即可重新设置调和的末端对象。

实用技巧

将工具切换到【选择】工具，在页面空白位置单击，取消所有对象的选取状态，再拖动调和效果中的起始端对象或末端对象，可以改变对象之间的调和效果。

用户还可以通过【调和】泊坞窗调整创建的调和效果。先选择绘图窗口中应用调和效果的对象，再选择菜单栏中的【窗口】|【泊坞窗】|【效果】|【调和】命令，打开【调和】泊坞窗。在【调和】泊坞窗底部的按钮，打开扩展选项。在该泊坞窗中，设置调和的步长值和旋转角度，然后单击【应用】按钮即可。

- 【映射节点】按钮：单击该按钮后，单击起始对象上的节点，然后单击结束对象上的节点，即可映射调和的节点。
- 【拆分】按钮：单击该按钮后，单击要拆分调和的点上的中间对象。需要注意的是，不能在紧挨起始对象或结束对象的中间对象处拆分调和。
- 【熔合始端】按钮：单击该按钮，熔合拆分或复合调和中的起始对象。
- 【熔合末端】按钮：单击该按钮，熔合拆分或复合调和中的结束对象。
- 【始端对象】按钮：单击该按钮，更改调和的起始对象。
- 【末端对象】按钮：单击该按钮，更改调和的结束对象。
- 【路径属性】按钮：单击该按钮，设置对象的调和路径属性。

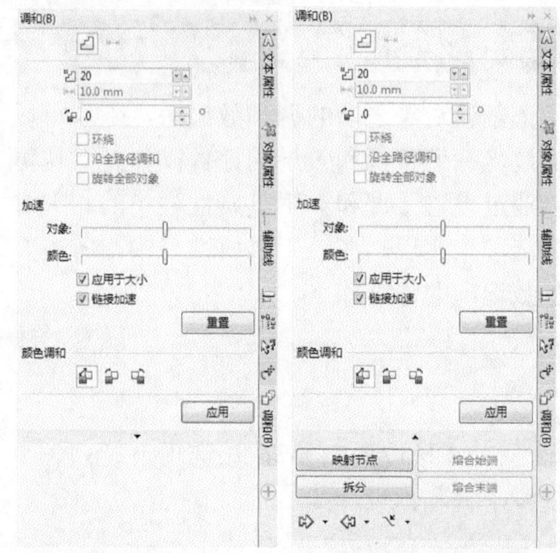

7.3.3 创建复合调和

使用【调和】工具，从一个对象拖动到另一个调和对象的起始对象或结束对象上，即可创建复合调和。

还可以将两个起始对象群组为一个对象，然后使用调和工具进行拖动调和，此时调和的起始节点在两个起始对象中间。

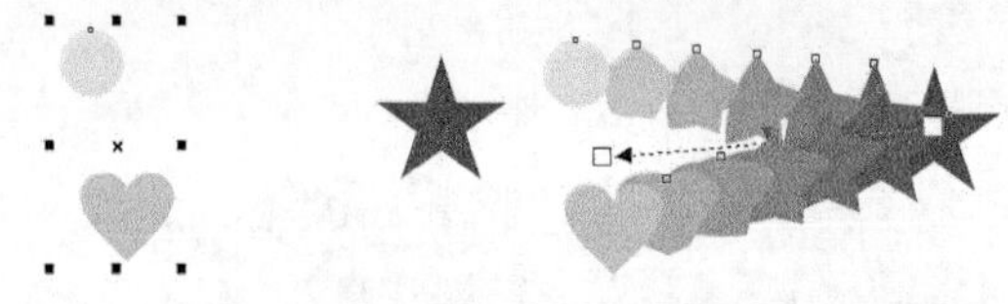

7.3.4　沿路径调和

在对象之间创建调和效果后，可以通过【路径属性】功能，使调和对象按照指定的路径进行调和。使用【调和】工具在两个对象间创建调和后，单击属性栏上的【路径属性】按钮，在弹出的下拉列表中选择【新路径】选项。当光标变为黑色曲线箭头后，使用曲线箭头单击要适合调和的曲线路径，即可将调和对象按照指定的路径进行调和。

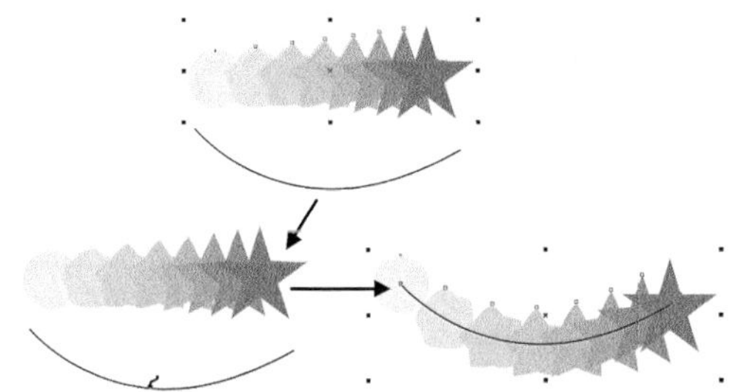

在工具箱中选择【调和】工具，并使用工具选择第一个对象，然后按住 Alt 键，拖动鼠标以绘制到第二个对象的线条，在第二个对象上释放鼠标，即可沿手绘路径调和对象。

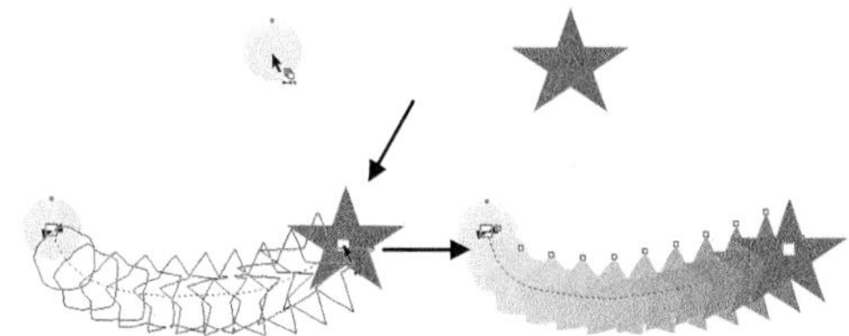

知识点滴

选择调和对象后，选择【对象】|【顺序】|【逆序】命令，可以反转对象的调和顺序。

7.3.5　复制调和属性

当绘图窗口中有两个或两个以上的调和对象时，使用【复制调和属性】功能，可以将其中一个调和对象的属性复制到另一个调和对象中，得到具有相同属性的调和效果。

选择需要修改调和属性的目标对象，单击属性栏中的【复制调和属性】按钮，当光标变为黑色箭头形状时单击用于复制调和属性的源对象，即可将源对象中的调和属性复制到目标对象中。

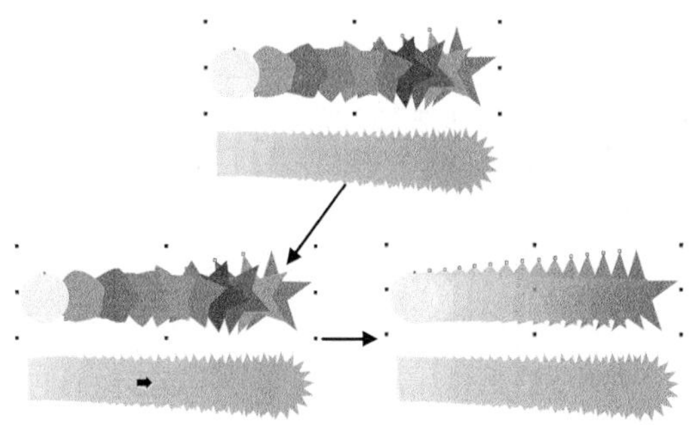

7.3.6　拆分调和对象

应用调和效果后的对象，可以通过菜单命令将其分离为相互独立的个体。要分离调和对象，可以在选择调和对象后，选择【对象】|【拆分调和群组】命令或按 Ctrl+K 键拆分群组对象。分离后的各个独立对象仍保持分离前的状态。

调和对象被分离后，之前用于创建调和效果的起始端和结束端对象都可以被单独选取，而位于两者之间的其他图形将以群组的方式组合在一起，按 Ctrl+U 键即可取消组合，进行下一步操作。

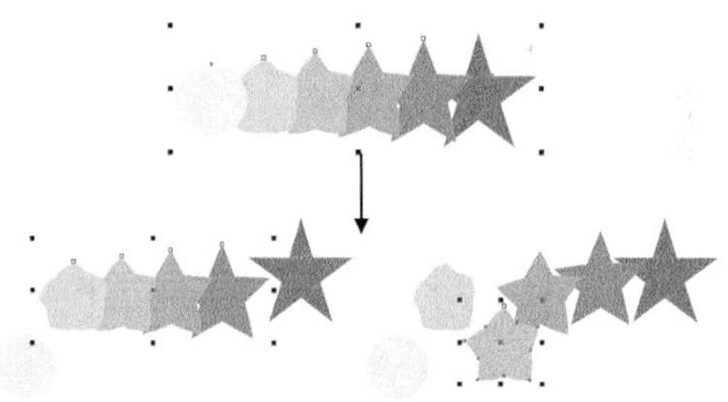

7.3.7　清除调和效果

为对象应用调和效果后，如果不需要再使用此种效果，可以清除对象的调和效果，只保留起始端和结束端对象。选择调和对象后，要清除调和效果只需选择【效果】|【清除调和】命令，或单击属性栏中【清除调和】按钮即可。

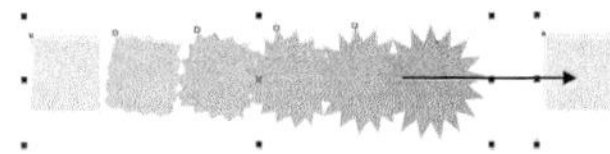

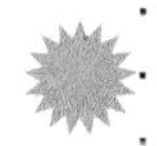

7.4 变形效果

使用【变形】工具可以对所选对象进行各种不同效果的变形。在CorelDRAW X7中，用户可以为对象应用推拉变形、拉链变形和扭曲变形3种不同类型的变形效果。

7.4.1 应用变形效果

使用工具箱中的【变形】工具可以改变对象的形状。一般用户可以先使用【变形】工具进行对象的基本变形，然后通过【变形】工具属性栏进行相应编辑和设置调整变形效果。

在该工具属性栏中，通过单击【推拉变形】按钮、【拉链变形】按钮或【扭曲变形】按钮，用户可以在绘图窗口中进行相应的变形效果操作。单击不同的变形效果按钮，【变形】工具属性栏也会显示不同的参数选项。

【例7-4】使用【变形】工具变形图形对象。
视频+素材 (光盘素材\第07章\例7-4)

step① 使用【复杂星形】工具在绘图窗口中绘制图形，在属性栏中设置【点数或边数】数值为15，【锐度】数值为4，【轮廓宽度】数值为【无】，按F11键打开【编辑填充】对话框设置渐变填充色填充图形。

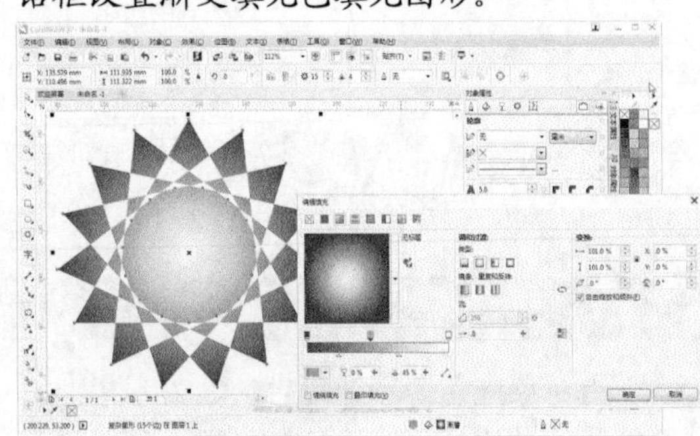

step② 选择【变形】工具，在属性栏的【预设列表】下拉列表中选择【推角】选项，然后按下Enter键应用。

step③ 单击属性栏中的【添加新的变形】按钮，然后单击【拉链变形】按钮，在属性栏中的【拉链振幅】数值框中输入35，【拉链频率】数值框中输入2。

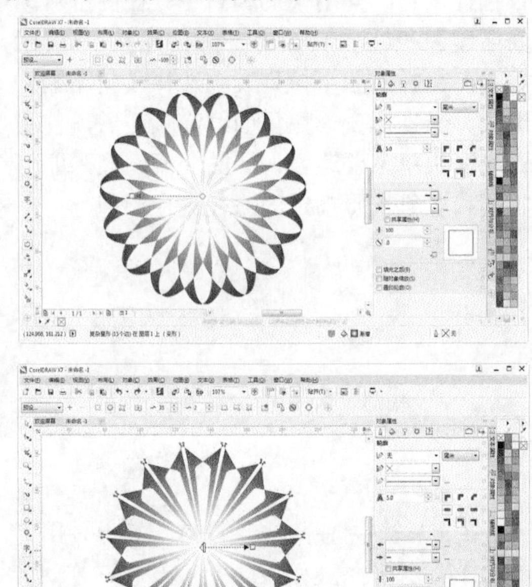

实用技巧

拖动变形控制线上的□控制点，可以任意调整变形的失真振幅；拖动◇控制点，可调整对象的变形角度。

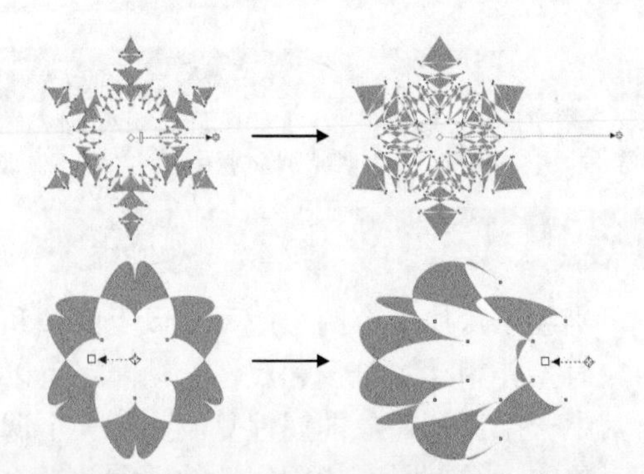

7.4.2 清除变形效果

清除对象上应用的变形效果，可使对象恢复为变形前的状态。使用【变形】工具单击需要清除变形效果的对象，然后选择【效

果】|【清除变形】命令或单击属性栏中的【清除变形】按钮即可。

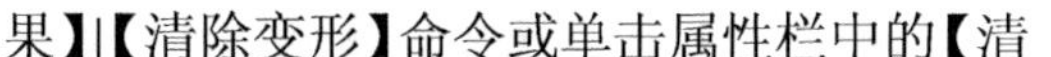

7.5　封套效果

【封套】工具为对象提供了一系列简单的变形效果，为对象添加封套后，通过调整封套上的节点可以使对象产生各种各样的变形效果。

7.5.1　创建封套效果

使用【封套】工具，可以使对象整体形状随封套外形的调整而改变。该工具主要针对图形对象和文本对象进行操作。另外，用户可以使用预设的封套效果，也可以编辑已创建的封套效果创建自定义封套效果。

选择图形对象后，选择【窗口】|【泊坞窗】|【效果】|【封套】命令，或按 Ctrl+F7 键，打开【封套】泊坞窗，单击其中的【添加预设】按钮，在下面的样式列表框中选择一种预设的封套样式，单击【应用】按钮，即可将该封套样式应用到图形对象中。

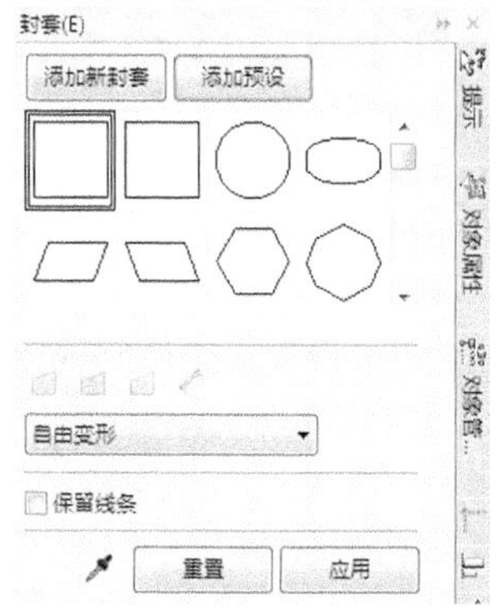

7.5.2　编辑封套效果

在对象四周出现封套编辑框后，可以结合该工具属性栏对封套形状进行编辑。

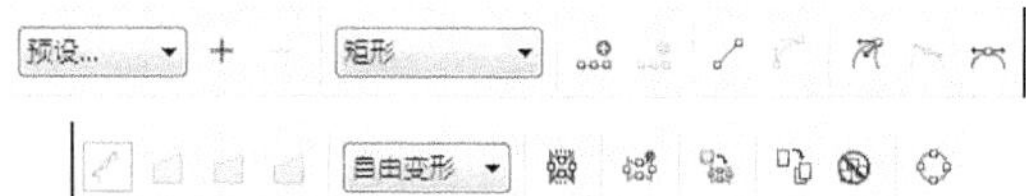

- 【非强制模式】按钮：单击该按钮后，可任意编辑封套形状，更改封套边线的类型和节点类型，还可增加或删除封套的控制点等。

- 【直线模式】按钮：单击该按钮后，移动封套的控制点，可以保持封套边线为直线段。

- 【单弧模式】按钮：单击该按钮后，移动封套的控制点时，封套边线将变为单弧线。

- 【双弧模式】按钮：单击该按钮，移动封套的控制点时，封套边线将变为 S 形弧线。

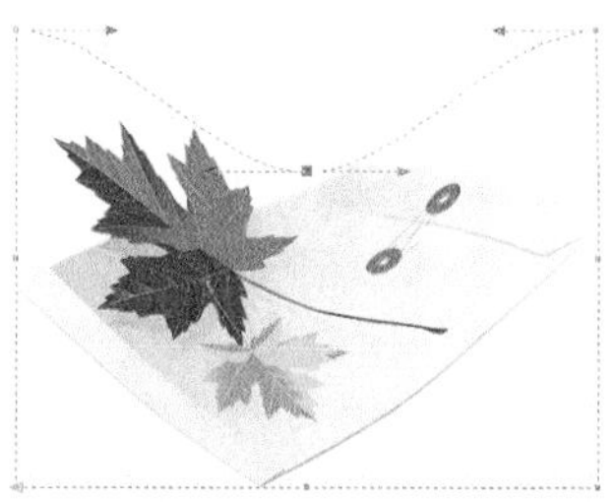

- 【映射模式】：单击该列表，可以选择封套中对象的调整方式。

▶【保留线条】按钮：单击该按钮后，应用封套时保留直线。

▶【添加新封套】按钮：单击该按钮后，封套形状恢复为未进行任何编辑时的状态，而封套对象仍保持变形后的效果。

7.6 立体化效果

应用立体化功能，可以为对象添加三维效果，使对象具有纵深感和空间感。立体化效果可以应用于图形和文本对象。需要创建立体化效果，用户可以在工作区中选择操作的对象，并设置填充和轮廓线属性，然后选择工具箱中的【立体化】工具，在对象上按下鼠标并拖动，拖动光标至适当位置释放，即可创建交互式立体化效果。

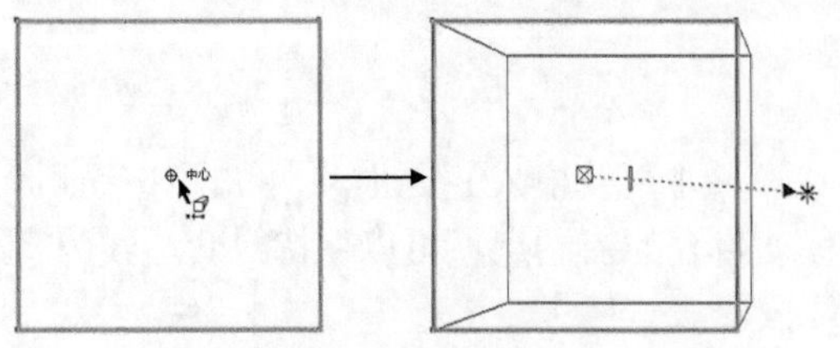

创建立体化效果后，用户还可以通过【立体化】工具属性栏进行颜色模式、斜角边、三维灯光、灭点模式等参数选项的设置。选择工具箱中的【立体化】工具后，可以在工具属性栏设置立体化效果。

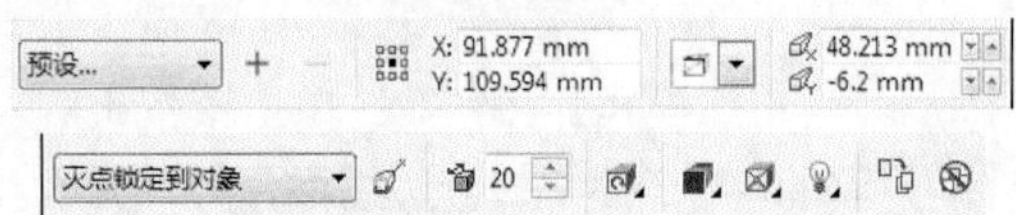

▶【预设列表】：在该选项下拉列表框中有 6 种预设的立体化效果，用户可以根据需要进行选择。

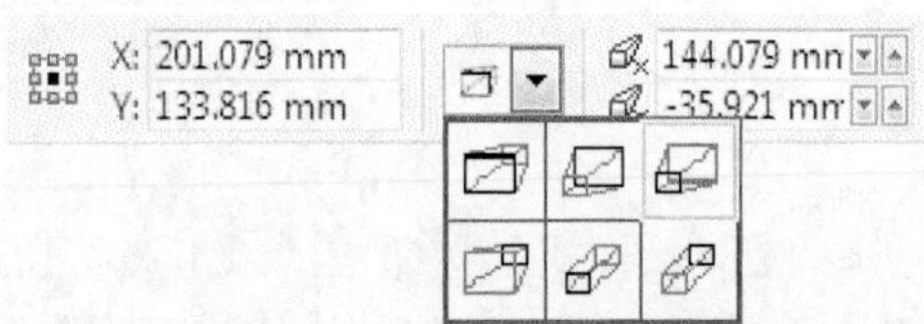

▶【灭点坐标】选项：用于设置灭点的水平坐标和垂直坐标。

▶【灭点属性】选项：在该选项下拉列表中，可以选择【锁到对象上的灭点】、【锁到页上的灭点】、【复制灭点，自...】和【共享灭点】4 种立体化效果的灭点属性。

▶【页面或对象灭点】按钮：单击该按钮将灭点的位置锁定到对象或页面中。

▶【深度】选项：用于设置对象的立体化效果深度。

▶【立体化旋转】按钮：单击该按钮，可以打开下拉面板。在该面板中，使用光标拖动旋转显示的数字，即可更改对象立体化效果的方向。如果单击【切换方式】按钮，可以切换至【旋转值】对话框，以数值设置方式调整立体化效果的方向，该对话框中显示 x、y、z 三个坐标旋转值设置文本框，用于设置对象在 3 个轴向上的旋转坐标数值。

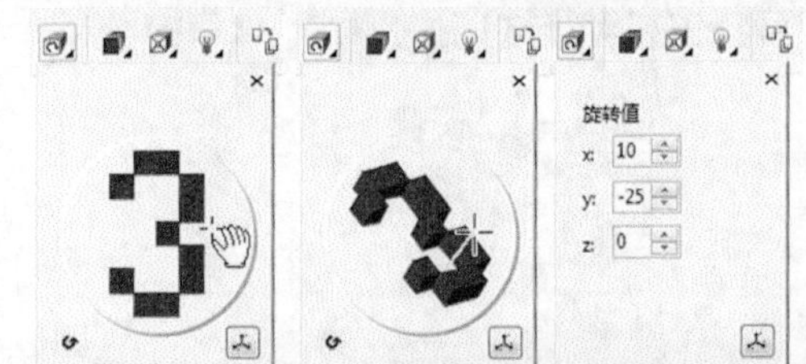

实用技巧

使用【立体化】工具在图形对象上创建立体化效果后，再使用【立体化】工具在对象上单击，即可显示旋转图标。此时，按住鼠标拖动即可旋转对象。

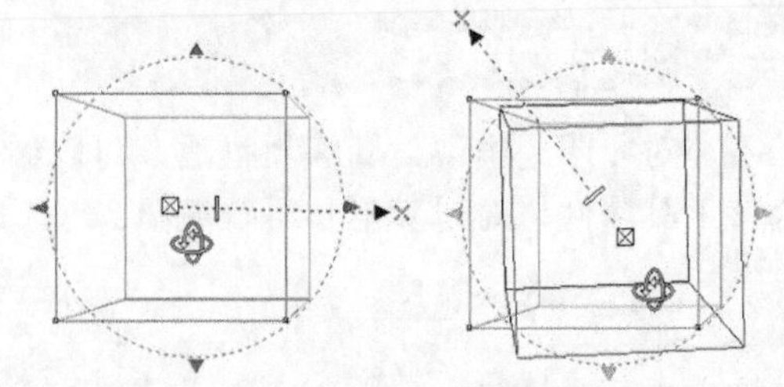

▶【立体化颜色】：单击该按钮，可以打开下拉面板。在该面板中，共有【使用对象填充】、【使用纯色】和【使用递减的颜色】3 种颜色填充模式。选择不同的颜色填充模式时，其选项有所不同。

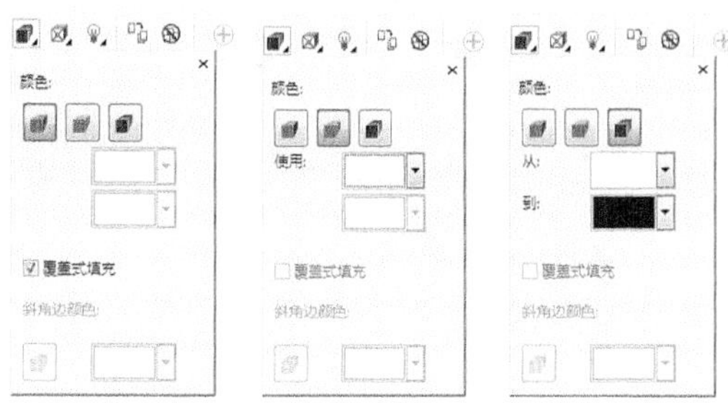

➤【立体化倾斜】：单击该按钮，打开下拉面板。在该面板中，用于设置立体化效果斜角修饰边的参数选项，如斜角修饰边的深度、角度等。

➤【立体化照明】：单击该按钮，打开下拉面板。在该面板中，可以为对象设置 3 盏立体照明灯，并设置灯的位置和强度。如选中【使用全色范围】复选框，可以确保为立体化效果添加光源时获得最佳效果。

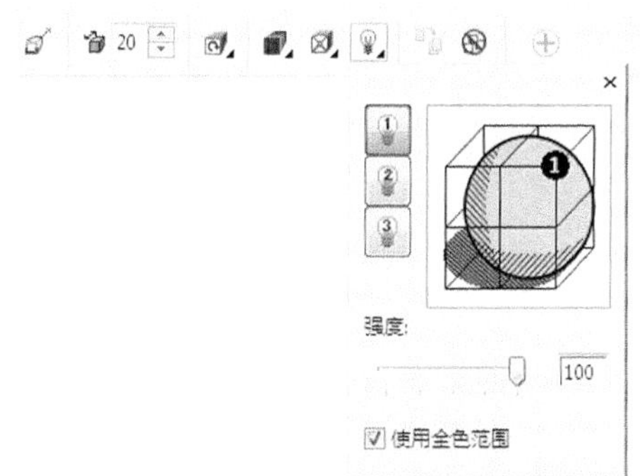

【例 7-5】在绘图文件中，创建并编辑立体化效果。
视频+素材 (光盘素材\第 07 章\例 7-5)

step 1 选择【基本形状】工具，在工具属性栏中单击【完美形状】选取器选择一种形状工具，在页面中绘制形状。在属性栏中，设置【轮廓宽度】为 1mm。在调色板中设置轮廓色为【白色】，按F11 键打开【编辑填充】对话框，在该对话框中单击【椭圆形渐变填充】按钮，设置渐变填充色，【填充宽度】数值为 150%，然后单击【确定】按钮应用。

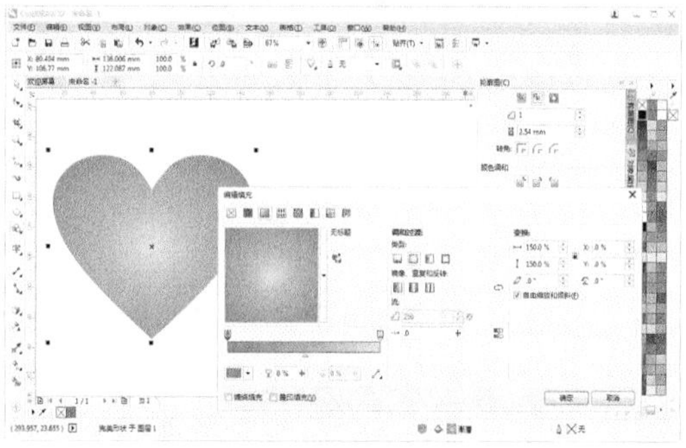

step 2 选择【立体化】工具，由左至右拖动鼠标，为图形创建交互式立体化效果，释放鼠标后，效果如图所示。

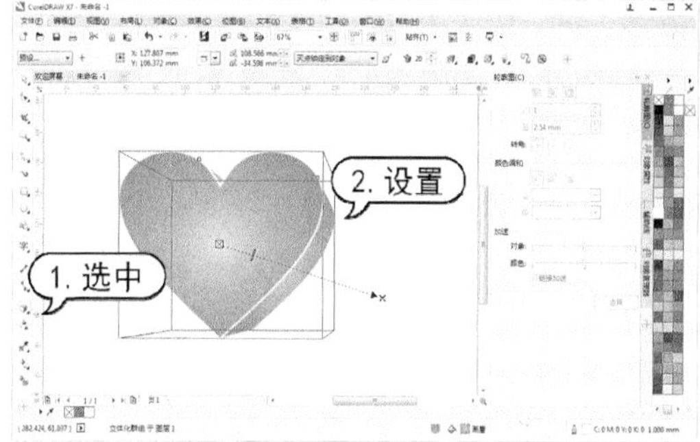

step 3 单击属性栏中的【立体化旋转】按钮，在弹出的下拉面板中拖动预览，调整立体效果的方向。

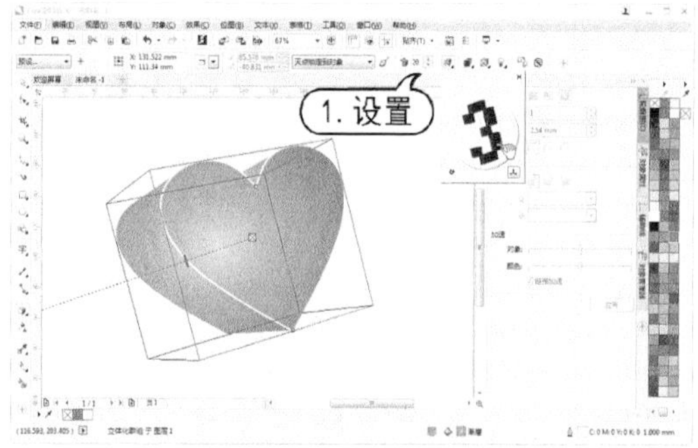

step 4 单击属性栏中的【立体化颜色】按钮，在弹出的下拉面板中选择【使用递减的颜色】按钮，然后在下方的【到】颜色挑选器中选择【紫红】色板。

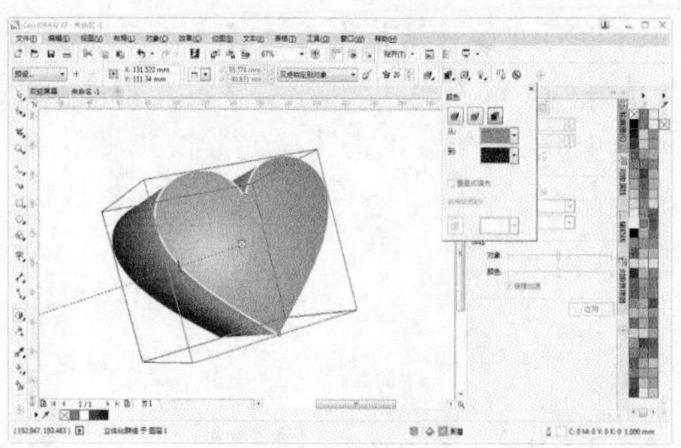

step 5 单击属性栏中的【立体化倾斜】按钮，在弹出的下拉面板中，选中【使用斜角修饰边】复选框，设置【斜角修饰边深度】数值为 3mm、【斜角修饰边角度】数值为 60°。

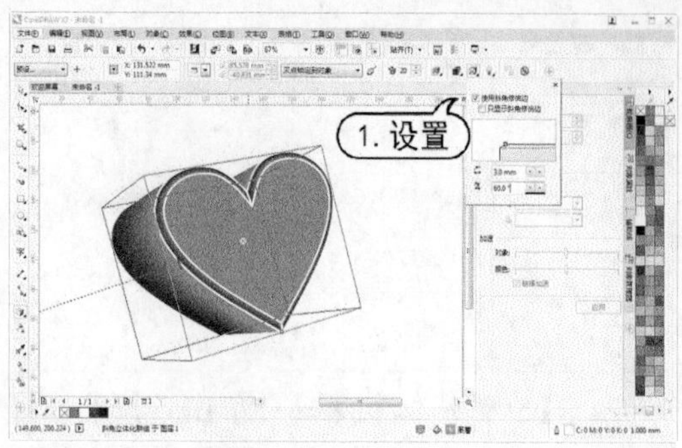

step 6 单击属性栏中的【立体化照明】按钮，在弹出的下拉面板中，单击【光源 1】按钮，并调整【光源 1】位置；单击【光源 2】按钮，设置【强度】数值为 80，并调整【光源 2】位置。

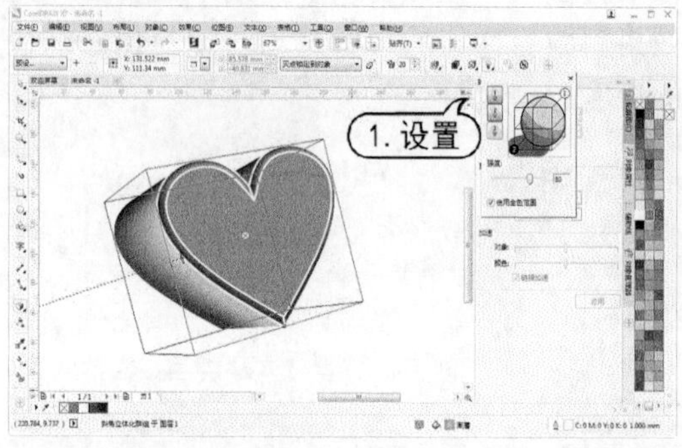

7.7 斜角效果

斜角效果广泛运用在产品设计、网页按钮设置、字体设计等领域中，可以丰富设计效果。在 CorelDRAW X7 中用户可以使用【斜角】命令修改对象边缘，使对象产生三维效果。

选中要添加斜角效果的对象，然后在【斜角】泊坞窗中进行设置，设置完成后单击【应用】按钮即可。

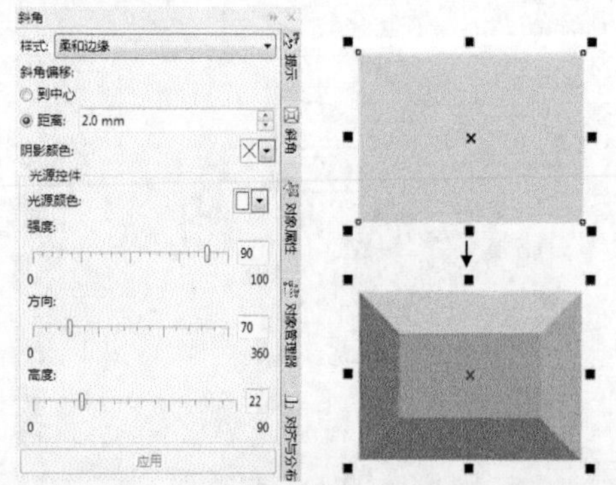

实用技巧

斜角效果只能运用在矢量对象和文本对象上，不能对位图对象进行操作。

选择【效果】|【斜角】命令，打开【斜角】泊坞窗，然后在该泊坞窗中设置数值，添加斜角效果。

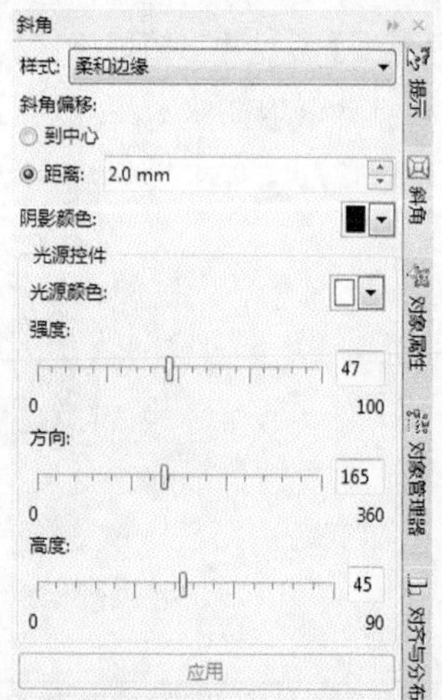

➤ 【样式】选项：在下拉列表中选择斜角的应用样式，包括【柔和边缘】和【浮雕】选项。

➤ 【到中心】：选中该单选按钮，可以从对象中心开始创建斜角。

➤ 【距离】：选中该单选按钮，可以

创建从边缘开始的斜角，在后面的文本框中输入数值可以设定斜面的宽度。

➢ 【阴影颜色】：在后面的下拉列表中选取阴影斜面的颜色。

➢ 【光源颜色】：在后面的下拉列表中选取聚光灯的颜色。聚光灯的颜色会影响对象和斜面的颜色。

➢ 【强度】：拖动滑块，或在数值框中输入数值，可以更改光源的强度。

➢ 【方向】：拖动滑块，或在数值框中输入数值，可以更改光源的方向。

➢ 【高度】：拖动滑块，或在数值框中输入数值，可以更改光源的高度。

实用技巧

选中添加斜角效果的对象，然后选择【效果】|【清除效果】命令，将添加的效果删除。选择【清除效果】命令也可以清除其他的添加效果。

7.8　透明效果

透明效果实际就是在对象上应用类似于填充的灰阶遮罩。应用透明效果后，选择的对象会透明显示排列在其后面的对象。使用【透明度】工具，可以很方便地为对象应用均匀、渐变、图样或底纹等透明效果。

使用【透明度】工具后可以通过手动调节和工具属性栏两种方式调整对象的透明效果。使用【透明度】工具单击要应用透明度的对象，然后从工具属性栏的选择透明度类型。

知识点滴

在属性栏中，分别单击【全部】按钮、【填充】按钮、【轮廓】按钮可将透明度应用于所选中对象的填充和轮廓。

1. 均匀透明度

选中要添加透明度的对象，然后选择【透明度】工具，在属性栏中单击【均匀透明度】按钮，再通过从【透明度挑选器】中选择透明度效果，或通过调整【透明度】数值来设置透明度大小。

2. 渐变透明度

选中要添加透明度的对象，然后选择【透明度】工具，在属性栏中单击【渐变透明度】按钮，再通过从【透明度挑选器】中选择透明度效果，或单击【线性渐变透明度】按钮、【椭圆形渐变透明度】按钮、【锥形渐变透明度】按钮、【矩形渐变透明度】按钮应用渐变透明度。

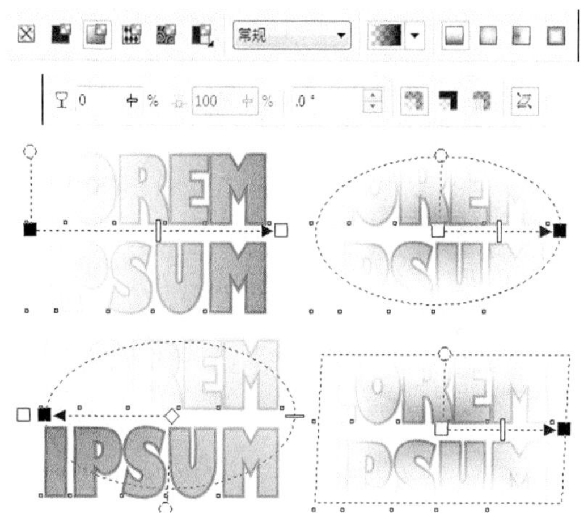

用户可以通过图形对象上透明度控制线调整渐变透明度效果。要调整透明度起始位置，拖动控制线上的白色方块端，或在属性栏中设置【节点透明度】数值即可。

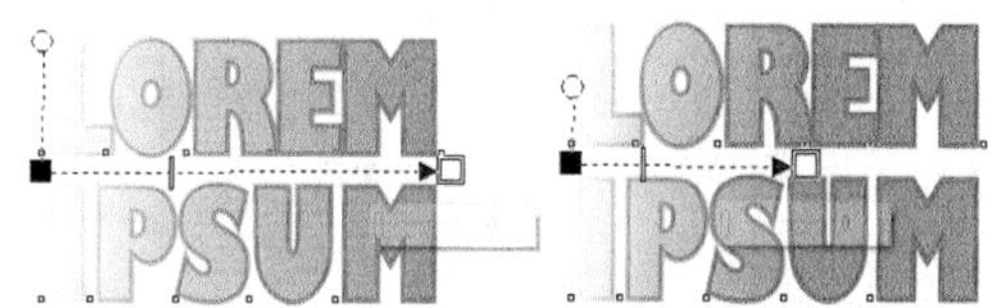

要调整透明度结束位置，拖动控制线上的黑色方块端，或在属性栏中设置【节点透明度】

数值即可。

要调整透明度渐进效果，拖动控制线上的滑块即可。

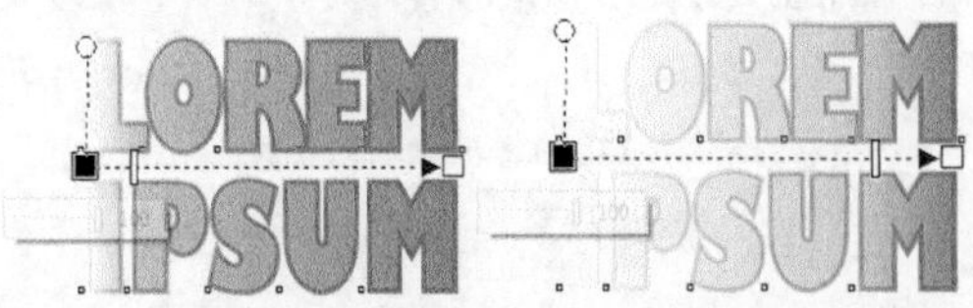

要调整角度旋转透明度，调整控制线上的圆形端，或在属性栏中设置【旋转】数值即可。

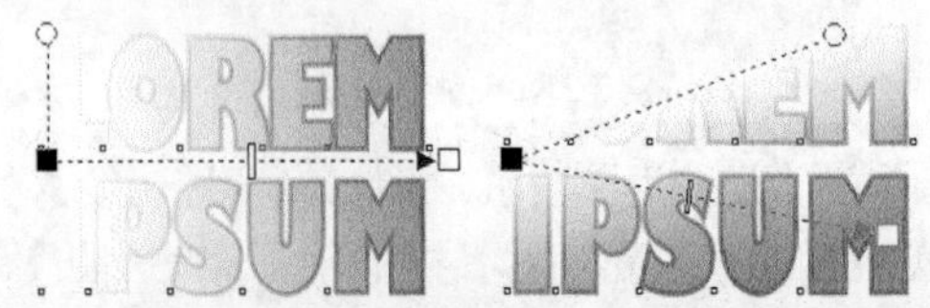

知识点滴

在使用渐变透明度后，单击属性栏中的【编辑透明度】按钮，可以打开【编辑透明度】对话框。编辑修改透明度效果。

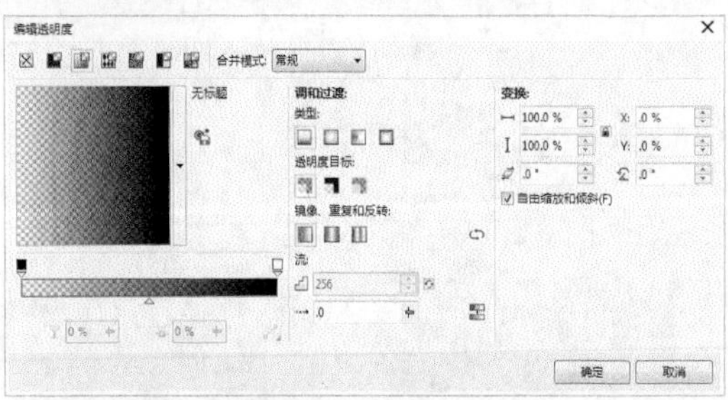

3. 图样透明度

创建图样透明度，可以美化图片或为文字添加特殊样式的底图等操作。

在属性栏中单击【向量图样透明度】按钮、【位图图样透明度】按钮、【双色图样透度】按钮和【底纹透明度】按钮，并设置其参数即可，这几种透明度设置方法基本相同。

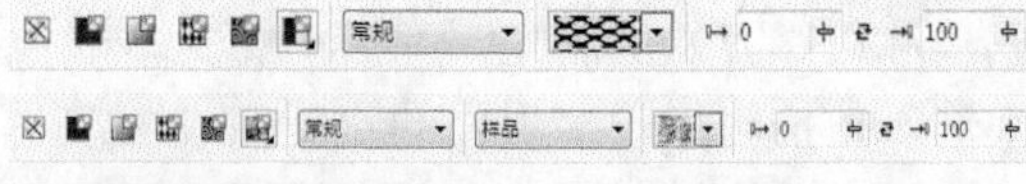

【例 7-6】在绘图文件中，使用【透明度】工具改变图像效果。

视频+素材 (光盘素材\第 07 章\例 7-6)

step 1 在打开的绘图文件中，使用【选择】工具选取对象。

step 2 选择【透明度】工具，在属性栏中单击【渐变透明度】按钮，再单击【椭圆形渐变透明度】按钮，在【合并模式】下拉列表中选择【减少】选项，然后选定透明度上节点，在显示的浮动面板中设置节点透明度为 40。

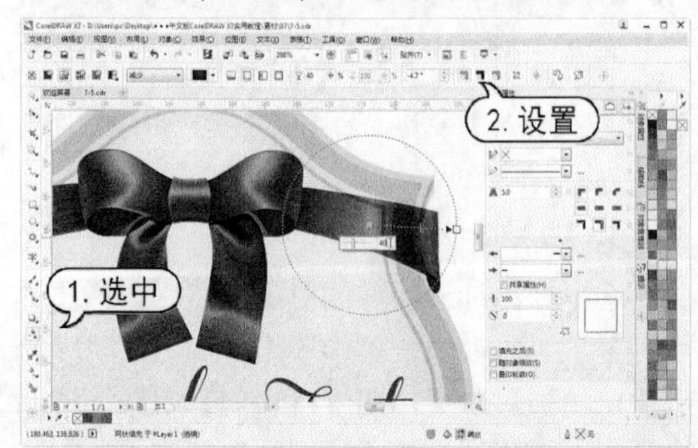

知识点滴

在属性栏中，单击【合并模式】按钮，从弹出的下拉列表中可以选择透明度颜色与下层对象颜色调和的方式。

step 3 使用【选择】工具选取对象，选择【透明度】工具，在属性栏中单击【渐变透明度】按钮，再单击【椭圆形渐变透明度】按钮，在【合并模式】下拉列表中选择【减少】选项，设置【节点透明度】数值为 34%，然后使用【透明度】工具在对象上拖动。

step 4 使用与步骤(1)至步骤(3)相同的操作

方法，为其他图形对象添加透明效果。

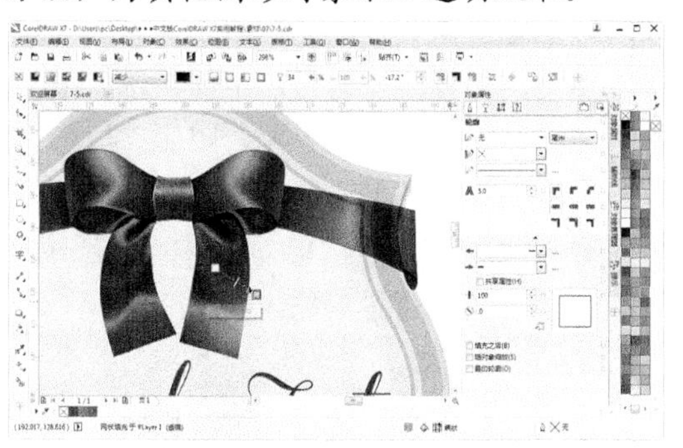

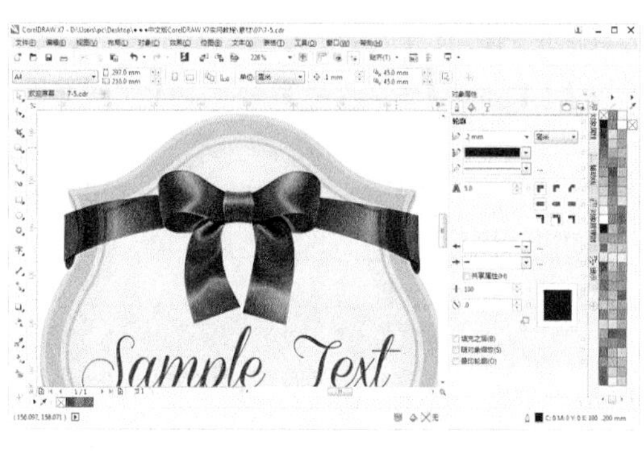

7.9　透视效果

使用【添加透视】命令，可以对对象进行倾斜和拉伸等变换操作，使对象产生空间透视效果。透视功能只能用于矢量图形和文本对象，而不能用于位图图像。同时，在为群组对象应用透视点功能时，如果对象中包含有交互式阴影效果、网格填充效果、位图或沿路径排列的文字时，都不能应用此项。

选中要添加透视效果的对象，然后选择【效果】|【添加透视】命令，在对象上生成透视网格，接着移动网格的节点调整透视效果。

要清除对象中的透视效果，选择【效果】|【清除透视点】命令即可。

【例 7-7】在绘图文件中，使用【添加透视】命令调整图形对象。

视频+素材 (光盘素材\第 07 章\例 7-7)

step 1　使用【选择】工具选取图形对象。

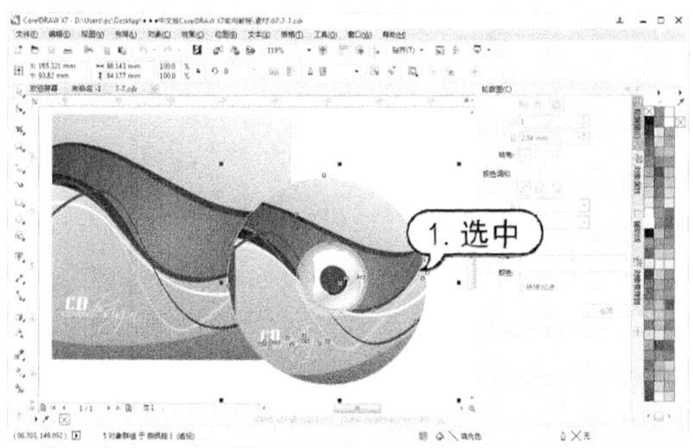

step 2　选择【效果】|【添加透视】命令，在对象上会出现网格似的红色虚线框，同时在对象的四角出现黑色的控制点。

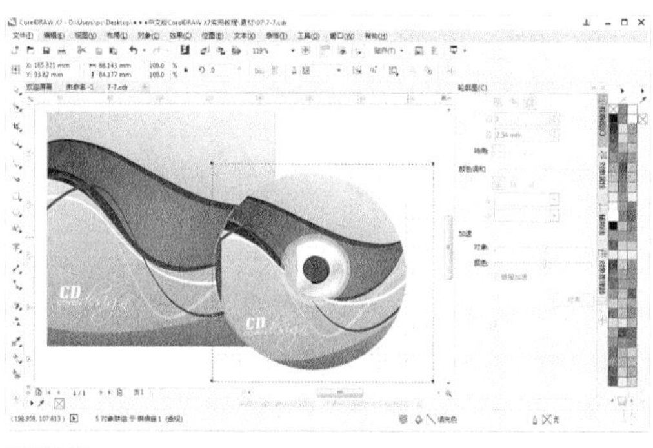

step 3　拖动其中任意一个控制点，可使对象产生透视的变换效果。此时，在绘图窗口中将会出现透视的消失点，拖动该消失点可调整对象的透视效果。

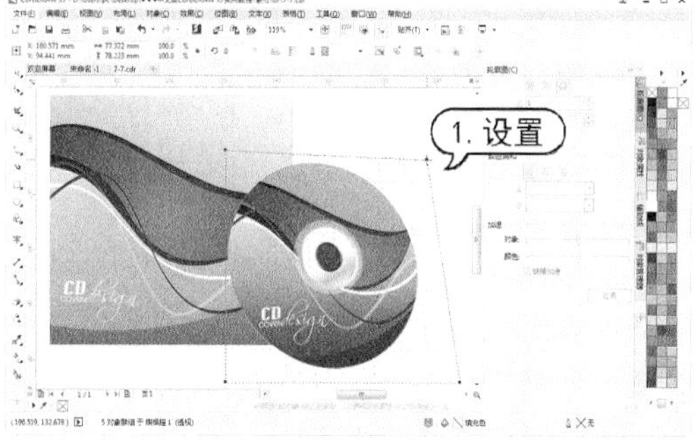

7.10　透镜效果

使用透镜功能可以改变透镜下方对象区域的外观，而不改变对象的实际特性和属性。在

CorelDRAW 中可以对任意矢量对象、美术字文本和位图的外观应用透镜。选择【窗口】|【泊坞窗】|【效果】|【透镜】命令，或按 Alt+F3 键可以显示【透镜】泊坞窗，用户可以在【透镜】泊坞窗的透镜类型下拉列表中选择所需要的透镜类型。需要注意的是，不能将透镜效果直接应用于链接群组，如勾画轮廓线的对象、斜角修饰边对象、立体化对象、阴影、段落文本或用【艺术笔】工具创建的对象。

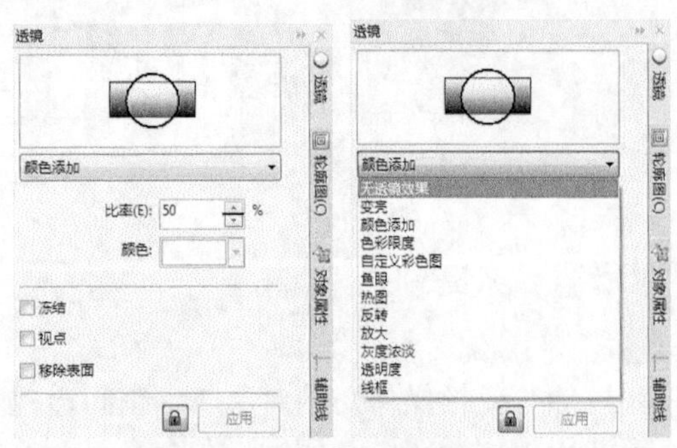

▶【变亮】选项：可以使对象区域变亮和变暗，并可设置亮度和暗度的比率。

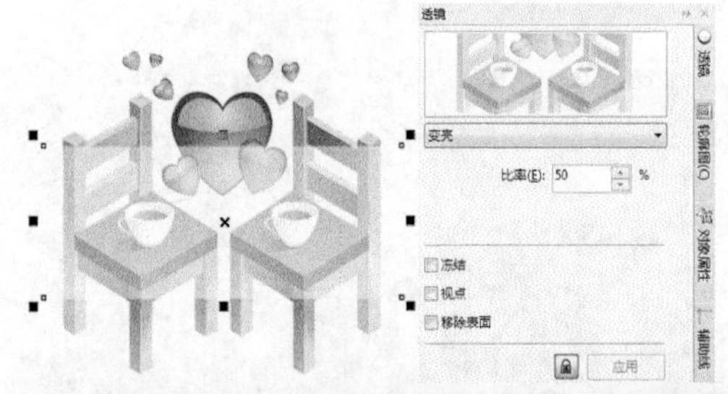

实用技巧

选中泊坞窗中的【冻结】复选框，可以将应用透镜效果对象下面的其他对象所产生的效果添加成透镜效果的一部分，不会因为透镜或对象的移动而改变该透镜效果；选中【视点】复选框，在不移动透镜的情况下，只显示透镜下面对象的部分；选中【移除表面】复选框，透镜效果只显示该对象与其他对象重合的区域，而被透镜覆盖的其他区域则不可见。

▶【颜色添加】选项：允许模拟加色光线模型。透镜下的对象颜色与透镜的颜色相加，就像混合了光线的颜色。可以选择颜色和要添加的颜色量。

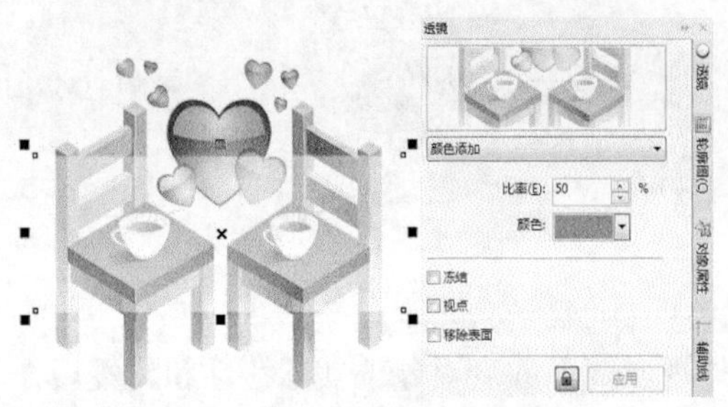

▶【色彩限度】选项：仅允许用黑色和透过的透镜颜色查看对象区域。

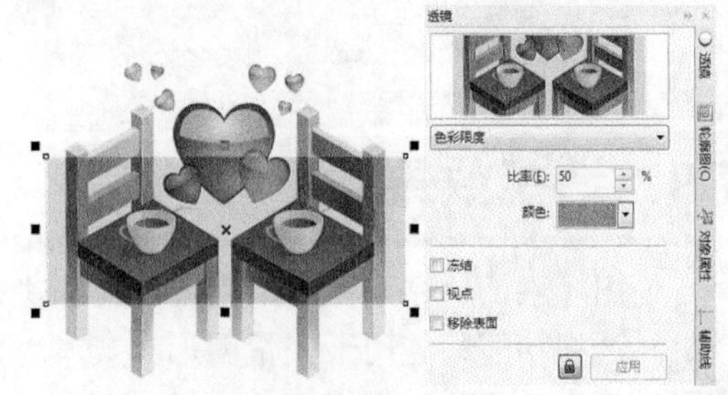

▶【自定义彩色图】选项：允许将透镜下方对象区域的所有颜色改为介于指定的两种颜色之间的一种颜色。可以选择这个颜色范围的起始色和结束色，以及这两种颜色的渐变。渐变在色谱中的路径可以是直线、向前或向后。

▶【鱼眼】选项：允许根据指定的百分比扭曲、放大或缩小透镜下方的对象。

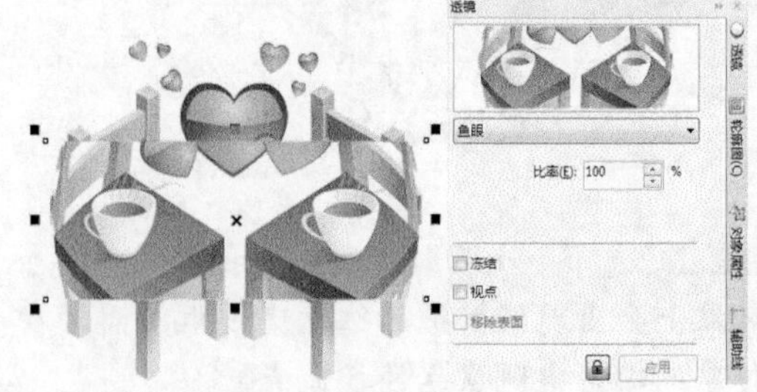

▶【热图】选项：通过在透镜下方的对象区域中模仿颜色的冷暖度等级，来创建红外图像的效果。

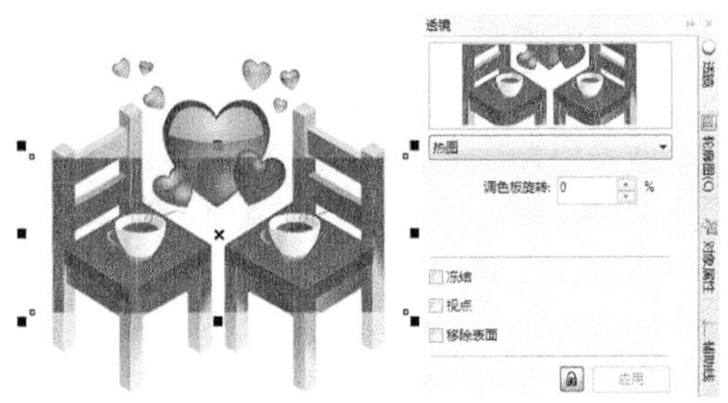

➤【反转】选项：可以将透镜下方的颜色变为其 CMYK 互补色。互补色是色轮上互为相对的颜色。

➤【放大】选项：可以按指定的量放大对象上的某个区域。

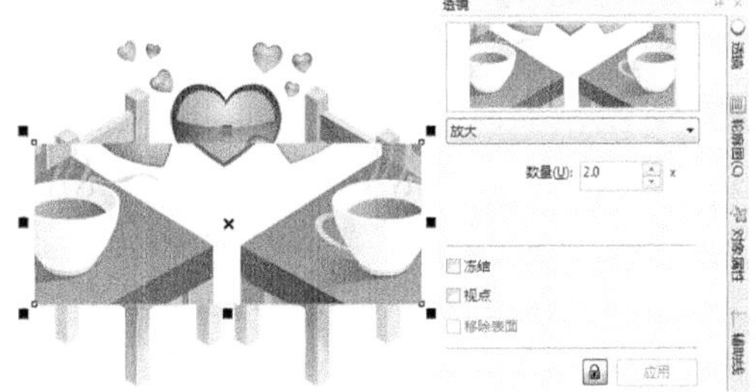

➤【灰度浓淡】选项：选择该选项，可以将透镜下方对象区域的颜色变为其等值的灰度。

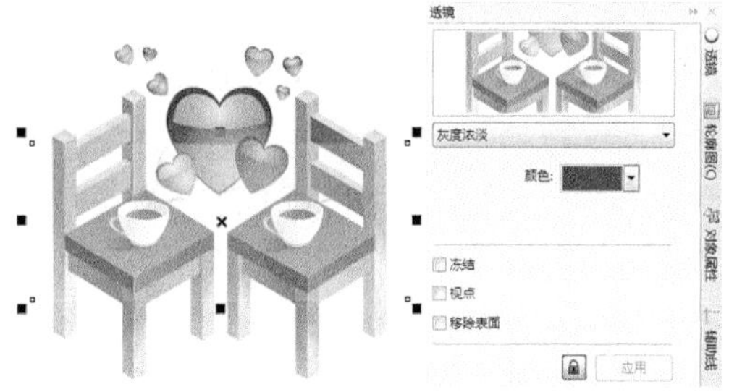

➤【透明度】选项：选择该选项，可以使对象看起来像着色胶片或彩色玻璃。

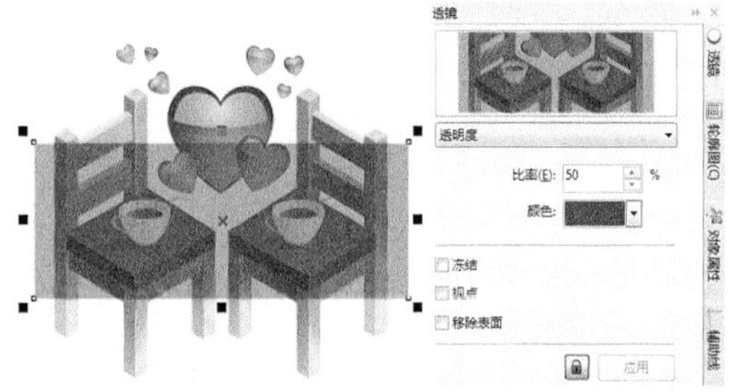

➤【线框】选项：用所选的轮廓或填充色显示透镜下方的对象区域。例如，如果将轮廓设为【红色】，将填充设为【蓝色】，则透镜下方的所有区域看上去都具有红色轮廓和蓝色填充。

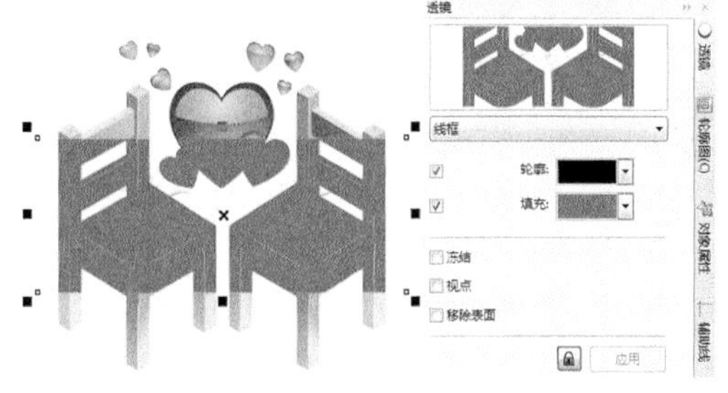

7.11　案例演练

本章的案例演练部分通过制作促销吊旗和制作开学促销广告两个综合实例操作，使用户通过练习从而巩固本章所学知识。

7.11.1　制作促销吊旗

【例 7-8】制作促销吊旗。

视频+素材 (光盘素材\第 07 章\例 7-8)

step 1 在标准工具栏中，单击【新建】按钮，打开【创建新文档】对话框。在该对话框的【名称】文本框中输入“新品上市吊旗”，设置【宽度】数值为 450mm，【高度】数值为 300mm，然后单击【确定】按钮新建文档。

step 2 选择【布局】|【页面背景】命令，打开【选项】对话框。在该对话框中，选中【位图】单选按钮，单击【浏览】按钮，打开【导

入】对话框。在该对话框中，选择所需要的图像文档，然后单击【导入】按钮。

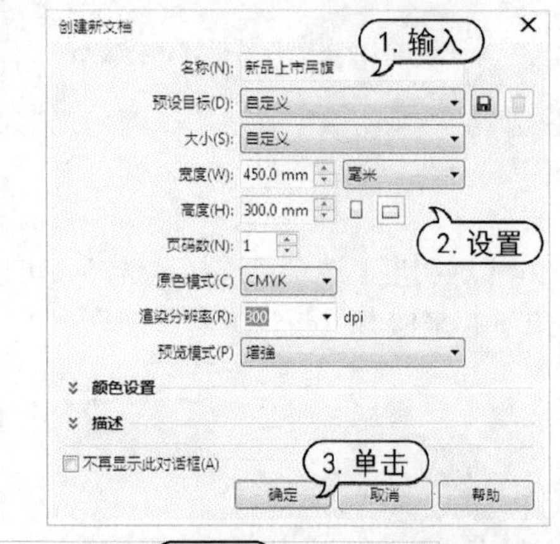

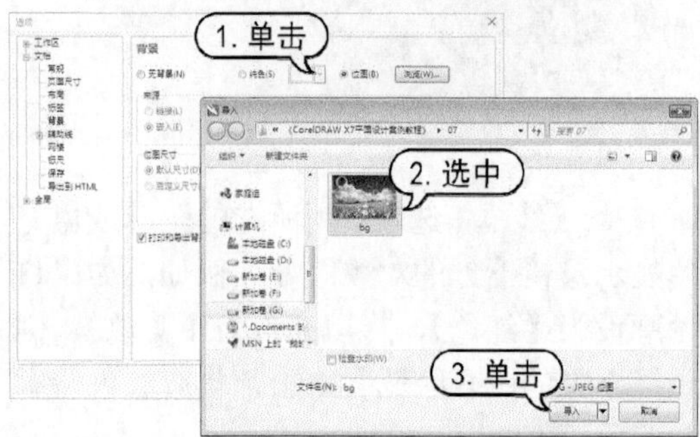

step③ 在【选项】对话框的【位图尺寸】选项区中，选中【自定义尺寸】单选按钮，设置【水平】数值为 460，然后单击【确定】按钮。

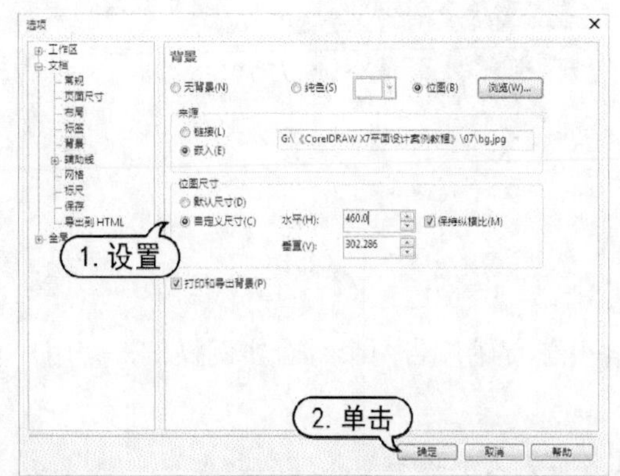

step④ 选择【钢笔】工具在页面中绘制如图所示的图形。

step⑤ 在调色板中，右击【无】色板，将轮廓色设置为【无】。然后双击状态栏中填充状态，打开【编辑填充】对话框。在该对话框中单击【渐变填充】按钮，设置渐变起始颜色为C:11 M:11 Y:91 K:0，终止颜色为C:0 M:53 Y:100 K0，【节点位置】为 25%，【填充宽度】为 60%，【旋转】数值为-65%，然后单击【确定】按钮应用填充。

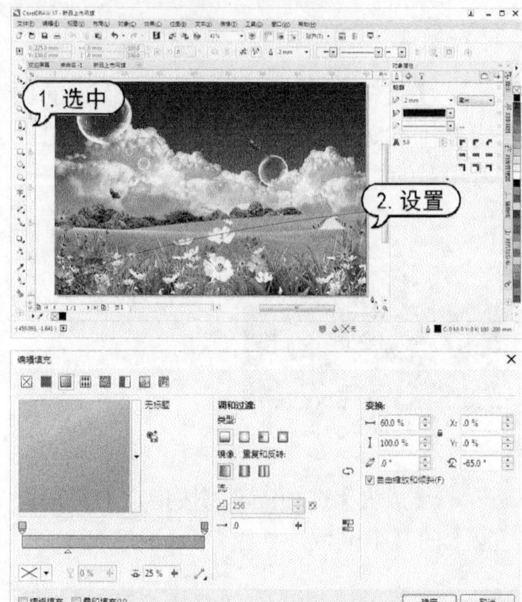

step⑥ 按Ctrl+C键复制刚绘制的图形，按Ctrl+V键粘贴。然后双击状态栏中填充状态，打开【编辑填充】对话框。设置渐变起始颜色为C:100 M:0 Y:0 K:0，终止颜色为C:0 M:0 Y:0 K0，【节点位置】为 50%，【填充宽度】为 159%，【旋转】数值为-35%，然后单击【确定】按钮应用填充。

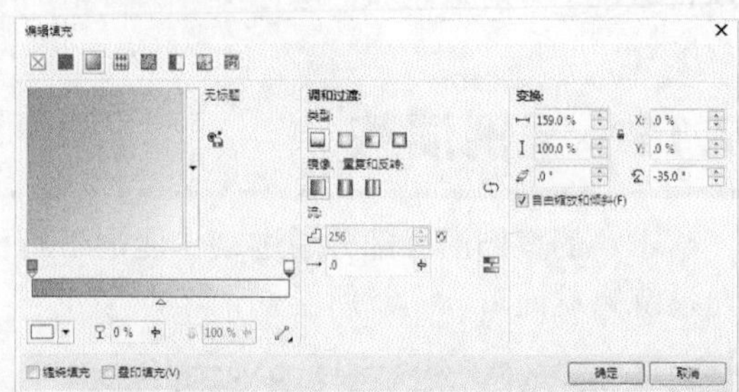

step⑦ 选择【形状】工具选择步骤(6)中复制的图形对象，并调整形状效果。

step⑧ 在【对象管理器】泊坞窗中，单击【新建图层】按钮，新建【图层 2】。选择【文字】工具在页面中输入文字内容，并选中这些文字。在属性栏中单击【文本属性】按钮，打开【文本属性】泊坞窗。在该泊坞窗中，设置字体为【方正综艺简体】，字体大小为260pt，文本颜色为【白色】。

step 9　选择【对象】|【转换为曲线】命令，将文字转换为曲线，并使用【形状】工具调整文字形状。

step 10　使用【选择】工具选中调整后的文字，按Ctrl+C键复制文字，按Ctrl+V键粘贴。并在调色板中单击C:0 M:0 Y:0 K:90 色板填充文字图形。

step 11　按Ctrl+Pagedown键将刚复制的文字放置在后面，并调整文字的位置。

step 12　选择【调和】工具，分别单击两个文字对象创建混合，并在属性栏中设置【调和对象】数值为 4。

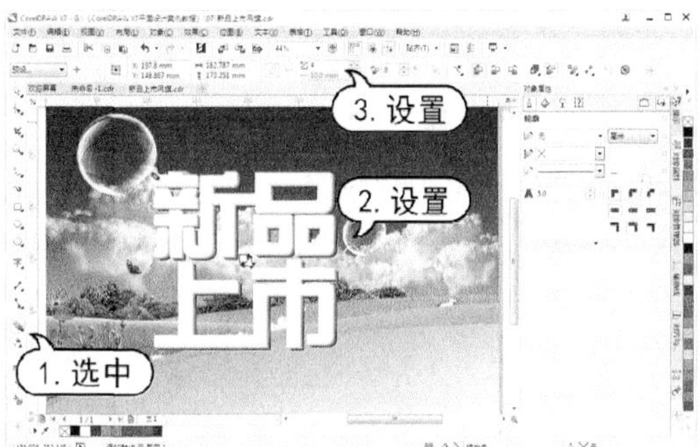

step 13　使用【选择】工具选中步骤(8)中创建的文字，按Ctrl+C键复制文字，按Ctrl+V键粘贴。选择【阴影】工具，在属性栏中单击【预设列表】按钮从弹出的下拉列表中选择【小型辉光】选项，单击【阴影颜色】下拉按钮，从弹出的下拉列表框中选择【黑色】选项，设置【阴影羽化】数值为 7。

step 14　选中步骤(8)至步骤(13)中创建的文字效果，按Ctrl+G键进行组合，并调整组合后对象的位置及角度。

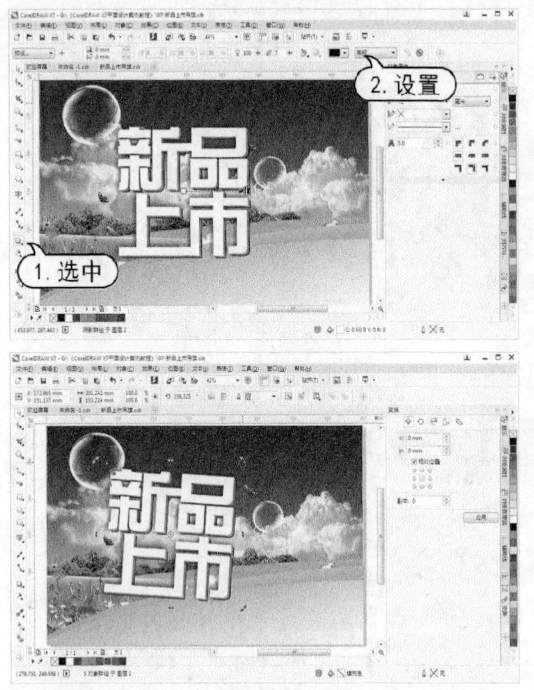

step 15　在标准工具栏中，单击【导入】按钮，打开【导入】对话框。在该对话框中选择所需要的图像文件，然后单击【导入】按钮。

step 16　在页面中单击，导入图像，并按Ctrl+Pagedown将图像向下移动一层，然后调整导入图像的位置及大小。

step 17　打开【变换】泊坞窗，单击【缩放和镜像】按钮，单击【水平镜像】按钮，设置【副本】数值为 1，然后单击【应用】按钮。并调整镜像后的图像的位置及大小。

step 18　在标准工具栏中，单击【导入】按钮，打开【导入】对话框。在该对话框中选择所需要的图像文件，然后单击【导入】按钮。

step 19　在页面中单击，导入图像。打开【对齐与分布】泊坞窗，在【对齐对象到】选项区中单击【页面边缘】按钮，在【对齐】选项区中单击【右对齐】和【顶端对齐】按钮。

step 20　选择【文本】工具在页面中单击，输入文字内容。在【文本属性】泊坞窗中设置字体为Magneto，字体大小为 250pt，字符间距为-25%，并调整文字位置。

step 21 选择【对象】|【转换为曲线】命令，按F11 键打开【编辑填充】对话框。在该对话框中单击【渐变填充】按钮，设置【旋转】数值为 90° ，在渐变条上设置渐变起始色标数值为C:0 M:15 Y:93 K:0，终止色标数值为C:0 M:67 Y:100 K:0，然后单击【确定】按钮。

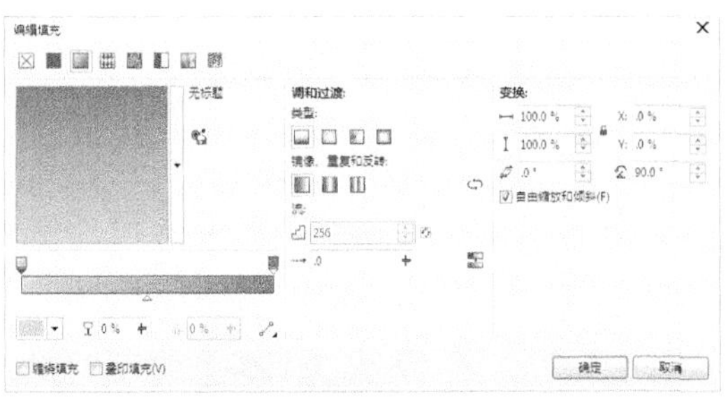

step 22 按Ctrl+C键复制文字，按Ctrl+V键粘贴，并在调色板中单击【白色】色板，填充文字。选择【椭圆形】工具在复制的文字上拖动绘制椭圆形。

step 23 使用【选择】工具选中复制的文字和绘制的椭圆形，并在属性栏中单击【移除前面对象】按钮。

step 24 选择【透明度】工具在图形上拖动创建透明度效果，并在属性栏的【合并模式】下拉列表中选择【叠加】选项，设置【节点透明度】数值为 47%,【旋转】数值为 90° 。

step 25 选择步骤(20)和步骤(24)中创建的对象，然后按Ctrl+G键进行组合。选择【阴影】工具，在属性栏中单击【预设列表】按钮，从弹出的列表中选择【平面右下】选项，设置【阴影的不透明度】数值为 80,【阴影羽化】数值为 6，然后调整阴影效果。

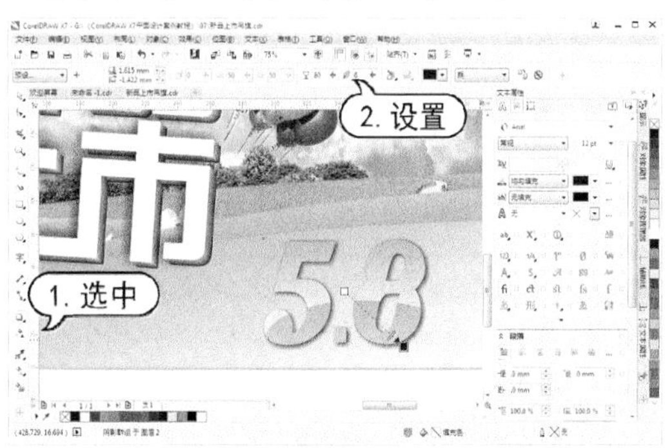

step 26 选择【文本】工具在页面中单击，并输入文字内容。在【文本属性】泊坞窗中设置字体为【方正黑体简体】，字体大小数值为 60pt。

step 27 选择【形状】工具选中文字节点，并调整字符位置。

step 28 在标准工具栏中，单击【保存】按钮，打开【保存绘图】对话框。在该对话框中单击【保存】按钮即可保存刚创建的绘图文档。

7.11.2 制作开学促销广告

【例 7-9】制作开学促销广告。

素材 (光盘素材\第 07 章\例 7-9)

step 1 在标准工具栏中，单击【新建】按钮，打开【创建新文档】对话框。在该对话框的【名称】文本框中输入“开学促销”，设置【宽度】数值为 208mm，【高度】数值为 285mm，然后单击【确定】按钮新建文档。

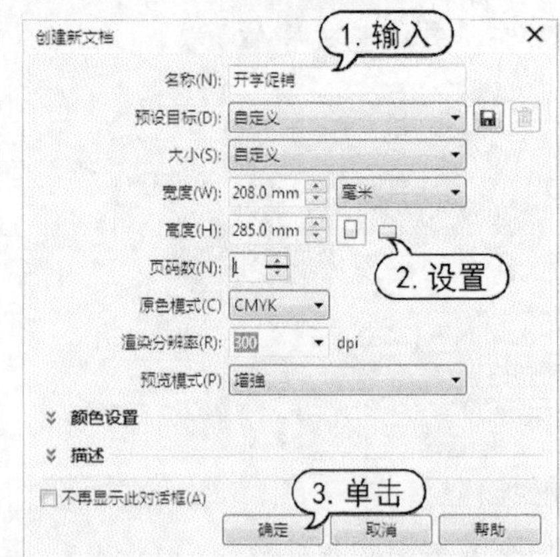

step 2 选择【矩形】工具在页面中拖动绘制矩形，并在属性栏中取消选中【锁定比率】单选按钮，设置对象大小【宽度】数值为 208mm，【高度】数值为 150mm。然后打开【对齐与分布】泊坞窗，在【对齐】选项区中单击【顶端对齐】按钮和【水平居中对齐】按钮。

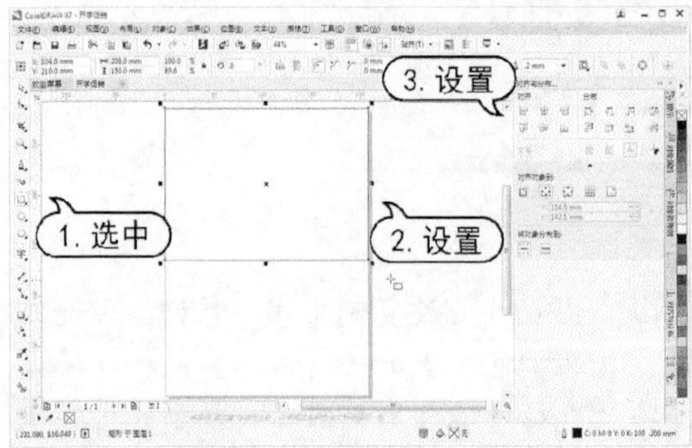

step 3 在绘制的矩形上右击鼠标，从弹出的菜单中选择【转换为曲线】命令。然后选择【形状】工具选中矩形节点，在属性栏中单击【转换为曲线】按钮，并调整形状。

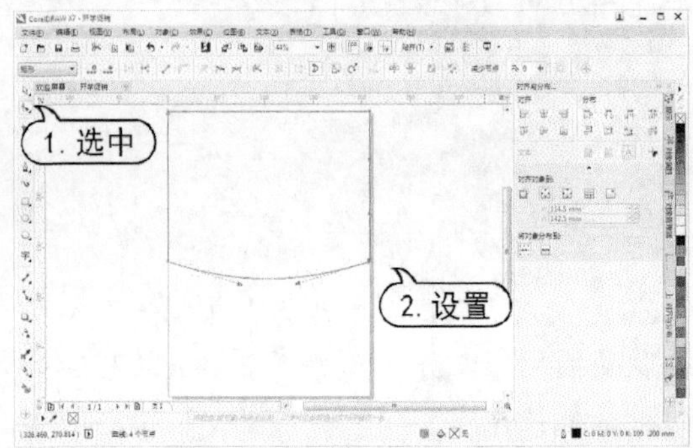

step 4 在标准工具栏中，单击【导入】按钮，打开【导入】对话框。在该对话框中选择所需要的图像文件，然后单击【导入】按钮。

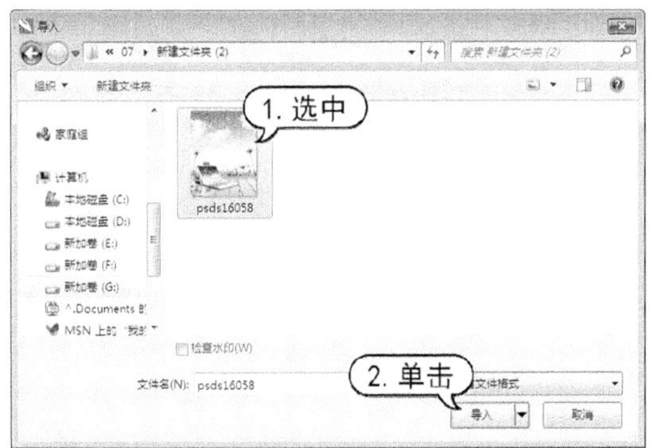

step 5 在绘图页面中单击，导入图像，并按Ctrl+PageDown键将其向下移动一层。然后调整图像大小及位置。

step 6 选择【对象】|【图框精确剪裁】|【置于图文框内部】命令，然后单击步骤(3)中创建的图形。

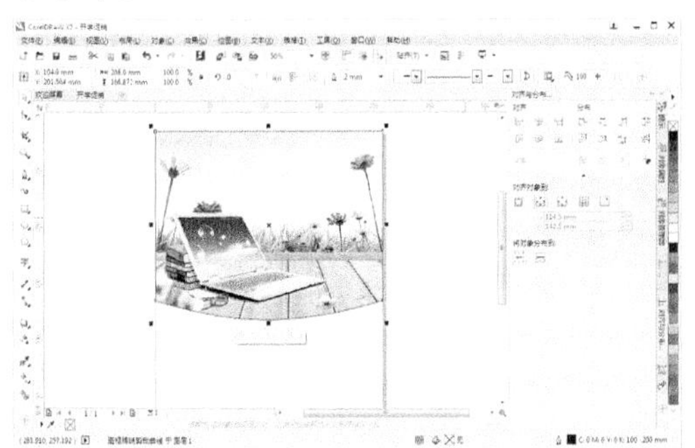

step 7 在调色板中，右击【无】色板，将轮廓色设置为【无】。并在图像对象上右击鼠标，从弹出的菜单中选择【锁定对象】命令。然后使用与步骤(2)至步骤(3)相同的操作方法创建图形对象。

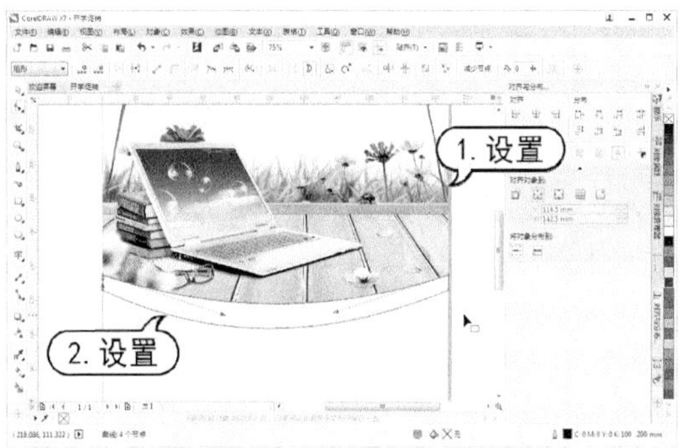

step 8 按Ctrl+C键复制刚绘制的图形，按Ctrl+V键粘贴，并使用【形状】工具调整图形形状。

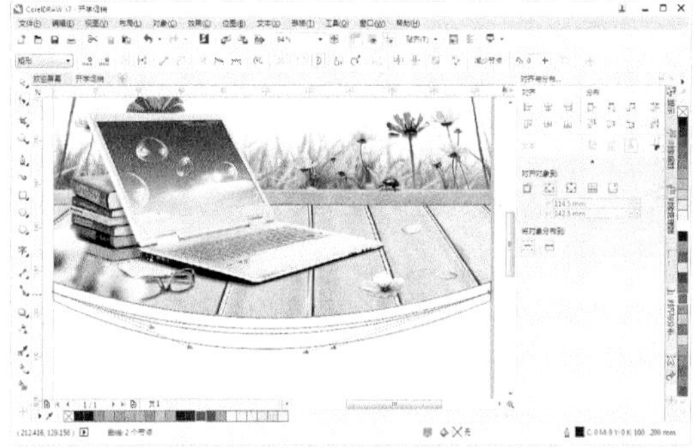

step 9 选中步骤(7)创建的图形，在调色板中将轮廓色设置为【无】。打开【对象属性】泊坞窗，单击【填充】按钮，在【填充】选项区中单击【渐变填充】按钮，设置填充渐变颜色为C:84 M:33 Y:100 K:0 至C:41 M:0 Y:86 K:0，【填充宽度】数值为 110%，【垂直偏移】数值为 5%。

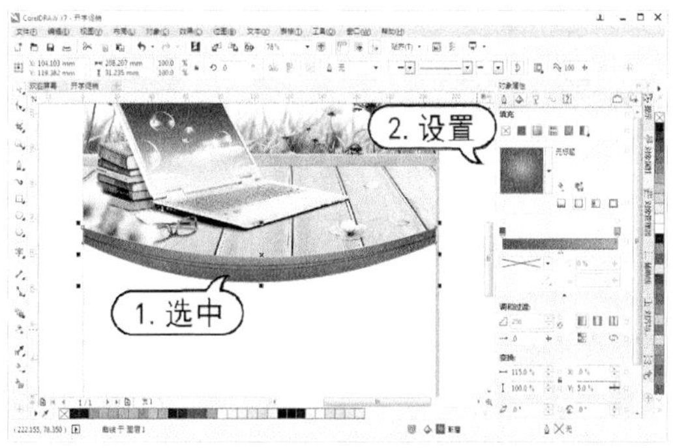

step 10 选中步骤(8)创建的图形，在调色板中将轮廓色设置为【无】。在【对象属性】泊坞窗，单击【渐变填充】按钮，设置填充渐变颜色为C:86 M:68 Y:100 K:56 至C:92 M:53

Y:100 K:27，【旋转】数值为35°。

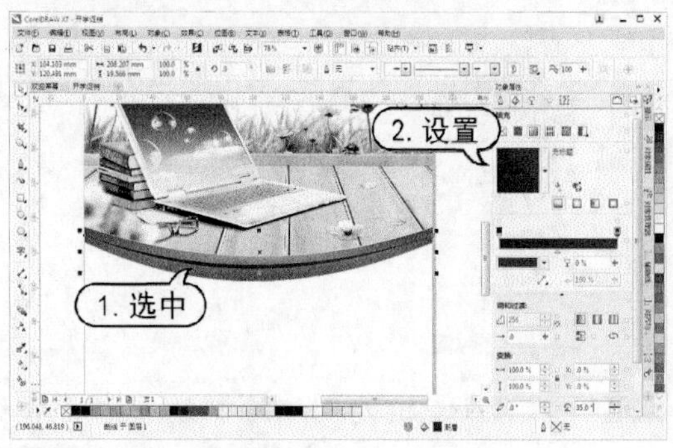

step 11 选中步骤(7)创建的图形，按Ctrl+C键复制，按Ctrl+V键粘贴，并在调色板中单击【白色】色板填充。

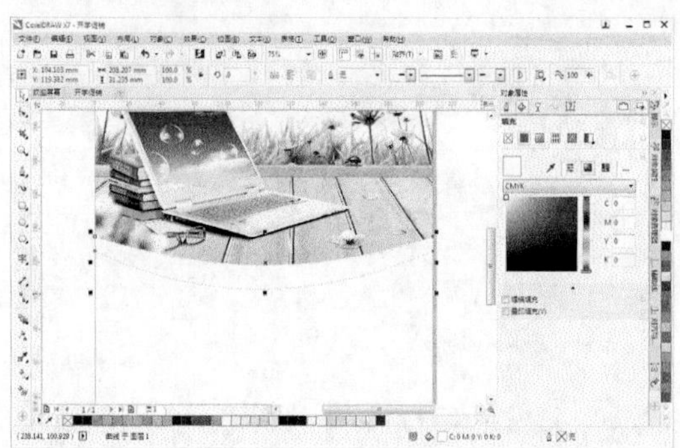

step 12 继续按Ctrl+C键复制图形，按Ctrl+V键粘贴，并在调色板中单击【90% 黑】色板填充，然后调整图形位置。

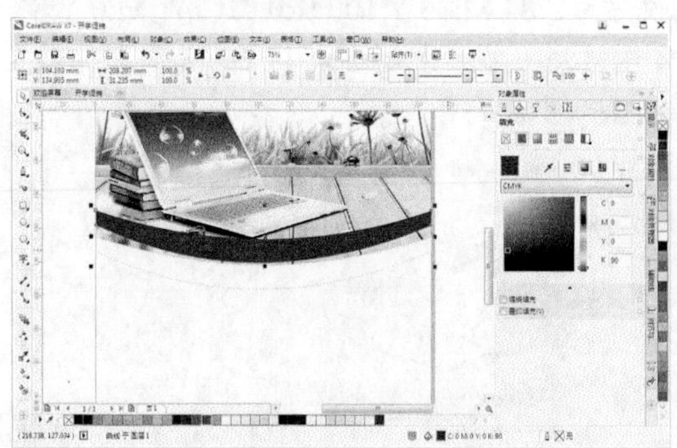

step 13 选择【调和】工具，在步骤(11)至步骤(12)中创建的两个图形上单击，创建调和效果。

step 14 按Shift+PageDown键将调和对象置于图层下方，并调整对象位置。

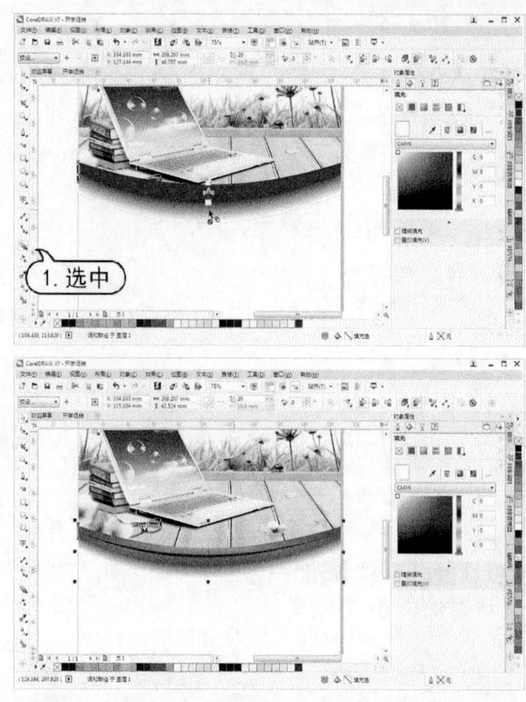

step 15 选择【透明度】工具，在属性栏中单击【均匀透明度】按钮。

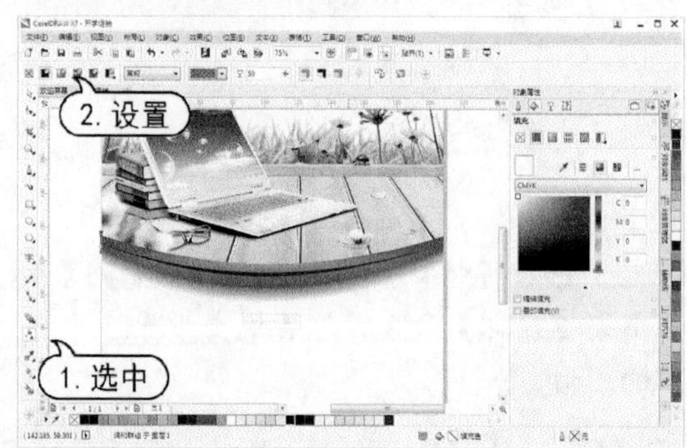

step 16 在【对象管理器】泊坞窗中，锁定【图层1】，然后单击【新建图层】按钮，新建【图层2】。

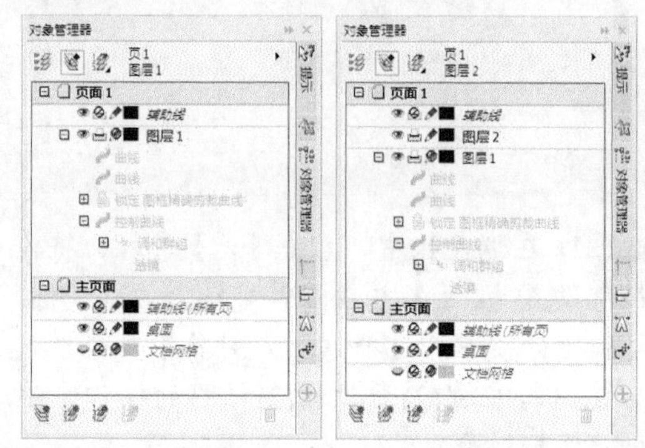

step 17 选择【文本】工具在页面中单击，在属性栏中单击【文本对齐】按钮，从弹出的下拉列表中选择【居中】选项，然后输入文字内容。

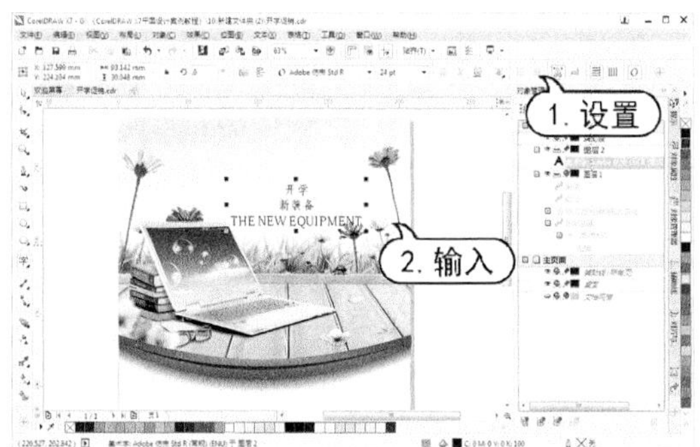

step 18 使用【文本】工具选中第一和第二排文字，在【文本属性】泊坞窗中设置字体为【方正综艺简体】，字体大小数值为 100pt。

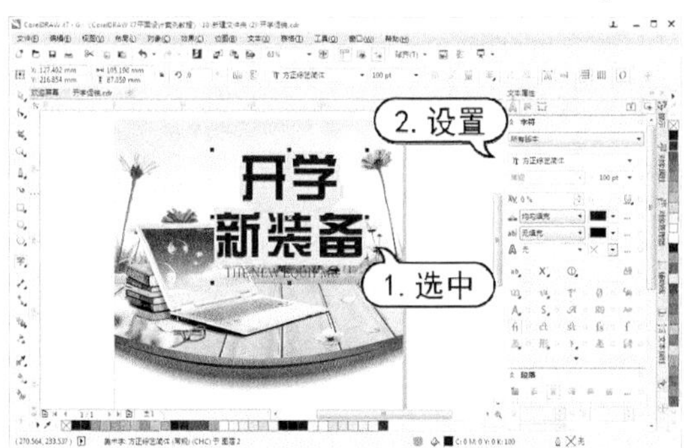

step 19 使用【文本】工具选中第三排文字，在【文本属性】泊坞窗中设置字体为Franklin Gothic Heavy，字体大小数值为 28pt。

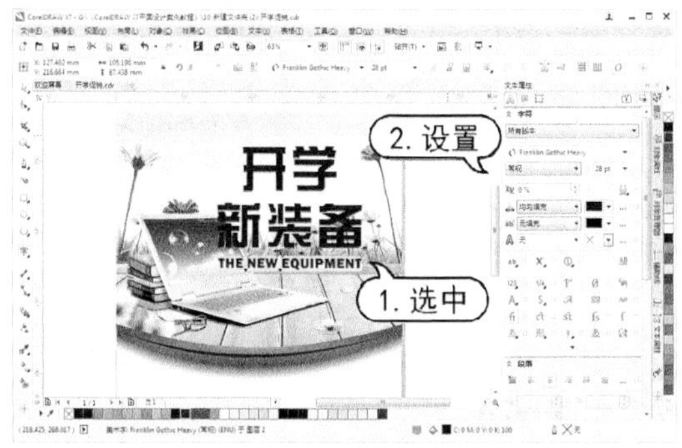

step 20 使用【选择】工具选中文字，在【文本属性】泊坞窗中，单击【填充类型】按钮，从弹出的列表中选择【渐变填充】选项，并单击【填充设置】按钮打开【编辑填充】对话框。在该对话框中设置渐变填充为C:75 M:7 Y:100 K:0 至C:29 M:0 Y:76 K:0，设置【填充宽度】数值为 80%，【旋转】数值为 40°，然后单击【确定】按钮。

step 21 按Ctrl+C键复制文字对象，按Ctrl+V键粘贴。并使用与步骤(20)相同的操作方法，在【文本属性】泊坞窗中设置渐变填充为C:95 M:50 Y:100 K:15 至C:75 M:19 Y:100 K:0，然后单击【确定】按钮。

step 22 按Ctrl+C键复制文字对象，按Ctrl+V键粘贴，并调整其位置。

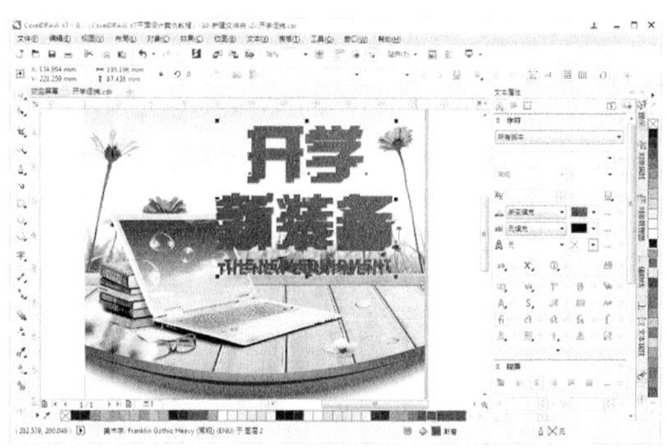

step 23 选择【调和】工具，在步骤(21)至步骤

(22)中创建的文字对象上单击创建调和效果。

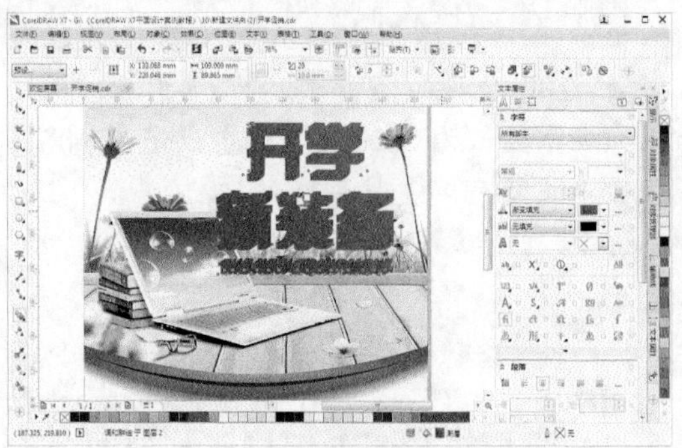

step 24 按Shift+PgDn键将步骤(23)中创建的调和对象放置在图层的底层,并调整其位置。

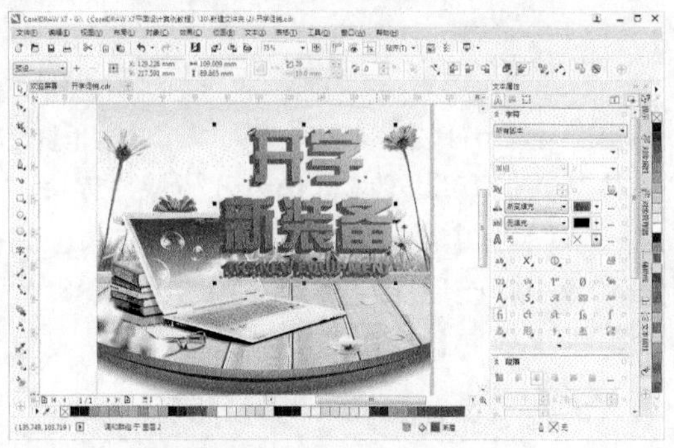

step 25 按Ctrl+G键群组文字对象，然后选择【效果】|【添加透视】命令。

step 26 在标准工具栏中，单击【导入】按钮，打开【导入】对话框。在该对话框中选择所需要的图像文件，然后单击【导入】按钮。

step 27 在绘图文档中单击，导入图像，并调整导入图像的位置及大小。

step 28 选择【矩形】工具绘制矩形，将轮廓色设置为【无】，在【对象属性】泊坞窗中设置填色为C:40 M:0 Y:100 K:0。

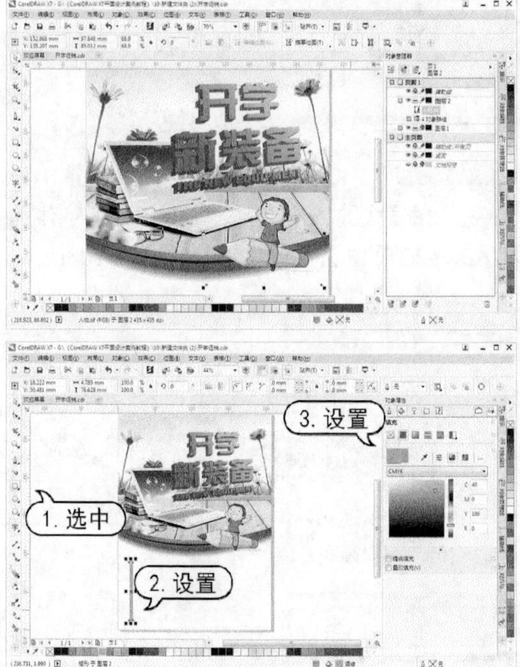

step 29 选择【文本】工具在页面中单击，在【对象属性】泊坞窗中设置字体为【方正黑体简体】，字体大小数值为 36pt，然后输入文字内容。

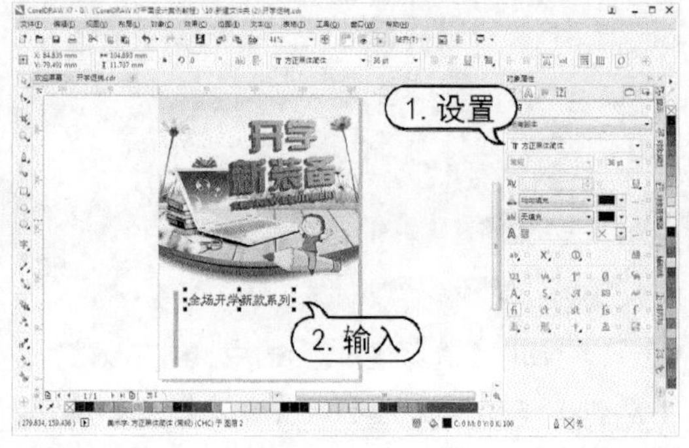

step 30 在【对象属性】泊坞窗中，单击【填

充类型】按钮，从弹出的下拉列表中选择【渐变填充】选项，并单击【填充设置】按钮，打开【编辑填充】对话框。在该对话框中，单击【类型】选项中的【椭圆形渐变填充】按钮，并设置渐变填充色为C:86 M:36 Y:100 K:2 至C:66 M:6 Y:99 K:0，【填充高度】数值为 235%，然后单击【确定】按钮。

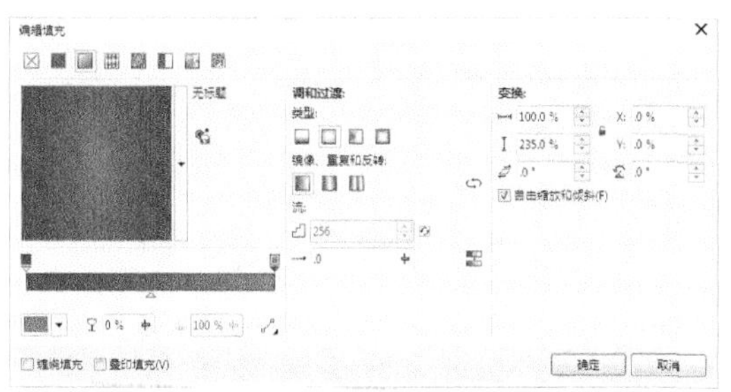

step 31 在【对象属性】泊坞窗中，单击【段落】按钮，设置【字符间距】数值为-10%。

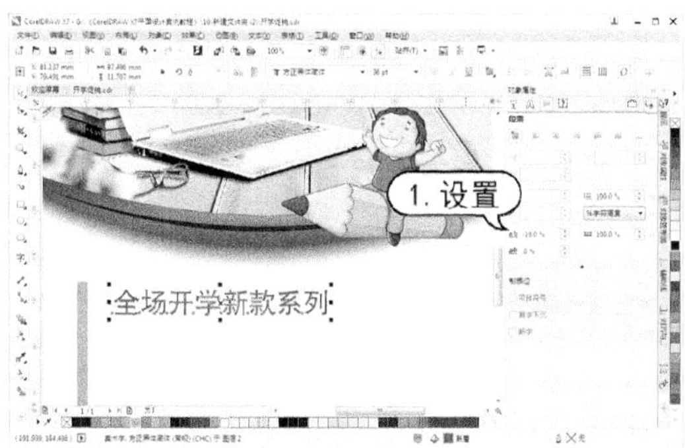

step 32 选择【文本】工具在页面中单击，在【对象属性】泊坞窗中单击【字符】按钮，设置字体为【方正黑体简体】，字体大小数值为 65pt，设置填色为C:40 M:0 Y:100 K:0，然后输入文字内容。

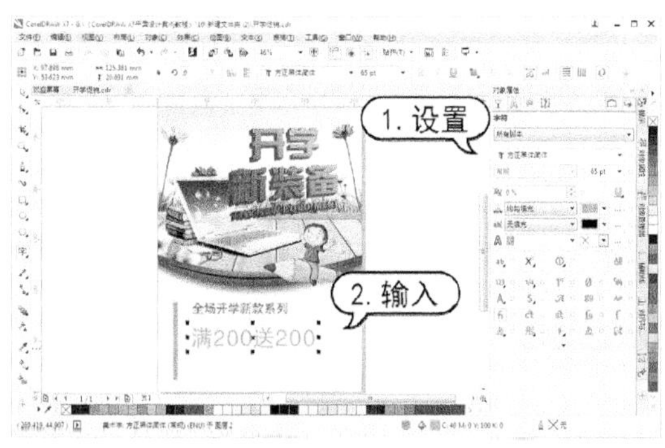

step 33 使用【文本】工具选中文字，在【对象属性】泊坞窗中设置字体为Impact，字体大小数值为 95pt，设置文字填色为C:80 M:20 Y:85 K:0。

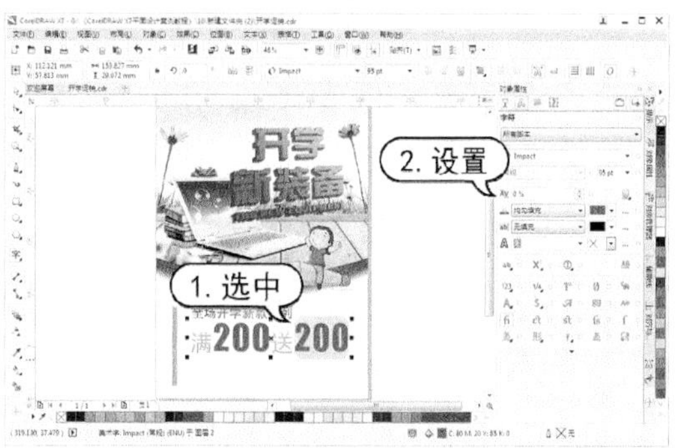

step 34 继续使用【文本】工具在页面中单击，在【对象属性】泊坞窗中设置字体为【方正黑体简体】，字体大小为 24pt，设置文字填充色为C:36 M:80 Y:78 K:2，然后输入文字内容。

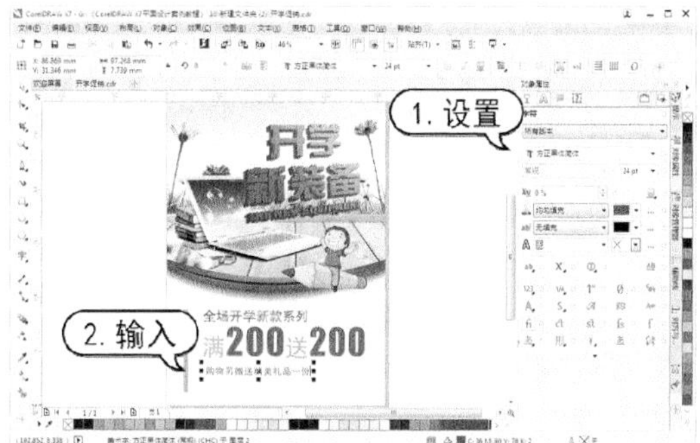

step 35 使用【文本】工具选中文字，在【对象属性】泊坞窗中设置字体大小数值为 35pt，设置文字填充色为C:65 M:34 Y:100 K:0。

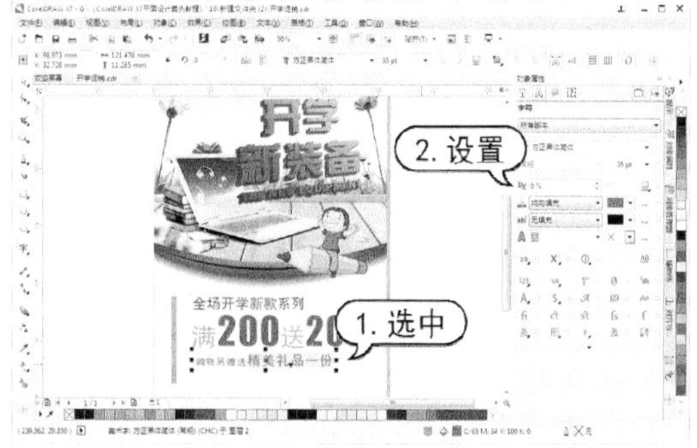

step 36 选择【文本】工具在页面中单击，在【对象属性】泊坞窗中设置字体为【黑体】，字体大小数值为 12pt，设置文字填充色为

C:40 M:50 Y:100 K:0，然后输入文字内容。

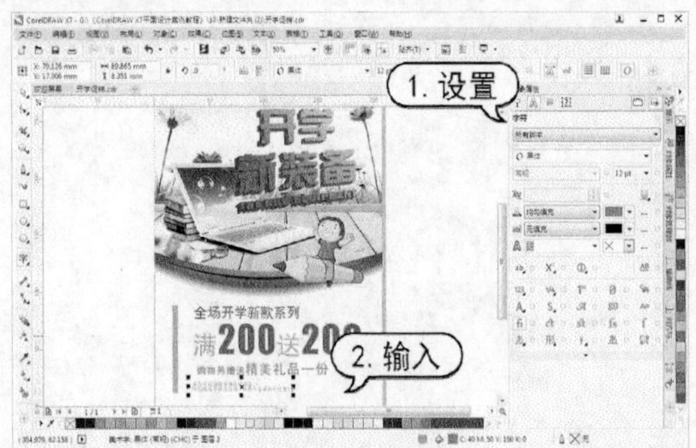

step 37 使用【选择】工具调整步骤(32)至步骤(36)中创建文字的位置，然后按Shift选中文字，打开【对齐与分布】泊坞窗。在泊坞窗的【对齐对象到】选项区中单击【活动对象】按钮，然后在【对齐】选项区中单击【左对齐】按钮对齐文字。

step 38 在标准工具栏中，单击【保存】按钮，打开【保存绘图】对话框。在该对话框中单击【保存】按钮即可保存刚创建的绘图文档。

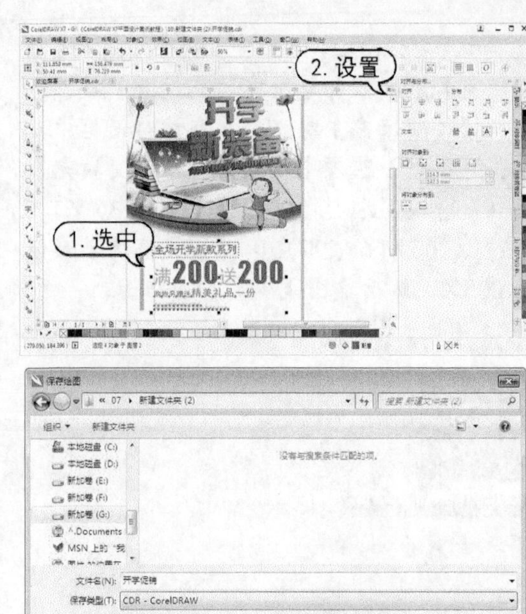

第 8 章

图层、样式和模板

在 CorelDRAW X7 中，用户可以通过对图层的控制，灵活地组织图层中的对象。还可以利用图形样式、文本样式和颜色样式控制对象外观属性，并且用户可以使用 CorelDRAW 提供的预设模板便捷、快速地创建绘图文件。

对应光盘视频

例 8-1 为新建主图层添加对象
例 8-2 创建图形样式
例 8-3 编辑文本样式
例 8-4 根据选定的对象创建颜色样式
例 8-5 编辑颜色样式
例 8-6 将当前绘图文件保存为模板
例 8-7 从模板新建绘图文件
例 8-8 制作 VIP 卡
例 8-9 手机造型设计

8.1 图层操作

在 CorelDRAW X7 中，控制和管理图层的操作都是通过【对象管理器】泊坞窗完成的。默认状态下，每个新创建的文件都是由【页面 1】和【主页面】构成。【页面 1】包含【辅助线】图层和【图层 1】图层。【辅助线】图层用于存储页面上特定的辅助线；【图层 1】图层是默认的局部图层，在没有选择其他图层时，在工作区中绘制的对象都会添加到【图层 1】上。

【主页面】包含应用于当前文档中所有的页面信息。默认状态下，主页面可包含辅助线图层、桌面图层和网格图层。

- 【辅助线(所有页)】图层：包含用于文档中所有页面的辅助线。
- 【桌面】图层：包含绘图页面边框外部的对象，该图层可以创建以后可能要使用的绘图。
- 【文档网格】图层：包含用于文档中所有页面的网格，该图层始终位于图层的底部。

选择【窗口】|【泊坞窗】|【对象管理器】命令，打开【对象管理器】泊坞窗。

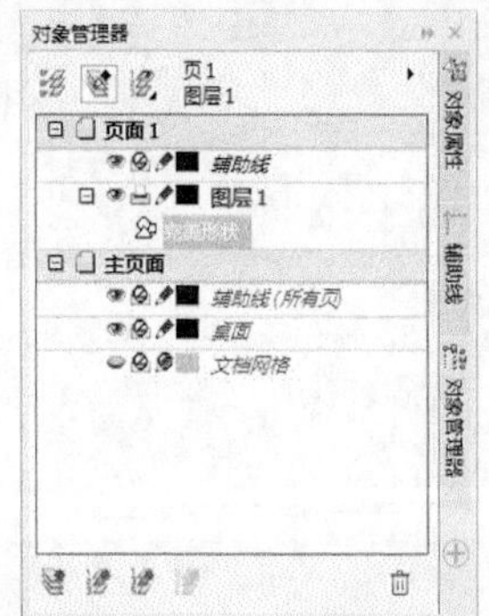

单击【对象管理器】泊坞窗右上角的‣按钮，可以弹出菜单。

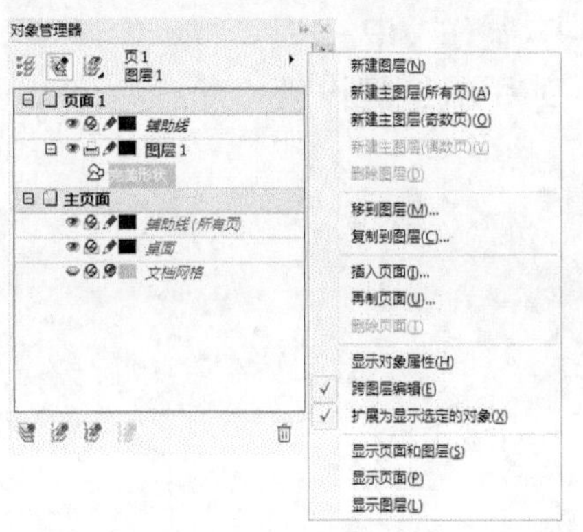

- 显示或隐藏图层：单击图标，可以隐藏图层。在隐藏图层后，图标变为状态，单击图标可重新显示图层。
- 启用或禁用图层的打印和导出：单击图标，可以禁用图层的打印和导出，此时图标将变为状态。禁用打印和导出图层后，可以防止该图层中的内容被打印或导出到绘图中，也防止在全屏预览中显示。单击图标可重新启用图层的打印和导出。
- 使图层可编辑或将其锁定防止更改：单击图标，可锁定图层，此时图标将变为状态。单击图标，可解除图层的锁定，使图层成为可编辑状态。

8.1.1 新建和删除图层

要新建图层，可在【对象管理器】泊坞窗中单击【新建图层】按钮，即可创建一个新的图层，同时在出现的文字编辑框中可以修改图层的名称。默认状态下，新建的图层以【图层 2】命名。

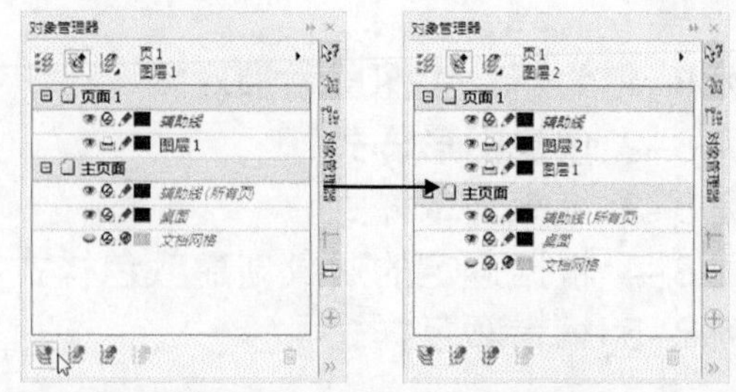

如果要在主页面中创建新的图层，单击【对象管理器】泊坞窗左下角的【新建主图层(所有页)】按钮即可。在进行多页内容编辑时，还可以根据需要，单击【新建主图层(奇数页)】按钮或【新建主图层(偶数页)】按钮在奇数页或偶数页创建主图层。

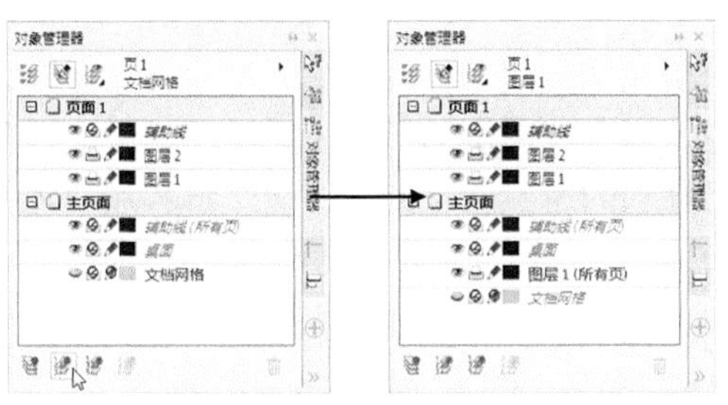

知识点滴

需要注意的是【页面 1】和【主页面】不能被删除或复制。在删除图层的同时，将删除该图层上的所有对象，如果要保留该图层上的对象，可以先将对象移动到另一个图层上，然后再删除当前图层。

在绘图过程中，如果要删除不需要的图层，可以在【对象管理器】泊坞窗中单击需要删除的图层名称，此时被选中的图层名称将以高亮显示，表示该图层为活动图层，然后单击该泊坞窗中的【删除】按钮，或按 Delete 键即可删除选择的图层。

8.1.2　在图层中添加对象

要在指定的图层中添加对象，首先需要选中该图层。如果图层为锁定状态，可以在【对象管理器】泊坞窗中单击该图层名称前的图标，将其解锁，然后再在图层名称上单击使该图层为活动图层。接下来在 CorelDRAW 中绘制、导入或粘贴的对象都会被放置在该图层中。

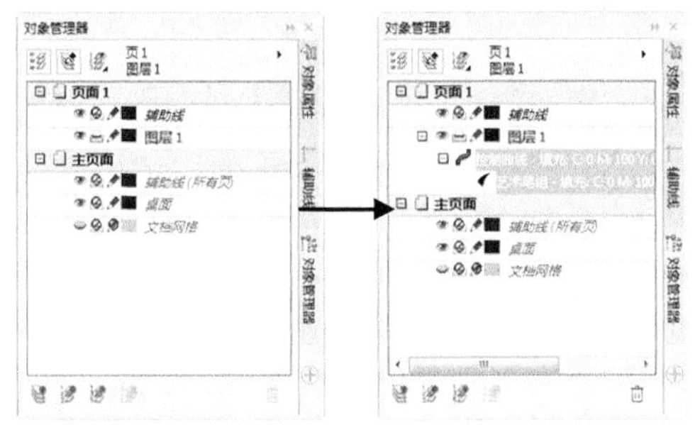

8.1.3　在主图层中添加对象

在新建主图层时，主图层始终都将添加到主页面中，并且添加到主图层上的内容在文档的所有页面上都可见。用户可以将一个或多个图层添加到主页面，以保证这些页面具有相同的页眉、页脚或静态背景等内容。

【例 8-1】在绘图文件中，为新建主图层添加对象。
视频+素材 (光盘素材\第 08 章\例 8-1)

step 1　打开一个包含 5 个页面的绘图文档，单击【对象管理器】泊坞窗左下角的【新建主图层(奇数页)】按钮，新建一个主图层。

step 2　单击标准工具栏中的【导入】按钮，打开【导入】对话框。在该对话框中，选中一张作为页面背景的图像，然后单击【导入】按钮。

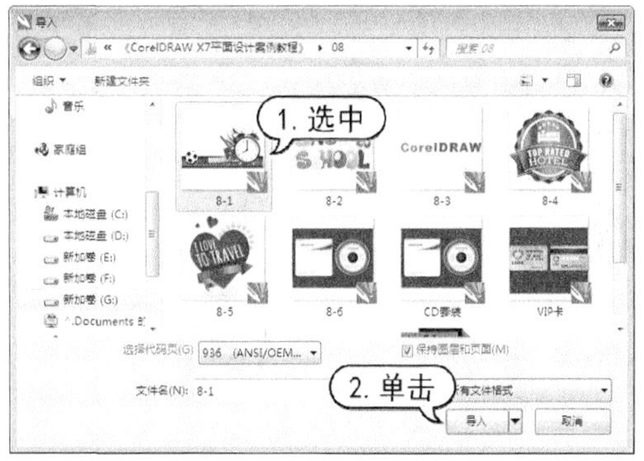

step 3　在页面中单击，将图像添加到【图层 1(奇数页)】主图层中。

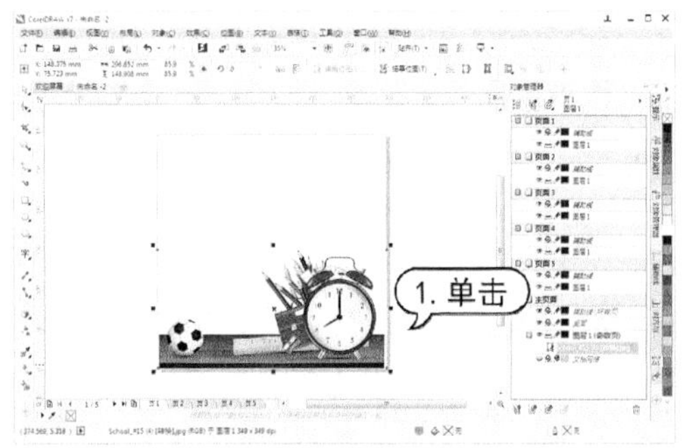

step 4　选择【视图】|【页面排序器视图】命

令，查看奇数页的内容。

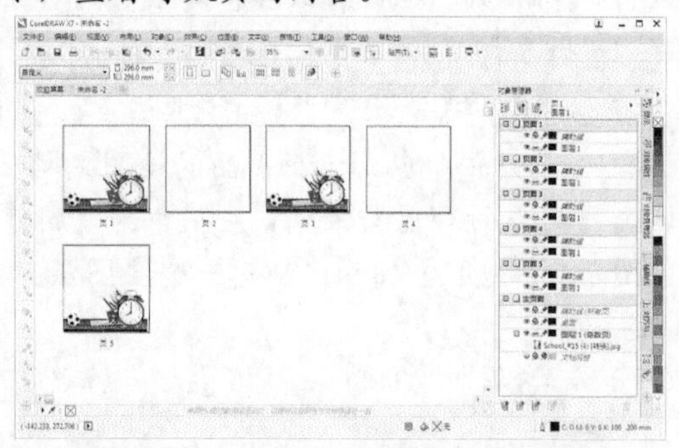

8.1.4 在图层中移动、复制对象

在【对象管理器】泊坞窗中，可以移动图层的位置或者将对象移动到不同的图层中，也可以将选取的对象复制到新的图层中。在图层中移动和复制对象的操作方法如下：

- 要移动图层，可在图层名称上单击，选取需要移动的图层，然后将该图层移动到新的位置即可。

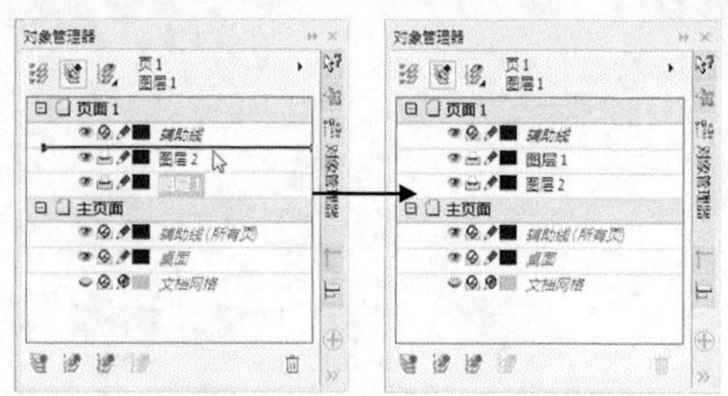

- 要移动对象到新的图层，可在选择对象所在的图层后，单击图层名称左边的⊞图标，展开该图层的所有子图层，然后选择所要移动的对象所在的子图层，将其拖动到新的图层，当光标显示为➔▮状态时释放鼠标，即可将该对象移动到指定的图层中。

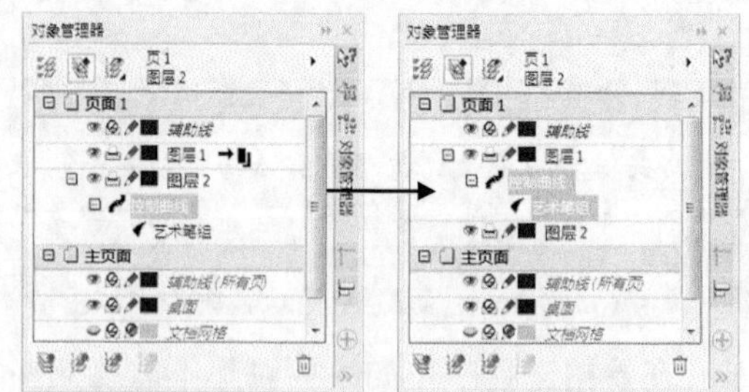

- 要在不同图层之间复制对象，可以在【对象管理器】泊坞窗中，单击需要复制的对象所在的子图层，然后按 Ctrl+C 键进行复制，再选择目标图层，按 Ctrl+V 键进行粘贴，即可将选取的对象复制到新的图层中。

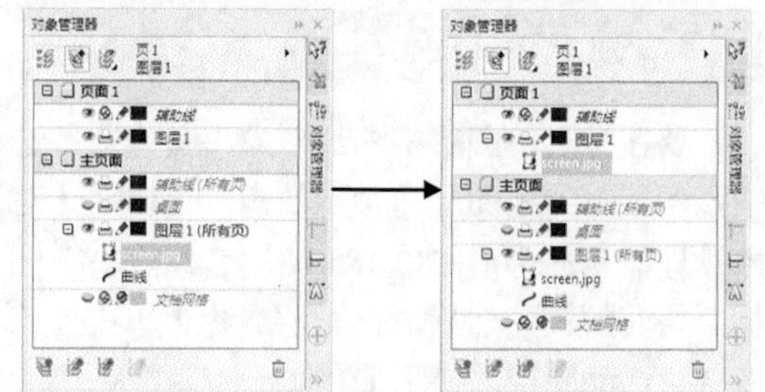

8.2 图形和文本样式

将创建好的图形或文本样式应用到其他的图形或文本对象中，可以节省大量的工作时间，避免重复操作。

图形样式包括填充和轮廓设置，可应用于矩形、椭圆或曲线等图形对象。如一个组合对象中使用了同一种图形样式，就可以通过编辑该图形样式同时更改该组合对象中各个对象的填充或轮廓属性。

文本样式包括文本的字体、大小、填充属性和轮廓属性等设置，它分为美术字文本和段落文本两类。通过文本样式，可以更改默认美术字和段落文本的属性。应用同一种文本样式，可以使创建的文本对象具有一致的格式。

8.2.1 创建样式或样式集

样式是一组定义对象属性的格式化属性。CorelDRAW 支持创建和引用轮廓、填充、段落、字符和文本框样式，还允许将样式分组为样式集。样式集是定义对象外观的样式集合。

1. 从对象创建样式

在 CorelDRAW 中，可以根据现有对象的属性创建图形或文本样式，也可以通过【对象样式】泊坞窗创建新的图形或文本样式。通过这两种方式创建的样式都可以被保存下来。

知识点滴

用户还可以通过将对象拖动至【对象样式】泊坞窗的样式集中创建样式。如果将对象拖动至已有样式上方，对象的属性将替换该已有样式的属性，并且将自动更新文档中应用该样式的所有对象。

如果选取的对象是文本对象，在单击鼠标右键弹出的菜单中，选择【对象样式】|【从以下项新建样式】命令，从弹出的子菜单中将显示【字符】、【段落】和【透明度】命令。

根据需要选择要创建的样式内容，在弹出的新建样式对话框中为样式命名并单击【确认】按钮，即可在【对象样式】泊坞窗中查看新建文本样式的具体设置。

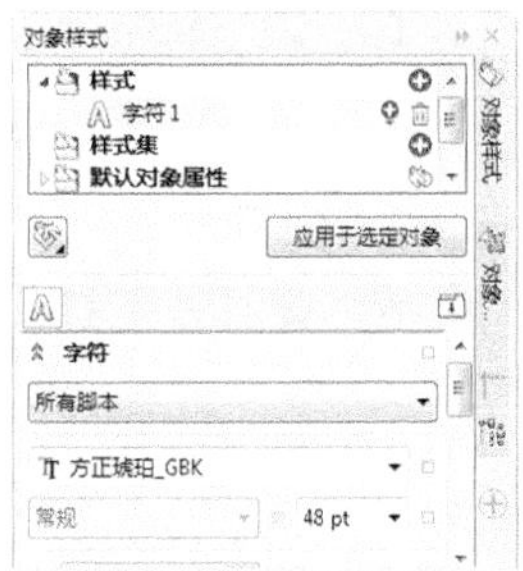

【例 8-2】创建图形样式。
视频+素材 (光盘素材\第 08 章\例 8-2)

step 1　在打开的绘图页面中，使用【选择】工具选择需要从中创建图形样式的对象。在对象上单击鼠标右键，从弹出的菜单中选择【对象样式】|【从以下项新建样式】|【填充】命令。

step 2　打开【从以下项新建样式】对话框，在该对话框中的【新样式名称】文本框中输入“绿色渐变填充”，然后单击【确定】按钮，即可按该对象中的填充创建新的图形样式。

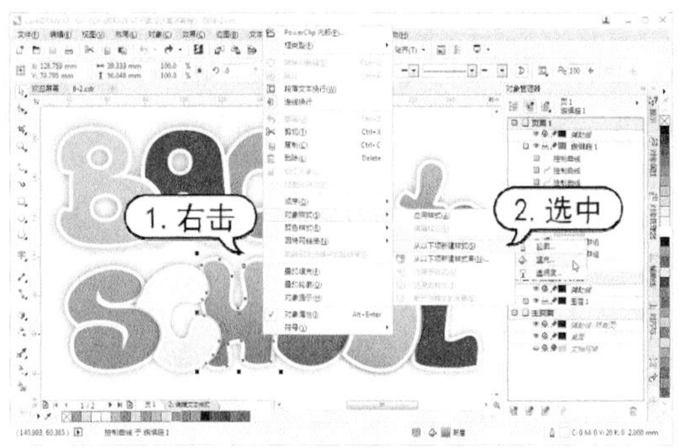

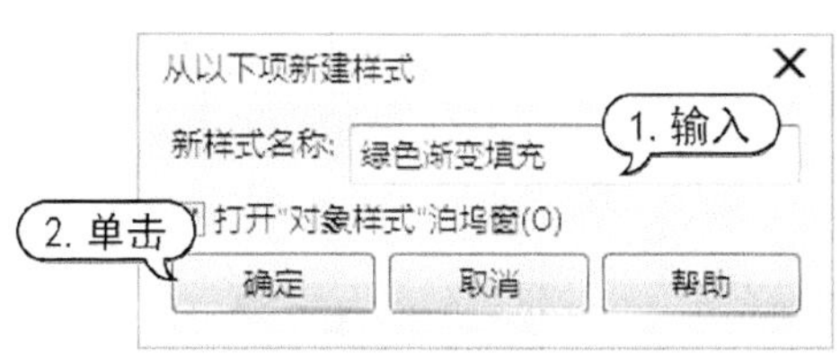

step 3　在打开的【对象样式】泊坞窗，可以看见保存的图形样式。在该泊坞窗中，选中刚创建的样式，还可以在泊坞窗下方显示其色彩填充的具体设置。

知识点滴

如果在选取对象后单击鼠标右键，在弹出的快捷菜单中选择【对象样式】|【从以下项新建样式】|【轮廓】命令，则可以创建一个只包含对象轮廓线设置的轮廓样式。

2. 从对象创建样式集

样式集功能可以在一个样式设置中同时保存所选对象的填充、轮廓、字符、段落及图文框等属性，也同样可以将设置好的样式导出成外部样式文件，方便以后或发送给其他人使用，以及将所选样式设置为默认的文档属性，为进行大型编辑内容的设计工具提供更多的编辑帮助。

选择需要创建样式集的对象后，右击鼠标，在弹出的快捷菜单中选择【对象样式】|【从以下项新建样式集】命令，即可创建出一个样式集项目。

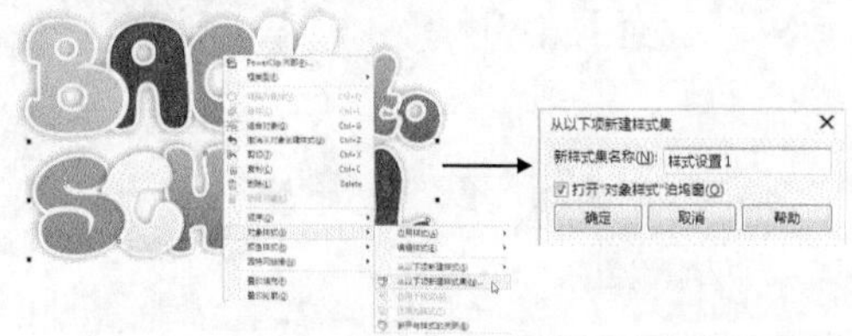

单击样式设置项目后面的【添加或删除样式】按钮，可以添加或删除要在该样式集中包含的项目内容。

知识点滴

在绘图页面中选取需要创建样式集的对象后，按住鼠标并将其拖动到【对象样式】泊坞窗中的【样式集】选项上，释放鼠标即可将所选对象的设置创建为一个样式集。另外在样式集内还可以单击【新建子样式集】按钮创建子样式集，以便于编辑出更细致的对象设置效果。

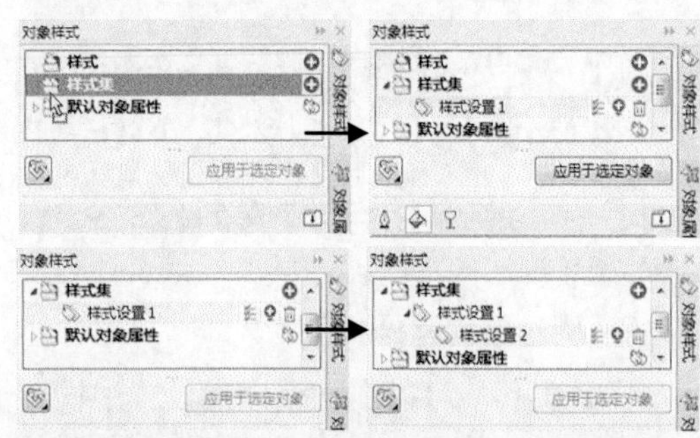

8.2.2 应用图形或文本样式

在创建新的图形或文本样式后，新绘制的对象不会自动应用该样式。要应用新建的图形样式，可以在需要应用图形样式的对象上单击鼠标右键，从弹出的命令菜单中选择【对象样式】|【应用样式】命令，并在展开的下一级子菜单中选择所需要的样式即可。

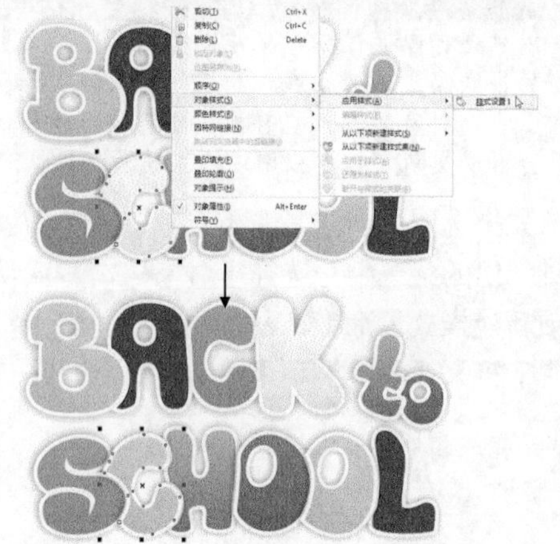

用户也可以在选择需要应用图形或文本样式的对象后，在【对象样式】泊坞窗中直接双击需要应用的图形或文本样式名称，或单击【应用于选定对象】按钮，可快速地将指定的样式应用到选取的对象上。

实用技巧

【对象样式】泊坞窗中的【默认对象属性】所包含的样式项目，是对文档中各种类型的对象默认的样式设置，如果需要对新建文档中所创建对象的默认设置进行修改，可以在此选择需要的样式项目并进行编辑即可。在需要恢复到基本的默认设置时，可以在需要恢复的样式上单击鼠标右键并选择【还原为新文档默认属性】命令，或直接单击该样式后面的按钮即可。

8.2.3 编辑样式或样式集

在创建图形或文本样式后，如果对保存的图形或文本样式的外观属性不满意，可以对图形或文本样式进行编辑和修改。

【例 8-3】在绘图文件中，编辑文本样式。
视频+素材 (光盘素材\第 08 章\例 8-3)

step 1 在CorelDRAW X7 中，打开绘图文档，并使用【选择】工具选中文字对象。

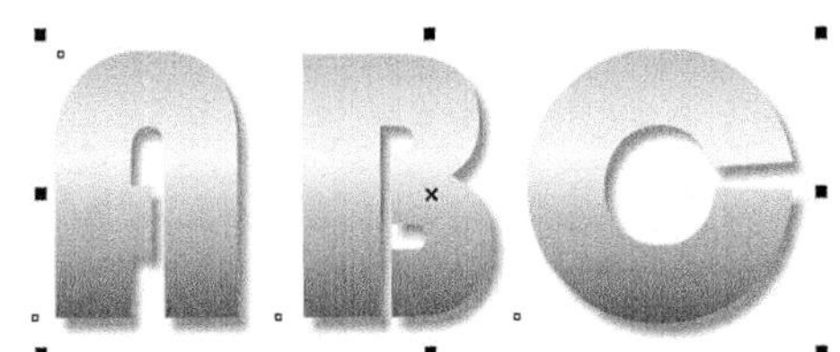

step 2 选择【窗口】|【泊坞窗】|【对象样式】命令，打开【对象样式】泊坞窗。在泊坞窗中需要编辑的样式集上单击，将其选取，查看所选样式的具体设置。

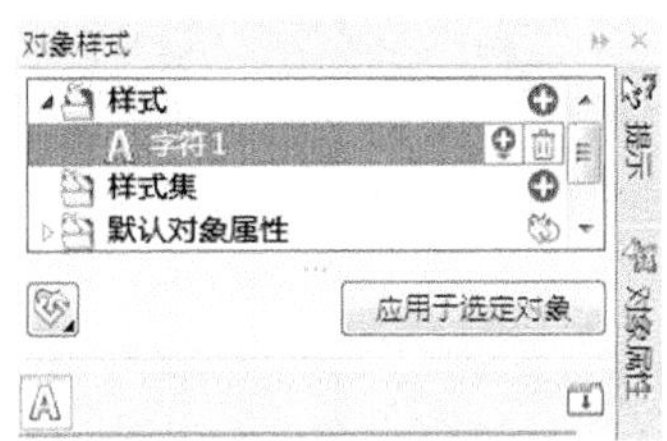

step 3 在泊坞窗下部的样式具体设置区中，对所选样式进行修改，然后单击【应用于选定对象】按钮即可更新应用该样式的对象。

知识点滴

如果需要对所选样式或样式集的填充、轮廓效果进行具体的修改，可以在内容项目列表中单击该项目后面的设置按钮…，打开填充或轮廓设置对话框，完成修改后单击【确定】按钮即可。

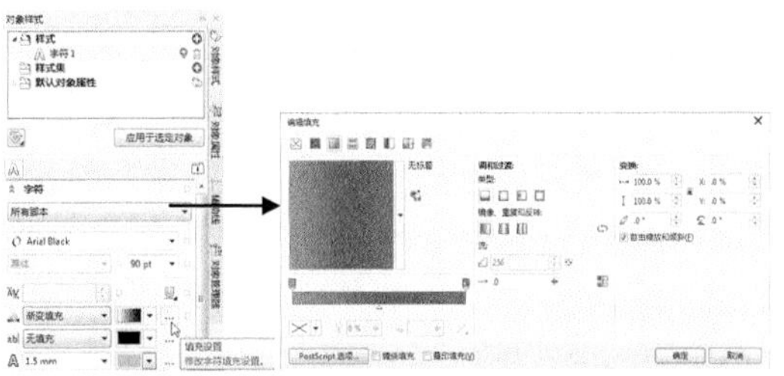

8.2.4　断开与样式的关联

默认情况下，在修改了【对象样式】泊坞窗中的样式后，文档中所有应用了该样式的对象就会自动更新为新的样式设置。如果需要取消它们之间的联系，可以在选择对象后，右击鼠标，在弹出的菜单中选择【对象样式】|【断开与样式的关联】命令，即可使所选对象不再随该样式的修改而更新。

8.2.5　删除样式或样式集

要删除不需要的图形或文本样式，可以在【对象样式】泊坞窗中选择需要删除的样式，然后单击该样式后的按钮，或直接按下 Delete 键，即可将其删除。

8.3　颜色样式

颜色样式是指应用于绘图中的对象的颜色集。将应用在对象上的颜色保存为颜色样式，可以方便、快捷地为其他对象应用所需要的颜色，其功能与用法与对象样式基本相同。

8.3.1　创建颜色样式

选择【窗口】|【泊坞窗】|【颜色样式】命令，或按 Ctrl+F6 键，打开【颜色样式】泊坞窗。

要创建颜色样式最简单的方法就是选中设置了颜色效果的对象后，将其按住并拖入【颜色样式】泊坞窗的颜色样式列表中，即可将对象中包含的所有颜色分别添加到颜色样式列表中。

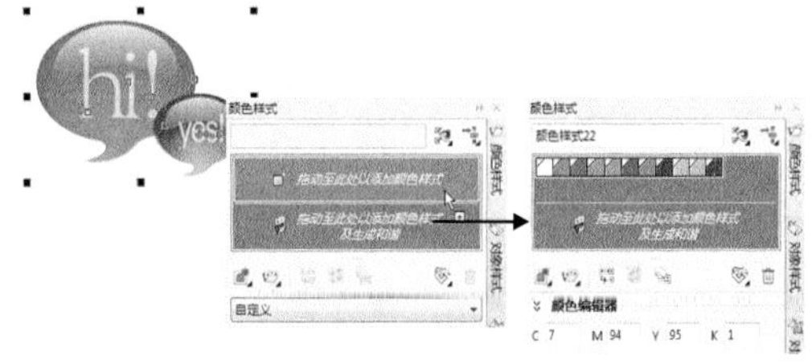

实用技巧

与创建对象样式相似，创建颜色样式时，新样式将被保存到活动绘图中，同时可将它应用于绘图中的对象。

在【颜色样式】泊坞窗中单击【新建颜色样式】按钮，在弹出的菜单中选择【新建颜色样式】命令，即可在颜色样式列表中新建一个默认为红色的颜色样式，在下面的颜色编辑器中输入需要的颜色值，即可改变新建颜色样式。

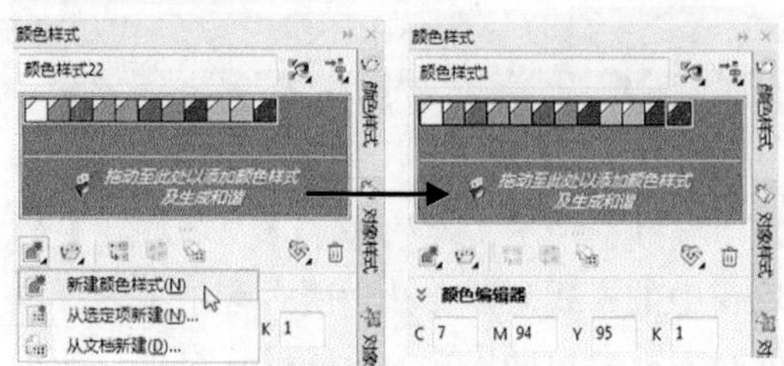

在绘图页面中的对象上，右击鼠标，在弹出的菜单中选择【颜色样式】|【从选定项新建】命令，打开【创建颜色样式】对话框。

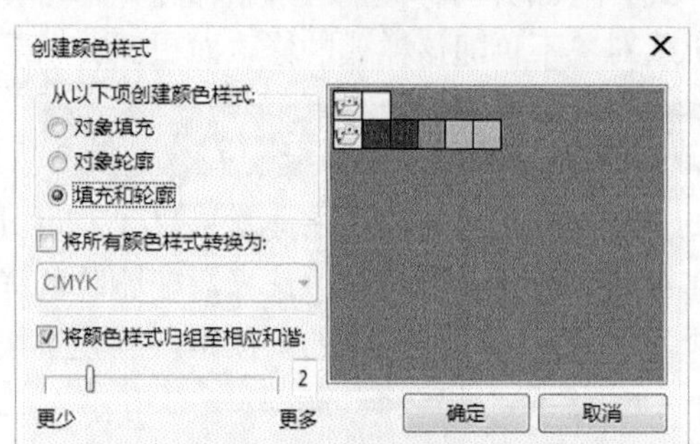

在该对话框中，选择是以对象填充、轮廓还是填充和轮廓颜色来创建，然后根据需要选择是否将所选颜色创建为颜色和谐，单击【确定】按钮，即可将所选对象中包含的所有颜色分别添加到颜色样式列表中。

知识点滴

在 CorelDRAW 中【颜色和谐】功能类似对象样式中的样式集，可以将多个颜色添加在一个颜色文件夹中。创建颜色和谐的方法也基本一致，将选取的对象或颜色拖入到【颜色样式】泊坞窗中的颜色和谐列表框，或在选择文档创建颜色样式时，在【创建颜色样式】对话框中选中【将颜色样式归组至相应和谐】复选框，并在下面的调整条或文本框中输入需要的分组数目，即可创建对应内容的颜色和谐。

在【颜色样式】泊坞窗中单击【新建颜色样式】按钮，在弹出的菜单中选择【从文档新建】命令，或在绘图页面中的对象上右击鼠标，在弹出的菜单中选择【颜色样式】|【从文档新建】命令，然后在打开的【创建颜色样式】对话框中选择需要的设置并单击【确定】按钮，即可将当前文档中颜色添加到【颜色样式】泊坞窗中。

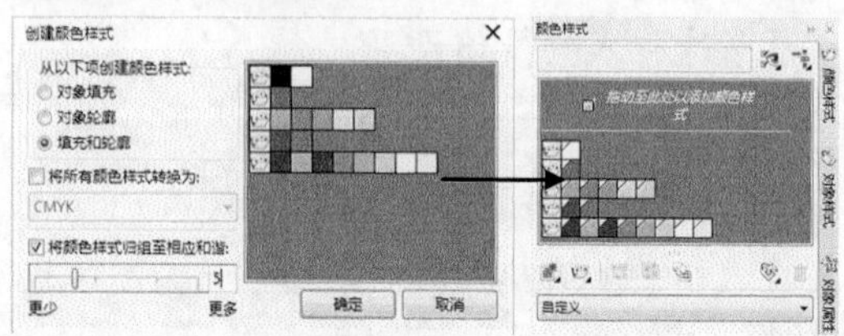

【例 8-4】在绘图文件中，根据选定的对象创建颜色样式。

视频+素材 (光盘素材\第 08 章\例 8-4)

step 1 在打开的绘图文件中，使用【选择】工具选择需要从中创建颜色样式的对象。

step 2 选择【窗口】|【泊坞窗】|【颜色样式】命令，打开【颜色样式】泊坞窗。在【颜色样式】泊坞窗中，单击【新建颜色样式】按钮，在弹出的菜单中选择【从选定项新建】命令。

step 3　在打开的【创建颜色样式】对话框中，选中【填充和轮廓】单选按钮，选中【将颜色样式归组至相应和谐】复选框。

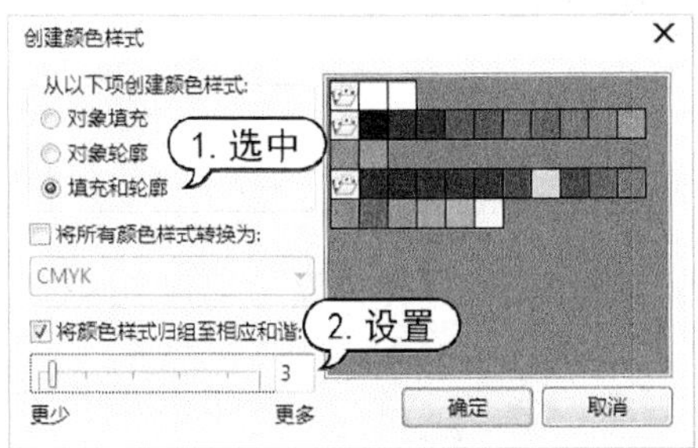

step 4　设置完成后，单击【确定】按钮关闭【创建颜色样式】对话框，在【颜色样式】泊坞窗中创建颜色样式。

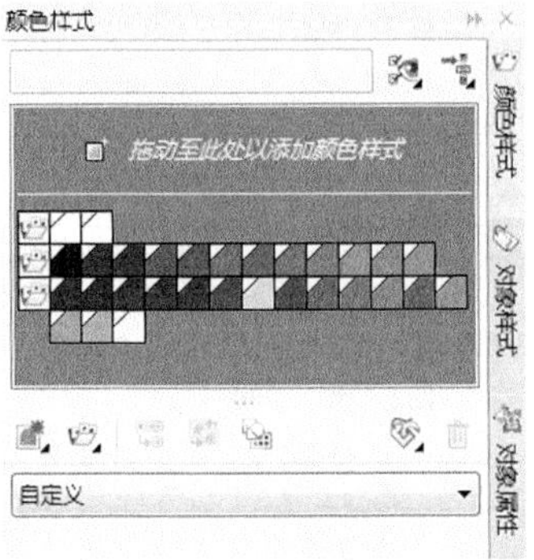

8.3.2 编辑颜色样式

在 CorelDRAW 中，对颜色样式或颜色和谐的修改，可以直接在【颜色样式】对话框中完成，修改颜色样式后，应用了该样式的对象也会发生相应的变化。

【例 8-5】在绘图文件中，编辑颜色样式。
视频+素材 (光盘素材\第 08 章\例 8-5)

step 1　打开绘图文件，选择【窗口】|【泊坞窗】|【颜色样式】命令，打开【颜色样式】泊坞窗。

step 2　在【颜色样式】泊坞窗中，单击【新建颜色样式】按钮，在弹出的菜单中选择【从文档新建】命令，打开【创建颜色样式】对话框。在该对话框中，选中【将颜色样式归组至相应和谐】复选框，然后单击【确定】按钮。

step 3　在【颜色样式】泊坞窗中，选中需要编辑的颜色样式，然后在泊坞窗下面的【颜色编辑器】选项组中设置需要的数值，即可改变所选颜色样式的色相。

step 4　在【颜色样式】泊坞窗中单击一个【和谐文件夹】图标，选中该颜色和谐中的所有颜色，然后在下面的【和谐编辑器】选项组中，按住并拖动色谱环上的颜色环，即可整体改变全部颜色样式的色相。

8.3.3 删除颜色样式

对于【颜色样式】泊坞窗中不需要的颜色样式，可以将其删除。要删除颜色样式，只需选择需要删除的颜色样式后，单击泊坞窗中的按钮，或按 Delete 键即可。删除应用在对象上的颜色样式后，对象的外观效果不会受到影响。

8.4 模板

CorelDRAW X7 中的模板是一组可以控制绘图布局、页面布局和外观样式的设置，用户可以从 CorelDRAW 提供的多种预设模板中选择一种可用的模板。在模板的基础上进行绘图制作，可以减少设置页面布局和页面格式等样式的时间。

8.4.1 创建模板

如果预设模板不符合用户的要求，则可以根据创建的样式或采用其他模板的样式创建模板。在保存模板时，可以添加模板参考信息，如页码、折叠、类别、行业和其他重要注释，这样便于对模板进行分类或查找。

【例 8-6】将当前绘图文件保存为模板。
视频+素材 (光盘素材\第 08 章\例 8-6)

step 1 为当前文件设置好页面属性，并在页面中绘制出模板中的基本图形或添加所需的文本对象。

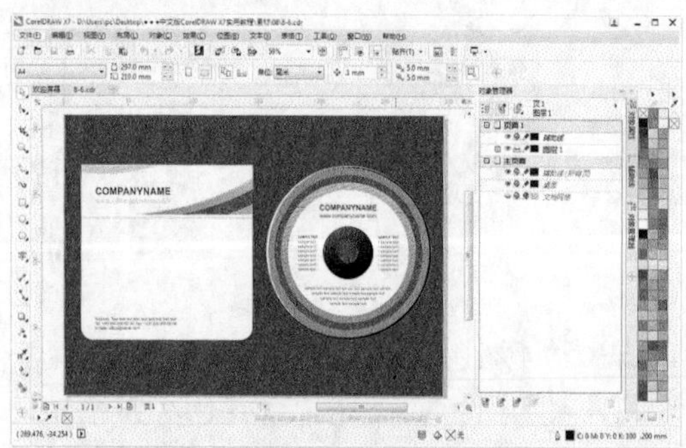

step 2 选择【文件】|【保存为模板】命令，弹出【保存绘图】对话框，在【保存在】下拉列表中选择模板文本的保存位置 ，在【文件名】文本框中输入模板文件的名称，保持【保存类型】选项中的模板文件格式不变，然后单击【保存】按钮。

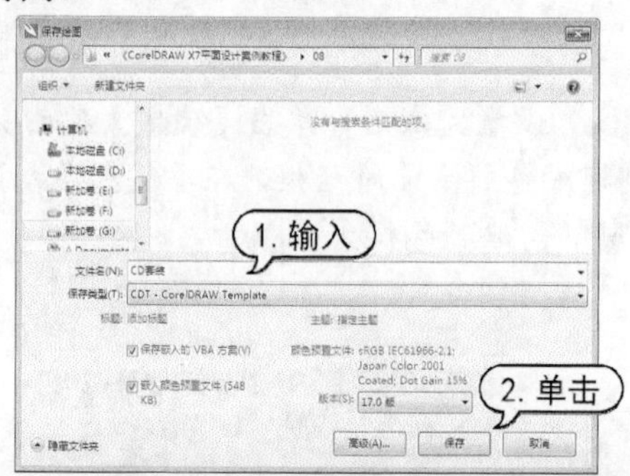

step 3 此时将打开【模板属性】对话框，在其中添加相应的模板参考信息后，单击【确定】按钮，即可将当前文件保存为模板。

知识点滴

【模板属性】对话框中的【打印面】选项可以设置打印页码选项，包括【单一】和【双面】选项。【折叠】选项下拉列表框中可以选择一种折叠方式；选择【其他】选项后，可以在该选项右边的文本框中输入折叠类型；【类型】选项下拉列表中可以选择一种模板类型；【行业】选项下拉列表中可以选择模板应用的行业；【设计员注释】文本框可以输入有关模板设计用途的重要信息。

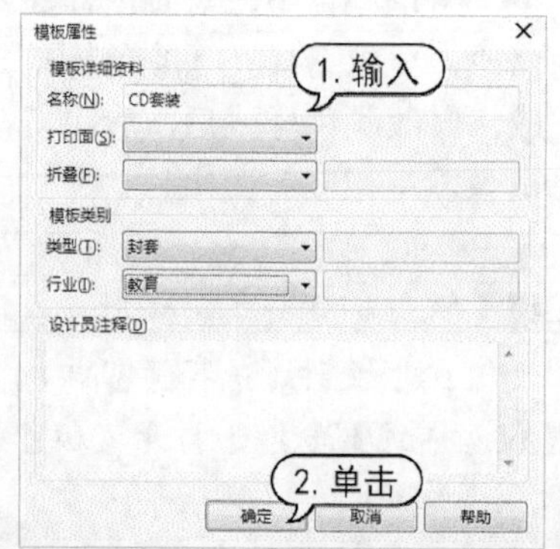

8.4.2 应用模板

CorelDRAW 预设了多种类型的模板，用户可以通过这些模板创建新的绘图页面，也可以从中选择一种适合的模板载入到绘制的图形文件中。

选择【文件】|【从模板新建】命令，或在欢迎屏幕窗口中单击【从模板新建】选项，打开【从模板新建】对话框。在该对话框左边单击【全部】选项，可以显示系统预设的全部模板文件。在【模板】下拉列表中选择所需的模板文件，然后单击【打开】按钮，即可在 CorelDRAW X7 中新建一个以模板为基础的图形文件，用户可以在该模板的基础上进行修改、新建。

【例 8-7】从模板新建绘图文件。
视频+素材 (光盘素材\第 08 章\例 8-7)

step 1 在启动CorelDRAW X7 应用程序后，单击【欢迎屏幕】中的【从模板新建】选项，或选择【文件】|【从模板新建】命令，打开【从模板新建】对话框。

step 2 在该对话框的左侧的【查看方式】下拉列表中选择模板的过滤方式，在下面的列表中选择【类型】选项。并从列表中单击【小册子】选项，然后在【模板】预览区中单击选中【北美牙医-广告册】模板，这时该对话框右侧的【设计员注释】区域中将显示该模板的所有注释信息。

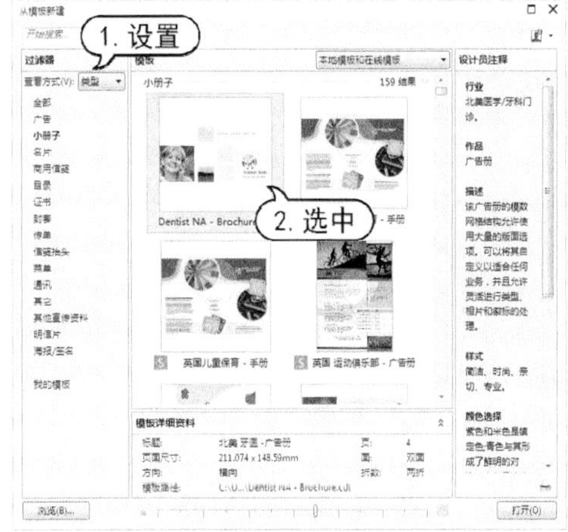

step 3 然后单击【从模板新建】对话框中的【打开】按钮，将选中的模板在CorelDRAW X7 应用程序中打开。

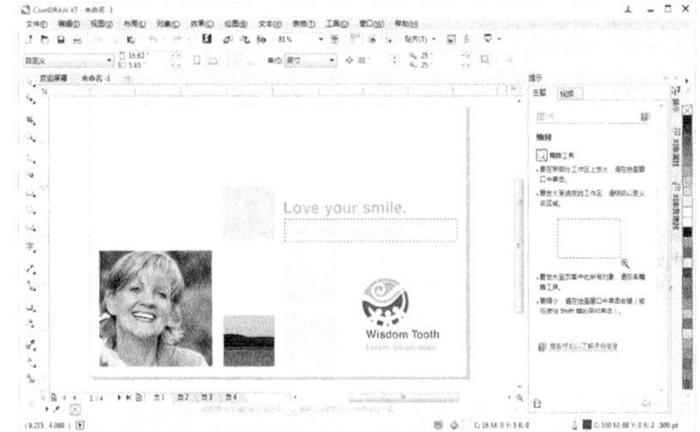

8.5　案例演练

本章的案例演练部分通过制作 VIP 卡和手机造型设计的综合实例操作，使用户通过练习从而巩固本章所学知识。

8.5.1　制作 VIP 卡

【例 8-8】制作 VIP 卡。
素材 (光盘素材\第 08 章\例 8-8)

step 1 选择【文件】|【新建】命令，打开【创建新文档】对话框。在该对话框【名称】文本框中输入“VIP卡”，在【大小】下拉列表中选择A5，单击【横向】按钮，然后单击【确定】按钮。

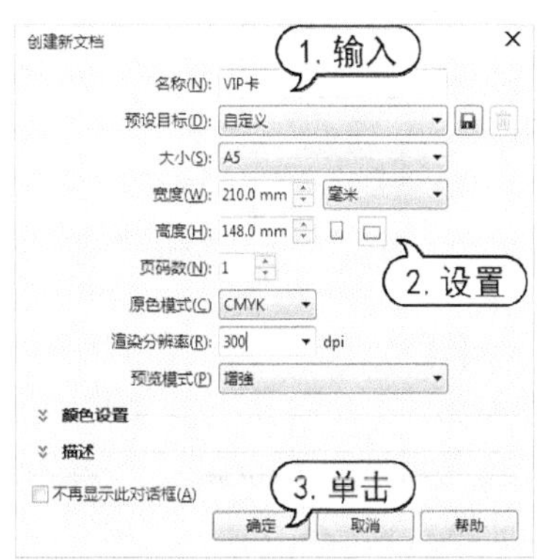

step② 在【对象管理器】泊坞窗中，右击【图层 1】名称，在弹出的菜单中选择【重命名】命令，然后在文本框中输入“卡-正面”。

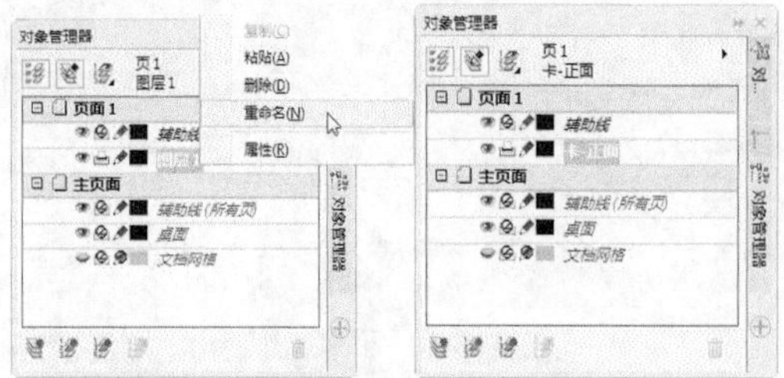

step③ 选择【布局】|【页面背景】命令，打开【选项】对话框。在该对话框中，选中【纯色】单选按钮，单击右侧的按钮，在弹出的下拉面板中单击【更多】按钮。

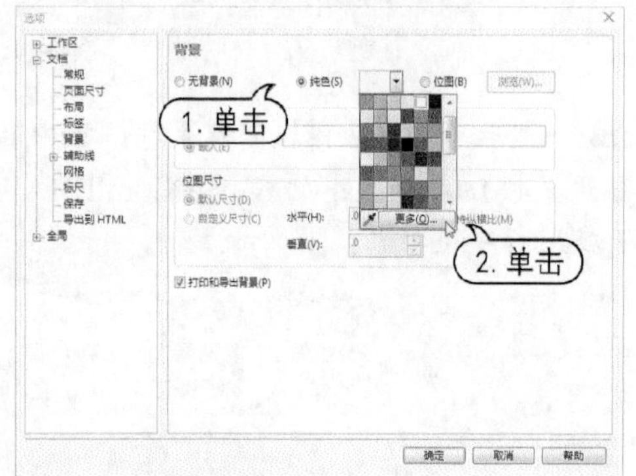

step④ 打开【选择颜色】对话框。在该对话框中，设置页面背景颜色为C:75 M:69 Y:64 K:26，然后单击【确定】按钮，关闭【选择颜色】对话框，再单击【确定】按钮应用背景色。

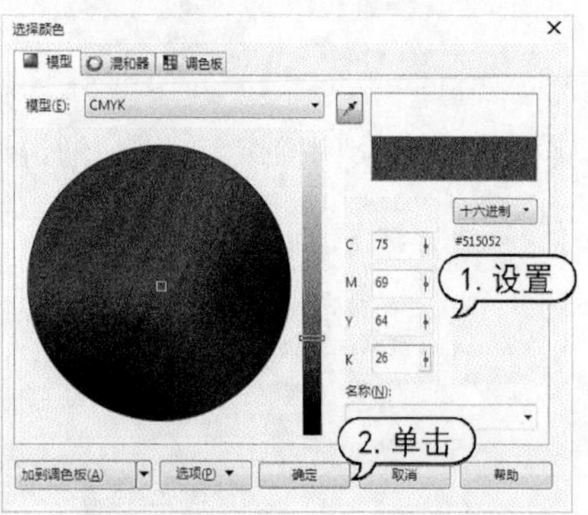

step⑤ 选择【矩形】工具在页面中拖动绘制矩形，再在属性栏中设置对象宽度数值为90mm，高度数值为 55mm，【圆角半径】数值为 5mm。在调色板中取消轮廓色，按F11键打开【编辑填充】对话框。在该对话框中，设置渐变色C:5 M:0 Y:75 K:0 到C:0 M:17 Y:99 K:0 到C:2 M:47 Y:98 K:0，设置【填充宽度】数值为 137%，【旋转】数值为 60°，然后单击【确定】按钮。

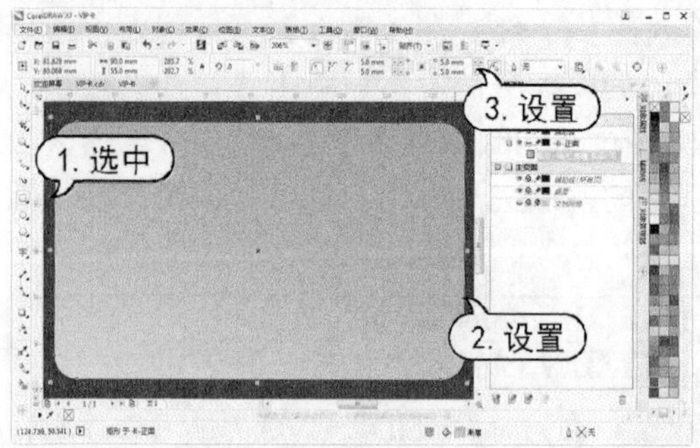

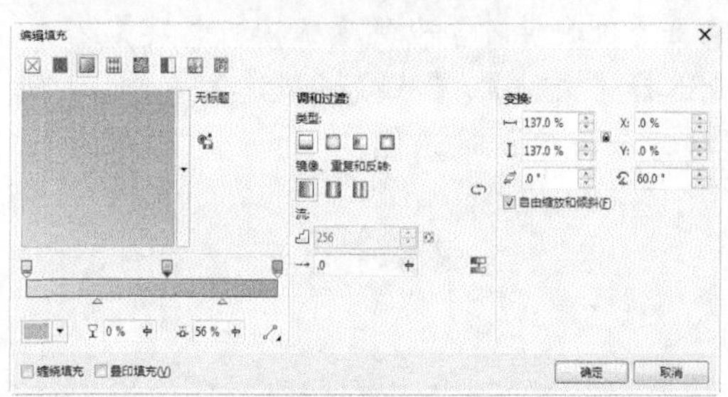

step⑥ 选择【椭圆形】工具，按Shift+Ctrl键在页面中单击拖动绘制圆形，并在调色板中取消轮廓色，单击【白色】色板填充。

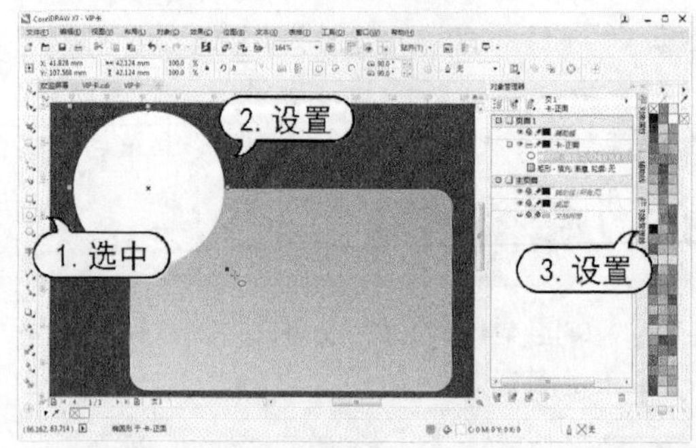

step⑦ 选择【窗口】|【泊坞窗】|【效果】|【透镜】命令，打开【透镜】泊坞窗。在泊坞窗中透镜类型下拉列表中选择【变亮】选项，设置【比率】数值为 20%。

step⑧ 移动并复制刚创建的圆形，并调整复制的圆形大小。然后使用【选择】工具选中全部圆形，按Ctrl+G键进行组合。

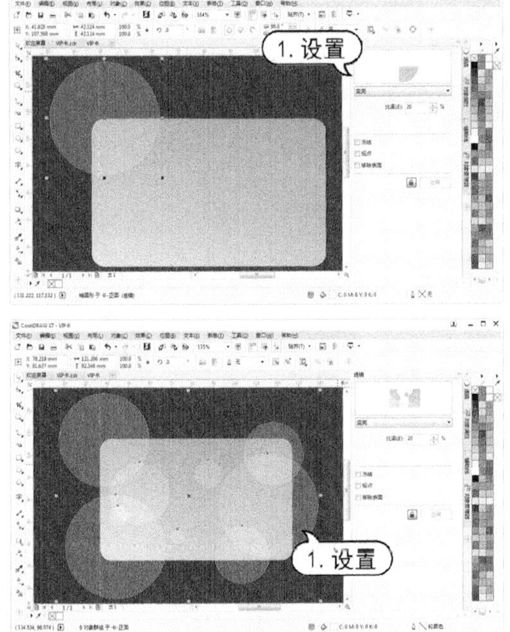

step 9 选择【对象】|【图框精确裁剪】|【置于图文框内部】命令，当光标变为黑色箭头时，单击最先绘制的圆角矩形。

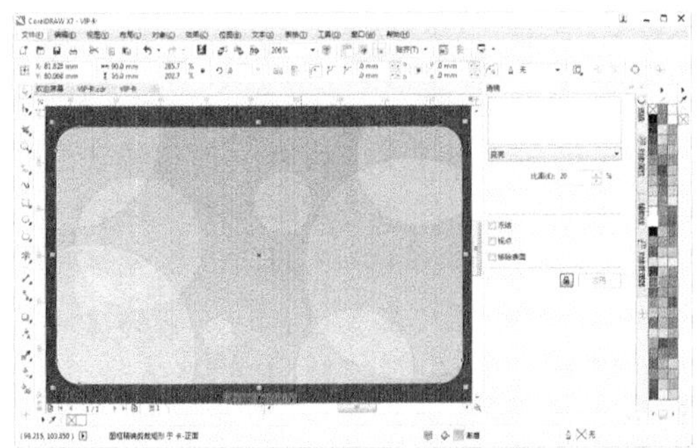

step 10 单击标准工具栏中的【导入】按钮，打开【导入】对话框。在该对话框中，选中需要导入的图形文档，单击【导入】按钮。

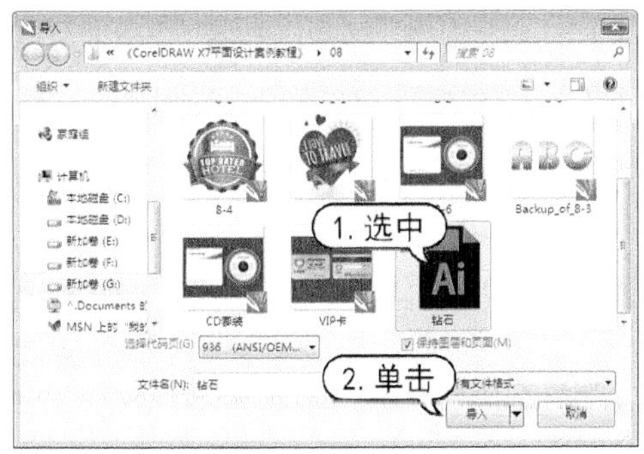

step 11 在文档中单击，导入图形对象，并调整导入图像的大小及位置。

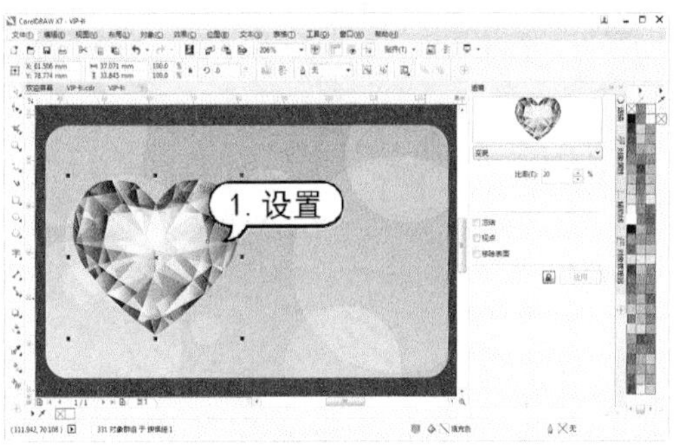

step 12 保持导入图像的选中状态，在属性栏中单击【锁定比率】按钮，设置对象宽度数值为 25mm。

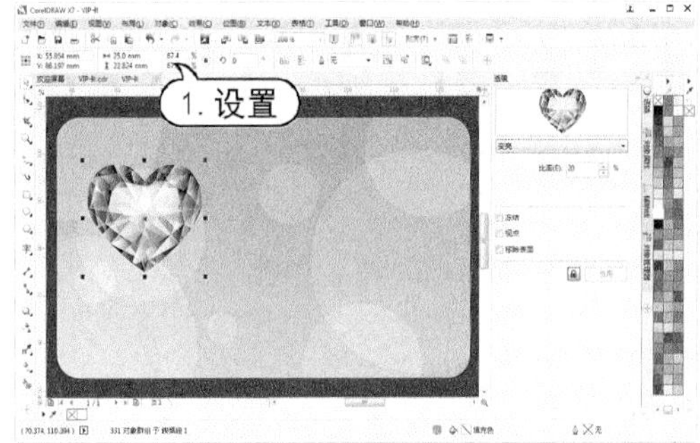

step 13 选择【文本】工具在页面中单击，在属性栏中设置字体样式为Arial Black，设置字体大小数值为 22pt，然后输入文字内容。

step 14 使用【选择】工具选中导入图像和输入文字，再选择【窗口】|【泊坞窗】|【对齐与分布】命令，打开【对象与分布】泊坞窗。在泊坞窗中，单击【水平居中对齐】按钮，然后按Ctrl+G键进行组合。

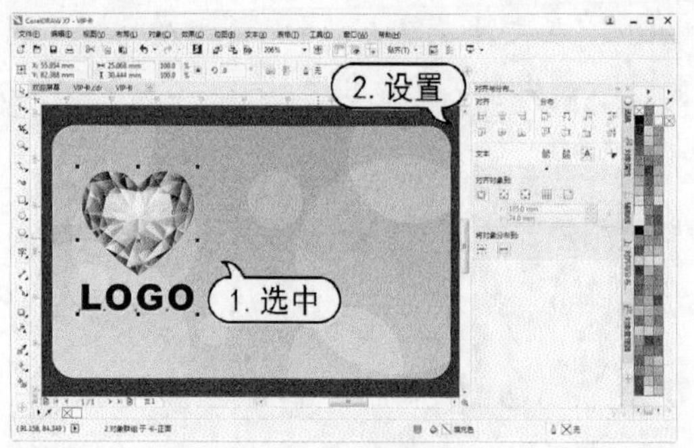

step 15 选择【文本】工具在页面中单击，在属性栏中设置字体为Clarendon BLK BT，设置字体大小数值为57pt，然后输入文字内容。

step 16 选择【选择】工具选中刚输入的文字，按F11 键打开【编辑填充】对话框。在该对话框中，单击【渐变填充】按钮，并设置渐变色为K:100 至K: 0 至K:30 至K: 70 至K: 100，【旋转】数值为90°，然后单击【确定】按钮。

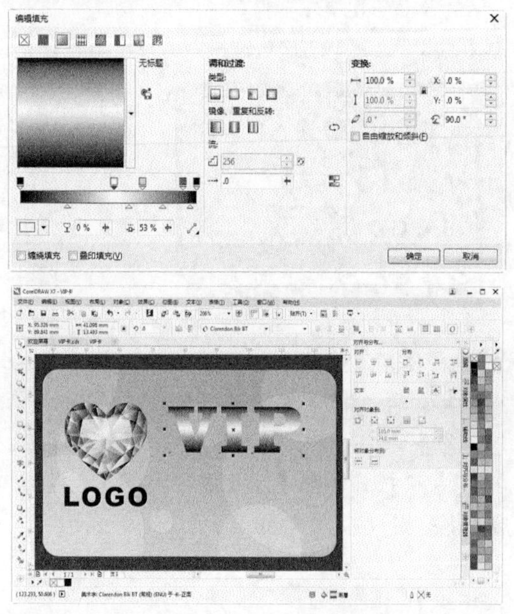

step 17 按F12 键打开【轮廓笔】对话框，在【宽度】下拉列表中选择【细线】选项，然后单击【确定】按钮。

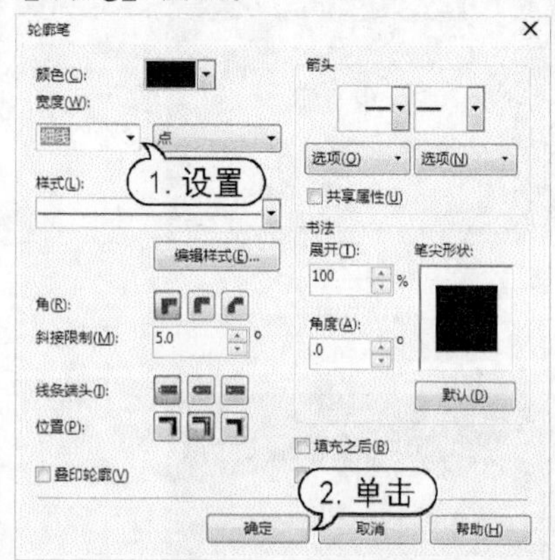

step 18 选择【文本】工具在页面中单击，在属性栏中设置字体为【方正大黑_GBK】，设置字体大小数值为12pt，单击【文本属性】按钮，在打开【文本属性】泊坞窗的【段落属性】选项组中设置【字符间距】数值为40%，然后输入文字内容。

step 19 选择【文本】工具在页面中单击，在属性栏中设置字体为Arial，设置字体大小数值为12pt,，然后输入文字内容。

step 20 选择【选择】工具，按Ctrl+C键复制刚创建的文本，按Ctrl+V键粘贴。在调色板中单击【白色】色板填充复制的文字，然后按Ctrl+Pagedown键将复制的文字向后移动一层，并按键盘上方向键调整文字位置。

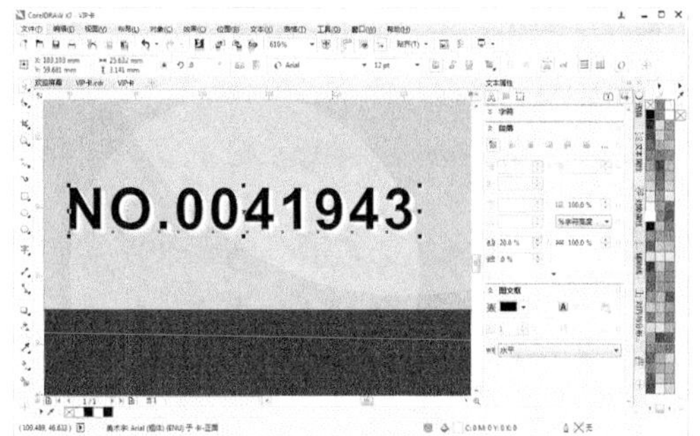

step 21 在【对象管理器】泊坞窗中选择“卡-正面”图层名称，单击【新建图层】按钮，新建图层并输入图层名称“卡-背面”。

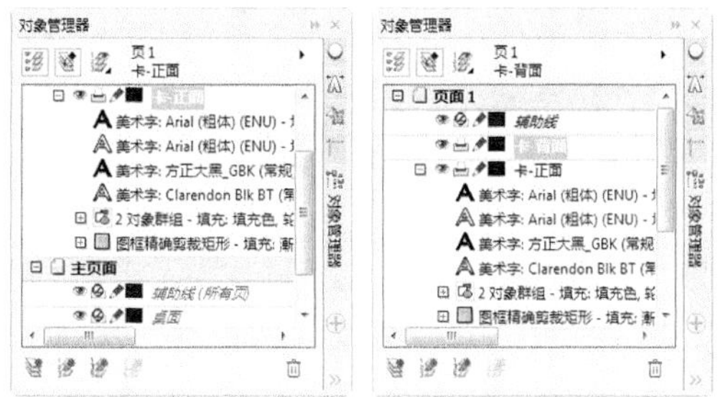

step 22 选择【矩形】工具在页面中拖动绘制矩形，再在属性栏中设置对象宽度数值为90mm，高度数值为 55mm，【圆角半径】数值为 5mm。在调色板中取消轮廓色，按F11键打开【编辑填充】对话框。在该对话框中，设置渐变色C:0 M:16 Y:94 K:0 到C:2 M:4 Y:93 K:0 到C:5 M:31 Y:96 K:0，设置【填充宽度】数值为 135%，【旋转】数值为-64°，然后单击【确定】按钮。

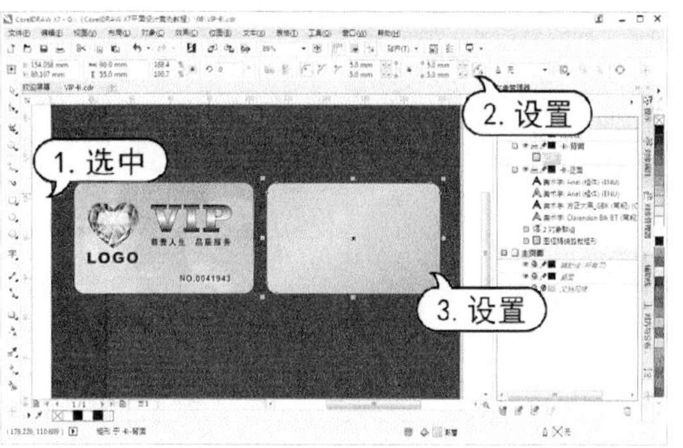

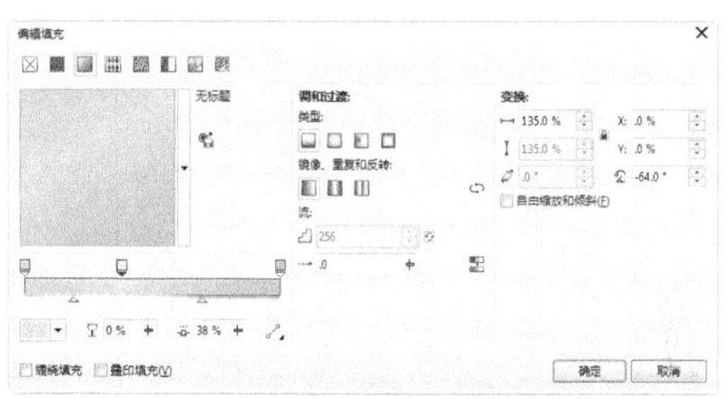

step 23 选择【矩形】工具在页面中拖动绘制矩形，再在属性栏中设置对象宽度数值为90mm，高度数值为 12mm。在调色板中取消轮廓色，按F11 键打开【编辑填充】对话框。在该对话框中，设置渐变色为K:100 至K: 80 至K:100，然后单击【确定】按钮。

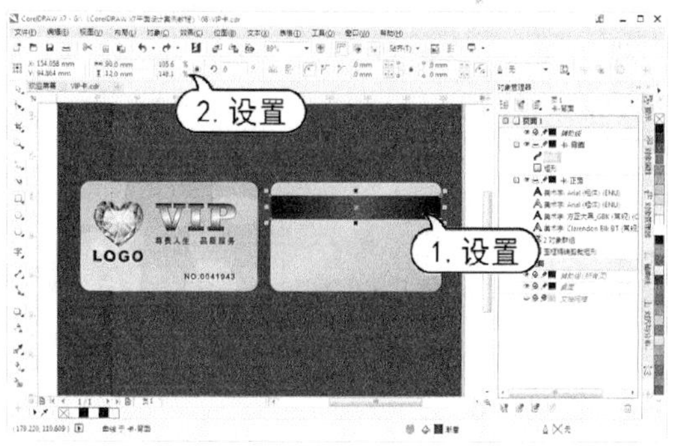

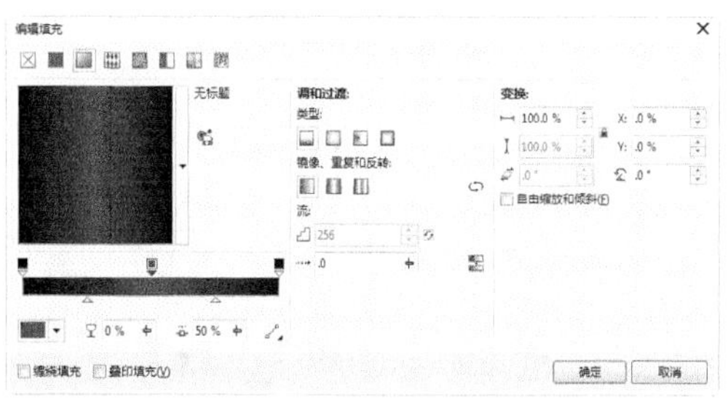

step 24 在【对象管理器】泊坞窗中，展开【卡-正面】图层，并选择【2 对象群组】。单击

泊坞窗右上角【对象管理器选项】按钮▸，在弹出的菜单中选择【复制到图层】命令。当光标变为➜▮状态时单击【卡-背面】图层名称。

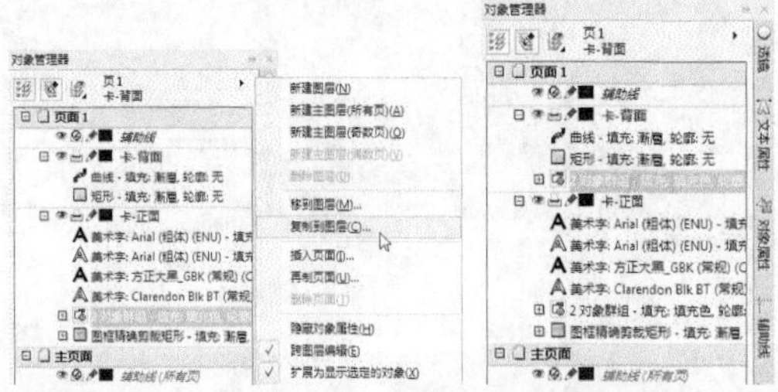

step 25 使用【选择】工具移动复制对象组合，并右击鼠标，在弹出的菜单中选择【顺序】|【到图层前面】命令。

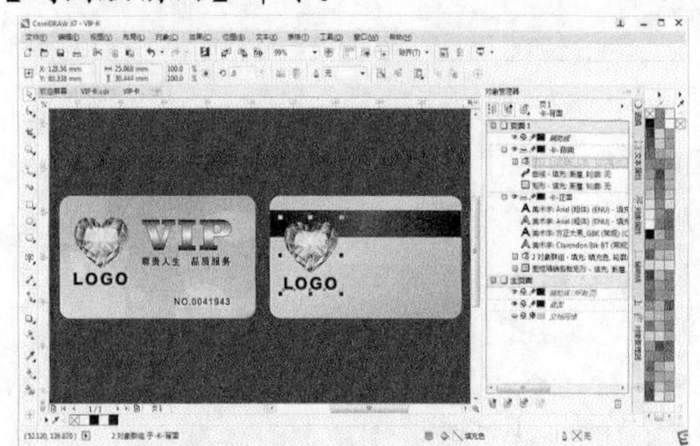

step 26 在属性栏中设置对象原点为左下角，单击【锁定比率】按钮，设置对象宽度为15mm。

step 27 选择【矩形】工具在页面中拖动绘制，并在调色板中取消轮廓色，单击C:0 M:0 Y:0 K:10 色板填充。

step 28 选择【文本】工具在页面中单击，在属性栏【字体列表】中选择【方正大黑_GBK】，设置【字体大小】为 9pt，在【文本属性】泊坞窗的【段落属性】选项组中设置【字符间距】为 0%，然后输入文字内容。

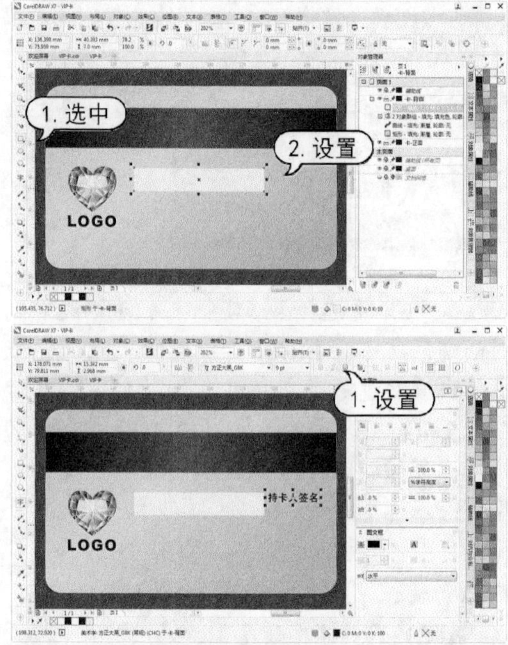

step 29 选择【文本】工具在页面中单击，在属性栏中设置字体为Arial，字体大小数值为24pt，然后输入文字内容。

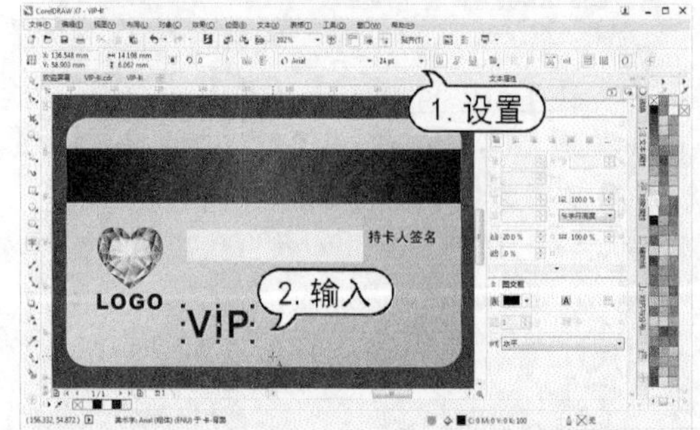

step 30 选择【文本】工具在页面中单击，在属性栏设置字体为【方正大黑_GBK】，设置字体大小数值为 10pt，然后输入文字内容。

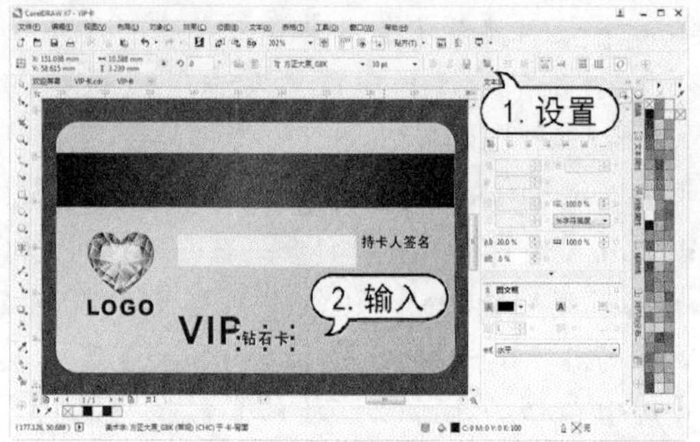

step 31 选择【文本】工具在页面中单击，在属性栏中设置字体为【黑体】，设置字体大小数值为 6pt，在【文本属性】泊坞窗的【段落属性】选项组中设置【字符间距】数值为 0%，然后输入文字内容。

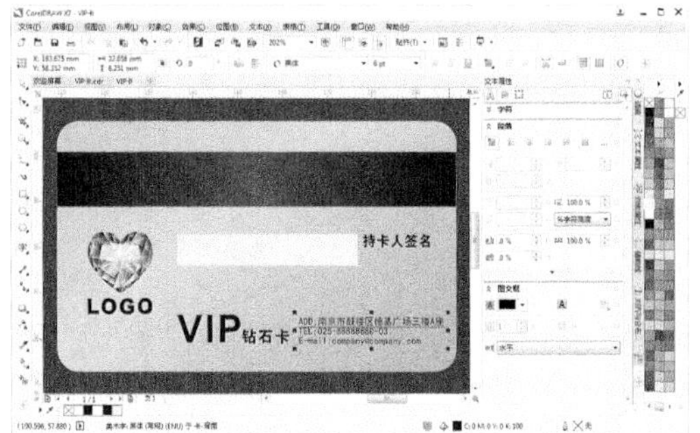

step 32 使用【选择】工具调整输入文字的位置，选择【2 点线】工具，按Shift键绘制直线，并在属性栏中设置【轮廓宽度】为 1.5pt。

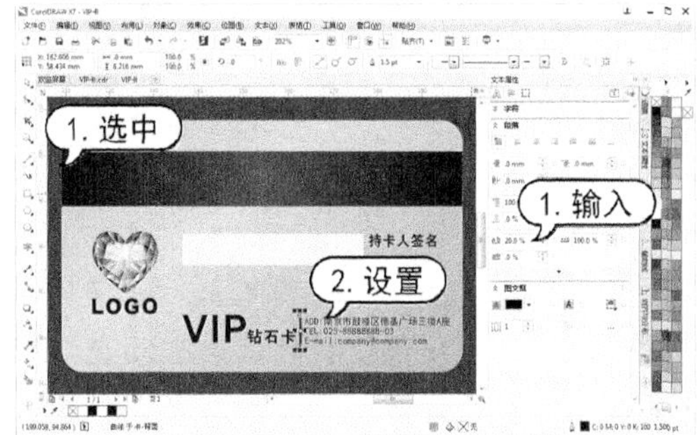

step 33 选择【文件】|【保存为模板】命令，打开【保存绘图】对话框。在该对话框中，单击【保存】按钮。

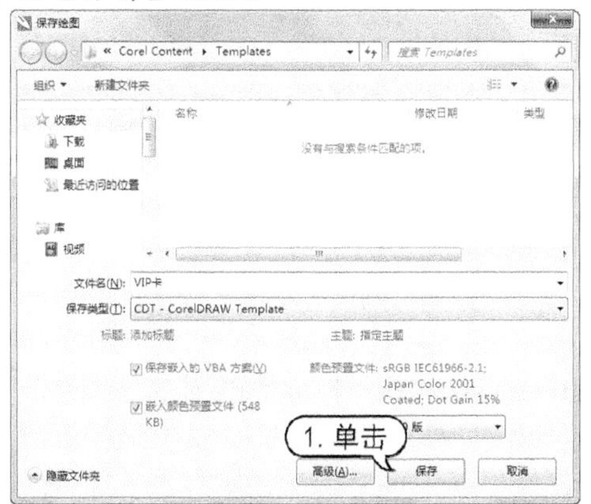

step 34 打开【模板属性】对话框。在【模板属性】对话框的【名称】文本框中输入“VIP卡”，在【类型】下拉列表中选择【其他宣传资料】选项，【行业】下拉列表中选择【零售】选项，在【设计员注释】文本框中输入“钻石卡设计、黄色版”，然后单击【确定】按钮将文档保存为模板。

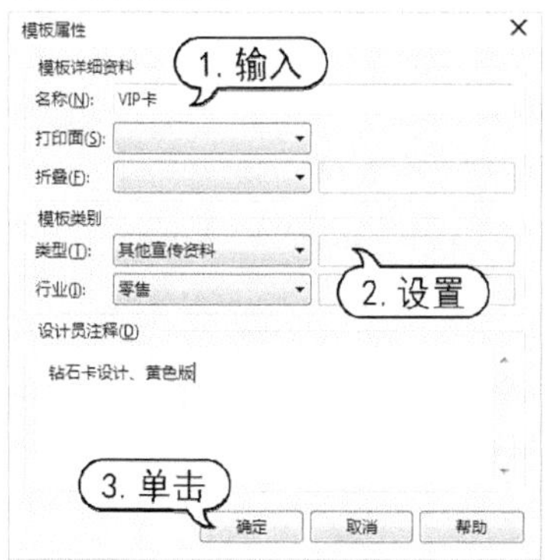

8.5.2 手机造型设计

【例 8-9】手机造型设计
视频+素材 (光盘素材\第 08 章\例 8-9)

step 1 选择【文件】|【新建】命令，打开【创建新文档】对话框。在对话框【名称】文本框中输入“手机造型设计”，设计【宽度】数值为 160mm，【高度】数值为 210mm，然后单击【确定】按钮。

step 2 双击工具箱中的【矩形】工具绘制覆盖绘图页面的矩形。

step 3 在调色板中，将轮廓色设置为【无】。按F11 键打开【编辑填充】对话框。在该对话框中，单击【渐变填充】按钮，在渐变条上双击添加色标，并设置渐变色填充为C:0 M:0 Y:0 K:30 至C:0 M:0 Y:0 K:至C:0 M:0 Y:0 K:10，设置【旋转】数值为 90°，然后单击

【确定】按钮。

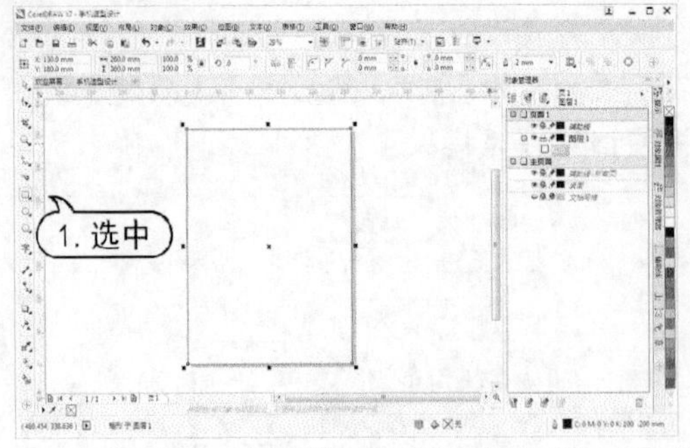

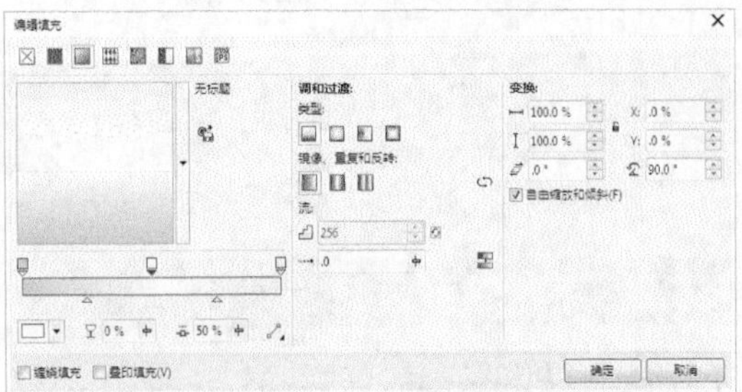

step 4 在绘制的矩形上右击鼠标，从弹出的菜单中选择【锁定对象】命令。再双击【矩形】工具创建矩形，并按Ctrl+PageUp键将矩形上移一层，然后在属性栏中取消选中【锁定比率】单选按钮，设置对象大小的【宽度】数值为 80mm，【高度】数值为 150mm。

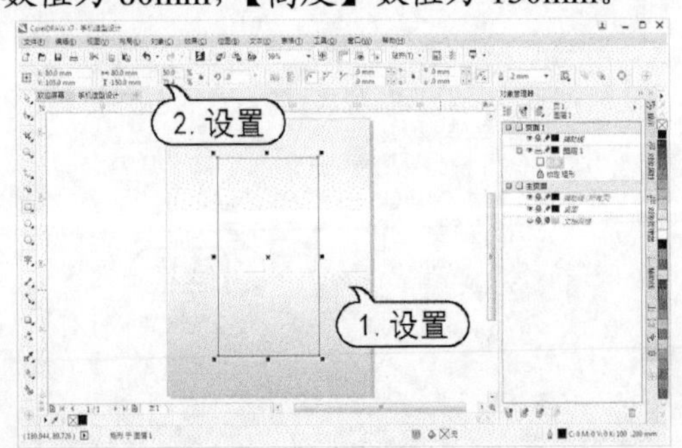

step 5 在属性栏中，单击选中【同时编辑所有角】单选按钮，设置【转角半径】数值为 5mm。

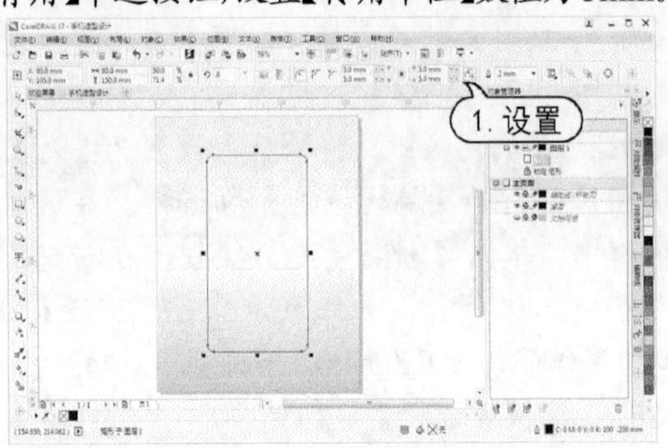

step 6 在调色板中，将绘制的矩形轮廓色设置为【无】，填充色为【白色】。

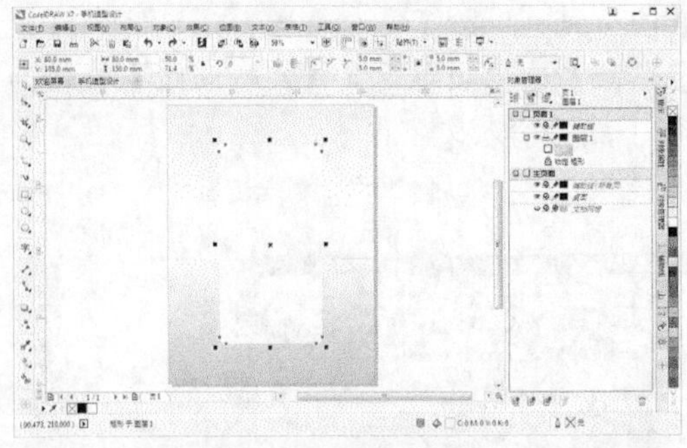

step 7 按键盘上+号复制矩形，并在调色板中设置轮廓色为【黑色】，填充色为【无】。

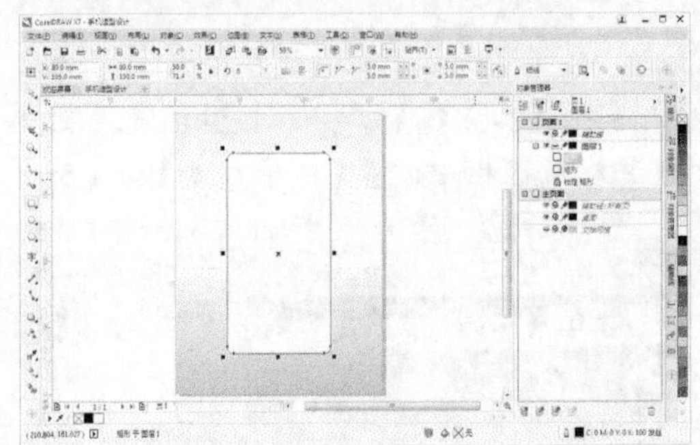

step 8 按F12 键打开【轮廓笔】对话框，在该对话框中设置【宽度】数值为 1.5mm，然后单击【确定】按钮。

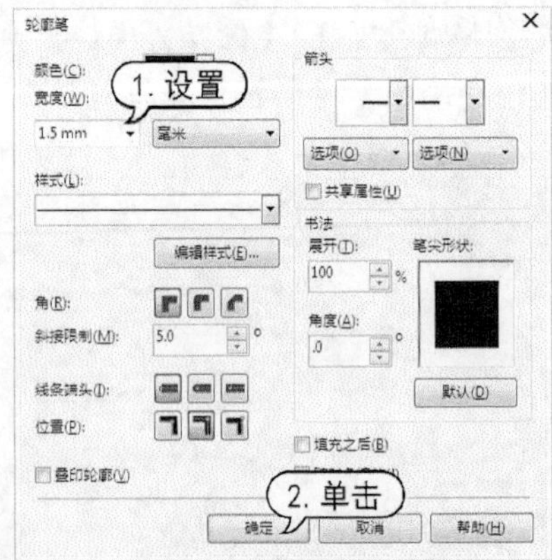

step 9 按 Ctrl+Shift+Q键将轮廓转换为对象，按F11 键打开【编辑填充】对话框。在该对话框中，设置渐变填充色为C:40 M:44 Y:55 K:0 至C:65 M:69 Y:86 K:33 至C:23 M:28 Y:40 K:0 至C:22 M:29 Y:38 K:0 至C:65 M:69 Y:86 K:3 至C:40 M:44 Y:55 K:0，设置【旋转】

数值为-90°，然后单击【确定】按钮。

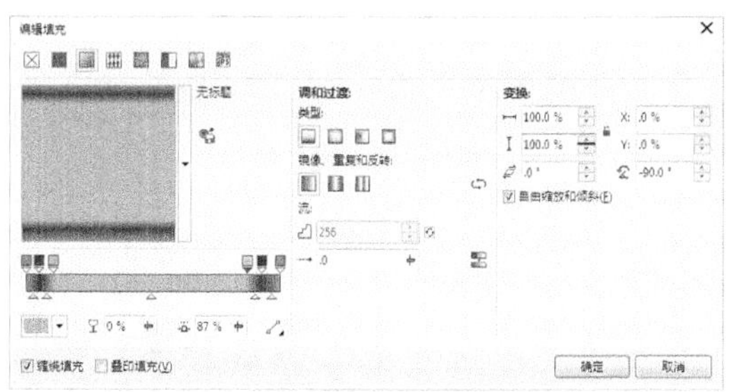

step 10　按Ctrl+C键复制刚绘制的图形，按Ctrl+V键粘贴。选择【矩形】工具在页面中绘制矩形，并在属性栏中，设置对象大小的【宽度】数值为 12mm，【高度】数值为 180mm。

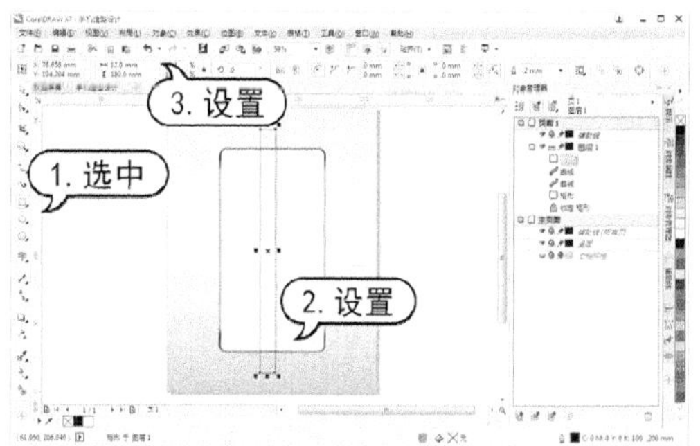

step 11　打开【对齐与分布】泊坞窗，在【对齐对象到】选项区中单击【页面边缘】按钮，然后在【对齐】选项区中单击【水平居中对齐】按钮和【垂直居中对齐】按钮。

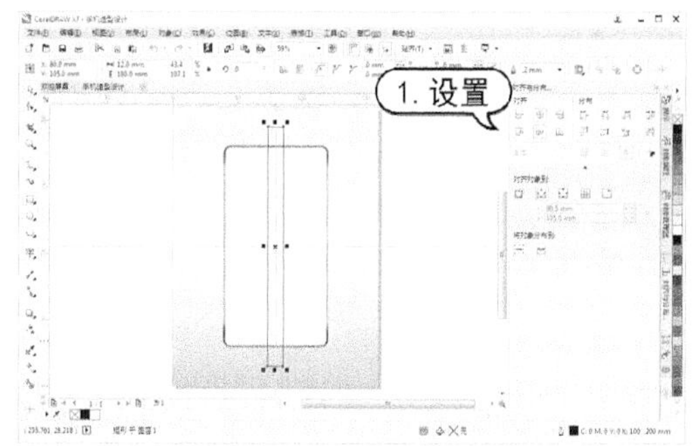

step 12　使用【选择】工具，按Shift键选中刚绘制的矩形和下方复制的曲线对象，然后在属性栏中单击【移除前面对象】按钮。

step 13　选择【折线】工具，在绘图页面中绘制如图所示的图形。

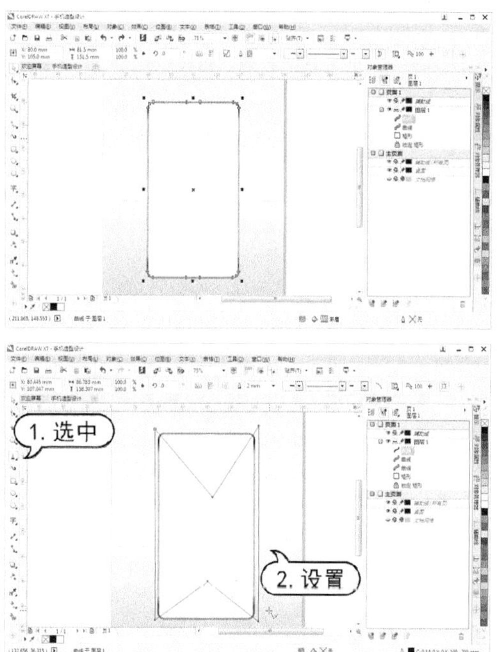

step 14　使用【选择】工具，按Shift键选中刚绘制的图形和下方复制的曲线对象，然后在属性栏中单击【移除前面对象】按钮。

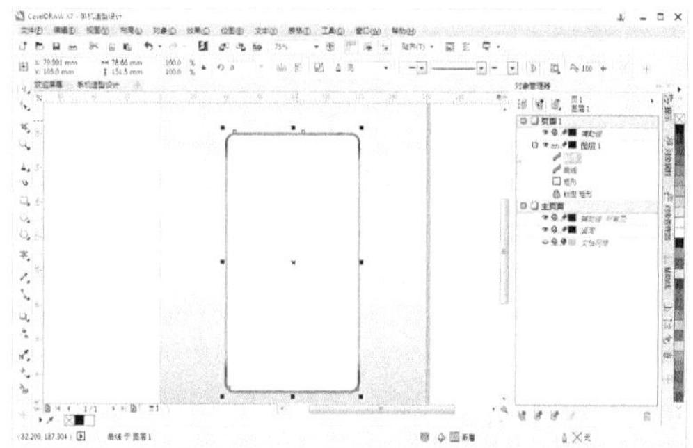

step 15　按F11 键打开【编辑填充】对话框。在该对话框中，设置渐变填充色为C:32 M:34 Y:47 K:0 至C:0 M:0 Y:0 K:0 至C:55 M:73 Y:100K:25 至C:0 M:0 Y:0 K:0 至C:32 M:34 Y:47 K:0，设置【旋转】数值为 0°，然后单击【确定】按钮。

step 16　选中步骤(4)中绘制的矩形，在【变换】泊坞窗中单击【大小】按钮，设置x数值为 77mm，【副本】数值为 1，然后单击【应用】按钮。然后在属性栏中，设置【转角半径】数值为 3.5mm。

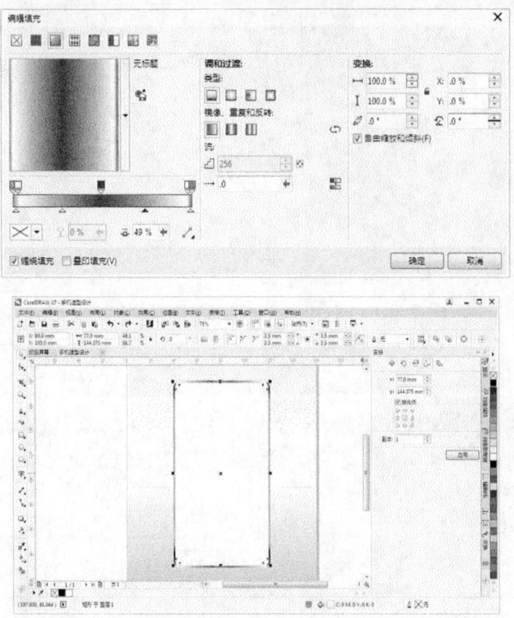

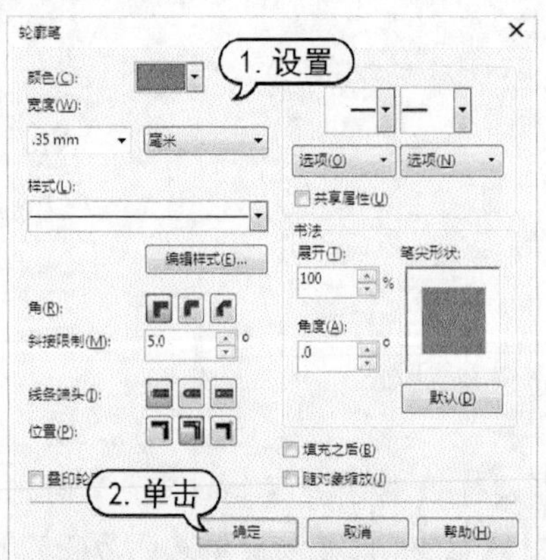

step 17 按F12键，打开【轮廓笔】对话框。在该对话框中，设置【宽度】数值为0.35mm，设置轮廓颜色为C:44 M:51 Y:58 K:0，然后单击【确定】按钮。

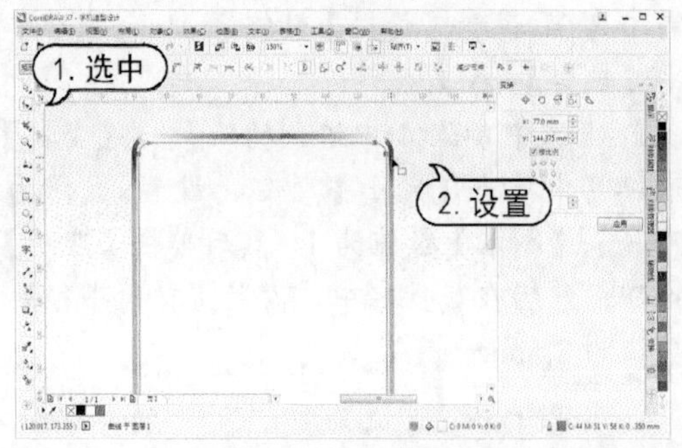

step 18 按Ctrl+Q键将图形对象转换为曲线，并选择【形状】工具调整形状。

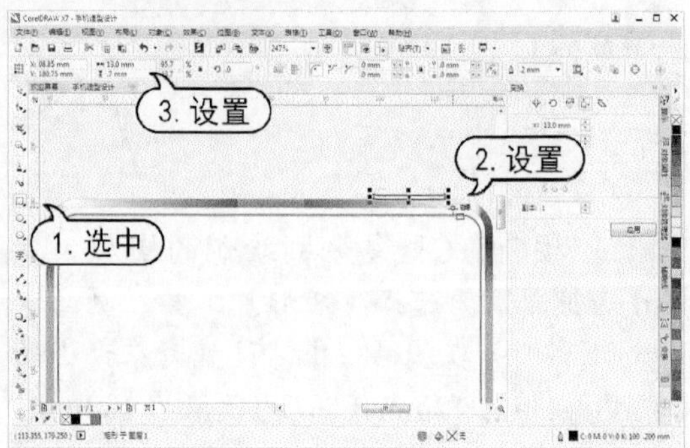

step 19 选择【矩形】工具在绘图页面中绘制一个矩形，在属性栏中设置对象原点为【左下】，并设置对象大小的【宽度】数值为13mm，【高度】数值为0.7mm。

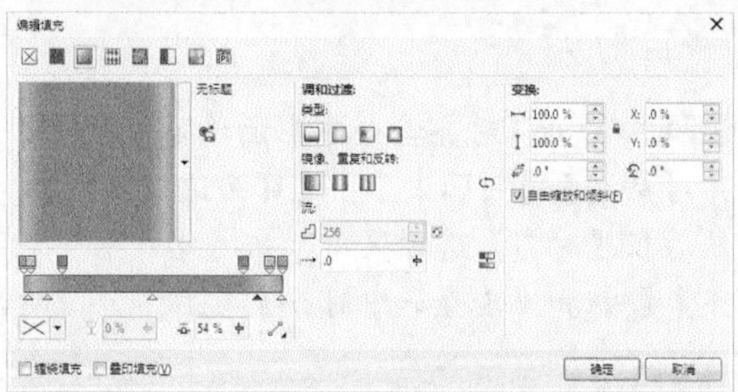

step 20 在调色板中，将轮廓色设置为【无】。按F11键，打开【编辑填充】对话框，设置渐变填充色为C:34 M:35 Y:42 K:0 至C:18 M:27 Y:33 K:0 至C:39 M:44 Y:55 K:0 至C:39 M:44 Y:55 K:0 至C:18 M:27 Y:33 K:0 至C:34 M:35 Y:42 K:0，然后单击【确定】按钮。

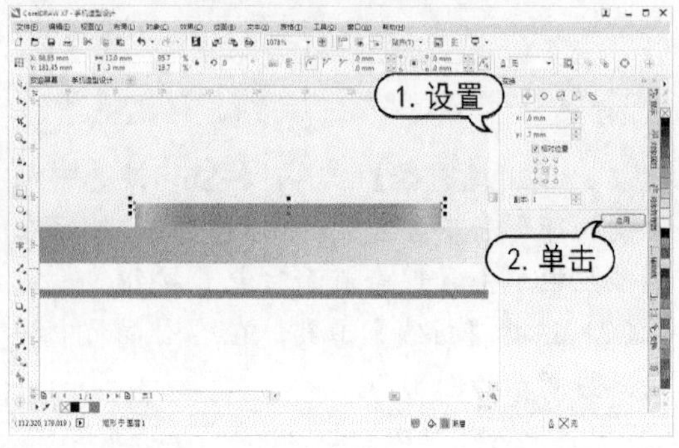

step 21 打开【变换】泊坞窗，单击【位置】按钮，设置y数值为0.7mm，【副本】数值为1，然后单击【应用】按钮。并在属性栏中，设置对象大小的【高度】数值为0.3mm。

step 22 按Ctrl+Q键将图形对象转换为曲线，

并选择【形状】工具调整形状。

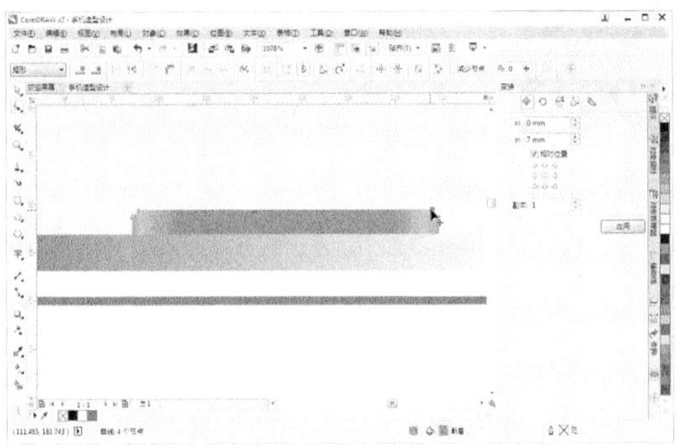

step 23 选中步骤(19)和步骤(22)中绘制的图形，并按Ctrl+G键组合对象。在【变换】面板中单击【旋转】按钮，设置【旋转角度】为90°，【副本】数值为1，然后单击【应用】按钮。并在属性栏中设置对象大小的【高度】数值为8mm，再将对象移至矩形左侧边缘。

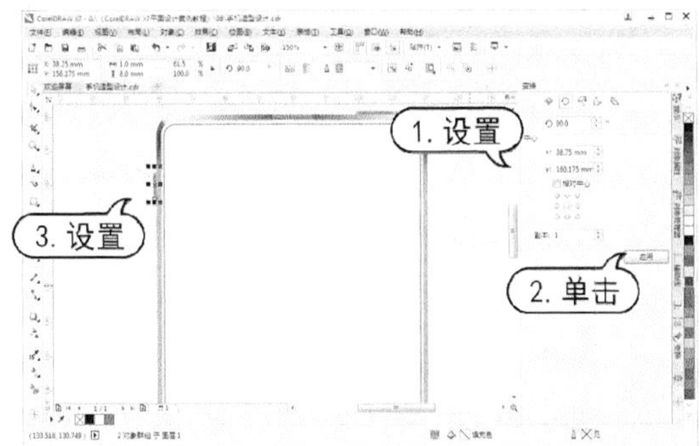

step 24 在【变换】面板中，单击【位置】按钮，设置y数值为-16mm，【副本】数值为1，然后单击【应用】按钮。

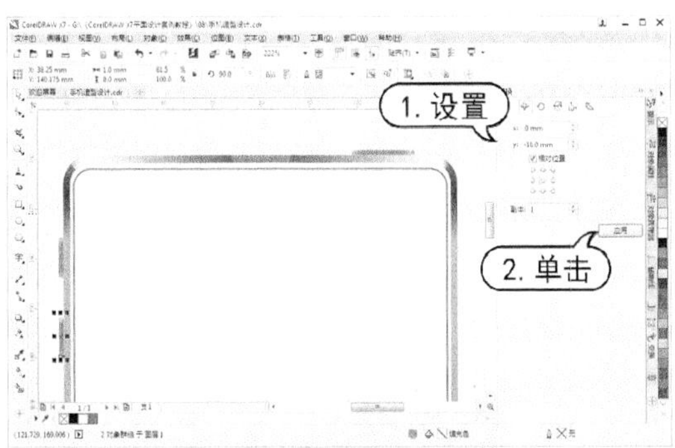

step 25 在【对象管理器】泊坞窗中，单击【新建图层】按钮，新建【图层2】，并锁定【图层1】。

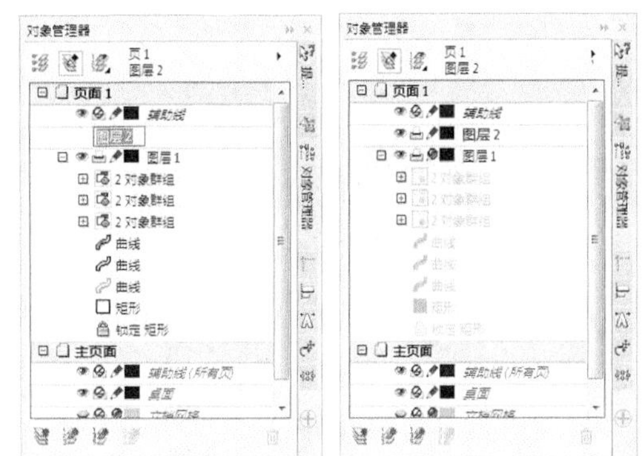

step 26 选择【椭圆形】工具在绘图页面中绘制圆形，并在属性栏中，将对象原点设置为中央，选中【锁定比率】按钮，设置对象大小的【宽度】和【高度】数值为 4.87mm。然后在【对齐与分布】泊坞窗中，单击【水平居中对齐】按钮。

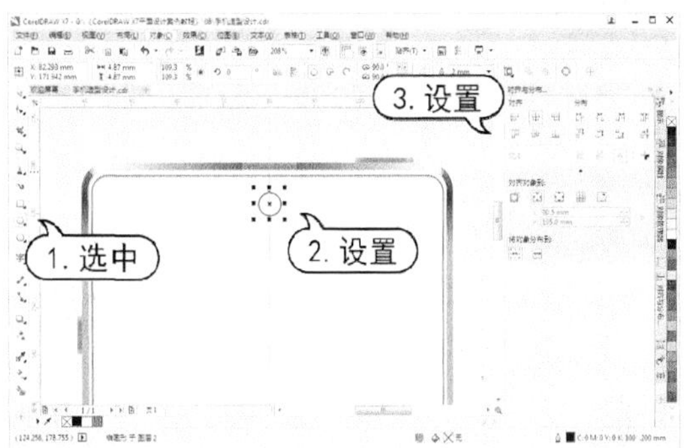

step 27 在调色板中，将对象轮廓色设置为【无】。按F11 键，打开【编辑填充】对话框。在该对话框中，选中【缠绕填充】复选框，设置填充渐变色为C:73 M:65 Y:60 K:16 至C:93 M:89 Y:88 K:80，【旋转角度】数值为90°，然后单击【确定】按钮。

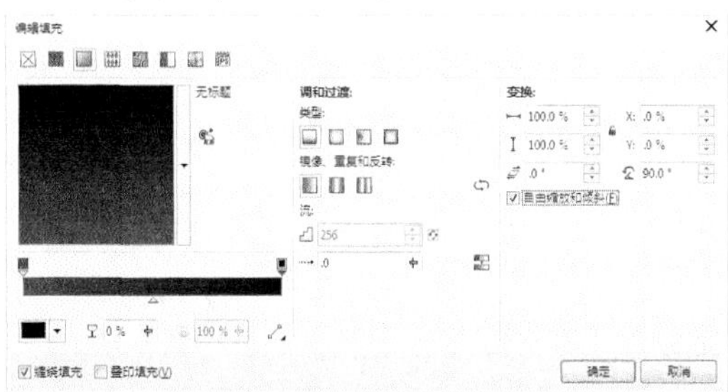

step 28 在【变换】泊坞窗中，单击【大小】按钮，设置x数值为 1.9mm，【副本】数值为1，然后单击【应用】按钮。

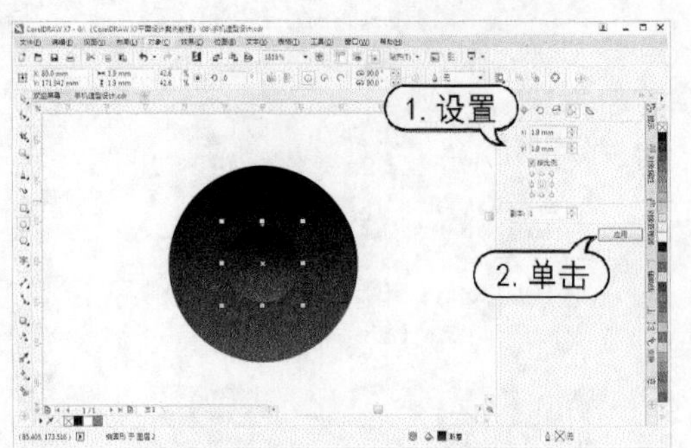

step 29 按F11键，打开【编辑填充】对话框。在该对话框中，设置填充渐变色为C:96 M:89 Y:86 K:76至C:82 M:70 Y:64 K:30，设置【填充宽度】数值为98%，然后单击【确定】按钮。

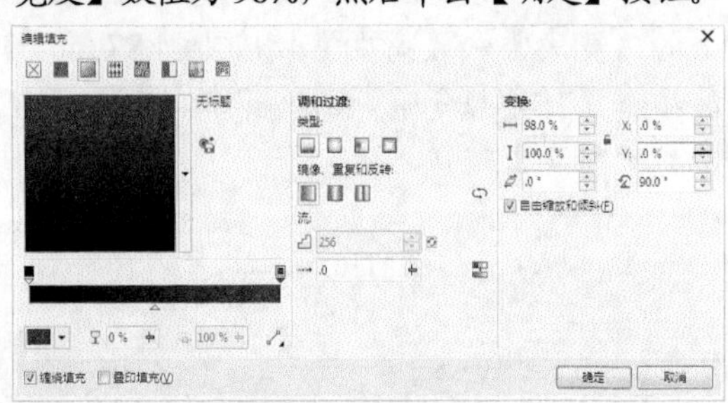

step 30 在【变换】泊坞窗中，单击【大小】按钮，设置x数值为1.6mm，【副本】数值为1，然后单击【应用】按钮。

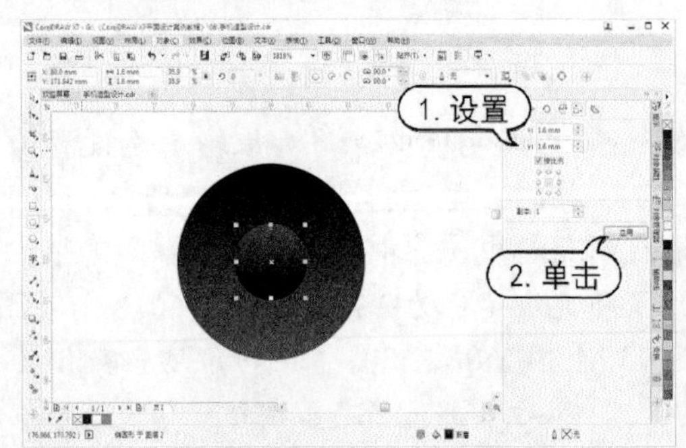

step 31 按F11键，打开【编辑填充】对话框。在该对话框中，设置填充渐变色为C:84 M:79 Y:78 K:62至C:80 M:75 Y:73 K:50至C:84 M:79 Y:78 K:62，然后单击【确定】按钮。

step 32 在【变换】泊坞窗中，单击【大小】按钮，设置x数值为1.2mm，【副本】数值为1，然后单击【应用】按钮。

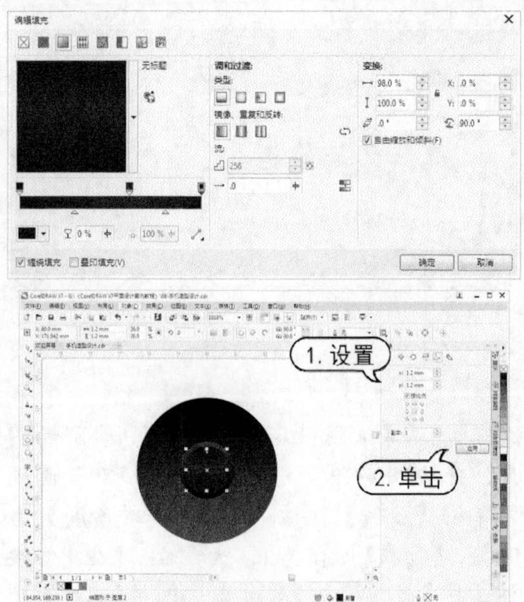

step 33 按F11键，打开【编辑填充】对话框。在该对话框中，单击【椭圆形渐变填充】按钮，设置填充渐变色为C:84 M:60 Y:0 K:0至C:100 M:93 Y:0 K:28至C:88 M:90 Y:84 K:77，设置【填充宽度】数值为110%，然后单击【确定】按钮。

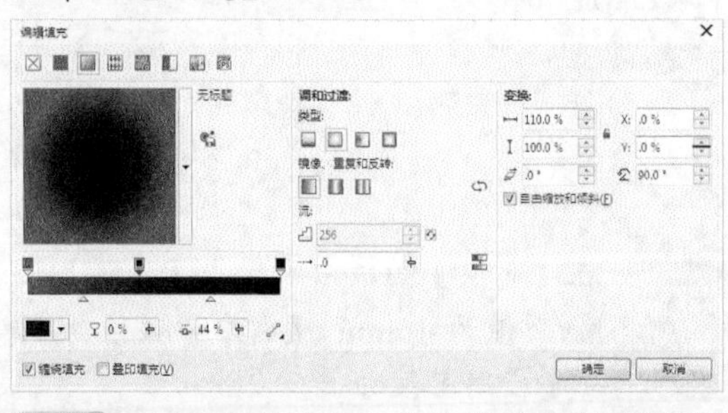

step 34 使用【选择】工具选中最先绘制的圆形，在【变换】泊坞窗中，单击【大小】按钮，设置x数值为4.55mm，【副本】数值为1，然后单击【应用】按钮。

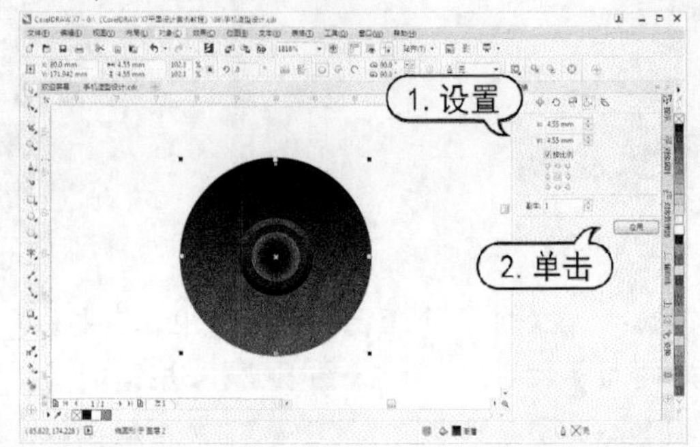

step 35 选择【网状填充】工具，在属性栏中将网格大小的【列数】和【行数】均设置为 3。

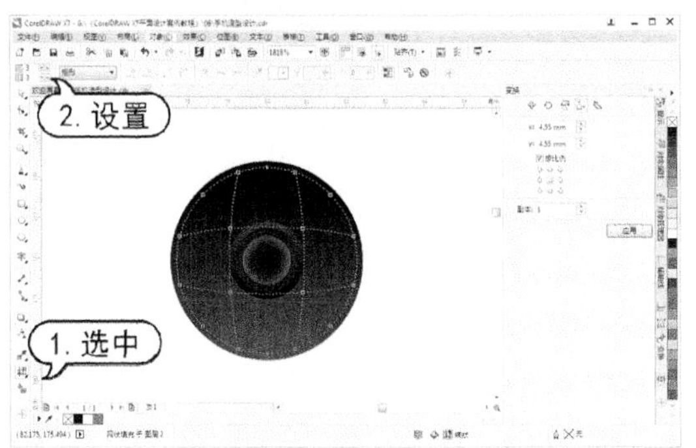

step 36 使用【网状填充】工具在椭圆形上选中控制点，然后在调色板中单击【80% 黑】色板。

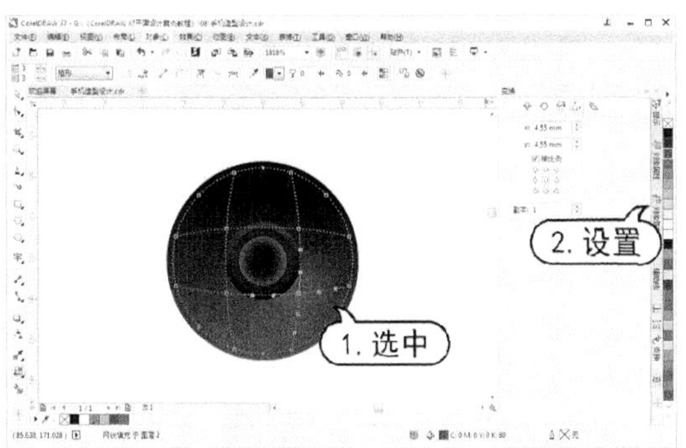

step 37 使用【选择】工具选中步骤(26)至步骤(36)中创建的图形，然后按Ctrl+G键组合对象。选择【矩形】工具在绘图页面中绘制矩形，在属性栏中取消选中【锁定比率】单选按钮，设置对象大小的【宽度】数值为 18mm，【高度】数值为 3.5mm，【转角半径】数值为 2mm。

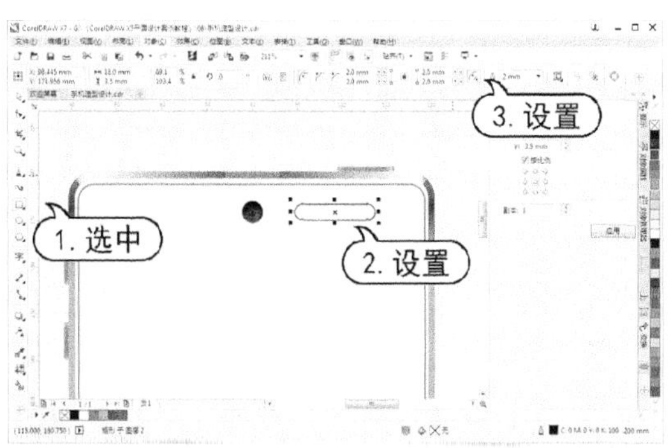

step 38 按Shift+F11 键打开【编辑填充】对话框，设置填充色为C:93 M:89 Y:88 K:80，选中【缠绕填充】复选框，然后单击【确定】按钮，并将其轮廓颜色设置为【无】。

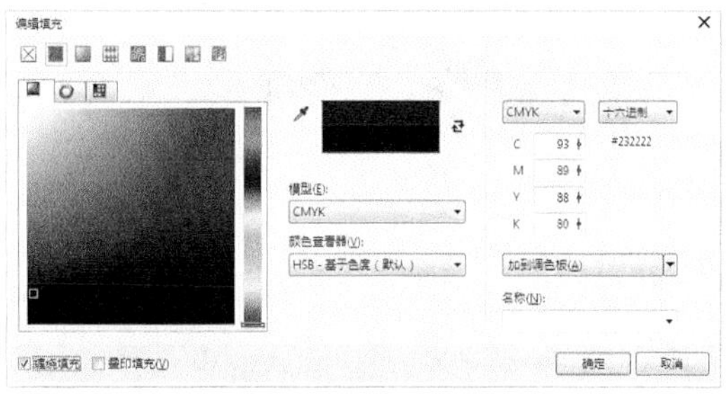

step 39 使用【矩形】工具绘制一个矩形，在属性栏中设置对象大小的【宽度】和【高度】数值为 0.43，并将填充色设置为C:59 M:51 Y:47 K:0，将轮廓色设置为【无】。

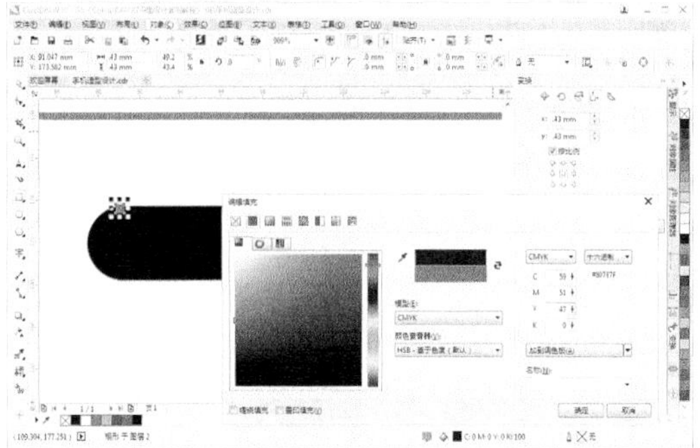

step 40 在【变换】泊坞窗中，单击【位置】按钮，设置x数值为 0.86mm，y数值为 0mm，【副本】数值为 20，然后单击【应用】按钮。

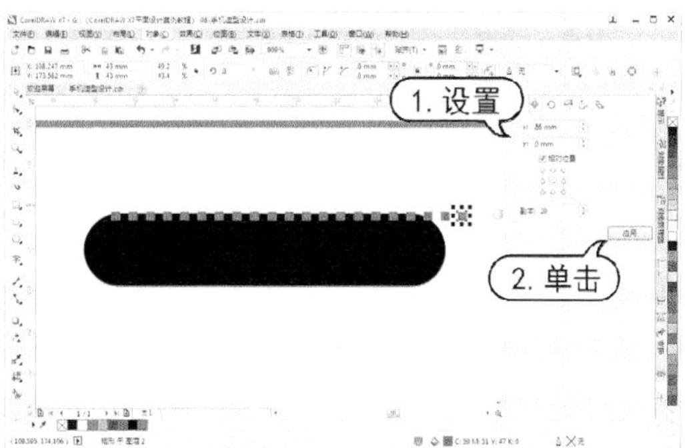

step 41 使用【选择】工具选中步骤(39)至步骤(40)中创建的矩形，按Ctrl+G键组合对象。在【变换】泊坞窗中，设置x数值为 0.43mm，y数值为-0.43mm，【副本】数值为 1，然后单击【应用】按钮。

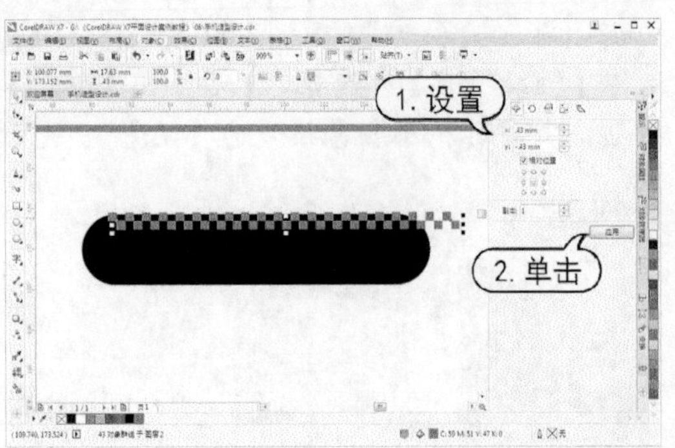

step 42 继续在【变换】泊坞窗中，设置x数值为-0.43mm，y数值为-0.43mm，【副本】数值为 1，然后单击【应用】按钮。

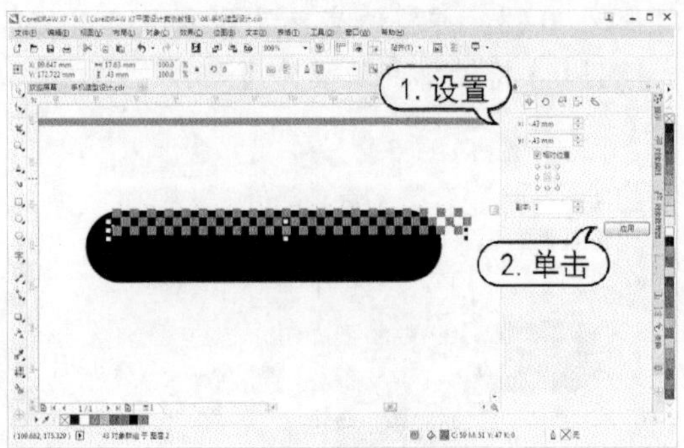

step 43 使用相同方法，创建其他组合对象。

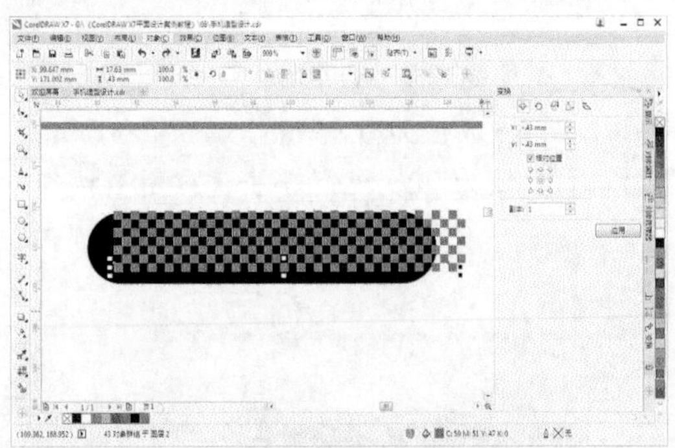

step 44 使用【选择】工具选中步骤(41)至步骤(43)中创建的对象，按Ctrl+G键组合对象，然后按Shift键选中步骤(37)中绘制的圆角矩形，在【对齐与分布】泊坞窗的【对齐对象到】选项区中单击【活动对象】按钮，在【对齐】选项区中单击【水平居中对齐】和【垂直居中对齐】按钮。

step 45 选中步骤(37)中绘制的圆角矩形，按Ctrl+C键复制，按Ctrl+V键粘贴。并在属性栏中设置对象大小的【宽度】数值为 17.4mm，【高度】数值为 3mm。

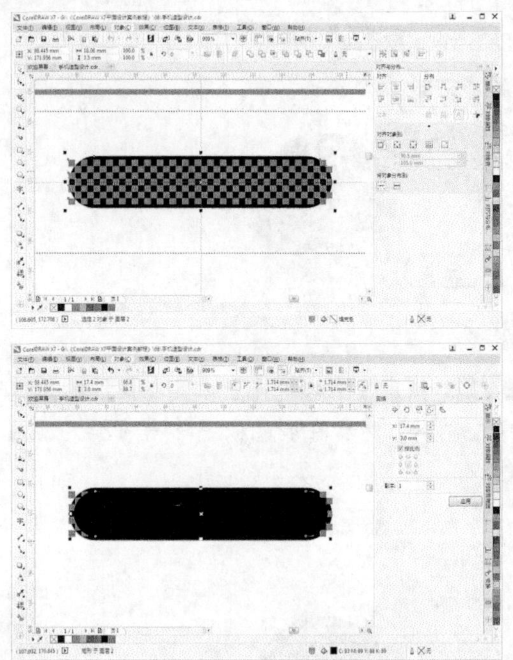

step 46 使用【选择】工具选中刚创建的圆角矩形和其下方的组合对象，然后在属性栏中单击【移除后面对象】按钮，然后在绘图页面底部的文档调色板中，单击C:59 M:51 Y:47 K:0 色板。

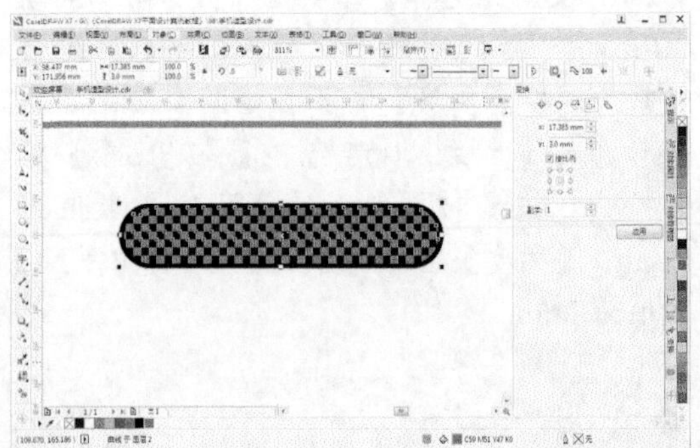

step 47 使用【选择】工具选中步骤(37)至步骤(46)中创建的对象，按Ctrl+G键组合对象。调整两组对象的位置，在【对于与分布】泊坞窗中单击【垂直居中对齐】按钮。

step 48 选中步骤(47)中组合的对象，在【对于与分布】泊坞窗的【对齐对象到】选项区中单击【页面边缘】按钮，在【对齐】选项区中单击【水平居中对齐】按钮。

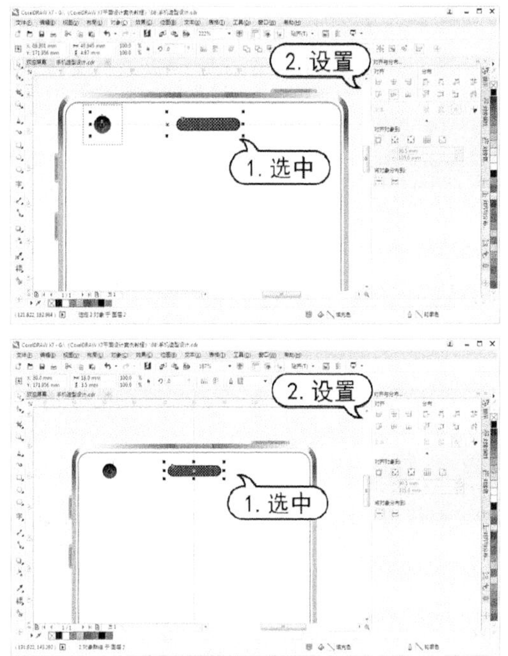

step 49 选择【椭圆形】工具绘制一个圆形，在属性栏中，设置对象大小的【宽度】和【高度】数值为 15mm。然后在【对齐与分布】泊坞窗中单击【水平居中对齐】按钮。

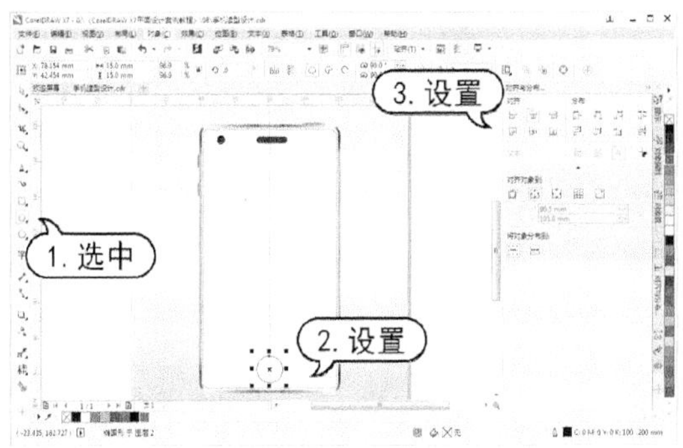

step 50 按F11 键打开【编辑填充】对话框，设置渐变填充色为C:34 M:35 Y:42 K:0 至C:11 M:16 Y:20 K:0 至C:39 M:44 Y:55 K:0 至C:39 M:44 Y:55 K:0，设置x数值为-14%，y数值为 11%，【旋转】数值为 120°，选中【缠绕填充】复选框，然后单击【确定】按钮。

step 51 在【变换】泊坞窗中，单击【大小】按钮，设置x、y数值为 14mm，【副本】数值为 1，然后单击【确定】按钮。

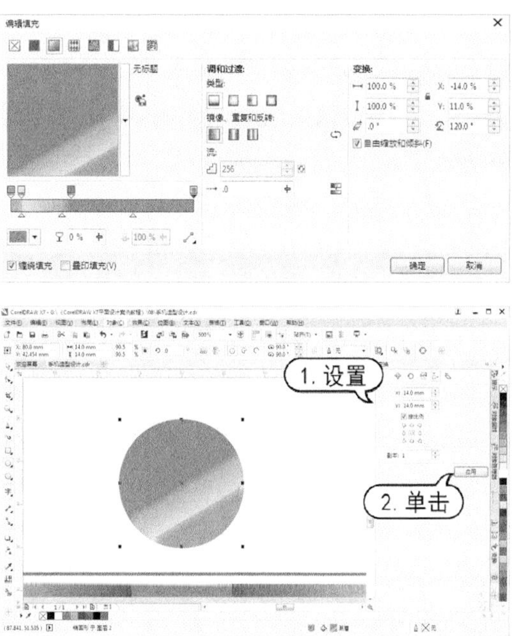

step 52 按F11 键打开【编辑填充】对话框，设置渐变填充色为C:40 M:44 Y:55 K:0 至C:65 M:69 Y:86 K:33 至C:22 M:29 Y:38 K:0 至C:40 M:44 Y:55 K:0，设置【旋转】数值为-55°，X、Y数值为 0%，然后单击【确定】按钮。

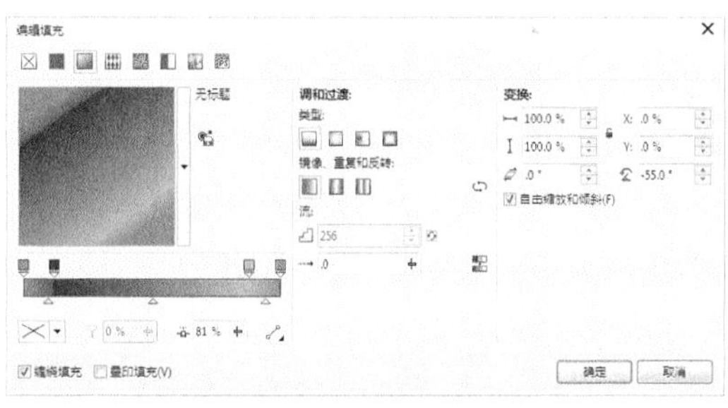

step 53 在【变换】泊坞窗中，设置x、y数值为13.5mm，【副本】数值为1，然后单击【确定】按钮。并在调色板中设置填充色为【白色】。

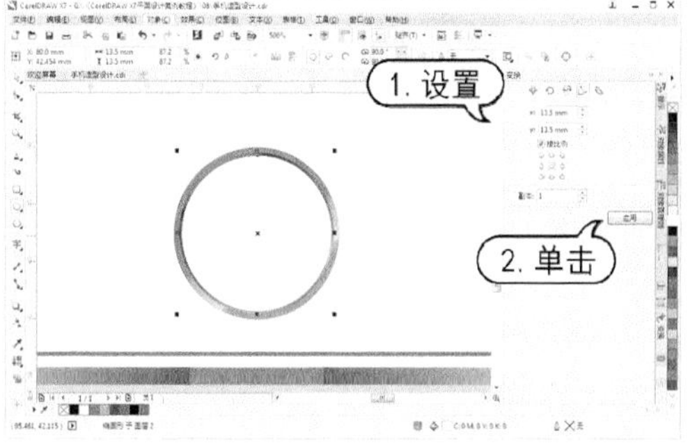

step 54 选择步骤(49)至步骤(53)中创建的圆形，按Ctrl+G键组合。并在【对象管理器】泊坞窗中，单击【新建图层】按钮，新建【图层 3】。

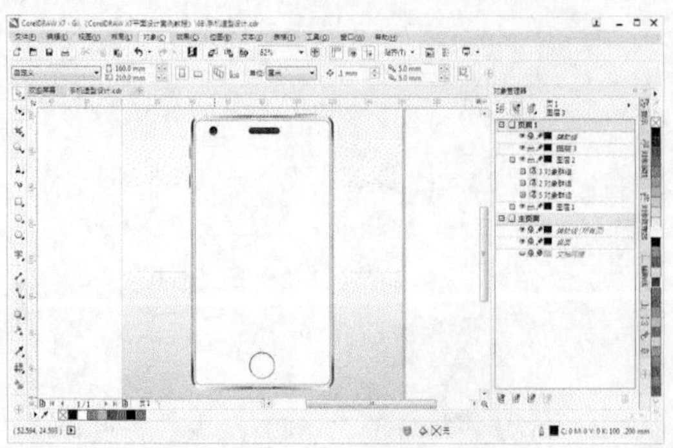

step 55 选择【矩形】工具在绘图页面中绘制矩形，并在属性栏中设置对象大小的【宽度】数值为 73mm，【转角半径】数值为 0.5mm，然后在调色板中将填充色设置为【黑色】。

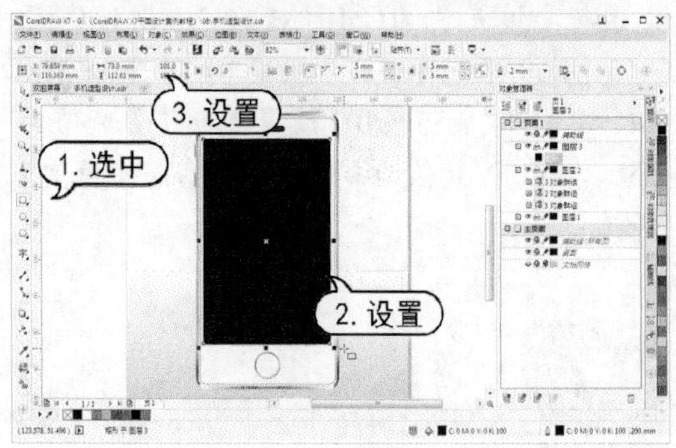

step 56 在【对齐与分布】泊坞窗中单击【水平居中对齐】按钮。

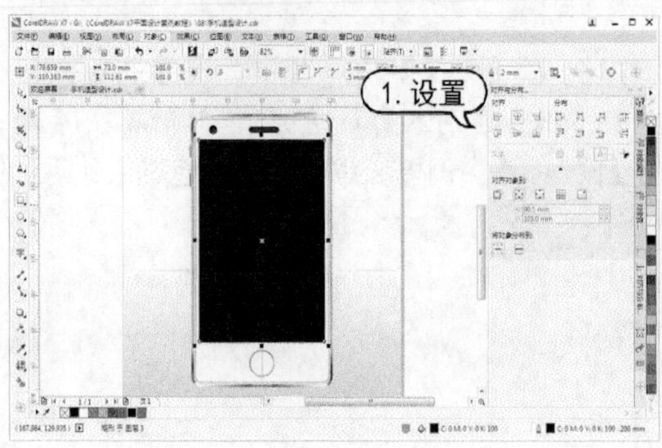

step 57 在标准工具栏中单击【导入】按钮，打开【导入】对话框。在该对话框中，选中所需要的图像文件，然后单击【导入】按钮。

step 58 在绘图页面中，单击导入图像。在属性栏中，设置导入图像的【宽度】数值为 72mm，【高度】数值为 112mm。然后在【对齐与分布】泊坞窗中，单击【水平居中对齐】按钮，并调整其位置。

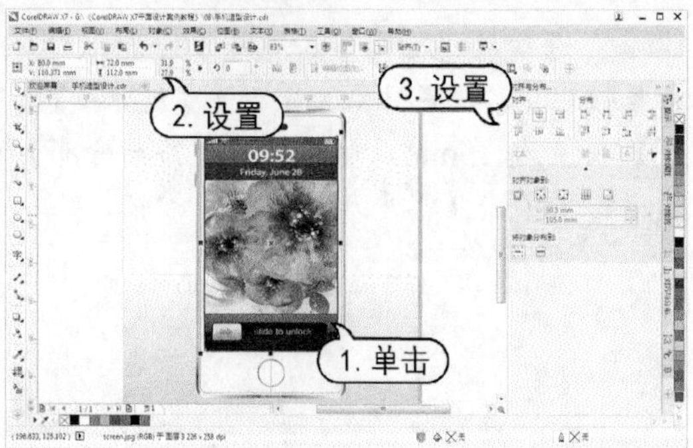

step 59 在标准工具栏中，单击【保存】按钮，打开【保存绘图】对话框。在该对话框中，单击【保存】按钮。

第 9 章

编辑位图

在 CorelDRAW X7 中，除了创建编辑矢量图形外，还可以对位图图像进行处理。它提供了多种针对位图图像色彩的编辑处理命令和功能。了解和掌握这些命令和功能的使用方法，有利于用户处理位图图像。

对应光盘视频

例 9-1 导入位图图像
例 9-2 将矢量图形转换为位图
例 9-3 导入并裁剪位图
例 9-4 使用【图像调整实验室】命令
例 9-5 描摹位图
例 9-6 制作节日海报
例 9-7 制作婚礼邀请卡

9.1 导入、链接和嵌入位图

在 CorelDRAW X7 中，不仅可以绘制各种效果的矢量图形，还可以通过导入位图，对位图进行编辑处理，制作出更加完美的画面效果。

9.1.1 导入位图

选择【文档】|【导入】命令，或按 Ctrl+I 键；或在标准工具栏单击【导入】按钮；或在绘图窗口中的空白位置上单击鼠标右键，在弹出的命令菜单中选择【导入】命令，打开【导入】对话框。

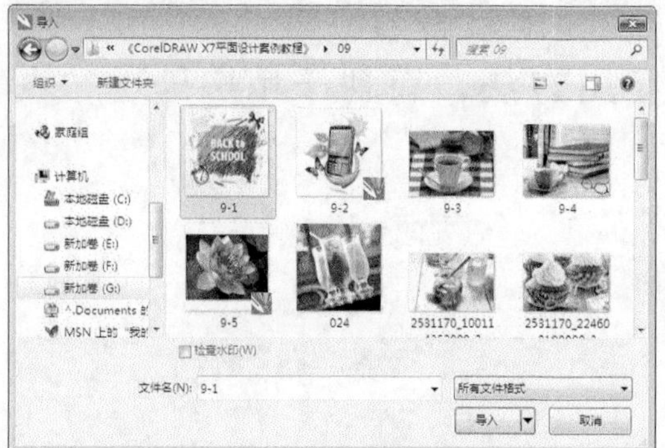

在【导入】对话框中，选择需要导入的文件。将鼠标光标移动到文件名上停顿片刻后，在光标下方会显示出该图片的尺寸、类型和大小等信息。单击该对话框中的【导入】按钮可以直接导入图像，单击【导入】按钮右端的黑色三角，可以打开【导入】选项。

【例 9-1】在 CorelDRAW 中，导入位图图像。

视频+素材 (光盘素材\第 09 章\例 9-1)

step 1 新建一个空白文档，选择【文件】|【导入】命令，或单击属性栏中的【导入】按钮，打开【导入】对话框。

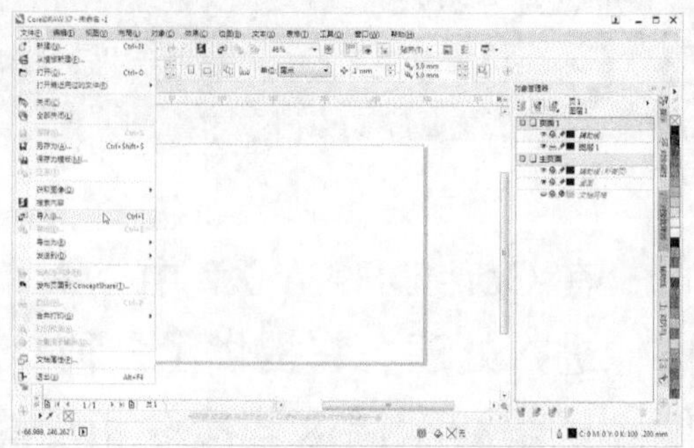

step 2 在该对话框中，双击需要导入的文件所在的文件夹，然后选中需要导入的文件。

step 3 单击【导入】按钮，关闭【导入】对话框，此时光标变为如图所示状态，同时在光标后面会显示该文件的大小和导入时的操作说明。

9-1.jpg
w: 50.8 mm, h: 50.8 mm
单击并拖动以便重新设置尺寸。
按 Enter 可以居中。
按空格键以使用原始位置。

step 4 在页面上按住鼠标左键拖出一个红色虚线框，释放鼠标后，位图将以虚线框的大小被导入。

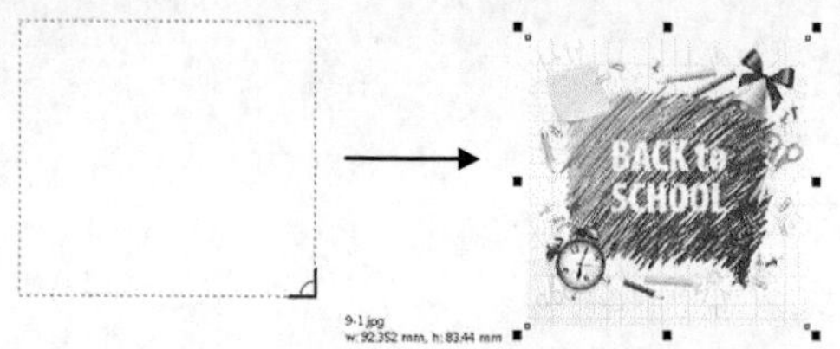

9.1.2 链接、嵌入位图

CorelDRAW 可以将 CorelDRAW 创建的文件作为链接或嵌入的对象插入到其他应用程序中，也可以在其中插入链接或嵌入的对象。链接的对象与其源文件之间始终保持链接；而嵌入的对象与其源文件之间没有链接关系，它是集成到当前文档中的。

1. 链接位图

链接位图与导入位图不同，导入的位图可以在 CorelDRAW 中进行修改和编辑，而链接到 CorelDRAW 中的位图不能对其进行修改。要修改链接的位图，就必须在创建原文件的应用程序中进行。

要在 CorelDRAW 中插入链接的位图，可选择【文件】|【导入】命令，在打开的【导入】对话框中选择需要链接到 CorelDRAW 中的位图，并单击【导入】按钮右侧的箭头，在弹出的菜单中选择【导入为外部链接的图像】选项即可。

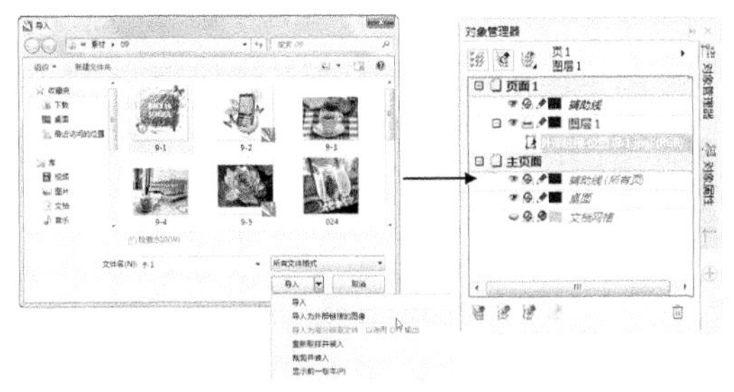

2. 嵌入位图

要在 CorelDRAW 中嵌入位图，可选择【对象】|【插入新对象】命令，打开【插入新对象】对话框。

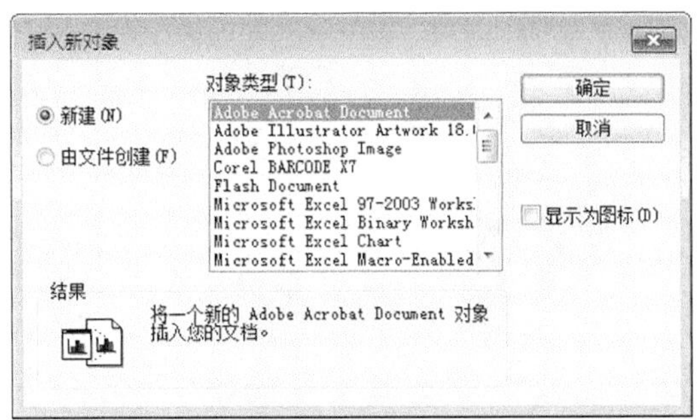

在该对话框中，选中【由文件创建】单选按钮，选中【链接】复选框，然后单击【浏览】按钮，在弹出的【浏览】对话框中选择需要嵌入在 CorelDRAW 中的图像文件，单击【确定】按钮即可。

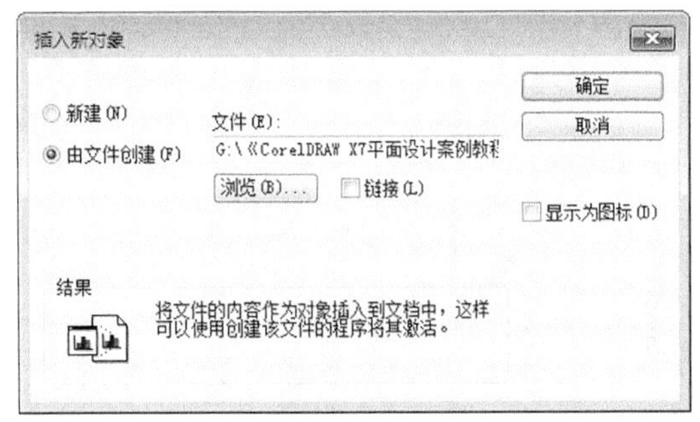

9.2 调整位图

在 CorelDRAW X7 的绘图页面中添加了位图图像后，可以对位图进行剪切、重新取样或编辑等操作。

9.2.1 转换为位图

在 CorelDRAW 中，选择菜单栏中的【位图】|【转换为位图】命令，可以将矢量图形转换为位图。在转换过程中，还可以设置转换后的位图属性，如颜色模式、分辨率、背景透明度和光滑处理等参数。

为保证转换后的位图效果，必须将【颜色】选择在 24 位以上，【分辨率】选择在 200dpi 以上。颜色模式决定构成位图的颜色数量和种类，因此文件大小也会受到影响。如果在【转换为位图】对话框中将位图背景设置为透明状态，那么在转换后的图像中，可以看到被位图背景遮盖住的图像或背景。

【例 9-2】在 CorelDRAW X7 中，将矢量图形转换为位图。

视频+素材 (光盘素材\第 09 章\例 9-2)

step① 打开需要转换的矢量图形文件，使用【选择】工具选择需要转换的图形对象。

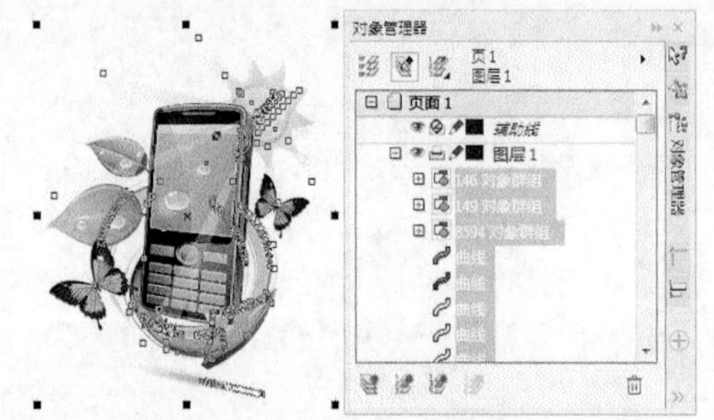

step② 选择【位图】|【转换为位图】命令，打开【转换为位图】对话框。

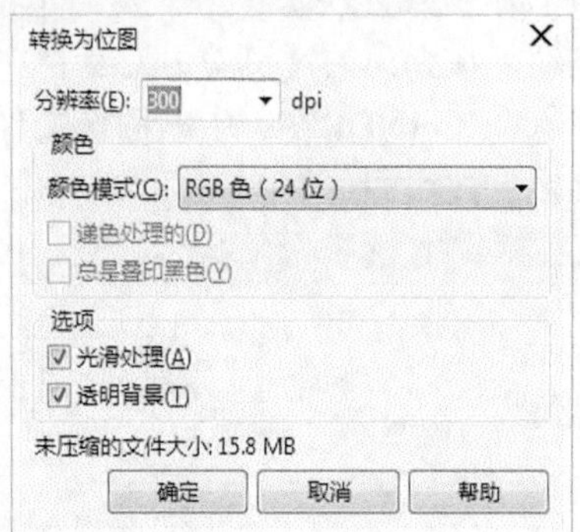

step③ 在【分辨率】下拉列表中设置分辨率大小为 150dpi，在【颜色模式】下拉列表中选择【CMYK 色(32 位)】。

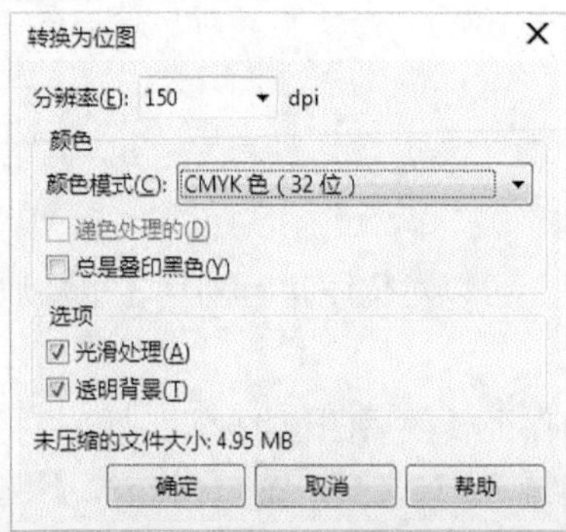

知识点滴

在【转换为位图】对话框的【选项】选项区域中选中【光滑处理】复选框，可以将位图的边缘平滑处理。选中【透明背景】复选框可以设置位图的背景为透明。

step④ 单击【确定】按钮即可将矢量图转换为位图。

9.2.2 裁剪位图

对于位图的剪切，CorelDRAW 提供了两种方式，一种是在输入前对位图进行剪切，另一种是在输入位图后进行剪切。

1. 导入时剪切

在导入位图的【导入】对话框中，选择【导入】下拉列表中的【裁剪并装入】选项，可以打开【裁剪图像】对话框。

【例 9-3】在 CorelDRAW X7 中，导入并裁剪位图。

视频+素材 (光盘素材\第 09 章\例 9-3)

step① 选择【文件】|【导入】命令，在【导入】对话框中，选中需要导入的位图文件，并单击【导入】按钮右侧的箭头，在弹出的菜单中选择【裁剪并装入】选项，打开【裁剪图像】对话框。

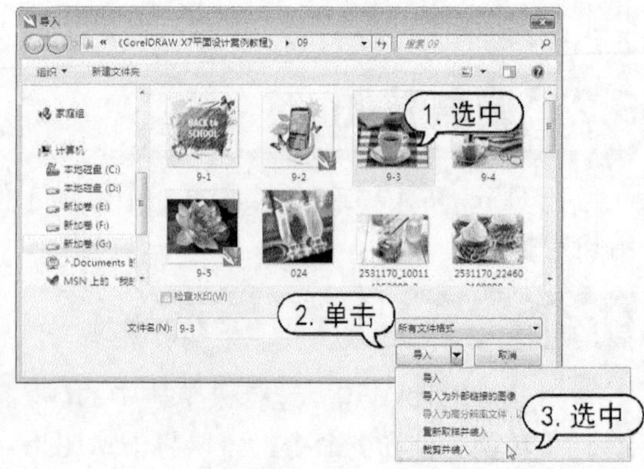

step② 在【裁剪图像】对话框的预览窗口中，可以拖动裁剪框四周的控制点，控制图像的裁剪范围。在控制框内按下鼠标左键并拖动，

可调整控制框的位置，被框选的图像将被导入到文件中，其余部分将被裁掉。也可以在【选择要裁剪的区域】选项栏中，输入精确的数值调整裁剪框的大小，设置【宽度】数值为 739，【高度】数值为 553，然后在预览窗口中调整控制框的位置。

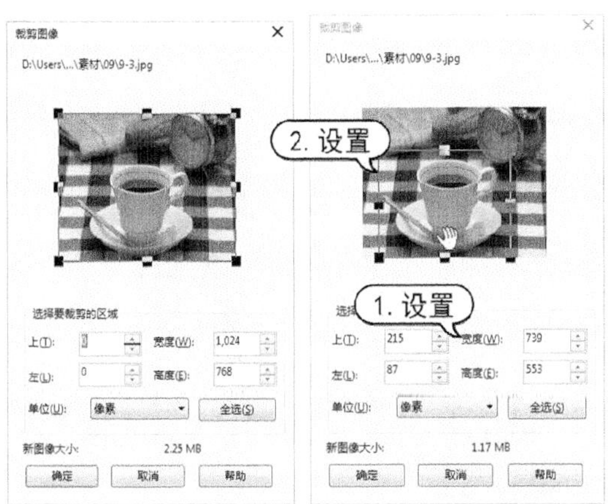

step 3 单击【确定】按钮，关闭【裁剪图像】对话框，再在绘图页面中单击即可导入并裁剪图像。

2. 导入后剪切

在将位图导入到当前绘图文件后，还可以使用【裁剪】工具和【形状】工具对位图进行裁剪。使用【裁剪】工具可以将位图裁剪为矩形。选择【裁剪】工具，在位图上按下鼠标左键并拖动，创建一个裁剪控制框，拖动控制框上的控制点，调整裁剪控制框的大小和位置，使其框选需要保留的图像区域，然后在裁剪控制框内双击，即可将位于裁剪控制框外的图像裁剪掉。

使用【形状】工具可以将位图裁剪为不规则的各种形状。使用【形状】工具单击位图图像，此时在图像边角上将出现 4 个控制节点，接下来按照调整曲线形状的方法进行操作，即可将位图裁剪为指定的形状。

9.2.3 重新取样位图

通过重新取样位图，可以增加像素以保留原始图像的更多细节。在进行重新取样的时候，用户可以使用绝对值或百分比修改位图的大小，修改位图的水平或垂直分辨率，选择重新取样后的位图的处理质量等。

按 Ctrl+I 快捷键打开【导入】对话框，选择需要导入的图像后，在【导入】选项下拉列表中选择【重新取样并装入】选项，打开【重新取样图像】对话框。

在【重新取样图像】对话框中，可更改对象的尺寸大小、解析度以及消除缩放对象后产生的锯齿现象等，从而达到控制文件大小和图像质量的目的。

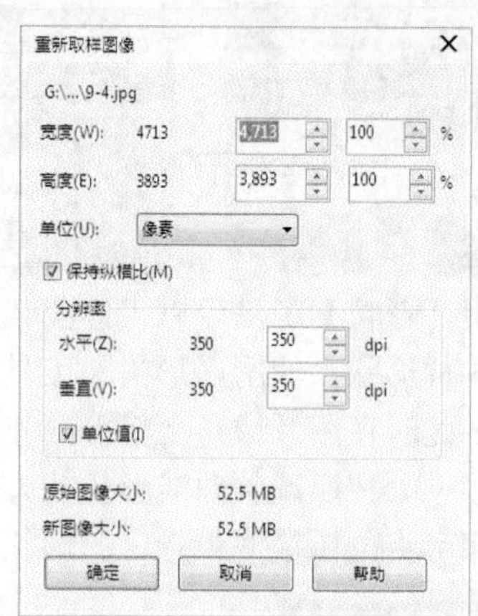

用户也可以将图像导入到当前文件后，再对位图进行重新取样。选中导入位图后，选择【位图】|【重新取样】命令或者单击属性栏上的【对位图重新取样】按钮，打开【重新取样】对话框。

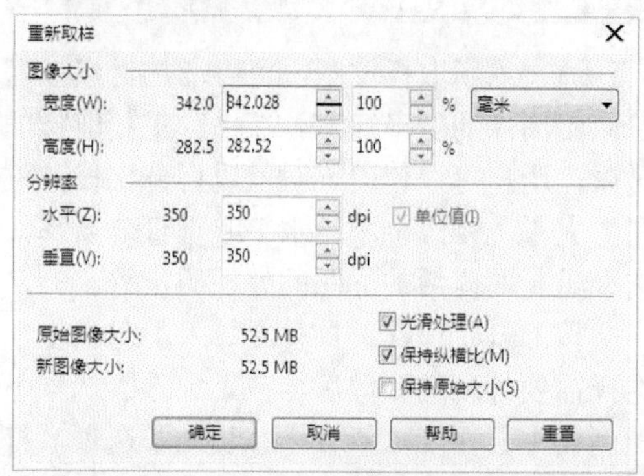

知识点滴

选中【光滑处理】复选框后，可以最大限度地避免曲线外观参差不齐。选中【保持纵横比】复选框，并在【宽度】或【高度】数值框中输入适当的数值，从而保持位图的比例。也可以在【图像大小】的数值框中，根据位图原始大小输入百分比，对位图重新取样。

9.2.4 使用【图像调整实验室】

使用【图像调整实验室】命令可以快速、轻松地校正大多数相片的颜色和色调问题。【图像调整实验室】对话框由自动和手动控件组成，这些控件按图像校正的逻辑顺序进行组织。用户不仅可以选择校正特定的图像问题所需的控件，还可以在编辑前对图像的所有区域进行裁剪或修饰。

【例 9-4】在 CorelDRAW X7 应用程序中，使用【图像调整实验室】命令调整图像。

视频+素材 (光盘素材\第 09 章\例 9-4)

step 1 在打开的绘图文件中，使用【选择】工具选中位图，然后选择【位图】|【图像调整实验室】命令，打开【图像调整实验室】对话框。

step 2 在该对话框中，单击顶部的【全屏预览之前和之后】按钮，然后设置【温度】数值为 7650、【饱和度】数值为-15，查看前后调整效果。设置完成后，单击【确定】按钮应用设置。

实用技巧

单击【创建快照】按钮可以捕获对图像所做的调整。快照缩略图显示在预览窗口的下面，用户可以进行比较，选择图像的最优版本。要删除快照，可以直接单击快照标题栏右上角的【关闭】按钮。单击【重置为原始值】按钮，可将各项设置的参数值恢复为系统默认值。

9.2.5　矫正图像

使用【矫正图像】对话框可以快速矫正位图图像。在【矫正图像】对话框中，可以通过移动滑块、键入旋转角度或使用箭头键来旋转图像，并且可以使用预览窗口动态预览对图像所做的调整。

选中位图后，选择【位图】|【矫正图像】命令，即可打开【矫正图像】窗口。

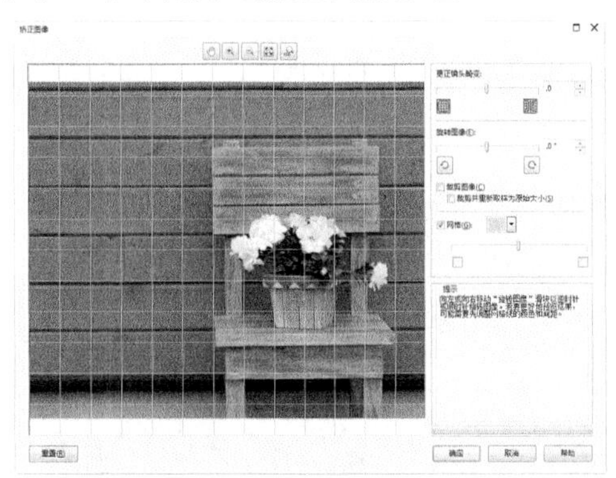

实用技巧

默认情况下，矫正后的图像将被裁剪到预览窗口中显示的裁剪区域中。最终图像与原始图像具有相同的纵横比，但是尺寸较小。用户也可以通过对图像进行裁剪和重新取样保留该图像的原始宽度和高度；或通过禁用裁剪，然后使用【裁剪】工具在图像窗口中裁剪该图像并以某个角度生成图像。

➤ 【更正镜头畸变】选项：拖动滑块或输入数值，可以校正图像的镜头变形.

➤ 【旋转图像】选项：拖动滑块或输入数值,可以顺时针或逆时针对图像进行旋转。预览窗口中将自动显示旋转后得到的最大裁切范围图。

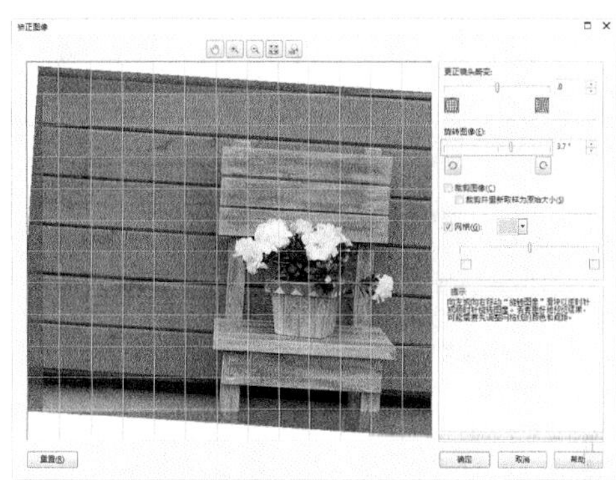

➤ 【裁剪图像】复选框：选中该复选框，可以裁剪编辑后的图像，并改变图像大小。

➤ 【裁剪并重新取样为原始大小】复选框：选中该复选框，可以使图像在被裁切内容后，自动放大到与原图像相同的尺寸。不选中该复选框,则被裁切后的图像大小不变。

➤ 【网格】选项：在颜色面板中可以设置参考网格的颜色。移动下面的滑块，可以放大或缩小网格的疏密度。

9.3　更改位图的颜色模式

颜色模式是指图像在显示与打印时定义颜色的方式。如果要更改位图的颜色模式，选择【位图】|【模式】菜单命令，在打开的子菜单中选择相关命令即可。在 CorelDRAW 中为用户提供丰富的位图颜色模式，包括【黑白(1 位)】、【灰度(8 位)】、【双色(8 位)】、【调色板色(8 位)】、【RGB 颜色(24 位)】、【Lab 色(24 色)】和【CMYK 色(32 位)】。改变颜色模式后，位图的颜色

结构也会随之变化。

9.3.1 黑白

应用黑白模式，位图只显示为黑白色。这种模式可以清楚地显示位图的线条和轮廓图，适用于一些简单的图形图像。选择【位图】|【模式】|【黑白(1 位)】命令，打开【转换为 1 位】对话框。

➤ 【转换方法】下拉列表：单击该下拉列表，可以选择转换方法。选择不同的转换方法，位图的黑白效果各不相同。

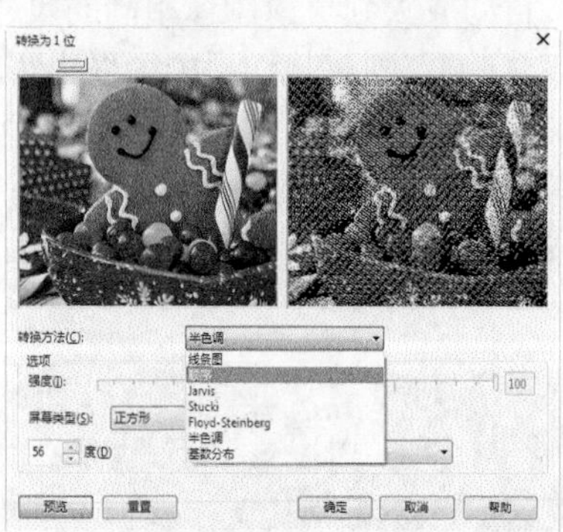

➤ 【屏幕类型】下拉列表：单击该下拉列表，可以选择屏幕类型选项。

实用技巧

在【转换为 1 位】对话框中选择不同的转换方法后，所出现在对话框中的选项也会发生相应的改变。用户可以根据实际需要对画面效果进行调整。

9.3.2 灰度

灰度色彩模式使用亮度(L)来定义颜色，颜色值的定义范围为 0～255。灰度模式是没有彩色信息的，可应用于作品的黑白印刷。应用灰度模式后，可以去掉图像中的色彩信息，只保留 0~255 的不同级别的灰度颜色，因此图像中只有黑、白、灰的颜色显示。

使用【选择】工具选中对象，然后选择【位图】|【模式】|【灰度(8 位)】命令，即可将图像转换为灰度效果。

9.3.3 双色

双色模式包括单色调、双色调、三色调和四色调 4 种类型，可以使用 1~4 种色调构成图像色彩。选择【位图】|【模式】|【双色(8 位)】命令，打开【双色调】对话框。【双色调】对话框包括【曲线】和【叠印】选项卡。

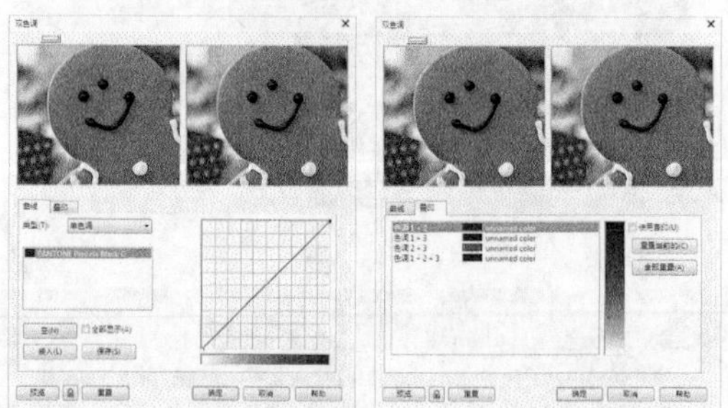

在【曲线】选项卡下，可以设置灰度级别的色调类型和色调曲线弧度，其中主要包括以下几个选项。

➤ 【类型】下拉列表：选择色调的类型，有单色调、双色调、三色调和四色调 4 个选项。

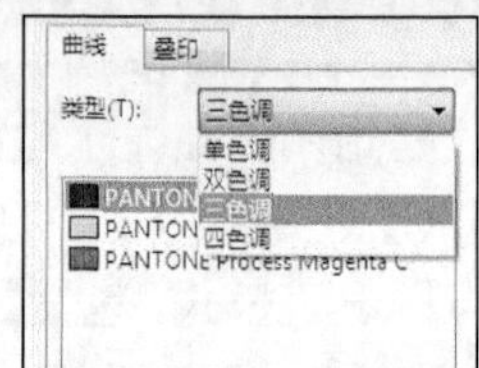

➤ 【颜色列表】：显示了目前色调类型中的颜色。单击选择一种颜色，在右侧窗口中可以看到该颜色的色调曲线。在色调曲线上单击鼠标，可以添加一个调节节点，通过拖动该节点可改变曲线上这一节点颜色的百分比。将节点拖动到色调曲线编辑窗口之外，即可将该节点删除。双击【颜色列表】中的颜色块或颜色名称，可以在弹出的【选择颜色】对话框中选择其他的颜色。

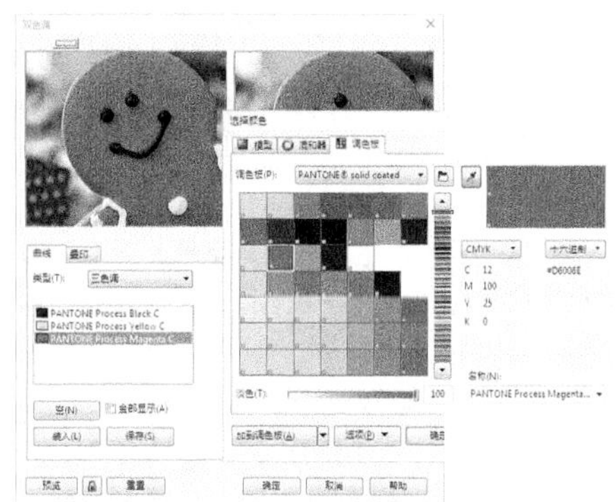

➤ 【空】按钮：单击该按钮，可以使色调曲线编辑窗口中保持默认的未调节状态。

➤ 【全部显示】复选框：选中该复选框，可显示目前色调类型中所有的色调曲线。

➤ 【装入】按钮：单击该按钮，在弹出的【加载双色调文件】对话框中，可以选择软件为用户提供的双色调样本设置。

➤ 【保存】按钮：单击该按钮，可以保存目前的双色调设置。

➤ 【预览】按钮：单击该按钮，可以显示图像的双色调效果。

➤ 【重置】按钮：单击该按钮，可以恢复对话框的默认状态。

➤ 【曲线框】：可通过设置曲线形状来调节图像的颜色。

9.3.4　调色板色

调色板模式最多能够使用 256 种颜色来保存和显示图像。位图转换为调色板模式后，可以减小文件的大小。系统提供了不同的调色板类型，用户也可以根据位图中的颜色来创建自定义调色板。如果要精确地控制调色板所包含的颜色，还可以在转换时指定使用颜色的数量和灵敏度范围。选择【位图】|【模式】|【调色板色(8 位)】命令，打开【转换至调色板色】对话框。

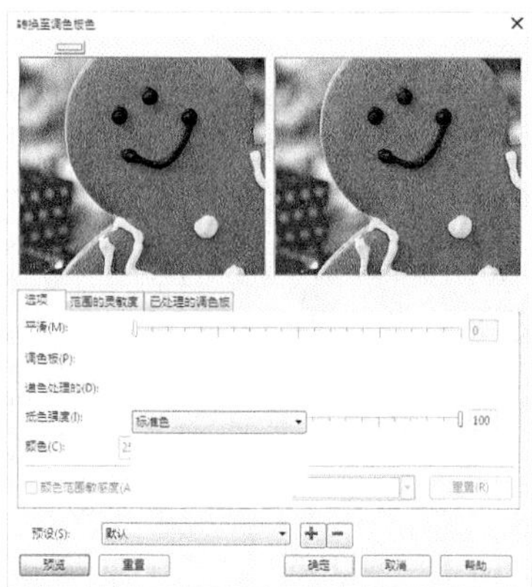

该对话框包括【选项】、【范围的灵敏度】和【已处理的调色板】选项卡。

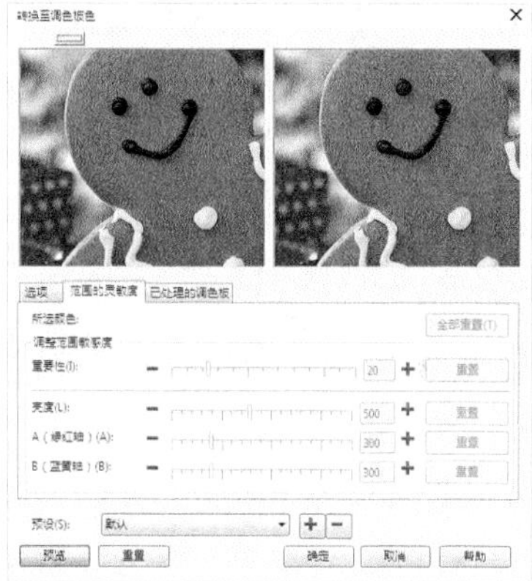

展开【已处理的调色板】选项卡，可以看到当前调色板中所包含的颜色。

在【选项】选项卡中，各选项的功能如下。

➤ 【平滑】滑块：设置颜色过渡的平滑

程度。

➤【调色板】下拉列表：选择调色板的类型。

➤【递色处理的】下拉列表：选择图像抖动的处理方式。

➤【颜色】文本框：在【调色板】中选择【适应性】和【优化】两种调色板类型后，可以在【颜色】文本框中设置位图的颜色数量。

在【范围的灵敏度】选项卡中，可以设置转换颜色过程中某种颜色的灵敏程度。

➤【所选颜色】选项组：首先在【选项】选项卡的【调色板】下拉列表中选择【优化】类型，选中【颜色范围灵敏度】复选框，单击其右边的颜色下拉按钮，在弹出的颜色列表中选择一种颜色或单击按钮，吸取图片上的颜色，此时在【范围的灵敏度】选项卡内的【所选颜色】中显示为所吸取的颜色。

➤【重要性】滑块：用于设置所选颜色的灵敏度范围。

➤【亮度】滑块：该选项用来设置颜色转换时，亮度、绿红轴和蓝黄轴的灵敏度。

9.3.5 RGB 颜色

RGB 色彩模式中的 R、G、B 分别代表红色、绿色和蓝色的相应值，3 种色彩叠加形成其他的色彩，也就是真色彩，RGB 颜色模式的数值设置范围为 0～255。在 RGB 颜色模式中，当 R、G、B 值均为 255 时，显示为白色；当 R、G、B 值均为 0 时，显示为纯黑色，因此也称之为加色模式。选择【位图】|【模式】|【RGB 颜色(24 位)】命令，即可将图像转换为 RGB 颜色模式。

9.3.6 Lab 色

Lab 色彩模式是国际色彩标准模式，它能产生与各种设备匹配的颜色，还可以作为中间色实现各种设备颜色之间的转换。选择【位图】|【模式】|【Lab 色(24 位)】命令，即可将图像转换为 Lab 颜色模式。

实用技巧

Lab 色彩模式在理论上说，包括了人眼可见的所有色彩，它所能表现的色彩范围比任何色彩模式都更广泛。当 RGB 和 CMYK 两种模式互相转换时，最好先转换为 Lab 色彩模式，这样可以减少转换过程中颜色的损耗。

9.3.7 CMYK 色

CMYK 色彩模式中的 C、M、Y、K 分别代表青色、品红、黄色和黑色的相应值，各色彩的设置范围均为 0%～100%，四色色彩混合能够产生各种颜色。在 CMYK 颜色模式中，当 C、M、Y、K 值均为 100 的时候，结果为黑色；当 C、M、Y、K 值均为 0 时，结果为白色。选中位图后，选择【位图】|【模式】|【CMYK 色(32 位)】命令，即可将图像转换为 CMYK 模式。

9.4 描摹位图

CorelDRAW 中除了具备矢量图转换为位图的功能外，同时还具备了位图转换为矢量图的功能。通过描摹位图命令，即可将位图按不同的方式转换为矢量图形。在实际工作中，应用描摹位图功能，可以帮助用户提高编辑图形的工作效率，如在处理扫描的线条图案、徽标、艺术形体字或剪贴画时，可以先将这些图像转换为矢量图，然后在转换后的矢量图基础上作相应的调整和处理，即可省去重新绘制的时间，以最快的速度将其应用到设计中。

9.4.1 快速描摹位图

使用【快速描摹】命令，可以一步完成位图转换为矢量图的操作。选择需要描摹的位图，然后选择【位图】|【快速描摹】命令，或单击属性栏中的【描摹位图】按钮，从弹

出的下拉列表中选择【快速描摹】命令，即可将选择的位图转换为矢量图。

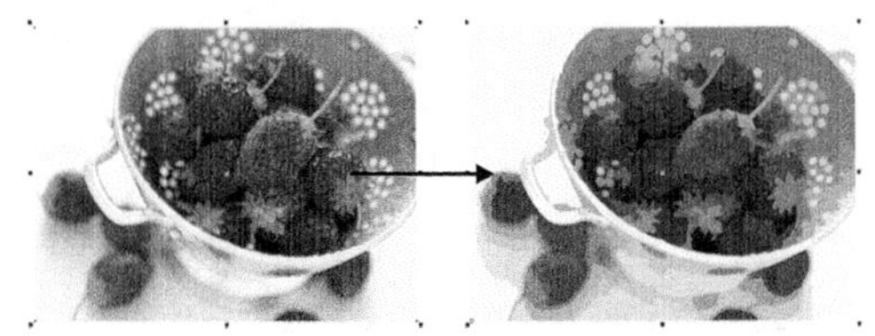

9.4.2　中心线描摹位图

【中心线描摹】命令使用未填充的封闭和开放曲线(如笔触)来描摹图像。此种方式适用于描摹线条图纸、施工图、线条画和拼版等。【中心线描摹】方式提供了【技术图解】和【线条画】两种预设样式，用户可以根据所要描摹的图像内容选择适合的描摹样式。选择【技术图解】样式，可以使用很细很淡的线条描摹黑白图解；选择【线条画】样式，可以使用很粗且很突出的线条描摹黑白草图。

知识点滴

选中需要描摹的位图后，选择【位图】|【中心线描摹】|【技术图解】或【线条画】命令，都可以打开 PowerTRACE 对话框。在其中调整跟踪控件的细节、线条平滑度和拐角平滑度，得到满意的描摹效果后，单击【确定】按钮，即可将选择的位图按指定的样式转换为矢量图。

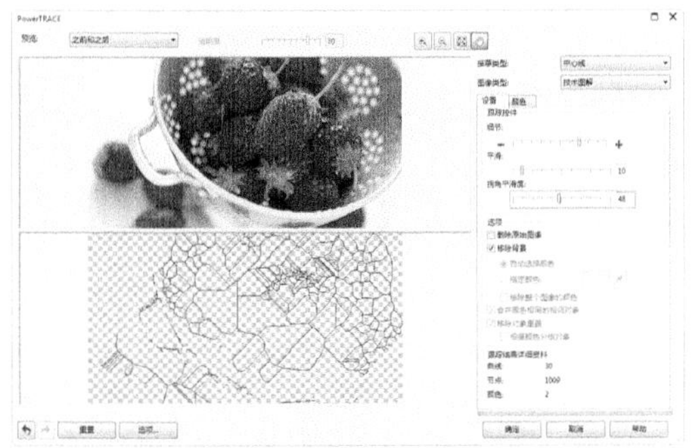

9.4.3　轮廓描摹位图

【轮廓描摹】又称为【填充描摹】，使用无轮廓的曲线对象来描摹图像，它适用于描摹剪贴画、徽标、相片图像、低质量和高质量图像。【轮廓描摹】方式提供了 6 种预设样式，包括线条画、徽标、详细徽标、剪贴画、低质量图像和高质量图像。

- 线条画：描摹黑白草图和图解。
- 徽标：描摹细节和颜色都较少的简单徽标。
- 详细徽标：描摹包含精细细节和许多颜色的徽标。
- 剪贴画：描摹细节量和颜色数不同的现成图形。
- 低质量图像：描摹细节不足(或包括要忽略的精细细节)的相片。
- 高质量图像：描摹高质量、超精细的相片。

选择需要描摹的位图，然后选择【位图】|【轮廓描摹】命令，在展开的下一级子菜单中选择所需要的预设样式，然后在打开的 PowerTRACE 控件窗口中调整描摹结果。调整完成后，单击【确定】按钮即可。

【例 9-5】在 CorelDRAW X7 应用程序中，描摹位图图像。

视频+素材 (光盘素材\第 09 章\例 9-5)

step 1　在打开的绘图文件中，选择需要描摹的位图，单击属性栏中的【描摹位图】按钮，从弹出的下拉列表中选择【轮廓描摹】|【高质量图像】命令，打开PowerTRACE对话框。

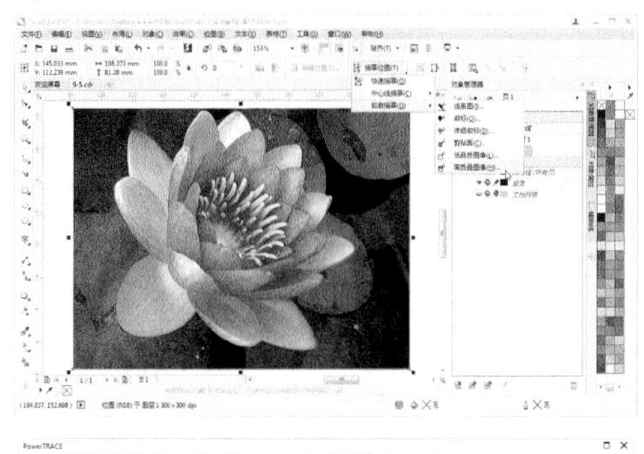

step② 在PowerTRACE对话框中，拖动【细节】滑块，设置【平滑】数值为 100。

step③ 设置完成后，单击【确定】按钮描摹位图。

9.5 三维效果

在 CorelDRAW X7 中，使用【三维效果】命令组可以为位图添加各种模拟的 3D 立体效果。【三维效果】命令组包含了【三维旋转】、【柱面】、【浮雕】、【卷页】、【透视】、【挤远/挤近】和【球面】7 种命令命令。

9.5.1 【三维旋转】命令

【三维旋转】命令用于将指定的图形对象沿水平和垂直方向旋转。

在菜单栏中选择【位图】|【三维效果】|【三维旋转】命令，可以打开【三维旋转】对话框。在其中的【垂直】文本框和【水平】文本框中，可以分别设置垂直与水平旋转的角度，选中【最合适】复选框可以使经过变形后的位图适应于图框。

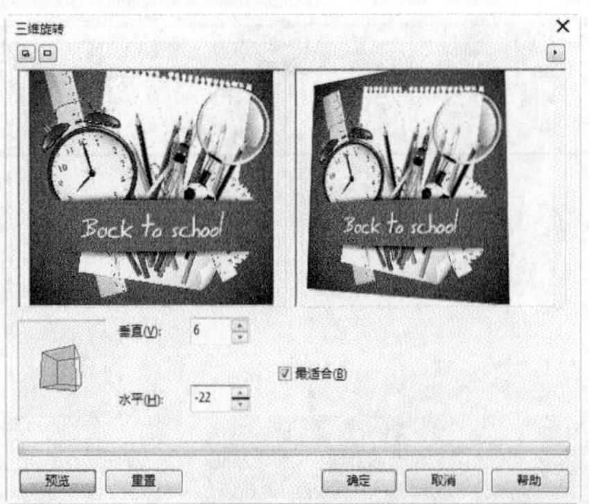

9.5.2 【柱面】命令

选择【位图】|【三维效果】|【柱面】命令，可以打开【柱面】对话框。在【柱面模式】选项区域中，可以选择柱面的方向，拖动【百分比】滑块，可以设置柱面内侧或外侧拉伸的效果。

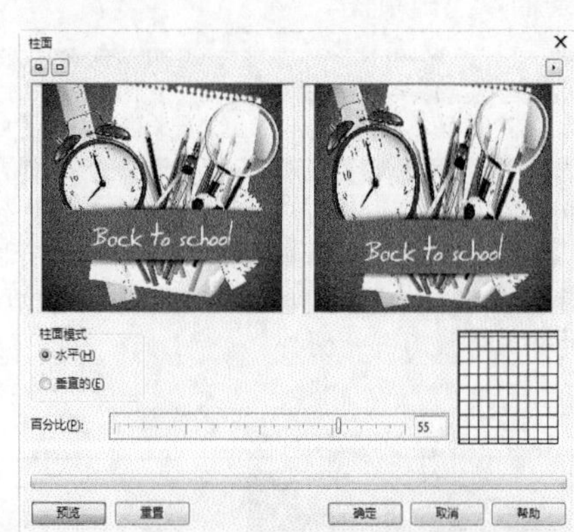

实用技巧

在所有命令效果对话框中，左上角的回和口按钮用于在双窗口、单窗口和取消预览窗口之间进行切换。将鼠标光标移动到预览窗口中，当光标变为手形状时，单击鼠标左键拖动，可平移视图；单击鼠标左键，可放大视图；单击鼠标右键，可缩小视图。单击【预览】按钮，可预览应用后的效果；单击【重置】按钮，可取消对话框中各选项参数的修改，返回到默认的状态。

9.5.3 【浮雕】命令

【浮雕】命令用于让图片对象产生类似浮雕的效果。在菜单栏中选择【位图】|【三维效果】|【浮雕】命令，可以打开【浮雕】对

话框。

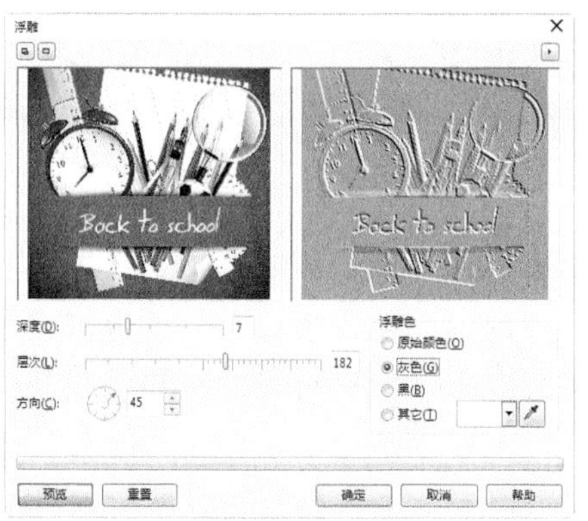

【浮雕】对话框中各主要参数选项的功能如下。

➤ 【深度】选项：拖动滑块可以调整浮雕效果的深度。

➤ 【层次】选项：拖动滑块可以控制浮雕的层次效果，越往右拖浮雕效果越明显。

➤ 【方向】文本框：用来设置浮雕效果的方向。

➤ 【浮雕色】选项区域：在该选项区域中可以选择转换成浮雕效果后的颜色样式。

9.5.4 【卷页】命令

【卷页】命令用于为图片对象创建出类似于纸张翻卷的视觉效果，该效果常用于对照片进行修饰时。在菜单栏中选择【位图】|【三维效果】|【卷页】命令，可以打开【卷页】对话框。【卷页】对话框中各主要参数选项的功能如下。

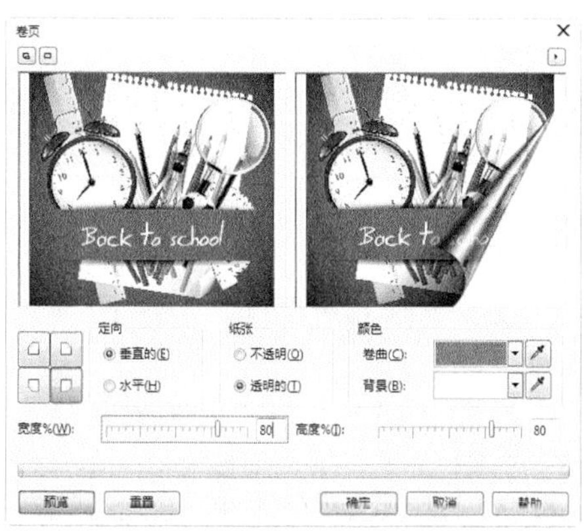

➤ 【卷页类型】按钮：【卷页】对话框中提供了 4 种卷页类型按钮，分别为【左上角】按钮、【右上角】按钮、【左下角】按钮和【右下角】按钮。打开【卷页】对话框时系统默认的是选择【右上角】卷页类型。

➤ 【定向】选项区域：该选项区域用于控制卷页的方向，可以设置卷页方向为水平或垂直方向。当选中【垂直的】单选按钮时，将会沿垂直方向创建卷页效果；当选中【水平】单选按钮时，将会沿水平方向创建卷页效果。

➤ 【纸张】选项区域：该选项区域用于控制卷页纸张的透明效果，用户可以设置不透明或透明。

➤ 【颜色】选项区域：用于控制卷页及其背景的颜色。【卷曲】选项右边的色样框，显示为当前所选择的卷页颜色，单击色样按钮右边的下三角按钮，将打开颜色选择器，从中可以选择所需的颜色。也可以从当前图像中选择一种颜色作为卷页的颜色，只需单击色样框右边的吸管工具按钮，然后在图像中所想要的颜色上单击即可。

➤ 【宽度】和【高度】选项：用于设置卷页的宽度和高度。

9.5.5 【透视】命令

【透视】命令用于产生具有三维深度效果的图形对象。在菜单栏中选择【位图】|【三维效果】|【透视】命令，可以打开【透视】对话框。

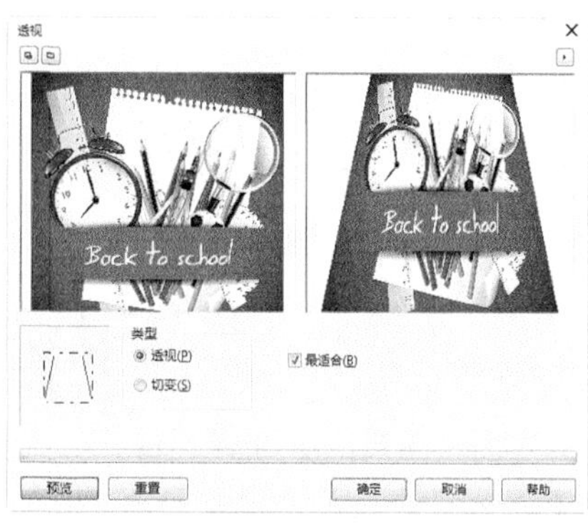

在【类型】选项区域中选中【透视】单选按钮，则可以拖动节点来改变图片对象的

三维效果；选中【切变】单选按钮，则会保持图形对象的原始大小和形状，然后拖动节点来移动或改变透视效果。

9.5.6 【挤远/挤近】命令

【挤远/挤近】命令用于产生具有三维深度感的图形对象。在菜单栏中选择【位图】|【三维效果】|【挤远/挤近】命令，可以打开【挤远/挤近】对话框。在该对话框中向左拖动滑块则设置挤近效果；向右拖动滑块则设置挤远效果。

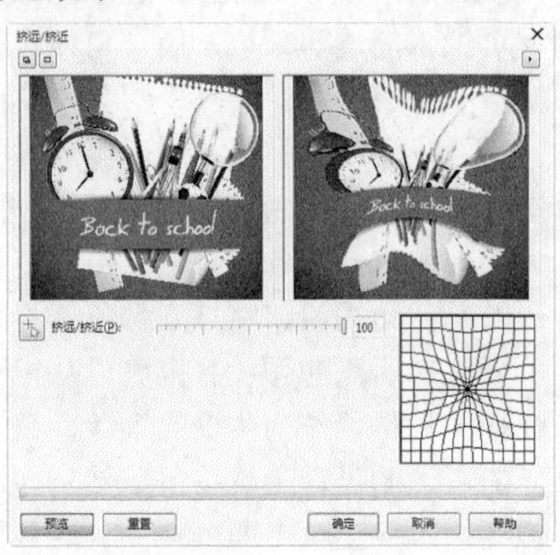

9.5.7 【球面】命令

【球面】命令用于产生具有三维深度感的球面效果的图形对象。在菜单栏中选择【位图】|【三维效果】|【球面】命令，可以打开【球面】对话框。在该对话框中调节滑块可以改变变形效果，向左拖动滑块，将会使变形中心周围的像素缩小，产生包围在球面内侧的效果；向右拖动滑块时，将使变形中心周围的像素放大，产生包围在球面外侧的效果。

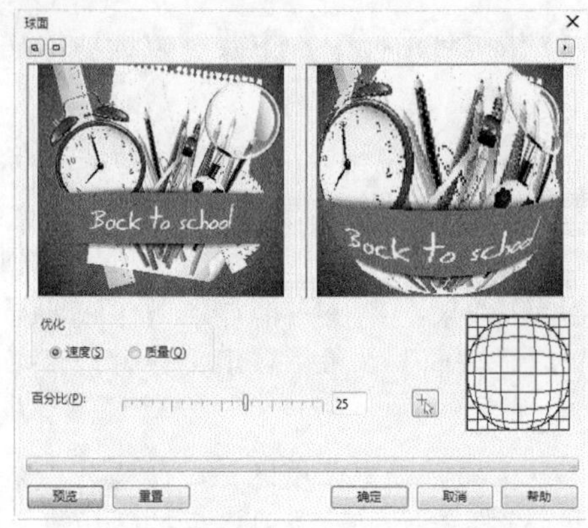

9.6 艺术笔触

在【艺术笔触】命令组中，用户可以模拟各种笔触，设置图像为蜡笔画、木炭画、立体派、印象派、钢笔画、点彩派、水彩画和水印画等画面效果。它们主要用于将位图转换为传统手工绘画的效果。

9.6.1 【炭笔画】命令

使用【炭笔画】命令可以制作图像如木炭绘制的画面效果的图像。

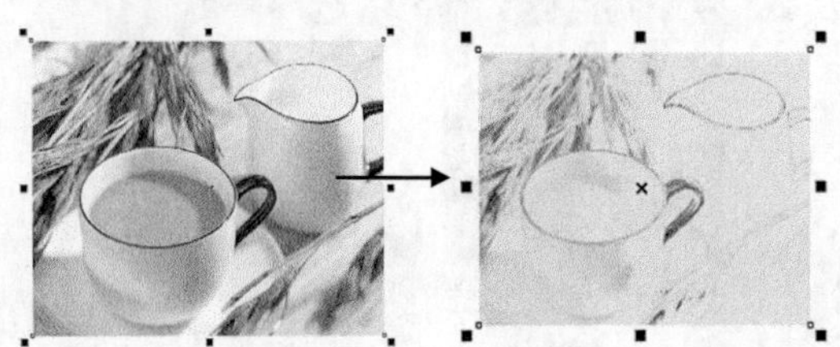

用户在绘图页面中选择图像后，选择【位图】|【艺术笔触】|【炭笔画】命令，可以打开【炭笔画】对话框。

在【炭笔画】对话框中，各主要参数选项的作用如下。

- 【大小】选项：用于控制炭粒的大小，其取值范围为 1～10。当取较大的值时，添加到图像上的炭粒较大；取较小的值时，炭粒较小。用户可以拖动该选项标尺上的滑块来调整炭粒的大小，也可以直接在右边的文本框中输入需要的数值。

- 【边缘】选项：用于控制勾边的层次，取值范围为 0～10。

9.6.2 【蜡笔画】命令

使用【蜡笔画】命令可以将图片对象中的像素分散，从而产生蜡笔绘画的效果。用户在绘图页面中选择图像后，在菜单栏中选择【位图】|【艺术笔触】|【蜡笔画】命令，打开【蜡笔画】对话框。在该对话框中拖动【大小】滑块可以设置像素分散的稠密程度；拖动【轮廓】滑块可以设置图片对象轮廓显示的轻重程度。

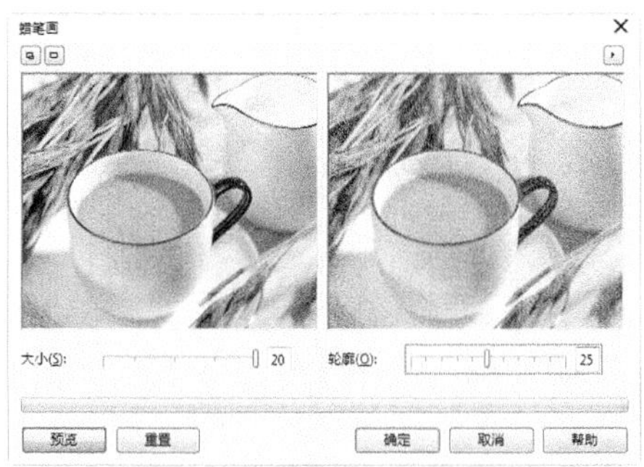

9.6.3 【立体派】命令

【立体派】命令可以将图像中相同颜色的像素组合成颜色块，形成类似立体派的绘画风格。选取位图对象后，选择【位图】|【艺术笔触】|【立体派】命令，打开【立体派】对话框，设置好各项参数后，单击【确定】按钮。

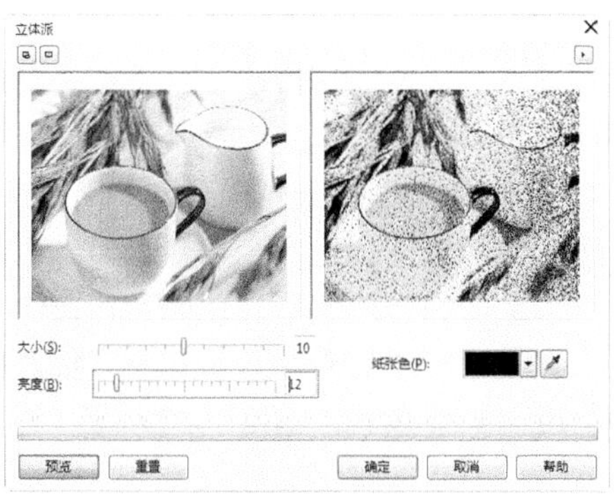

在【立体派】对话框中，各主要参数选项的作用如下。

- 【大小】滑块：设置颜色块的色块大小。
- 【亮度】滑块：调节画面的亮度。
- 【纸张色】选项：设置背景纸张的颜色。

9.6.4 【印象派】命令

【印象派】命令可以将图像制作成类似印象派的绘画风格。选取位图对象后，选择【位图】|【艺术效果】|【印象派】命令，打开【印象派】对话框，设置好各项参数后，单击【确定】按钮。

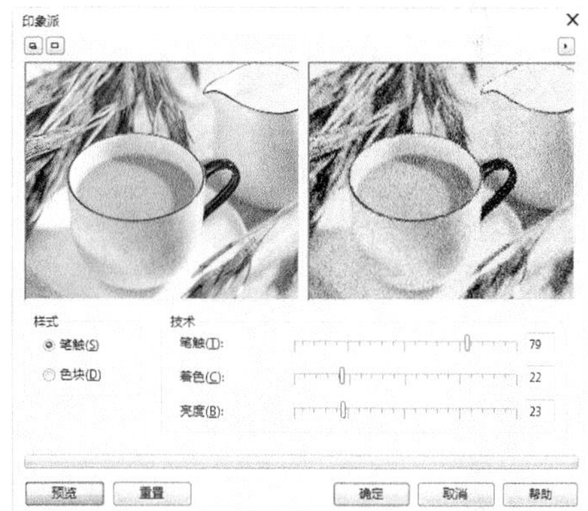

在【印象派】对话框中，各主要参数选项的作用如下。

- 【样式】选项组：可以设置【笔触】或【色块】样式作为构成画面的元素。
- 【技术】选项组：可以通过调整【笔触】、【着色】和【亮度】3 个滑块，以获得最佳的画面效果。

9.6.5 【调色刀】命令

【调色刀】命令可以将图像制作成类似调色刀绘制的绘画效果。选取位图对象后，选择【位图】|【艺术笔触】|【调色刀】命令，打开【调色刀】对话框，设置好各项参数后，单击【确定】按钮。

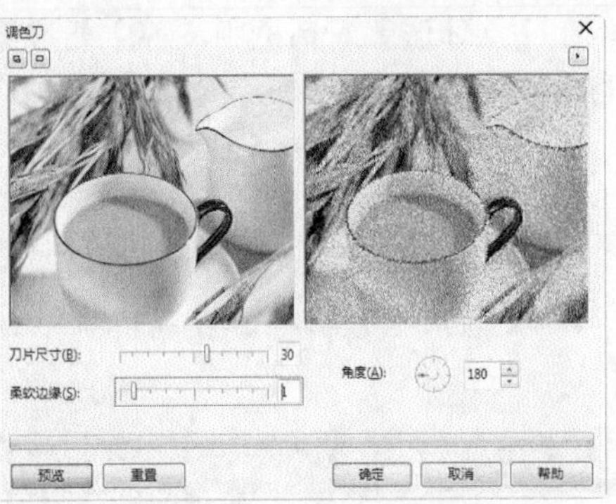

9.6.6 【钢笔画】命令

【钢笔画】命令可以使图像产生使用钢笔和墨水绘画的效果。选取位图对象后，选择【位图】|【艺术笔触】|【钢笔画】命令，打开【钢笔画】对话框。

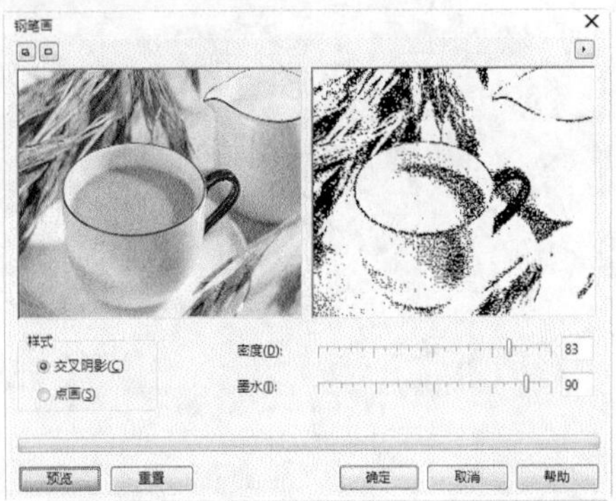

在【钢笔画】对话框中，各主要参数选项的作用如下。

- 【样式】选项组：可以选择【交叉阴影】和【点画】两种绘画样式。
- 【密度】滑块：可以通过调整滑块设置笔触的密度。
- 【墨水】滑块：可以通过调整滑块设置画面颜色的深浅。

9.6.7 【点彩派】命令

【点彩派】命令可以将图像制作成由大量颜色点组成的图像效果。选取位图后，选择【位图】|【艺术笔触】|【点彩派】命令，打开【点彩派】对话框。在该对话框中，设置好各项参数后，单击【确定】按钮即可。

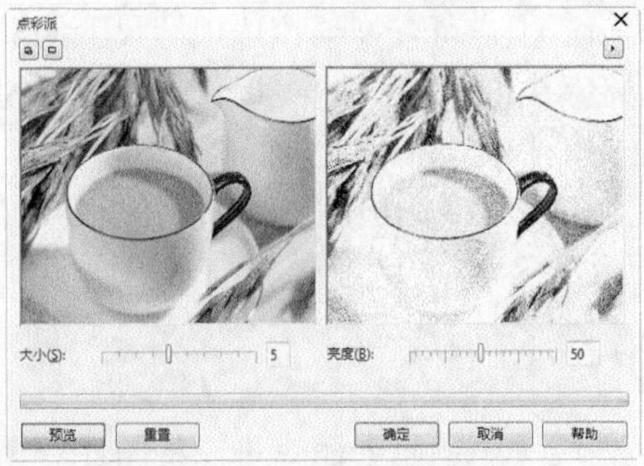

9.6.8 【木版画】命令

【木版画】命令可以在图像的彩色和黑白之间产生鲜明的对照点。选取位图对象后，选择【位图】|【艺术效果】|【木版画】命令，打开【木版画】对话框。使用【颜色】选项可以制作彩色木版画效果；使用【白色】选项可以制作成黑白版画效果。

9.6.9 【素描】命令

使用【素描】命令可以使图像产生如素描、速写等手工绘画的效果。用户在绘图页面中选择图像后，在菜单栏中选择【位图】|【艺术笔触】|【素描】命令，打开【素描】对话框。

在【素描】对话框中，各主要参数选项的作用如下。

- 【铅笔类型】选项区域：选中【碳色】单选按钮可以创建黑白图片对象；选中【颜色】单选按钮可以创建彩色图片对象。
- 【样式】选项：用于调整素描对象的平滑度，数值越大，画面就越光滑。

➤【压力】选项：用于调节笔触的软硬程度，数值越大，笔触就越软，画面越精细。

➤【轮廓】选项：用于调节素描对象的轮廓线宽度，数值越大，轮廓线就越明显。

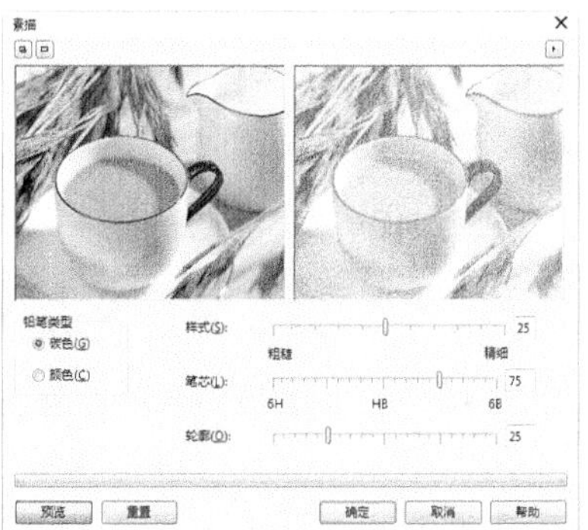

9.6.10　【水彩画】命令

使用【水彩画】命令可以使图像产生水彩画效果。用户选中位图后，选择【位图】|【艺术笔触】|【水彩画】命令，打开【水彩画】对话框。

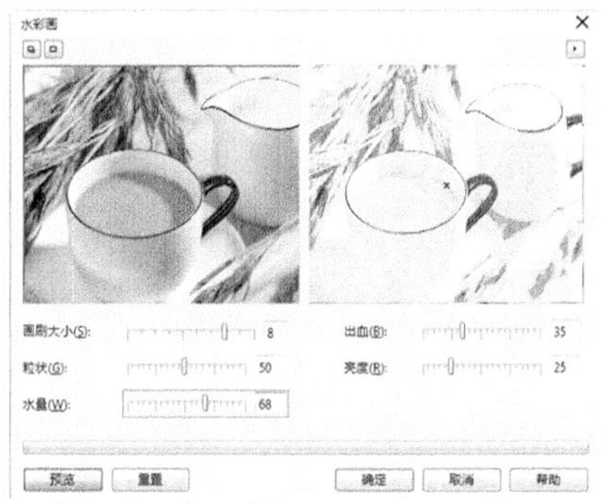

在【水彩画】对话框中，各主要参数选项的作用如下。

➤【画刷大小】选项：用于设置画面中的笔触效果。其取值范围为 1～10，数值越小，笔触越细腻，越能表现图像中更多细节。

➤【粒状】选项：用于设置笔触的间隔。其取值范围为 1～100，数值越大，笔触颗粒间隔越大，画面越粗糙。

➤【水量】选项：用于设置画刷中的含水量。其取值范围为 1～100，数值越大含水量越高，画面越柔和。

➤【出血】选项：用于设置画刷的速率。其取值范围为 1～100，数值越大，速率越大，笔画间的融合程度也就越高，画面的层次也就越不明显。

➤【亮度】选项：用于设置图像中的光照强度。其取值范围为 1～100，数值越大，光照越强。

9.6.11　【水印画】命令

【水印画】命令可以使图像呈现使用水彩印制画面的效果。选择位图对象后，选择【位图】|【艺术笔触】|【水印画】命令，打开【水印画】对话框，设置好各项参数后，单击【确定】按钮。在【水印画】对话框中，可以选择【变化】选项栏中的【默认】、【顺序】或【随机】选项。选择不同的【变化】选项，其水印效果各不相同。

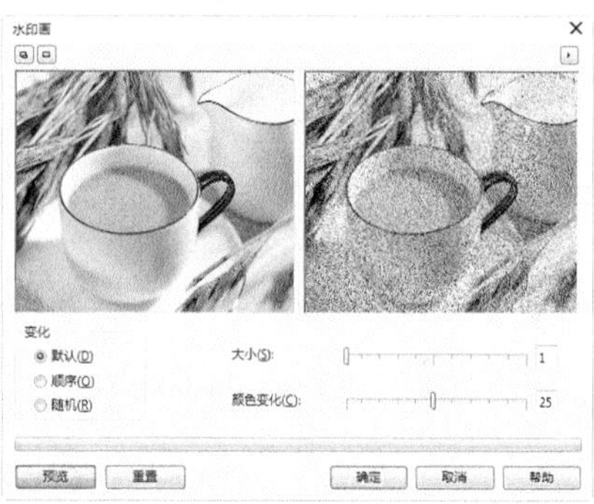

9.6.12　【波纹纸画】命令

【波纹纸画】命令可以将图像制作成在带有纹理的纸张上绘制出的画面效果。选取位图对象后，选择【位图】|【艺术笔触】|【波纹纸画】命令，打开【波纹纸画】对话框，设置好各项参数后，单击【确定】按钮。

9.7 颜色转换

【颜色转换】命令主要用于转换位图中的颜色。该组命令包括【位平面】、【半色调】、【梦幻色调】和【曝光】4 种命令。下面就将介绍最常用的【半色调】与【曝光】命令。

9.7.1 【半色调】命令

使用【半色调】命令可以使图像产生彩色网点的效果。在选取位图后，选择【位图】|【颜色变换】|【半色调】命令，打开【半色调】对话框。在其中设置好各项参数后，单击【确定】按钮即可。

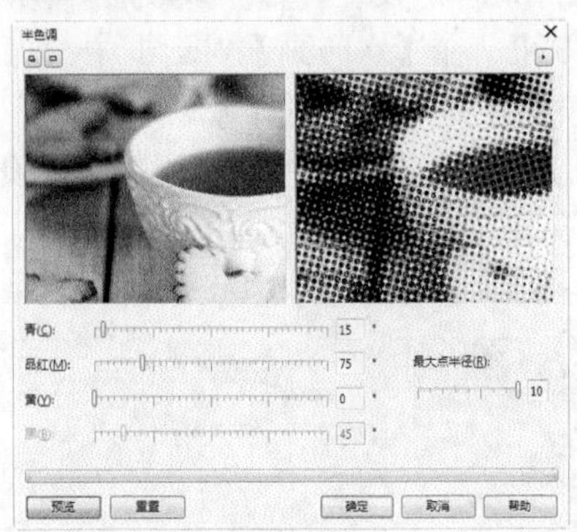

在【半色调】对话框中，各主要参数选项的作用如下：

- 分别拖动【青】、【品红】、【黄】滑块，可设置青、品红、黄 3 这种颜色在色块平面中的比例。
- 【最大点半径】滑块用于设置构成半色调图像中最大点的半径，数值越大，半径越大。

9.7.2 【曝光】命令

使用【曝光】命令可以转换位图的颜色为相片底片的颜色，并且可以控制曝光的强度以产生不同的曝光效果。要应用【曝光】命令效果，先在绘图页面中选择图像，再选择【位图】|【颜色变换】|【曝光】命令，打开【曝光】对话框。在该对话框中，可以拖动【层次】滑块设置图像曝光效果的强度。其数值越大，曝光强度也越大。

9.8 模糊

使用模糊效果，可以使图像画面柔化、边缘平滑、颜色调和。其中，效果比较明显的是高斯式模糊、动态模糊和放射状模糊效果。

9.8.1 【高斯式模糊】命令

使用【高斯式模糊】命令可以使图像按照高斯分布曲线产生一种朦胧的效果。这种命令按照高斯钟形曲线来调节像素的色值，可以改变边缘比较锐利的图像的品质，提高边缘参差不齐的位图的图像质量。

在选中位图后，选择【位图】|【模糊】|【高斯式模糊】命令，打开【高斯式模糊】对话框。

在该对话框中，【半径】选项用于调节和

控制模糊的范围和强度。用户可以直接拖动滑块或在文本框中输入数值设置模糊范围。该选项的取值范围为 0.1～250.0。数值越大，模糊效果越明显。

9.8.2　【动态模糊】命令

使用【动态模糊】命令可以将图像沿一定方向创建镜头运动所产生的动态模糊效果。选取位图后，选择【位图】|【模糊】|【动态模糊】命令，打开【动态模糊】对话框，在其中设置好各项参数，然后单击【确定】按钮即可。

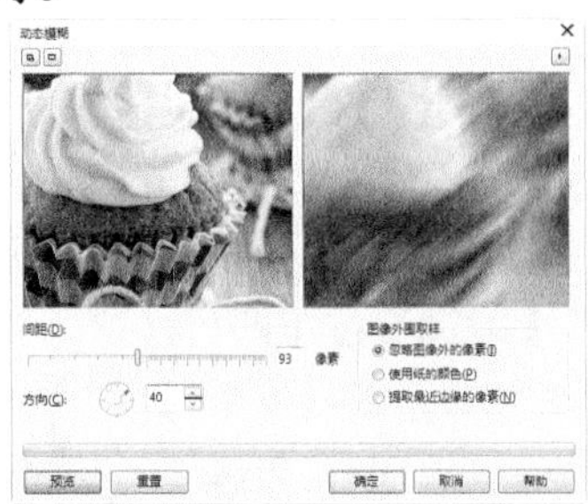

9.8.3　【放射状模糊】命令

使用【放射状模糊】命令可以使位图图像从指定的圆心处产生同心旋转的模糊效果。选取位图对象后，选择【位图】|【模糊】|【放射状模糊】命令，打开【放射状模糊】对话框，在其中拖动【数量】滑块可以调整模糊效果的强度，然后单击【确定】按钮即可。

知识点滴

单击按钮，在原始图像预览框中选择放射状模糊的圆心位置，单击该点后将在预览框中留下十字标记。

9.8.4　【缩放】命令

使用【缩放】命令可以从图像的某个点往外扩散，产生爆炸的视觉冲击效果。选取位图后，选择【位图】|【模糊】|【缩放】命令，打开【缩放】对话框，在其中设置好【数量】值后，单击【确定】按钮即可。

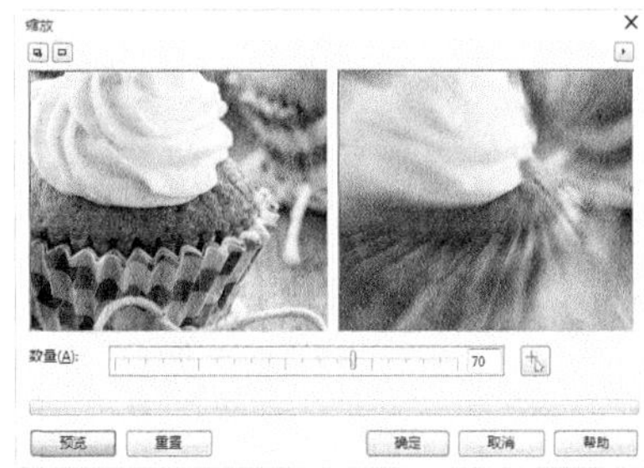

9.9　创造性

应用【创造性】命令可以为图像添加各种具有创意的画面效果。该命令组包含了【工艺】、【晶体化】、【织物】、【框架】、【玻璃砖】、【儿童游戏】、【马赛克】、【粒子】、【散开】、【茶色玻璃】、【彩色玻璃】、【虚光】、【漩涡】及【天气】命令。

9.9.1　【工艺】命令

【工艺】命令可以使位图图像具有类似于用工艺元素拼接起来的画面效果。选取位图后，选择【位图】|【创造性】|【工艺】命令，打开【工艺】对话框。在【工艺】对话框中，各主要参数选项的作用如下。

- 【样式】下拉列表中可以将用于拼接的工艺元素设置为【拼图板】、【齿轮】、【弹珠】、【糖果】、【瓷砖】或【筹码】样式。
- 【大小】滑块：可以设置用于拼接的工艺元素尺寸大小。
- 【完成】滑块：可以设置图像被工艺元素覆盖的百分比值。
- 【亮度】滑块：可以设置图像中的光照亮度。

➤ 【旋转】滑块：可以设置图像中的光照角度。

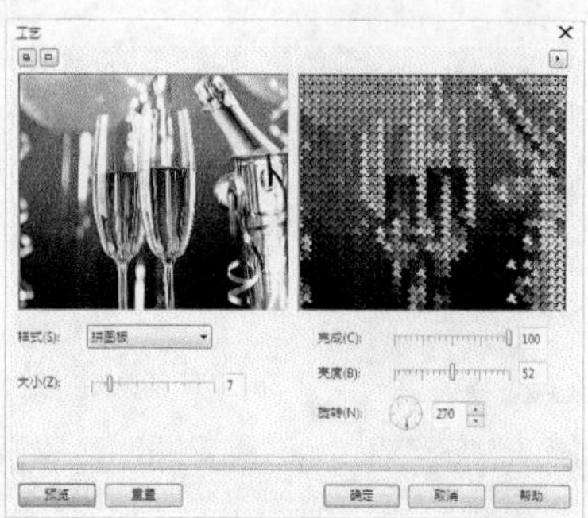

9.9.2 【晶格化】命令

【晶体化】命令可以使位图图像产生类似于晶体块状组合的画面效果。选取位图后，选择【位图】|【创造性】|【晶体化】命令，打开【晶体化】对话框，拖动【大小】滑块设置晶体化的大小参数后，单击【确定】按钮即可。

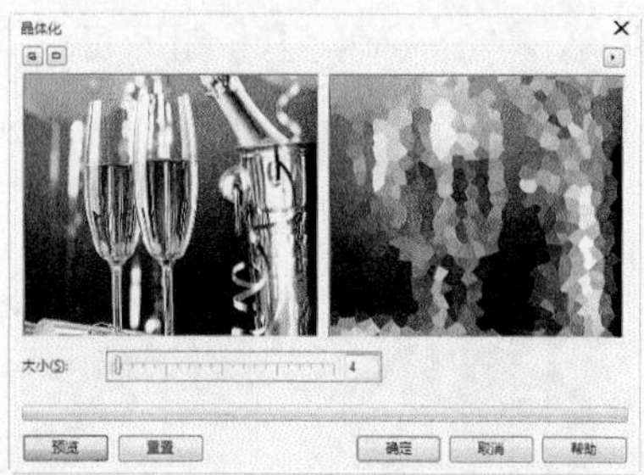

9.9.3 【框架】命令

【框架】命令可以使图像边缘产生艺术的抹刷效果。选取位图后，选择【位图】|【创造性】|【框架】命令，打开【框架】对话框。

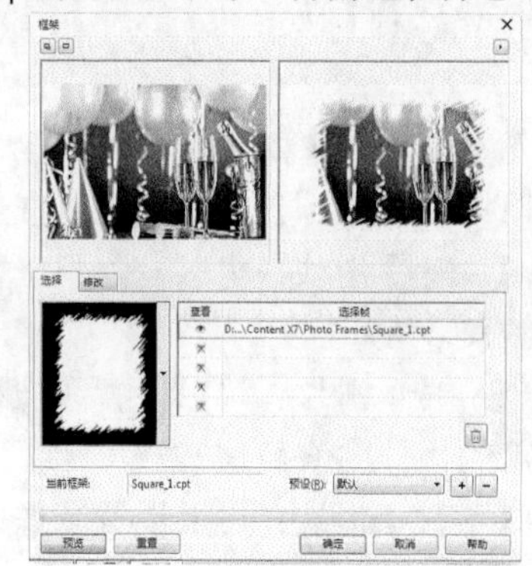

在该对话框的【选择】选项卡中可以选择不同的框架样式。【修改】选项卡可以对选择的框架样式进行修改。

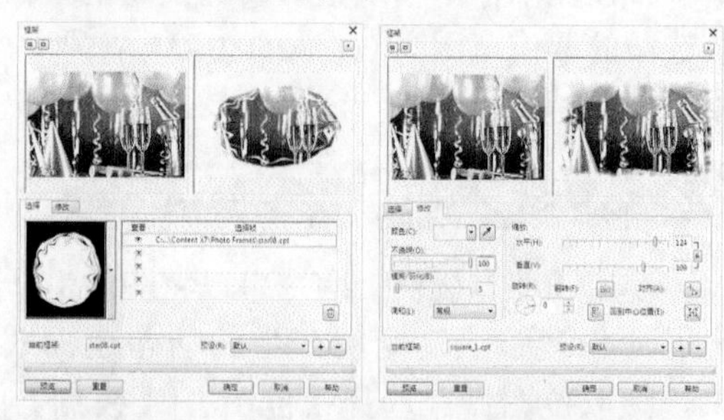

9.9.4 【马赛克】命令

【马赛克】命令可以使位图图像产生类似于马赛克拼接成的画面效果。选取位图后，选择【位图】|【创造性】|【马赛克】命令，打开【马赛克】对话框，在其中设置好【大小】参数、背景色，并选中【虚光】复选框后，单击【确定】按钮即可。

9.9.5 【粒子】命令

【粒子】命令可以在图像上添加星点或气泡的效果。选取位图后，选择【位图】|【创造性】|【粒子】命令，打开【粒子】对话框，设置好各项参数后，单击【确定】按钮即可。

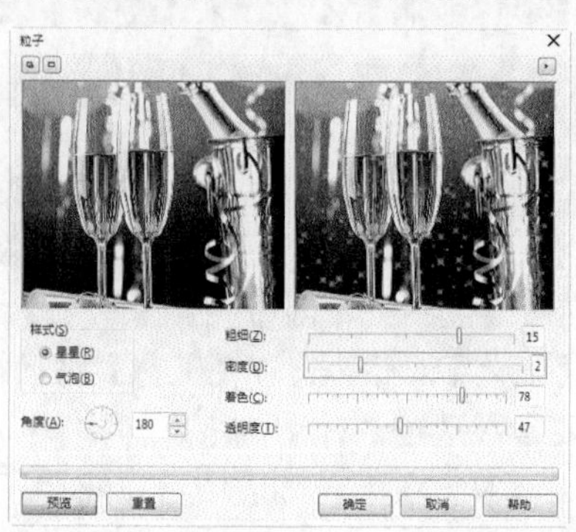

9.9.6 【散开】命令

【散开】命令可以使位图对象散开成颜色点的效果。选取位图后，选择【位图】|【创造性】|【散光】命令，打开【散开】对话框，设置好【水平】和【垂直】参数后，单击【确定】按钮即可。

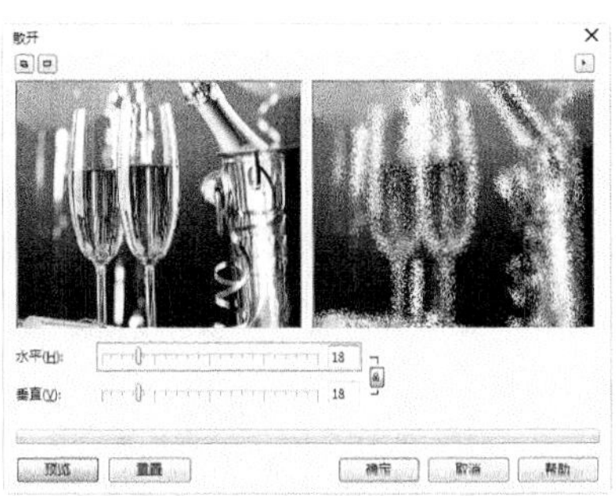

9.9.7 【虚光】命令

【虚光】命令可以使图像周围产生虚光的画面效果，选择【位图】|【创造性】|【虚光】命令，打开【虚光】对话框。在【虚光】对话框中，各主要参数选项的作用如下。

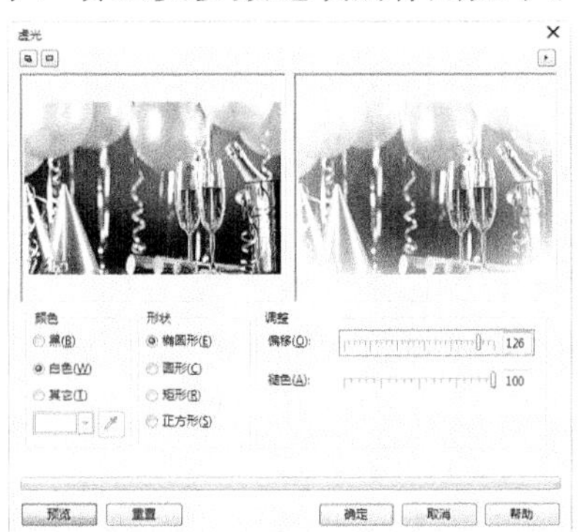

- 【颜色】选项组：用于设置应用于图像中的虚光颜色，包括【黑】、【白】和【其他】选项。
- 【形状】选项组：用于设置应用于图像中的虚光形状，包括【椭圆】、【圆形】、【矩形】和【正方形】选项。
- 【调整】选项组：用于设置虚光的偏移距离和虚光的强度。

9.9.8 【天气】命令

【天气】命令可以在位图图像内部模拟雨、雪、雾的天气效果。选择【位图】|【创造性】|【天气】命令，打开【天气】对话框。在【天气】对话框中，各主要参数选项的作用如下。

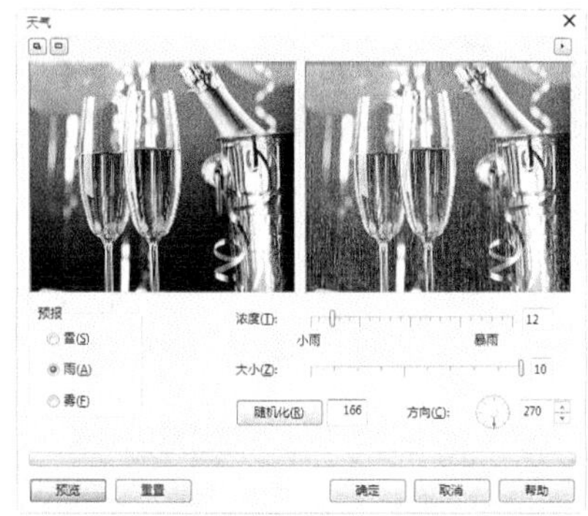

- 【预报】选项组：可以设置添加的天气类型，包括【雪】、【雨】、【雾】三种类型。
- 【浓度】滑块：用于设置天气效果的浓度。
- 【大小】滑块：用于设置雨点或雪花的大小。
- 【随机化】按钮：单击该按钮，在旁边的文本框中会出现相应的随机数，图像中的效果元素将根据这个数值进行随机分布，用户也可以对该文本框进行手动设置。

9.10 扭曲

使用【扭曲】命令可以对图像创建扭曲变形的效果。该命令中包含了【块状】、【置换】、【偏移】、【像素】、【龟纹】、【旋涡】、【平铺】、【湿笔画】、【涡流】以及【风吹】命令。

9.10.1 【置换】命令

【置换】命令可以使图像被预置的波浪、星形或方格等图形置换出来，产生特殊的效果。选取位图后，选择【位图】|【扭曲】|【置换】命令，打开【置换】对话框。

在【置换】对话框中，各主要参数选项的作用如下。

- 【缩放模式】选项组：可选择【平铺】或【伸展适合】的缩放模式。
- 【未定义区域】下拉列表：可选择【重复边缘】或【环绕】选项。
- 【缩放】选项组：拖动【水平】或【垂直】滑块可调整置换的大小密度。
- 【置换样式】列表框：可选择程序提供的置换样式。

9.10.2 【偏移】命令

【偏移】命令可以使图像产生画面对象的位置偏移效果。选取位图后，选择【位图】|【扭曲】|【偏移】命令，打开【偏移】对话框，在其中设置好各项参数后，单击【确定】按钮即可。

9.10.3 【龟纹】命令

【龟纹】命令可以使图像按照设置，对位图中的像素进行颜色混合，产生畸变的波浪效果。在【龟纹】对话框中，各主要参数选项的作用如下。

- 【主波纹】选项组：拖动【周期】和【振幅】滑块，可调整纵向波动的周期及振幅。
- 【优化】选项组：可以选中【速度】或【质量】单选按钮。
- 【垂直波纹】复选框：选中该复选框，可以为图像添加正交的波纹，拖动【振幅】滑块，可以调整正交波纹的振动幅度。
- 【扭曲龟纹】复选框：选中该复选框，可以使位图中的波纹发生变形，形成干扰波。
- 【角度】拨盘：可以设置波纹的角度。

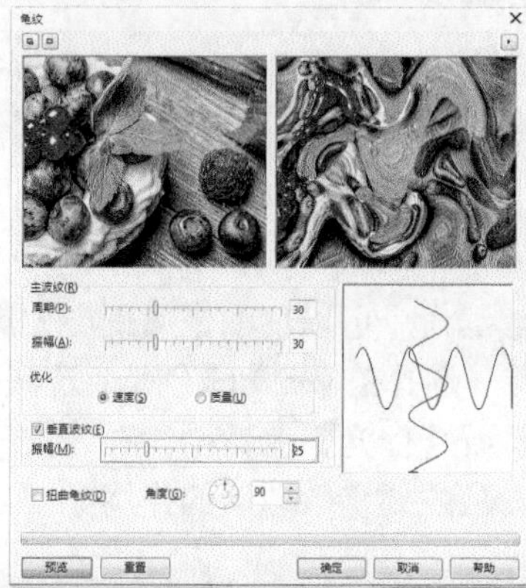

9.10.4 【漩涡】命令

使用【旋涡】命令可以使图像产生顺时针或逆时针的旋涡变形效果。选取位图后，选择【位图】|【扭曲】|【旋涡】命令，打开【旋涡】对话框，在该对话框中设置好各项参数后，单击【确定】按钮即可。

在【旋涡】对话框中，各主要参数选项的作用如下。

- 【定向】选项组：在该选项组中，可以选择【顺时针】选项或【逆时针】选项作为旋涡效果的旋转方向。
- 【优化】选项组：可以选择【速度】选项和【质量】选项。
- 【角度】选项组：可以通过滑动【整体旋转】滑块和【附加度】滑块来设置旋涡效果。

9.10.5　【湿画笔】命令

【湿画笔】命令可以使图像产生类似于油漆未干时，往下流淌的画面效果。选取位图后，选择【位图】|【扭曲】|【湿画笔】命令，打开【湿画笔】对话框，在该对话框中设置好各项参数后，单击【确定】按钮即可。

在【湿画笔】对话框中，各主要参数选项的作用如下。

- 【润湿】滑块：拖动其滑块，可以设置图像中各个对象的油滴数目。数值为正时，从上往下流；数值为负时，从下往上流。
- 【百分比】滑块：拖动该滑块，可以设置油滴的大小。

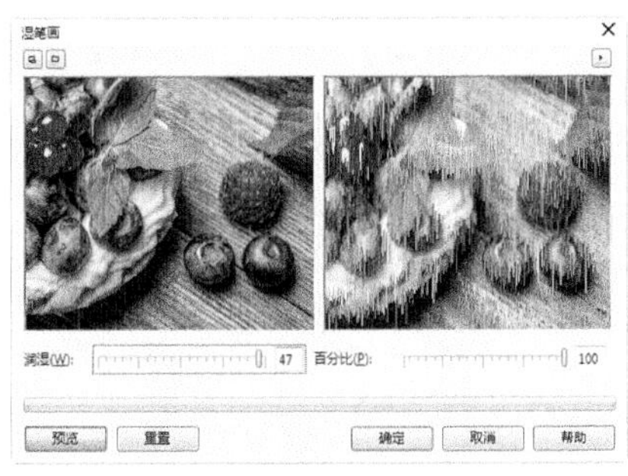

9.10.6　【涡流】命令

【涡流】命令可以使图像产生无规则的条纹流动效果。选取位图对象后，选择【位图】|【扭曲】|【涡流】命令，打开【涡流】对话框，在该对话框中设置好各项参数后，单击【确定】按钮即可。

在【涡流】对话框中，各主要参数选项的作用如下。

- 【间距】滑块：可以设置各个涡流之间的间距。
- 【擦拭长度】滑块：可以设置涡流擦拭的长度。
- 【扭曲】滑块：可以设置涡流扭曲的程度。
- 【条纹细节】滑块：可以设置条纹细节的丰富程度。
- 【样式】下拉列表：展开该下拉列表，可以设置涡流的样式。

9.10.7　【风吹效果】命令

使用【风吹效果】命令可以使图像产生类似于被风吹过的画面效果。用户可在选取位图后，选择【位图】|【扭曲】|【风吹效果】命令，打开【风吹效果】对话框。

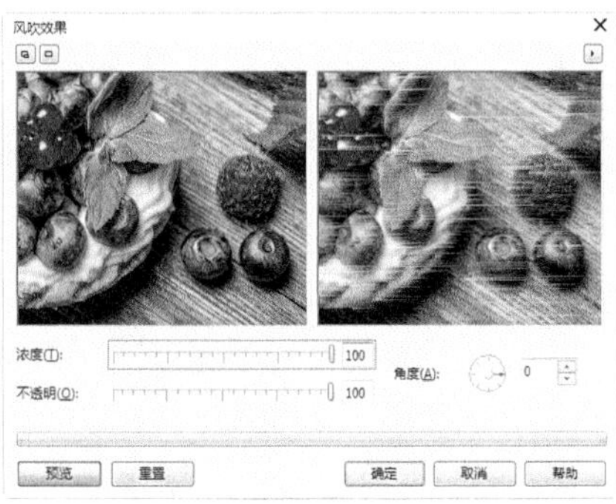

在该对话框中，设置【浓度】选项数值确定风吹的强度效果；设置【不透明】选项数值确定不透明度效果；设置【角度】选项数值确定风吹的方向。设置完成后，单击【确定】按钮即可。

9.11 轮廓图

应用【轮廓图】效果命令可以根据图像的对比度，使对象的轮廓变成特殊的线条效果。该命令中包含了【边缘检测】、【查找边缘】及【描摹轮廓】命令。下面以【边缘检测】命令为例进行说明。想要应用【边缘检测】命令效果，可在选中位图后，选择【位图】|【轮廓图】|【边缘检测】命令，打开【边缘检测】对话框。

在【边缘检测】对话框中，可以设置背景的颜色，选择【白色】或【黑色】，也可以打开【其他】选项的颜色下拉列表框进行选择；如果对所罗列的颜色不满意，可以单击样色下拉列表框中的【其他】按钮，打开【选择颜色】对话框选择或编辑颜色；用户还可以使用吸管工具在图像中选取颜色。另外，用户可以设置【灵敏度】选项的数值来确定检测的灵敏度，灵敏度数值越高，检测边缘效果越精确。

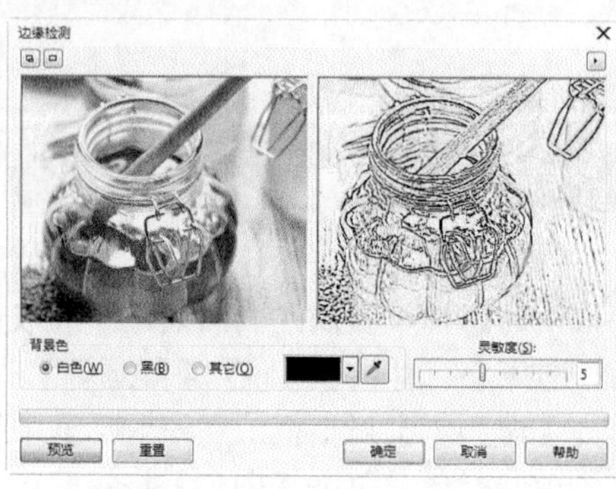

9.12 案例演练

本章的案例演练部分通过制作节日海报和婚礼邀请卡的综合实例操作，使用户通过练习从而巩固本章所学知识。

9.12.1 制作节日海报

【例 9-6】制作节日海报。
视频+素材 (光盘素材\第 09 章\例 9-6)

step 1 选择【文件】|【新建】命令，打开【创建新文档】对话框。在该对话框的【名称】文本框中输入“圣诞节海报”，在【大小】下拉列表中选择A4，单击【横向】按钮，然后单击【确定】按钮。

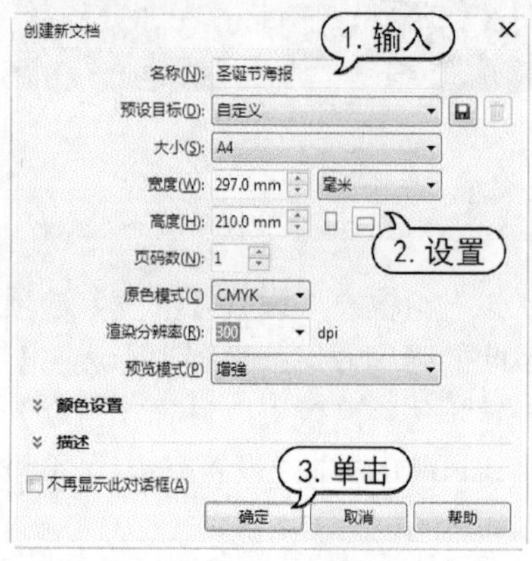

step 2 单击标准工具栏中的【导入】按钮，打开【导入】对话框。在该对话框中选中需要导入的图像文档，单击【导入】按钮。

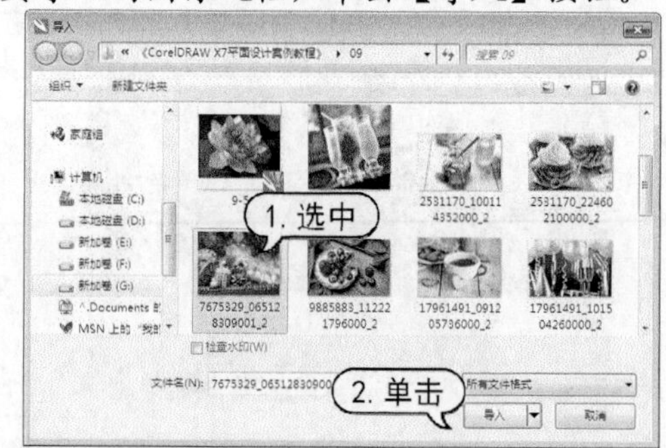

step 3 在页面中单击导入图像，在属性栏中设置对象【宽度】为 297mm，【高度】为 210mm。选择【位图】|【艺术笔触】|【水彩画】命令，打开【水彩画】对话框。在该对话框中，设置【画刷大小】为 1，【粒状】为 28，【水量】为 25，【出血】和【亮度】为 30，然后单击【确定】按钮。

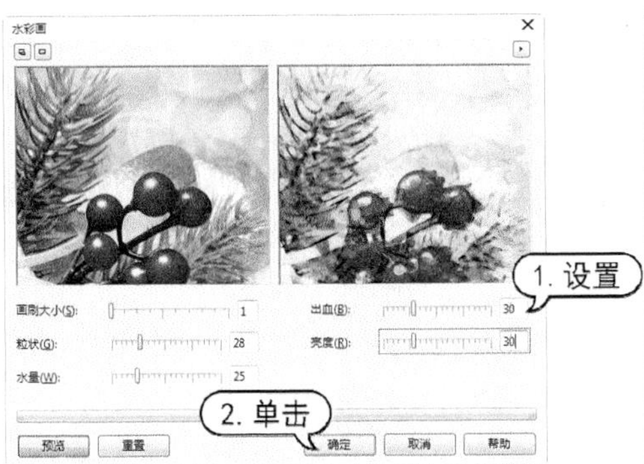

step 4 选择【位图】|【三维效果】|【卷页】命令，打开【卷页】对话框。在该对话框中，单击按钮，设置【宽度%】和【高度%】为 100，在【颜色】选项区中的【卷曲】下拉面板中单击【橘黄】色板，然后单击【确定】按钮。

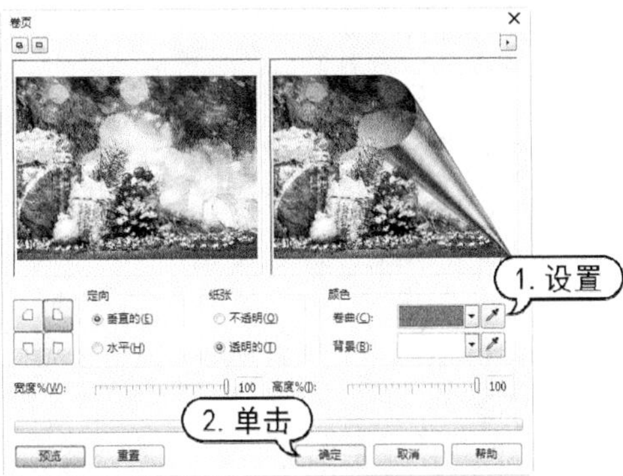

step 5 选择【形状】工具，单击位图图像，按处理后的图像调整控制节点。

step 6 在工具箱中，双击【矩形】工具创建与页面同等大小的矩形。

step 7 在调色板中取消轮廓色，按F11 键打开【编辑填充】对话框。在该对话框中，设置渐变色为C:58 M:100 Y:100 K:53 到C:53 M:100 Y:100 K:41 到C:45 M:100 Y:100 K:21 到C:0 M:100 Y:100 K:0，设置【旋转】为 40°，【填充宽度】为 135%，然后单击【确定】按钮。

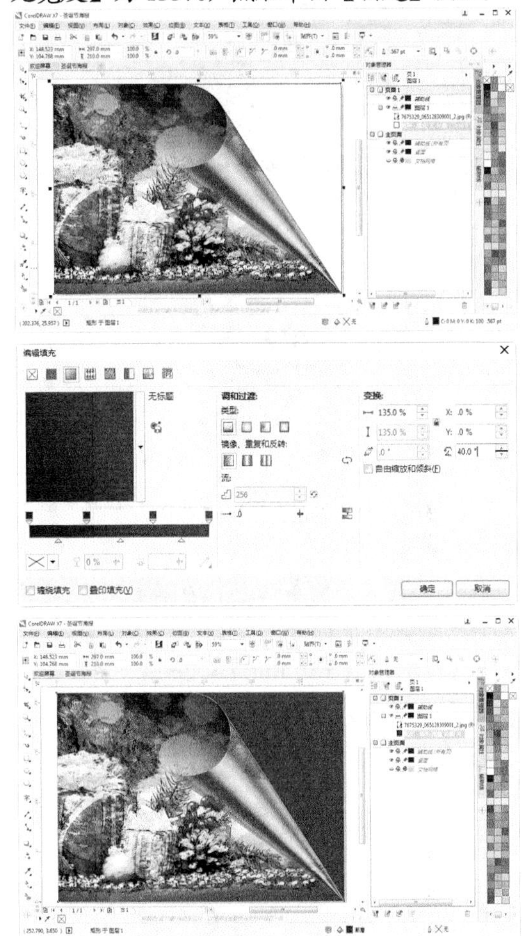

step 8 选择【文本】工具在页面中拖动绘制文本框，在属性栏【字体列表】中选择Brush Script MT，设置【字体大小】为 28pt，单击【文本对齐】按钮，在弹出的列表中选择【全部调整】选项；单击【文本属性】按钮，打开【文本属性】泊坞窗，在泊坞窗中设置【首行缩进】为 10mm，【行距】为 75%，【字符间距】为 0%；在调色板中单击【白色】色板，然后输入文字内容。

step 9 选择【矩形】工具在页面中拖动绘制矩形，在调色板中取消轮廓色，按F11 键打开【编辑填充】对话框，设置渐变色为C:45 M:100 Y:100 K:21 到C:0 M:100 Y:100 K:0。

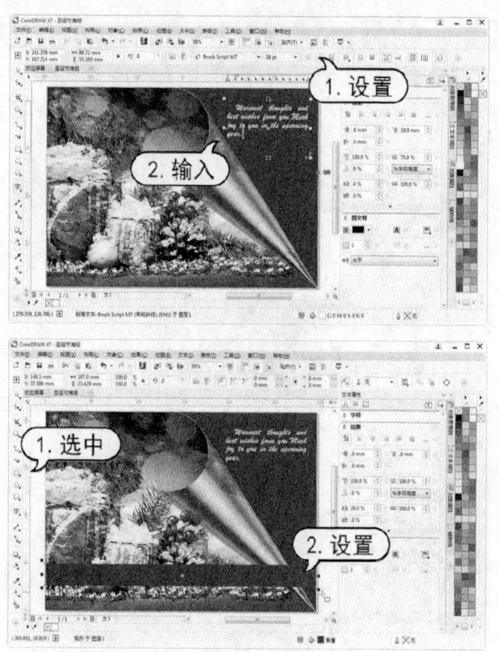

step 10 选择【阴影】工具，在属性栏的【预设列表】下拉列表中选择【平面右上】选项，设置【阴影偏移】为 0mm和 2mm，设置【阴影的不透明度】为 50%。

step 11 选择【文本】工具在页面中单击，在属性栏【字体列表】中选择Brush Script MT，设置【字体大小】为 65pt，在调色板中单击【白色】色板，然后输入文字内容。

step 12 在标准工具栏中单击【导入】按钮，打开【导入】对话框。在该对话框中，选中需要导入的文档，单击【导入】按钮。

step 13 在页面中单击，导入图像，并使用【选择】工具调整导入图形的大小位置。

9.12.2 制作婚礼邀请卡

【例 9-7】制作婚礼邀请卡。

视频+素材 (光盘素材\第 09 章\例 9-7)

step 1 选择【文件】|【新建】命令，打开【创建新文档】对话框。在该对话框中【名称】文本框中输入“婚礼邀请卡”，设置【宽度】数值为 165mm，【高度】数值为 130mm，然后单击【确定】按钮。

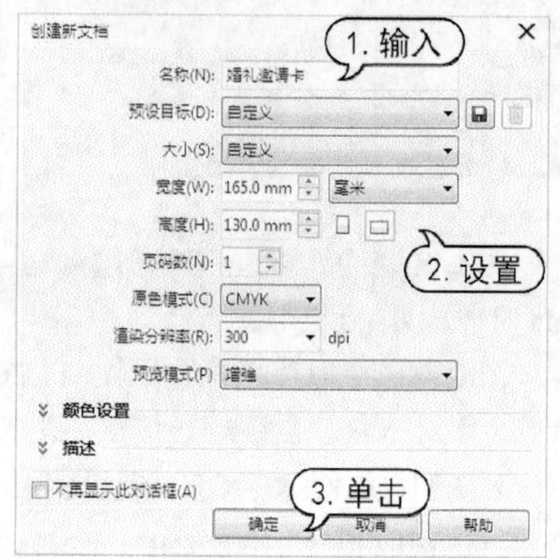

step 2 在标准工具栏中单击【导入】按钮，打开【导入】对话框。在该对话框中，选中需要导入的文档，单击【导入】按钮。

step 3 在页面中单击，导入图像，并调整置入图像的大小及位置。

step 4 按Ctrl+C键复制，按Ctrl+V键粘贴。选择【位图】|【艺术笔触】|【调色刀】命令，打开【调色刀】对话框。单击按钮，设置【刀片尺寸】数值为 30，【柔软边缘】数值为 5，然后单击【确定】按钮。

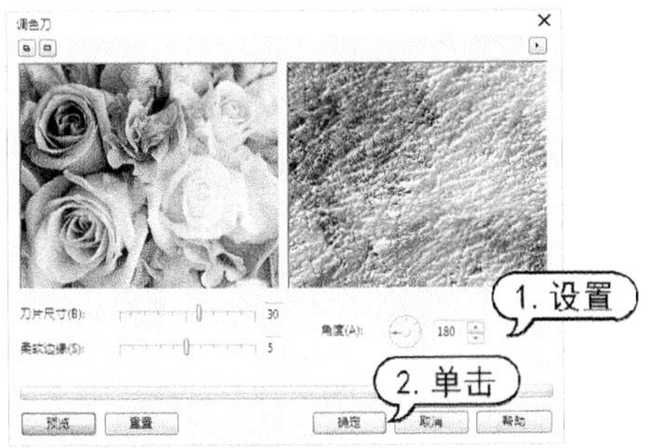

step 5 选择【透明度】工具，在属性栏中单击【均匀透明度】按钮，单击【合并模式】按钮，从弹出的下拉列表中选择【屏幕】选项。

step 6 选中两幅图像，按Ctrl+G键组合对象。双击【矩形】工具创建与页面同等大小的矩形，并按Shift+PageUp键放置在图层最上方。

step 7 选中组合图像，选择【对象】|【图框精确剪裁】|【置于图文框内部】命令，然后单击绘制的矩形。

step 8 在【对齐与分布】泊坞窗的【对齐对象到】选项区中，单击【页面边缘】；在【对齐】选项区中，单击【水平居中对齐】按钮和【垂直居中对齐】按钮。

step 9 选择【矩形】工具绘制，在属性栏中设置对象大小的【宽度】数值为 100mm，【高度】数值为 90mm。

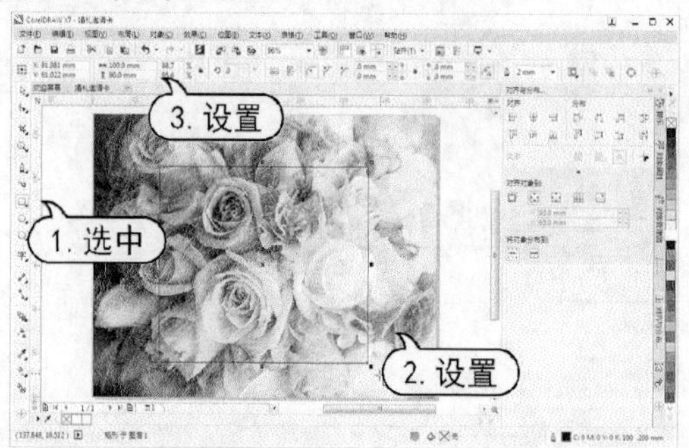

step 10 在调色板中，设置轮廓色为【无】，填充色为【白色】。然后在【对齐与分布】泊坞窗中，单击【水平居中对齐】按钮和【垂直居中对齐】按钮。

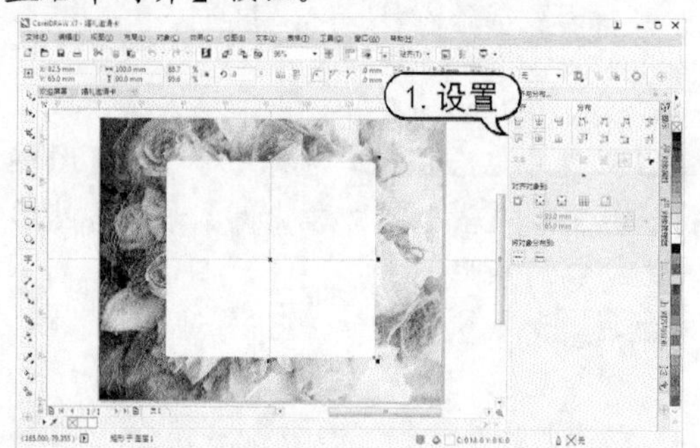

step 11 打开【变换】泊坞窗，单击【大小】按钮，设置x数值为 95，【副本】数值为 1，然后单击【应用】按钮。

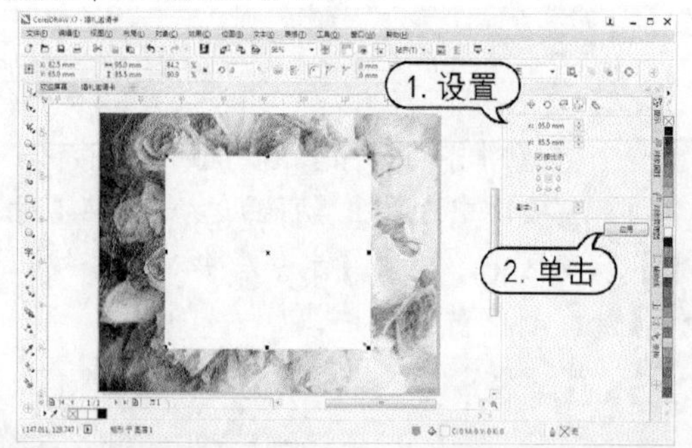

step 12 将刚创建的矩形填充色设置为【无】，在【对象属性】泊坞窗中单击【轮廓】按钮，设置【轮廓宽度】数值为 1mm，【轮廓颜色】为【黑色】。

step 13 选择【对象】|【将轮廓转换为对象】命令，然后选中步骤(9)中绘制的矩形，然后在属性栏中，单击【移除前面对象】按钮。

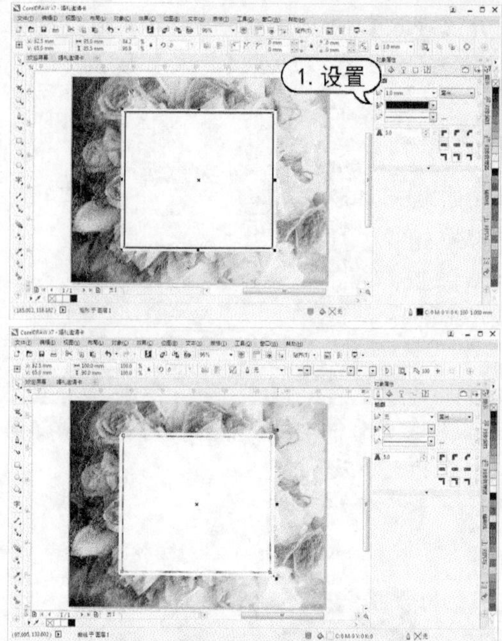

step 14 选择【标题形状】工具，在属性栏中单击【完美形状】按钮，从弹出的下拉列表框中选择形状，然后在页面中单击拖动。

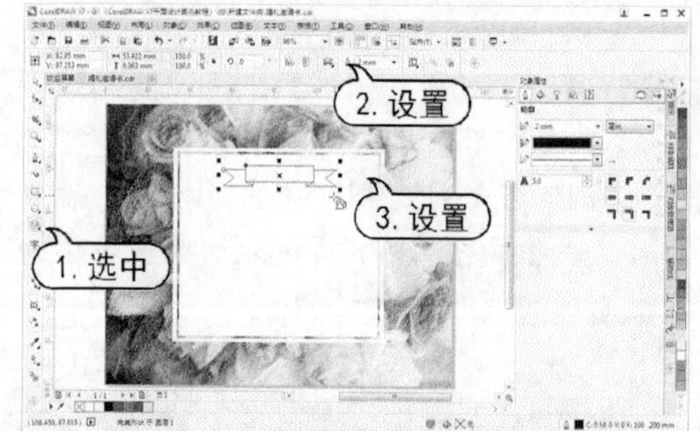

step 15 选择【文本】工具在形状的路径上单击，输入文字并选中文字。在【对象属性】泊坞窗中设置字体为Baskerville Old Face，字体大小为 12，【字符水平偏移】数值为-75%，【字符垂直偏移】数值为 54%。

step 16 将文字颜色设置为【白色】，然后使用【选择】工具选中绘制的图形，在调色板中将轮廓色设置为【白色】，在【对象属性】泊坞窗中单击【填充】按钮，在单击【均匀填充】按钮，并设置填充色为C:0 M:91 Y:70 K:0。

step 17 在【对象属性】泊坞窗中单击【轮廓】按钮，设置【轮廓宽度】数值为 0.25mm。

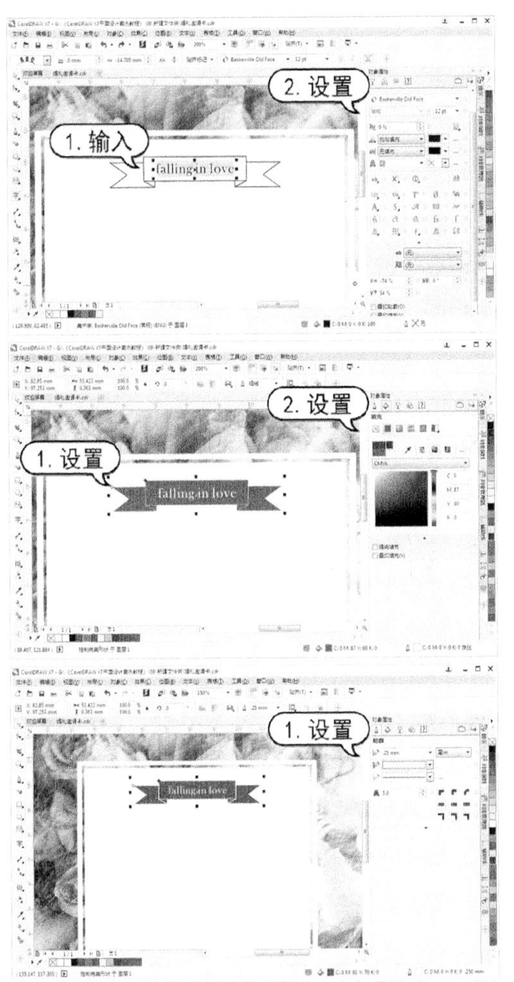

step 18 选择【文本】工具在页面中单击，输入文字内容。在【对象属性】泊坞窗中，设置字体为Brush Script Std，字体大小为36pt，字体填充色为C:0 M:91 Y:70 K:0。

step 19 使用【文本】工具选中文字，在【对象属性】泊坞窗中设置字体大小为16pt。

step 20 选择【文本】工具在页面中单击输入文本，并在属性栏中单击【文本对齐】按钮，从弹出的下拉列表中选择【居中】选项。在【对象属性】泊坞窗中，设置字体为Baskerville Old Face，字体大小为14pt，字体填充色为C:50 M:55 Y:100 K:5，然后输入文字内容。

step 21 使用【文本】工具选中文字，在【对象属性】泊坞窗中设置字体为Edwardian Script ITC，字体大小为36pt，字体填充色为C:0 M:91 Y:70 K:0。

step 22 在【对象属性】泊坞窗中，单击【段落】按钮，设置【字符间距】数值为-13%。

step 23 调整对象位置，然后在【对齐与分布】泊坞窗中，单击【水平居中对齐】按钮。

step 24 在标准工具栏中单击【导入】按钮，打开【导入】对话框。在该对话框中，选中需要导入的文档，单击【导入】按钮。

step 25 单击【导入】按钮，在属性栏中选中【锁定比率】单选按钮，设置【缩放因子】数值为 15%，然后调整位置。

step 26 打开【变换】泊坞窗，单击【缩放和镜像】按钮，再单击【水平镜像】按钮，设置【副本】数值为 1，单击【应用】按钮，然后调整对象位置。

step 27 选中步骤(13)中创建的对象，选择【透明度】工具，在属性栏中单击【均匀透明度】按钮，设置【透明度】数值为 30。

step 28 在标准工具栏中单击【保存】按钮，打开【保存绘图】对话框。在该对话框中，单击【保存】按钮保存。

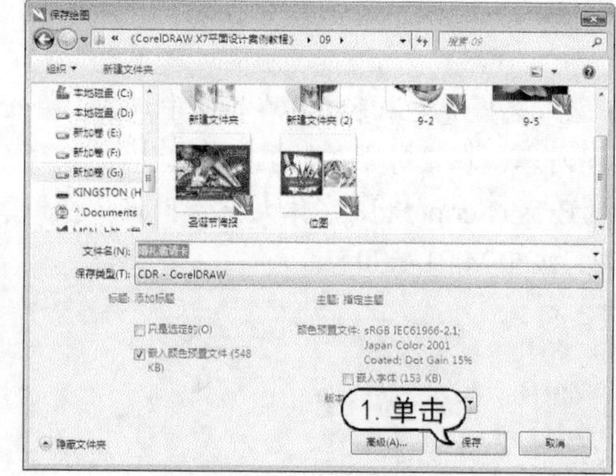

第10章

处理表格

在 CorelDRAW X7 中，可以根据需要导入或创建表格，并且可以编辑表格的样式。使用表格有利于用户方便地规划设计版面布局，添加图像和文字。

对应光盘视频

例 10-1 导入 Word 创建的表格

例 10-2 创建表格

例 10-3 格式化表格

例 10-4 制作宣传单页

例 10-5 制作月历模板

10.1 导入表格

在 CorelDRAW X7 中，用户可以将 Excel 或 Word 应用程序创建的电子表格文档导入到绘图文件中创建表格。选择菜单栏中的【文件】|【导入】命令，在打开的【导入】对话框中选择需要导入的电子表格文档即可。

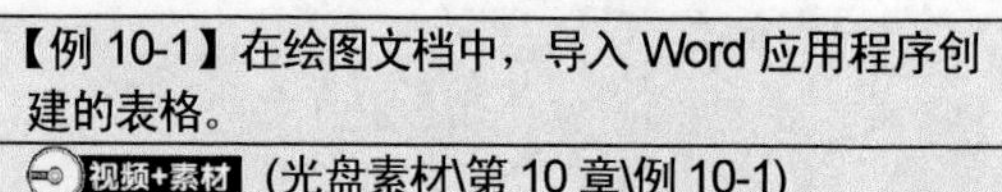
【例 10-1】在绘图文档中，导入 Word 应用程序创建的表格。

视频+素材 (光盘素材\第 10 章\例 10-1)

step 1 选择【文件】|【导入】命令，打开【导入】对话框。在该对话框中，选择存储文本文件的驱动器和文件夹，然后选中Word创建的表格文件。

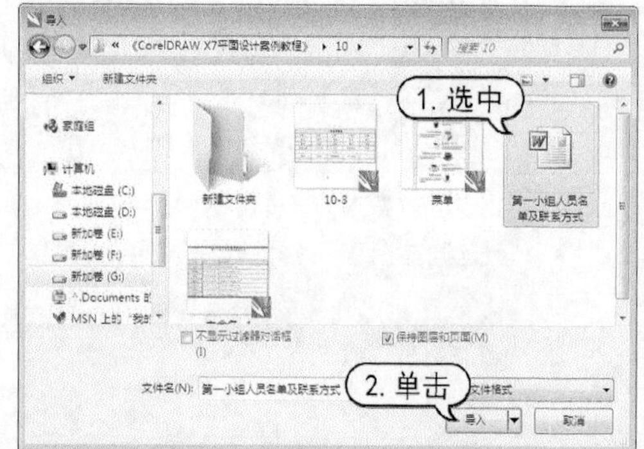

step 2 单击【导入】按钮，打开【导入/粘贴文本】对话框。在该对话框的【将表格导入为】下拉列表框中选择【表格】选项，并选中【保持字体和格式】单选按钮。

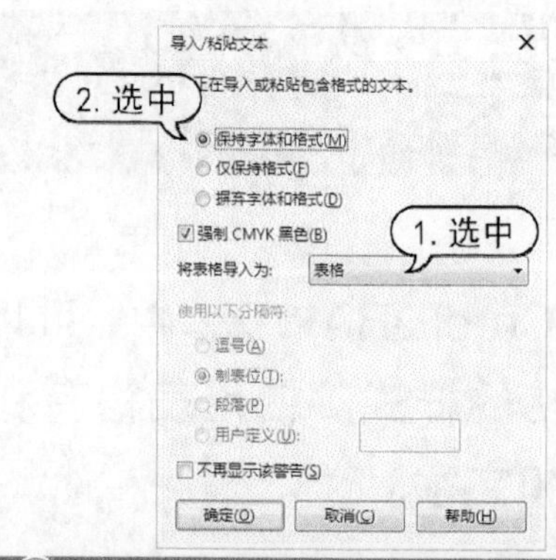

知识点滴

【保持字体和格式】单选按钮用于导入应用于文本的所有字体和格式；【仅保持格式】单选按钮用于导入应用于文本的所有格式；【摒弃字体和格式】单选按钮用于忽略应用于文本的所有字体和格式。

step 3 设置完成后，单击【确定】按钮，在绘图文档中单击，即可将表格导入。

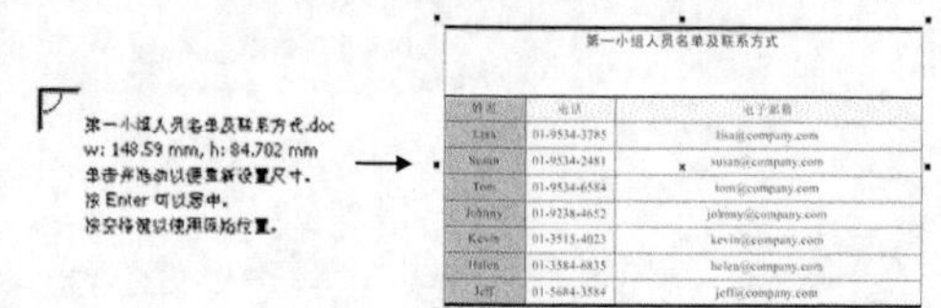

10.2 添加表格

【表格】工具是 CorelDRAW X7 中非常实用的工具，其使用方法与 Word 中的表格工具类似。使用该工具不仅可以绘制一般的数据表格，也可以用于设计绘图版面。创建表格后，还可以对其进行各种编辑、添加背景和文字等操作。

要在绘图文件中添加表格，先选择工具箱中的【表格】工具，然后在绘图窗口中按下鼠标左键，并沿对角线方向拖动鼠标，即可绘制表格。在选择【表格】工具后，可以通过属性栏设置表格属性。用户也可以在绘制表格后，再选中表格或部分单元格，通过【表格】工具属性栏，修改整个表格或部分单元格的属性。

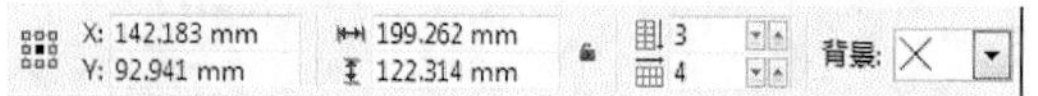

- 【行数和列数】数值框：可以设置表格的行数和列数。
- 【背景】下拉列表：在弹出的下拉列表中可以选择所需要的颜色。在设置表格背景颜色后，单击属性栏中的【编辑填充】按钮，在弹出的【均匀填充】对话框中，可以编辑和自定义所需要的表格背景颜色。

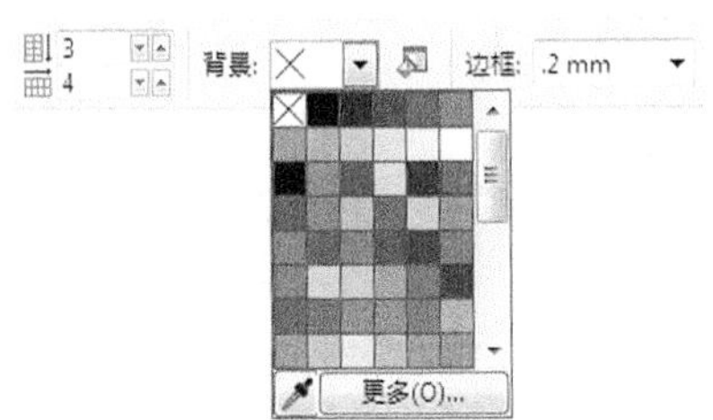

▶【轮廓宽度】下拉列表：在弹出的下拉列表中，可以选择所需的轮廓宽度。

▶【边框选择】按钮：单击该按钮，在弹出的下拉列表中，可以选择所需要修改的边框。指定需要修改的边框后，所设置的边框属性只对指定的边框起作用。

▶【轮廓颜色】：单击边框颜色选取器，可以设置边框颜色。

▶【选项】按钮：单击该按钮，可以打开下拉面板。选中【在键入时自动调整单元格大小】复选框，系统将会根据输入文字的长度自动调整单元格的大小，以显示全部文字；选中【单独的单元格边框】复选框，然后在【水平单元格间距】数值框中输入数值，可以修改表格中的单元格边框间距。默认状态下，垂直单元格间距与水平单元格间距相等。如果要单独设置水平和垂直单元格间距，可单击【锁定】按钮，解除【水平单元格间距】和【垂直单元格间距】间的锁定状态，然后在【水平单元格间距】和【垂直单元格间距】数值框中输入所需的间距值。

知识点滴

另外，用户也可以通过选择菜单栏中的【表格】|【创建新表格】命令，然后在【创建新表格】对话框中的【行数】、【列数】、【高度】以及【宽度】数值框中输入相关数值，来创建表格。

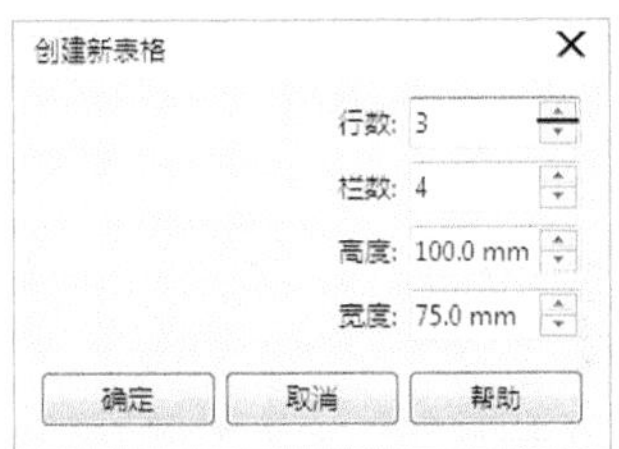

【例 10-2】在绘图文档中，创建所需表格。

视频+素材 (光盘素材\第 10 章\例 10-2)

step 1 选择菜单栏中的【表格】|【创建新表格】命令，打开【创建新表格】对话框。在该对话框中，设置【行数】为 10、【栏数】为 3、【高度】为 80mm，【宽度】为 200mm，然后单击【确定】按钮创建表格。

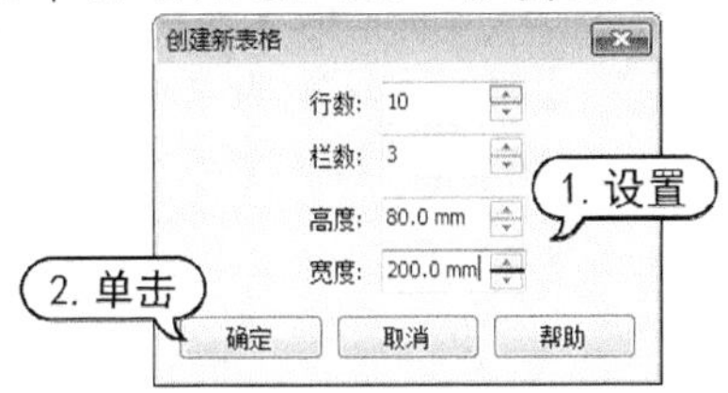

step 2 在属性栏中，单击【边框选择】按钮，在弹出的下拉列表中选择【外部】选项。在【轮廓宽度】下拉列表中选择 1mm，单击【轮廓颜色】下拉面板设置颜色为【宝石红】。

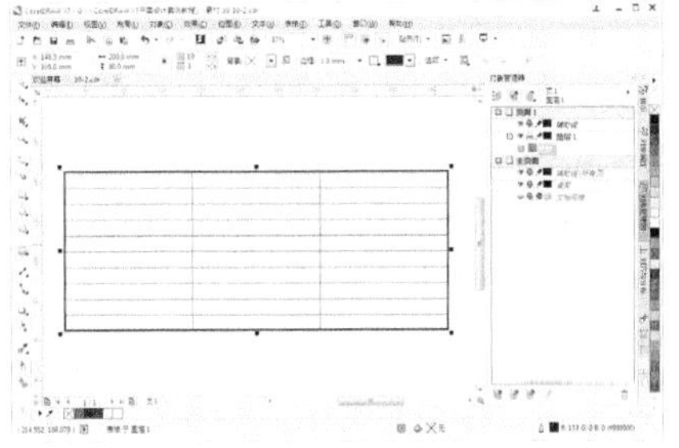

step 3 在属性栏中，单击【边框选择】按钮，在弹出的下拉列表中选择【内部】选项，按F12键打开【轮廓笔】对话框。在该对话框的【颜色】下拉列表中设置颜色为【砖红】，在【宽度】下拉列表中选择【细线】选项，然后单击【确定】按钮应用。

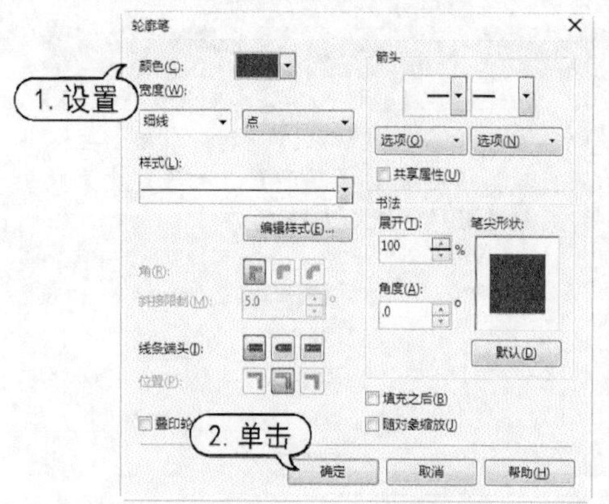

step 4 在属性栏中，单击【背景】下拉面板，设置背景颜色为【浅黄色】，填充表格背景。

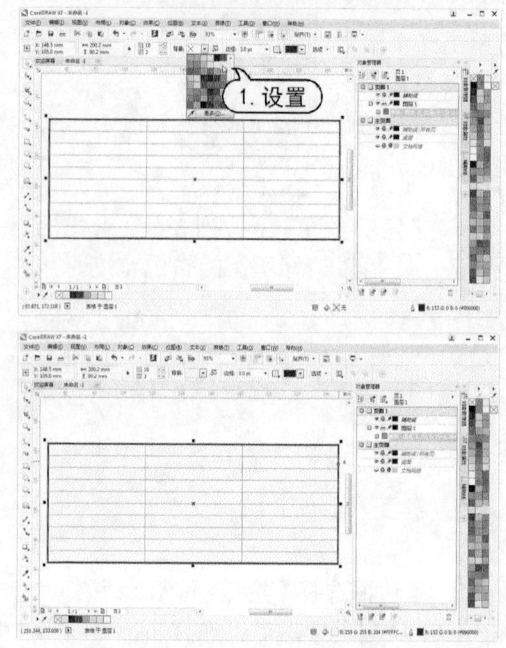

10.3 文本与表格的转换

在 CorelDRAW X7 中，除了使用【表格】工具绘制表格外，还可以将选定的文本对象创建为表格。另外，用户也可以将绘制好的表格转换为相应的段落文本。

10.3.1 从文本创建表格

选择需要创建为表格的文本对象，然后选择【表格】|【将文本转换为表格】命令，打开【将文本转换为表格】对话框进行设置，可将文本转换为表格。

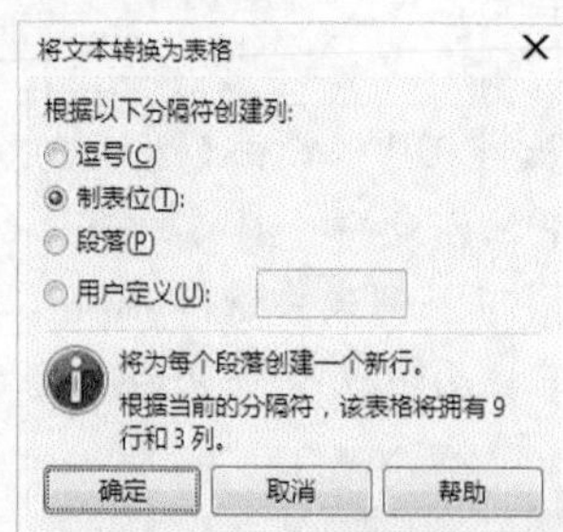

- 【逗号】单选按钮用于在逗号显示处创建一个列，在段落标记显示处创建一个行。
- 【制表位】单选按钮用于创建一个显示制表位的列，和一个显示段落标记的行。
- 【段落】单选按钮用于创建一个显示段落标记的列。
- 【用户定义】单选按钮用于创建一个显示指定标记的列和一个显示段落标记的行。

10.3.2 从表格创建文本

在 CorelDRAW X7 中，还可以将表格文本转换为段落文本。

一年级课程表				
星期一	星期二	星期三	星期四	星期五
语文	数学	英语	语文	数学
数学	英语	语文	数学	英语
思想品德	手工劳动	音乐	思想品德	体育
		午 休		
体育	音乐	思想品德	手工劳动	

一年级课程表
星期一 星期二 星期三 星期四 星期五
语文数学英语语文数学
数学英语语文数学英语
思想品德手工劳动音乐思想品德体育
午 休
体育音乐思想品德手工劳动

选择需要转换为文本的表格，然后选择菜单栏中的【表格】|【将表格转换为文本】命令，打开【将表格转换为文本】对话框。在该对话框中设置单元格文本分隔依据，然后单击【确定】按钮，即可将表格转换为文本。

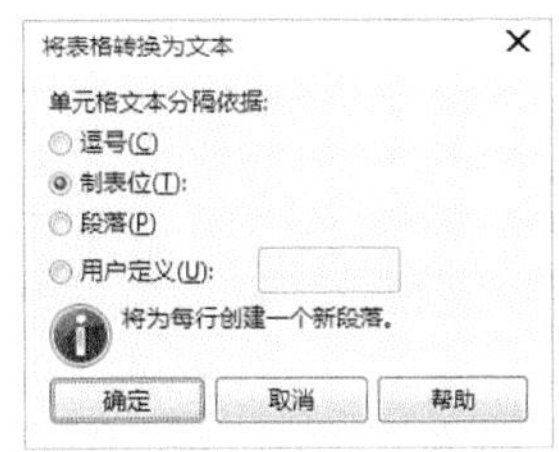

10.4　编辑表格

使用【表格】工具创建表格后，用户还可以更改表格的属性和格式、合并和拆分单元格、在表格中插入行或列等，轻松创建所需要的表格类型。

10.4.1　选择、移动和浏览表格组件

要对表格进行编辑必须先选择表格、表格行、表格列或表格单元格，然后才能进行插入行或列、更改表格边框属性、添加背景填充颜色或编辑其他表格属性等操作。用户可以将选定的行和列移至表格中的新位置；也可以从一个表格中复制或剪切一行或列，然后将其粘贴到另一个表格中。

1. 选择表格组件

在处理表格的过程中，首先需要选择要处理的表格、单元格、行或列。在 CorelDRAW 中选择表格内容，可以通过下列方法。

- 选择表格：选择【表格】|【选择】|【表格】命令；或将【表格】工具指针悬停在表格的左上角，直到出现对角箭头为止，然后单击鼠标。

第一小组人员名单及联系方式		
姓名	电话	电子邮箱
Lisa	01-9534-3785	lisa@company.com
Susan	01-9534-2481	susan@company.com
Tom	01-9534-6584	tom@company.com
Johnny	01-9238-4652	johnny@company.com
Kevin	01-3515-4023	kevin@company.com
Helen	01-3584-6835	helen@company.com
Jeff	01-5684-3584	jeff@company.com

- 选择行：在行中单击，然后选择【表格】|【选择】|【行】命令；或将【表格】工具指针悬停在要选择的行左侧的表格边框上，当水平箭头出现后，单击该边框选择此行。

第一小组人员名单及联系方式		
姓名	电话	电子邮箱
Lisa	01-9534-3785	lisa@company.com
Susan	01-9534-2481	susan@company.com
Tom	01-9534-6584	tom@company.com
Johnny	01-9238-4652	johnny@company.com
Kevin	01-3515-4023	kevin@company.com
Helen	01-3584-6835	helen@company.com
Jeff	01-5684-3584	jeff@company.com

- 选择列：在列中单击，然后选择【表格】|【选择】|【列】命令；或将【表格】工具指针悬停在要选择的列的顶部边框上，当垂直箭头出现后，单击该边框选择此列。

第一小组人员名单及联系方式		
姓名	电话	电子邮箱
Lisa	01-9534-3785	lisa@company.com
Susan	01-9534-2481	susan@company.com
Tom	01-9534-6584	tom@company.com
Johnny	01-9238-4652	johnny@company.com
Kevin	01-3515-4023	kevin@company.com
Helen	01-3584-6835	helen@company.com
Jeff	01-5684-3584	jeff@company.com

- 选择单元格：使用【表格】工具在单元格中单击，然后选择【表格】|【选择】|【单元格】命令；或将【表格】工具在单元格中双击，然后按 Ctrl+A 键来选择单元格。

第一小组人员名单及联系方式		
姓名	电话	电子邮箱
Lisa	01-9534-3785	lisa@company.com
Susan	01-9534-2481	susan@company.com
Tom	01-9534-6584	tom@company.com
Johnny	01-9238-4652	johnny@company.com
Kevin	01-3515-4023	kevin@company.com
Helen	01-3584-6835	helen@company.com
Jeff	01-5684-3584	jeff@company.com

2. 移动表格组件

在创建表格后，可以将表格的行或列移动到该表格的其他位置或其他表格中。选择要移动的行或列，将行或列拖动到表格中的其他位置即可。

要将表格组件移动到另一个表格中，可以先选择要移动的表格行或列，然后选择【编辑】|【剪切】命令，并在另一个表格中选择要插入的位置，再选择【编辑】|【粘贴】命令，在打开的【粘贴行】或【粘贴列】对话框中选择所需的选项，然后单击【确定】按钮。

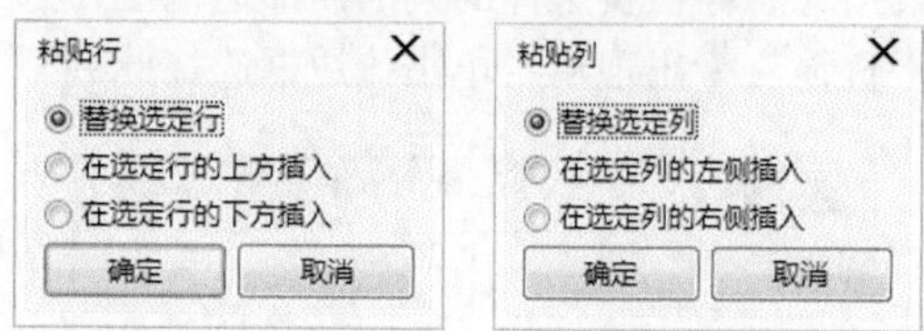

3. 浏览表格组件

将【表格】工具插入单元格中，然后按 Tab 键。如果是第一次在表格中按 Tab 键，则从【Tab 键顺序】列表框中选择【Tab 键顺序】选项。用户也可以选择【工具】|【选项】命令，打开【选项】对话框，在【工作区】中的【工具箱】类别列表中，单击【表格工具】选项，选中【移至下一个单元格】单选按钮；或从【Tab 键顺序】列表框中，选择【从左向右、从上向下】或【从右向左、从上向下】选项。

10.4.2 插入和删除表格行、列

在绘图过程中，可以根据图形或文字编排的需要，在绘制的表格中插入行和列，也可以从表格中删除行和列。

1. 插入表格行、列

在表格中选择一行或列后，选择【表格】|【插入】命令可以为现有的表格添加行和列，并且可以指定添加的行、列数。

- 要在选定行的上方插入一行，可以选择【表格】|【插入】|【行上方】命令，或右击鼠标，在弹出的快捷菜单中选择【插入】|【行上方】命令。

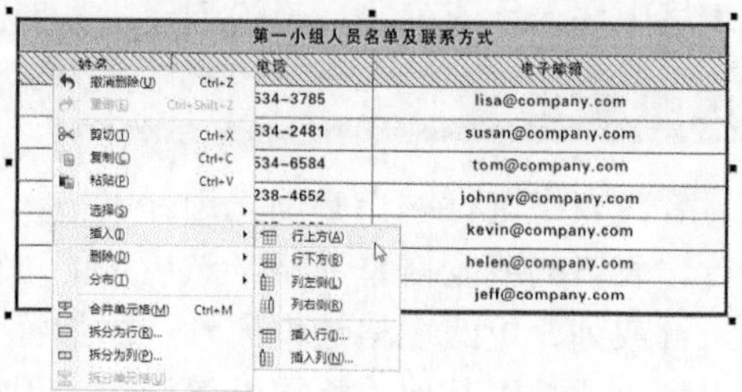

- 要在选定行的下方插入一行，可以选择【表格】|【插入】|【行下方】命令，或右击鼠标，在弹出的快捷菜单中选择【插入】|【行下方】命令。

- 要在选定列的左侧插入一列，可以选择【表格】|【插入】|【列左侧】命令，或右击鼠标，在弹出的快捷菜单中选择【插入】|【列左侧】命令。

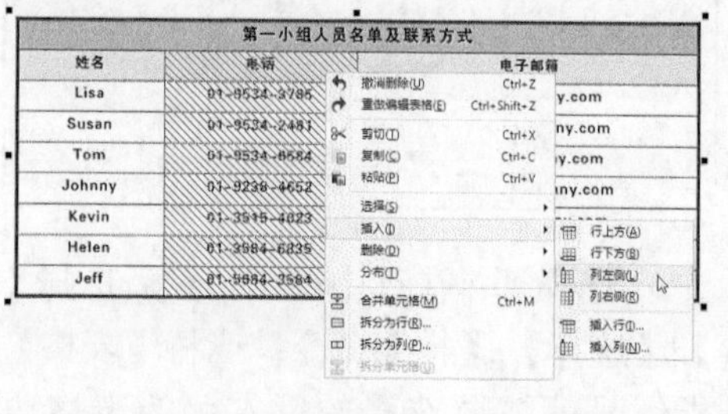

➤ 要在选定列的右侧插入一列，可以选择【表格】|【插入】|【列右侧】命令，或右击鼠标，在弹出的快捷菜单中选择【插入】|【列右侧】命令。

➤ 要在选定行的上下插入多个行，可以选择【表格】|【插入】|【插入行】命令，或右击鼠标，在弹出的快捷菜单中选择【插入】|【插入行】命令，在打开的【插入行】对话框的【行数】数值框中输入要插入的行数值，再选中【在选定行上方】单选按钮或【在选定行下方】单选按钮，然后单击【确定】按钮即可。

➤ 要在选定列的左右插入多个列，选择【表格】|【插入】|【插入列】命令，或右击鼠标，在弹出的快捷菜单中选择【插入】|【插入列】命令，在打开的【插入列】对话框的【列数】数值框中输入要插入的列数值，再选中【在选定列左侧】单选按钮或【在选定列右侧】单选按钮，然后单击【确定】按钮即可。

2. 删除表格行、列

绘制表格后，还可以删除不需要的单元格、行或列来满足编辑的需要。使用【形状】工具选择要删除的行或列，选择菜单栏中的【表格】|【删除】|【行】命令或【表格】|【删除】|【列】命令，或右击鼠标，在弹出的菜单中选择【删除】|【行】或【列】命令即可。

10.4.3　调整表格单元格

在 CorelDRAW X7 中，可以调整表格单元格、行和列的大小；也可以更改某行或列的大小，并对其进行分布以使所有行或列大小相同。使用【表格】工具单击表格，选择要调整大小的单元格、行或列，然后在属性栏上的数值框中输入数值即可调整单元格、行或列的大小。

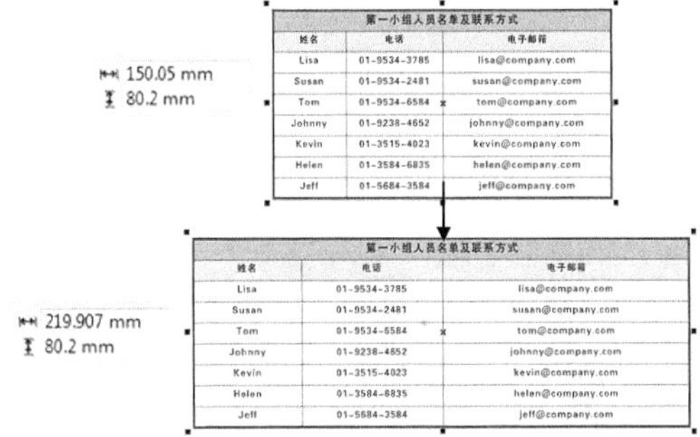

第一小组人员名单及联系方式		
姓名	电话	电子邮箱
Lisa	01-9534-3785	lisa@company.com
Susan	01-9534-2481	susan@company.com
Tom	01-9534-6584	tom@company.com
Johnny	01-9238-4652	johnny@company.com
Kevin	01-3515-4023	kevin@company.com
Helen	01-3584-6835	helen@company.com
Jeff	01-5684-3584	jeff@company.com

另外，选择【表格】|【分布】|【行均分】命令，可以使所有选定的行高度相同；选择【表格】|【分布】|【列均分】命令，使所有选定的列宽度相同。

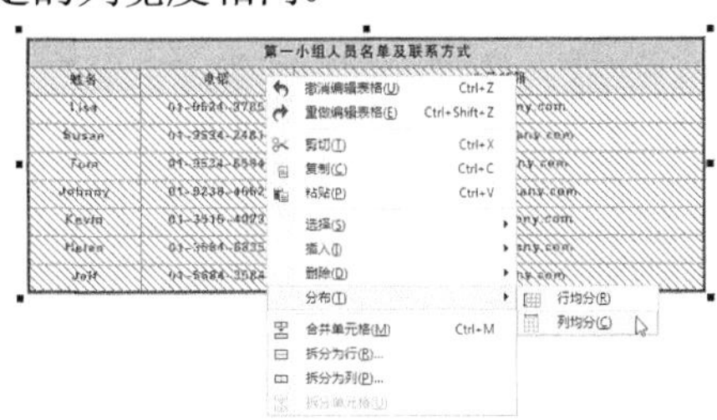

10.4.4 合并、拆分表格和单元格

在绘制表格时，可以通过合并相邻单元格、行和列，或拆分单元格来更改表格的配置方式。如果合并表格单元格，则左上角单元格的格式将应用于所有合并的单元格。

合并单元格的操作非常简单，选择多个单元格后，选择菜单栏中的【表格】|【合并单元格】命令，或直接单击属性栏中的【合并单元格】按钮，即可将其合并为一个单元格。

第一小组人员名单及联系方式		
姓名	电话	电子邮箱
Lisa	01-9534-3785	lisa@company.com
Susan	01-9534-2481	susan@company.com
Tom	01-9534-6584	tom@company.com
Johnny	01-9238-4652	johnny@company.com
Kevin	01-3515-4023	kevin@company.com
Helen	01-3584-6835	helen@company.com
Jeff	01-5684-3584	jeff@company.com

第一小组人员名单及联系方式		
姓名	电话	电子邮箱
Lisa	01-9534-3785	lisa@company.com
Susan		
Tom	01-9534-6584	tom@company.com
Johnny	01-9238-4652	johnny@company.com
Kevin	01-3515-4023	kevin@company.com
Helen	01-3584-6835	helen@company.com
Jeff	01-5684-3584	jeff@company.com

选择合并后的单元格，选择【表格】|【拆分单元格】命令，或单击属性栏中的【撤销合并】按钮，即可将其拆分。拆分后的每个单元格格式保持拆分前的格式不变。

第一小组人员名单及联系方式		
姓名	电话	电子邮箱
Lisa	01-9534-3785	lisa@company.com
Susan	01-9534-2481	susan@company.com
Tom	01-9534-6584	tom@company.com
Johnny	01-9238-4652	johnny@company.com
Kevin	01-3515-4023	kevin@company.com
Helen	01-3584-6835	helen@company.com
Jeff	01-5684-3584	jeff@company.com

第一小组人员名单及联系方式		
姓名	电话	电子邮箱
Lisa	01-9534-3785	lisa@company.com
Susan	01-9534-2481	susan@company.com
Tom	01-9534-6584	tom@company.com
Johnny	01-9238-4652	johnny@company.com
Kevin	01-3515-4023	kevin@company.com
Helen	01-3584-6835	helen@company.com
Jeff	01-5684-3584	jeff@company.com

选择需要拆分的单元格，然后选择【表格】|【拆分为行】或【拆分为列】命令，打开【拆分单元格】对话框，在其中设置拆分的行数或栏数后，单击【确定】按钮即可。用户也可以通过单击属性栏中的【水平拆分单元格】按钮或【垂直拆分单元格】按钮打开【拆分单元格】对话框。

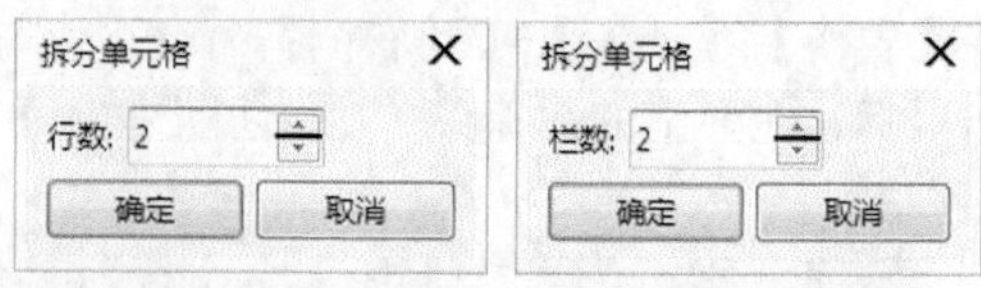

10.4.5 格式化表格和单元格

在 CorelDRAW X7 中，可以通过修改表格和单元格边框更改表格的外观，如可以更改表格边框的宽度或颜色。此外，还可以更改表格单元格页边距和单元格边框间距。设置单元格页边距可以调整单元格边框和单元格中的文本之间的间距。默认情况下，表格单元格边框会重叠从而形成网格，但是，也可以增加单元格边框间距移动边框使之相互分离。

1. 为表格、单元格填充颜色

绘制表格后，可以像其他图形对象一样为其填充颜色。使用【形状】工具选中表格或单元格后，在调色板中单击需要的颜色样本即可。

2. 处理表格中的文本

在 CorelDRAW X7 中，可以轻松地向表格单元格中添加文本。表格单元格中的文本被视为段落文本。用户可以像修改其他段落文本那样修改表格文本，如可以更改字体、添加项目符号或缩进。在新表格中键入文本时，用户还可以选择自动调整表格单元格的大小。

【例 10-3】在绘图文档中，格式化表格。

视频+素材 (光盘素材\第 10 章\例 10-3)

step 1 选择【文件】|【打开】命令，打开绘图文档，并选中文档中的表格。

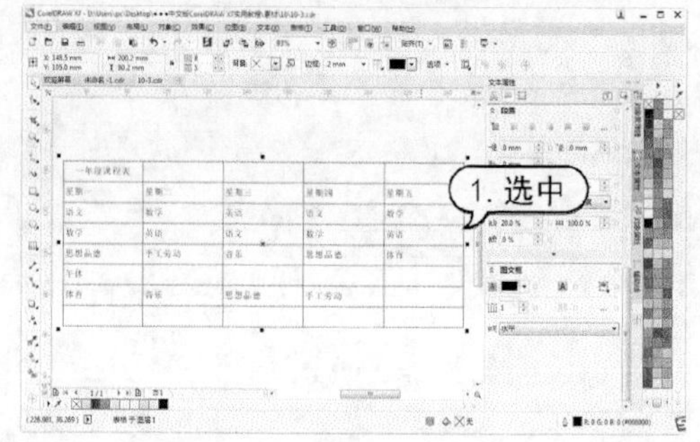

step 2 选择【表格】工具，使用【表格】工具选中表格最上行，然后单击属性栏中的【合并单元格】按钮。

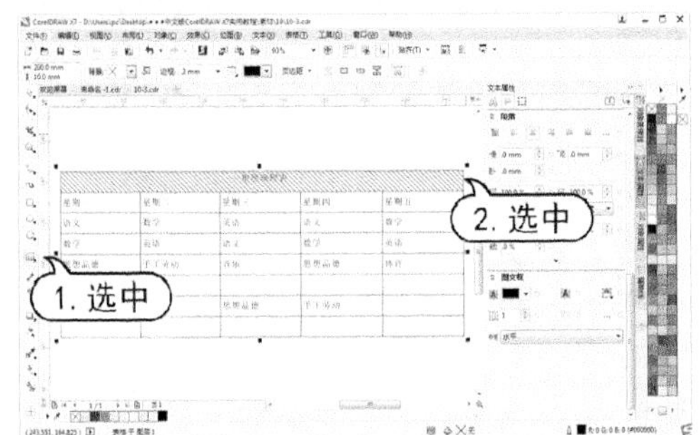

step 3 使用【表格】工具在单元格中单击，并按Ctrl+A键全选，然后在属性栏的【字体列表】下拉列表中选择【方正大黑_GBK】选项，设置【字体大小】为 16pt；单击【文本对齐】按钮，在下拉列表中选择【居中】选项；单击【垂直对齐】按钮，在下拉列表中选择【居中垂直对齐】选项。

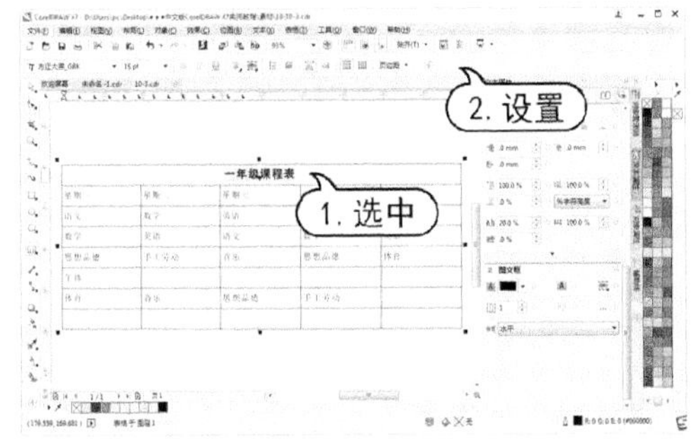

step 4 使用与步骤(2)和步骤(3)中相同的操作方法合并单元格，并设置字体为【方正大标宋_GBK】，【字体大小】为 14pt。

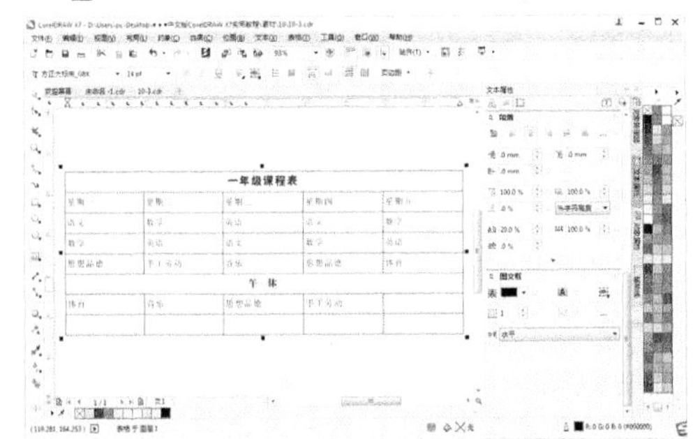

step 5 使用【表格】工具选中全部单元格，在属性栏中单击【边框选择】按钮，在弹出的列表中选择【外部】选项，设置【轮廓宽度】数值为 1.0mm，并在边框颜色下拉面板中将边框设置为【红色】。

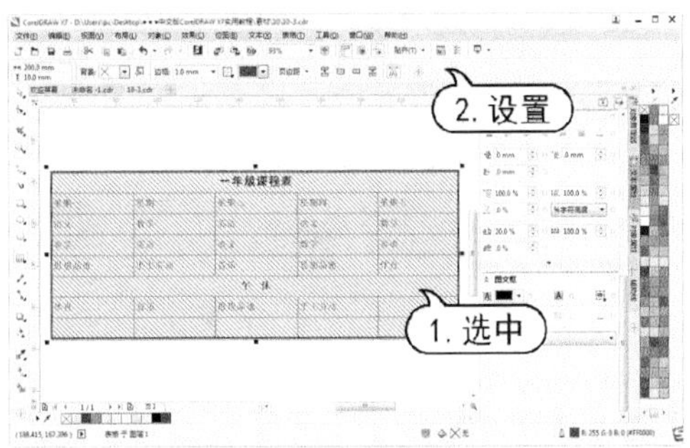

step 6 在属性栏中单击【边框选择】按钮，在弹出的列表中选择【内部】选项，设置【轮廓宽度】为 0.25mm，并在【轮廓颜色】下拉面板中将边框设置为【红色】。

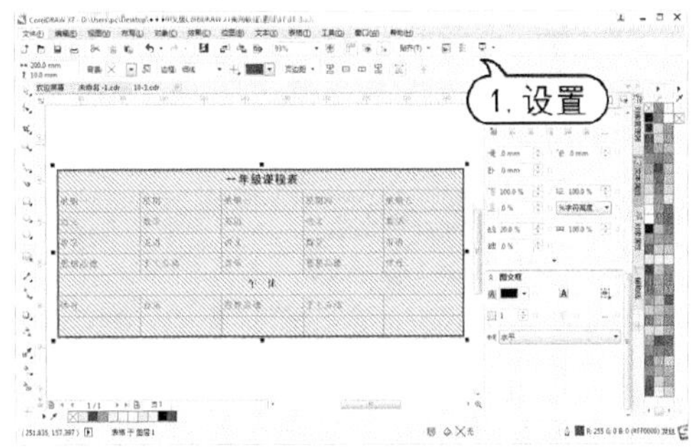

step 7 使用【表格】工具选中表格第一行单元格，在属性栏中单击【填充色】下拉面板，单击色板为单元格填充颜色。

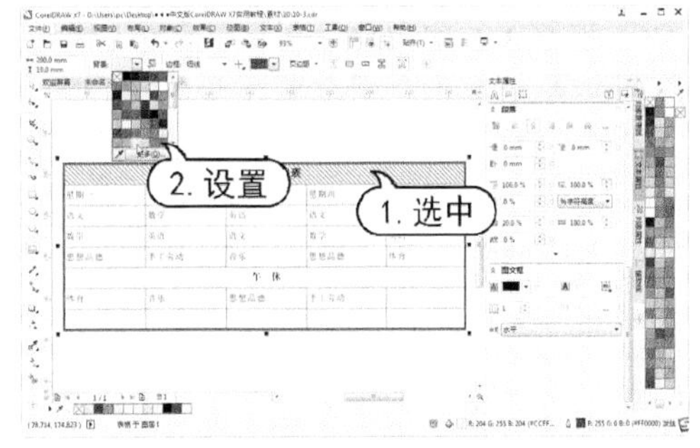

step 8 使用与步骤(4)相同的操作方法，设置表格中其他文字的格式。

一年级课程表				
星期一	星期二	星期三	星期四	星期五
语文	数学	英语	语文	数学
数学	英语	语文	数学	英语
思想品德	手工劳动	音乐	思想品德	体育
午休				
体育	音乐	思想品德	手工劳动	

step 9 按Ctrl键使用【表格】工具同时选中需

要填充的单元格，然后在调色板中单击填充颜色。

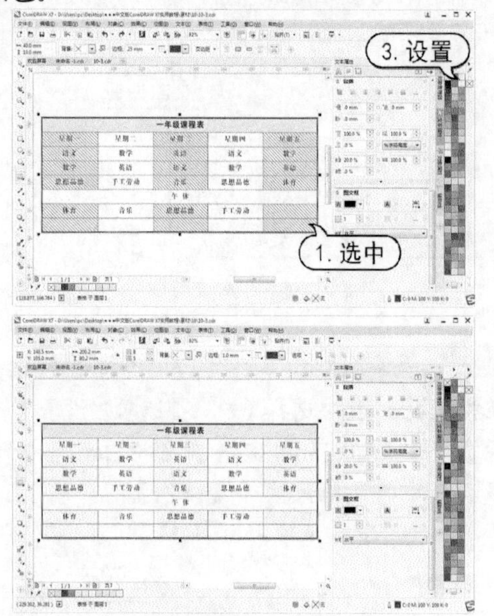

10.4.6 添加图形、图像

绘制好表格后，用户可以在一个或多个单元格中添加图形、图像，以丰富设计效果。

其操作方法非常简单，打开需要添加的图形、图像后，选择【编辑】|【复制】或【剪切】命令，然后选中表格中的单元格，再选择【编辑】|【粘贴】命令在单元格中添加图形、图像。

10.5 案例演练

本章的案例演练部分通过制作宣传单页和月历模板这两个综合实例操作，使用户通过练习从而巩固本章所学知识。

10.5.1 制作宣传单页

【例 10-4】制作宣传单页。
素材 (光盘素材\第 10 章\例 10-4)

step 1 选择【文件】|【新建】命令，打开【创建新文档】对话框。在该对话框的【名称】文本框中输入“宣传单页”，在【大小】下拉列表中选择A4，单击【横向】按钮，在【原色模式】下拉列表中选择CMYK选项，然后单击【确定】按钮。

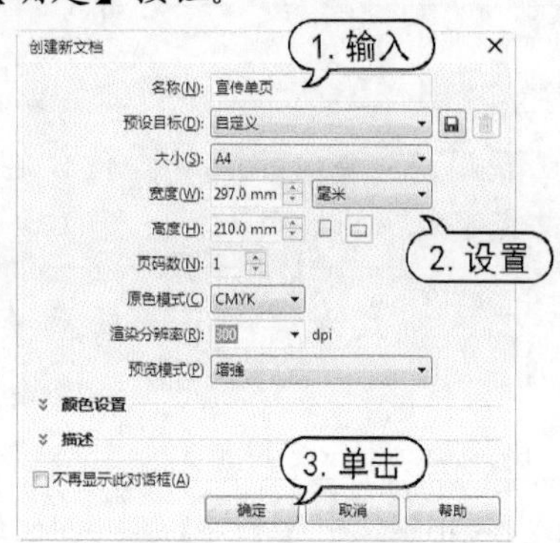

step 2 单击标准工具栏中的【导入】按钮，打开【导入】对话框。在该对话框中，选中需要导入的图像文件，然后单击【导入】按钮。

step 3 在页面中单击，导入图像。然后选择【透明度】工具，在导入的图像上单击，并从上往下拖动创建透明度效果。

step 4 选择【矩形】工具，在页面中拖动绘制矩形，并在属性栏中设置对象宽度为297mm，高度为210mm。

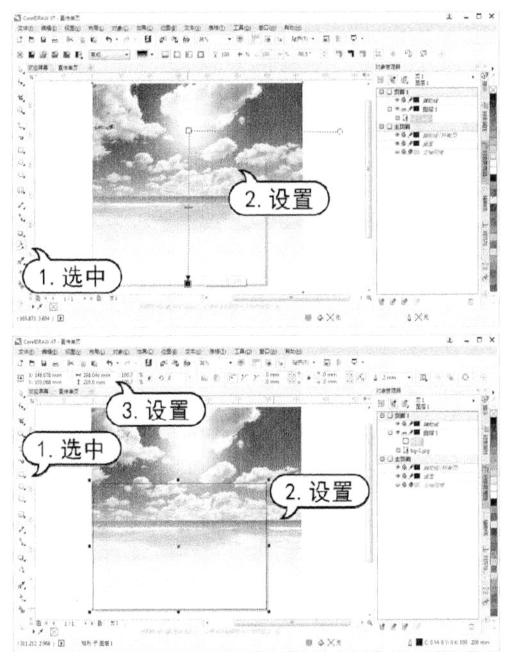

step 5 选中刚绘制的矩形，选择【窗口】|【泊坞窗】|【对齐与分布】命令，打开【对齐与分布】泊坞窗。在泊坞窗中，在【对齐对象到】选项区中单击【页面边缘】按钮，再单击【对齐】选项区中的【水平居中对齐】和【垂直居中对齐】按钮。

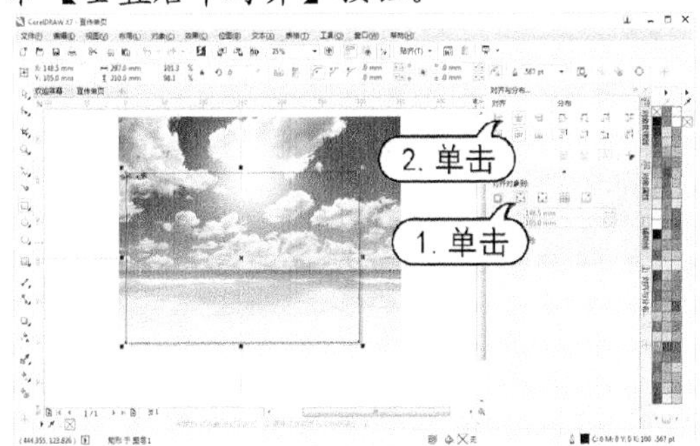

step 6 选择【选择】工具调整导入图像位置，然后选择【对象】|【图框精确裁剪】|【置于图文框内部】命令，当光标变为黑色箭头时，单击绘制的矩形将图像置入矩形内，并在调色板中取消轮廓色。

step 7 单击标准工具栏中的【导入】按钮，打开【导入】对话框。在该对话框中，选中需要导入的图像文件，然后单击【导入】按钮。在绘图页面中单击导入图像，并调整图像大小。

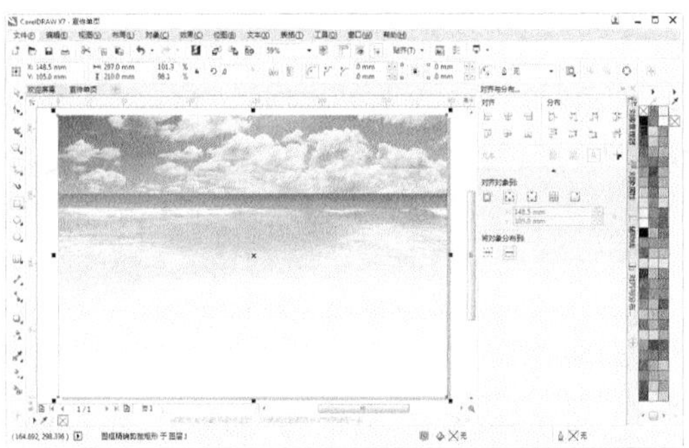

step 8 在页面中单击，导入图像，并调整导入图像的大小及位置。

step 9 选择【矩形】工具，在页面中拖动绘制矩形，并在调色板中取消轮廓色，单击C:0 M:60 Y:80 K:0 色板填充矩形。

step 10 继续使用【矩形】工具，在页面中拖动绘制矩形，在属性栏中将对象原点设置在

左下角，设置对象宽度和高度为 3mm，并在调色板中取消轮廓色，按F11 键打开【编辑填充】对话框，在该对话框中单击【均匀填充】按钮，设置填充色为C:11 M:91 Y:100 K:0，然后单击【确定】按钮填充矩形。

step 11 选择【窗口】|【泊坞窗】|【变换】|【位置】命令，打开【变换】泊坞窗。在该泊坞窗中设置分别x、y为 3mm，【副本】为 1，然后单击【应用】按钮。

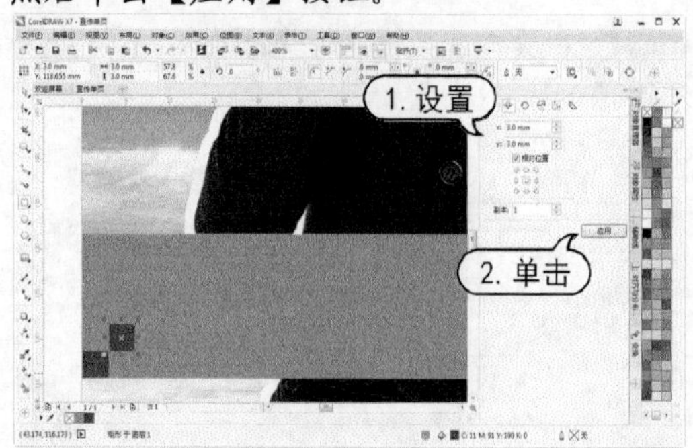

step 12 使用【选择】工具，选中步骤(10)至步骤(11)中创建的矩形，在【变换】泊坞窗中设置x为 6mm，y为 0mm，【副本】为 49，然后单击【应用】按钮。

step 13 使用【选择】工具去除多余的矩形，然后选中步骤(9)至步骤(12)中创建的图形，按Ctrl+G键组合图形。在【变换】泊坞窗中，单击【倾斜】按钮，设置y为 3°，【副本】为 0，然后单击【应用】按钮。

step 14 使用【选择】工具调整对象位置，然后选择【矩形】工具在页面中拖动绘制矩形，在属性栏中设置【圆角半径】为4mm，并在调色板中取消轮廓色，单击【白色】色板填充。

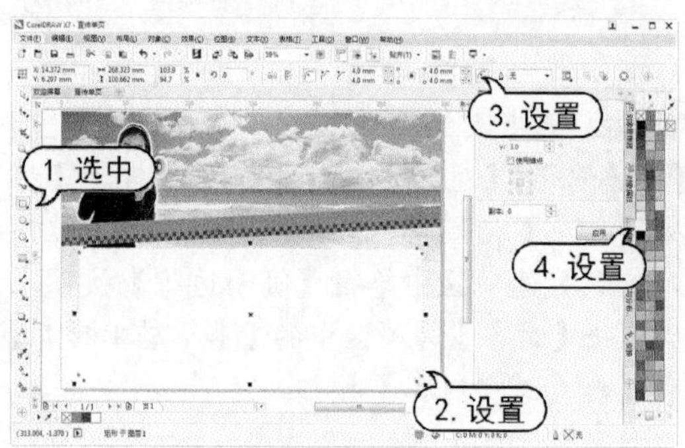

step 15 选择【阴影】工具在刚绘制圆角矩形上从右往左拖动创建阴影，并在属性栏中设置【阴影的不透明度】为 50，【阴影羽化】为 10，【阴影颜色】为【黑色】。

step 16 选择【表格】工具，在属性栏中设置行数和列数均为 4，然后使用【表格】工具在页面中拖动创建表格。

step 17 单击标准工具栏中的【导入】按钮，打开【导入】对话框。在该对话框中，选中需要导入的图像，然后单击【导入】按钮。

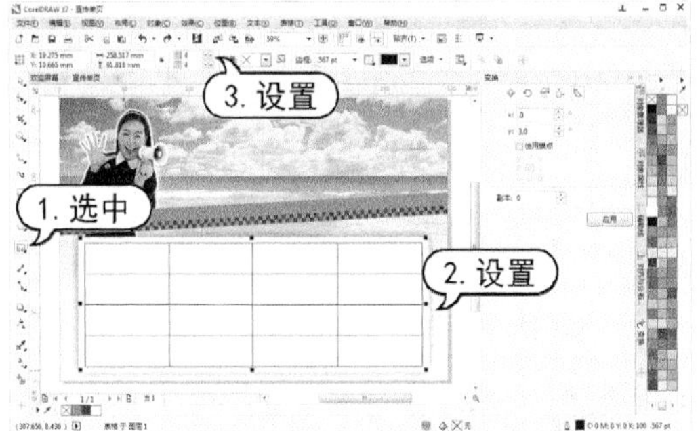

step 18　在绘图页面中单击导入图像，并在属性栏中设置对象宽度为 52mm，高度为 32mm。

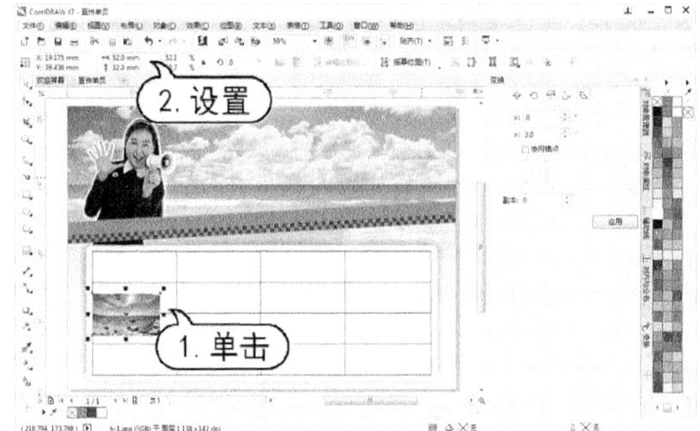

step 19　选择【编辑】|【剪切】命令，剪切刚导入的图像，然后选中表格中的单元格，再选择【编辑】|【粘贴】命令在单元格中添加图像。

step 20　使用与步骤(17)至步骤(19)中同样的操作方法，导入其他图像并置入到表格中。

step 21　使用【表格】工具选中第一行，在属性栏中设置表格单元格高度为 32mm。

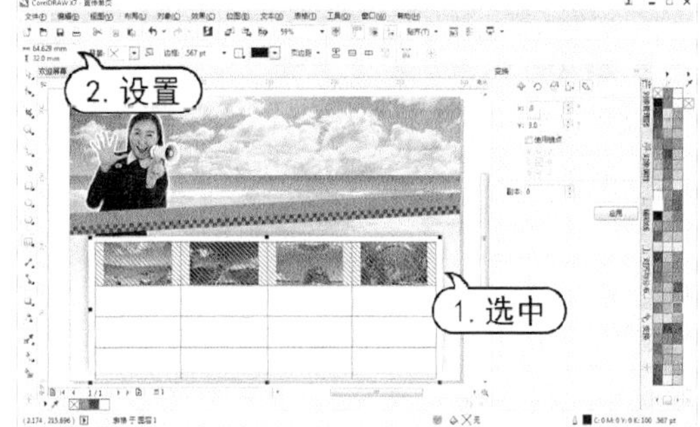

step 22　使用【表格】工具在单元格中单击，在属性栏中的【字体列表】中选择【方正大黑_GBK】，设置【字体大小】为 14pt，单击【文本对齐】按钮，在弹出的下拉列表中选择【居中】选项，单击【垂直对齐】按钮，在弹出的下拉列表中选择【居中垂直对齐】选项，在调色板中单击C:100 M:20 Y:0 K:0 色板，然后输入文字内容。

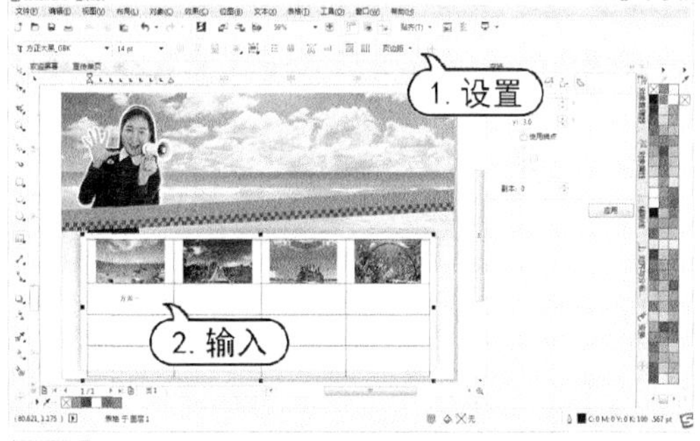

step 23　使用与步骤(22)相同的操作方法，在第二行中输入其他文字内容。

step 24　使用【表格】工具选中第二行，在属性栏中设置表格单元格高度为 8mm，单击

【页边距】选项，在弹出的面板中设置【顶部的页边距】为 0mm。

step 25 使用与步骤(22)相同的操作方法，在其他单元格中输入文字内容。

step 26 使用【表格】工具选中第一和第二行，在属性栏【边框选择】下拉列表中选择【全部】选项，【轮廓宽度】下拉列表中选择【无】选项。

step 27 使用【表格】工具选中第三和第四行，在属性栏【边框选择】下拉列表中选择【外部】选项，【轮廓宽度】下拉列表中选择 2pt，【轮廓颜色】下拉面板中单击C:0 M:60 Y:100 K:0 色板。

step 28 继续在属性栏【边框选择】下拉列表中选择【内部】选项，在【轮廓宽度】下拉列表中选择【细线】选项，在【轮廓颜色】下拉面板中单击C:0 M:60 Y:100 K:0 色板。

step 29 使用【表格】工具选中第一和第二行，双击状态栏中的填充属性，打开【编辑填充】对话框，并在该对话框中单击【均匀填充】按钮，设置填充色为C:3 M:24 Y:60 K:0，然后单击【确定】按钮填充单元格。

step 30 使用【表格】工具选中第四行，双击状态栏中的填充属性，打开【编辑填充】对

话框，并在该对话框中单击【均匀填充】按钮，设置填充色为C:3 M:24 Y:60 K:0，然后单击【确定】按钮填充单元格。

step 31 选择【文本】工具在绘图页面中单击，在属性栏【字体列表】下拉列表中选择【汉仪菱心体简】，设置【字体大小】为 65pt，然后输入文字内容。

step 32 选择【选择】工具，按Ctrl+Q键将文字转换为曲线，双击状态栏中填充属性，打开【编辑填充】对话框，并在该对话框中设置填充色为C:80 M:50 Y:0 K:0，然后单击【确定】按钮。

step 33 在调色板中，右击C:0 M:60 Y:100 K:0色板设置轮廓色，并在属性栏中设置【轮廓宽度】为 2.5pt。

step 34 选择【效果】|【添加透视】命令，然后调整控制点改变文字效果。

step 35 选择【阴影】工具在文字上从上往右下拖动，并在属性栏中设置【阴影的不透明度】为 75，【阴影羽化】为 15，在【阴影颜色】下拉面板中单击【荒原蓝色】色板。

10.5.2 制作月历模板

【例 10-5】制作月历模板。
视频+素材 (光盘素材\第 10 章\例 10-5)

step 1 选择【文件】|【新建】命令，打开【创建新文档】对话框。在该对话框的【名称】文本框中输入“月历”，设置【宽度】数值为 422mm，【高度】数值为 581mm，然后单击【确定】按钮。

step 2 在【对象管理器】泊坞窗中，单击【新建主图层(奇数页)】按钮，新建【图层 1(奇数页)】。选择【矩形】工具，在页面中单击拖动绘制矩形，并在属性栏中取消选中【锁定比率】单选按钮，设置对象大小的宽度为422mm，高度为30mm。

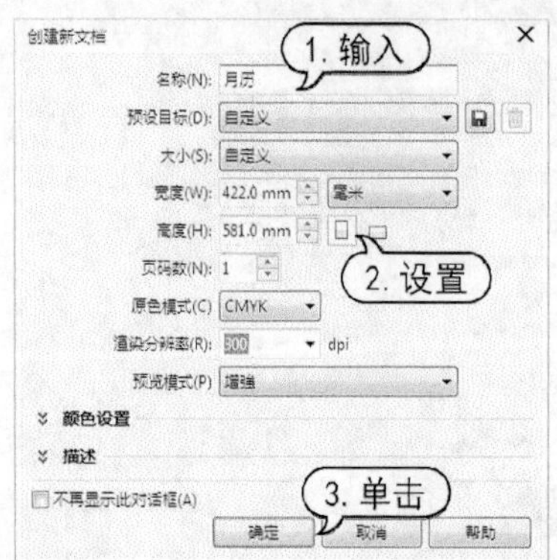

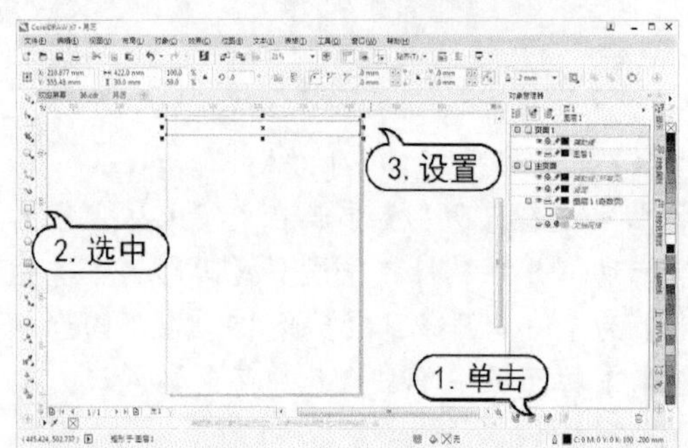

step③ 打开【对齐与分布】泊坞窗，在【对齐对象到】选项区中单击【页面边缘】按钮，在【对齐】选项区中单击【顶端对齐】按钮和【水平居中对齐】按钮。

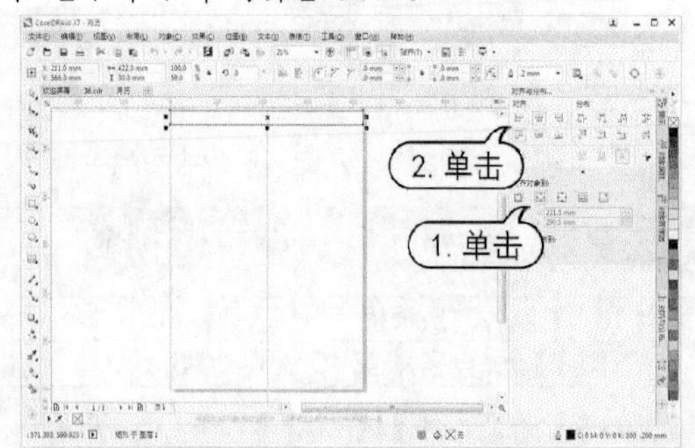

step④ 在调色板中，右击【无】色板，将轮廓色设置为【无】。按F11键，打开【编辑填充】对话框。在该对话框中，单击【渐变填充】按钮，在【类型】选项下单击【椭圆形渐变】按钮，然后设置渐变为C:20 M:100 Y:100 K:10至C:0 M:100 Y:100 K:0。设置完成后，单击【确定】按钮。

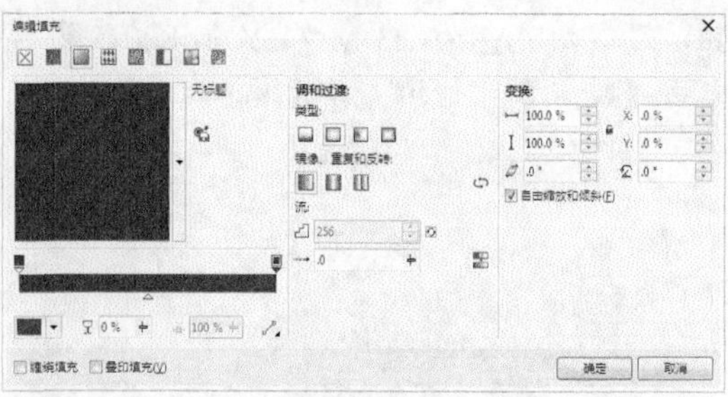

step⑤ 打开【变换】泊坞窗，单击【位置】按钮，设置y数值为-551mm，【副本】数值为1，然后单击【应用】按钮。

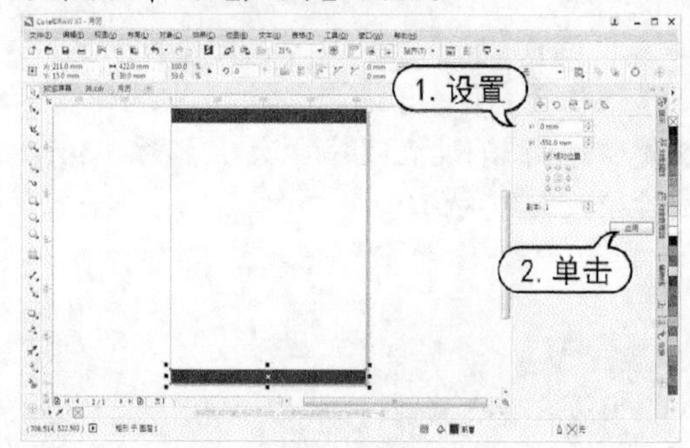

step⑥ 在属性栏中，设置对象原点为【中下】，设置对象大小的高度为16mm。

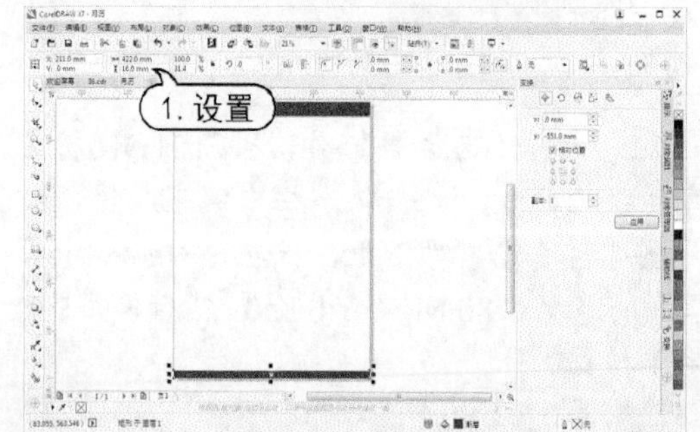

step⑦ 在标准工具栏中，单击【导入】按钮，打开【导入】对话框。在该对话框中，选中所需要的图像文档，然后单击【导入】按钮。

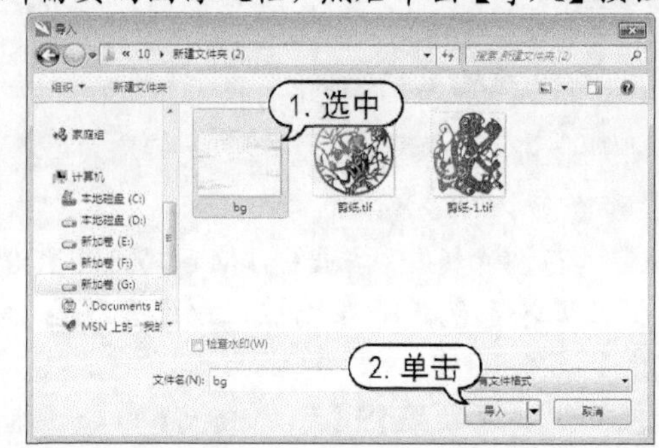

step 8 在页面中单击，导入图像。在属性栏中，设置对象原点为【左上】，选中【锁定比率】单选按钮，设置对象大小的【宽度】为 422mm。

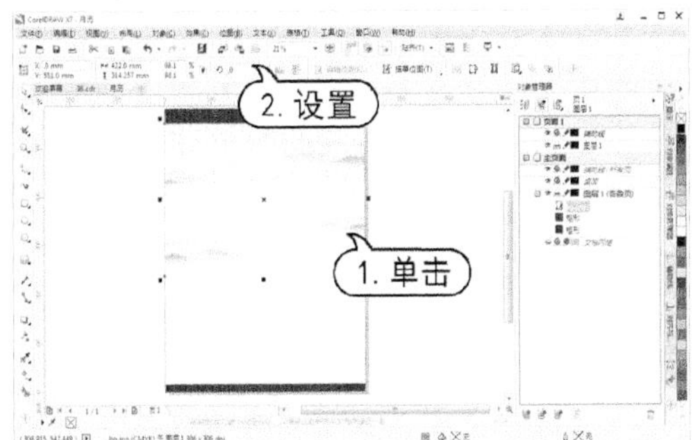

step 9 在导入的图像上，单击鼠标右键，在弹出的菜单中选择【锁定对象】命令。在标准工具栏中，单击【导入】按钮，打开【导入】对话框。在该对话框中，选中所需要的图像文档，然后单击【导入】按钮。

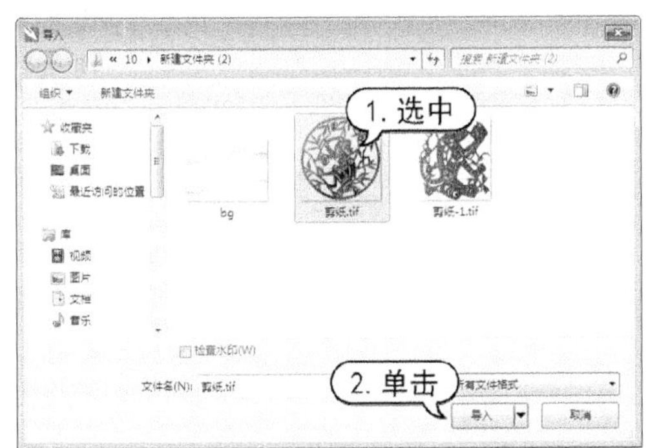

step 10 在页面中单击，导入图像。在属性栏中，设置对象大小的【宽度】为 250mm。

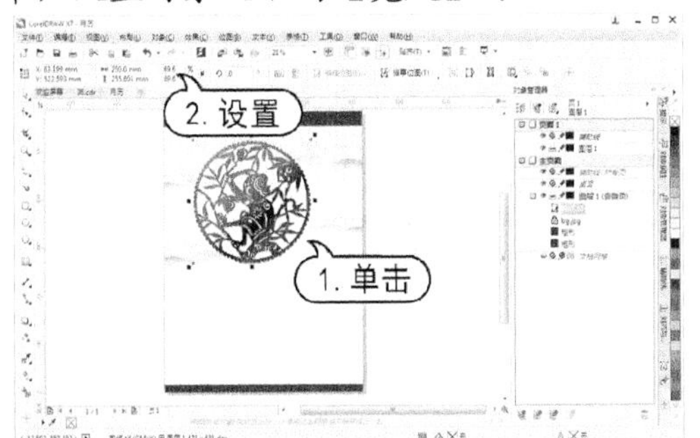

step 11 打开【对齐与分布】泊坞窗，在【对齐】选项区中单击【水平居中对齐】按钮。

step 12 选择【文本】工具在页面中单击，打开【文本属性】泊坞窗，设置字体为【叶根友毛笔行书简体】，字体大小为 150pt，然后输入文字内容。

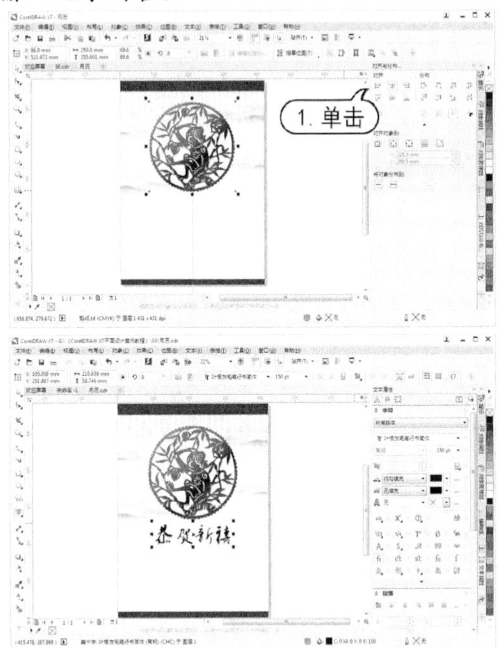

step 13 使用【选择】工具选中文字，在【文本属性】泊坞窗中，单击字体【填充类型】按钮，从弹出的列表中选择【渐变填充】选项，并单击右侧的【填充设置】按钮，打开【编辑填充】对话框。在该对话框中，设置渐变色为C: 0 M:100 Y:100 K: 0 至C:51 M:98 Y:97 K:10，设置【填充宽度】数值为 70%，【旋转】数值为-40°，然后单击【确定】按钮。

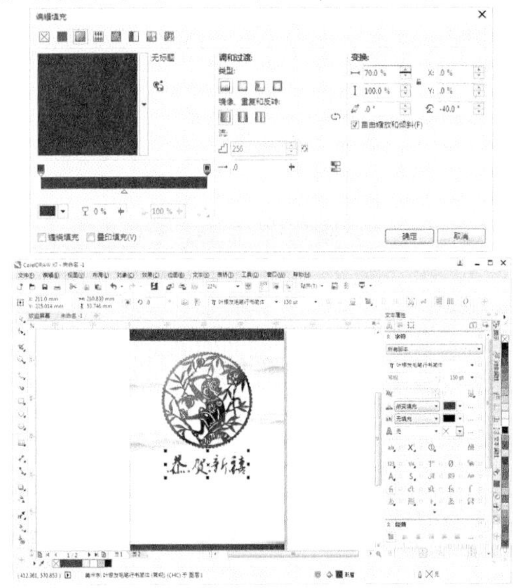

step 14 打开【对齐与分布】泊坞窗，在【对齐】选项区单击【水平居中对齐】按钮。

step 15 选择【表格】工具，在属性栏中设置行数为 6，列数为 7，然后使用【表格】工具在页面中拖动绘制表格。

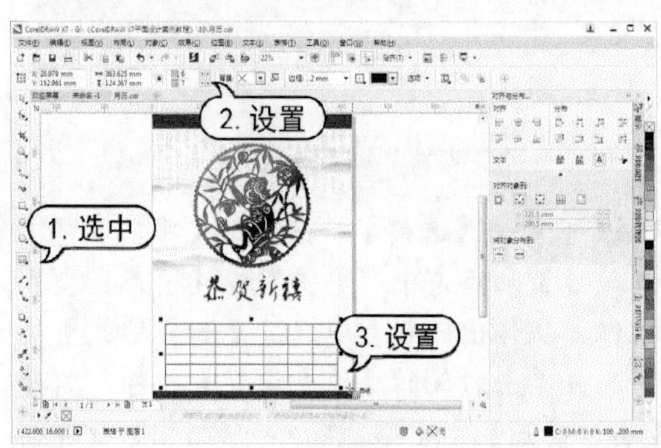

step 16 使用【表格】工具选择单元格，并在属性栏中单击【背景】下拉按钮，从弹出的下拉列表框中设置背景颜色为C:10 M:100 Y:100 K:0。

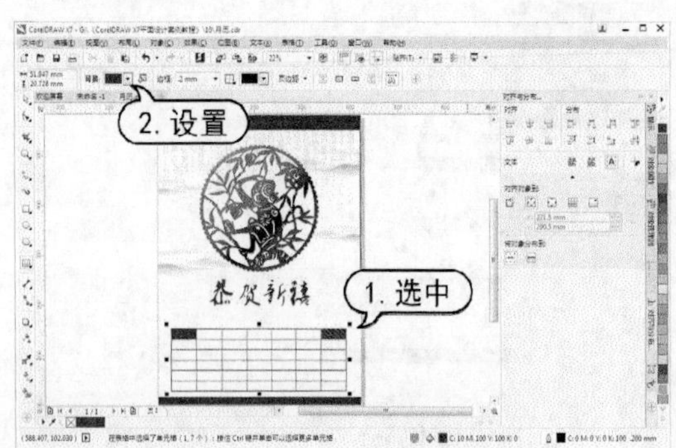

step 17 使用【表格】工具选择单元格，并在属性栏中单击【背景】下拉按钮，从弹出的下拉列表框中设置背景颜色为C:0 M:0 Y:0 K:20。

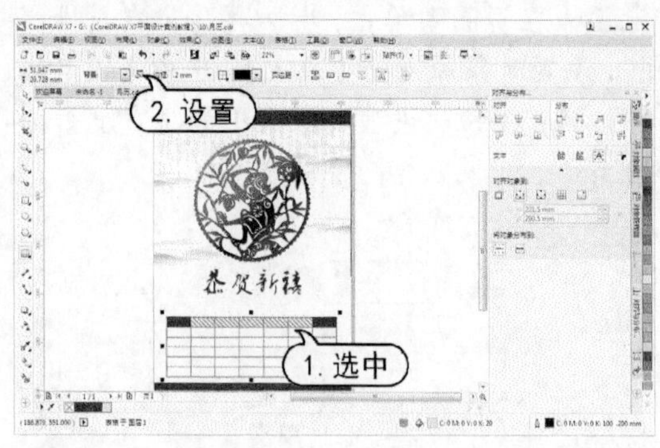

step 18 选择【文本】工具在页面中单击，在【文本属性】泊坞窗中设置字体样式为【方正黑体简体】，字体大小为 52pt，然后输入文字内容，并调整文字位置。

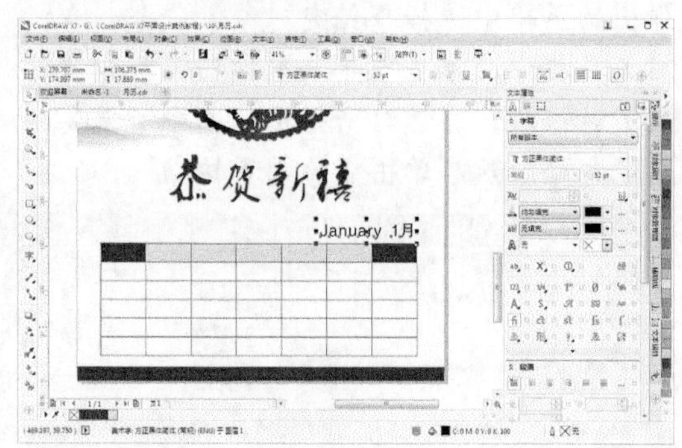

step 19 使用【表格】工具单击单元格，并输入文字内容。

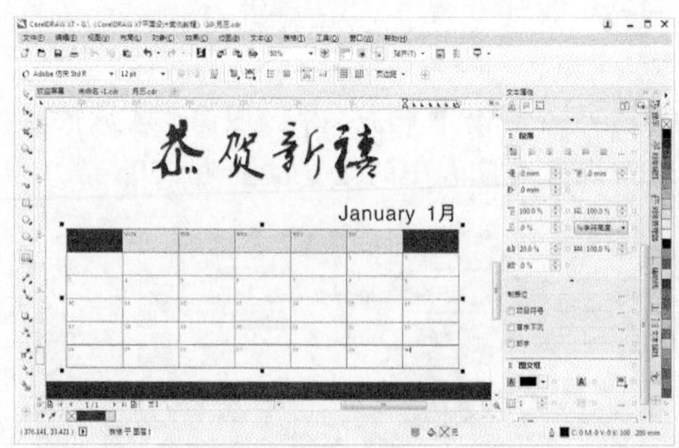

step 20 使用【表格】工具选中单元格，在【文本属性】泊坞窗中设置字体为Arial，字体大小为 36pt；在【段落】选项区中，单击【居中】按钮；在【图文框】选项区中，单击【垂直对齐】按钮，从弹出的下拉列表中选择【居中垂直对齐】选项。

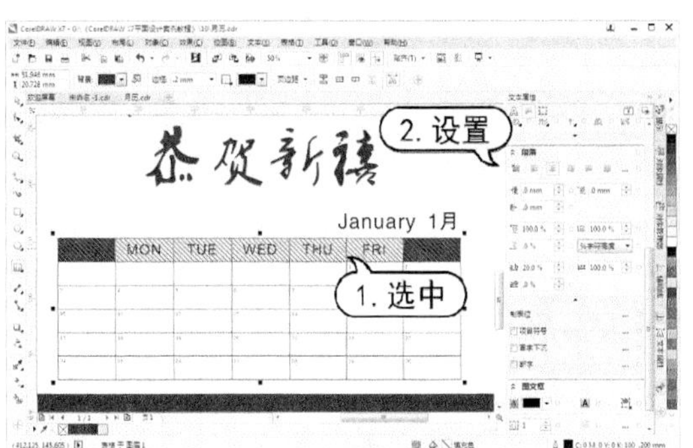

step 21 使用【表格】工具选中单元格，在【文本属性】泊坞窗中设置字体为【方正综艺简体】，字体大小为 36pt；在【段落】选项区中，单击【居中】按钮；在【图文框】选项区中，单击【垂直对齐】按钮，从弹出的下拉列表中选择【居中垂直对齐】选项。

step 22 使用【表格】工具选中单元格，在【文本属性】泊坞窗中，设置文本颜色为【红色】。

step 23 使用与步骤(23)相同的操作方法选中单元格，并设置单元格内文本颜色为【红色】。

step 24 使用【选择】工具，右击步骤(7)中导入的背景图像，从弹出的菜单中选择【解锁对象】命令，并按Ctrl+A键全选绘图文档中的对象，然后按Ctrl+C键复制。

step 25 在状态栏中单击按钮，新建页面 2。在【对象管理器】泊坞窗中，单击【新建主图层(偶数页)】按钮，新建【图层 2(偶数页)】，并按Ctrl+V键粘贴。

step 26 在新建页面中，删除剪纸图像，单击标准工具栏中的【导入】按钮，打开【导入】对话框。在该对话框中，选中所需要的图像文件，然后单击【导入】按钮。

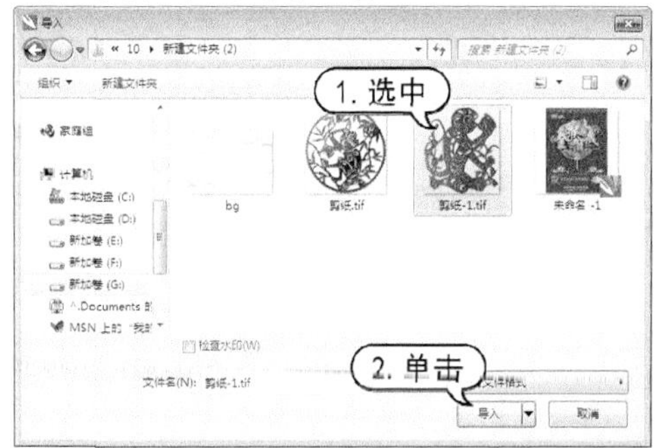

step 27 在绘图页面中单击，导入图像。并在属性栏中，设置对象大小的【宽度】为230mm。

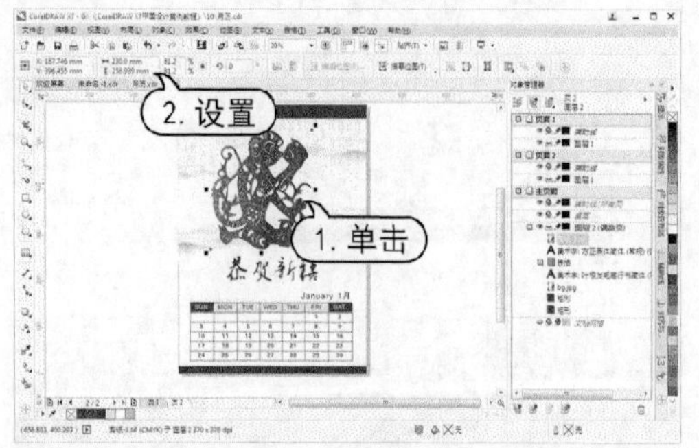

step 28 打开【对齐与分布】泊坞窗，在【对齐】选项区单击【水平居中对齐】按钮。

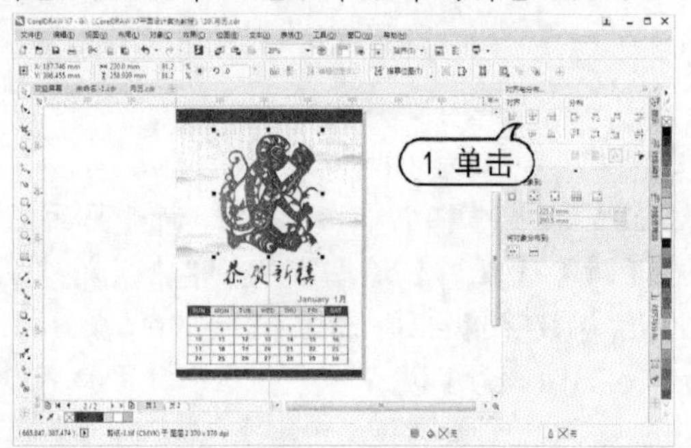

step 29 使用与步骤(21)相同的操作方法，使用【表格】工具更改表格中的文字。

step 30 选择【文件】|【保存为模板】命令，打开【保存绘图】对话框，并单击【保存】按钮。

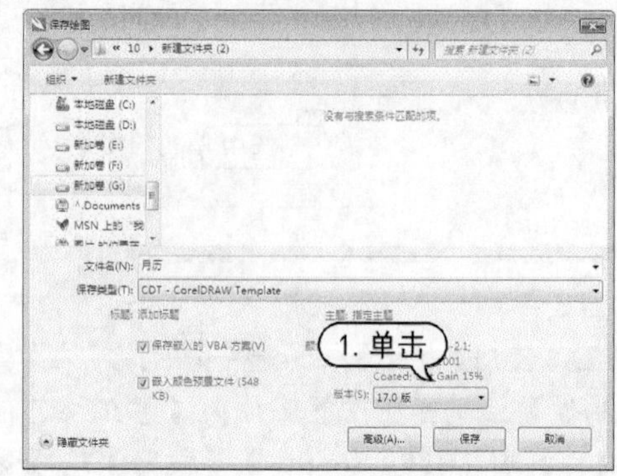

step 31 打开【模板属性】对话框，在对话框的【名称】文本框中输入“月历”，然后单击【确定】按钮保存文件。

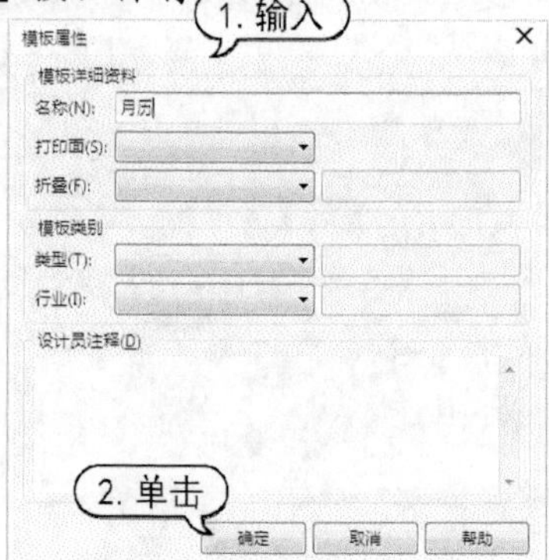